ERNST A. WEBER

FOTO PRAKTIKUM

BIRKHÄUSER VERLAG
BASEL · BOSTON · STUTTGART

CIP-Kurztitelaufnahme der Deutschen Bibliothek

Weber, Ernst A.:
Fotopraktikum / Ernst A. Weber. – Basel ; Boston ;
Stuttgart : Birkhäuser, 1986.
ISBN 3-7643-1787-6

Einband- und Gesamtgestaltung: Ernst A. Weber
Alle nicht anders gekennzeichneten Fotos und
Grafiken: Ernst A. Weber
Printed in Germany
ISBN 3-7643-1787-6

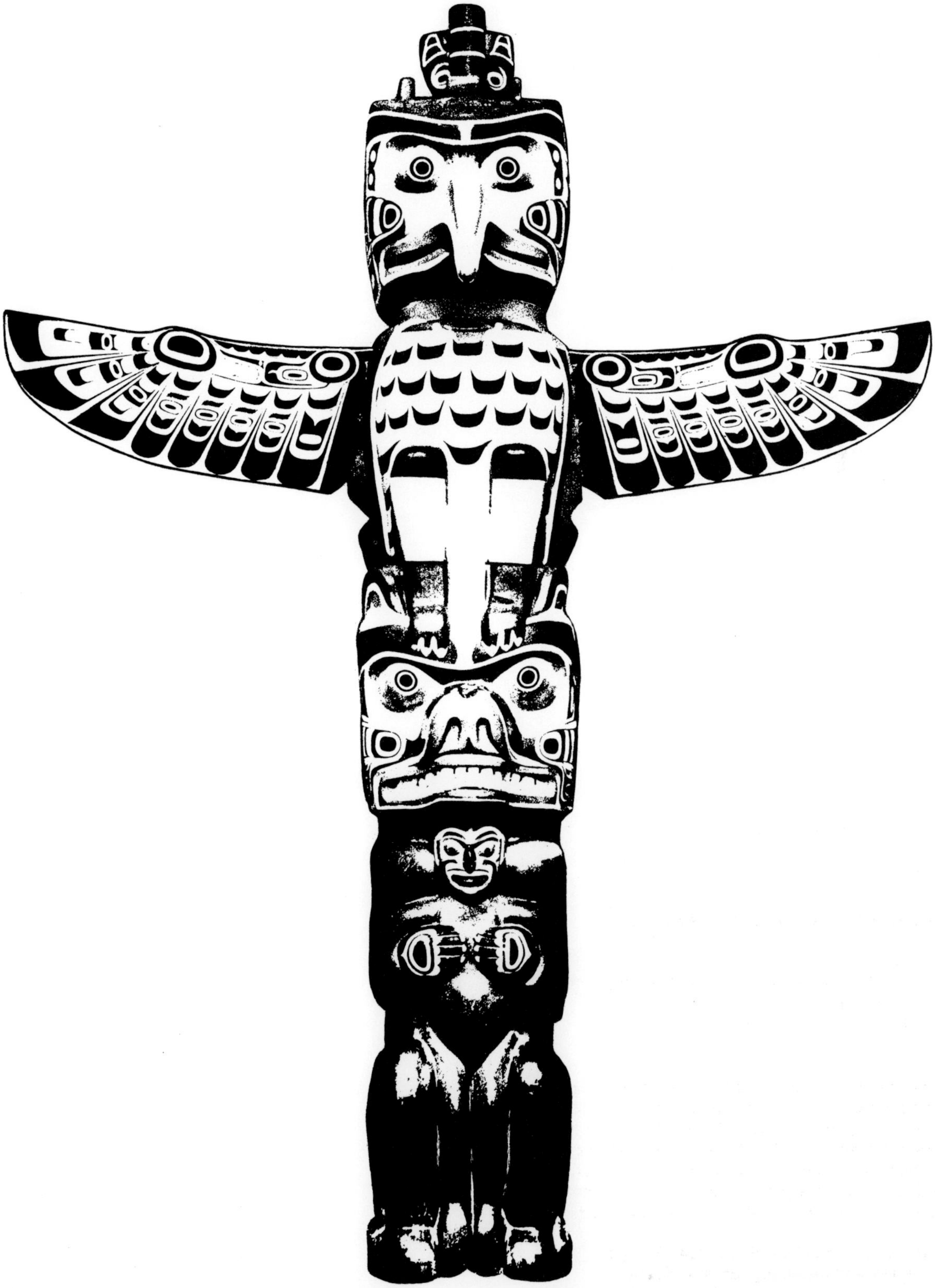

Inhaltsverzeichnis

1

Die Kamera

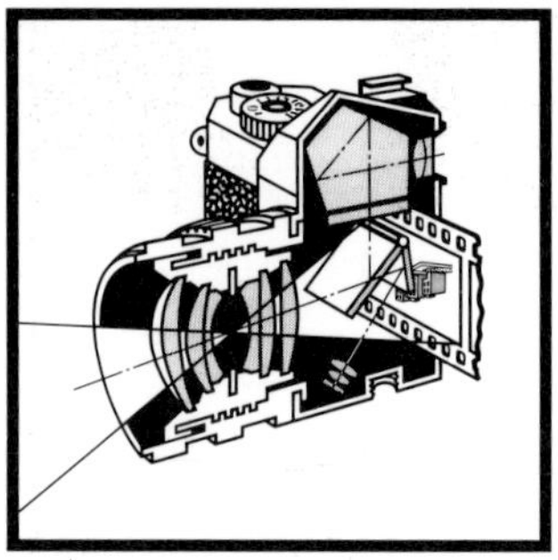

Wie funktioniert die Kamera

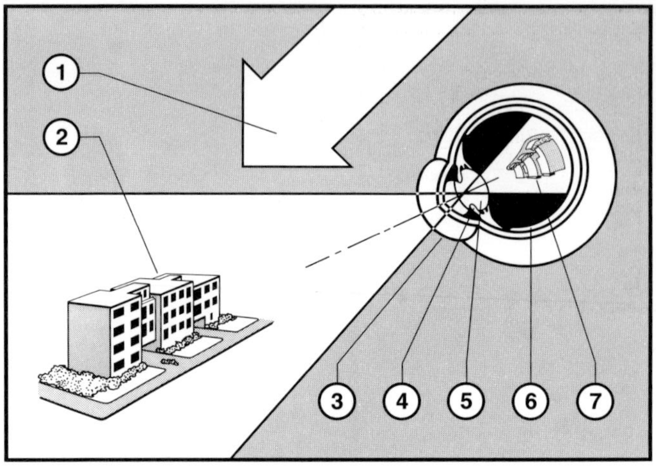

Bei der Entstehung des Bildes im Auge trifft Licht (1) auf ein Objekt (2), wird davon reflektiert und durch die Hornhaut (3), Iris (4) und Augenlinse (5) auf die Retina (6) gelenkt, wo es ein kopfstehendes, gekrümmtes, seitenverkehrtes und verkleinertes Bild (7) erzeugt.

Die Wirkungsweise der Kamera entspricht im Prinzip dem Sehvorgang innerhalb des menschlichen Auges. Wie die obere Abbildung zeigt, trifft Licht auf ein Objekt, wird davon reflektiert und tritt durch die linsenförmig aufgewölbte Hornhaut, die Öffnung der Iris, und die von Muskeln scharf gestellte Linse des Auges und erzeugt auf der Netzhaut ein scharfes, kopfstehendes, seitenverkehrtes, verkleinertes und kugelschalenförmig gekrümmtes Abbild des Objektes. (Daß im weiteren Verlauf des Wahrnehmungsvorganges von unserem Gehirn das Bild sowohl als aufgerichtet als auch als seitenrichtig und nicht mehr gekrümmt empfunden wird, ist in diesem Zusammenhang im Augenblick bedeutungslos, da die Übereinstimmung zwischen Auge und Kamera ohnehin hier endet.) Die untere Abbildung illustriert die Arbeitsweise der Kamera. Licht trifft auf ein Objekt, wird davon reflektiert und durch das Kameraobjektiv auf den lichtempfindlichen Film aufgezeichnet. Bei exakter Einstellung entwirft das Objektiv ein getreues Abbild des Objektes und bildet es auf dem Film scharf, seitenverkehrt und kopfstehend und normalerweise verkleinert ab. Der Film reagiert im direkten Verhältnis auf die Intensität und Dauer der Belichtung. Die Belichtung verursacht in der fotografischen Schicht ein latentes (nicht sichtbares) Bild.

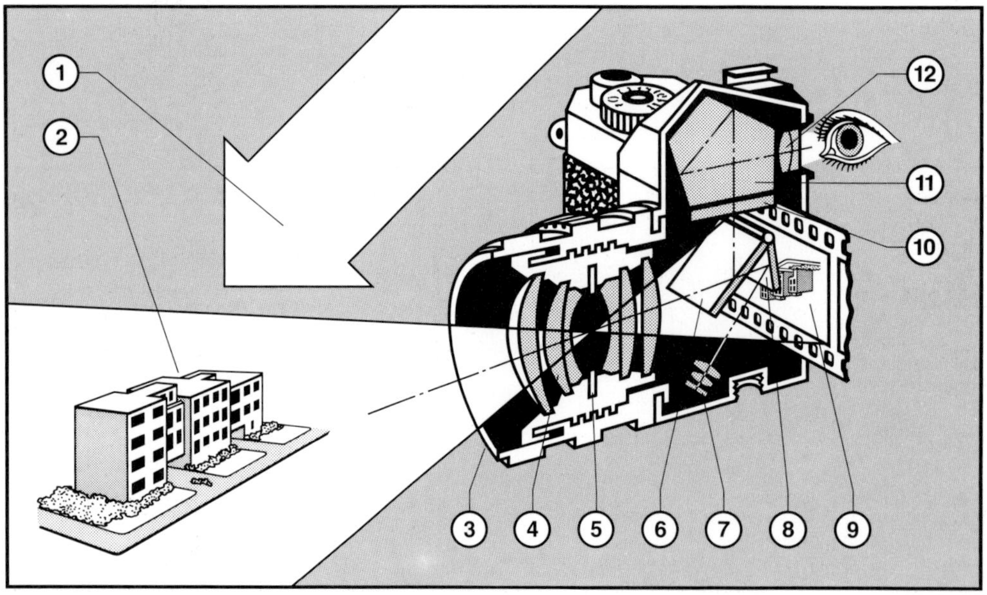

Bei der Entstehung des Bildes in der Kamera fällt Licht (1) auf ein Objekt (2) und wird reflektiert. Das Objektiv (3) der Kamera (8) zeichnet mit seinen Linsen (4) und der Irisblende (5) bei exakter Scharfeinstellung, die über den Rückschwingspiegel (6), die Einstellscheibe (10), das Pentaprisma (11) und das Okular (12) erfolgt, ein kopfstehendes, seitenverkehrtes und im Normalfall verkleinertes Abbild auf den Film. Gleichzeitig wird mit dem Belichtungsmesser (7) die Belichtung über den hinter dem teildurchlässigen Hauptspiegel angebrachten Hilfsspiegel (8) ermittelt. (Das Bild auf dem Film wurde so eingezeichnet, als ob der Spiegel hochgeklappt wäre.)

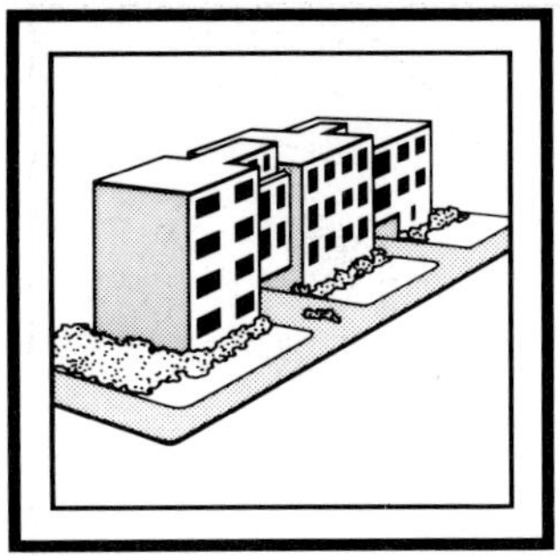

Wie entsteht das Bild

Das Negativ

Die lichtempfindliche Schicht des Films besteht aus in Gelatine eingebetteten Bromsilberkristallen. Während der Belichtung entstehen in den vom Licht getroffenen Bromsilberkristallen entwicklungsfähige Silberkeime. Diese greift der Entwickler an und reduziert sie vollkommen zu metallischem Silber. Erst die Entwicklung macht das latente Bild sichtbar. In seiner Wirkung entspricht der Entwickler einem millionenfachen chemischen Verstärker. Die Bildpartien, die mehr Licht erhielten, werden stärker geschwärzt als die weniger intensiv belichteten. Das Resultat ist ein in seinen Tonwerten umgekehrtes, negatives Bild des Objektes. Um das entwickelte Bild lichtbeständig zu machen, muß, nachdem kurz die Entwicklerreste abgespült wurden, das noch vorhandene unbelichtete Bromsilber durch das Fixierbad entfernt werden. In der Schlußwässerung werden die noch in der Emulsion enthaltenen Chemikalien ausgewaschen. Nach einem Netzmittelbad wird der Film getrocknet und kann vergrößert werden.

1. Beim Belichtungsvorgang erzeugen die auftreffenden Lichtquanten in den Bromsilberkristallen entwicklungsfähige Silberkeime.
2. Diese werden von dem, wie ein millionenfacher Verstärker arbeitenden Entwickler, im Verlauf der Entwicklung vollkommen zu metallischem Silber reduziert.
3. Um das entwickelte Bild lichtbeständig zu machen, muß es, nachdem die Entwicklerreste kurz abgespült wurden, in einem chemischen Bad fixiert werden.
4. Nach dem Fixieren bleibt nur noch das lichtbeständige reine Silberbild zurück. Die unbelichteten Stellen sind völlig transparent.

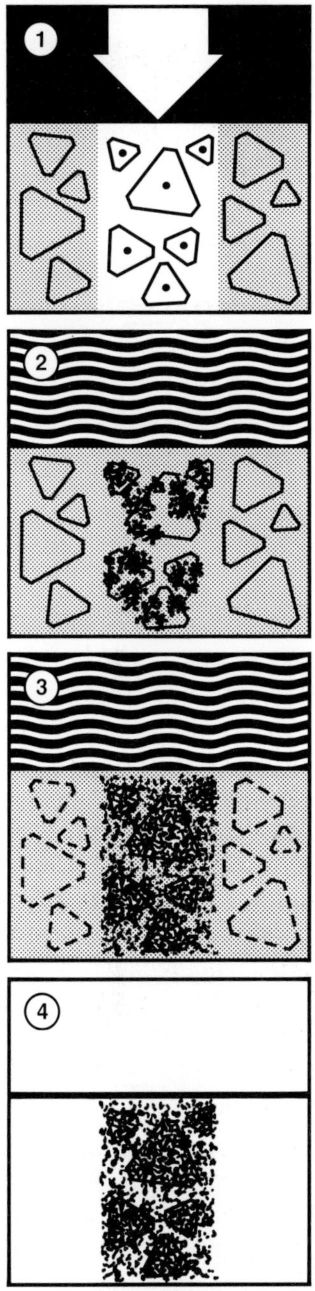

Abbildung unten: Der belichtete Film wird im Dunkeln in die Entwicklungsdose eingespult und der Deckel lichtdicht verschlossen (1). Im Hellen kann dann der Entwickler eingegossen (2) und nach genauem Kipprhythmus bewegt werden (3). Nach abgeschlossener Entwicklung wird der Entwickler in die Vorratsflasche zurückgegossen (4) und der Film unter fließendem Wasser kurz abgespült (5). Danach wird wiederum unter Einhaltung eines exakten Kipprhythmus fixiert (6). Nach beendeter Fixage wird der Film unter fließendem Wasser gewässert (7), in einem Netzmittel gebadet (8) und getrocknet (9). Nach der Trocknung wird der Film zum Schutz sofort – je nach Aufnahmeformat – in 2er, 3er, 5er oder 6er Streifen zerschnitten und zur Archivierung in mit Ringbuchlochung versehenen Negativhüllen aufbewahrt.

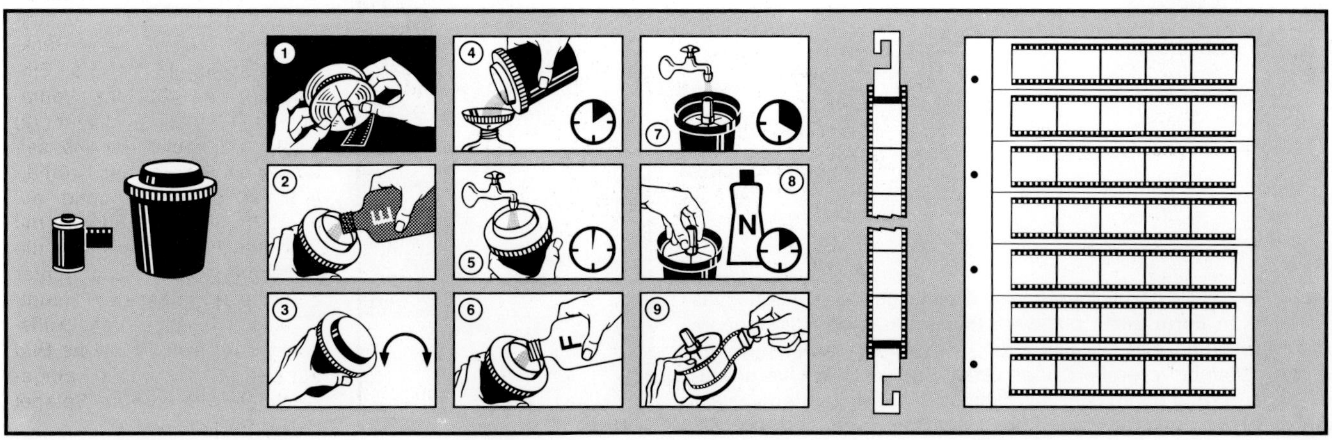

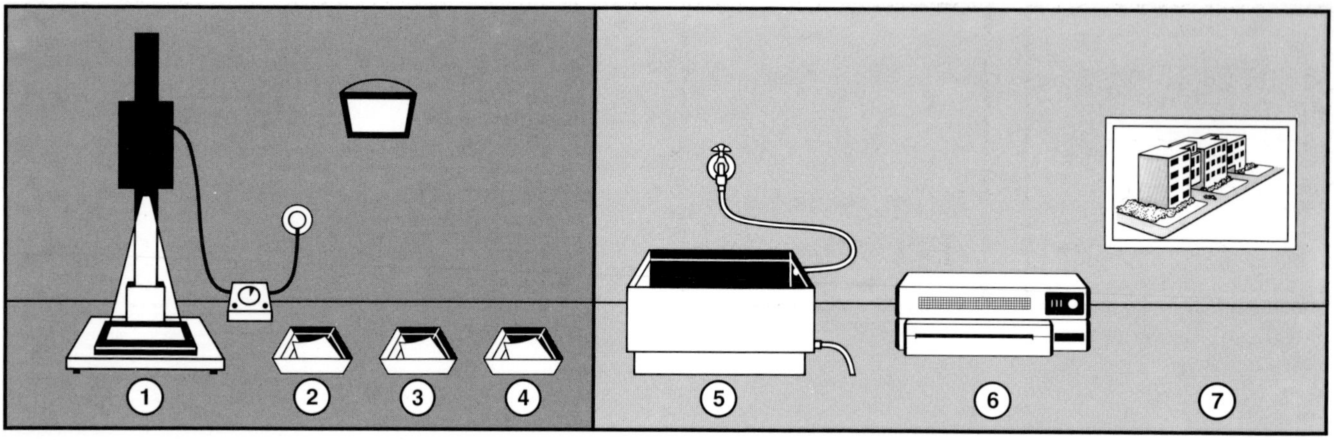

Das Negativ wird in der Dunkelkammer mit einem Vergrößerungsgerät unter Zuhilfenahme einer Belichtungsschaltuhr in beliebigem Abbildungsmaßstab auf das Fotopapier vergrößert (1). Danach wird entwickelt (2), zwischengewässert (3) und fixiert (4). Nach der Schlußwässerung (5) und der Trocknung (6), die wieder im Hellen erfolgen, erhält man das fertige Bild (7).

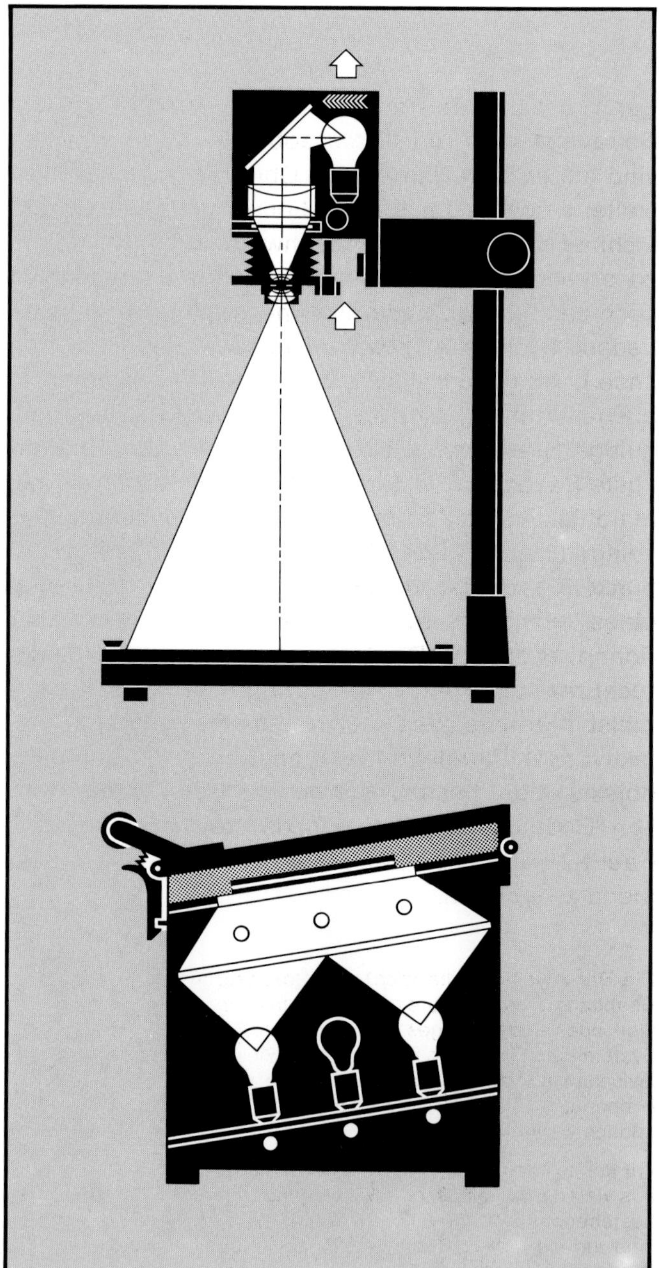

Das Positiv

Durch das Belichten eines Negativs auf ein lichtempfindliches Fotopapier entsteht nach anschließender Entwicklung ein in seinen Tonwerten umgekehrtes, nunmehr positives, der Wirklichkeit entsprechendes Bild.

Zu einer Positivkopie gelangt man auf zwei Wegen: einmal im Kontaktverfahren und zum anderen im optischen Verfahren.

Das Kontaktverfahren gestattet nur Abzüge im Maßstab 1:1. Dazu wird die Schichtseite des Negativs auf die Schichtseite des lichtempfindlichen Papiers gepreßt und belichtet. Die im optischen Verfahren hergestellte Kopie, die der Einfachheit halber als Vergrößerung bezeichnet wird, läßt sich dagegen in beliebigem Maßstab, vergrößert oder verkleinert, herstellen. Dazu wird das Negativ nicht direkt mit dem lichtempfindlichen Papier in Kontakt gebracht, sondern mit Hilfe der Beleuchtungseinrichtung und des Objektivs eines Vergrößerungsgerätes auf das Papier belichtet.

Ziel und Zweck der Fotografie ist es, ein getreues Abbild des Objektes in Form eines positiven Papierbildes wiederzugeben. Die Herstellung des Positivs kann, in jedem beliebigen Abbildungsmaßstab, vergrößert oder verkleinert, mit dem Vergrößerungsgerät (Bild oben) oder im Maßstab 1 : 1 mit dem Kontaktkopiergerät (Bild unten) vorgenommen werden.

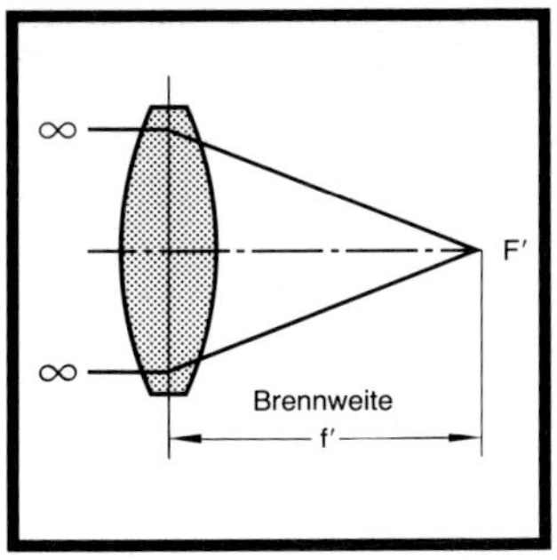

Brennweite

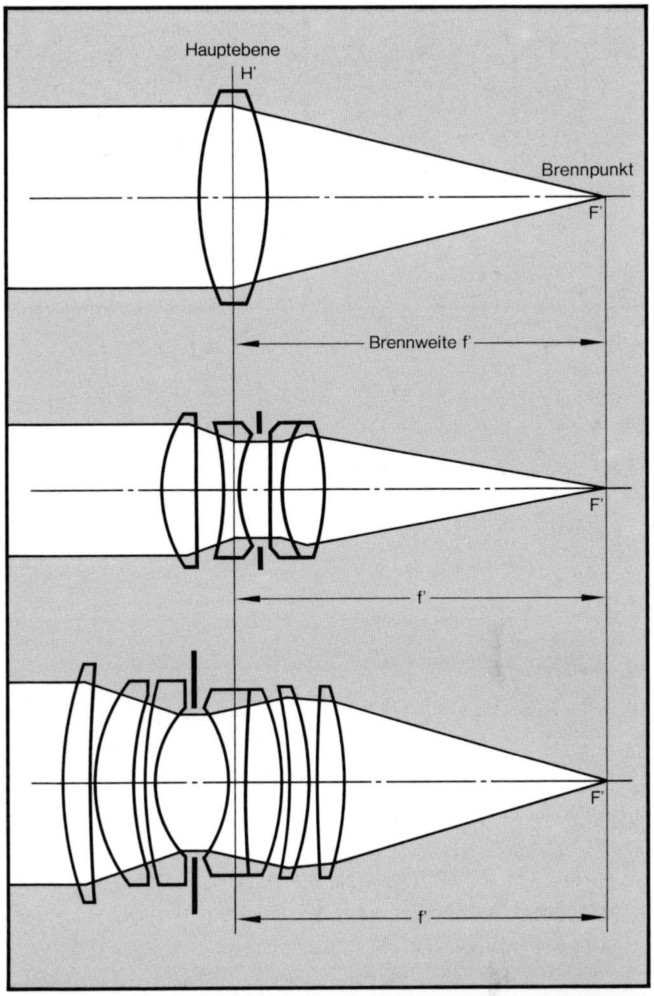

Der wichtigste Teil einer Kamera ist das Objektiv. Betrachtet man ein Kameraobjektiv von vorne, so sind außer dem Namen des Objektivs und des Herstellers sowie der Fabrikationsnummer auch die technischen Daten der Brennweite und Lichtstärke zu erkennen. Viele Hersteller gravieren zusätzlich noch den Filtergewindedurchmesser in mm ein. Was bedeuten diese Angaben? Genau wie jede Einzellinse haben fotografische Objektive – Varioobjektive ausgenommen – eine für das gesamte Linsensystem gültige Brennweite. Die Brennweite f' ist die wichtigste Bezugsgröße des Objektivs. Sie wird bei Normalobjektiven durch den Abstand zwischen der bildseitigen Hauptebene H' und dem bildseitigen Brennpunkt F' auf der optischen Achse bei Abbildung eines unendlich weitentfernten Objektes, etwa der Sonne, bestimmt. Die Hauptebene stellt eine senkrecht zur optischen Achse verlaufende Bezugsebene meist innerhalb des Objektivs dar. Obwohl jedes Objektiv zwei Hauptebenen, eine bildseitige und eine objektseitige, besitzt, ist hier nur die bildseitige H' von Bedeutung. In der Praxis reicht es aus, die Hauptebene als mit der Blendenebene übereinstimmend anzusehen.

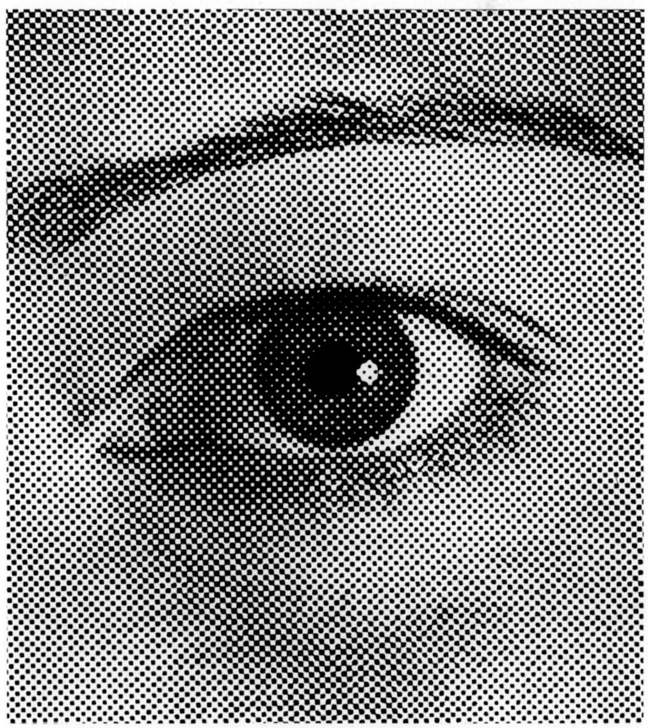

Die Brennweite ist die wichtigste Bezugsgröße eines Objektivs. Unabhängig davon, ob es sich um eine Einzellinse oder um ein vier- oder siebenlinsiges Objektiv handelt, besitzt jedes optische System eine bildseitige Brennweite f'. Sie wird durch den Abstand zwischen der bildseitigen Hauptebene H' und dem bildseitigen Brennpunkt F' auf der optischen Achse bei Abbildung einer unendlich weitentfernten Lichtquelle, z.B. der Sonne, ermittelt.

Wir können uns jedes optisch auf Film aufgezeichnete Bild, als ein aus vielen Bildpunkten oder Pixels (englisch für Picture elements) bestehendes Bild vorstellen. Je feiner die einzelnen Bildelemente sind, um so höher ist das Auflösungsvermögen und folglich der Informationswert eines Bildes.

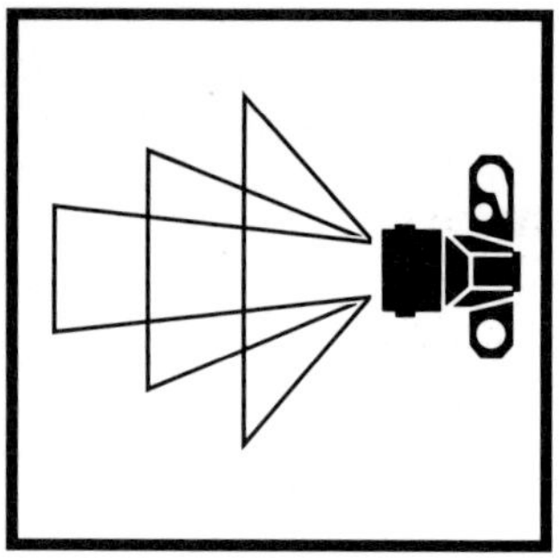

Bildwinkel

Aufnahmeformat in mm	Formatdiagonale in mm	Normalbrennweite in mm
24 × 36	43	45–50
45 × 60	70	75
60 × 60	80	75–80
60 × 70	89	90
65 × 90	100	105
90 × 120	141	135–150
4 × 5 inch	154	150
130 × 180	210	210
5 × 7 inch	210	210
180 × 240	287	270–300
8 × 10 inch	313	300

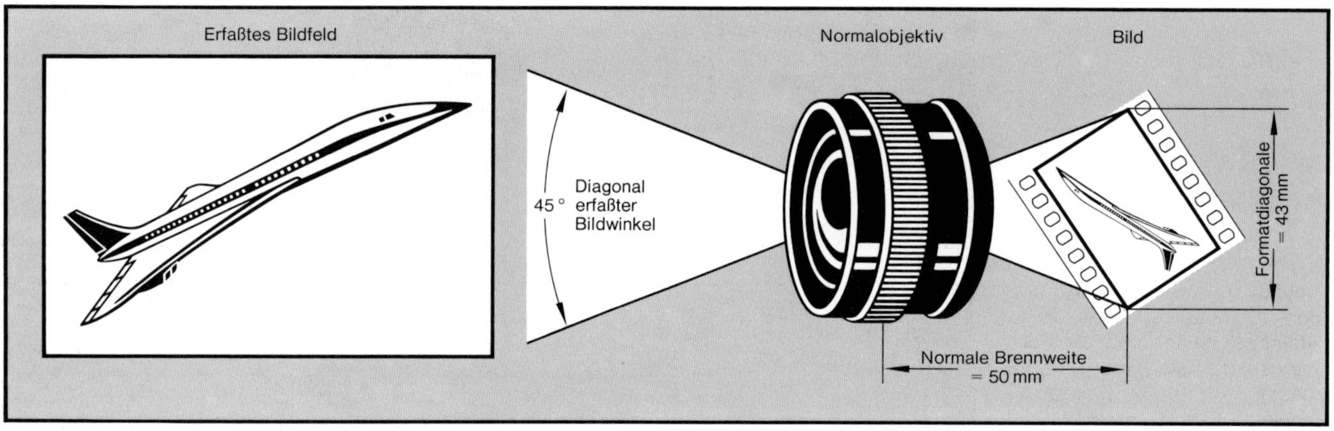

Die Beziehung zwischen der Brennweite und der Formatdiagonale bestimmt den Bildwinkel eines Objektivs. Als Standard- oder Normalbrennweite bezeichnet man ein Objektiv, dessen Bildwinkel etwa dem Blickwinkel des menschlichen Auges von ca. 45°–55° entspricht. Die Brennweite und die Aufnahmeformatdiagonale sind dabei nahezu identisch. Geringe Abweichungen der Zahlenwerte bestehen zwar, generell kann man aber die Normalbrennweite mit der Formatdiagonale gleichsetzen.

Während die normale Brennweite einen Bildwinkel von ca. 45° erfaßt, bilden Weitwinkelobjektive einen größeren und Teleobjektive einen kleineren Bildwinkel ab, was auf der oberen Abbildung auf Seite 15 klar zu erkennen ist.

Der größere Bildwinkel, den das Weitwinkelobjektiv erfaßt, führt im Vergleich zum Normalobjektiv zu einer maßstäblich kleineren Abbildung des Objektes. Beim Teleobjektiv verhält es sich umgekehrt:

Das Verhältnis von Brennweite zur Formatdiagonale bestimmt den Bildwinkel eines Objektivs. Als Standard- oder Normalbrennweite bezeichnet man ein Objektiv, dessen Bildwinkel mit ca. 45°–55° mit dem Blickwinkel des menschlichen Auges übereinstimmt.

Der erfaßte kleinere Bildwinkel hat zur Folge, daß der Objektausschnitt maßstäblich größer als mit dem Normalobjektiv abgebildet wird.

Brennweite	15	20	28	35	50	100	135	200	250	300	400	500	1000 mm
Bildwinkel	110	94	75	63	45	24	18	12	10	8	6	5	2,5°
Abbild.-Maßstab	0,3	0,4	0,6	0,7	1	2	2,7	4	5	6	8	10	20 : 1

Die Beziehung zwischen Brennweite, Bildwinkel und Abbildungsmaßstab beim Kleinbildformat, ausgehend von der Bezugsgröße 1 für die Normalbrennweite f = 50 mm.

Abbildung eines Objektes mit einem Weitwinkel-, Normal- und Teleobjektiv vom gleichen Aufnahmestandpunkt aus: Mit zunehmend länger werdender Brennweite wächst die Abbildungsgröße auf dem Film und das erfaßte Bildfeld verkleinert sich.

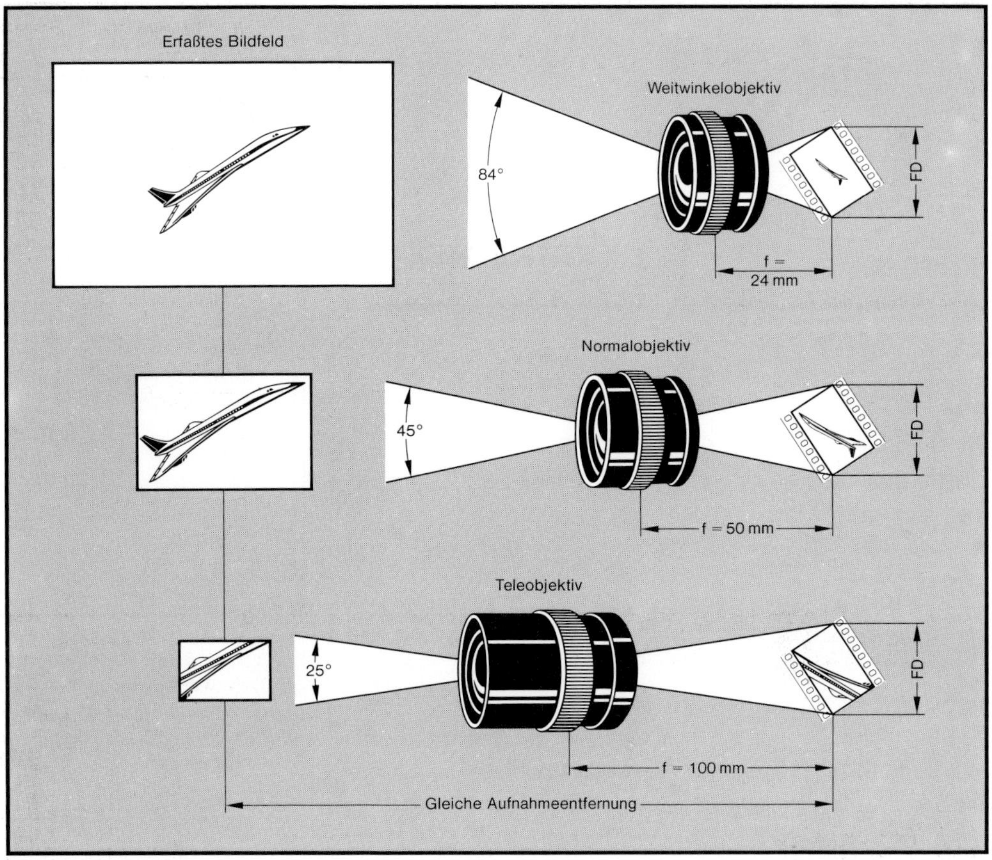

Abbildung eines Objektes mit den Standardobjektiven des Kleinbild-, Mittel- und Großformates vom gleichen Aufnahmestandpunkt aus: Der Zahlenwert der Standardbrennweite eines Aufnahmeformates ist fast immer mit dem Zahlenwert der Diagonale des Bildformates identisch.

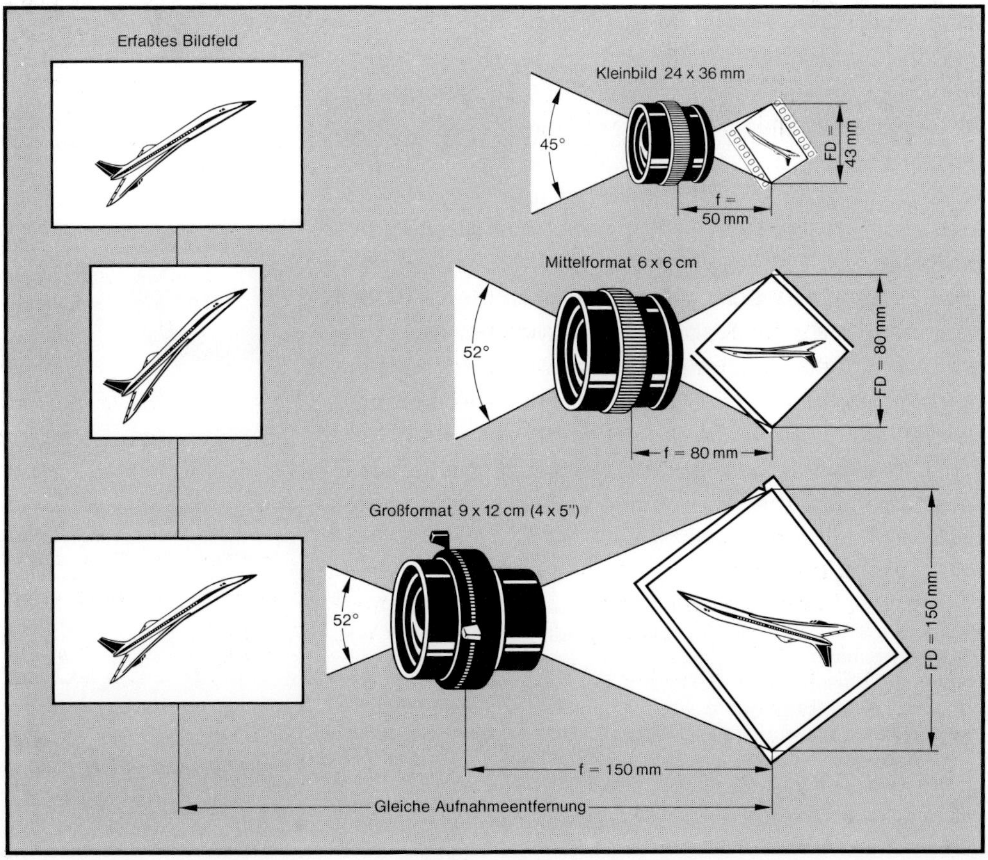

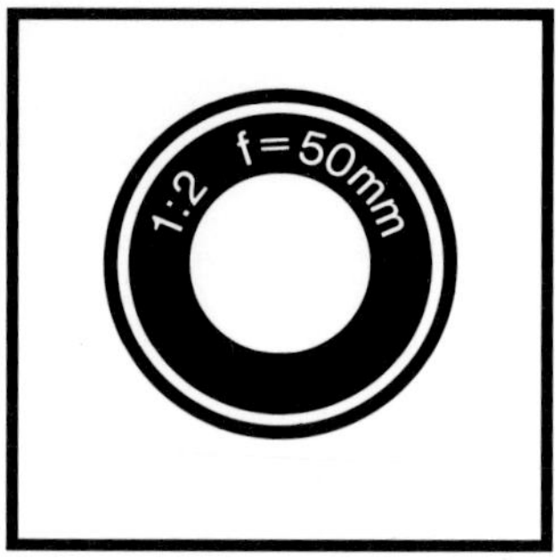

Lichtstärke

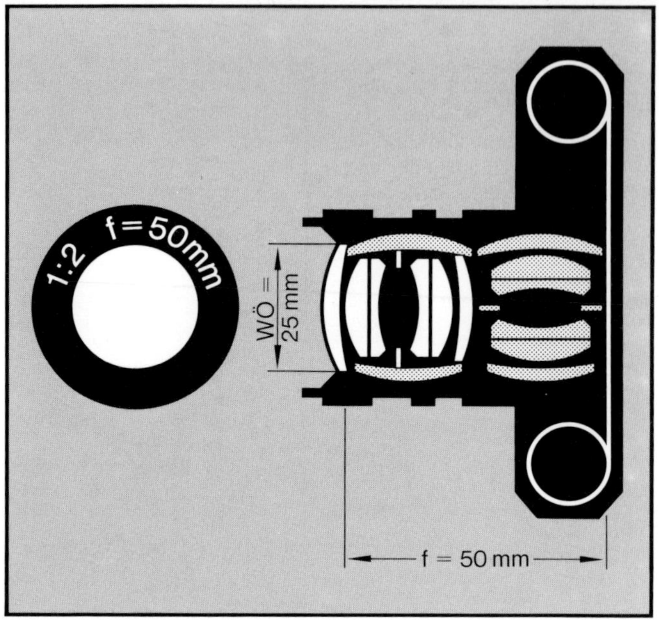

Unter der Lichtstärke eines Objektivs versteht man das Verhältnis der größten wirksamen Öffnung zur Brennweite. Sie wird stets mit einer Verhältniszahl ausgedrückt.

$$\text{Lichtstärke} = \frac{\text{größte wirksame Öffnung}}{\text{Brennweite}} = \frac{25}{50} = \frac{1}{2} = 1:2$$

Die Lichtstärke eines Objektivs wird durch das Verhältnis der größten wirksamen Öffnung zur Brennweite bestimmt. Die Abbildung soll das durch die zwei senkrecht zur optischen Achse stehenden gerasterten Objektive verdeutlichen, die mit ihrer größten Öffnung zweimal in die Brennweite passen.

Während Normalobjektive Lichtstärken bis 1 : 1 erreichen, weisen längere Brennweiten selten Lichtstärken von 1 : 2, sondern meist nur von 1 : 4 bis 1 : 5,6 und geringer auf. Die mittlere Abbildung läßt erkennen, warum bei einer größeren Lichtstärke des langbrennweitigen Objektivs der Durchmesser der wirksamen Öffnung zunehmen muß.

Mit der Lichtstärke erhöht sich zugleich das Volumen, das Gewicht und der Preis des Objektivs. Bei Weitwinkelobjektiven verhält es sich, wenn auch durch andere optisch-physikalische Bedingungen verursacht, ebenso. Immer wieder taucht die Frage auf, ob hohe Lichtstärke mit hoher optischer Güte identisch sei. Keineswegs. Die drei Objektive gleicher Brennweite auf der unteren Abbildung besitzen, wenn sie auf 5,6 abgeblendet werden, etwa die gleiche Abbildungsqualität. Nur ihre Anfangslichtstärken verhalten sich wie 1 : 2 : 8, ebenso ihre Preise! Die hohe Lichtstärke kommt vor allem der Einstellhelligkeit des Sucherbildes bei einäugigen Spiegelreflexkameras zugute und erleichtert die Scharfeinstellung.

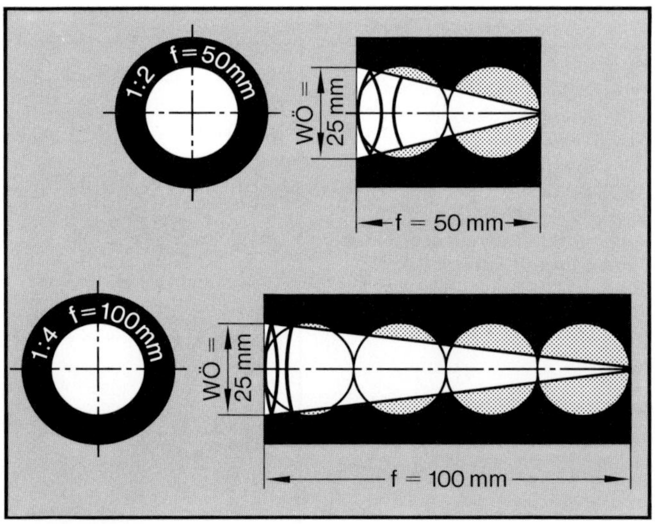

Bei einem Objektiv von 1 : 2 paßt die wirksame Öffnung von 25 mm zweimal in die Brennweite von 50 mm. Außerdem sind die Radien der Linsen stärker gekrümmt. Bei gleicher wirksamer Öffnung und einer Brennweite von 100 mm läßt sich das Objektiv viermal darin unterbringen. Dadurch besitzt es eine geringere Lichtstärke. Durch die längere Brennweite weisen die Radien der Linsen eine schwächere Krümmung auf.

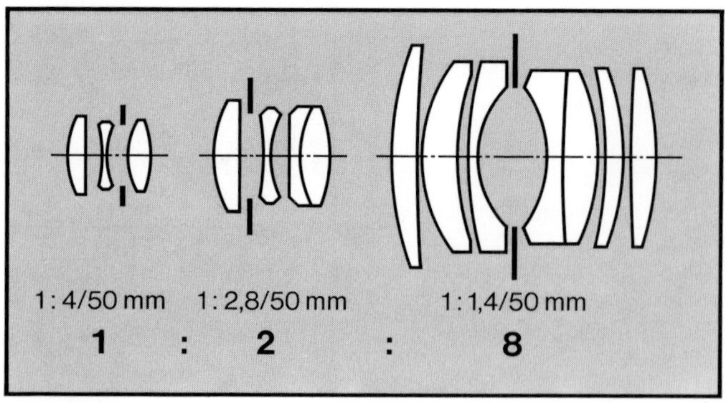

Die Lichtstärken der drei Objektive gleicher Brennweite verhalten sich wie 1 : 2 : 8, ebenso ihre Preise!

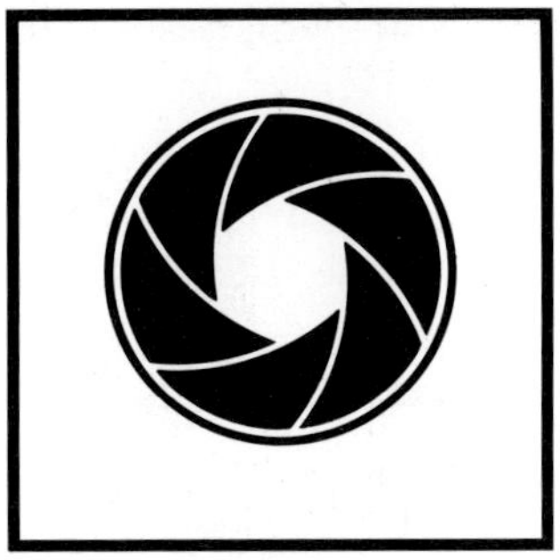

Blende

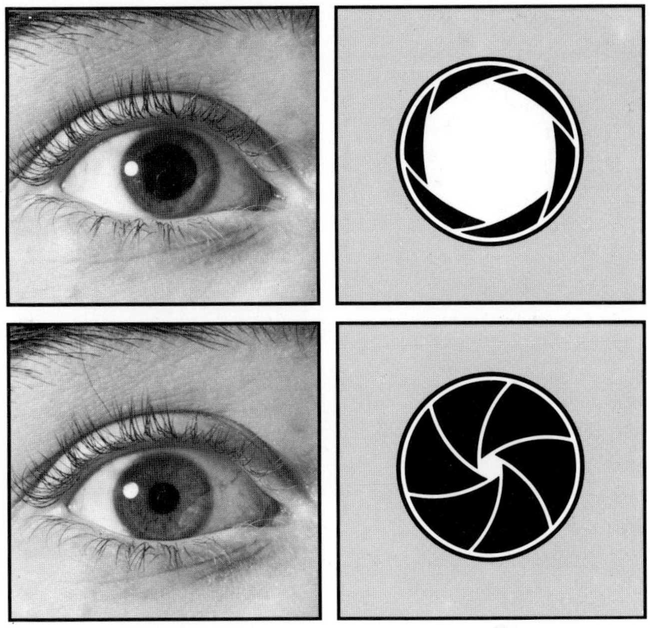

Die Blende hat die Funktion, die durch das Objektiv fallende Lichtmenge fein abgestuft zu regulieren. Sie ist im Prinzip der Iris des menschlichen Auges nachgebildet und besteht aus kontinuierlich veränderbaren Stahllamellen. Bei Reduzierung des Durchmessers der relativen Öffnung verringert sich die Lichtstärke, und zwar im Quadrat hierzu. Wird zum Beispiel die Öffnung eines Objektivs auf die Hälfte ihres Durchmessers verringert, so fällt nur noch $1/4$ des Lichtes hindurch. Um diese Gesetzmäßigkeit genau zu definieren, hat man sich international auf eine Reihe von Blendenwerten geeinigt. Beginnend bei 1 erhält man den nächsten Blendenwert indem man ihn mit dem Faktor $\sqrt{2} = 1{,}4$ multipliziert. Das Öffnen oder Schließen um einen Blendenwert verdoppelt oder halbiert die durchgelassene Lichtmenge. Die internationale Blendenreihe lautet:

1 1,4 2 2,8 4 5,6 8 11 16 22 32 45

Bei einigen Objektiven stimmt die größte Öffnung nicht mit dieser Blendenskala überein, aber schon der nächstfolgende Wert fällt wieder in die internationale Reihe.

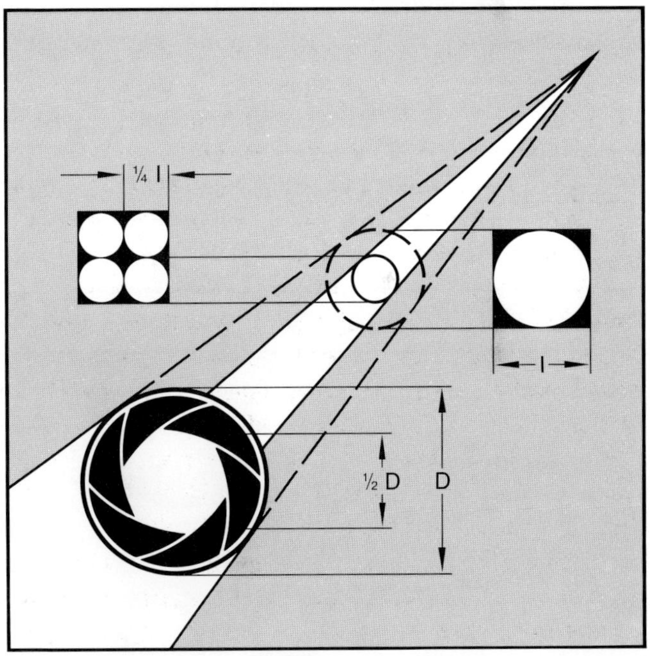

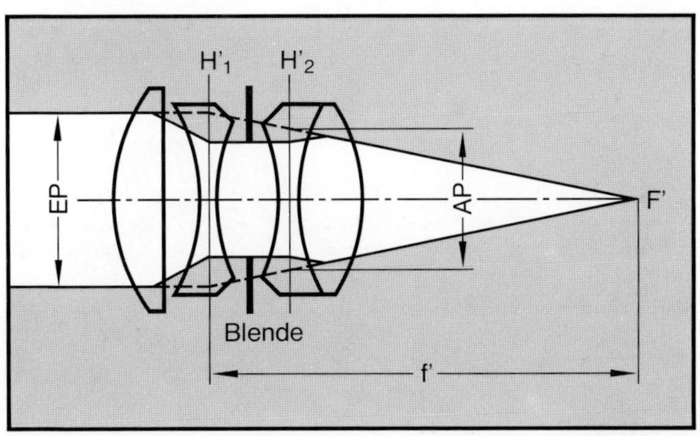

Die Blende ist im Prinzip eine mechanische Nachbildung der Iris des menschlichen Auges.

Bei Verringerung der Blendenöffnung auf die Hälfte ihres Durchmessers, gelangt nur noch $1/4$ des Lichtes hindurch.

Genau genommen, entspricht die wirksame Öffnung weder dem Frontlinsen- noch dem Blendendurchmesser, sondern dem des Strahlenbündels, welches das Objektiv tatsächlich durch die Eintrittspupille EP passiert. Analog verhält es sich mit dem durch die Austrittspupille AP tretenden Strahlenbündel. Visuell erhält man einen Eindruck von der EP und AP, indem man ein Objektiv durch die Front- und Hinterlinse betrachtet.

Belichtung

In Zahlen ausgedrückt werden beim Abblenden eines Objektivs nur noch folgende Lichtmengen durchgelassen:

Lichtstärke oder Blende	1	1,4	2	2,8	4	5,6	8	11	16	22
Wirksame Lichtmenge	1	1/2	1/4	1/8	1/16	1/32	1/64	1/128	1/256	1/512

Daraus resultiert, daß die Lichtmenge von Blende zu Blende verdoppelt werden muß, wenn bei jeder Blende die gleiche Menge Licht wirksam werden soll. Damit tritt zu der Lichtmenge ein zweiter Faktor hinzu: die Dauer der Belichtung, die Belichtungszeit.
Die Belichtung ist das Produkt von Intensität mal Zeit.
Werden der Blendenreihe die Zahlenwerte der in der vorangegangenen Tabelle aufgetragenen Lichtmengen in entgegengesetzter Reihenfolge gegenübergestellt, so erhält man eine Blenden-Zeitskala, auf der jede Blenden-Zeitkombination das gleiche Belichtungsprodukt ergibt. Aus praktischen Gründen hat man lediglich die Zahlenwerte leicht abgerundet.

Lichtstärke oder Blende	1	1,4	2	2,8	4	5,6	8	11	16	22
Belichtungszeit in s	1/500	1/250	1/125	1/60	1/30	1/15	1/8	1/4	1/2	1

In gleicher Weise sind die Skalen an den heute üblichen Verschlüssen ausgeführt. Nur verzichtet man auf die Gravur des Zählers und gibt allein den Nenner an. 125 bedeutet demnach $\frac{1}{125}$ Sekunde. Bei genauem Betrachten der Tabelle werden außerdem folgende Gesetzmäßigkeiten erkennbar:

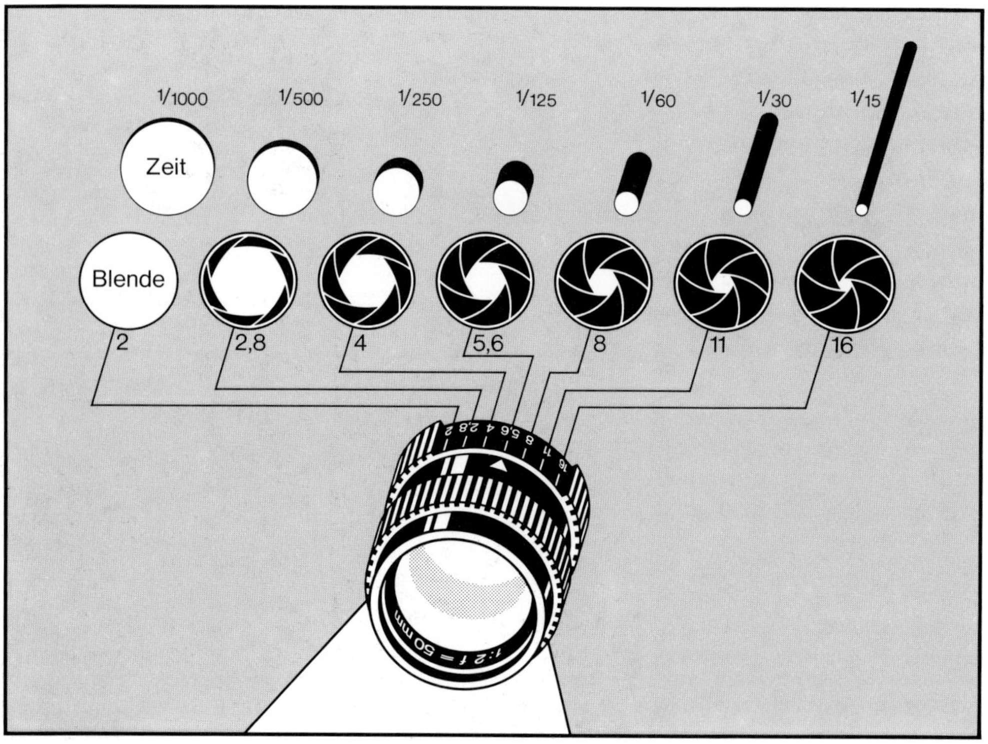

Die Darstellung veranschaulicht die Beziehung zwischen Blende und Belichtungszeit. Bei gleichem Belichtungsprodukt, erlaubt eine große Blendenöffnung (kleine Blendenzahl) eine sehr kurze Belichtungszeit, während eine kleine Blende (große Blendenzahl) eine längere Belichtungszeit erfordert.

Große Blende	=	kleine Blendenzahl	=	kurze Belichtungszeit
Kleine Blende	=	große Blendenzahl	=	lange Belichtungszeit

Eine Aufnahme kann nur unter Einhaltung einer bestimmten Blendenzeitkombination zu einem richtigen Ergebnis führen. Die Blende und die Belichtungszeit stehen in direkter Beziehung zueinander. Damit das Gleichgewicht bei der Belichtung gewahrt bleibt, muß bei einer Änderung der Belichtungszeit auch die Blende und bei einer Änderung der Blende auch die Belichtungszeit korrigiert werden. Eine Belichtungszeit mit großer Blende und kurzer Zeit führt zum gleichen Resultat, wie eine Belichtungszeit mit kleiner Blende und langer Zeit. Eine Ausnahme bilden der Ultrakurzzeit- und der Schwarzschildeffekt. Diese Effekte werden auf der Seite 111 näher erläutert.

Für die exakte Dauer der auf den Film einwirkenden Lichtmenge sorgt der Verschluß. Er gestattet bei der Einstellung auf B eine beliebig lange Belichtungszeit und auf Momentzeiten jeweils Intervalle zwischen 1 und $1/4000$ s. Die Maßeinheit der Belichtungszeit ist die Sekunde und deren Bruchteile. Für die Belichtung ist die Verschlußzeit, die der Fotograf verwacklungsfrei aus der Hand belichten kann und die das Objekt in seiner natürlichen Bewegung festhält, am günstigsten. Die Belichtungszeiten liegen im Durchschnitt zwischen $1/30$ s und $1/1000$ s, wobei die $1/30$ s die längste noch verwackelungsfrei aus der Hand auszulösende Belichtungszeit darstellt. Sich schnell bewegende Objekte verlangen Verschlußzeiten von $1/1000$ s und kürzer. Sehr schnelle Bewegungen lassen sich nur dann noch scharf abbilden, wenn die Kamera während der Belichtung in der Bewegungsrichtung des Objektes mitgezogen wird. Das Objekt wird dabei scharf, der Hintergrund verwischt wiedergegeben. Die Wahl der Verschlußzeit hängt auch von der Brennweite des benutzten Objektivs ab. Eine leicht einzuprägende Faustregel für die längste noch aus der Hand auszulösende Belichtungszeit lautet:

$$\frac{1}{\text{Brennweite in mm}} = \text{Belichtungszeit in Sekunden}$$

$$\text{Zum Beispiel:}\quad f = 250 \text{ mm} \quad \frac{1}{250} = 1/250 \text{ s}$$

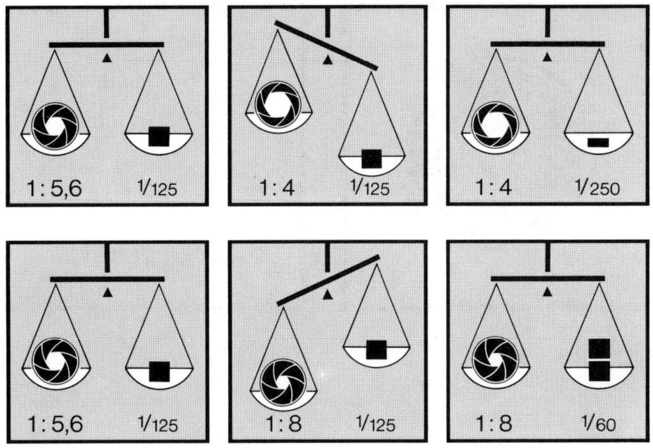

Um das Produkt der Belichtung stets im Gleichgewicht zu halten, muß bei Änderung der Blende auch die Belichtungszeit korrigiert werden und umgekehrt.

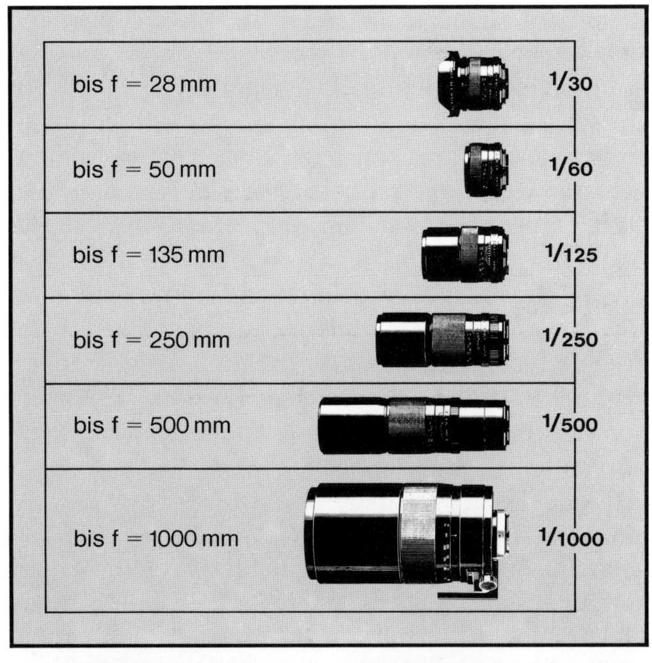

Die Grafik zeigt das Verhältnis von Brennweite zur längsten noch verwackelungsfrei aus der Hand auszulösenden Belichtungszeit.

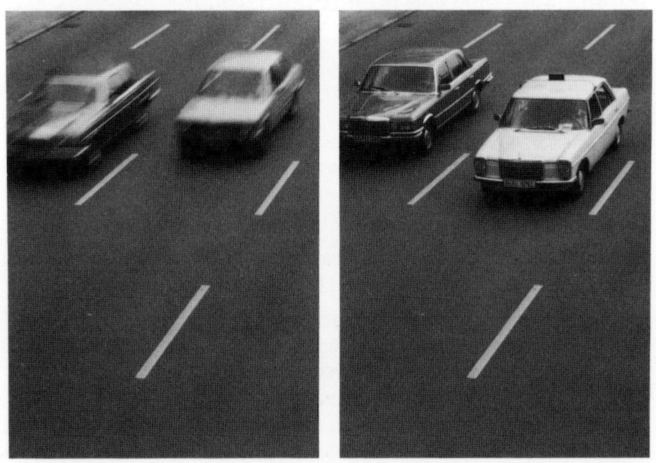

Um bewegte Objekte nicht verwischt und unscharf wiederzugeben, muß die Belichtungszeit die Bewegungsgeschwindigkeit berücksichtigen. Bild links wurde mit $1/60$ s belichtet die scharfe Abbildung rechts dagegen mit $1/1000$ s.

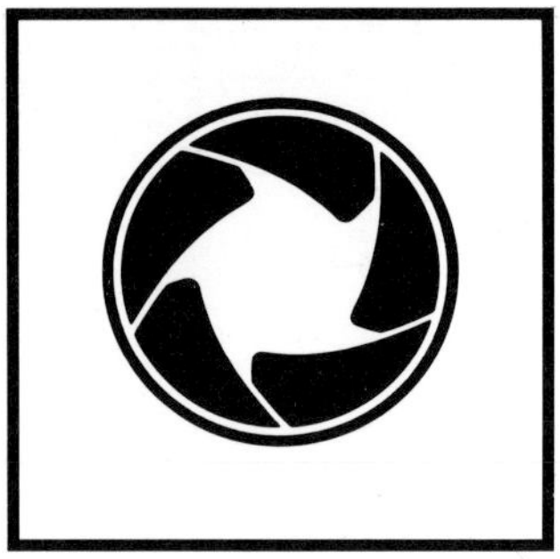

Zentral-verschluß

Beim Zentralverschluß handelt es sich um einen Objektiv- oder Zwischenlinsenverschluß. Seine Lage ist in unmittelbarer Blendennähe am optisch günstigsten Ort, der engsten Strahlenbündeleinschnürung. Im Moment des Auslösens öffnen sich die Verschlußlamellen ruckartig von der Mitte zum Rand hin und geben gleichzeitig die gesamte Bildfläche für die Dauer der Belichtung frei. Danach schließen sie sich wieder ebenso ruckartig vom Rand zur Mitte hin. Die kürzeste Verschlußzeit bildet ein mechanisches Federwerk von Armbanduhrpräzision. Längere Zeiten bis zu 1 Sekunde werden entweder durch Zahnradhemmwerke oder Elektromagnete gesteuert. Letztere erlauben Belichtungszeiten, die noch wesentlich länger als 1 Sekunde sind. Die kürzeste Belichtungszeit beträgt $^1/_{500}$ s. Der Vorteil des Zentralverschlusses liegt in seiner Fähigkeit, selbst allerkürzeste Belichtungszeiten bei Verwendung eines Elektronenblitzes voll zu synchronisieren. Als Nachteil machen sich die höheren Kosten bei der Verwendung von Wechselobjektiven bemerkbar, da jedes Objektiv einen eigenen Verschluß benötigt.

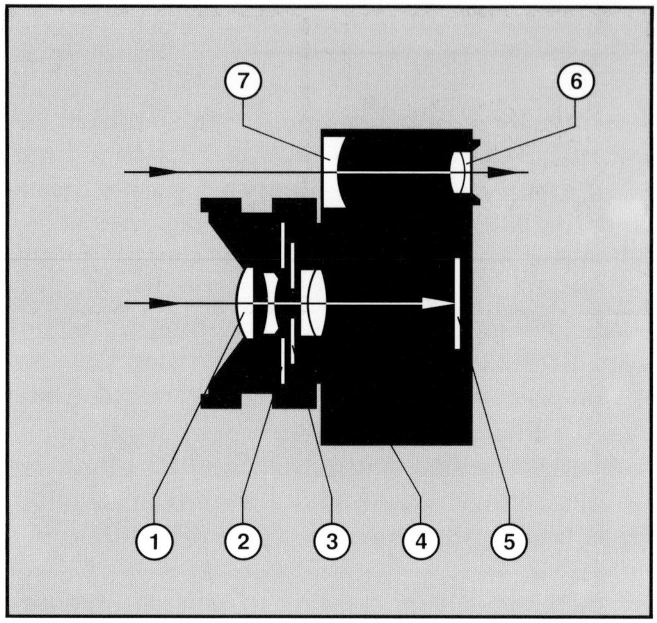

Vertikaler Schnitt durch eine Sucherkamera mit Zentralverschluß: (1) Objektiv, (2) geöffneter Zentralverschluß, (3) abgeblendete Irisblende, (4) Kameragehäuse, (5) Film während der Belichtungsphase, (6) Sucherokular, (7) Sucherfrontlinse.

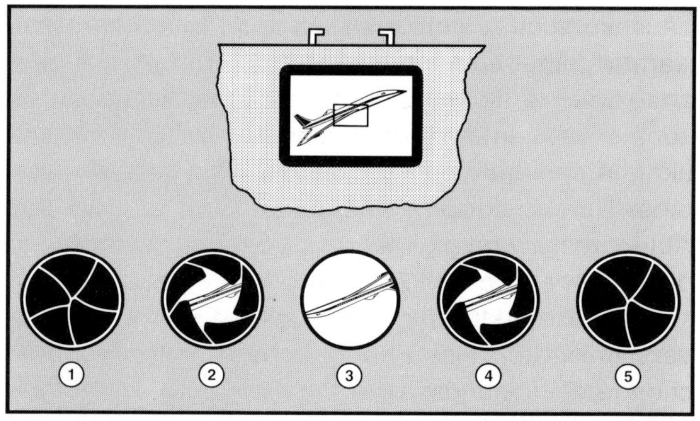

Belichtungsvorgang beim Zentralverschluß: (1) geschlossen, (2) sich öffnend, (3) offen, (4) sich schließend, (5) geschlossen.

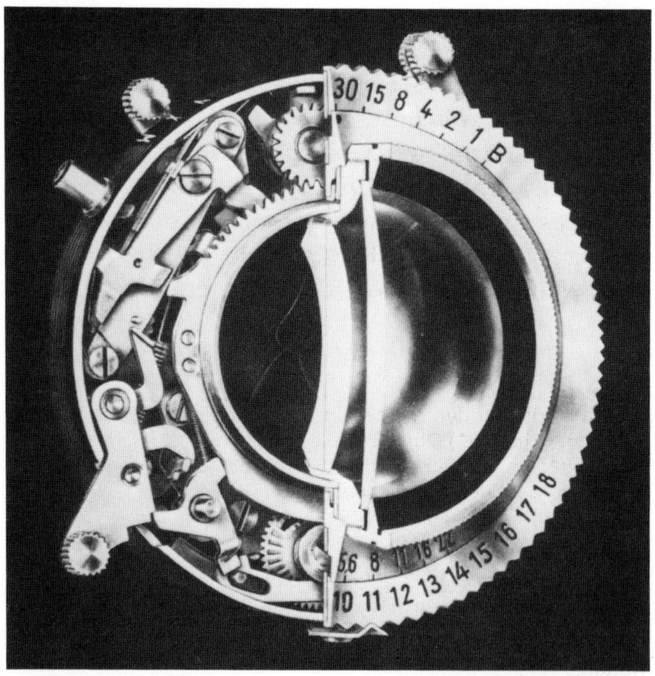

Schnittdarstellung eines Objektivs mit Zentralverschluß. Hinter den drei halbierten Linsen der vorderen Objektivhälfte sind die 5 Verschlußlamellen und in der linken Gehäusehälfte die Mechanik des Zahnradhemmwerkes klar zu erkennen. Die rechte Objektivhälfte zeigt die Verschlußzeit-, Blenden- und Lichtwertskalen. Foto: Friedrich Deckel, München.

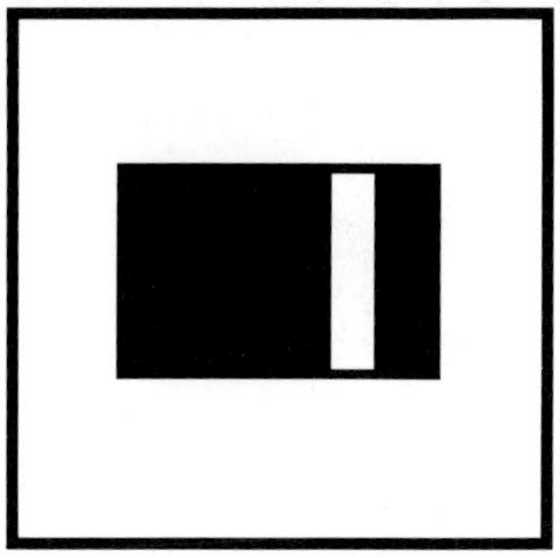

Schlitz-verschluß

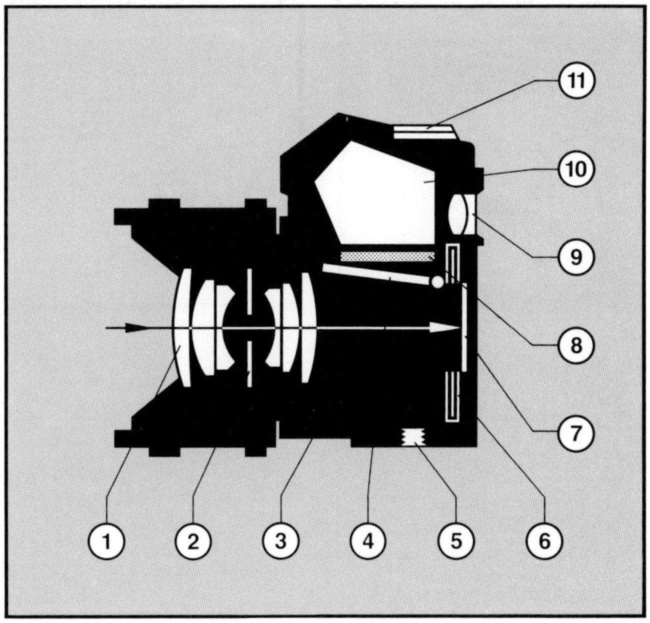

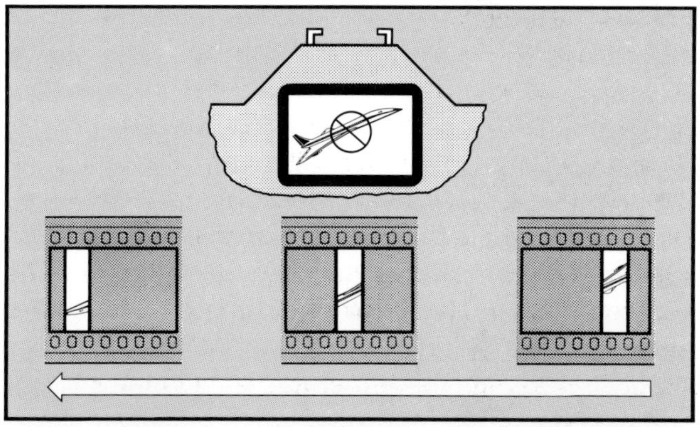

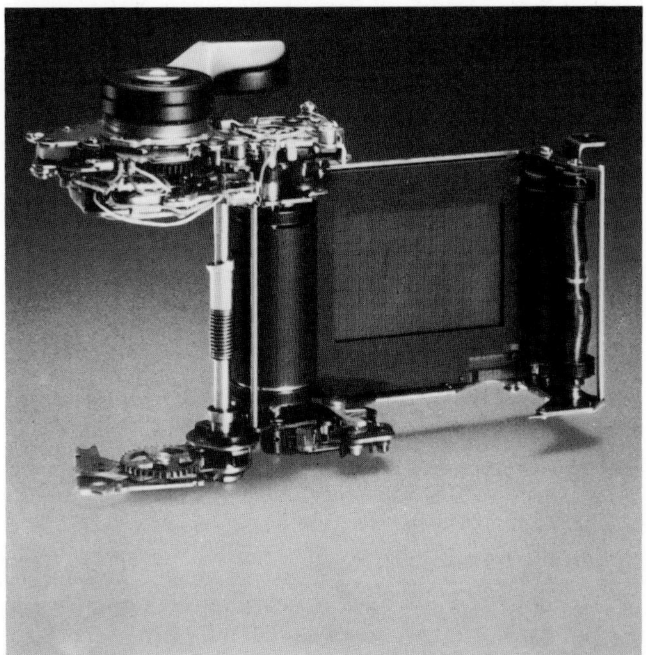

Beim Schlitzverschluß handelt es sich um einen Gehäuseverschluß, der dicht vor der Filmebene in die Kamera eingebaut ist. Er besteht aus zwei nacheinander mit verstellbarer Schlitzbreite entweder horizontal ablaufenden Metall- bzw. Tuchrollos oder vertikal ablaufenden Metallamellen-Vorhängen. Bei einer durch Federkraft erzeugten gleichbleibenden Ablaufgeschwindigkeit der beiden Vorhänge wird durch Änderung der Schlitzbreite die jeweilige Verschlußzeit elektronisch geregelt. Moderne Schlitzverschlüsse erlauben sehr kurze, bis zu $1/_{4000}$ s reichende Belichtungszeiten. Im Gegensatz zum Zentralverschluß findet beim Schlitzverschluß die Belichtung der Bildfläche streifenweise nacheinander statt. Schlitzverschlußkameras besitzen gegenüber den Zentralverschlußkameras den Vorteil, daß sie für die einzelnen Wechselobjektive keine separaten Verschlüsse benötigen. Der bisherige Nachteil der relativ langen Synchronzeiten, die zwischen $1/_{60}$ bis $1/_{125}$ s lagen, wird von den neuen mit einer Synchronzeit von $1/_{250}$ s arbeitenden Schlitzverschlüssen auch weitgehend behoben.

Vertikaler Schnitt durch eine einäugige Spiegelreflexkamera mit Schlitzverschluß: (1) Objektiv, (2) abgeblendete Irisblende, (3) Kameragehäuse, (4) Rückschwingspiegel hochgeklappt, (5) Stativgewinde, (6) geöffneter Schlitzverschluß, (7) Film während der Belichtung, (8) Einstellscheibe, (9) Sucherokular, (10) Pentaprisma, (11) Zubehörschuh.

Belichtungsvorgang beim Schlitzverschluß: rechts Beginn der Belichtung, links fast beendete Belichtung.

Horizontal ablaufender Schlitzverschluß der Nikon F 3. Foto: Werkfoto Nikon.

Bild-schärfe

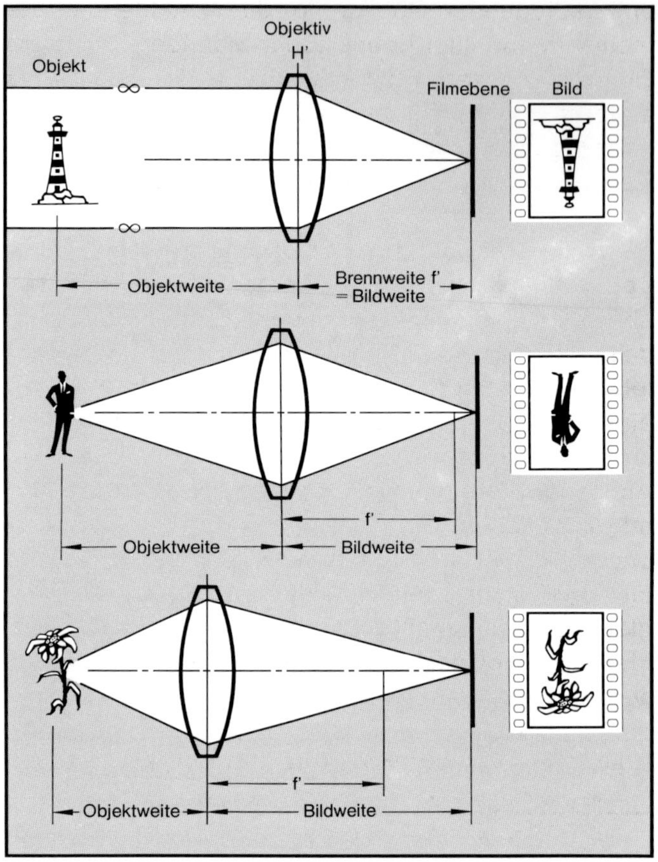

Wer zum erstenmal mit einer Spiegelreflexkamera auf ein nah gelegenes Motiv scharf einstellt, ist erstaunt, daß er nicht das gesamte Sucherbild gleichzeitig scharf sieht. Tatsächlich bilden Linsen oder fotografische Objektive streng genommen nur eine Ebene scharf ab. Je nachdem wie man einstellt, erscheint entweder der Vorder-, Mittel- oder der Hintergrund scharf. Wie kommt das? Befindet sich ein Objekt, etwa ein Leuchtturm, in weiter Ferne, so wird er genau im Brennpunkt F' bzw. in der Brennebene des Objektivs scharf abgebildet. Hierbei sind die Bildweite, der Abstand von der Hauptebene H' bis zur Filmebene und die Brennweite identisch. Rückt das Objekt, etwa eine Person, näher an die Kamera heran, so vergrößert sich die Bildweite entsprechend über die Brennweite hinaus. Liegt das Objekt, wie bei einer Makroaufnahme, noch näher vor der Kamera, so ist die Bildweite sogar größer als die Objektweite. Die Grafiken verdeutlichen die Beziehungen zwischen der Objekt- und der Bildweite. Je größer die Aufnahmeentfernung (= Objektweite) ist, um so kleiner ist die Bildweite. Da jedoch die meisten Aufnahmeobjekte über eine größere Tiefenausdehnung verfügen, kann man die verschieden weit

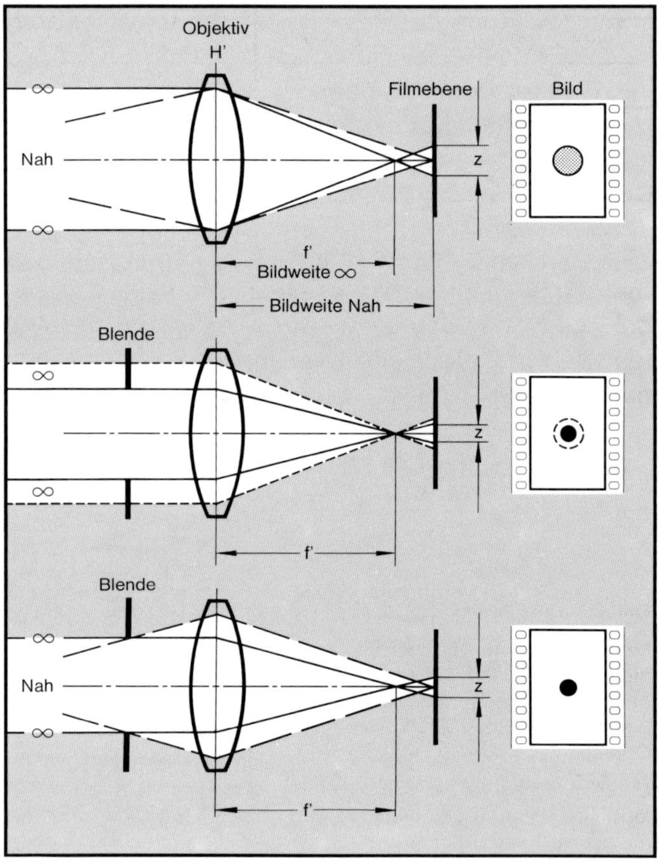

Oben: Je nach Aufnahmeentfernung des Objektes verändert sich die Bildweite. Bei dem unendlich weitentfernten Leuchtturm ist sie noch mit der Brennweite identisch. Doch wird die Bildweite, wie aus der Personen- und Nahaufnahme ersichtlich, um so größer, je kürzer die Aufnahmeentfernung ist.

Unten: Das Entstehen von Zerstreuungskreisen. Durch Abblenden läßt sich der Zerstreuungskreisdurchmesser verringern. Es bilden dann nur noch die achsennahen Strahlen ab, die die Kreise auf punktförmige Größe reduzieren und die gleichscharfe Abbildung nah- und ferngelegener Objekte ermöglichen.

entferntliegenden Objekte nur durch Abblenden gemeinsam auf einer Ebene scharf abbilden.

Objekte, die verschieden weit von der Filmebene entfernt liegen, werden auf dem Film nicht ausnahmslos als scharfe Punkte, sondern teilweise als kleinere oder größere Kreise wiedergegeben. Die kreisförmig abgebildeten Objektpunkte bezeichnet man als Zerstreuungs- oder Unschärfekreise.

Zerstreuungskreise entstehen dann, wenn die Filmebene nicht von dem Gipfelpunkt eines Strahlenbündels getroffen, sondern vor oder hinter seinem Gipfelpunkt von der Filmebene geschnitten wird. Bis zu einer gewissen Durchmessergröße werden Zerstreuungskreise wegen des physiologisch bedingten Auflösungsvermögens des Auges noch als punktförmig angesehen. Die zulässige Größe der Zerstreuungskreise ist vom Aufnahmeformat abhängig und für alle Brennweiten eines Aufnahmeformates gleich. Allgemein gilt $\frac{1}{1500}$ der Normalbrennweite als Maß des zulässigen Zerstreuungskreisdurchmessers.

Aufnahmeformat	Brennweite	Zerstreuungskreis ∅ 1/1500 f
24 × 36 mm	50 mm	0,03 mm
60 × 60 mm	80 mm	0,05 mm
65 × 90 mm	105 mm	0,07 mm
90 × 120 mm	150 mm	0,10 mm
130 × 180 mm	210 mm	0,15 mm
180 × 240 mm	300 mm	0,20 mm

Wie die Abbildungen zeigen, läßt sich der Durchmesser der Zerstreuungskreise durch Abblenden reduzieren. Es bilden dann nur noch die Zentralstrahlen ab, und die Kreise verringern sich auf eine punktförmige Größe.

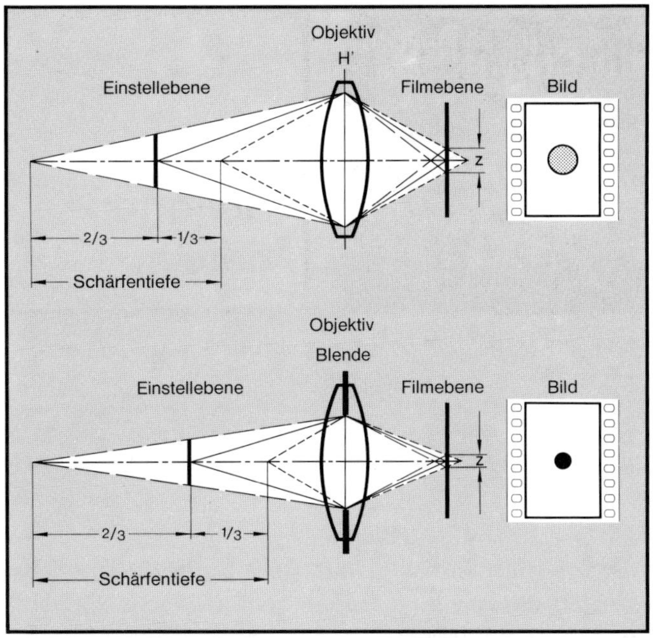

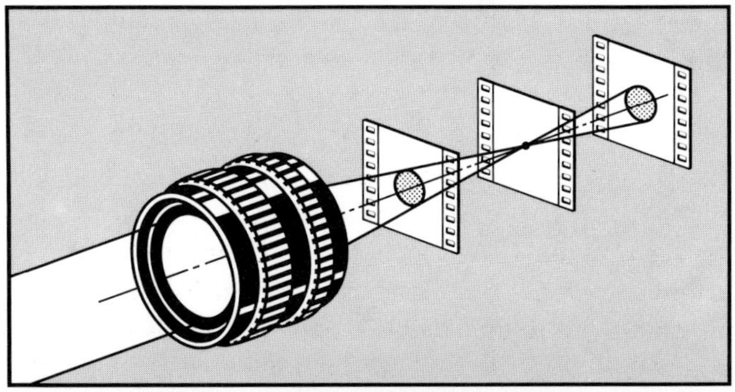

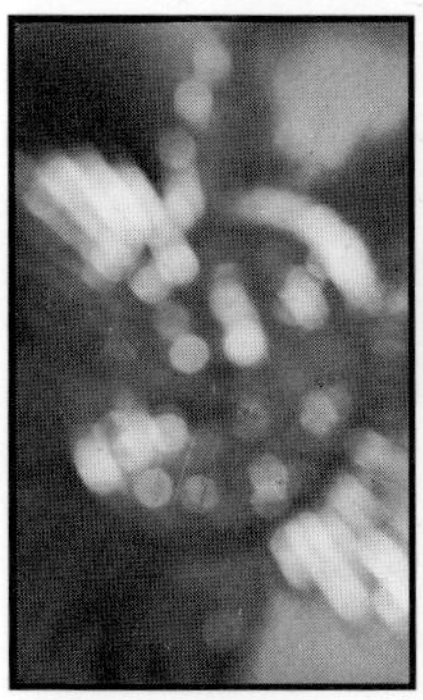

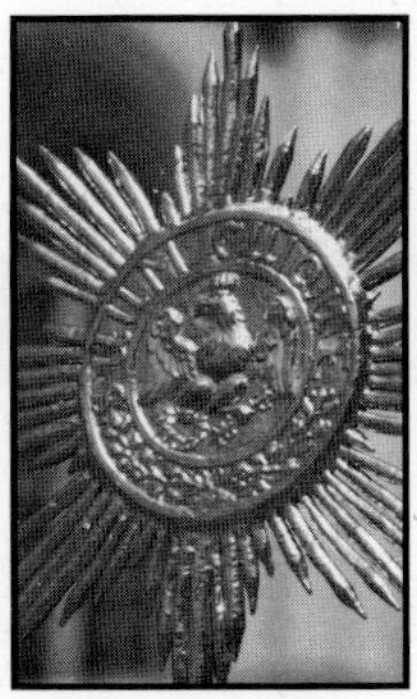

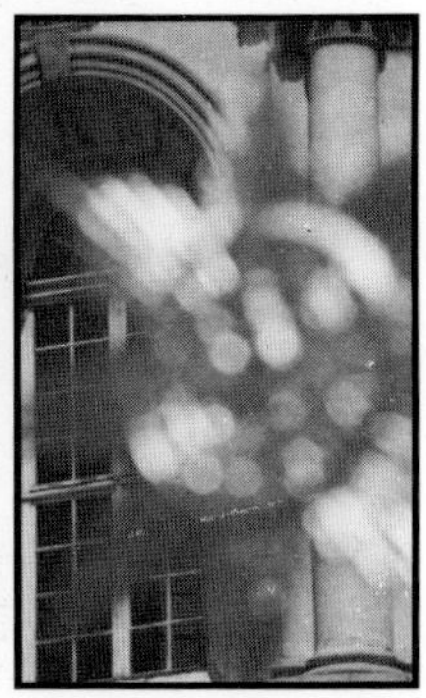

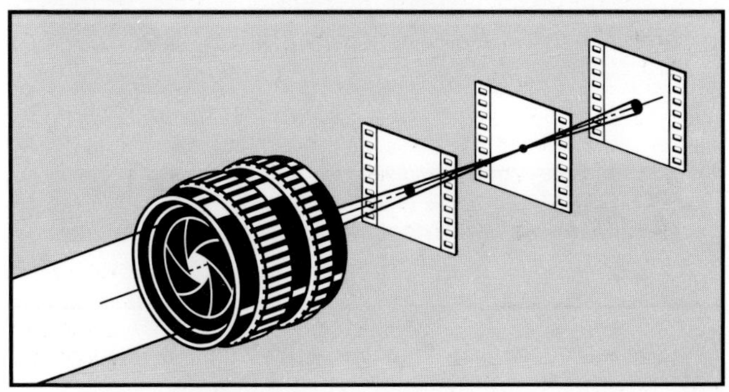

Oben: Vergrößerung der Schärfentiefe durch Abblenden.

Mitte: Zerstreuungskreise entstehen dann, wenn die Filmebene nicht vom Gipfelpunkt eines Strahlenkegels, sondern vor oder hinter diesem von der Filmebene geschnitten wird. Die 3 Bildbeispiele zeigen die Scharfeinstellung vor, auf und hinter das Objekt.

Unten: Durch Abblenden nehmen die Zerstreuungskreise punktförmige Größe an und bilden Objekte in 3 Entfernungsbereichen mit ausreichender Schärfe ab.

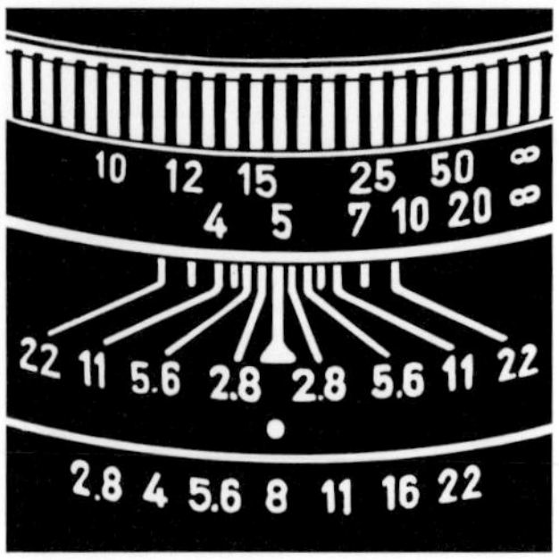

Schärfentiefe

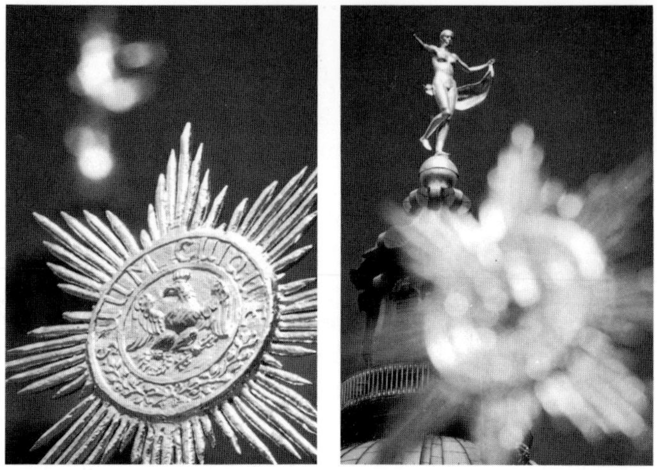

Bei Scharfeinstellung auf den Vordergrund wird das Hintergrundmotiv in Zerstreuungskreise aufgelöst und umgekehrt.

Als Schärfentiefe wird der Bereich bezeichnet, innerhalb dessen alle Aufnahmeobjekte ausreichend scharf abgebildet werden. Die Schärfentiefe ist keine unabhängige Konstante, sondern wird beeinflußt von:

der Brennweite des Objektivs,
der Aufnahmeentfernung,
der Blendenöffnung und
dem zulässigen Zerstreuungskreisdurchmesser.

Die Ausdehnung der Schärfentiefe ist bis zu einer Aufnahmeentfernung von ca. 20 Brennweiten so verteilt, daß etwa ⅓ der Schärfenzone vor und ⅔ hinter der Einstellebene liegen. Im Nahbereich unterhalb von 20 Brennweiten hat die Schärfenzone beiderseits der Einstellebene etwa die gleiche Ausdehnung. Bei Abbildungsmaßstäben größer als 1 : 1 kehrt sich das Verhältnis der Schärfentiefeverteilung sogar um. Die Schärfenzone vor der Einstellebene wird dann größer als die dahinter.

Fast jedes Kameraobjektiv weist heutzutage eine eingravierte Schärfentiefeskala auf. Um Aufnahmen großer Tiefenausdehnung vom bildwichtigen Vorder- bis Hintergrund scharf abzubilden, nimmt man die sogenannte «Fernpunkt-Nahpunkteinstellung» vor. Dazu werden der Fernpunkt und der Nahpunkt separat ermittelt und auf der Schärfentiefeskala der gefundene Fernpunkt gegenüber der optimalen Blende eingestellt. (Unter optimaler Blende versteht man den Blendenwert, bei dem das Objektiv seine beste optische Leistung erbringt. Meistens liegt dieser Wert zwei bis drei Blenden nach der vollen Öffnung.) Danach wird auf der entgegengesetzten Seite der Indexmarke, am Nahpunkt, bei gleichem Blendenwert die Ausdehnung der Schärfentiefe abgelesen. Zeigt es sich, daß der Schärfentiefebereich nicht ausreicht, wird der Vorgang mit der nächstkleineren Blende so lange wiederholt, bis die gewünschte Schärfentiefe erreicht ist.

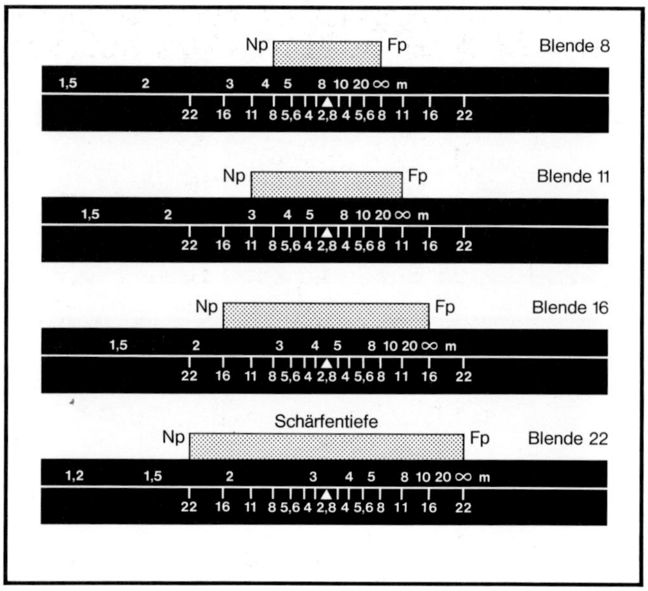

Ablauf des Vorgangs der Fernpunkt-Nahpunkteinstellung zur Erzielung der größten Schärfentiefe.

Rechte Seite:

Darstellung der Beziehung zwischen Blende und Schärfentiefe bei gleichbleibender Aufnahmeentfernung.

Darstellung der Beziehung zwischen Aufnahmeentfernung und Schärfentiefe bei gleichbleibender Blende.

Darstellung der Beziehung zwischen Brennweite und Schärfentiefe bei gleichbleibender Aufnahmeentfernung.

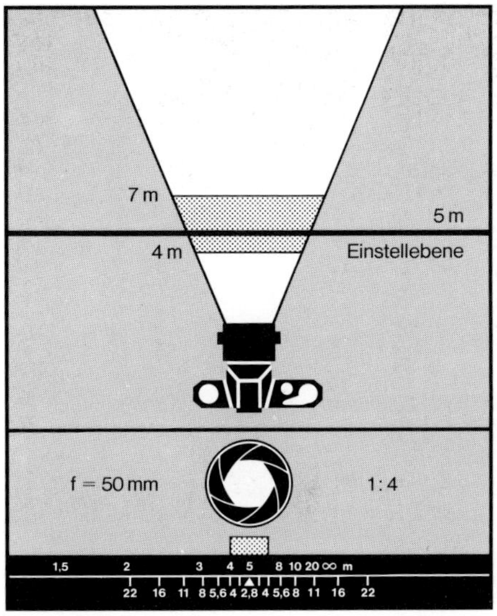
7 m
5 m
4 m
Einstellebene
f = 50 mm
1:4

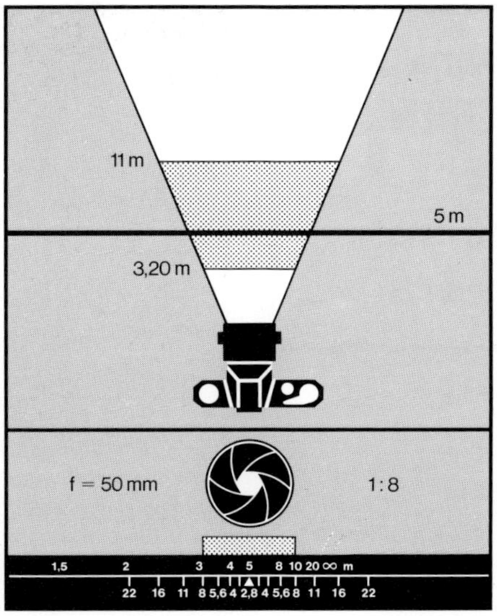
11 m
5 m
3,20 m
f = 50 mm
1:8

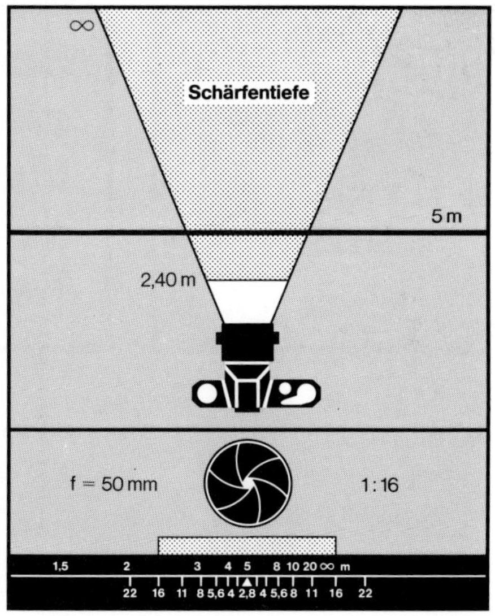
∞
Schärfentiefe
5 m
2,40 m
f = 50 mm
1:16

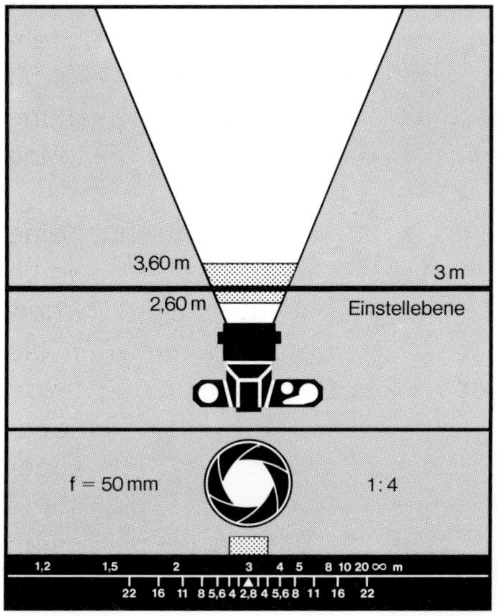
3,60 m
3 m
2,60 m
Einstellebene
f = 50 mm
1:4

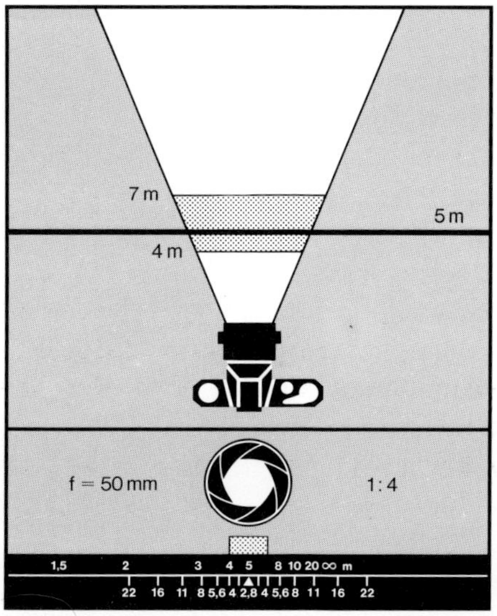
7 m
5 m
4 m
f = 50 mm
1:4

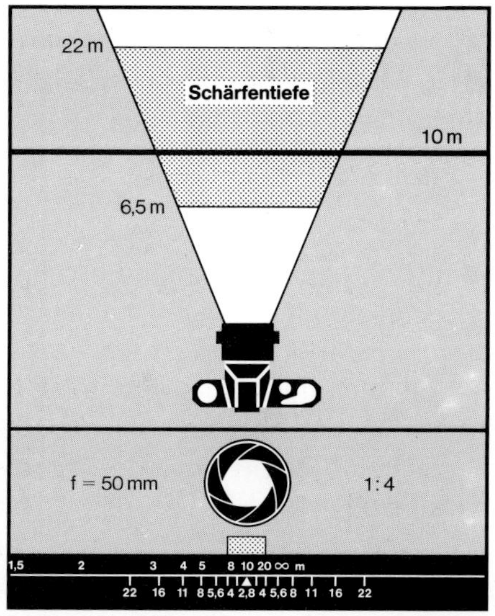
22 m
Schärfentiefe
10 m
6,5 m
f = 50 mm
1:4

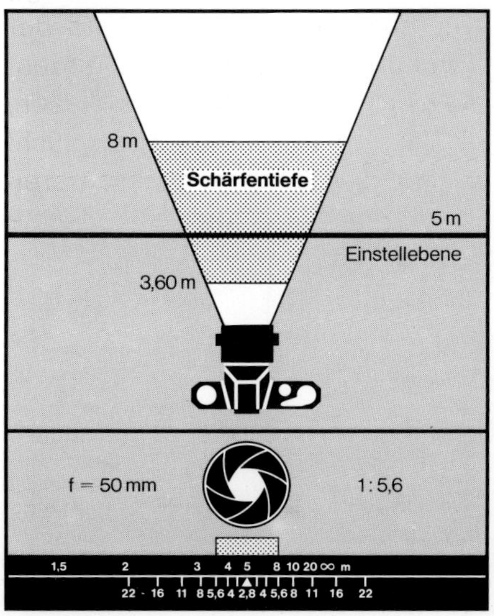
8 m
Schärfentiefe
5 m
Einstellebene
3,60 m
f = 50 mm
1:5,6

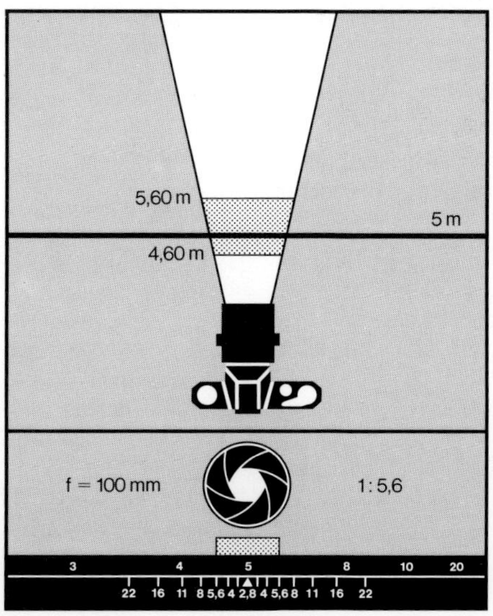
5,60 m
5 m
4,60 m
f = 100 mm
1:5,6

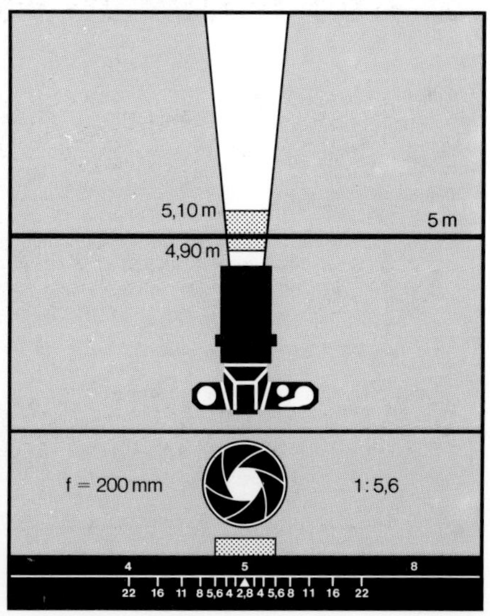
5,10 m
5 m
4,90 m
f = 200 mm
1:5,6

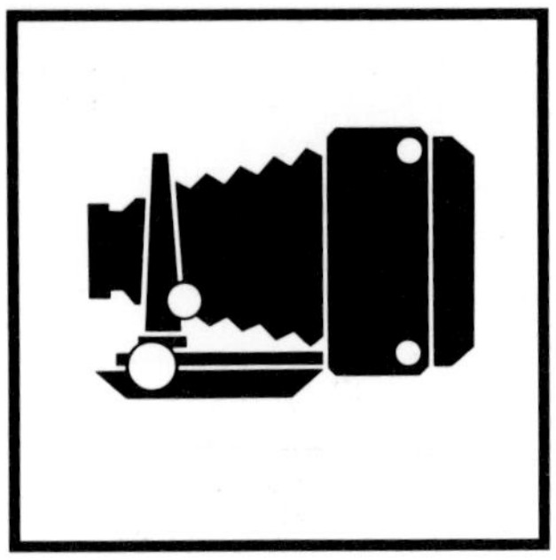

Scharfeinstellhilfen: Mattscheiben-Kamera

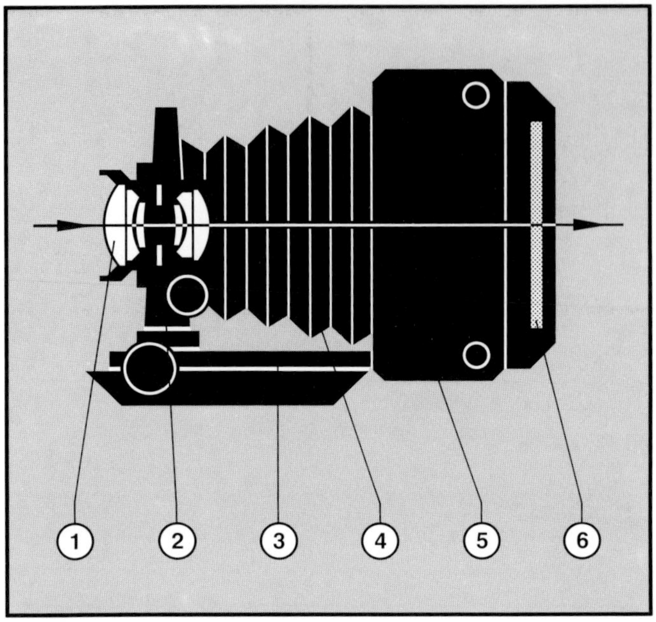

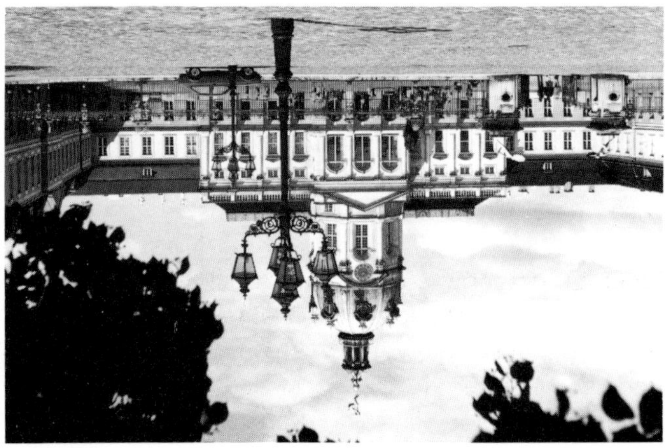

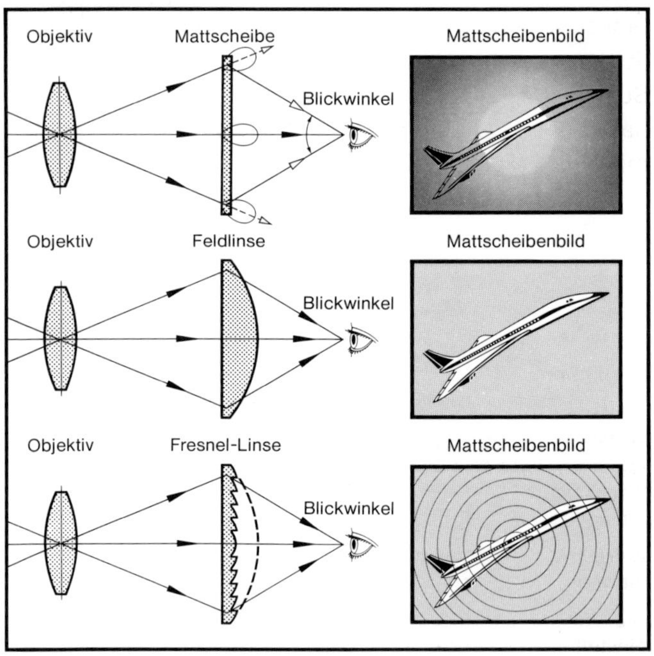

Die Festlegung des Bildausschnitts und das Scharfstellen erfolgen bei der Mattscheibenkamera durch Abstandsveränderung des Objektivs gegenüber einer mattgeätzten planparallelen Glasscheibe. Die Mattscheibe ist mit dem Bildformat identisch. Während der Aufnahme befindet sich an ihrer Stelle der Film. Das Mattscheibenbild erscheint seitenverkehrt und kopfstehend. Wegen der starken Streuung und des Lichtverlustes auf dem Mattscheibenbild zum Rande hin, muß mit Hilfe einer Fresnellinse und eines Dunkeltuchs scharf eingestellt werden. Die Mattscheibe liefert für jede Brennweite ein optisch parallaxenfreies Bild. Jedoch ist die zeitliche Parallaxe (Verschiebung) zwischen Scharfeinstellung und eigentlicher Aufnahme relativ groß. Eine verbesserte Form der Mattscheibeneinstellung bietet das Prinzip der Spiegelreflexkamera.

Vertikaler Schnitt durch eine Laufboden-Großformatkamera mit Mattscheibeneinstellung: (1) Objektiv, (2) Irisblende, (3) Laufboden mit dreifachem Auszug, (4) Balgen, (5) Kameragehäuse, (6) Einstell- oder Mattscheibe.

Kopfstehendes und seitenverkehrtes Sucherbild der Mattscheibenkamera.

Die Einstellhelligkeit verschiedener Mattscheibenvarianten: 1. Infolge der geradlinigen Ausbreitung des Lichtes und der Streuung an der Mattscheibenoberfläche, erscheinen dem in der optischen Achse beobachtenden Betrachter die Bildecken stark abgedunkelt.

2. Beim Verwenden einer Feldlinse werden auch die Randstrahlen ins Auge des Betrachters gelenkt, und die Ausleuchtung der gesamten Mattscheibe erscheint gleichmäßig hell.

3. Weil die Feldlinse sehr dick und schwer ist, verwendet man stattdessen eine als Stufenlinse ausgebildete sogenannte Fresnel-Linse, die in ihrem Krümmungsradius der Feldlinse entspricht.

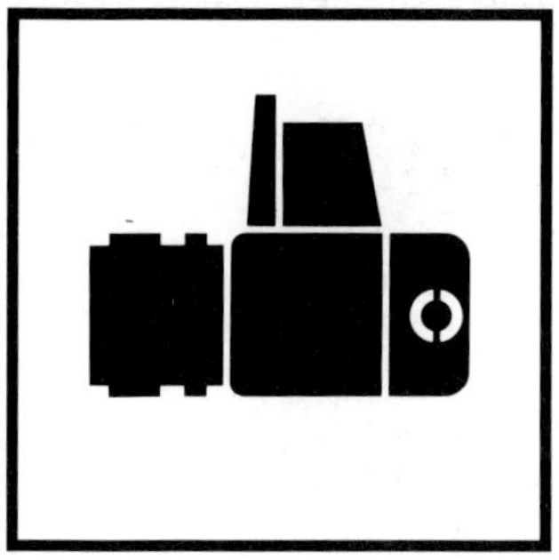

SLR-Kamera

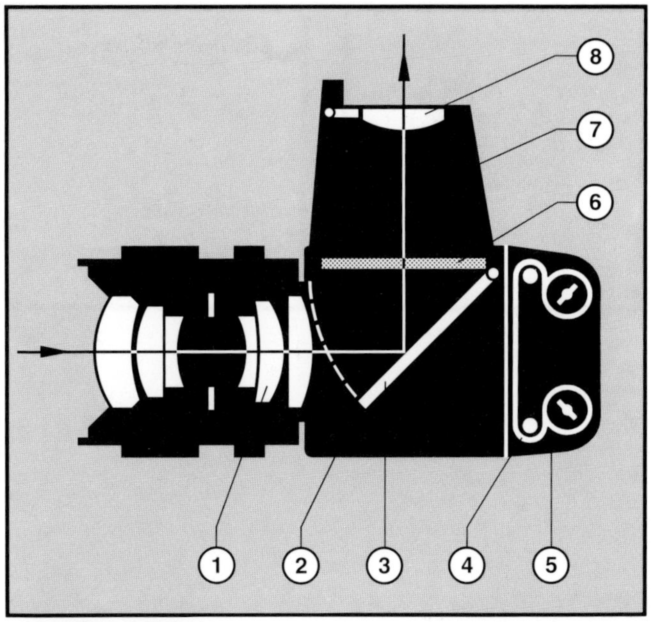

Statt eingängiger Spiegelreflex hat sich auch bei uns die englische Abkürzung SLR für Single Lens Reflex eingebürgert. Unter Beibehaltung der Vorteile behebt die SLR-Kamera einige Nachteile der Mattscheibenkamera. Das vom Objektiv entworfene Bild wird zur Scharfeinstellung über einen unter 45° geneigten Oberflächenspiegel auf die Mattscheibe gelenkt. Es erscheint zwar immer noch seitenverkehrt, aber aufrechtstehend. Ein mit einer Vergrößerungslupe versehender Lichtschacht erlaubt ein exaktes und schnelles Einstellen. Zur Aufhellung des Mattscheibenbildes dient eine kombinierte Fresnellinsenmattscheibe. Beim Auslösen klappt der Umlenkspiegel hoch und gibt das Bildfenster für die Belichtung frei. Während dieser Zeit wird das Sucherbild ausgeblendet. Sämtliche Kleinbild und nahezu alle Mittelformat-SLR-Kameras sind heute mit einem Rückschwingspiegel ausgerüstet.

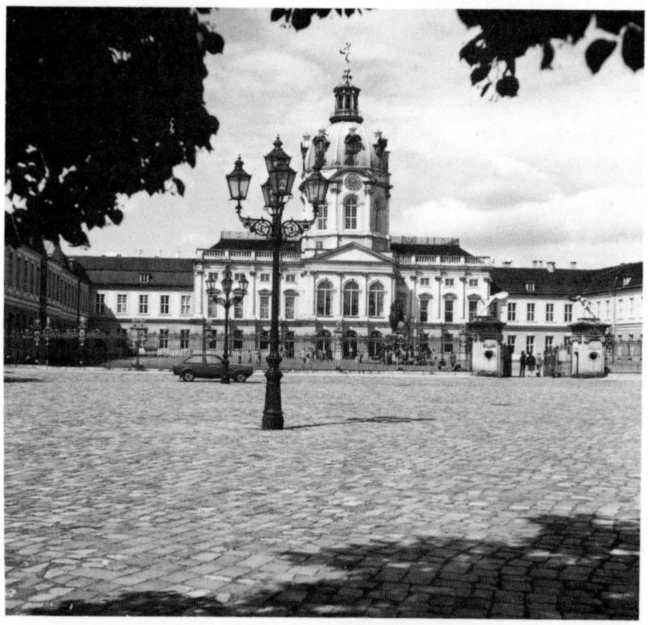

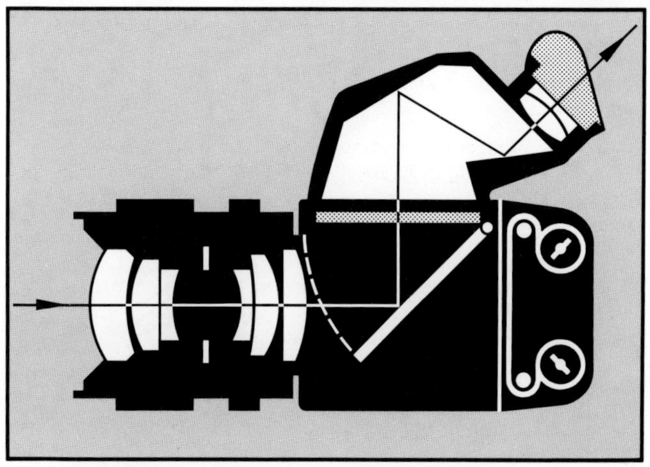

Vertikaler Schnitt durch eine SLR-Kamera: (1) Objektiv, (2) Kameragehäuse, (3) Rückschwingspiegel, (4) Film, (5) abnehmbares Wechselmagazin, (6) Fresnel-Einstellscheibe, (7) Lichtschacht, (8) Einstellupe.

Aufrechtstehendes aber seitenverkehrtes Sucherbild der SLR-Kamera mit Lichtschachtsucher.

Die Verwendung eines Dachkantprismas ermöglicht die Scharfeinstellung auf ein seitenrichtiges Sucherbild.

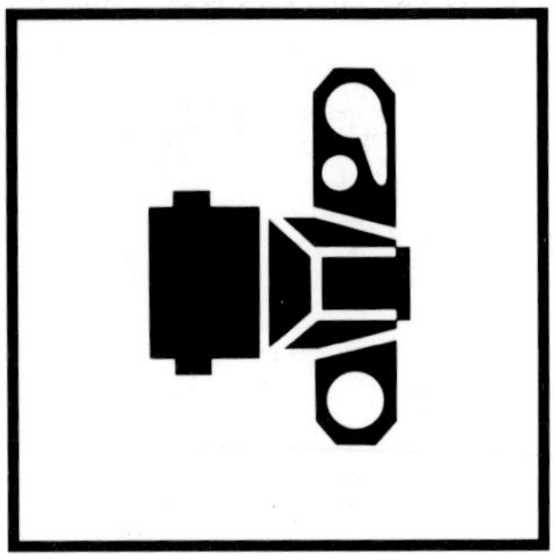

Kleinbild-SLR-Kamera

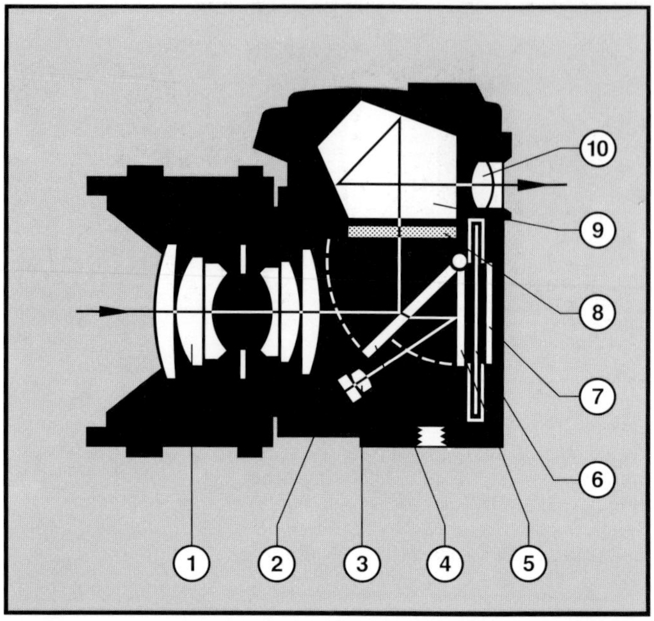

Der Nachteil des seitenverkehrten Sucherbildes bei SLR-Kameras mit Lichtschachtsucher wird durch einen Pentaprismensucher behoben. Er erlaubt auch die Verfolgung bewegter Objekte auf der Mattscheibe, was bei seitenverkehrtem Sucherbild schwierig ist. Das Penta- oder Dachkantprisma bildet nach 3maliger interner Reflexion, wie auf der Funktionszeichnung dargestellt, das Objekt aufrechtstehend und seitenrichtig ab. Das Sucherbild wird ebenfalls durch eine kombinierte Fresnellinse-Mattscheibe aufgehellt. Zur präziseren Scharfeinstellung besitzen die meisten Einstellscheiben noch einen Schnittbildentfernungsmesser, Mikroprismenraster und einen Mattscheibenring bzw. eine Kombination aller drei Scharfeinstellhilfen. Zur optimalen Anpas-

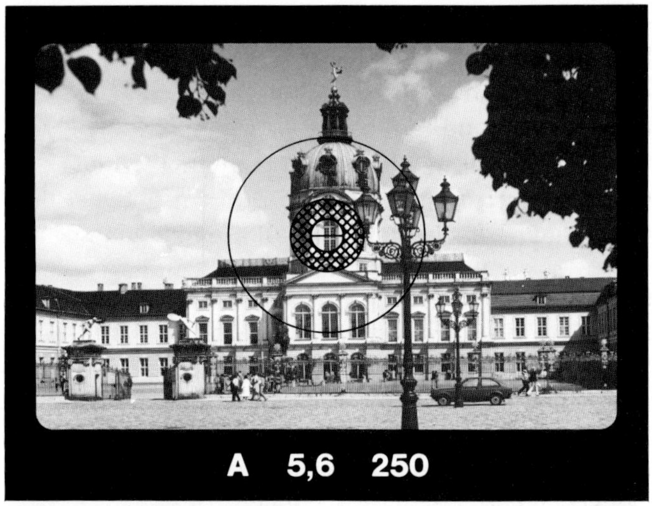

Aufrechtstehendes und seitenrichtiges Sucherbild einer Kleinbild-SLR-Kamera mit Pentaprismensucher.

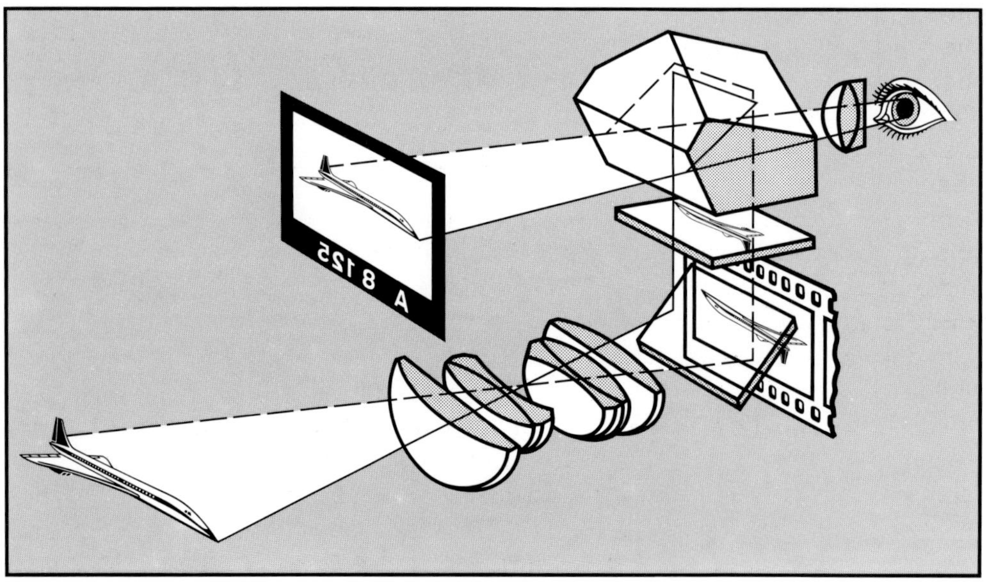

Schematische Darstellung des Strahlenverlaufs beim Blick durch den Pentaprismensucher: Er richtet nicht nur das Bild auf, sondern vertauscht zugleich die Seiten, wie an Hand der durchgezogenen und der gestrichelten Linie leicht zu verfolgen ist. (Um nicht durch noch mehr Details zu verwirren, wurde der Verschluß weggelassen und das kopfstehende und seitenverkehrte Bild auf dem Film so eingezeichnet, als ob der Spiegel hochgeklappt wäre.)

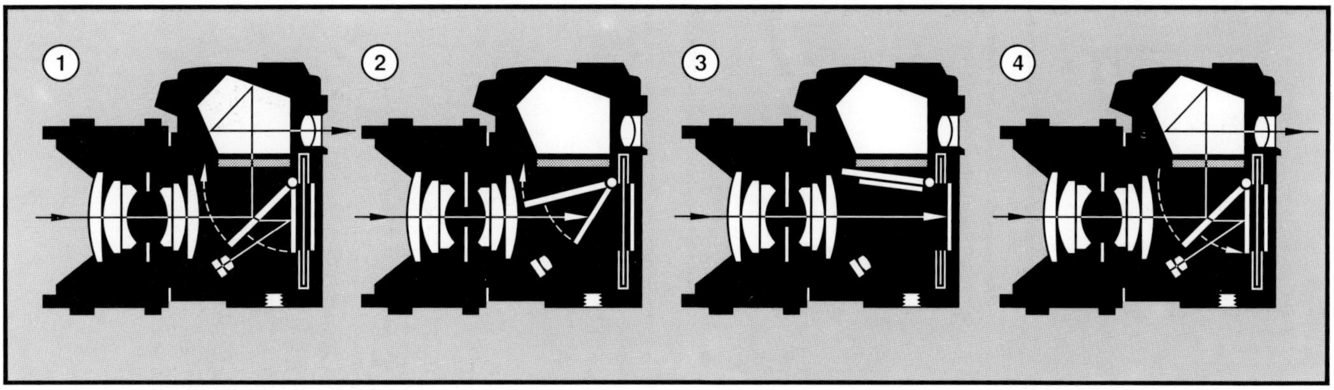

Linke Seite:
Vertikaler Schnitt durch eine Kleinbild-SLR-Kamera mit Pentaprismensucher: (1) Objektiv, (2) Kameragehäuse, (3) TTL-Belichtungsmesser, (4) Rückschwingspiegel, (5) Hilfsreflektor für den Belichtungsmesser, (6) Schlitzverschluß, (7) Film, (8) Fresnel-Einstellscheibe mit Meßkeilen, (9) Pentaprisma, (10) Sucherokular.

Ablauf des Belichtungsvorganges bei einer Kleinbild-SLR-Kamera: (1) nach beendeter Scharfeinstellung mit offener Blende und Betätigung des Auslösers klappt (2) der Spiegel hoch und die Blende schließt sich auf die vorher gewählte Arbeitsblende. (3) der Film wird entsprechend dem Meßresultat belichtet. (4) der Spiegel schwingt zurück und die Blende springt wieder auf ihre größte Öffnung.

sung können bei Systemkameras die Einstellscheiben für die Scharfeinstellung bei der Verwendung unterschiedlicher Brennweiten ausgetauscht werden. Der Umlenkspiegel funktioniert als Rückschwingspiegel. Alle Kameras sind außerdem mit einem TTL-(Through the Lens, durch das Objektiv messenden) Belichtungsmesser ausgestattet.

Meßkeil

Die Einstellscheibe mit dem Meßkeil, der auch Schnittbildindikator genannt wird, erlaubt ein direktes Beobachten des vom Objektiv entworfenen Mattscheibenbildes und seines im Schnittbildentfernungsmesser deutlich erkennbaren Schärfegrades. Optisch basiert die Arbeitsweise darauf, daß zwei halbkreisförmige in ihrem Keilwinkel gegeneinander versetzte Glaskeile in der Mitte der Mattscheibe angebracht sind. Die Linie gleicher Höhe, die durch die Schnittpunkte der Meßkeile führt, liegt dabei in der Einstellebene. Beim Scharfstellen auf ein Objekt, welches nicht in der Einstellebene liegt, werden von den beiden prismatischen Keilen die Lichtstrahlen abgelenkt, so daß zwei durch die Schnittlinie getrennte, gegeneinander versetzte Teilbilder erscheinen. Durch ein Verändern der Bildschärfe am Objektivtubus werden die beiden in der Schnittbildlupe nicht übereinstimmenden Teilbilder zur Deckung gebracht. Das Erkennen der optimalen Schärfe wird bei horizontaler Meßlupe durch eventuell im Bild vorhandene vertikale Linien wesentlich erleichtert. Bei einigen Kameras verläuft die Schnittlinie diagonal. Dadurch wird es möglich, sowohl auf vertikale als

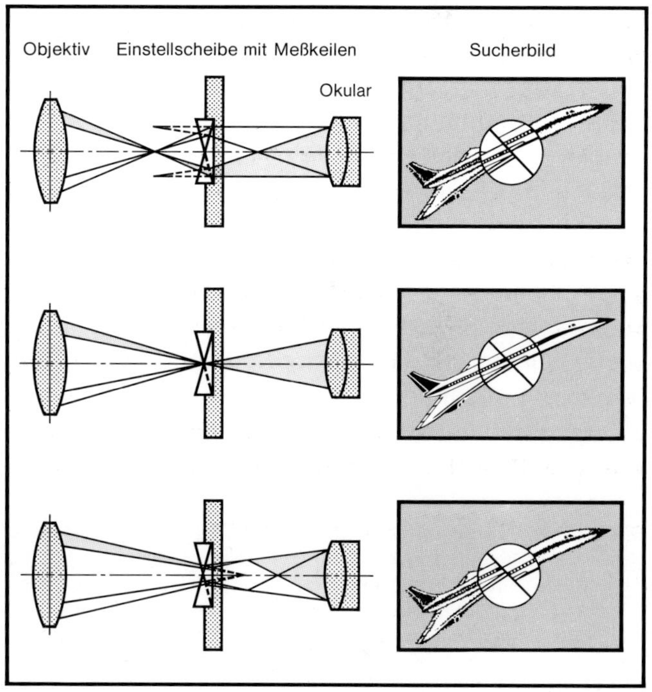

Schematische Darstellung der Wirkungsweise des Schnittbildindikators oder Meßkeil-Entfernungsmessers. Oben: die Schärfe liegt vor der Einstellebene. Mitte: die Schärfe liegt exakt in der Einstellebene. Unten: die Schärfe liegt hinter der Einstellebene.

auch auf horizontale Bildlinien scharfzustellen. Voraussetzung für ein unbehindertes Scharfeinstellen sind Objektive mit einer Lichtstärke von mindestens 1:4. Geringere Lichtstärken verursachen die Schwärzung (Black Out) einer Meßkeilhälfte.

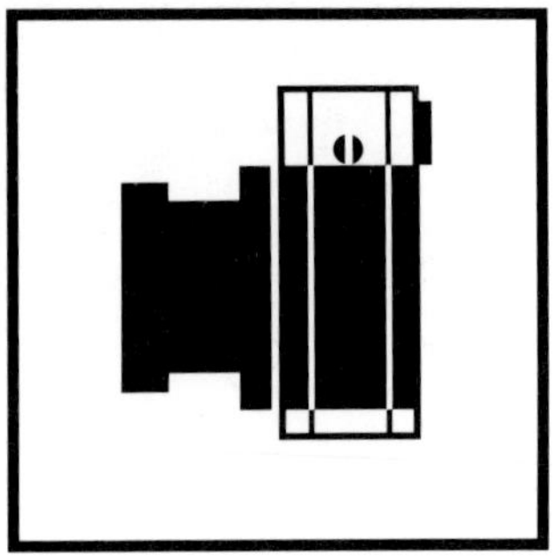

Meßsucher-Kamera

Kameras ohne Mattscheibe oder Spiegelreflexeinrichtung benötigen zur Bildfeldkontrolle einen optischen Sucher. Von den verschiedenen Systemen ist heute nur noch der Leuchtrahmensucher nach Albada von Bedeutung. Alle übrigen optischen Sucher weisen erhebliche Nachteile auf. Der Albada-Sucher erfüllt alle Forderungen, die an einen Sucher gestellt werden. Sowohl der ferne Aufnahmegegenstand als auch die nahe Bildfeldbegrenzung erscheinen dem Auge dabei gleichzeitig scharf. Seine optische Wirkungsweise ist wie folgt:

Hinter einem teildurchlässigen Hohlspiegel ohne Brechkraft befindet sich in dessen Brennebene eine dunkle Rahmenplatte mit einer Öffnung, die dem Auge nicht scharf erscheint. Das Auge des Betrach-

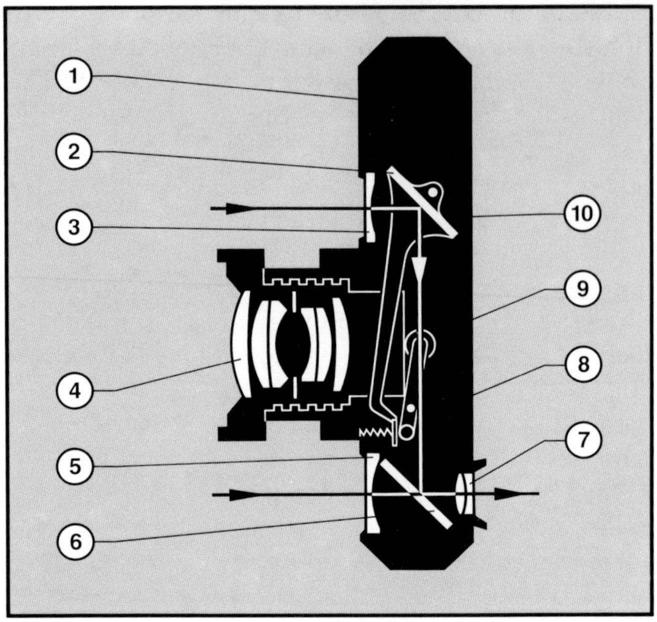

Horizontaler Schnitt durch eine Meßsucherkamera: (1) Kameragehäuse, (2) Schwenkspiegel, (3) Entfernungsmesserfenster, (4) Objektiv, (5) Sucher/Entfernungsmesserfenster, (6) teildurchlässiger starrer Spiegel, (7) Sucherokular, (8) Übertragungshebel und -stift vom E-Messer auf das Objektiv, (9) Abtastrolle für die Entfernungssteuerkurve des Objektivs, (10) Entfernungsmesser-Schwenkarm.

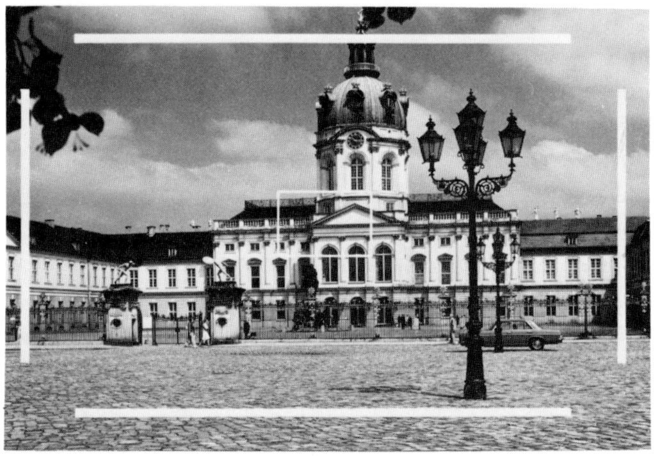

Aufrechtstehendes und seitenrichtiges Sucherbild einer Meßsucher-Kamera mit der eingespiegelten Bildfeldbegrenzung des verwendeten Objektivs.

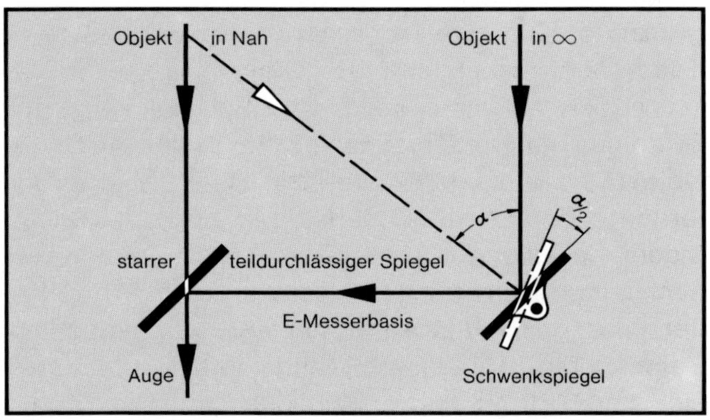

Funktionsschema des Schwenkspiegelentfernungsmessers. Am linken Ende der E-Messerbasis befindet sich ein starrer teildurchlässiger Spiegel, durch den das Auge des Betrachters das Objekt sieht. Am rechten Basisende ist ein um seine Achse drehbar gelagerter Oberflächenspiegel angebracht. Der Schwenkspiegel lenkt über den teildurchlässigen Spiegel ein zweites Bild des Objektes in das Auge. Werden die beiden nebeneinanderliegenden Bilder durch Drehen des Schwenkspiegels zur Deckung gebracht, so ist das Objekt scharf eingestellt.

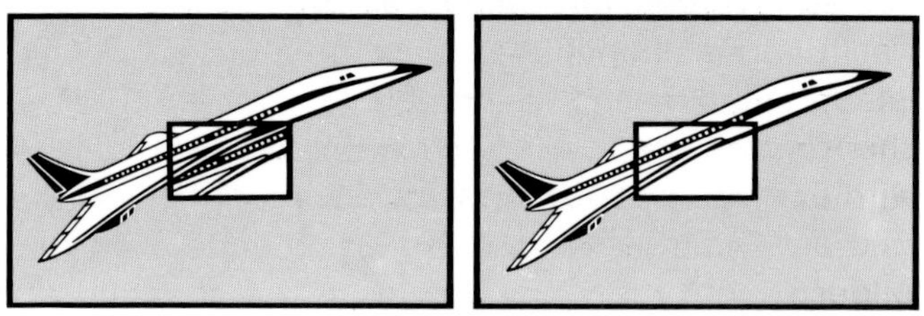

Unscharfes und scharf eingestelltes Sucherbild einer Meßsucher-Kamera.

ters liegt am Ort des Krümmungsmittelpunktes des Hohlspiegels. Auf der dunklen Rahmenplatte ist ein heller «Leuchtrahmen» aufgebracht. Das Bild des Leuchtrahmens, welches der Spiegel dem Auge darbietet, liegt im unendlichen, da sich die Rahmenplatte in der Brennebene des Spiegels befindet. Das Auge sieht durch den teildurchlässigen Spiegel sowohl das entfernt liegende Objekt als auch den umgrenzenden Leuchtrahmen gleichzeitig scharf.

Kameras mit optischem Sucher weisen bei Aufnahmen im Nahbereich eine unangenehme Eigenschaft auf. Das Sucherbild und das auf dem Film aufgenommene Bild sind nicht identisch. Die Ursache liegt darin, daß die optische Achse des Suchers und des Aufnahmeobjektivs um einen gewissen Abstand gegeneinander parallel versetzt sind. Diese Parallelverschiebung der optischen Achsen nennt man Parallaxe. Die Parallaxe macht sich bei Aufnahmen im Fernbereich nicht störend bemerkbar, sondern tritt erst bei Aufnahmeentfernungen von weniger als 3 m in Erscheinung. Dabei kann der Sucherausschnitt erheblich vom Bildausschnitt abweichen. Bei den modernen Kameras wird die Sucherparallaxe entweder durch im Sucherfeld angebrachte Markierungslinien, die den Bildausschnitt für den Nahbereich begrenzen, oder durch ein Neigen der gesamten Sucherachse oder durch Masken, die mit der Entfernungseinstellung gekuppelt sind und die Korrektur automatisch vornehmen, behoben. Mit Mattscheiben- und Spiegelreflexkameras können der Bildausschnitt und die Bildschärfe mit einem Blick erfaßt werden, nicht aber mit optischen Suchern. Letztere dienen ausschließlich der Kontrolle der Bildfeldbegrenzung. Zur exakten Scharfeinstellung wird ein Entfernungsmesser benötigt. Dieser bildet gewöhnlich mit dem Suchersystem eine Einheit und ist bei Systemkameras mit der Entfernungseinstellung der Objektive gekuppelt. Grundsätzlich arbeiten alle Entfernungsmesser nach dem Triangulationsprinzip, indem sie analog den beiden menschlichen Augen auch zwei Sehachsen besitzen. Als Beispiel sei hier der Schwenkspiegelentfernungsmesser erläutert. Beim Schwenkspiegelentfernungsmesser befindet sich an einem Ende der Basis «B» ein teildurchlässiger starrer Spiegel, durch den das Auge des Betrachters das Objekt sieht. Am anderen Basisende ist ein um seine Achse drehbar gelagerter Oberflächenspiegel angebracht. Durch den Schwenkspiegel wird über den teildurchlässigen Spiegel ein zweites Bild des Objektes in das Auge gelenkt. Die beiden Bilder liegen nebeneinander und können durch ein

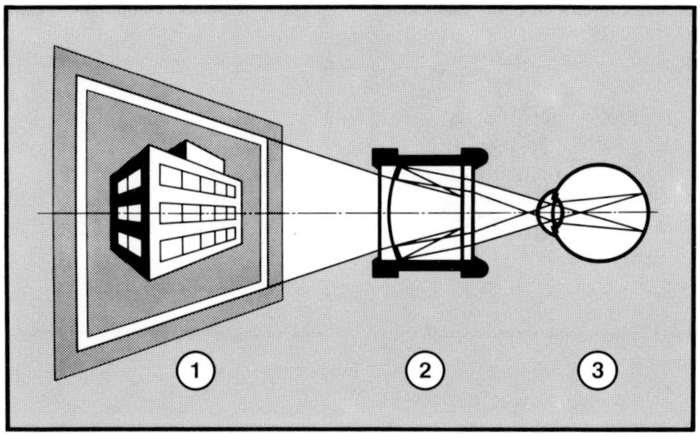

Funktionsschema des Leuchtrahmensuchers: (1) das vom Auge wahrgenommene Sucherbild mit der hellen Bildfeldbegrenzung, (2) vertikaler Schnitt durch den Leuchtrahmensucher und (3) durch das Auge mit dem Verlauf des Strahlenganges.

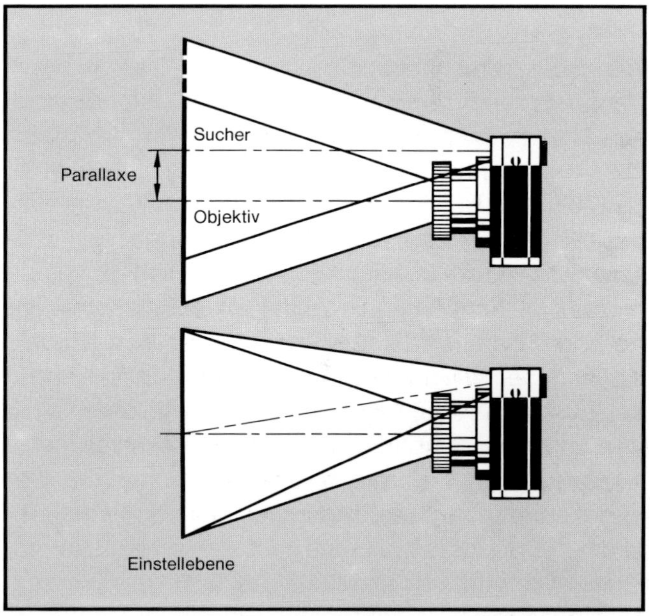

Die obere Kamera weist eine Sucherparallaxe auf, die bei der unteren korrigiert wurde.

Drehen des Schwenkspiegels zur Deckung gebracht werden. In diesem Augenblick ist das Objekt scharf eingestellt. Liegt das Objekt im unendlichen, so stehen beide Sehachsen und Spiegel parallel zueinander, befindet es sich im Nahbereich, so muß die Sehachse durch ein Drehen des Schwenkspiegels um den Betrag des Winkels α abgelenkt werden. Hierzu wird der Spiegel um $\alpha/2$ geschwenkt. Der Betrag, um den der Spiegel geschwenkt wird, läßt sich dabei auf einer in Metern geeichten Entfernungsskala ablesen. Die Meßgenauigkeit ist um so größer, je länger die Basis des Entfernungsmessers ist.

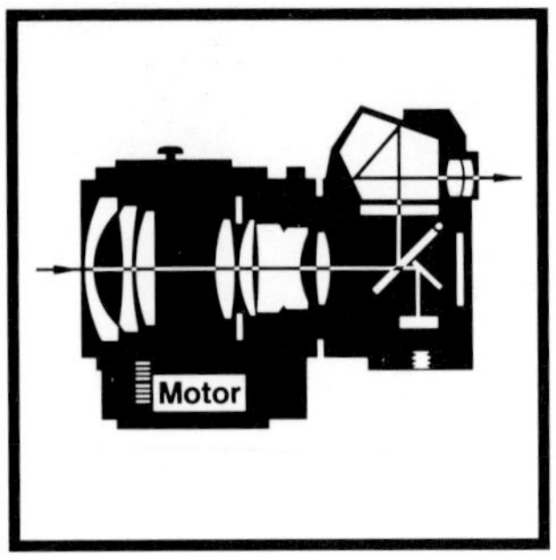

Autofokus-Kamera

Wie Marktforschungsuntersuchungen bei Großkopieranstalten ergeben hatten, lag die häufigste Ursache für nicht kopierbare Negative an der Unschärfe der Aufnahmen. Daher begann die Industrie Mitte der 70er Jahre, nicht zuletzt zur Steigerung des Umsatzes, mit der Einführung von für die Masse unbeschwert Fotografierender bestimmten Autofokuskameras. Es handelte sich dabei um relativ einfache mit Objektiven von 1 : 2,8 und f = 38 mm bestückte Kleinbildsucherkameras, in die man unter Nutzung der Elektronik den von Honeywell entwickelten Visitronicbaustein einbaute. Von diesem passiven Autofokussystem ist man inzwischen allerdings wieder abgekommen. Neuerdings sind die meisten Kleinbildsucherkameras mit einer aktiven Infrarot-Autofokusvorrichtung ausgestattet. Bei der von Polaroid 1978 auf den Markt gebrachten Sofortbild-Autofokuskamera erfolgt die Scharfeinstellung durch ein aktives System, das Ultraschallsignale aussendet und empfängt.

Die 1981 von Pentax eingeführte erste Kleinbildspiegelreflex-Systemkamera mit automatischer Scharfeinstellung arbeitet mit einem motorisch fokussierbaren Varioobjektiv.

Die Vernachlässigung des Marktes durch Pentax, indem dem ersten und einzigen Autofokusobjektiv keine weiteren mit unterschiedlichen Brennweiten folgten, ließ, nach kurzer Begeisterung für das Neue, die Popularität für die ME F sehr bald erlahmen.

Offensichtlich hat Minolta aus diesem Fehler gelernt. Die Vorstellung eines neuen SLR-Autofokuskamerasystems Anfang 1985 umfaßte von Anbeginn 12 Objektive verschiedener fester oder Zoombrennweiten.

Welche Vor- und Nachteile weisen die einzelnen Autofokussysteme auf?

1. Triangulationsprinzip

Grundsätzlich unterscheidet man bei den nach dem Triangulationsprinzip arbeitenden Autofokussystemen zwischen passiven und aktiven Systemen. Das von Honeywell in den USA geschaffene passive Visitronic-Autofokussystem, das zuerst 1977 in die Konica C 35 AF eingebaut wurde, funktioniert nach dem gleichen Prinzip, wie es bei optischen Entfernungsmessern in Sucherkameras Anwendung findet. Die vom Autofokusmodul empfangenen beiden Bilder werden über einen feststehenden und einen beweglichen Spiegel auf ein kontrastvergleichendes Sensorsystem gelenkt und von einem Computer analysiert. Die Scharfeinstellung des Objektivs erfolgt über eine Feder, die beim Filmtransport gespannt wird. Im Moment des Auslösens wird das Autofokussystem aktiviert. Der durch Federkraft auf Nah ausgefahrene Objektivtubus schnellt in die ∞ Position zurück und wird, sobald beide Meßfelder des angepeilten Motivs sich decken, durch einen kleinen Elektromagneten fixiert. Das Motiv ist damit scharfgestellt und der Verschluß führt die Belichtung aus. In der Mitte des Sucherfeldes wird das Meßfeld durch eine Markierung angezeigt. Der gesamte Vorgang läuft in weniger als $\frac{1}{10}$ s ab. Nachteil des Systems: Die einmal in Gang gesetzte Autofokusbetätigung endet zwangsläufig mit der Auslösung.

Bei den nach dem aktiven Triangulationsprinzip arbeitenden Autofokussystemen, werden Infrarot- oder Blitzsignale ausgestrahlt, die vom Motiv reflektiert und von einem Empfänger in der Kamera über die Steuerungselektronik in Befehle für die elektromechanische Scharfeinstellung, meistens durch Innenfokussierung nur eines Gliedes des Objektivs, umgesetzt werden. Dadurch wird ein beliebig häufiges Anvisieren und Scharfeinstellen auf Motive ermöglicht, ohne zwangsläufig auch auslösen zu müssen. Für die automatische Scharfeinstellung, die bei den meisten Kameras zwischen 0,9 m und 5 m liegt, benötigt dieses Autofokussystem nur den Bruchteil einer Sekunde.

2. Ultraschall- oder Sonarprinzip

Beim von Polaroid angewandten aktiven Ultraschallprinzip befindet sich hinter einer wabenförmigen, runden Gitteröffnung an der Kameravorderseite eine dünne goldbeschichtete Plastikfolie, die sowohl als Schallwellensender als auch als Schallwellenempfänger funktioniert. Wird der Auslöser betätigt, so schwingt die Folie für den Bruchteil einer Sekunde mit einer sehr hohen Frequenz, die einen Ultraschallton oberhalb des menschlichen und tierischen Hörbereichs erzeugt. Während dieses Ultraschallsignal auf das Objekt zueilt, läuft eine Quarzoszillatoruhr und stoppt erst in dem Moment, wenn das vom Motiv reflektierte Signal zurückgekehrt ist. Die ermittelte Zeit wird durch ein kompaktes, computerähnliches, elektronisches System in die Kamera eingespeist. Auf Grund des Meßwertes errechnet das elektronische System die exakte Entfernung zwischen dem Aufnahmeobjekt und der Kamera, die dann von einem Mikromotor auf die Scharfeinstellung des Objektivs übertragen wird. Damit ist das Aufnahmeobjekt scharf eingestellt. Der gesamte Ablauf vollzieht sich im Bruchteil einer Sekunde.

3. TTL-Autofokusprinzip

Während das Triangulations- und Sonarprinzip nur bei relativ einfachen Amateurkameras mit nicht auswechselbaren Objektiven anwendbar ist, eignet sich das TTL-Prinzip auch für hochwertige Spiegelreflexkameras mit Wechselobjektiven. Obwohl schon seit 20 Jahren mehrere Autofokusverfahren durch die Patentliteratur geistern, wurde erstmals 1981 serienmäßig ein AF-System produziert, und zwar von Pentax.

Beim Pentax Autofokusverfahren wird die Schärfe des Motivs durch einen Kontrastvergleich gemessen. Dies geschieht, indem ein Teil des Lichtes, welches durch das Objektiv und den teil-

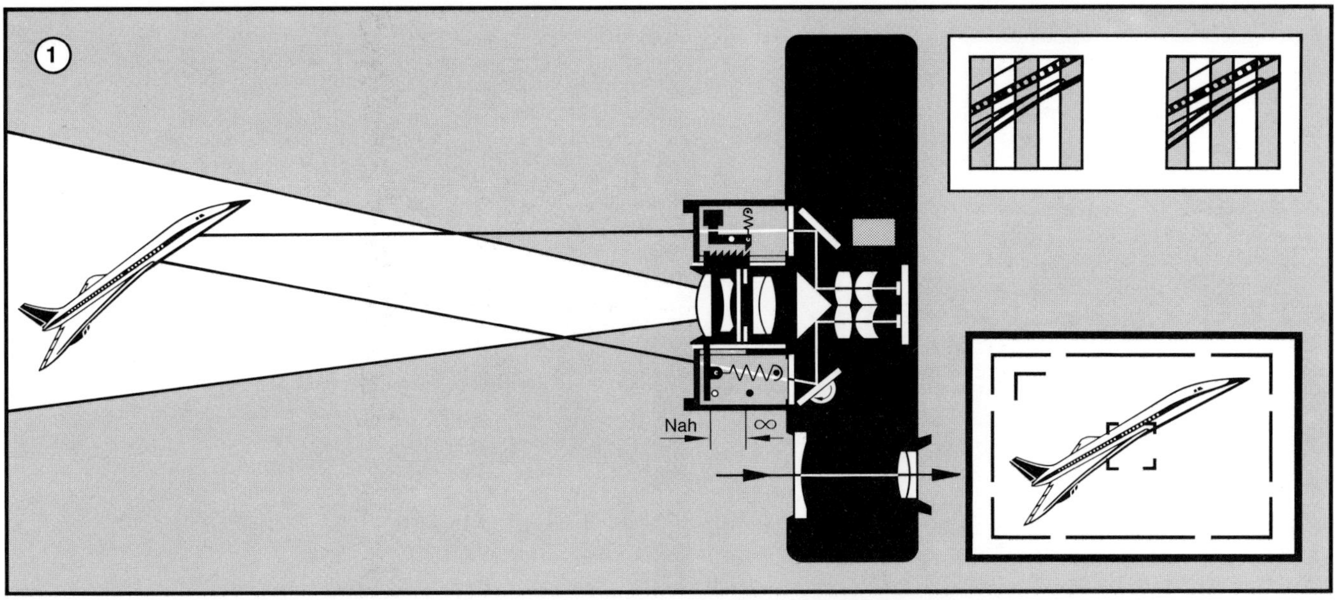
1
Nah
∞

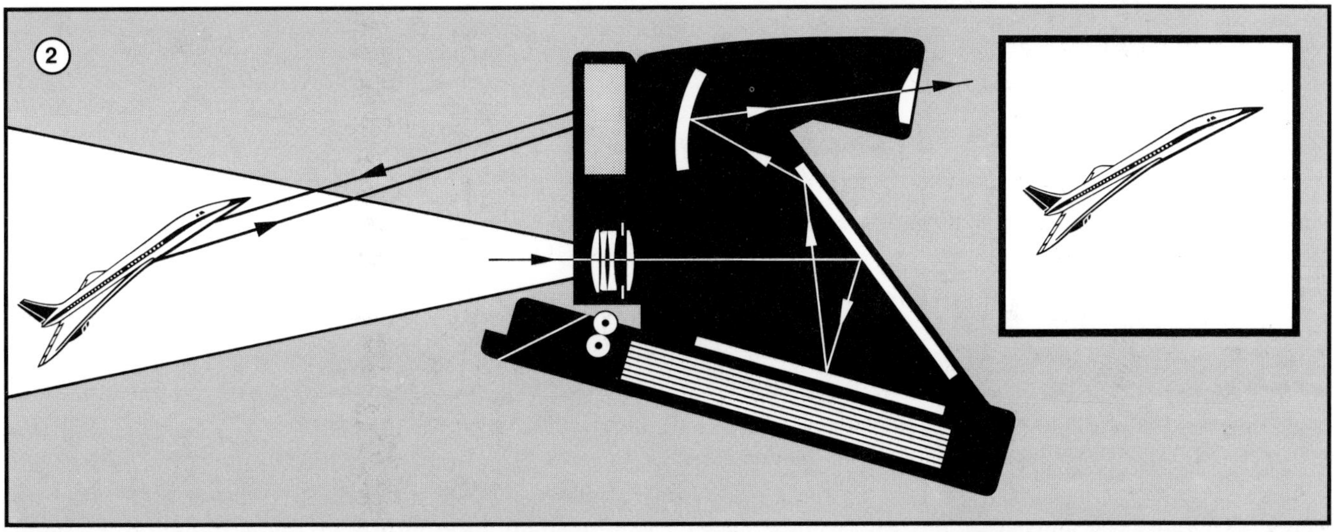
2

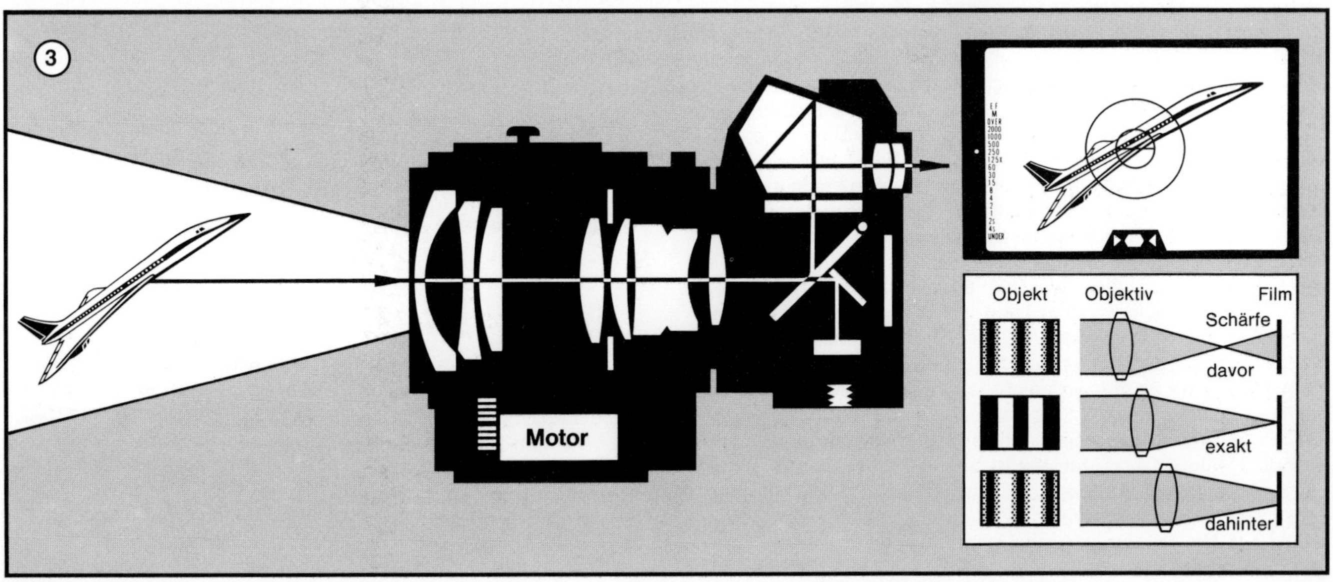
3
Motor
Objekt
Objektiv
Film
Schärfe
davor
exakt
dahinter

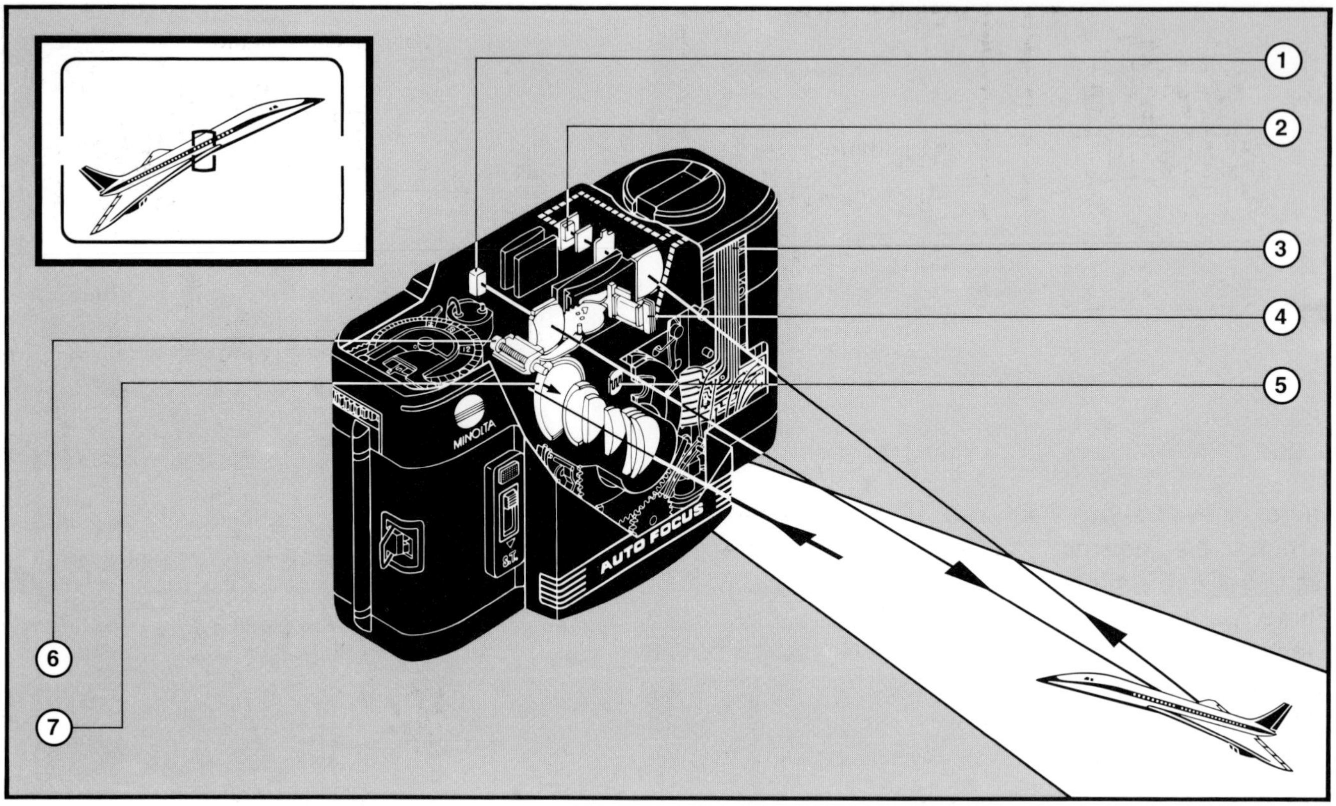

Das Funktionsschema zeigt, wie bei der Minolta AF-C das aktive Triangulations-Autofokussystem arbeitet. (1) Infrarotsignale ausstrahlender Sender, (2) Infrarotsignalempfänger, (3) gedruckte Schaltung, (4) Sperrmagnet, der bei Erreichen der exakten Schärfe die Hinterlinse fixiert, (5) CdS-Zelle für die Steuerung der Belichtungsautomatik, (6) Übertragungsmechanismus, der über eine Kurvenscheibe die Scharfeinstellung der Hinterlinse steuert, (7) die der Fokussierung dienende Hinterlinse.

Oben links: Im Zentrum des Sucherbildes ist das Meßfeld für die automatische Scharfeinstellung markiert. Graphik: Minolta (vom Autor leicht modifiziert).

durchlässigen Rückschwingspiegel auf einen Hilfsspiegel fällt, mit Hilfe eines Strahlenteilers auf zwei Reihen von Sensoren geleitet wird. Die beiden Sensorenreihen sind, obwohl sie sich tatsächlich an einer anderen Stelle befinden, so angeordnet, als ob sich die eine in einem geringen Abstand vor und die andere in einem geringen Abstand hinter der Filmebene befänden.
Bei gleicher Signalstärke beider Sensorenreihen muß die Schärfe genau in der Bildebene liegen. Dominiert das Signal vor oder hinter der Filmebene, wird das im Sucher durch rote dreieckige Leuchtdioden angezeigt. Nur bei optimaler Schärfe leuchtet in der Mitte zwischen den beiden dreieckigen Leuchtdioden eine grüne sechseckige, Leuchtdiode auf. Der Vorteil eines in die Kamera eingebauten Autofokussystems besteht darin, daß sich spezielle, mit einem Mikromotor ausgestattete Autofokusobjektive durch Knopfdruck scharf einstellen lassen. Die für das Fokussieren erforderliche Zeit richtet sich nach der Helligkeit und dem Kontrast des Motivs und liegt etwa zwischen 0,7 s bis 2,0 s.
Das Pentax-Autofokussystem kann in begrenztem Umfang auch mit gewöhnlichen Objektiven, die eine Anfangslichtstärke von 2,8 bis 5,6 besitzen, benutzt werden. Es bietet, wenn die Brennweiten nicht kürzer als 24 mm und nicht länger als 300 mm sind, eine Fokussierhilfe, die anzeigt, ob das Bild scharf ist. Voraussetzung für ein einwandfreies Funktionieren sind jedoch eine ausreichende Helligkeit und ein ausreichender Kontrast des Motivs. Liegt die Helligkeit und/oder der Kontrast unter der Empfindlichkeitsschwelle des AF-Systems, wird dies durch eine Leuchtdiode angezeigt. Die Fokussierung muß dann visuell und manuell vorgenommen werden.

Weitere folgten mit der Einführung des Modells Minolta 9000. Neu an der 7000 und 9000 ist der in das Kameragehäuse eingebaute Mikromotor für die Scharfeinstellung aller Autofokusobjektive. Ihr Volumen kann dadurch fast so klein, wie das gewöhnlicher, manuell zu fokussierender Objektive gehalten werden.
Den Zweck, wesentlich schneller und besser scharfzustellen als das Auge es vermag, und das auch unter ungünstigen Lichtverhältnissen und mit längeren Brennweiten, erfüllt zur Zeit noch keines der AF-Systeme völlig zufriedenstellend.

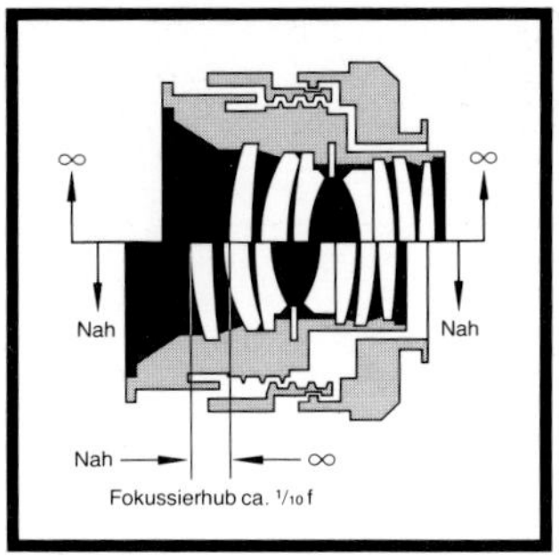

Mechanik der Scharfeinstellung

Um ein Objektiv von ∞ auf seine nächste Einstellentfernung, die meistens das 10fache seiner Brennweite beträgt, scharfzustellen, muß der Abstand zur Filmebene um $\frac{1}{10}$ der Brennweite gegenüber der ∞ Einstellung vergrößert werden. Bei Großformatkameras mit Laufboden oder nach dem Prinzip der optischen Bank arbeitenden Kameras und Balgeneinstellgeräten geschieht dies über einen Zahntrieb.

Bei modernen Kameraobjektiven mit einem aus mehrgängigen Gewindeschnecken bestehenden Einstelltubus wird der Einstellhub um f/10 vergrößert, um auf 10 f zu fokussieren. Das bedeutet, daß bei einem Objektiv von f = 250 mm der Fokussierhub 25 mm beträgt, um von ∞ auf Nah einzustellen. Die Kraft, die erforderlich ist, um die Masse eines derartigen Objektivs um 25 mm zu verlängern, ist nicht unerheblich.
Einfache Kameras mit fest eingebauten Objektiven von f = 35 mm bis f = 50 mm besitzen oft eine Front- oder Hinterlinseneinstellung. Zum Fokussieren wird nur die eine Linse um ca. $\frac{1}{30}$ ihrer Brennweite verstellt. Für aufwendigere Objektivkonstruktionen ist dieses Verfahren leider nicht anwendbar.
Zunehmende Bedeutung gewinnt dagegen die Innenfokussierung. Bei dieser Methode vollzieht sich die Scharfeinstellung von ∞ bis Nah im Inneren des Objektivs durch eine über Kurven gesteuerte Abstandsveränderung einiger Objektivglieder um ca. $\frac{1}{30}$ der Brennweite, ohne daß sich der Objektivtubus verlängert. In der Zukunft werden wohl alle langbrennweitigen und Autofokusobjektive nach diesem Prinzip arbeiten, da nur auf diese Weise eine geringe Masse über eine kurze Distanz zu bewegen ist, eine notwendige Voraussetzung für eine schnelle motorische oder magnetische Scharfeinstellung.

Zahntriebeinstellung

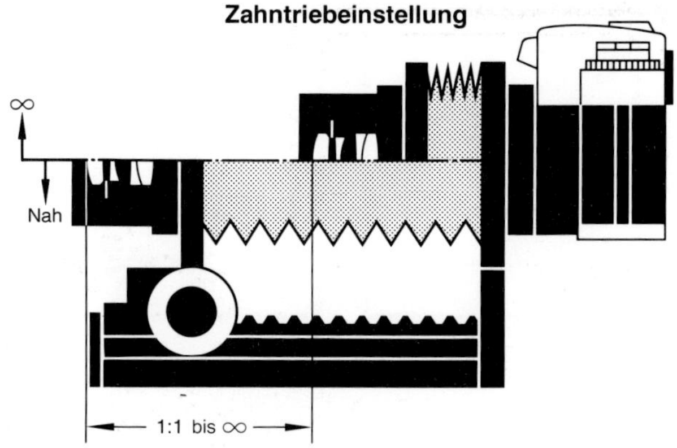

(von der Objektivbrennweite abhängig)

Schneckengangeinstellung

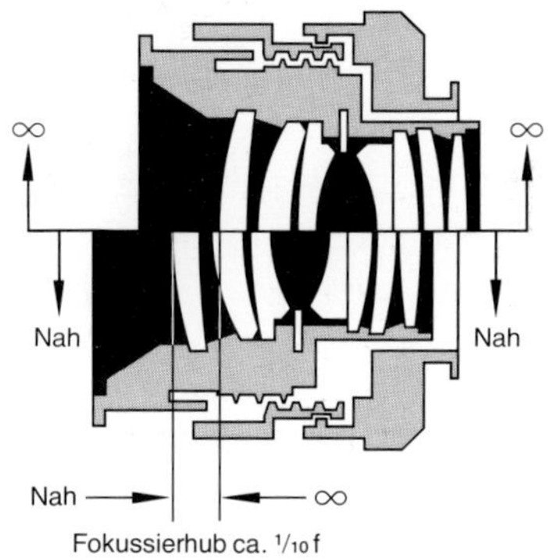

Frontlinseneinstellung

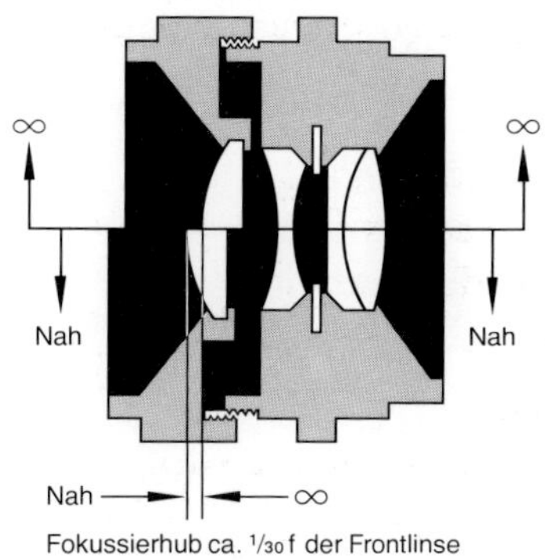

Innenfokussierung

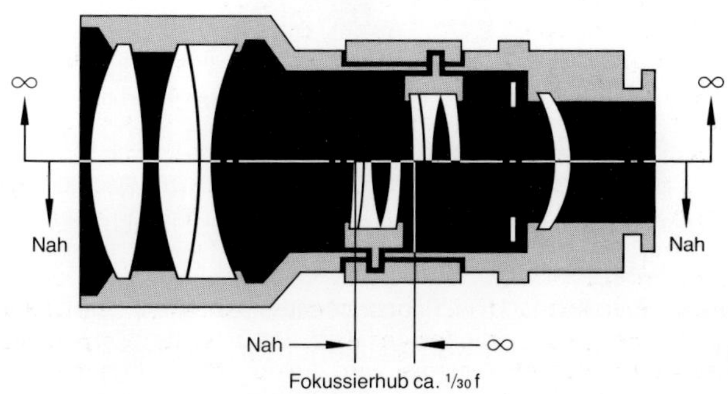

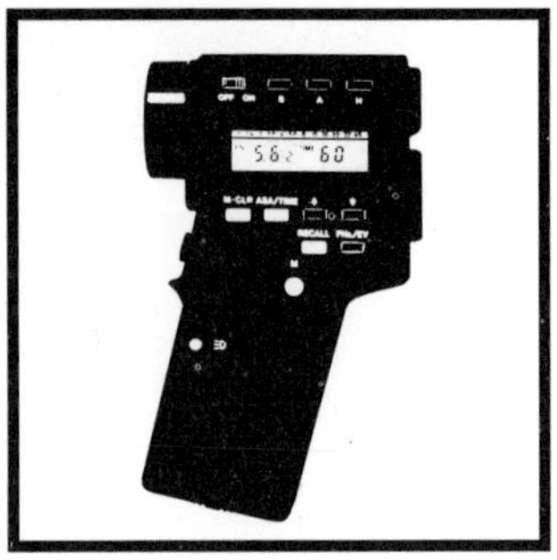

Belichtungs-meßhilfen:

Hand-u.Spot-Bel.-Messer

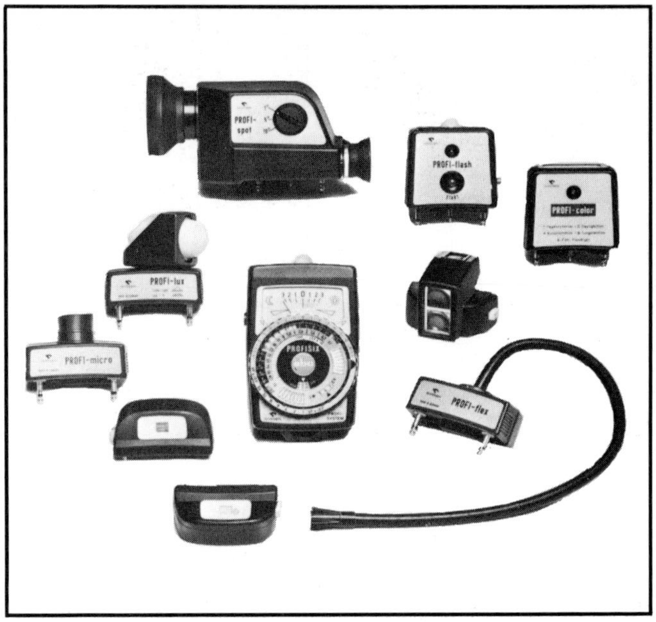

Der Gossen Profisix ist mit seinen 9 Vorsatzgeräten ein universelles Belichtungsmeßsystem. Die einzelnen Zusätze sind (im Uhrzeigersinn): (1) Blitzbelichtungsmesser, (2) Farbtemperaturmesser, (3) Televorsatz 7,5° und 15°, (4) Meßsonde für die Mattscheibenmessung, (5) Reprovorsatz, (6) Laborvorsatz, (7) Mikroskopadapter, (8) Studiovorsatz, (9) Spotmeter 10°, 5° und 1°.

Vor der Aufnahme muß außer der Bildfeldbegrenzung und der Bildschärfe auch die exakte Belichtungszeit ermittelt werden. Eine Beurteilung der Lichtverhältnisse durch Schätzen ist wegen der Adaptionsfähigkeit (Anpassungsfähigkeit) des Auges nicht möglich. Daher verwendet man fotoelektrische Belichtungsmesser.

Allein der Besitz eines Belichtungsmessers garantiert noch keine einwandfrei belichteten Negative. Entscheidend ist die richtige Handhabung des Instruments. Grundsätzlich unterscheidet man drei Meßmethoden:

- die Objektmessung,
- die Lichtmessung und
- die Graukartenmessung.

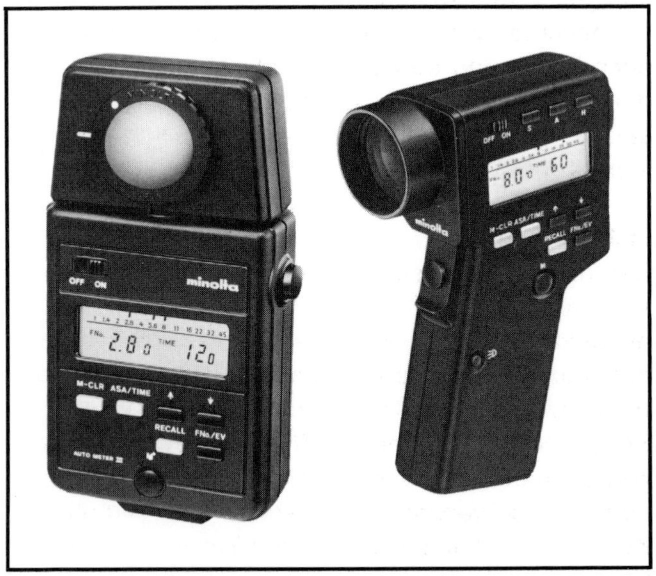

Links: Minolta Auto-Meter III für Licht- und Objektmessungen von Dauerlicht mit Silizium-Fotodiode und drehbarem Meßkopf.

Rechts: Minolta Spotmeter M mit Silizium-Fotodiode und 1° Meßwinkel mit Digital- und Analoganzeige. Fotos: Minolta.

Objektmessung

Bei der Objektmessung, die einer Leuchtdichtemessung entspricht (dem Verhältnis zwischen der dunkelsten und hellsten Motivstelle), wird aus der Aufnahmerichtung der Kamera das von dem Objekt reflektierte Licht gemessen. Da das Meßelement einen Durchschnittswert aller von seinem Meßbereich erfaßten Helligkeitswerte ermittelt, (nach der sogenannten integralen Meßmethode), muß die bildwichtigste Stelle des Motivs möglichst genau gemessen werden. Dies kann nur aus nächster Nähe geschehen, indem das von dem Objekt reflektierte Licht im Abstand von ca. 15–20 cm gemessen wird. Dabei ist darauf zu achten, daß der Belichtungsmesser selbst keine Schatten auf das Motiv wirft und diese gar mitmißt. Falls bei Landschaftsaufnahmen oder weit entfernten Objekten zu viel Himmel mit ins Bild einbezogen wird, muß der Belichtungsmesser, um zu einem brauchbaren Meßwert zu gelangen, mit der Hand abgeschattet und leicht nach unten geneigt

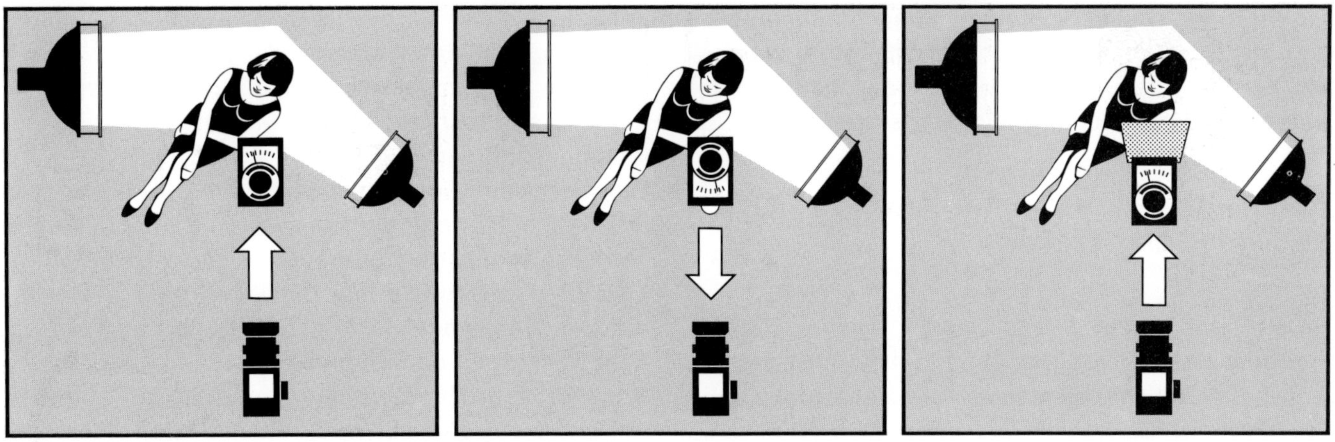

Schematische Darstellung der drei am häufigsten angewandten Belichtungsmeßmethoden. Von links nach rechts: (1) Objekt-oder Leuchtdichtemessung, (2) Licht- oder Beleuchtungsstärkemessung, (3) Graukartenmessung.

werden. Bei der Aufnahme von Objekten, deren bildwichtige Teile einen sehr hohen Motivkontrast (Helligkeitsunterschied zwischen der hellsten und der dunkelsten Stelle eines Bildes) aufweisen, werden die hellsten und dunkelsten Stellen getrennt gemessen und das Resultat wird gemittelt. Dies stellt zwar einen Kompromiß dar, weil die Schatten unter und die Lichter überbelichtet werden, ist aber die den Umständen entsprechende bestmögliche Lösung. Diese Methode ist nur für Aufnahmen auf Negativfilm gültig. Bei Aufnahmen auf Umkehrfilm muß stets so belichtet werden, daß die hellsten Bildstellen noch Zeichnung aufweisen. Sollten die Schatten zu dunkel und ohne jede Zeichnung sein, so muß zusätzlich mit Reflektoren oder Blitzlicht aufgehellt werden.

Lichtmessung

Bei der Lichtmessung wird vom Standpunkt des Aufnahmeobjektes aus in Richtung Kamera das aufgestrahlte Licht gemessen. Die Lichtmessung entspricht einer Beleuchtungsstärkemessung. Am Belichtungsmesser muß zu diesem Zweck eine Streuscheibe oder eine Diffusorhalbkugel vor das Meßelement geschoben werden, um den Meßwinkel auf 180° zu vergrößern. Dies gilt für Tages- und Kunstlicht. Auf diese Weise lassen sich auch größere Szenerien auf ihre gleichmäßige Ausleuchtung hin kontrollieren.

Graukartenmessung

Die Graukartenmessung ist gewissermaßen eine stellvertretende Objektnahmessung, die in erster Linie bei schwer zugänglichen oder sehr kleinen Objekten angewandt wird. Dabei hält man die Graukarte so nahe wie möglich und in gleicher Neigung an das Objekt, wie es selbst zum Licht steht und mißt

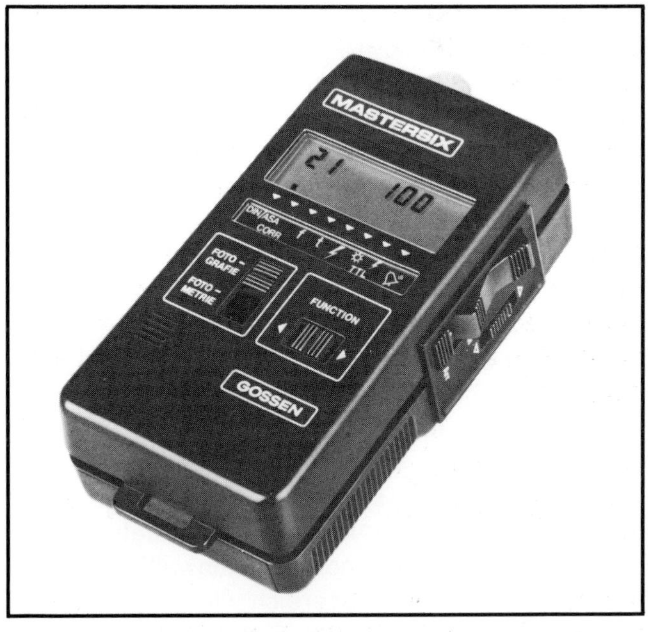

Gossen Mastersix System-Belichtungsmesser für Dauer- und Blitzlicht mit integriertem Mikroprozessor, der den Mittelwert aus bis zu 15 Meßwerten errechnet und anzeigt.

das von der Graukarte reflektierte Licht. Wegen des konstanten Reflexionsgrades der Graukarte, wird diese Methode von vielen Fotografen generell der Objektmessung vorgezogen. Die Graukarte ist 20 × 25 cm groß und reflektiert 18 % des Lichtes. Sie wird von Kodak vertrieben. Die Festlegung des Reflexionsvermögens auf 18 % erfolgte nach der statistischen Auswertung einer sehr großen Zahl von durchschnittlichen Motiven mit einem Kontrastumfang von 1:32.

Eigenschaften der verschiedenen Belichtungsmesser
Je nach Funktionsprinzip besitzen Belichtungsmesser voneinander abweichende Eigenschaften. Man unterscheidet zwischen Belichtungsmessern mit:

einem Selen-Fotoelement,
einem Cadmiumsulfid-Fotowiderstand oder
einer Silizium-Fotodiode.

Selen-Fotoelement
Bei dem Selen-Fotoelement handelt es sich um das erste für Belichtungsmesser benutzte elektrische Meßelement. Es besteht aus einer Eisenplatte, auf der eine Selenschicht, die eine dünne Cadmiumoxidschicht trägt, aufgebracht ist. Trifft durch die durchlässige Cadmiumoxidschicht Licht auf die Selenschicht, so werden darin Elektronen frei, die sich in der Cadmiumoxidschicht sammeln und über ein zwischengeschaltetes Drehspulinstrument zu der Eisenplatte fließen. Der erzeugte Strom ist um so stärker, je höher die Intensität des aufgestrahlten Lichtes ist. Der Zeigerausschlag des Mikroamperemeters kann in Verbindung mit einer entsprechend geeichten Skala und einem Rechenwerk für ISO- und DIN-Werte zum direkten Ablesen der Blenden/Zeitwerte nutzbar gemacht werden. Die spektrale Empfindlichkeit ist etwa der des Filmmaterials angepaßt. Temperaturen, die 70° C übersteigen, schaden dem Se-Element und führen bei längerer Einwirkung zu dessen Zerstörung. Bei langandauernder Bestrahlung mit sehr hohen Beleuchtungsstärken treten Fehlmessungen auf. Die Elemente erholen sich jedoch wieder relativ schnell, wenn sie im Dunkeln gelagert werden. Der Meßwinkel beträgt entsprechend dem Bildwinkel normalbrennweitiger Objektive ca. 45–55°. Der Meßbereich wird von der Oberflächengröße des Se-Elementes bestimmt, das durchschnittlich ca. 15 × 30 mm groß ist. Zur Erweiterung des Meßumfanges sind Zusatzelemente erforderlich.

Cadmiumsulfid-Fotowiderstand
Der Cadmiumsulfid-Fotowiderstand selbst erzeugt keine Elektrizität, sondern arbeitet nur in Verbindung mit einer Stromquelle, z.B. einer Quecksilberoxid-Batterie. Die Stärke des durch den Widerstand fließenden Stroms verhält sich proportional zur Intensität des aufgestrahlten Lichtes. Ein in den Stromkreis geschaltetes Meßinstrument, welches mit einer Blenden/Zeitskala gekuppelt ist, gibt das Meßresultat durch Zeigerausschlag oder Leuchtdiodenanzeige bzw. Flüssigkristalle an. Die Lichtempfindlichkeit des CdS-Fotowiderstands beträgt etwa das 100fache der Lichtempfindlichkeit des Se-Elements. Er reagiert deshalb auf wesentlich geringere Beleuchtungsstärken.
Die spektrale Empfindlichkeit des CdS-Fotowiderstandes entspricht der des Filmmaterials. Gegen Temperaturen ist er äußerst unempfindlich. Bei Temperaturen zwischen minus 60° und plus 80° C funktioniert er einwandfrei. Der CdS-Fotowiderstand ist sehr langlebig und meßkonstant, hat jedoch den Nachteil, sehr träge und manchmal sogar fehlerhaft auf große in rascher Folge wechselnde Intensitätsunterschiede zu reagieren. Da dieser Fotowiderstand nur 3 × 4 mm groß ist, kann auch der Meßwinkel sehr klein gehalten werden. Er beträgt beim Handbelichtungsmesser ca. 30° und beim Spotbelichtungsmesser 1°–2°.

Silizium-Fotodiode
Die Silizium-Fotodiode benötigt ebenso wie der CdS-Fotowiderstand als Energiequelle eine Quecksilberoxid-Batterie. Auf große Beleuchtungsunterschiede und Messungen in rascher Folge reagiert sie aber im Gegensatz zum CdS-Fotowiderstand ultraschnell und fehlerfrei.
Im Rotbereich weist die Si-Fotodiode eine überhöhte Spektralempfindlichkeit auf. Diese kann jedoch durch das Vorschalten eines Blaufilters gemildert und dem Filmmaterial angepaßt werden. Temperaturen, die zwischen minus 40° C und plus 80° C liegen, haben keinen Einfluß auf das Meßergebnis. In der Größe, der Lichtempfindlichkeit und dem Meßwinkel entspricht die Si-Fotodiode dem CdS-Fotowiderstand.
Obwohl der CdS-Fotowiderstand gegenüber dem Se-Element bereits einen erheblichen Fortschritt darstellte, ist eigentlich erst durch die Einführung der Si-Fotodiode (oder ähnlich ultraschnell reagierender Meßzellen wie die aus Gallium-Phosphor-Arsenid) der zeitgemäße Belichtungsmesser für die heutigen Kameras gefunden worden.

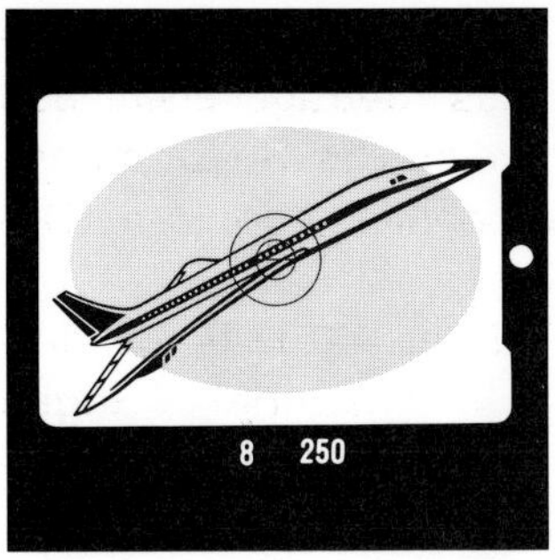

TTL-Belichtungsmesser

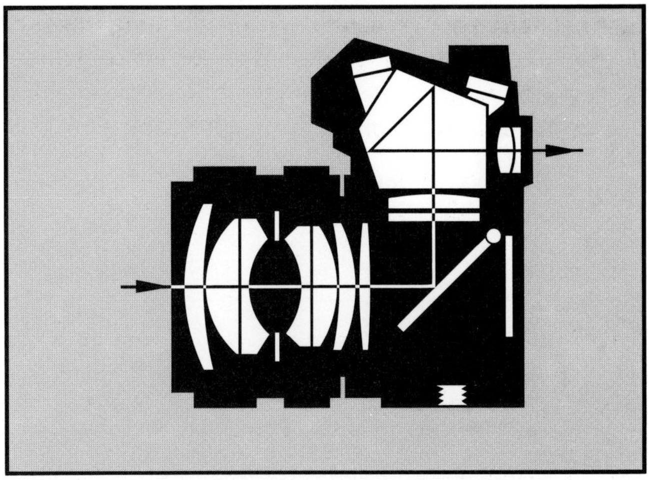

Die ersten, bereits seit den dreißiger Jahren, lange Zeit in die Kameragehäuse eingebauten Se-Belichtungsmesser wiesen in ihrer Handhabung die gleichen Nachteile auf wie die Se-Handbelichtungsmesser. Ihr Meßwinkel war zu groß und der Meßbereich zu klein. Statt die Objektnahmessung vorzunehmen, wurde wohl überwiegend mit den eingebauten Se-Belichtungsmessern nach der integralen Meßmetho-

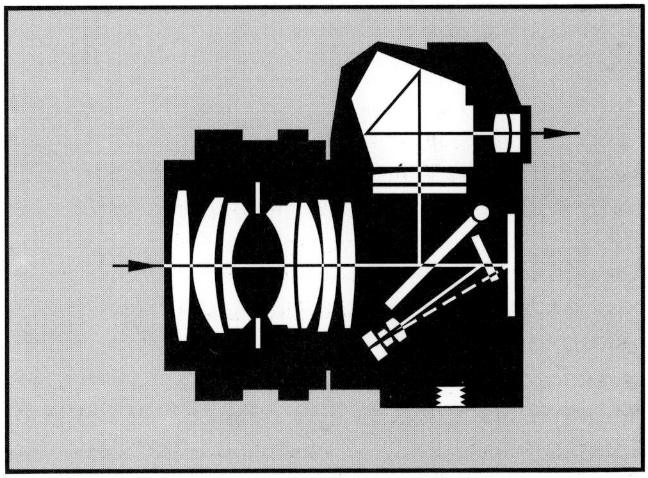

Oben: In den ersten, in den 60er Jahren, mit TTL-Belichtungsmessung ausgestatteten Kameras waren die Meßzellen oft in der Nähe des Pentaprismas angeordnet.

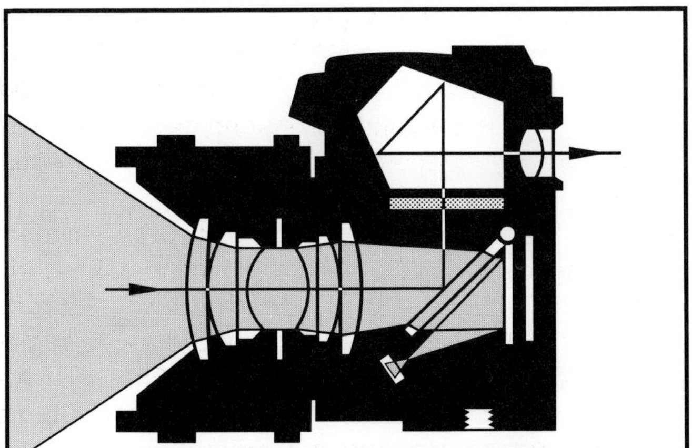

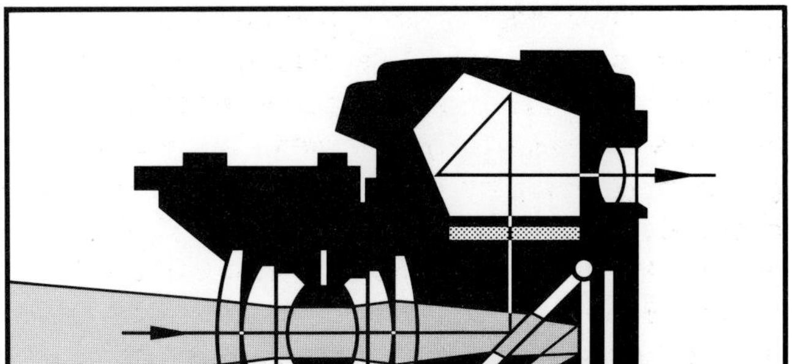

Mitte: In jüngster Zeit ist man jedoch dazu übergegangen, die Meßzelle im Kameraboden anzubringen, so daß sie bei Kurzzeitbelichtungen das vom Hilfsspiegel und bei Langzeit- oder Blitzbelichtungen, das vom Film direkt reflektierte Licht mißt.

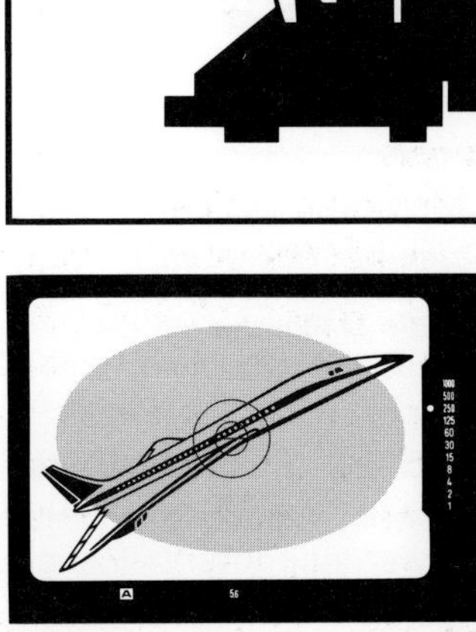

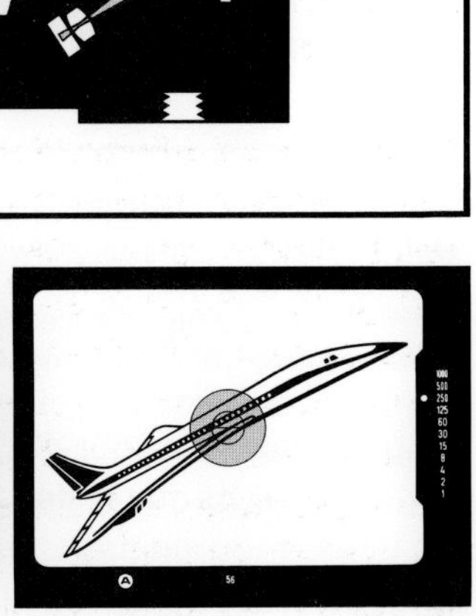

Unten: Mit einigen Kameras, wie z.B. der Leica R 4 kann man darüber hinaus sogar wahlweise mit der Integral- oder Spotmessung arbeiten. Das linke Sucherbild zeigt den erfaßten Meßbereich bei der Integral- und das rechte Sucherbild den bei der Spotmessung.

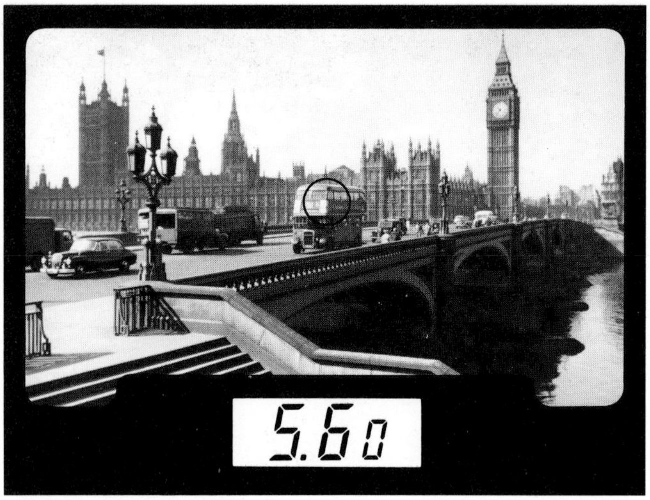

Die große, gut lesbare Flüssigkristallanzeige im Sucher des Minolta Spotmeter M läßt die mit dem zentralen Meßkreis von nur 1° im Motiv ermittelten Meßwerte klar erkennen.

de gearbeitet. Bei unausgewogener Kontrastverteilung innerhalb eines Motives führte das zwangsläufig zu Fehlbelichtungen.
Mit der Einführung des CdS-Fotowiderstandes, der trotz seiner Kleinheit gegenüber dem Se-Element eine erheblich größere Meßempfindlichkeit und einen wesentlich kleineren Meßwinkel besaß, gelang Anfang der 60er Jahre im Kamerabau ein ent-

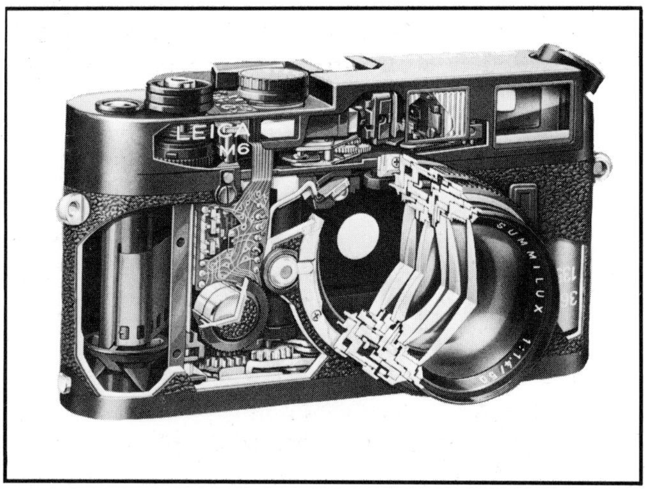

Neben den Kleinbild-SLR-Kameras, die ausnahmslos TTL-Messung besitzen, verfügt jetzt auch die KB-Meßsucher-Systemkamera Leica M 6 über eine TTL-Spotbelichtungsmessung. Links oberhalb des weißen Punktes, der die Meßfläche auf dem Verschlußvorhang markiert, ist deutlich die Meßzelle zu erkennen.

scheidender Durchbruch. Der CdS-Fotowiderstand ermöglichte nämlich den Einbau des TTL (Through the Lens = durch das Objektiv messenden) – Belichtungsmessers.

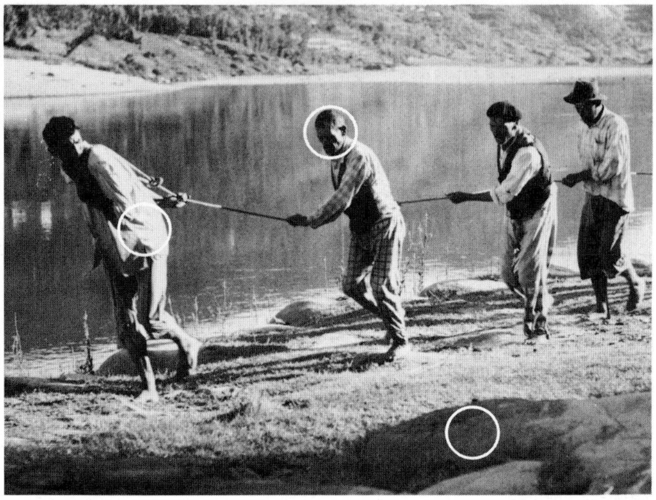

Die sinnvolle Anwendung des Spotmeters erbringt bei Motiven sehr ungleichmäßiger Verteilung hoher Kontraste entweder durch eine Mittelwertbildung aller Meßpunkte oder durch eine wahlweise lichter- oder schattenbetonte Messung die besten Belichtungsresultate.

Seit dem Beginn der 70er Jahre wird jedoch für den in Kleinbild- und Mittelformatkameras eingebauten TTL-Belichtungsmesser mehr und mehr die reaktionschnellere Si-Fotodiode oder ein ihr ähnliches Meßelement verwandt.
Die Lage der eingebauten Meßelemente in der Kamera sowie deren Meßmethode ist zwar von Kame-

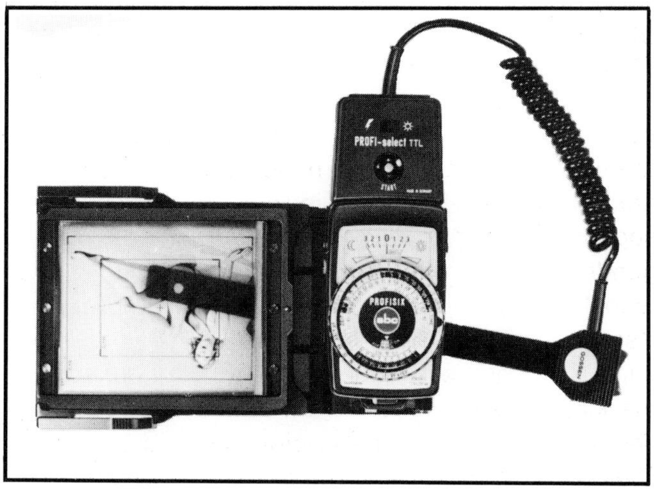

Unter Zuhilfenahme spezieller Zusätze, verwandeln handelsübliche Belichtungsmesser jede Großformatkamera in eine TTL-Belichtungsmesserkamera.

ratyp zu Kameratyp verschieden, doch arbeiten heute alle Kameras nach dem Prinzip der Offenblendenmessung. Dabei wird mit der größten relativen Öffnung des Objektivs das Licht gemessen. Durch eine entsprechende Blendensimulation wird die Ar-

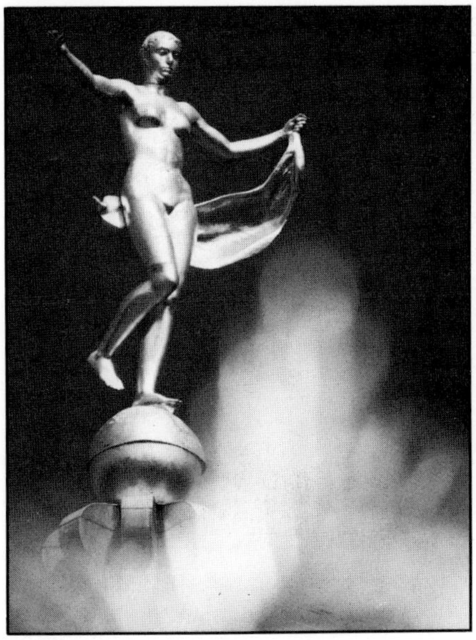 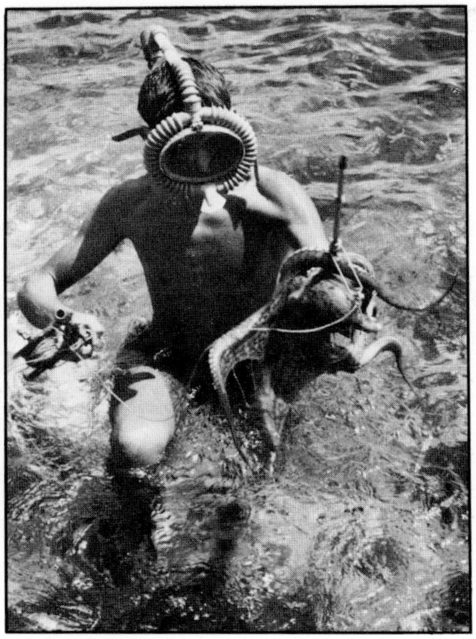 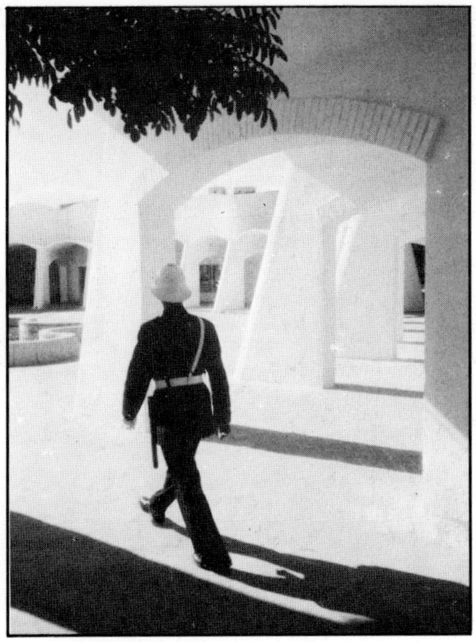

Die drei Bilder zeigen drei Motive mit unterschiedlichen Kontrastdominanten. Links: Aus dem dominierenden dunklen Umfeld hebt sich die helle Statue sehr kontrastreich ab. Für dieses Motiv erbringt nur die Spotmessung einen korrekten Meßwert. Mitte: Dieses Motiv mit normalem Kontrast eignet sich für eine Integralbelichtungsmessung. Rechts: Für die kleine Person in der großen Fläche des hellen Umfeldes läßt sich der korrekte Belichtungsmeßwert nur durch eine Punktbelichtungsmessung ermitteln.

beitsblende bei der Aufnahme automatisch berücksichtigt. Bei vielen in die Kamera eingebauten TTL-Belichtungsmessern findet noch die integrale, das gesamte Bildfeld erfassende und dann mittelnde Meßmethode Anwendung. Motive mit Kontrastdominanten (z.B. sehr kleine helle Bildstellen stehen sehr großen dunklen gegenüber) laufen dabei immer noch Gefahr, falsch belichtet zu werden. Dem steuert eine in einigen Kameratypen anzutreffende sogenannte mittenbetonte, das Zentrum bevorzugende Messung entgegen. Wesentlich genauer sind jedoch die nach der Punktmeßmethode arbeitenden Kameratypen. Bei der Punktmeßmethode (Spotmessung) wird nur eine kleine auf der Einstellscheibe markierte Fläche im Zentrum des Suchers gemessen, die häufig mit dem Meßlupenfeld identisch ist. Dies ermöglicht ein Ausmessen des Kontrastes an verschiedenen bildwichtigen Stellen. Der Fotograf muß dann einen eigenen, dem Motivcharakter angepaßten mittelnden Aufnahmewert errechnen.

Aber auch diese Rechenarbeit wird dem Fotografen neuerdings durch die Mehrfachpunktmeßmethode erspart. Die Mehrfachpunktmeßmethode mit automatischer Meßwertmittelung wurde ursprünglich für Großformat-Fachkameras entwickelt, und zwar in Form eines recht teueren Zusatzgerätes. Inzwischen gibt es aber Kleinbild-SLR-Kameras, in die ein, die Mehrfachpunktmeßmethode erlaubender Belichtungsmesser eingebaut ist, der die separate Messung von maximal 8 verschiedenen bildwichtigen Stellen innerhalb eines Motives ermöglicht.

Obwohl in allen Kleinbild- und Mittelformatspiegelreflexkameras TTL-Belichtungsmesser eingebaut sind, ist für den ernsthaften Amateur- und Fachfotografen ein zusätzlicher präzise arbeitender Hand- oder Spotbelichtungsmesser, der mit einem erheblich größeren Meßbereich als dem der eingebauten ausgestattet ist, unentbehrlich. Handbelichtungsmesser besitzen meistens einen Meßwinkel von 30°, der sich durch Vorsatzgeräte auf 15° bzw. 7,5° reduzieren und durch einen Spotvorsatz zum Punktbelichtungsmesser mit einem Meßwinkel von nur 1°–2° umfunktionieren läßt.

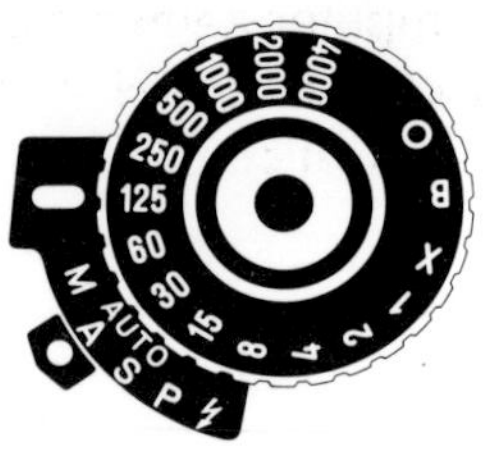

Belichtungs-automatik

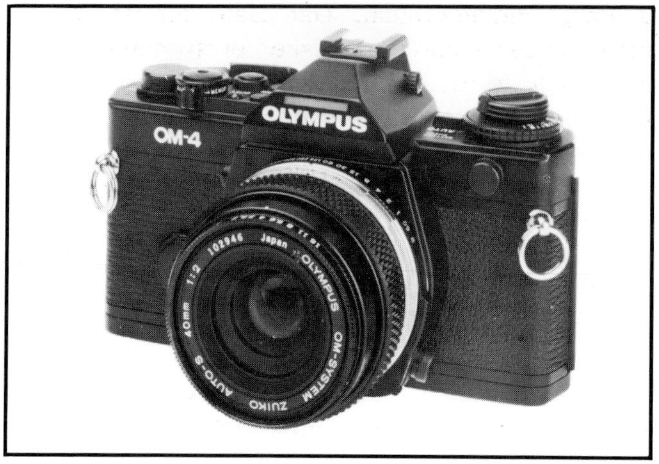

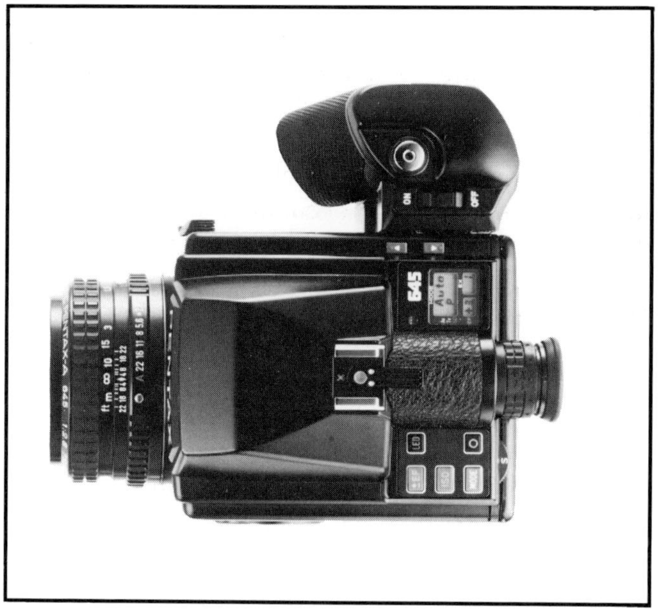

Ursprünglich war die Belichtungsautomatik dazu gedacht, das Fotografieren einfacher und volkstümlicher zu machen und um Massenmärkte zu erobern. Durch bessere Belichtungsmeßsysteme und den zunehmenden Einbau von Mikroelektronik und Mikrocomputern unterstützt, hat sie sich jedoch auch immer mehr auf dem professionellen Kamerasektor durchgesetzt. Zur Zeit stehen dem Benutzer Kameras mit folgenden Automatikfunktionen zur Verfügung:

1. **Blendenautomatik:** Der Belichtungscomputer stellt bei vorgegebener Verschlußzeit den den Lichtverhältnissen entsprechenden Blendenwert ein.

2. **Zeitautomatik:** Der Belichtungscomputer stellt bei vorgegebener Blende die den Lichtverhältnissen entsprechende Belichtungszeit ein, welche zur Vermeidung von Verwacklungsunschärfe bei einigen Kameratypen sogar die verwendete Brennweite berücksichtigt.

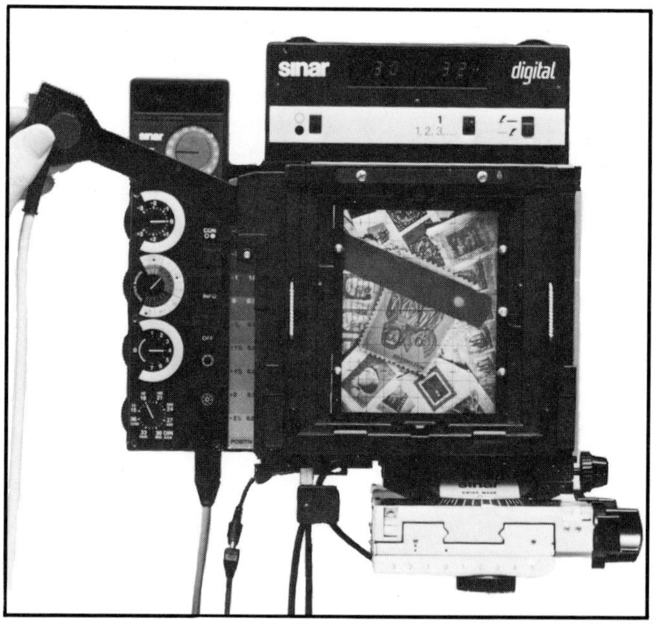

Oben: Olympus OM-4 mit TTL-Belichtungs- und Blitzautomatik, wahlweiser Integral- oder Spotmessung sowie Multispotmessung mit automatischer Mittelwertbildung.

Mitte: Daß die Belichtungsautomatik kein auf Kleinbildkameras beschränktes Privileg mehr ist, beweist die mit einer Mehrfachautomatik versehene Mittelformatkamera Pentax 645.

Unten: Durch Zusatzmodule lassen sich selbst Großformatkameras zu Belichtungsautomaten mit Mehrfachspotbelichtungsmessung und automatischer Mittelwertbildung umfunktionieren.

3. Programmautomatik: Der Belichtungscomputer stellt die den Lichtverhältnissen entsprechende kürzestmögliche Belichtungszeit und kleinstmögliche Blende ein, welche bei einigen Kameratypen sogar die Brennweite berücksichtigt. Bei einigen Kameratypen übernimmt außerdem beim Über- oder Unterschreiten eines programmierten Blenden- oder Zeitenbereiches ein sogenanntes Override System die Steuerung, damit selbst dann noch eine einwandfreie Belichtung erzielt wird.

4. Mehrfachautomatik: Der Belichtungscomputer der Kamera stellt auf Befehl entweder die Belichtungszeit oder die Blende ein.

5. Blitzautomatik: Das Blitzgerät schaltet automatisch die richtige Synchronzeit an der Kamera ein, sobald es blitzbereit ist. Außerdem erfolgen vor der Aufnahme eine bestimmte Blendeneinstellung und/oder eine automatische Abschaltung des Blitzgerätes, wenn der korrekte Belichtungswert erreicht worden ist. Hierbei mißt eine Meßzelle in der Kamera das vom Film reflektierte Licht, und der Belichtungscomputer schaltet das Blitzgerät ab.

6. Mehrfachspotmessung mit automatischer Mittelwertbildung: Der Belichtungscomputer kann bis zu 8 Einzelmessungen analysieren und stellt bei vorgewählter Blende die für das beste Belichtungsergebnis sorgende Belichtungszeit ein.

Lichtwert

Blende, Belichtungszeit und Filmempfindlichkeit stehen in direkter Beziehung zueinander. Diese Erkenntnis führte 1952 zur mechanischen Kupplung der Zeit- und Blendenwerte und damit zur Schaffung des Lichtwertes, der abgekürzt als LW und im englischen als Exposure Value = EV bezeichnet wird. Die Kupplung diente der Einstellvereinfachung und war die Vorstufe zur Automatisierung. Das System basiert auf LW 0 bei Blende 1 und 1 s Belichtungszeit und ist in den Werten nach oben hin offen. Ein LW entspricht einem Unterschied von 1 Blendenwert oder 1 Verschlußzeitintervall bzw. von 3° DIN. Der Lichtwert wird auf einer LW-Skala an Zentralverschlüssen angegeben. Seine weitere Funktion besteht darin, den Meßumfang von Belichtungsmessern zu definieren. Eine darüber hinausgehende Bedeutung fällt ihm heute nicht mehr zu.

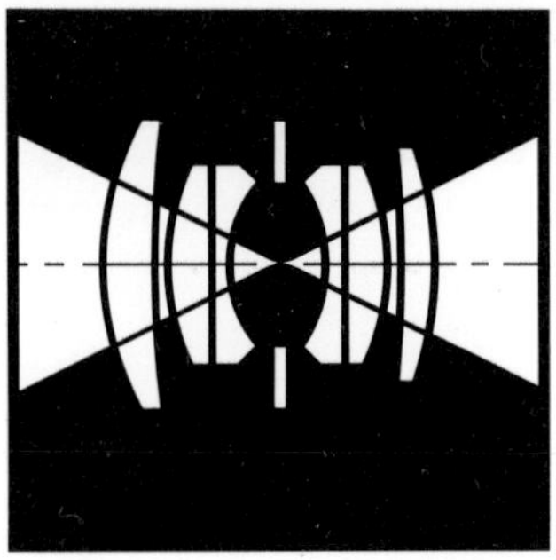

Foto-grafische Optik

Um die Abbildungseigenschaften der Fotoobjektive besser beurteilen zu lernen, ist die Kenntnis der damit zusammenhängenden Begriffe der geometrischen Optik erforderlich. Die geometrische Optik beschäftigt sich mit der punktförmigen Bilderzeugung durch Strahlen. Sie stellt gewissermaßen eine für die Praxis geschaffene vereinfachende theoretische Annäherung an die physikalische Optik dar, die sich mit der Natur des Lichtes und seinen beiden Ausbreitungsformen, der Wellen- und der Korpuskulartheorie befaßt. Die wichtigsten Begriffe sind auf den Abbildungen und in der Begriffserklärung wiedergegeben.

Licht ist ein schmaler Bereich des sehr breiten Energiespektrums elektromagnetischer Wellen. Dieses Spektrum reicht vom kürzesten Wellenbereich, den Gammastrahlen, von nur $^1/_{1000000}$ Nanometer Wellenlänge, bis zum längsten Wellenbereich, den Wechselströmen mit mehreren Kilometern Wellenlänge. Dazwischen liegt das schmale Band des für das Auge sichtbaren Lichtes.

Seine Ausdehnung erstreckt sich über eine Wellenlänge von 400–700 nm (1 nm = 1 Nanometer oder $^1/_{1000000}$ Millimeter). Es breitet sich sowohl in nach allen Richtungen schwingenden Wellen als auch in Form kleinster korpuskularer Energieteilchen, den sogenannten Lichtquanten oder Fotonen, aus.

Die Wirkung optischer Elemente wie Linsen, Prismen und Spiegel beruht auf zwei grundsätzlichen Eigenschaften des Lichtes,

der Reflexion oder Spiegelung und
der Refraktion oder Brechung.

Von gleicher Bedeutung sind die Dispersion oder Streuung, die als eine Variante der Brechung zu betrachten ist, und die Diffraktion oder Beugung. Besonders die Beugung übt in Verbindung mit der Blende auf die Abbildungsgüte von Objektiven einen außerordentlichen Einfluß aus.

Bei der Reflexion eines Lichtstrahls an einer normalen oder oberflächenverspiegelten Glasplatte entspricht der Einfallswinkel dem Ausfallwinkel, wobei der Einfallswinkel immer von der Lotrechten zur reflektierenden Oberfläche gemessen wird.

Bei der Refraktion eines schräg auftreffenden Lichtstrahls, der von einem optisch dünneren in ein optisch dichteres Medium eindringt, wird der Lichtstrahl zum Lot hin und beim Verlassen des dichteren Mediums vom Lot weg gebrochen. Er setzt also seinen Weg parallel versetzt fort. Der Grund für die

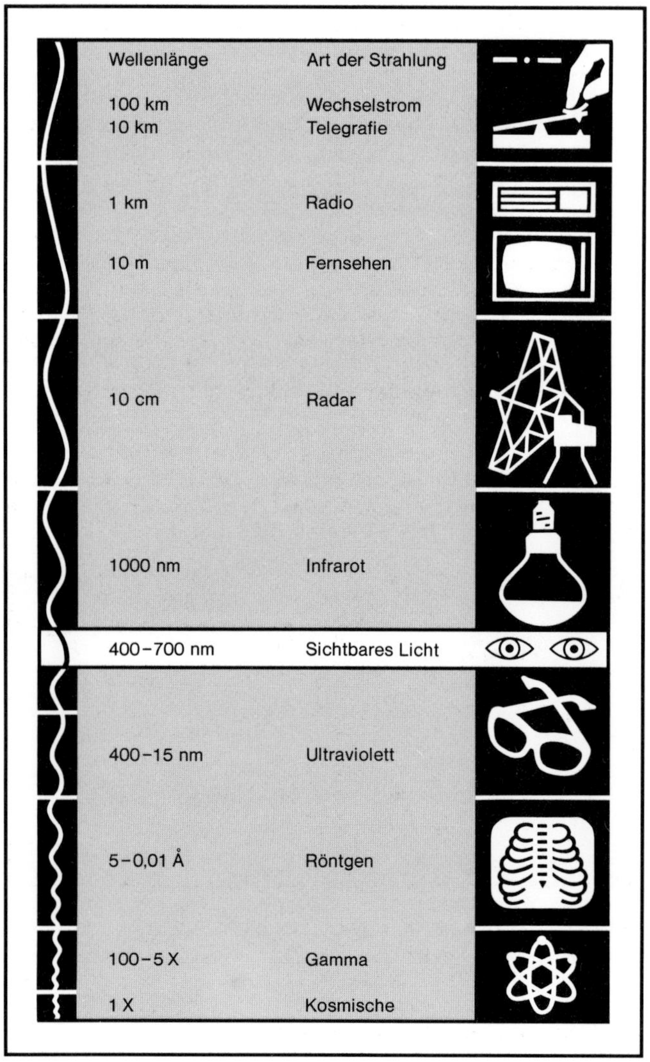

Das Wellenspektrum elektromagnetischer Strahlung mit dem schmalen Band des für das menschliche Auge sichtbaren Lichtes.

Brechung liegt darin, daß die größere Dichte des Mediums die Fortpflanzungsgeschwindigkeit des Lichtstrahls abbremst und er dadurch seine Richtung verändert. Der Grad der Brechung hängt von der Dichte des Mediums ab.

Bei der Dispersion wird ein weißer Lichtstrahl, der in ein Glasprisma tritt, gebrochen und in die Spektralfarben zerstreut. Der kurzwellige Strahlenanteil wird dabei stärker als der langwellige gebrochen.

Bei der geometrischen Optik liegt den Betrachtungen über die optische Abbildung die vereinfachende Annahme zugrunde, daß die von einem Objektpunkt ausgehenden Strahlen sich wieder in einem Bildpunkt vereinigen. Auf Grund der Wellennatur des Lichtes ist aber diese «ideale» Abbildung nicht erreichbar. Stellt man sich statt des in der geometrischen Optik vereinfachend angenommenen abstrakten geraden Lichtstrahls eine Lichtwelle in Kugelform vor, die von einem Objektpunkt ausgesandt wird, so wird diese von einer Linse in ihrer Bewegungsrichtung umgekehrt und erzeugt mit ihrem Mittelpunkt den Bildpunkt. Wird dieser Kugelwelle, in Form einer engen Blende, ein Hindernis in den Weg gestellt, so bilden sich Störungen durch sich überlagernde neue Kugelwellen. Die Folge ist, daß von einem aufgenommenen leuchtenden Objektpunkt wie einem Stern, kein scharfes Punktbild entsteht, sondern ein heller, von konzentrischen Ringen abnehmender Helligkeit umgebender, zentraler Punkt, das typische Beugungsbild.

Daraus resultiert, daß bei der Abblendung eines Objektivs über die optimale Blende hinaus zwar die Schärfentiefe noch zunimmt, die optimale Schärfe aber infolge der Beugung bereits abnimmt.

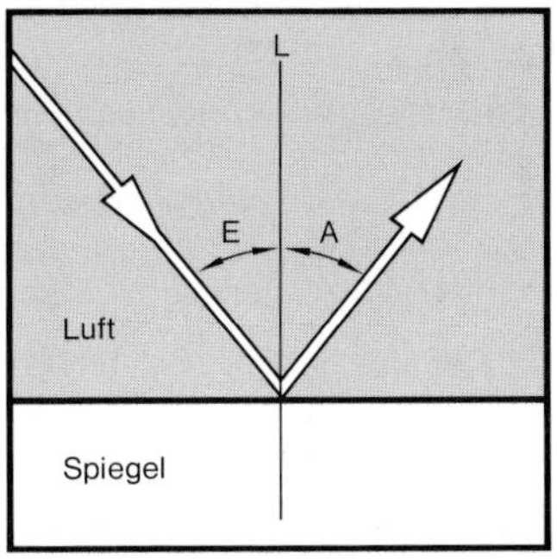

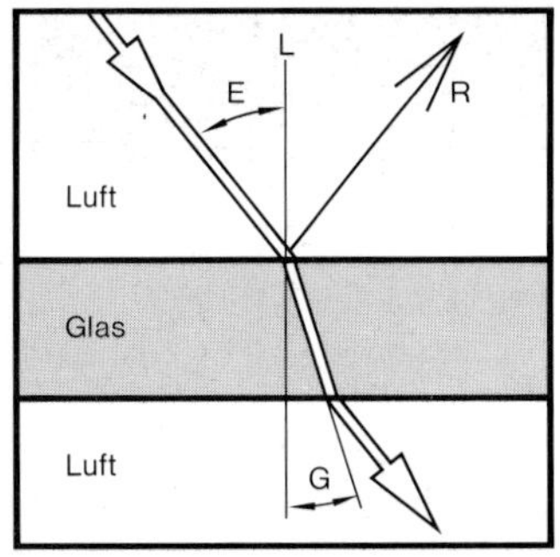

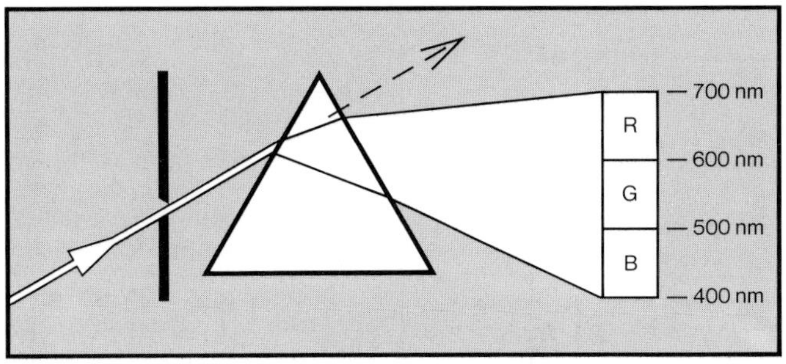

Oben links:
Reflexion: Trifft ein schräg einfallender Lichtstrahl auf eine spiegelnde Oberfläche, so wird er zurückgeworfen, reflektiert. Dabei entspricht der Ausfallswinkel A dem Einfallswinkel E, der immer von der Lotrechten L zur reflektierten Oberfläche gemessen wird.

Oben rechts:
Refraktion: Durchdringt ein aus einem dünneren Medium, wie der Luft, kommender schräg auftreffender Lichtstrahl ein dichteres Medium, wie Glas, so wird er aus seiner Richtung abgelenkt, gebrochen. Nach Austritt aus dem dichteren Medium erfährt er an der Grenze zum dünneren Medium eine zweite Brechung und setzt danach unverändert seinen Weg fort. Es bedeuten: E Einfallswinkel, L Lot, R reflektierter und G gebrochener Strahl.

Unten:
Dispersion: Durchdringt ein schräg auftreffender weißer Lichtstrahl ein gleichschenkliges Glasprisma, so wird er gebrochen und in die Spektralfarben aufgefächert, zerstreut. Der kurzwellige Strahlenanteil wird dabei stärker als der langwellige gebrochen.

Begriffserklärung optischer Kenngrößen

- a, a' Objekt- und Bildweite
- d Linsendicke
- f, f' objektseitige und bildseitige Brennweite
- F, F' objektseitiger und bildseitiger Brennpunkt
- H, H' objektseitige und bildseitige Hauptebene
- s, s' objektseitige und bildseitige Schnittweite auf die Linsenscheitel bezogen
- n Brechzahl des Glases
- z Zerstreuungskreisdurchmesser
- λ lamda, Wellenlänge des Lichtes in nm
- ν ny, Abbesche Zahl, die die Farbstreuung eines Glases angibt

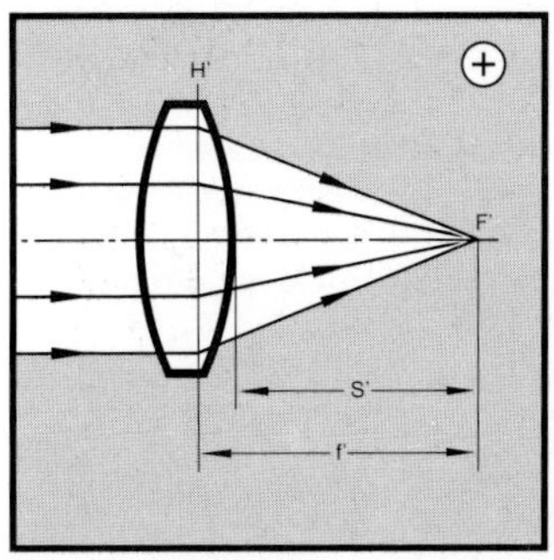

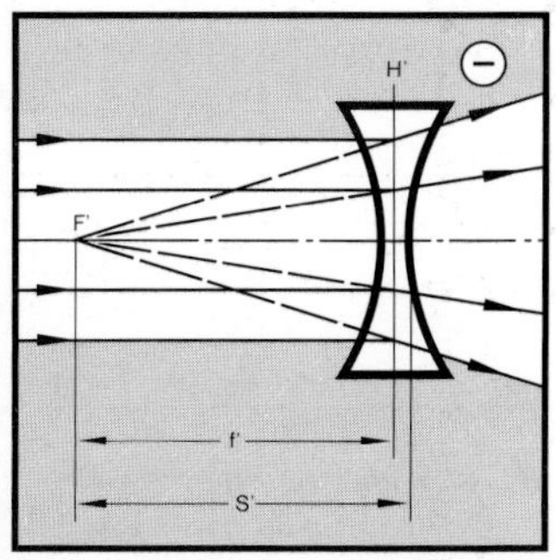

Links: Eine Sammellinse vereinigt parallel auftreffende Lichtstrahlen in ihrem Brennpunkt F'. Der Abstand zwischen dem Brennpunkt F' und der Hauptebene H' wird als Brennweite f' bezeichnet. Die Distanz zwischen dem hinteren Linsenscheitel und dem Brennpunkt ist die Schnittweite s'.

Rechts: Werden die parallel auf eine Zerstreuungslinse auftreffenden und divergent austretenden Lichtstrahlen nach rückwärts verlängert, so treffen sie sich im negativen Brennpunkt F' der Linse.

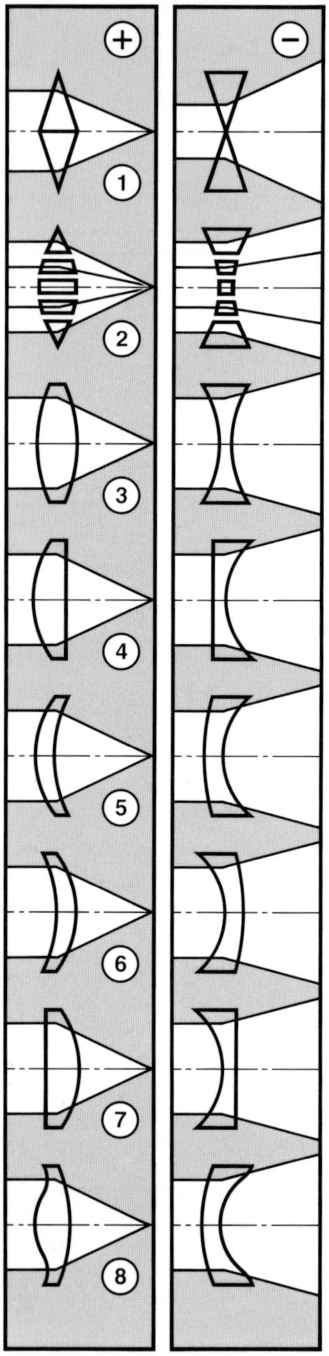

1. Eine positive oder Sammellinse kommt durch zwei mit der Basis aufeinander ruhende Prismen zustande. Eine negative oder Zerstreuungslinse wird von zwei sich mit der Spitze berührenden Prismen gebildet.

2. Die Zerlegung der beiden Prismen in einzelne brechende Elemente kommt der positiven bzw. negativen Linsenform immer näher.

3. Sammellinsen sind in der Mitte dicker als am Rande und erzeugen ein auf einer Mattscheibe auffangbares reelles Bild.
Zerstreuungslinsen sind am Rand dicker als in der Mitte und verursachen ein virtuelles, nicht auffangbares Bild.

4. Krümmungsradius und Linsendicke in der optischen Achse bestimmen die Form einer Linse. In der theoretischen Optik wird das Licht immer als von links kommend angenommen. Die positive Linse ist demnach eine Konvexplanlinse, die negative eine Plankonkavlinse.

5. Diese Linse ist ein erhabener positiver Meniskus. Die negative Linse ist ein erhabener negativer Meniskus.

6. Die zwei Konkavkonvexlinsen stellen einen hohlen positiven und einen hohlen negativen Meniskus dar.

7. Der Plankonvexlinse bei den positiven, steht die Konkavplanlinse bei den negativen Linsen gegenüber.

8. Der mit einer asphärischen Fläche versehenen bikonvexen positiven Linse steht eine mit einer konvexen und konkaven asphärischen Fläche versehene negative Linse gegenüber.

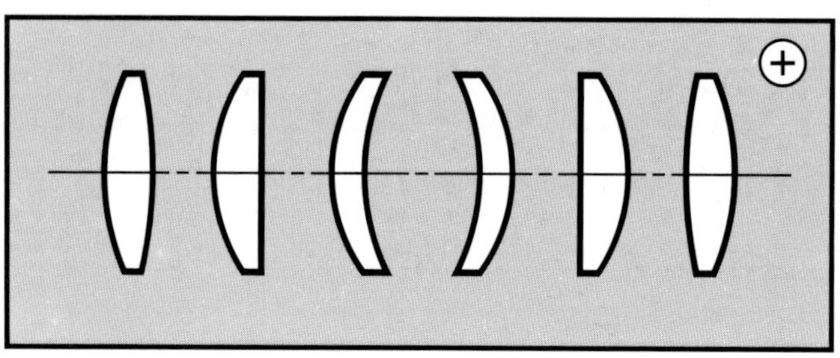

Trotz der unterschiedlichen Formen besitzen alle Linsen die gleiche Brennweite.

Linsenformen

Fotoobjektive bestehen immer aus einem System von mehreren Linsen. Grundsätzlich unterscheidet man zwischen parallel einfallendes Licht sammelnden positiven und zerstreuenden negativen Linsen. Die Grundform einer Sammellinse bilden zwei mit der Basis aufeinander ruhende Prismen und die der Zerstreuungslinse zwei sich mit der Spitze berührende Prismen. Daraus entwickelten sich sämtliche übrigen Linsenformen.

Während in den meisten Fällen die Linsen kugelförmig, sphärisch sind, besitzen einige aufwendige Objektive zur besseren Korrektion (Berichtigung) der Abbildungsfehler auch asphärische, nicht kugelförmige, Flächen. Der Einfluß der einzelnen Linsenformen, ihr Abstand zueinander und die dafür verwendeten Glassorten mit unterschiedlichen Eigenschaften bestimmen den Gesamtaufbau und die Qualität eines Objektivs.

Da bei den bisherigen Betrachtungen der polychromatische (vielfarbige) Charakter des Lichtes nicht berücksichtigt wurde, soll dies hier geschehen: Weißes Licht besteht zu je einem Drittel aus einem blauen, grünen und roten Strahlenanteil. Wie die Abbildung des Dispersionsprismas zeigt, werden Strahlen verschiedener Wellenlängen auch verschieden stark gebrochen. Das bedeutet, daß der Objektivkonstrukteur bei der Errechnung eines Objektivs nicht nur die Abbildungsfehler zu korrigieren hat, die monochromatisches Licht verursachen. Er muß vielmehr sowohl die aktinisch (auf den Film chemisch) wirksamen Wellenlängen Violett und Blau und außerdem noch den roten Wellenbereich berücksichtigen, um ein visuell scharfes Bild zu ermöglichen. Vereinigen sich blaues und rotes Licht in einem Brennpunkt zu einem scharfen Bild, dann erhält er ein achromatisches Objektiv. Ein vollkommen scharfes Bild erzielt er damit, zumindest bei langen Brennweiten, aber auch noch nicht. Die Beseitigung der Restfehler des sogenannten sekundären Spektrums, die sich bei Brennweiten über 150 mm bemerkbar machen, erreicht man nur durch Korrektion aller drei Spektralbereiche. Das heißt, Blau, Grün und Rot müssen sich in einem einzigen Brennpunkt treffen. Diese Objektive bezeichnet man als Apochromaten. Leider sind die Sorgen des Objektivkonstrukteurs damit jedoch noch nicht behoben, denn neben den chromatisch bedingten Abbildungsfehlern verursachen die optisch-physikalischen einen ebenso hohen Korrektionsaufwand.

Zeichnerische Konstruktion der Abbildung mit Hilfe einer Linse und die Bezeichnung mit den entsprechenden optischen Kenngrößen.

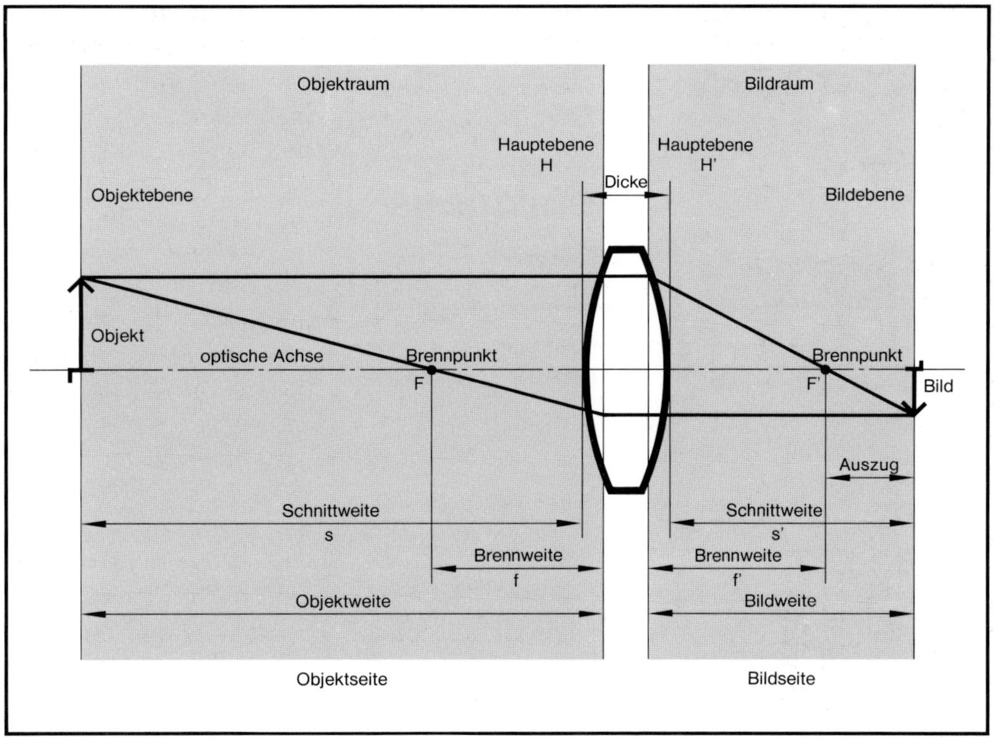

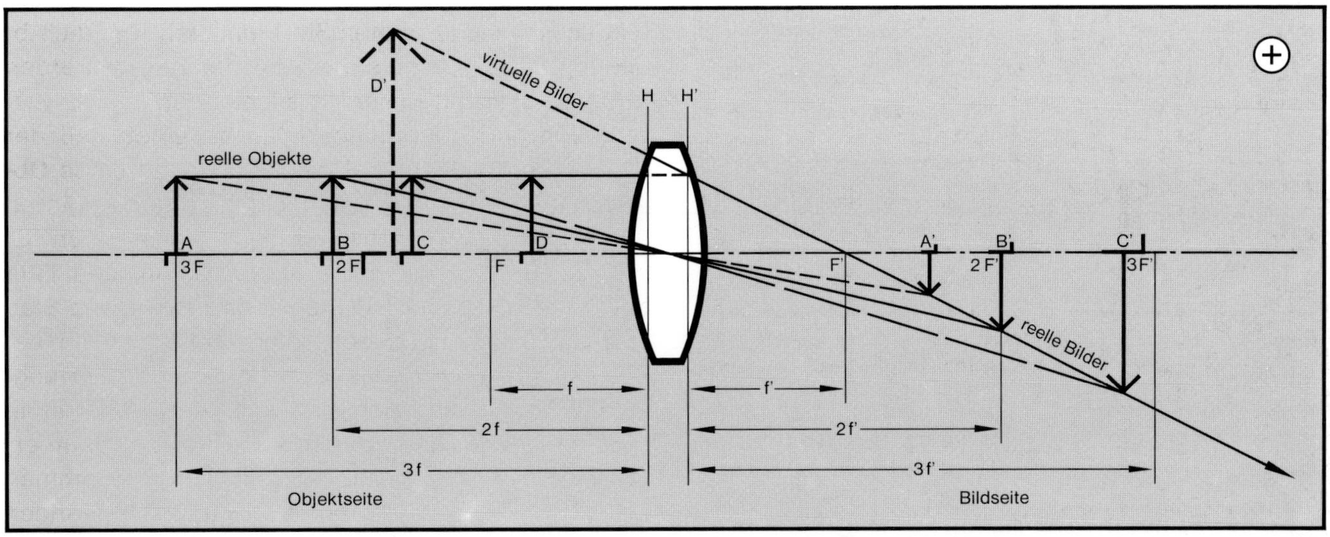

Die Entstehung reeller und virtueller Bilder bei der Abbildung durch eine Sammellinse.

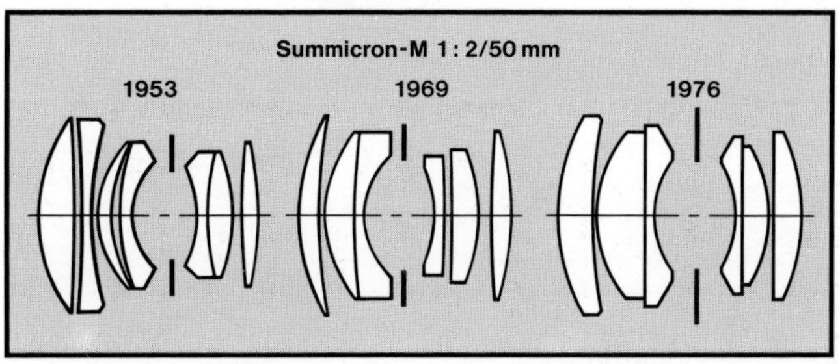

Daß Objektive einer ständigen Evolution, Weiterentwicklung, unterworfen sind, zeigen die drei Linsenschnitte des Leitz Summicron. Deutlich sind bei dem 1976 errechneten und verbesserten Objektiv die Einflüsse der Rationalisierung in Form fünf planer Linsenflächen zu erkennen, denn eine plane Fläche läßt sich wirtschaftlicher fertigen als eine sphärische.

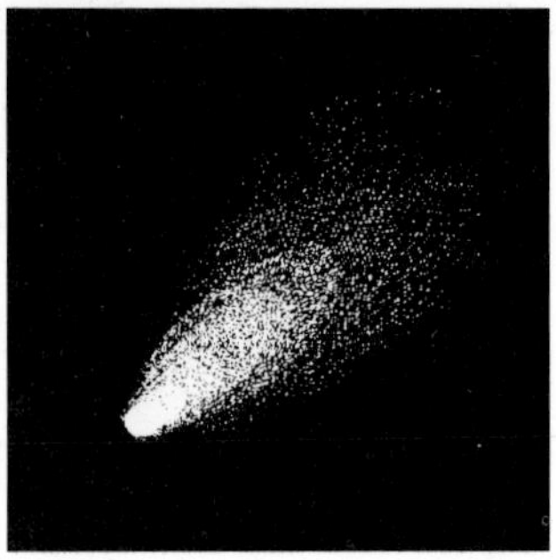

Abbildungsfehler

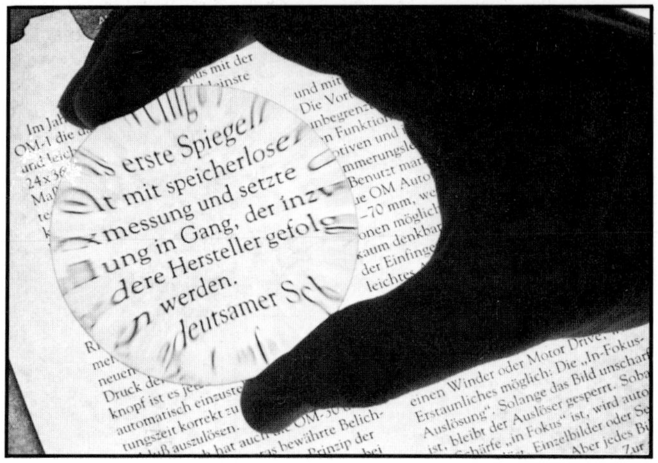

Das von einer einfachen bikonvexen Linse entworfene vergrößerte Bild eines Textes läßt sofort mehrere Abbildungsfehler, wie sphärische Aberration, Bildfeldwölbung und Dispersion, die zwangsläufig bei einem nicht korrigierten optischen System auftreten, erkennen.

Im Idealfall würde eine Linse von einem Objektpunkt einen scharfen Bildpunkt erzeugen. Diese Erwartung kann jedoch streng genommen keine Linse erfüllen. Sämtliche Linsen oder Linsensysteme weisen Abweichungen von der idealen Abbildung auf, die man als Abbildungsfehler oder Aberrationen bezeichnet. Ihre Verringerung kann beim Objektiv durch entsprechende Formgebung und Zahl der Linsen, durch deren Abstand zueinander und durch die Auswahl entsprechender Glassorten bewirkt werden. Da der technische Aufwand im Verhältnis zu der noch vertretbaren Wirtschaftlichkeit stehen muß, ist eine völlige Behebung sämtlicher Abbildungsfehler kaum möglich. Deshalb stellt jedes Objektiv immer nur einen für einen bestimmten Anwendungsbereich optimal korrigierten Kompromiß dar.

Ursache und Auswirkung der Abbildungsfehler

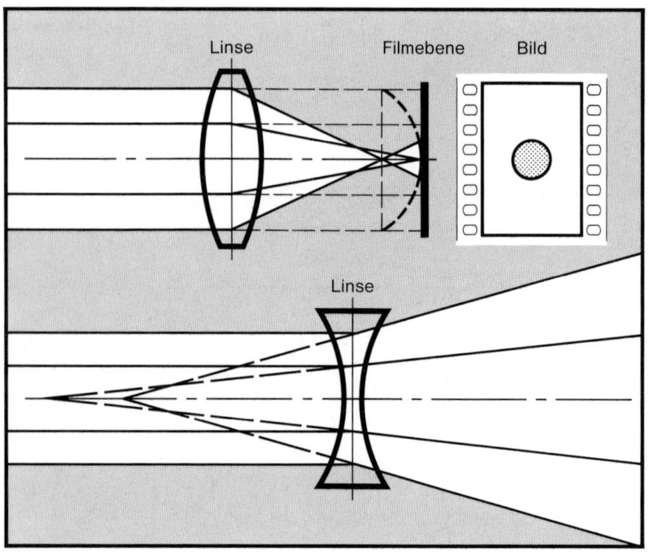

Sphärische Aberration
Da sich bei der positiven wie bei der negativen Linse, infolge unterschiedlicher Brechung, achsenferne Strahlen vor den achsennahen schneiden, entstehen mehrere Brennpunkte und dadurch ein unscharfes Bild.

Behebung der Abbildungsfehler

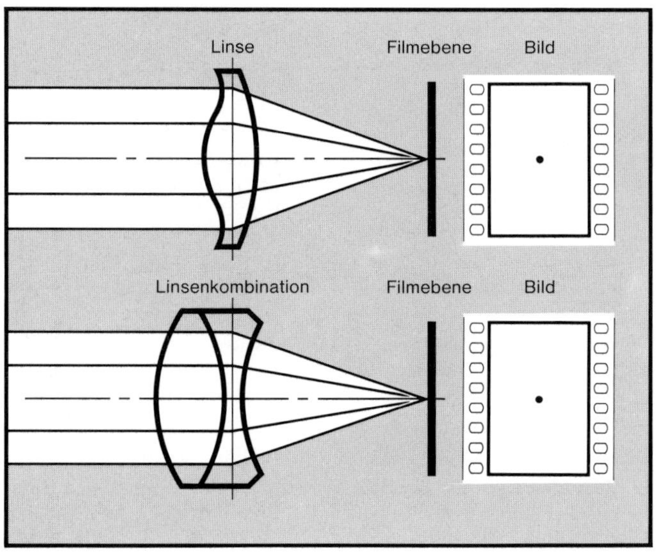

Die Behebung der sphärischen Aberration läßt sich durch die Verwendung einer asphärischen, nicht kugelschalenförmig gekrümmten Linse, die jedoch nur sehr aufwendig herzustellen ist (oben), oder durch die Kombination einer positiven mit einer negativen Linse (unten), deren entgegengesetzt wirkende Fehler sich aufheben, herbeiführen.

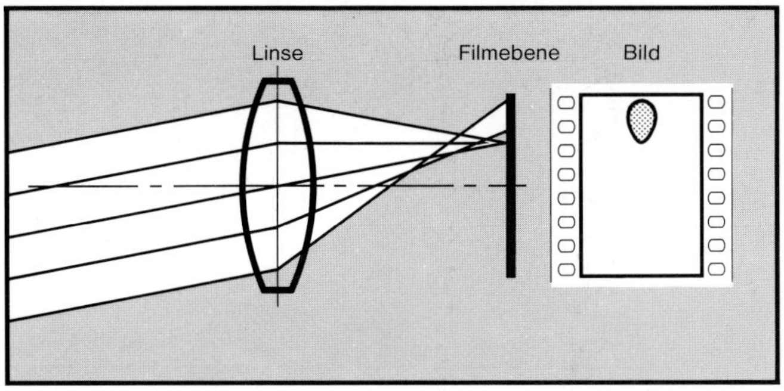

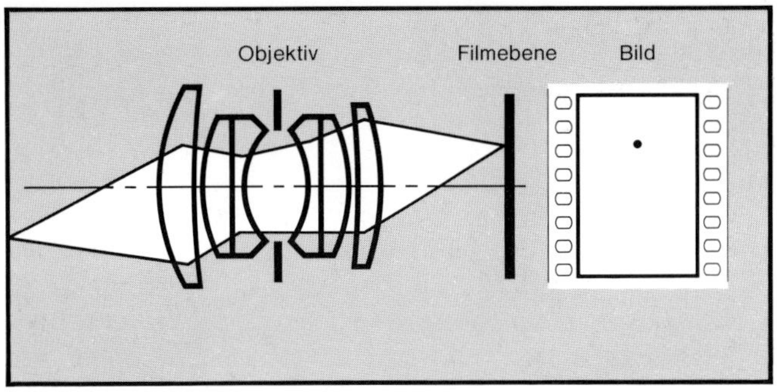

Koma
Von einem außerhalb der optischen Achse gelegenen Objektpunkt schräg auf eine Linse treffende Lichtstrahlen erzeugen keine punktförmige Abbildung. Vielmehr entsteht durch die stärkere Brechung der Randstrahlen ein der sphärischen Aberration ähnlicher Fehler, der zu einer kometenschweifartigen Abbildung führt.

Behebung
Die Koma kann durch die Verwendung mehrerer Linsen entsprechend gewählter Durchbiegung und einen symmetrischen Objektivaufbau behoben werden.

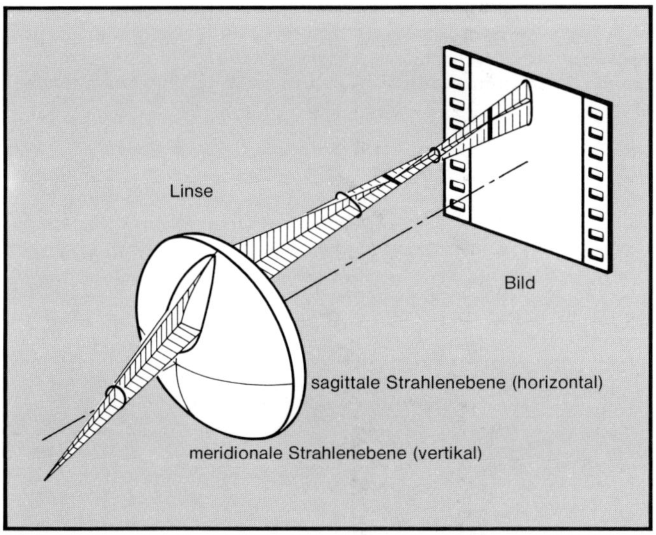

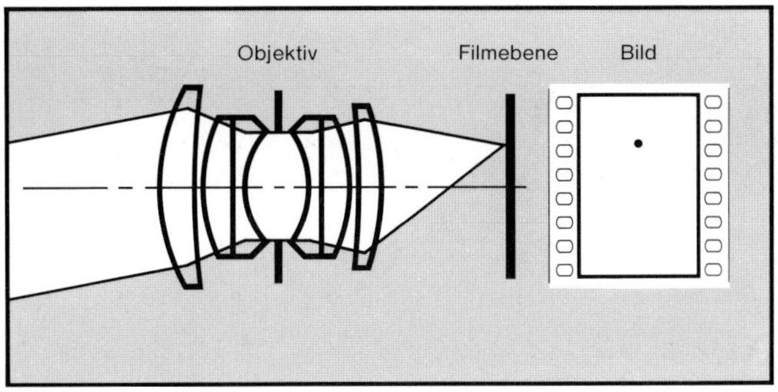

Astigmatismus
Schräg zur optischen Achse auf eine Linse treffende Strahlen erzeugen kein punktförmiges Bild, sondern zwei linienförmige, senkrecht zueinander stehende, in verschiedenen Ebenen liegende Bilder. Der Grund dafür ist, daß die vertikale (meridionale) Strahlenebene nicht mit der horizontalen (sagittalen) Strahlenebene zusammenfällt.

Behebung
Durch Verwendung mehrerer Linsen entsprechender Krümmungsradien kann der Astigmatismus nahezu behoben werden.

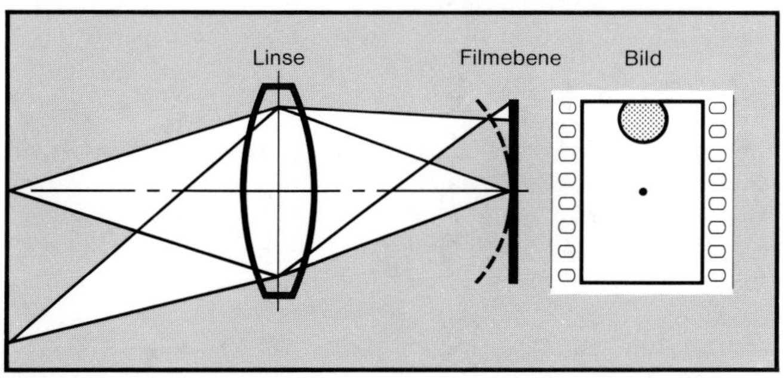

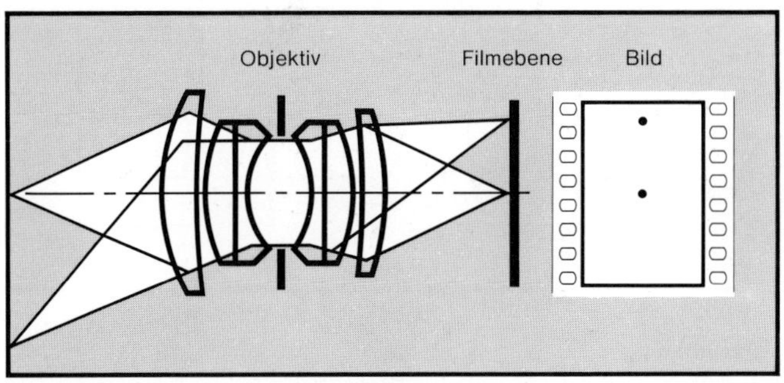

Bildfeldwölbung
Durch Astigmatismus verursacht, werden achsenferne und achsennahe Objektpunkte von einer Linse nicht in einer Bildebene, sondern auf einer kugelschalenförmig gekrümmten Fläche abgebildet. Als Folge dessen wird entweder nur die Randzone oder das Bildzentrum scharf abgebildet.

Behebung
Die Bildfeldwölbung läßt sich durch die Korrektion des Astigmatismus und die Wahl mehrerer entsprechend gekrümmter Linsen beheben.

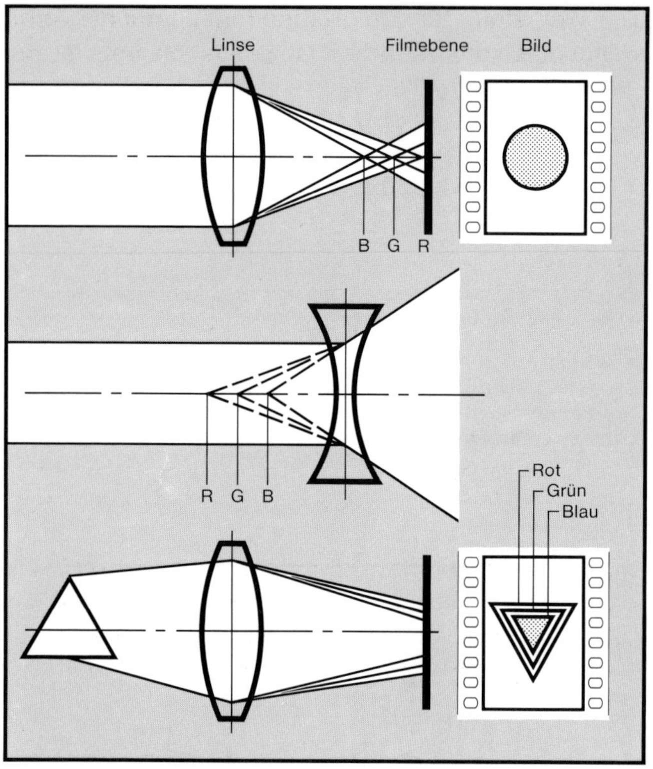

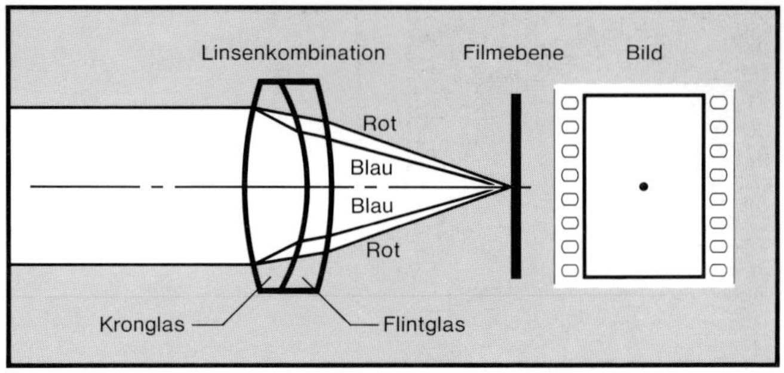

Chromatische Aberration

Zur Vereinfachung wurde bei den bisher behandelten Abbildungsfehlern die Annahme zugrunde gelegt, daß es sich um Strahlung nur einer Wellenlänge, um monochromatisches Licht, handelt. Tatsächlich wird aber die Abbildung fast immer mit einer polychromatischen Strahlung erzeugt, so daß die Korrektion der Abbildungsfehler für jeden Spektralbereich separat erfolgen muß. Durch die Dispersion, Brechung und Streuung des Lichtes im Glas erzeugen die drei Spektralfarben Blau, Grün und Rot jeweils in einer anderen Ebene ein scharfes Bild. Als Folge davon wird durch die chromatische Längsaberration (obere Abbildung) das Bild eines Punktes als Unschärfekreis wiedergegeben. Je nach Wellenlänge werden die drei Bilder aber auch noch, verursacht durch die Queraberration (untere Abbildung), verschieden groß abgebildet.

Behebung

Die chromatische Aberration läßt sich durch die Kombination einer positiven und einer negativen Linse, deren entgegengesetzt wirkende Fehler sich aufheben und den symmetrischen Aufbau eines Objektivs für zwei Wellenlängen (Blau und Rot) beheben. Die Korrektion für zwei Spektralbereiche wird als achromatisch, die aller drei Spektralbereiche als apochromatisch bezeichnet.

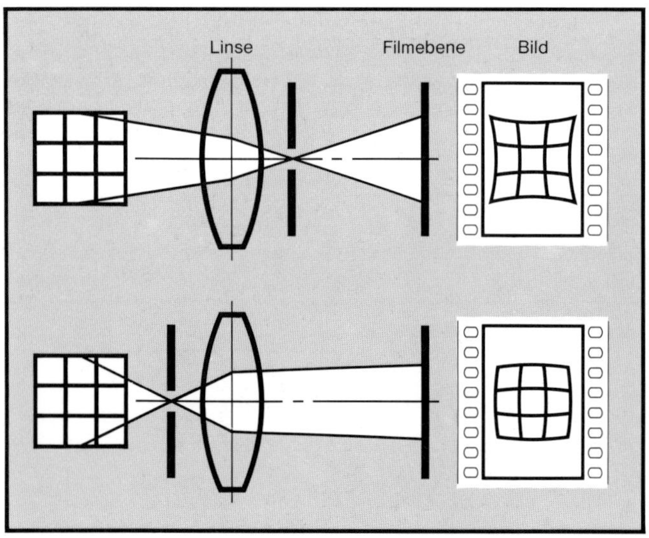

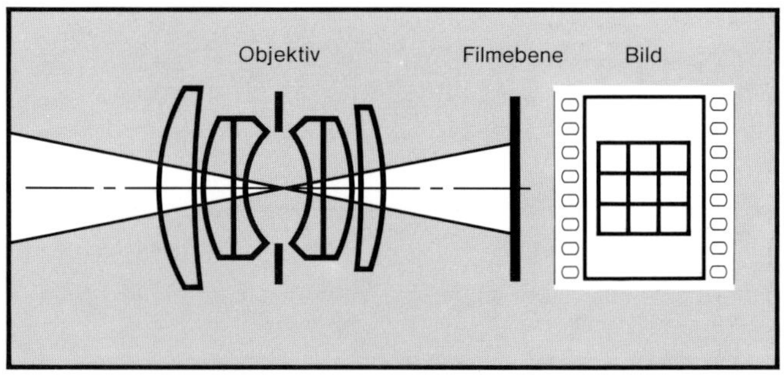

Verzeichnung

Bei der Verzeichnung oder Distorsion entsteht je nach Lage der Blende bei der Abbildung mit einer Linse infolge sphärischer Aberration entweder eine kissen- oder tonnenförmige Verzerrung von am Bildrand gelegenen Geraden. Durch die partielle Veränderung des Abbildungsmaßstabes im Bild wird zum Beispiel bei der Hinterblende das Bild größer und kissenförmig, bei der Vorderblende dagegen kleiner und tonnenförmig verzeichnet.

Behebung

Die Verzeichnung läßt sich durch Änderung der Linsenkrümmungen bzw. -kombination sowie einen symmetrischen Objektivaufbau beheben.

LaSF

Optisches Glas

Der Werkstoff, der den größten Einfluß auf die Abbildungsgüte fotografischer Objektive ausübt, ist das Glas. Optisches Glas wird aus einem Gemisch von Silikaten bei Temperaturen zwischen 1300°–1500° C erschmolzen. Eine Vielzahl von Beimischungen und Zusätzen wie Aluminium, Antimon, Barium, Blei, Bor, Fluor, Lanthan, Phosphor, Titan und Zink haben die Eigenschaften der über 200 optischen Glasarten in hohem Maße den speziellen Forderungen der optischen Industrie angepaßt. Grundsätzlich werden die optischen Gläser in zwei Gruppen unterteilt: in Krongläser mit geringer Dispersion und einer Abbezahl ν (griechisch ny), die größer als 55 ist, und in Flintgläser mit einer höheren Dispersion und einer Abbezahl, die kleiner als 55 ist. Was bedeuten diese Zahlen?

Die Lichtgeschwindigkeit, die im Vakuum 300000 km/s beträgt, verringert sich in dichteren Medien wie Luft, Wasser oder Glas. Der Faktor, um den das Licht sich im Vakuum schneller ausbreitet als in dem dich-

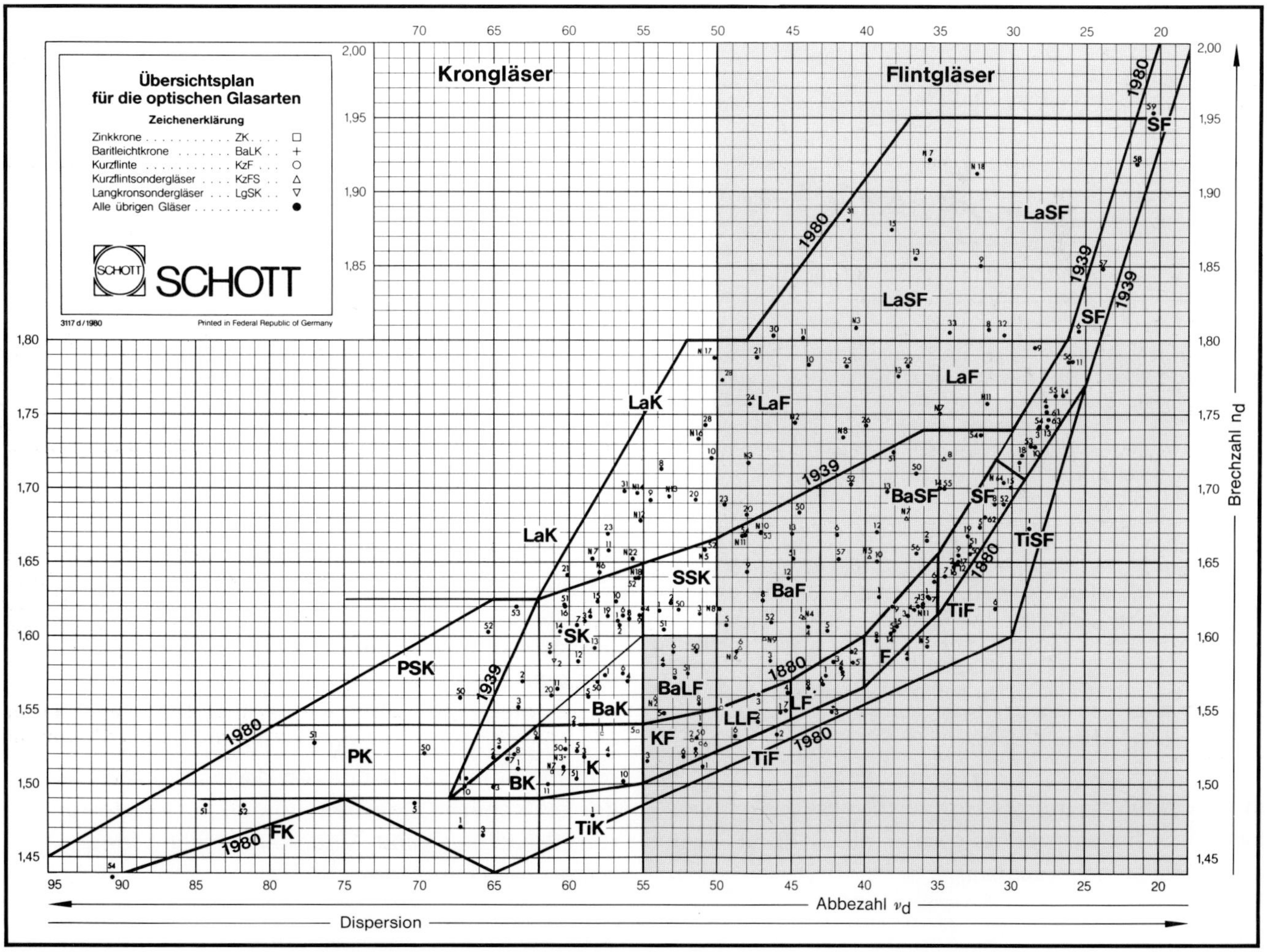

Übersichtsplan für die Glasarten der Firma Schott: Dieser sogenannte Glasatlas verdeutlicht die Lage der «optischen Kontinente» und läßt durch deren Umrahmung die Zeit ihrer Entdekkung erkennen.

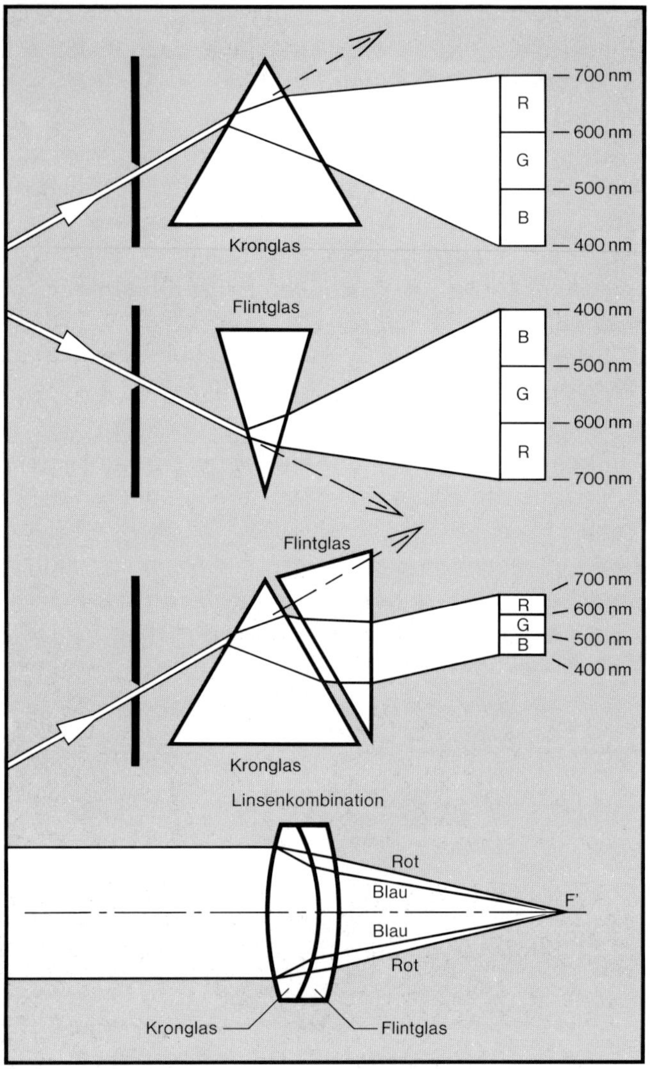

Ziel einer jeden Abbildung mit optischen Mitteln (Objektiven) ist die scharfe Wiedergabe des Objektes. Dieser Absicht steht aber, wie das Beispiel des Dispersionsprismas zeigt, die gleichzeitig bei der Brechung entstehende, eine scharfe Abbildung verhindernde Farbenzerstreuung entgegen. Es mußte daher ein Weg gefunden werden, die Dispersion zu verringern. Wie aus dem «Glasatlas» ersichtlich ist, besitzt Kronglas eine geringere und Flintglas eine große Farbenzerstreuung. Ein Flintglasprisma, dessen brechender Winkel nur halb so groß wie der eines Kronglasprismas ist, erzeugt trotz geringerer Brechung ein ebenso großes Spektrum. Da die Basen der beiden Prismen einander zugewandt sind, entstehen ihre Spektren auch in umgekehrter Reihenfolge. Diese Tatsache nutzt man, indem sich durch das entgegengesetzte Zusammensetzen der beiden Prismen, die Wirkung ihrer Farbenzerstreuung nahezu aufhebt, zumindest aber stark verringert. Auf diesem Prinzip beruht der Achromat, das – relativ – farbfehlerfreie Objektiv.

teren Medium, wird als Brechzahl oder Brechungsindex «n» bezeichnet. Je dichter ein Stoff ist, desto größer ist seine Brechzahl.

Die Brechzahl ist darüber hinaus von der Wellenlänge des Lichtes abhängig. Die mittlere Brechzahl n_d, bezieht sich auf die Fraunhofersche d-Linie des Heliums mit einer Wellenlänge von 587,6 nm und der Farbe Gelb, für die das menschliche Auge die größte Empfindlichkeit aufweist. (Die Fraunhoferschen Linien unterteilen das Spektrum von A bei Rot bis H bei Violett in Linien bestimmter Wellenlänge oder in die entsprechenden Linien des Lichtes leuchtender Gase).

Neben der Brechzahl ist die Abbesche Zahl die wichtigste Kenngröße einer Glassorte. (Der Physiker Ernst Abbe, 1840–1905, gilt als Wegbereiter der modernen Glasforschung. Da es bei Carl Zeiss in Jena, wo er seit 1866 tätig war, die Gläser nicht gab, die für die Errechnung neuer Objektive benötigt wurden, entwickelte er sie zusammen mit Otto Schott und ließ sie von 1880 an bei Schott & Genossen in Jena herstellen. Darauf basierte die Achromatisierung und die Beseitigung des Astigmatismus der damaligen Objektive). Die nach ihm benannte Abbesche Zahl ν = ny (griechischer Buchstabe) gibt Auskunft darüber, wie stark weißes Licht von der betreffenden Glassorte zerstreut wird. Die Abbesche Zahl ist um so größer, je kleiner die Farbzerstreuung ist und umgekehrt. Die Brechkraft n_d und die Abbesche Zahl ν_d bestimmen die Eigenschaften einer Glassorte. Die Abbildung auf Seite 51 zeigt einen Übersichtsplan über die gegenwärtig von Schott Mainz angebotenen optischen Glasarten. Darauf ist zu erkennen, daß die Krongläser mit einem niedrigen Brechungsindex auch eine niedrigere Dispersion aufweisen, während die Flintgläser mit einem höheren Brechungsindex auch eine größere Farbzerstreuung besitzen. Sieht man diese Tatsache als normal an, so wurden durch die von der Leitz-Glasforschung seit Beginn der siebziger Jahre geschaffenen Gläser mit anomaler Teildispersion die Möglichkeiten der Optikrechner erheblich erweitert. Anomale Dispersion bedeutet niedrige Dispersion trotz des hohen Brechungsindexes. Zur Korrektion des sekundären Spektrums bei apochromatischen Objektiven wurden vorher einzelne Linsen aus Fluoritkristallen zwischen Glaslinsen eingebaut. Dies war erforderlich, weil Fluor sehr kratz- und feuchtigkeitsempfindlich ist. Gläser mit anomaler Teildispersion dagegen haben neben der einfacheren Bearbeitung den Vorteil der größeren Belastbar- und Unempfindlichkeit gegenüber Witterungseinflüssen.

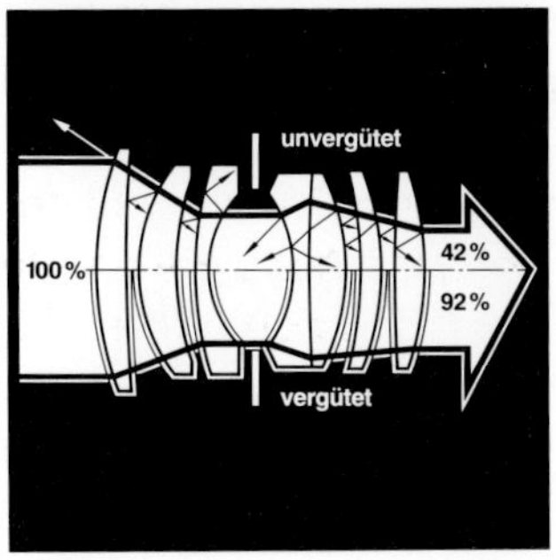

Vergütung

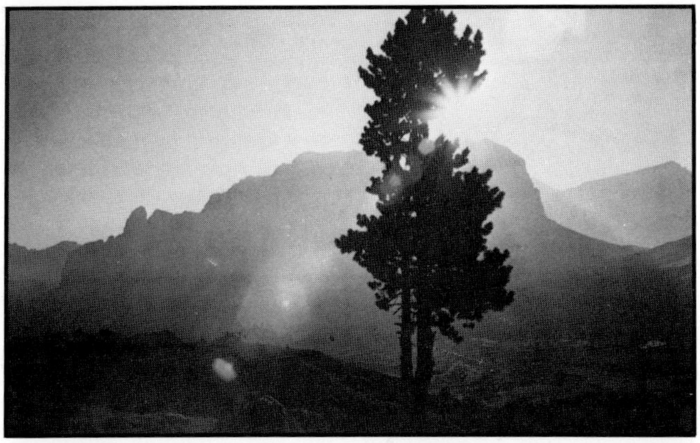

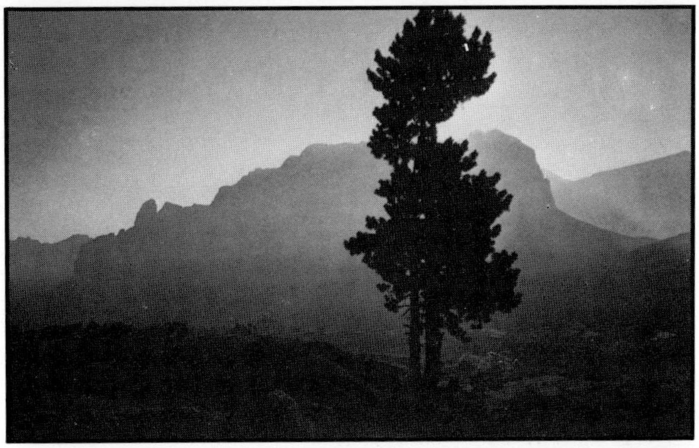

Häufig sieht man auf Gegenlichtaufnahmen mehrere Geisterbilder der Objektivblende. Wie entsteht diese Erscheinung? Durchdringen schräg einfallende Lichtstrahlen eine Glasfläche, so entstehen Oberflächenreflexe, deren Stärke vom Brechungsindex des Glases abhängt. Schon an einer einfachen Glasscheibe tritt durch Teilreflexion ein Lichtverlust von 2 × 4% auf, der sich bei einem viellinsigen Objektiv durch Mehrfachreflexionen innerhalb des Linsensystems um ein Vielfaches erhöht. Mit der Verringerung der Lichtstärke entsteht gleichzeitig ein erheblicher Kontrastverlust durch Überstrahlung. 1935 gelang es dem Physiker Smakula (1900–1983), bei Zeiss das Problem durch Auftragen einer sogenannten Vergütung auf die freistehenden Linsenoberflächen zu beseitigen. Dazu wird eine nur ¼ der Wellenlänge betragende farbig erscheinende Leichtmetallfluoridschicht im Hochvakuum kratz- und wischfest aufgedampft. Der Reflexbeseitigung für mehrere Wellenlängen dient die Mehrschichtenvergütung. Sie ist jedoch nicht für alle Linsen eines Objektivs erforderlich. Die heutigen Objektive sind ausnahmslos ein- oder mehrfach vergütet.

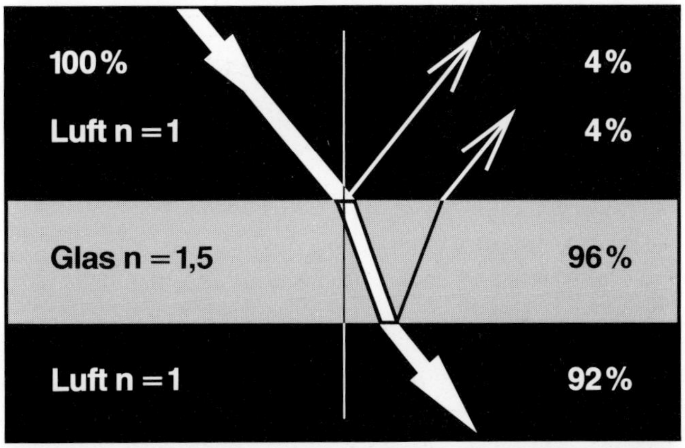

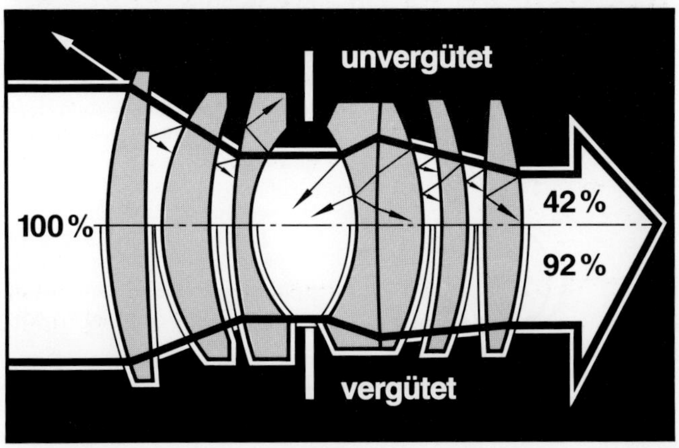

Von oben nach unten: Beim Fotografieren mit nur einschichtig vergüteten Objektiven können durch die Blende verursachte störende «Geisterbilder» im Motiv entstehen.

Objektive mit mehrschichtiger Antireflexvergütung verhindern das Entstehen von Geisterbildern im Motiv. Fotos: Yashica-Zeiss.

Der Lichtverlust durch Teilreflexion beträgt schon an einer einfachen Glasscheibe 2 × 4%.

Durch mehrschichtige Vergütung eines viellinsigen Objektives läßt sich der durch Teilreflexion verursachte Lichtverlust deutlich verringern.

Entwicklungsgeschichte der Objektive

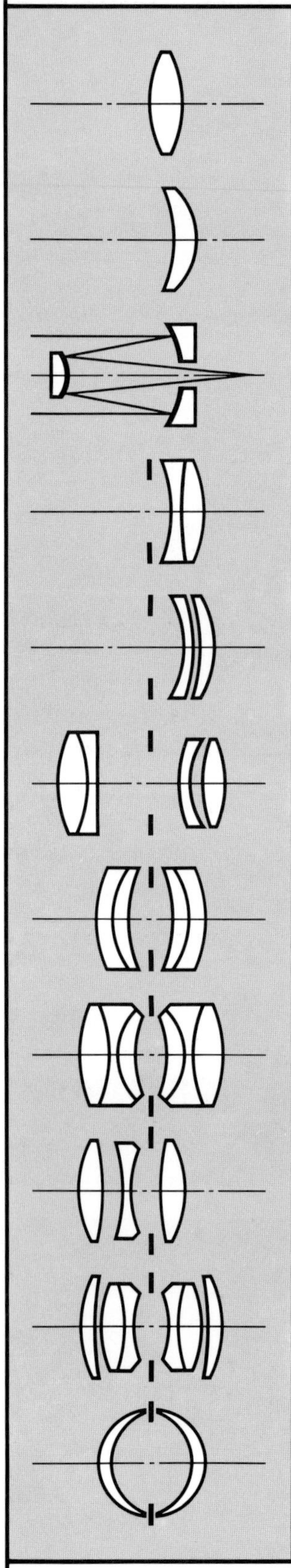

Positive Linse um 1200 v. Chr.;
den Assyrern bereits als Brillenglas bekannt; mit allen Abbildungsfehlern behaftet.

Meniskus 1 : 18, 16. Jahrhdt.;
als Objektiv für die Camera Obscura und im 19. Jahrhdt. für die ersten fotografischen Kameras verwandt.

Spiegelteleskop, 1671;
von Cassegrain für astronomische Beobachtungen geschaffen; relativ fehlerfrei.

Achromat 1 : 14, 1729;
von Chester M. Hall wurde erstmals der Farbfehler durch Verkitten zweier Linsen aus Kron- und Flintglas behoben.

Fernrohrobjektiv 1817;
von C.F. Gauß; Basisobjektiv für die davon abgeleiteten Doppelobjektiv-Varianten.

Petzval-Objektiv 1 : 3,7, 1840;
erstes errechnetes Objektiv hoher Lichtstärke; von M.J. Petzval für Voigtländer gerechnet; gute Fehlerbeseitigung.

Aplanat 1 : 8, 1866;
von A. Steinheil errechnet; auf Grund der symmetrischen Bauweise gute Fehlerbeseitigung.

Dagor 1 : 6,8, 1892;
von E.v. Hoegh für Goerz errechnet; erster symmetrischer Doppelanastigmat mit guter allgemeiner Korrektion.

Triplet 1 : 6,8, 1894;
von H.D. Taylor für Cooke errechnet; erster unsymmetrischer Anastigmat mit guter Korrektion.

Planar 1 : 3,3, 1886;
von P. Rudolph für Goerz errechnet, lichtstarker symmetrischer Doppelanastigmat mit guter Korrektion.

Hypergon 1 : 22, 1900;
von E.v. Hoegh für Goerz errechnet; erstes verzeichnungsfreies Superweitwinkelobjektiv mit 140° Bildwinkel bei 1 : 31..

Bis 1900

Gauß-Doppelobjektivtyp 1. Art

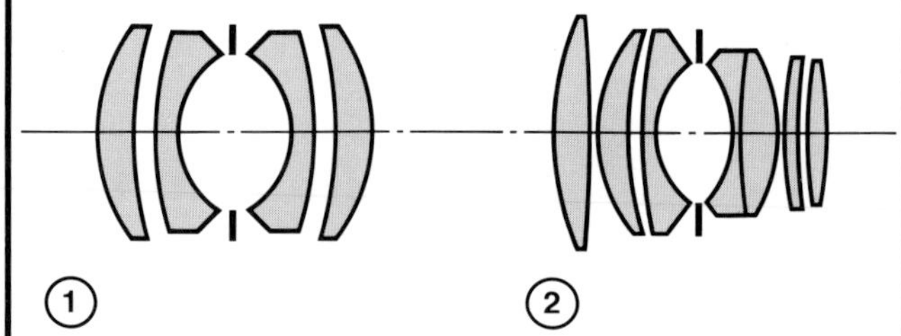

Gauß-Doppelobjektivtyp 2. Art

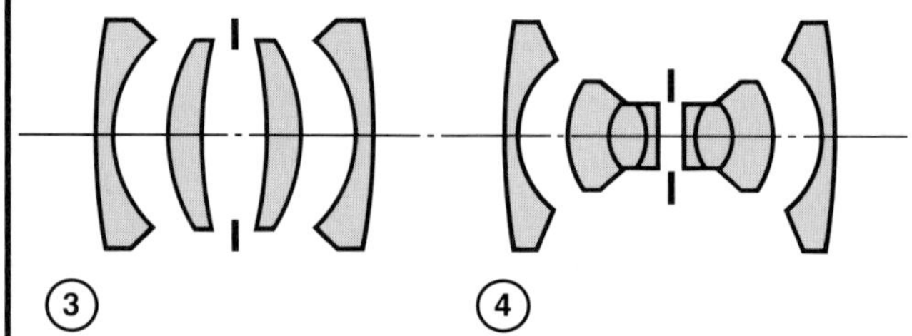

Triplettyp

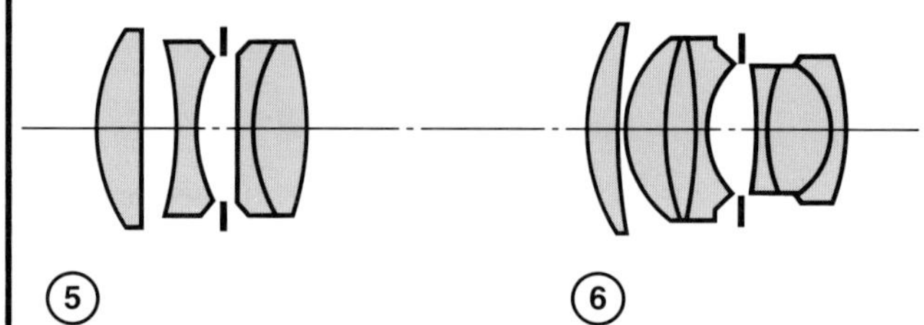

Hypergontyp

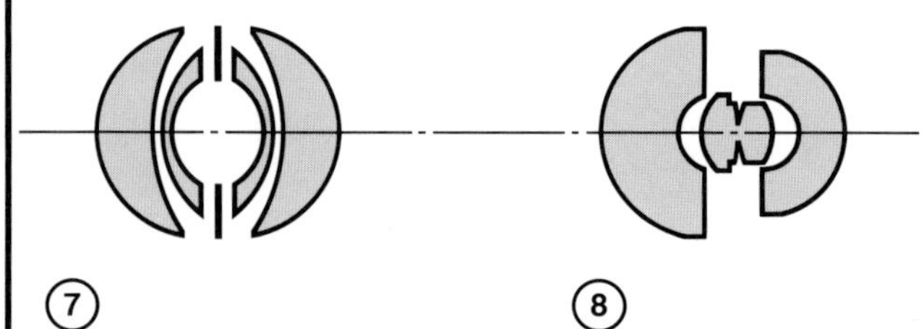

Cassegraintyp

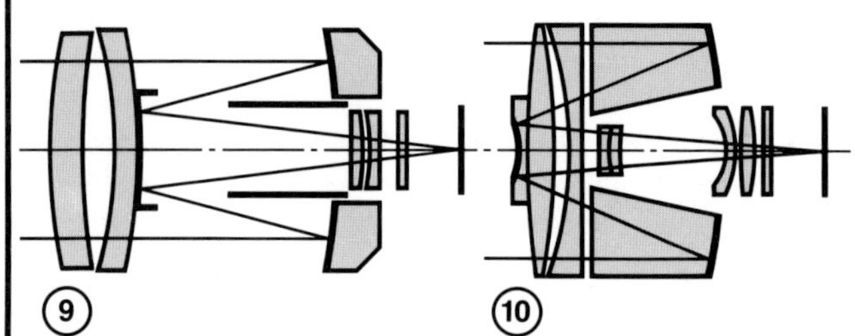

Von 1900 bis zur Gegenwart

Entwicklungsgeschichte der Objektive

1. Gauß-Doppelobjektiv 1. Art;
zwei spiegelgleich zur Blende angeordnete Fernrohrobjektive bilden die Grundform des Doppelobjektivs erster Art.

2. Leitz Noctilux 1:1, f = 50mm;
moderner Gaußtyp höchster Lichtstärke aus dem Jahre 1976, von W. Mandler gerechnet.

3. Gauß-Doppelobjektiv 2. Art;
durch Vertauschen der Linsen, so daß die positiven innen und die negativen außen stehen, erhält man die Grundform des Doppelobjektivs zweiter Art.

4. Schneider Super Angulon;
1 : 5,6, f = 90 mm

5. Triplet Zeiss Tessar;
mit verkitteter Hinterlinse; aus dem von P. Rudolph 1902 errechneten Tessar entwickelt.

6. Zeiss Sonnar;
Triplet-Variante höchster Lichtstärke mit zwei Kittgliedern zu je 3 Linsen.

7. Zeiss Topogon 1 : 6,3;
f = 100 mm, Bildwinkel 100°; von R. Richter 1939 errechnet; symmetrisches, verzeichnungsfreies Superweitwinkelobjektiv.

8. Zeiss Hologon;
1 : 8, f = 15 mm; 110° Bildwinkel; Hypergon-Variante für das Kleinbild; 1966 von E. Glatzel und H. Schulz errechnet.

9. Zeiss Mirotar
1 : 4,5, f = 500 mm;
vom Spiegelteleskop abgeleitetes Teleobjektiv hoher Lichtstärke; 1958 von A. Opitz und H. Knutti errechnet.

10. Vivitar 1 : 8, f = 600 mm;
Cassegrain-Variante;
die Verwendung eines nahezu soliden Glasblocks höherer Brechkraft ergibt eine extrem kurze Baulänge; 1970.

11. Beim Teleobjektivtyp
folgt dem bilderzeugenden positiven hinter der Blende ein das Bild vergrößerndes negatives Glied. Die Baulänge verringert sich dadurch um ein Drittel.

12. Zeiss Sonnar;
1 : 2,8, f = 135 mm, Bildwinkel 18°; Teleobjektiv-Variante aus dem Jahre 1980.

13. Der Retrofokustyp
ist prinzipiell ein umgekehrtes Teleobjektiv. Dem bilderzeugenden negativen folgt hinter der Blende das bildauffangende positive Glied. Daraus resultiert; daß die Schnittweite länger als die Brennweite ist.

14. Canon 1 : 4, f = 17 mm;
Bildwinkel 103°; Retrofokus-Variante für Kleinbild-SLR-Kameras.

15. Televariotyp Minolta
1 : 4,5, f = 75–200 mm, 1982;
Teleobjektiv mit veränderbarer Brennweite; im Prinzip seit 1851 (Porro) bekannt.

16. Weitwinkel-Televariotyp Tokina 1 : 3,5, f = 35–200 mm;
seit 1980 gibt es Varioobjektive mit Zoombereichen, die vor 10 Jahren bestenfalls für Schmalfilmkameras erhältlich waren.

17. PC Weitwinkeltyp, Nikon PC 1 : 4, f = 28 mm; 1980;
Weitwinkelobjektiv mit sehr großem Bildkreis, der Dezentrierung um 11 mm und Drehung um 360° zuläßt.

18. Schneider PCS Angulon
1 : 4,5, f = 55 mm, 1982;
außer der Dezentrierung und Drehung ist auch die Schwenkung aus der optischen Achse um 10° möglich.

Teletyp

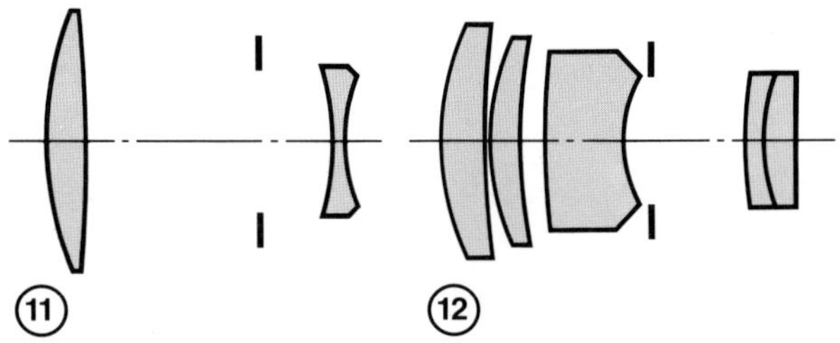

Retrofokustyp

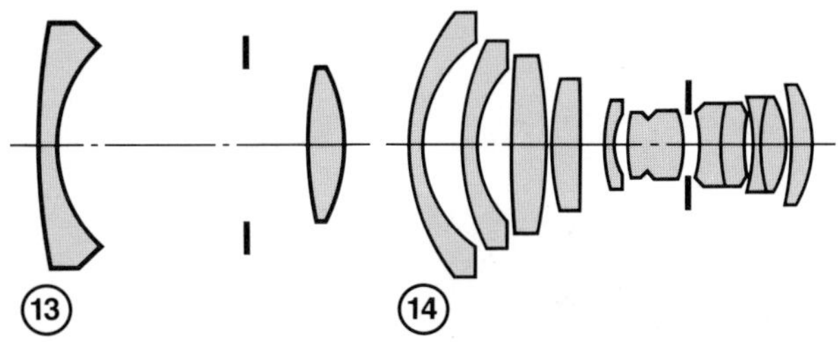

Televariotyp

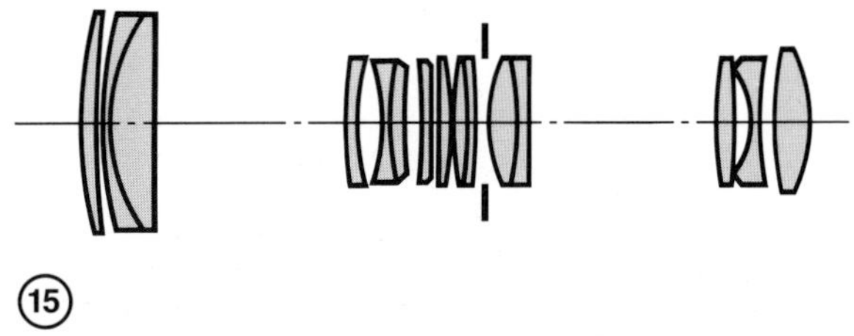

Weitwinkel- bis Televariotyp

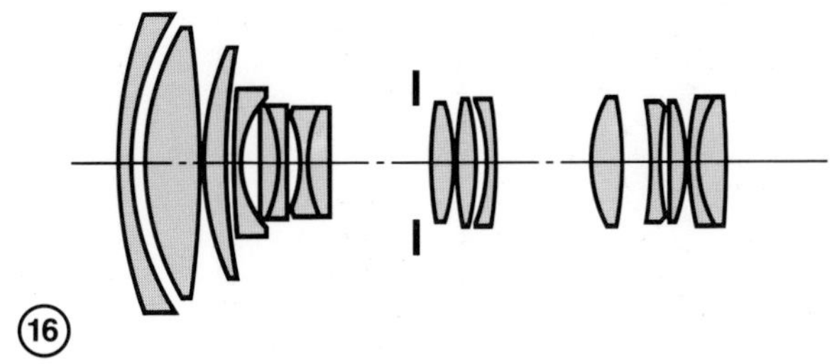

PC-Weitwinkeltyp

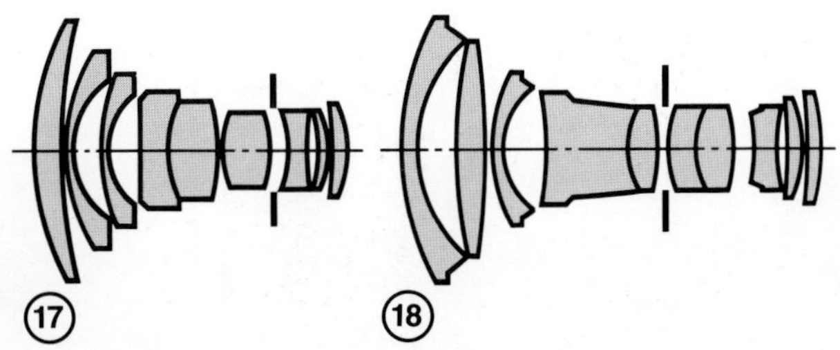

Von 1900 bis zur Gegenwart

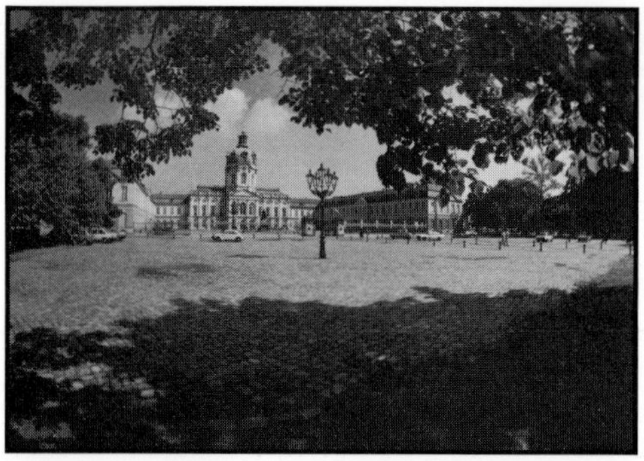

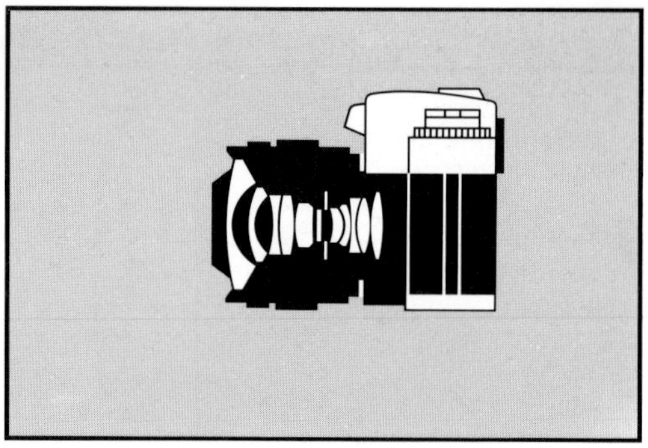

Elmarit-R 1:2,8/16 mm, Bildwinkel 180°

Trotz des sehr großen Bildwinkels weist das Bild nicht den sonst üblichen Fisheye-Effekt in Form von stark durchgebogenen Geraden auf. Dies ist darauf zurückzuführen, daß einmal Linien am Bildrand vermieden wurden und zum anderen die Filmebene parallel zur Objektebene ausgerichtet wurde.

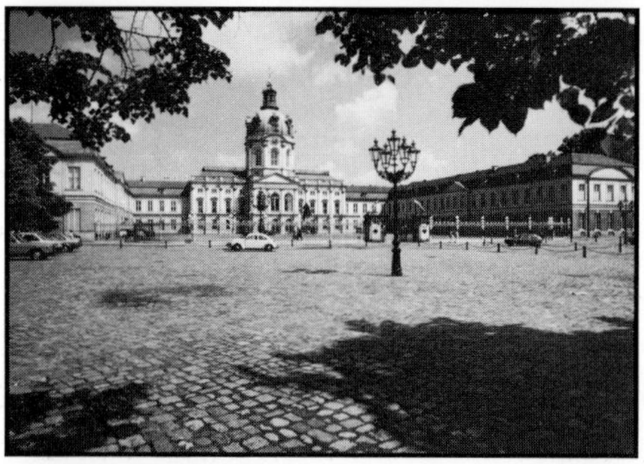

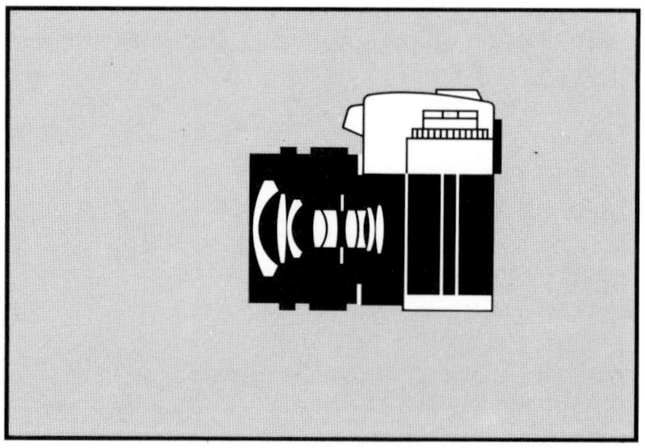

Elmarit-R 1:2,8/24 mm, Bildwinkel 84°

Die 10 Bildbeispiele vom Charlottenburger Schloß in Berlin sollen die Beziehung zwischen der Brennweite und der daraus resultierenden Abbildungsgröße bei unverändertem Aufnahmestandpunkt verdeutlichen. Dieses Weitwinkelobjektiv erfaßt einen doppelt so großen Bildwinkel wie ein Normalobjektiv.

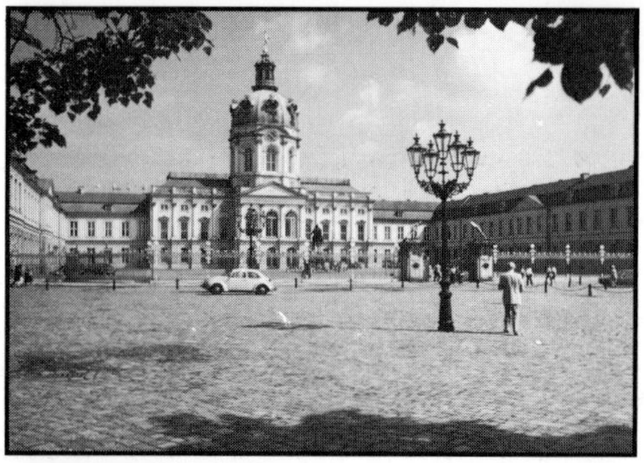

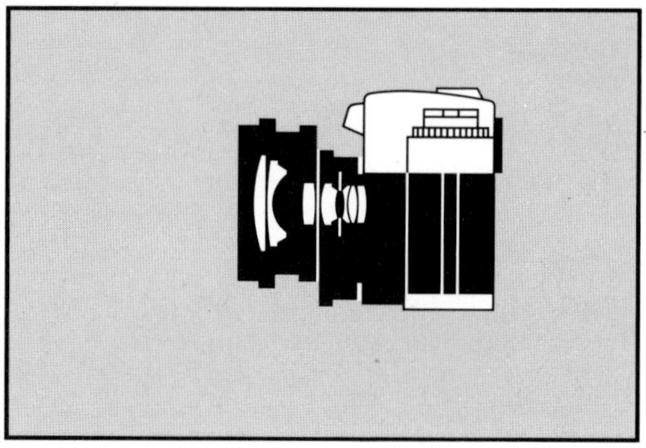

PA-Curtagon-R 1:4/35 mm, Bildwinkel 64–78°

Zur Vermeidung stürzender Linien verfügt dieses Perspektiveausgleichs-Objektiv über einen Bildkreisdurchmesser von 57 mm gegenüber 43 mm bei einem konventionellen f = 35 mm Weitwinkelobjektiv. Es ermöglicht dadurch Verstellungen aus der optischen Achse um maximal 7 mm und eine Drehung um 360°.

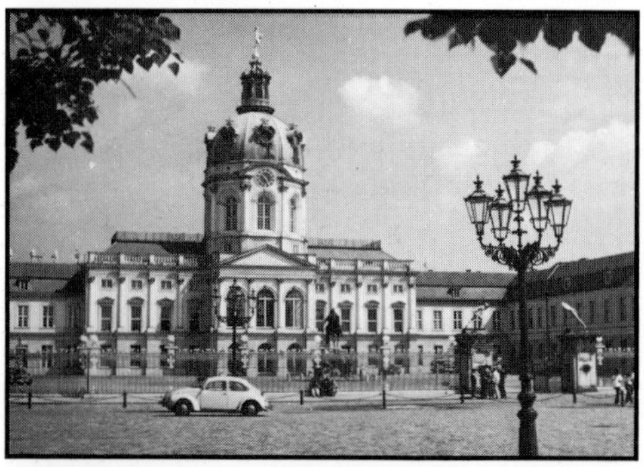

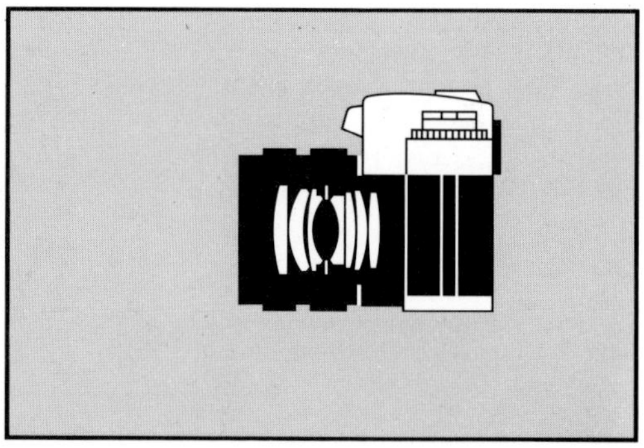

Summilux-R 1:1,4/50 mm, Bildwinkel 45°

Mit einem Bildwinkel von 45° entspricht ein Normal- oder Standardobjektiv etwa dem Blickwinkel des menschlichen Auges. Seine Brennweite von 50 mm ist dabei nur geringfügig größer als die Formatdiagonale mit 43 mm. Sein Abbildungsmaßstab bildet die Bezugsgröße dieses Brennweitenvergleichs mit der Größe 1.

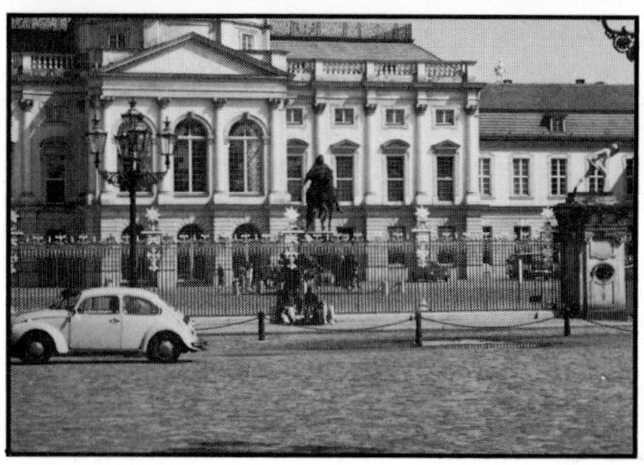

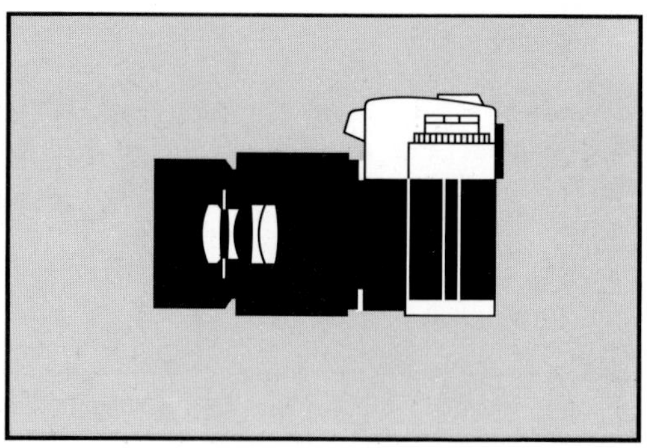

Macro-Elmar-R 1:4/100 mm, Bildwinkel 25°

Dieses langbrennweitige Objektiv zeichnet sich dadurch aus, daß es sowohl für Makroaufnahmen als auch für Aufnahmen im Unendlichbereich einsetzbar ist. Der größte erzielbare Abbildungsmaßstab beträgt die halbe natürliche Objektgröße, unter Verwendung eines Zwischenringes erreicht er sogar 1 : 1,6.

Apo-Telyt-R 1:3,4/180 mm, Bildwinkel 14°
Das relativ lichtstarke apochromatisch, für alle drei Spektralbereiche korrigierte Teleobjektiv weist gegenüber normalen Teleobjektiven gleicher Brennweite eine erheblich bessere Abbildungsgüte auf. Der Abbildungsmaßstab im Vergleich zum Normalobjektiv beträgt 3,6 x.

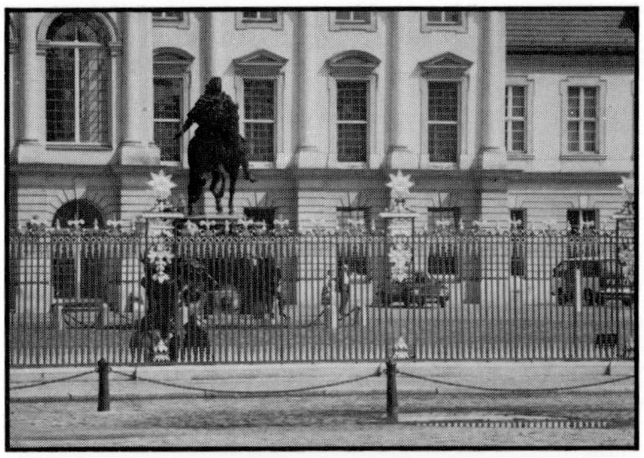

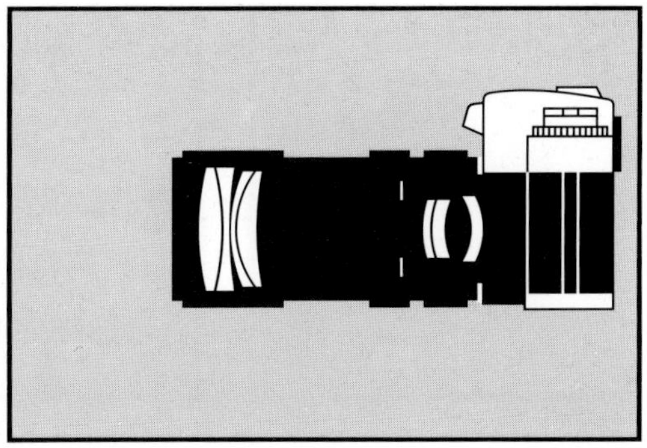

Vario-Elmar-R 1:4/70–210 mm, Bildwinkel 32–12,5°
Ein Vario- oder Zoomobjektiv ermöglicht die kontinuierliche Veränderung der Brennweite, die besonders deutlich bei dem Zoomwischeffekt zum Ausdruck kommt. Darüber hinaus läßt es sich wie jedes andere festbrennweitige Objektiv benutzen. Sein Abbildungsmaßstab reicht von 1,5–4 x.

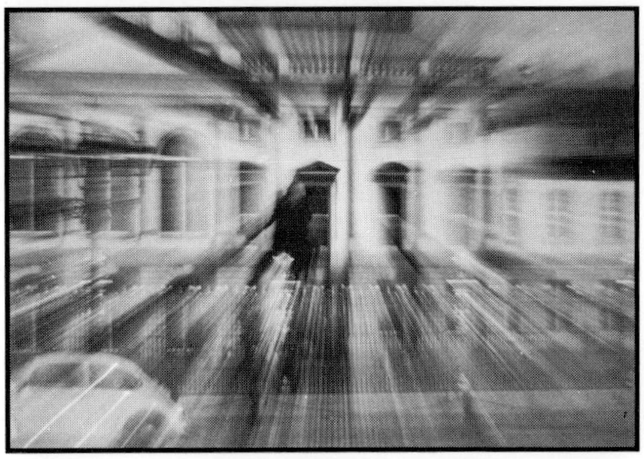

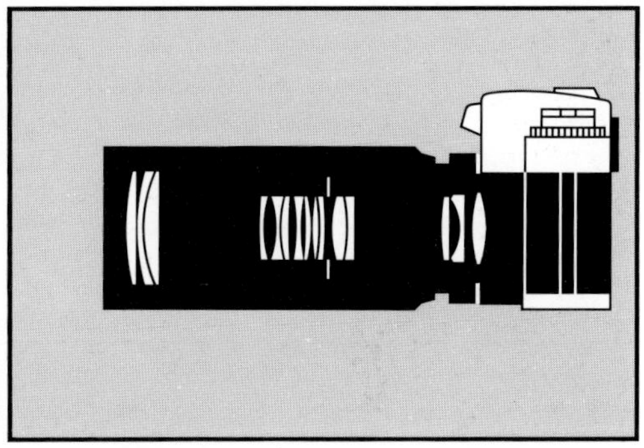

Telyt-R 1:4/250 mm, Bildwinkel 10°
Teleobjektive, deren Baulänge um ca. $\frac{1}{3}$ kürzer ist als die entsprechender Objektive mit langer Brennweite, bilden fernrohrähnlich nur noch einen kleinen Motivausschnitt stark vergrößert auf dem Film ab. Verglichen mit einem Normalobjektiv ist der Abbildungsmaßstab 5 × größer.

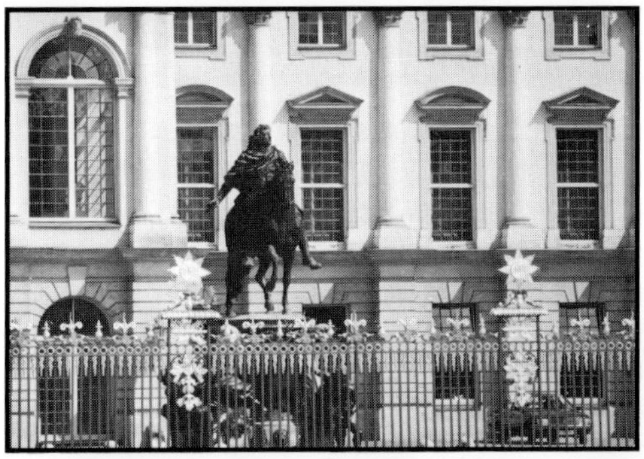

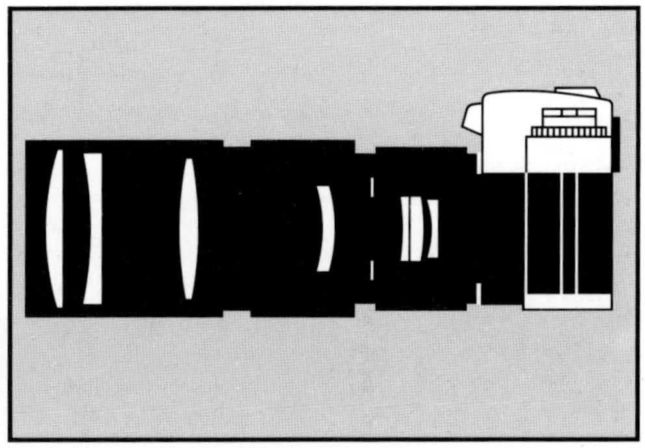

MR-Telyt-R 1:8/500 mm, Bildwinkel 5°
Infolge des zweimal geknickten Strahlenganges, ist die Baulänge von Spiegellinsen-Objektiven wesentlich kürzer als die von Teleobjektiven. Bedingt durch die Eigenart der Objektivkonstruktion muß jedoch immer mit voller Öffnung fotografiert werden. Der Abbildungsmaßstab ist im Vergleich zum Normalobjektiv 10 × größer.

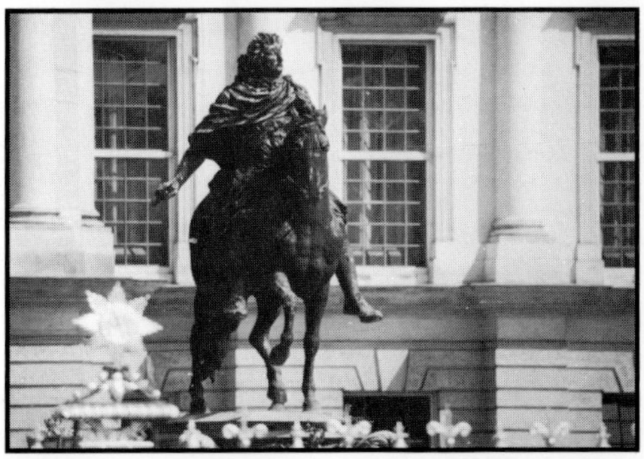

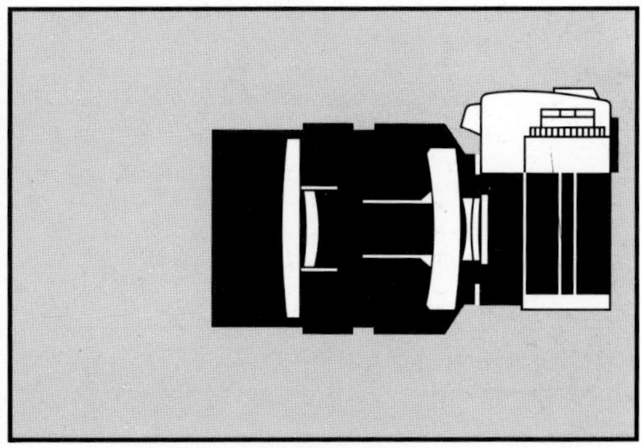

MR-Telyt-R mit Extender-R-2x 1:16/1000 mm, Bildwinkel 2,5°
Die Kombination Spiegellinsen-Objektiv mit Zweifachkonverter ergibt ein relativ handliches, wenn auch recht lichtschwaches, 1000 mm Objektiv. Der erzielte Abbildungsmaßstab beträgt 20 x. Alle Aufnahmen wurden mit einer Leica R 4 vom Stativ aufgenommen.

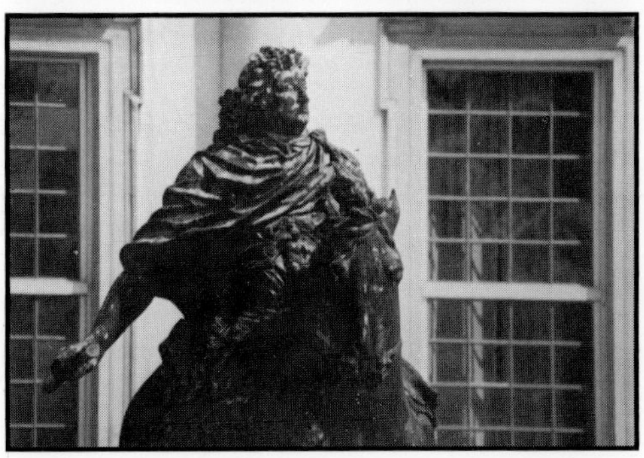

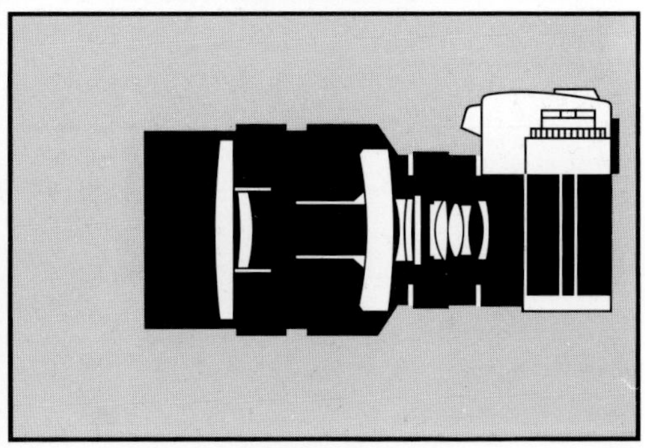

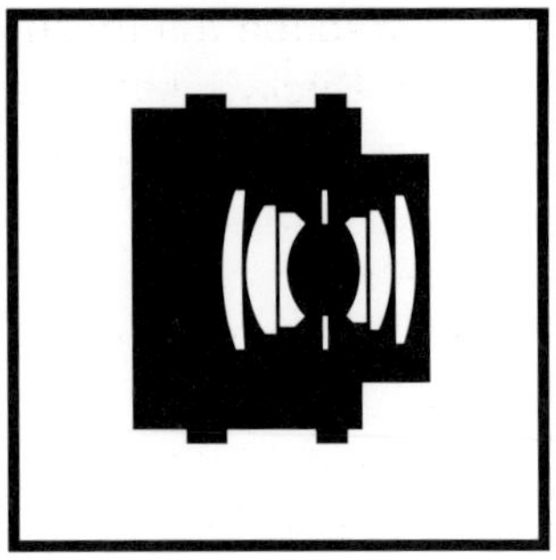

Moderne Aufnahmeobjektive

Ist die Zahl der Aufnahmeformate und der Kameratypen schon verwirrend, so trifft dies in noch weit größerem Maße für das Angebot an Wechselobjektiven für sämtliche Kameratypen zu. Um mehr Klarheit in das riesige Angebot an Wechselobjektiven der Kameraproduzenten und der unabhängigen Hersteller zu bringen, werden die wichtigsten Objektivtypen zu Gruppen zusammengefaßt. Eine Tabelle über die nach Aufnahmeformaten und nach Brennweiten in mm unterteilten Festbrennweiten und die Vario- oder Zoomobjektive soll zu einer übersichtlichen Typisierung beitragen. Obwohl nicht sämtliche Brennweiten in der Tabelle enthalten sind – und enthalten sein können –, trägt sie in ihrer Systematik doch zu einem weitaus besseren Überblick und Verständnis bei.

Festbrennweiten

Objektivtyp	für Aufnahmeformat					
	24 × 36	**60 × 60**	**60 × 90**	**90 × 120**	**130 × 180**	**180 × 240**
Fisheye	6, 7, 5; 8, 16	30, 35				
Weitwinkel	15, 18, 19, 20, 24, 28, 35,	38, 40, 45, 50, 60	47, 53, 65, 75	65, 75, 90	75, 90, 120	120, 150, 210
Normal	45, 50, 55, 58	75, 80	90, 100, 105	135, 150,	210	300
Tele	75, 85, 90, 100, 105, 135 150, 180, 200, 250, 300, 400, 500, 600, 640, 800 1000, 1200,	90, 105, 135, 150, 180, 250, 300, 350, 400, 500, 1000	150, 180, 210, 240, 360, 480, 600	210, 240 360, 480, 600	360, 480, 600	480, 600
Shift	24, 28, 35	55, 75				
Makro	50, 60, 90, 100, 200	120, 135				
Spiegellinsen	250, 400, 500, 800, 1000, 1600	500, 1000				

Varioobjektive

Objektivtyp	**für Kleinbild**	**für Mittelformat**
Weitwinkel	20–35, 24–35	
Weitwinkel bis Normal	25–50, 28–50, 28–55	
Weitwinkel bis Tele	28–85, 28–135, 28–210, 35–70, 35–105, 35–200, 35–210	
Normal bis Tele	50–135, 50–250, 50–300, 60–120	75–150
Tele	70–150, 70–210, 80–200, 100–300, 200–600, 360–1200	105–210, 140–280

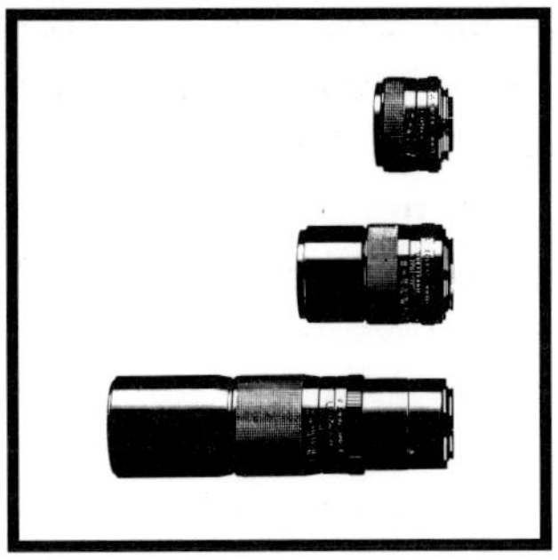

Wozu Wechselobjektive?

Die meisten Normalobjektive entsprechen mit ihrem Bildwinkel von 45–55° etwa dem Blickwinkel des menschlichen Auges. Unter Blickwinkel ist jedoch nur der Bereich zu verstehen, den das Auge erfaßt. Der Blickwinkel der schärfsten Sicht beträgt nämlich nicht mehr als 1,5°. Beim Betrachten eines Motivs wandert das Auge daher unablässig in der Szenerie umher. Dies geschieht nahezu unbewußt und ohne willentliche Anstrengung. Gleichzeitig korrigiert das Auge mühelos die Schärfe von nah auf fern und umgekehrt. Derartig flexibel, um durch Schwenks ein Panorama abzutasten oder durch Fixieren fernrohrartig einen Punkt herauszugreifen, ist das Kameraobjektiv leider nicht. Beim Fotografieren müssen deshalb Wechselobjektive verschiedener Brennweiten und Bildwinkel einen den Fähigkeiten des Auges

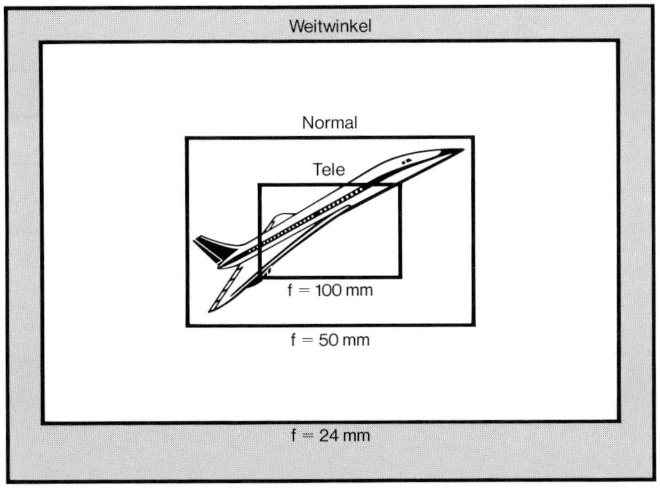

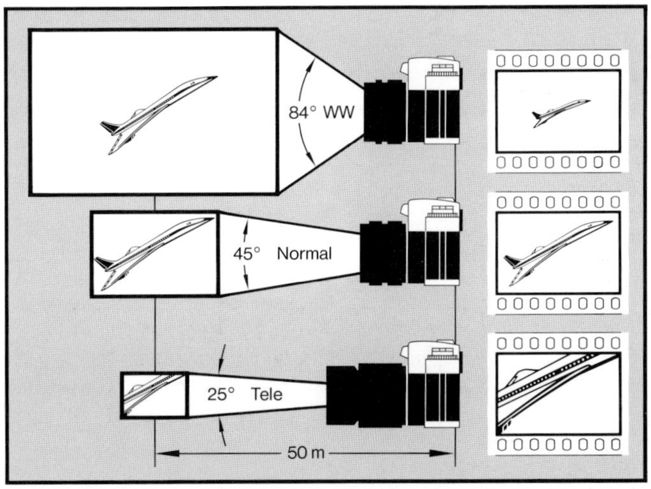

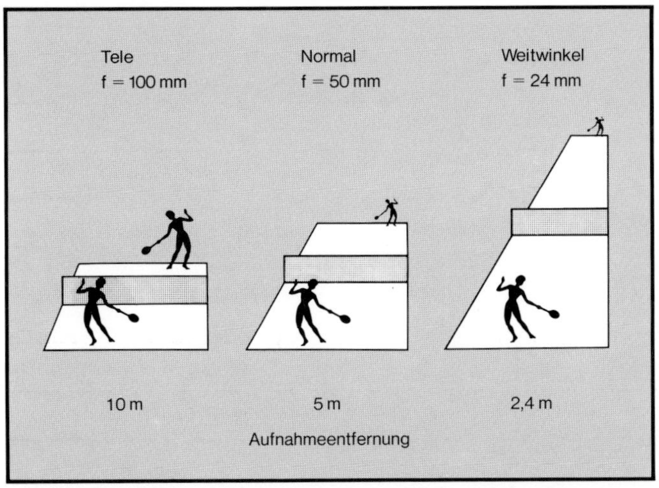

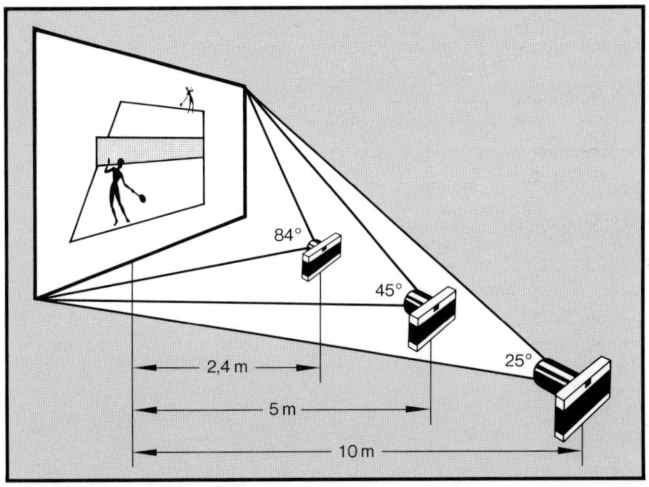

Oberes Bildpaar: Bei der Abbildung eines Objektes mit einem Weitwinkel-, Normal- und Teleobjektiv vom gleichen Aufnahmestandpunkt, verändert sich auf dem Film nur die Größe des abgebildeten Objektes, nicht aber die Perspektive.

Unteres Bildpaar: Bei der Abbildung eines Objektes mit einem Weitwinkel-, Normal- und Teleobjektiv von verschieden weit entfernten Aufnahmestandpunkten und gleichgroßer Abbildung des Vordergrundmotivs, verändert sich außer der Perspektive auch die Größenbeziehung zwischen Vorder- und Hintergrund.

nahekommenden Ersatz leisten.
Der bewußte Einsatz der Wechselobjektive erfolgt:

zur Bewältigung der Aufnahmeentfernung,
zur Beeinflussung der Perspektive und
zur Gestaltung mit selektiver Schärfe.

Bei der Aufnahme sollte das Objektiv bei gegebener Aufnahmeentfernung das gesamte Motiv gemäß der Bildidee formatfüllend erfassen. Ist das wegen zu geringer oder zu großer Aufnahmeentfernung nicht möglich, so muß mit einem Wechselobjektiv entsprechender Brennweite gearbeitet werden.
Bei Aufnahmen in einer verwinkelten Altstadtgasse ist der Abstand für die Wiedergabe des Motivs mit der normalen Brennweite meistens viel zu gering. Man benutzt daher das einen sehr viel größeren Bildwinkel erfassende Weitwinkelobjektiv. Bei Aufnahmen von weit entfernten Objekten hingegen greift man zu dem, verglichen mit dem Normalobjektiv, fernrohrartig vergrößernden Teleobjektiv. Bei der Safariaufnahme werden der winzig kleine Löwe und der Kilimandscharo in weiter Ferne damit in imponierender Größe formatfüllend abgebildet.
Der Aufnahmestandpunkt und die Brennweite bestimmen die Wiedergabe der Größenverhältnisse innerhalb eines Motivs. Bei gleichgroßer Abbildung des Vordergrundes mit einem Weitwinkel-, Normal- und Teleobjektiv werden durch Veränderung des Aufnahmestandpunktes die Perspektive und das Größenverhältnis zwischen Vorder-, Mittel- und Hintergrund verändert. Beabsichtigt man, in einem Motiv nahegelegene Objekte besonders groß und entfernter gelegene um so kleiner wiederzugeben, so benutzt man ein extrem kurzbrennweitiges Weitwinkelobjektiv. Will man dagegen den weit entfernten Hintergrund wirkungsvoll mit in die Bildkomposition einbeziehen, so verwendet man ein extrem langbrennweitiges Teleobjektiv. Dadurch verringert sich der Größenunterschied zwischen Objekten im Vorder- und Hintergrund und das gesamte Motiv erscheint räumlich komprimierter. Durch die geringe Schärfentiefe des langbrennweitigen Objektivs hebt sich das Hauptmotiv besonders plastisch von dem unschärferen Vorder- und Hintergrund ab.

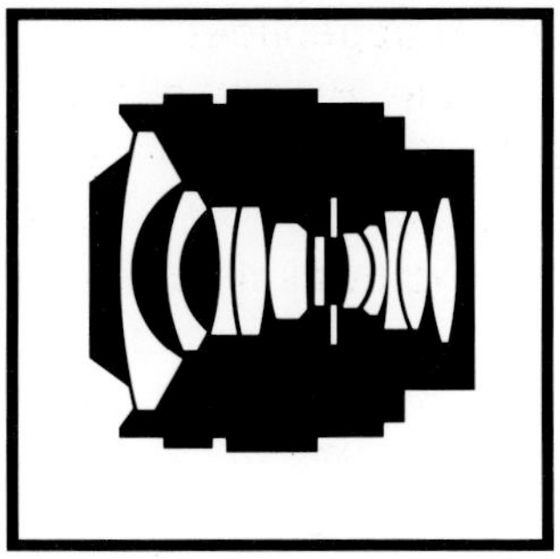

Objektiv-typen:

Fisheye-objektive

Fisheye- oder Fischaugeobjektive sind extrem kurzbrennweitige Weitwinkelobjektive. Im Gegensatz zu normalen Fotoobjektiven bilden sie jedoch nicht verzeichnungsfrei ab, sondern weisen die für sie typische Durchbiegung horizontaler und vertikaler Linien zum Bildrand hin auf. Der erfaßte Bildwinkel beträgt auf die Bildformatdiagonale bezogen 180° und mehr. Ursprünglich wurden diese Objektive zur Wetterregistrierung und Aufnahme von Wolkenbildungen am ganzen Himmel geschaffen. Das Schulz-Fisheye-Objektiv von 1932 hatte bereits einen Bildwinkel von 188°. Die heutigen Fisheyeobjektive besitzen bei Brennweiten von 6–16 mm Bildwinkel von 210°–180°. Häufig sind mehrere Filter wie UV-Sperr-, Gelb-, Orange- und Farbkonversionsfilter als Filterrevolver in der Nähe der Objektivblende eingebaut.

Während der siebziger Jahre grassierte eine wahre «Fisheye-Manie», vor der kein Motiv verschont blieb. Inzwischen ist die Begeisterung einer vernünftigen Einsatzweise gewichen, indem man Fisheyeaufnahmen da benutzt, wo sie informativer und aussagestärker sind als normale. In engsten räumlichen Situationen, wie zum Beispiel in einer Astronautenkapsel bieten sie die einzige fotografische Möglichkeit.

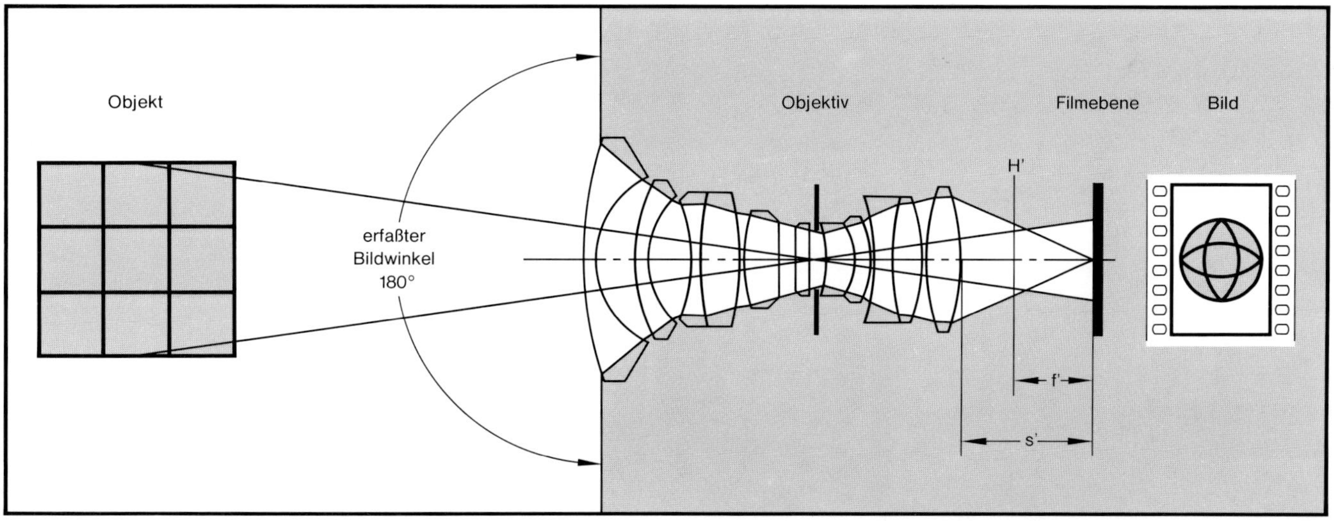

Schnitt durch ein f = 16 mm Fisheye-Objektiv und schematische Darstellung der Bildentstehung. Von einem in 9 Felder aufgerasterten Quadrat zeichnet das einen diagonalen Bildwinkel von 180° erfassende Objektiv ein kugelförmig verzeichnetes Abbild auf den Film. Damit das extrem kurzbrennweitige Objektiv überhaupt an einer SLR-Kamera benutzt werden kann, ist die Schnittweite deutlich länger als die wirksame Brennweite.

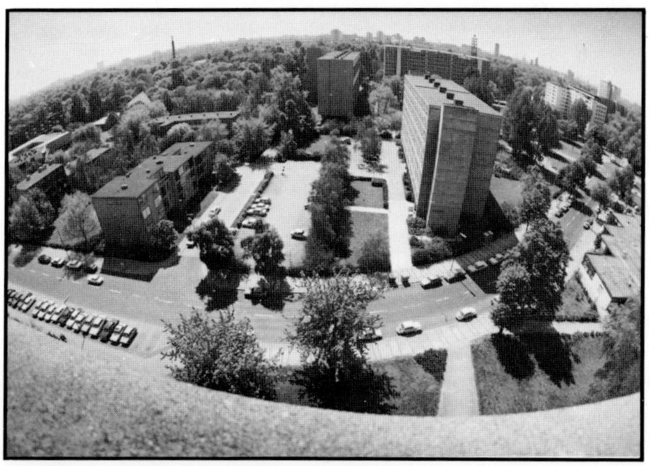

Die wirkungsvolle Anwendung des Fisheye-Objektivs wird entscheidend von dem gewählten Aufnahmestandpunkt mitbestimmt. In dem aus der Vogelperspektive aufgenommenen Überblick über das Hansaviertel in Berlin sind die Geraden des Horizontes und des Vordergrundes stark durchgebogen wiedergegeben.

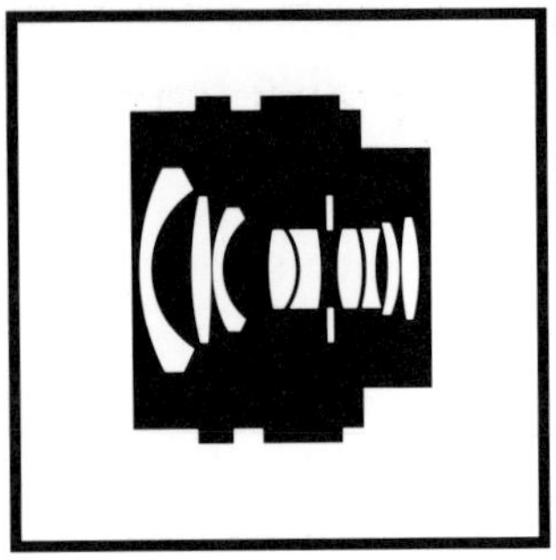

Weitwinkel- und Retrofokus-objektive

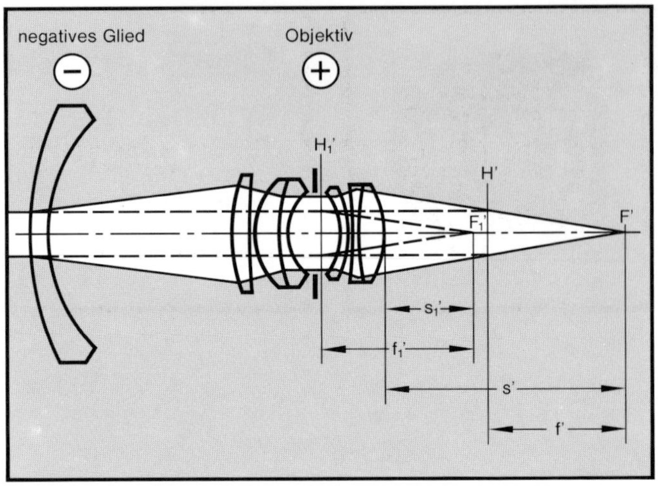

Schematische Darstellung des Prinzips des Retrofokus-Weitwinkelobjektivs: Damit sich in der Kamera der hochklappende Rückschwingspiegel ungehindert bewegen kann, muß durch das Vorsetzen eines negativen Gliedes die Schnittweite des eigentlichen Objektivs erheblich über die Brennweite hinaus verlängert werden.

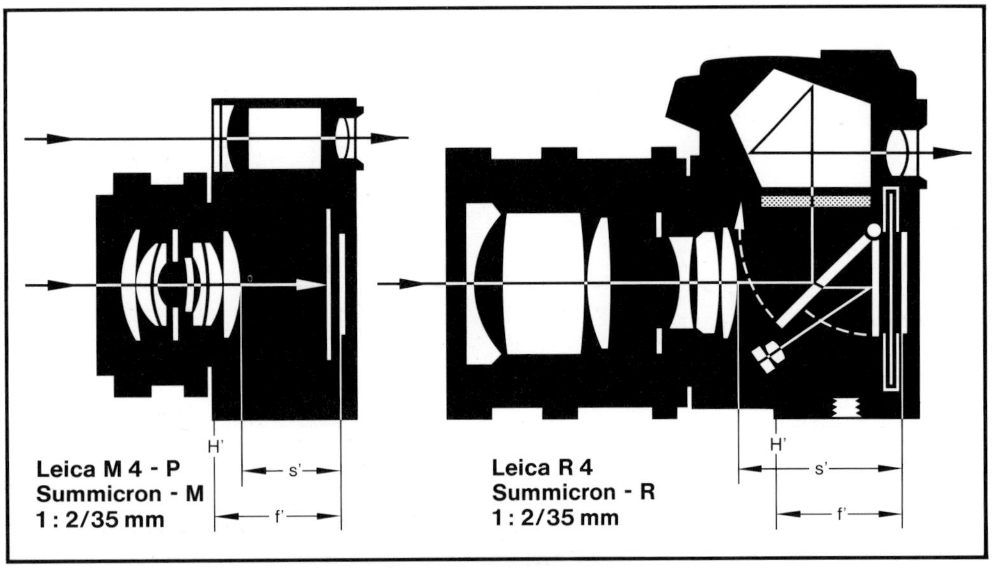

Am anschaulichsten wird die Wirkungsweise eines Retrofokusobjektivs durch die Gegenüberstellung mit einem kurzbrennweitigen Weitwinkelobjektiv verdeutlicht. Bei der Meßsucher-Kamera Leica M 4 - P ist die Brennweite f' länger als die Schnittweite s', bei der SLR-Kamera Leica R 4 hingegen, ist die Schnittweite s' größer als die Brennweite f'.

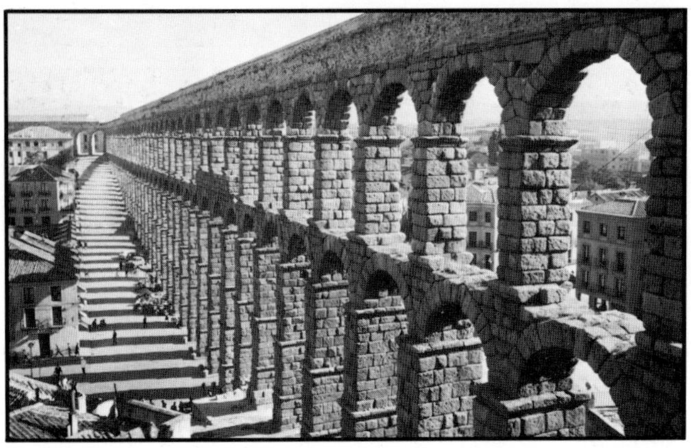

Ein typisches Beispiel für den Einsatz eines Weitwinkelobjektivs ist die Aufnahme des Aquäduktes von Segovia in Spanien.

Objektive mit einem größeren Bildwinkel als dem der normalen Brennweite (45°–55°), bezeichnet man als Weitwinkelobjektive. Sie erfassen bei verzeichnungsfreier Abbildung einen Bildwinkel von 63°–110°. Grundsätzlich unterscheidet man zwischen gewöhnlichen kurzbrennweitigen Weitwinkel- und sogenannten Retrofokusobjektiven. Dabei handelt es sich prinzipiell um umgekehrte Teleobjektive. Das heißt, einem vorderen bilderzeugenden negativen Glied folgt hinter der Blende das bildauffangende positive Glied. Der Vorteil dieses Konzepts besteht darin, daß die Schnittweite länger als die Brennweite ist. Die Verwendung kürzester Brennweiten an SLR-Kameras mit Rückschwingspiegel wurde durch dieses Prinzip überhaupt erst ermöglicht.

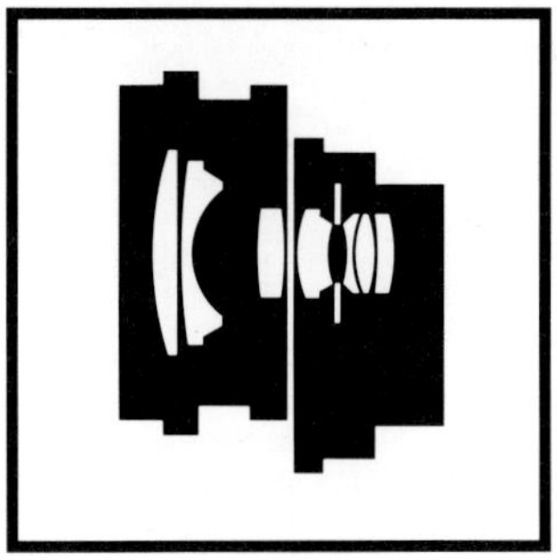

Perspective Control Objektive

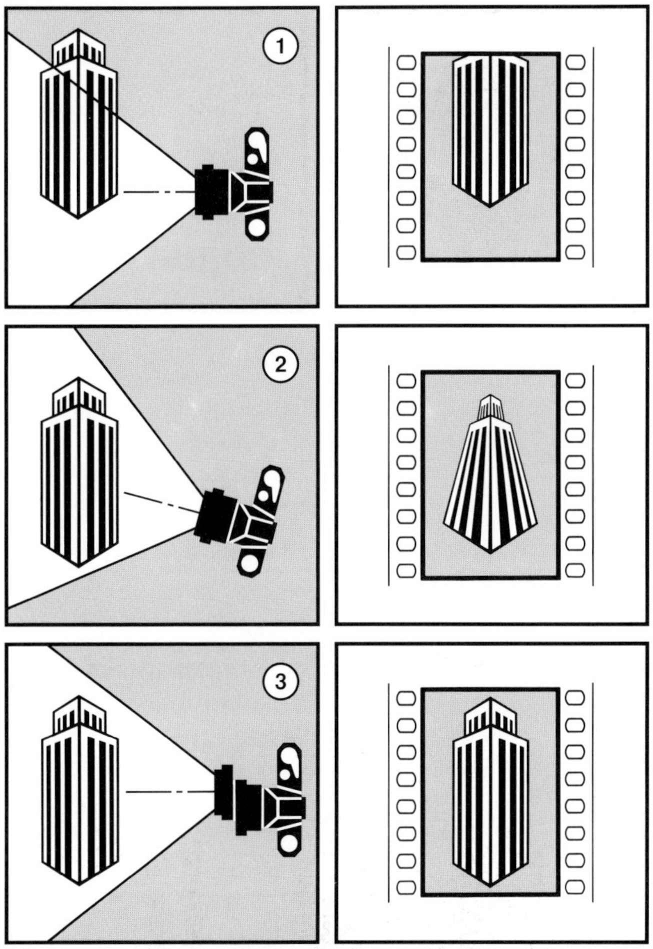

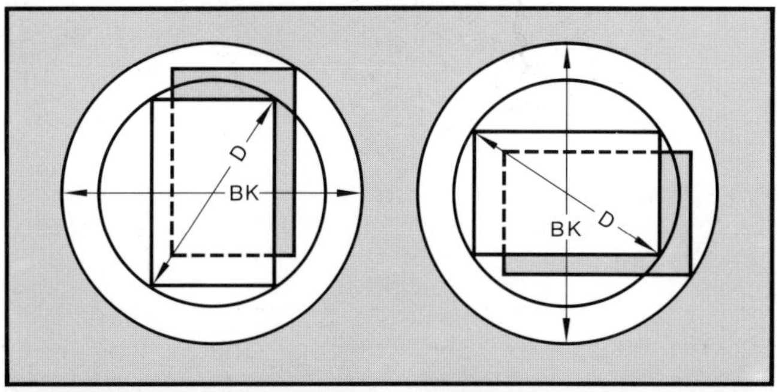

Immer noch sieht man Gebäudeaufnahmen mit stürzenden Linien, auf denen die Häuser nach hinten umzukippen scheinen. Dabei wäre diese scheußliche und unzeitgemäße Wiedergabe mit einem geeigneten Objektiv zu korrigieren: mit einem Perspective Control = PC-Objektiv (häufig auch als PA- oder Shift-Objektiv bezeichnet). Hierbei handelt es sich um Weitwinkelobjektive mit extrem großem Bildkreis. Sie erlauben Verstellungen aus der optischen Achse bis zu 12 mm und eine jeweils nach 30° einrastende Drehung um 360°. Mit diesen Objektiven kann man nicht nur stürzende Linien vermeiden, sondern auch an störenden Vordergründen vorbei fotografieren. Außerdem lassen sich mit ihnen kubische Objekte frontal mit schwacher Seitensicht unverzerrt aufnehmen und plastisch wiedergeben. Da einige Typen zusätzlich die Möglichkeit einer Schwenkung um 10° aus der optischen Achse bieten, kommen sie der vielseitigen Anwendungsweise verstellbarer Großformatobjektive nahe, indem sie das Arbeiten nach der Scheimpflugschen Einstellregel (siehe Seite 95) erlauben.

1. Bei parallel zum Gebäude gehaltener Kamera wird ein Teil des Gebäudes abgeschnitten.

2. Durch Neigen der Kamera wird zwar das gesamte Gebäude erfaßt, aber mit ausgeprägt stürzenden Linien.

3. Mit einem in der Höhe verstellbaren PC-Objektiv werden schließlich die stürzenden Linien beseitigt, ohne das Gebäude zu beschneiden.

PC-Objektive sind Weitwinkelobjektive mit extrem großem Bildkreisdurchmesser. Der um 14–22 mm größer als die Bilddiagonale dimensionierte Bildkreis gestattet jede beliebige Objektivverstellung innerhalb dieses Bereiches.

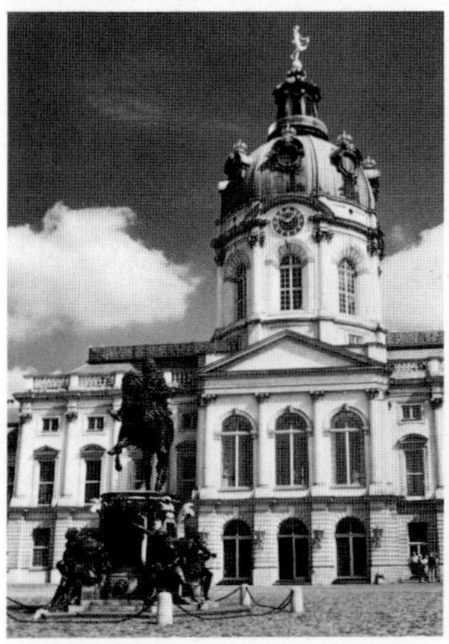

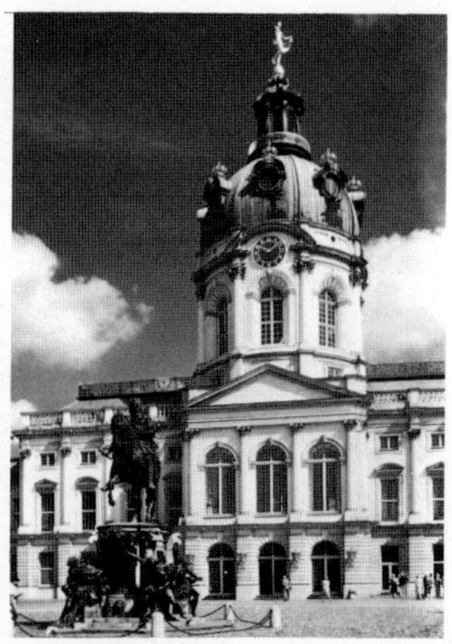

Das Charlottenburger Schloß wurde ohne PC-Objektiv fotografiert und zeigt stürzende Linien. Die gleiche mit einem PC-Objektiv fotografierte Aufnahme beseitigt diesen Mangel.

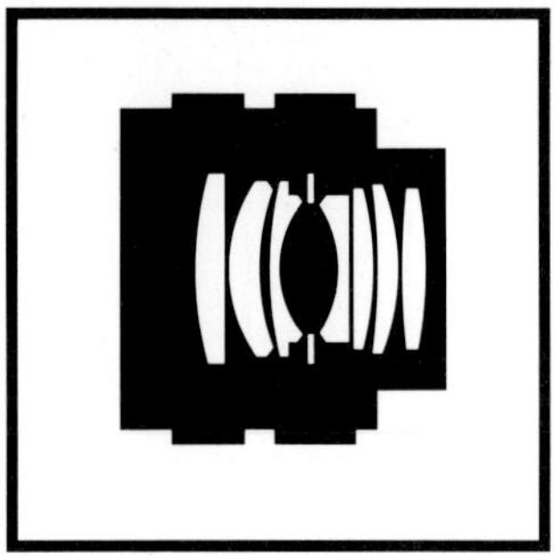

Normal-objektive

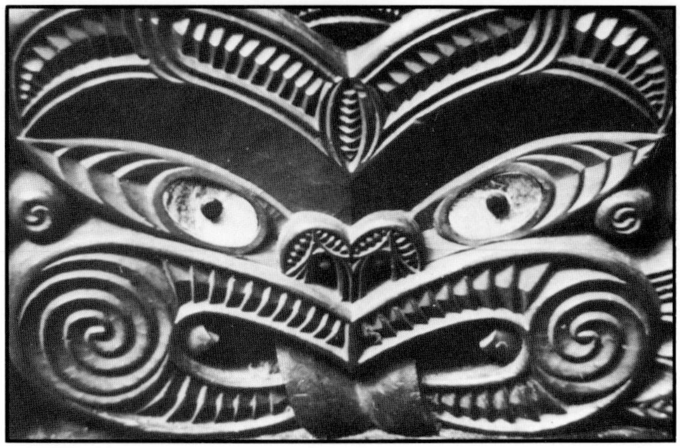

Maori-Holzschnitzerei aus dem 19. Jahrhundert im Museum von Auckland, Neuseeland. Für den unauffälligen Schnappschuß unter ungünstigen Lichtverhältnissen erwies sich das kompakte lichtstarke Normalobjektiv bei Blende 2 und $\frac{1}{30}$ Sekunde am geeignetsten.

Mit einem Bildwinkel von 45°–55° besitzen Normalobjektive eine etwa der Bildformatdiagonale entsprechende Brennweite und bieten eine recht universelle Anwendungsmöglichkeit. Ihre Lichtstärke ist oft höher als die der zu dem Kamerasystem gehörenden übrigen Wechselobjektive. Trotz der hohen Lichtstärke sind sie verhältnismäßig kompakt gebaut und von geringem Gewicht. Für viele Kamerabesitzer bleibt das Normalobjektiv, da es beim Kauf der Kamera standardmäßig mitgeliefert wird, leider das erste und das einzige.

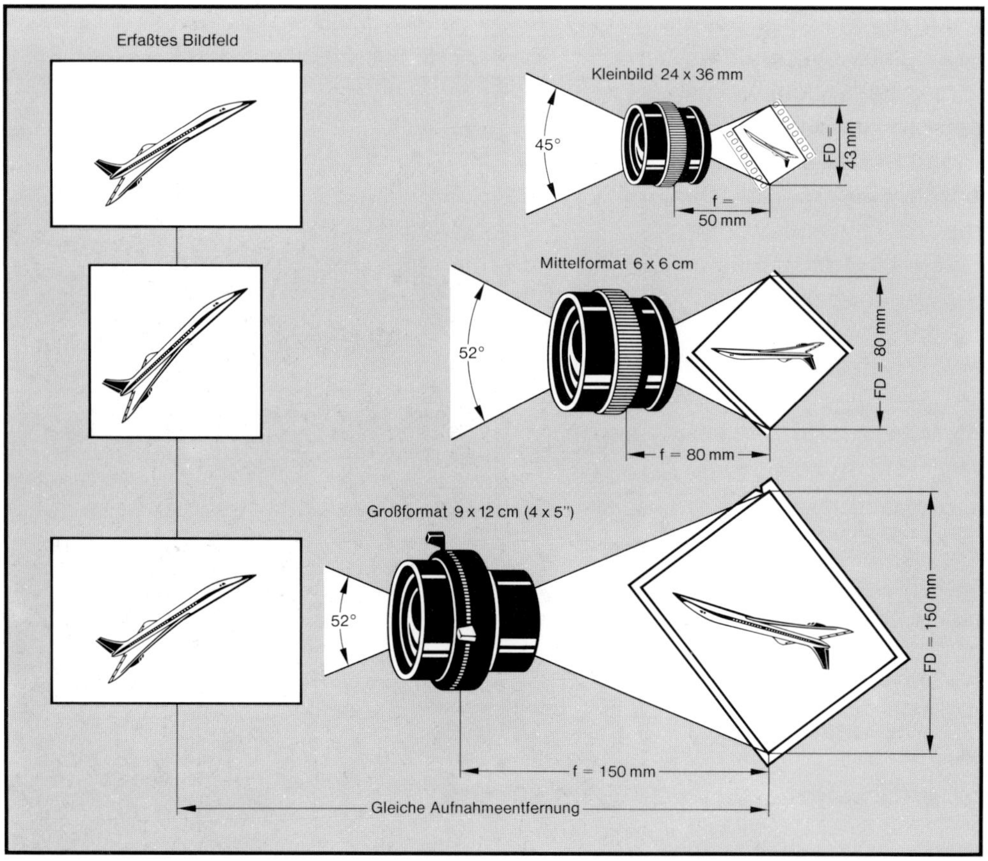

Als Normal- oder Standardobjektiv bezeichnet man immer das Objektiv, dessen Brennweite mit der Formatdiagonale nahezu oder völlig übereinstimmt. Der Bildkreis der Standardbrennweite zeichnet nur die Diagonale des eigenen Aufnahmeformates aus. Ein f = 50 mm Standard-Kleinbildobjektiv kann daher nicht als Weitwinkelobjektiv für das Mittelformat benutzt werden. Sein nur 43 mm betragender Bildkreisdurchmesser würde lediglich ein kreisrundes Bild dieser Größe auf dem Mittelformatnegativ hinterlassen.

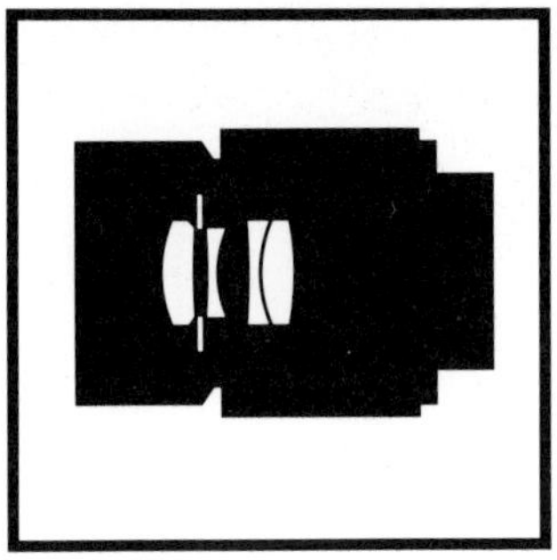

Lange Brennweiten und Teleobjektive

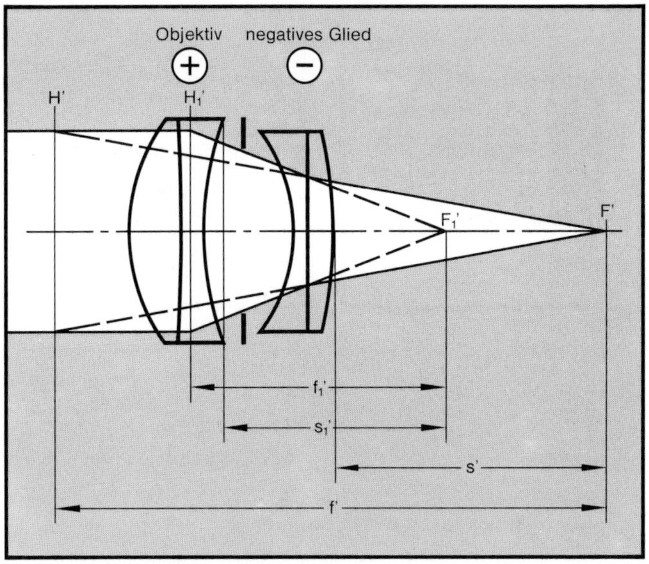

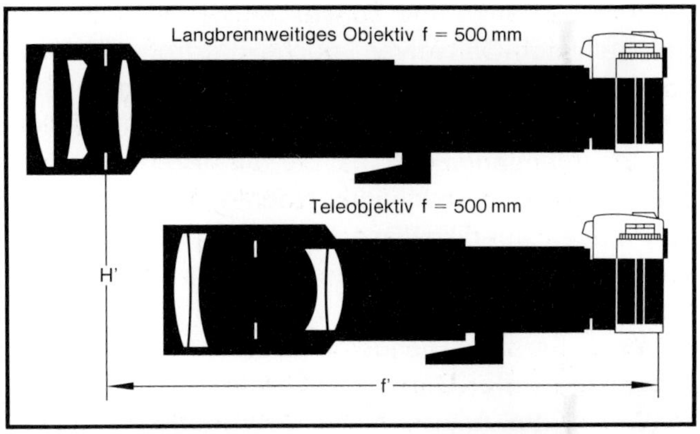

Objektive mit einem kleineren Bildwinkel als dem der normalen Brennweite bezeichnet man als langbrennweitige Objektive. Sie bilden im Gegensatz zum Normalobjektiv selbst weitentfernte Objekte noch formatfüllend ab. Bei langbrennweitigen oder Fernobjektiven entspricht die Baulänge der effektiven Brennweite. Sie fallen deshalb in ihrer Konstruktion sehr lang, schwer und voluminös aus. Bei Teleobjektiven dagegen reduziert sich die Baulänge um ⅓ gegenüber einem langbrennweitigen Objektiv, weil dem das Bild erzeugenden vorderen positiven Glied hinter der Blende ein dieses Bild vergrößerndes negatives Glied folgt. In der Abbildungsgüte besteht zwischen den beiden Systemen kein Unterschied. Allerdings sind die Teleobjektive optisch aufwendiger, da sie mehr Linsen als die ihnen ebenbürtigen Fernobjektive benötigen.

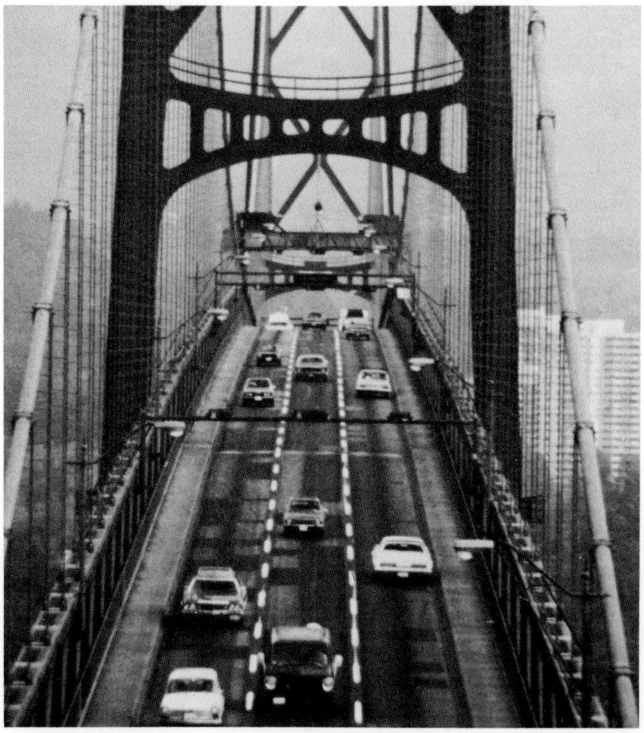

Schematische Darstellung des Prinzips eines Teleobjektivs. Dem positiven vorderen Glied folgt hinter der Blende ein negatives zerstreuendes, das Bild vergrößerndes Glied, was zu einer wesentlichen Verkürzung der Schnittweite führt. Als Folge davon wandert die bildseitige Hauptebene H' immer weiter nach links und kann sogar, wie abgebildet, noch vor der Frontlinse außerhalb des Objektives liegen. Die Baulänge des Teleobjektives verkürzt sich dadurch bis zu einem Drittel gegenüber entsprechenden Objektiven mit langer Brennweite.

Mitte: Gegenüberstellung und Baulängenvergleich einer langen Brennweite mit einem Teleobjektiv.

Hängebrücke in Vancouver, British Columbia, Canada. Auf dem mit dem Teleobjektiv aufgenommenen Foto erscheinen Räumlichkeit und Tiefe merklich zusammengestaucht. Foto: Alfred Ratzke.

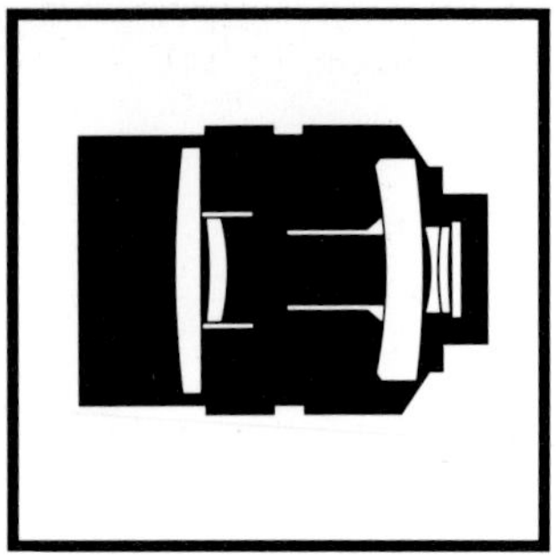

Spiegel-linsen-objektive

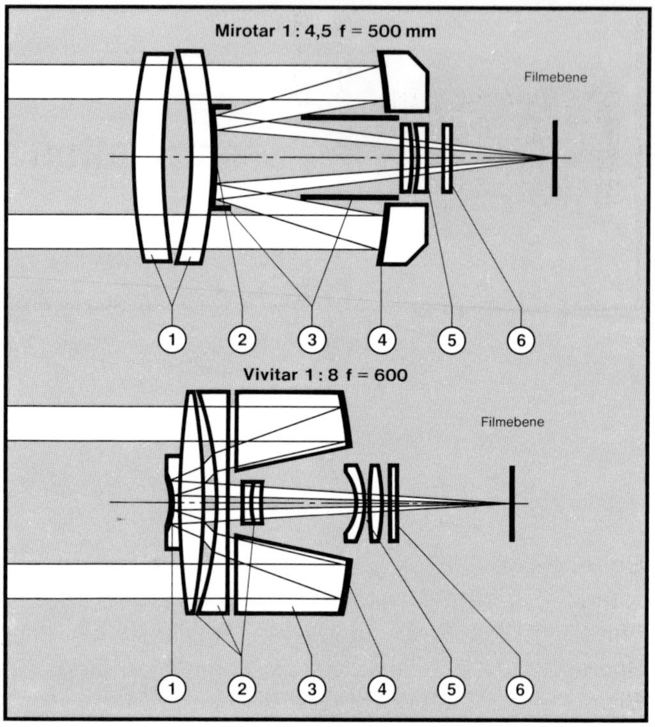

Zeichnen sich schon Teleobjektive durch ihre um $\frac{1}{3}$ kürzere Baulänge aus, so werden sie darin von den Spiegellinsen-Objektiven noch übertroffen. Diese von astronomischen Spiegelteleskopen abgeleiteten Objektive besitzen aufgrund ihres zweifach geknickten Strahlengangs nur ca. $\frac{1}{5}$ der ihrer effektiven Brennweite ensprechenden Baulänge. Diesem Vorzug stehen aber gewisse Nachteile gegenüber. Da das Bild nicht durch Linsen, sondern primär durch Spiegel erzeugt wird, läßt sich keine die Schärfentiefe regulierende Blende einbauen. Man muß daher immer mit voller Öffnung fotografieren. Die Gleichmäßigkeit der Ausleuchtung des Bildfeldes läßt zu wünschen übrig. Zerstreuungskreise werden ringförmig abgebildet, was zwar interessant, oft aber auch störend wirken kann. Zur Reduzierung der Helligkeit sind dem Objektiv neutrale Graufilter sowie Gelb-, Rot- und Farbkonversionsfilter beigefügt, die hinter die Korrektionslinsen geschraubt werden und einen festen Bestandteil des optischen Systems bilden.

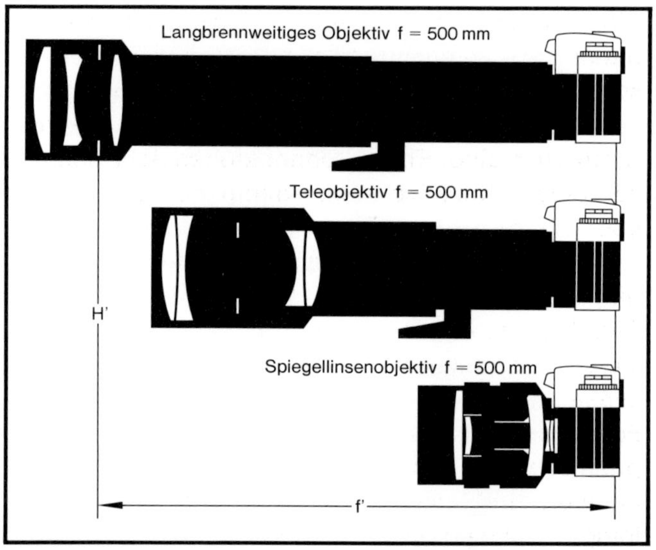

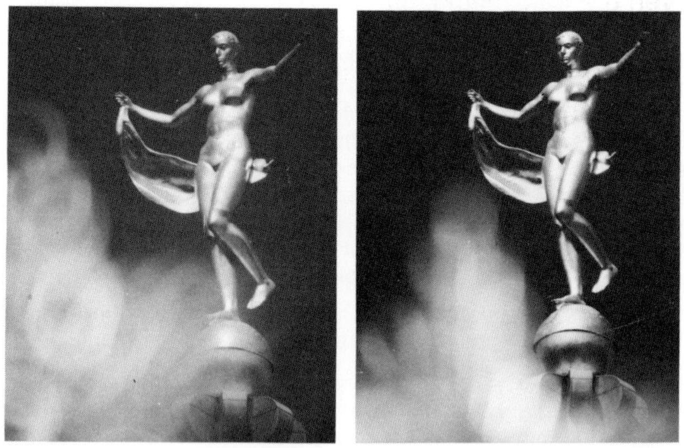

Oben: Die von astronomischen Spiegelteleskopen abgeleiteten Spiegellinsen-Objektive besitzen auf Grund ihres zweimal geknickten Strahlenganges eine äußerst kurze Baulänge. Das Carl Zeiss Mirotar 1:4,5/500 mm baut sich wie folgt auf: (1) Korrekturlinse, (2) Fangspiegel, (3) Antireflextuben, (4) Hauptspiegel, (5) Barlow-(Korrektur) Linsen, (6) Filter. Durch Verwendung eines nahezu soliden Glasblocks für den Hauptspiegel konnte die Baulänge des Vivitar 1:8/600 mm noch stärker verkürzt werden. (1) Fangspiegel, (2) Korrekturlinsen, (3) Glasblock mit (4) Hauptspiegel, (5) Barlow-Linsen, (6) Filter.

Mitte: Gegenüberstellung und Baulängenvergleich eines Fern- und Teleobjektivs mit einem Spiegellinsenobjektiv.

Unten: Außer der Tatsache, daß Spiegellinsen-Objektive nicht abgeblendet werden können, besitzen sie eine zweite charakteristische Eigenschaft: Unscharf abgebildete Lichtreflexe, die von konventionellen Objektiven als Zerstreuungskreise wiedergegeben werden, bilden sie als Zerstreuungsringe ab.

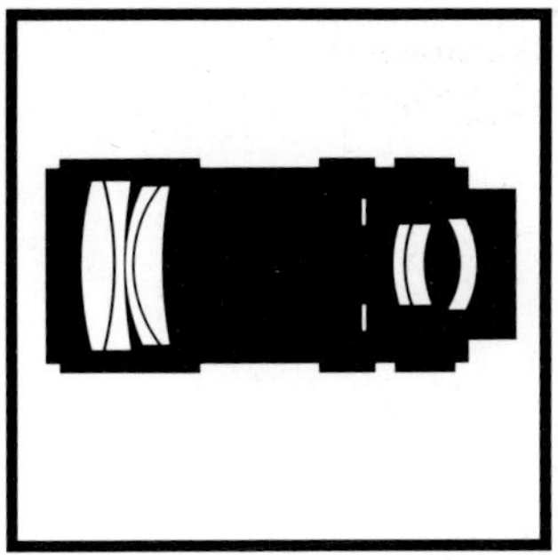

Apochromatische Objektive

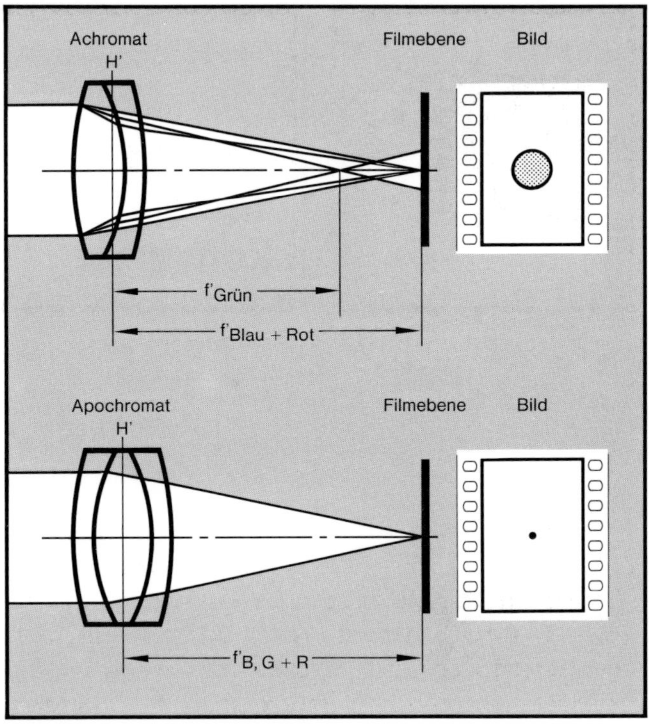

Bei normalen Objektiven treffen nur die blauen und roten Lichtstrahlen in einer Brennebene zusammen. Für die grünen Strahlen, das sogenannte sekundäre Spektrum, besteht eine Fokusdifferenz von $\frac{1}{1000}$ Brennweite. Das heißt, der Brennpunkt für Grün weicht bei einem Objektiv von f = 300 mm in der Einstellebene um f/1000 = 0,3 mm von dem der blauen und roten Strahlen ab. Bei apochromatisch korrigierten Objektiven dagegen liegen die Brennpunkte aller 3 Spektralbereiche für achsennahe Strahlen in einer Ebene. Daher ziehen Schärfefanatiker diese Objektive – vor allem bei Brennweiten über 150 mm – vor. Sie sind aber nicht immer als Apochromate gekennzeichnet. Oft wird nur darauf hingewiesen, daß für die Linsen Gläser geringer Farbdispersion benutzt werden. Bei Apochromaten werden entweder Fluoritkristallinsen oder adäquate Gläser anomaler Teildispersion verwandt. Da eine Fokusdifferenz für die Wellenlängen von 400–900 nm praktisch nicht feststellbar ist, kann bei Infrarotaufnahmen direkt nach der visuellen Scharfeinstellung fotografiert werden, während bei normalen Objektiven die Infrarotfokusdifferenz zu berücksichtigen ist. Apochromate werden außer beim KB- und Mittelformat, beim Großformat und wegen ihrer überragenden Schärfe vor allem in der Reprografie eingesetzt.

Oben: Objektive sind normalerweise nur achromatisch korrigiert. Das heißt nur die Brennpunkte der blauen und roten Strahlen liegen in einer Ebene. Die Abweichung, Aberration der grünen Strahlen von dieser Ebene, die man als Fokusdifferenz bezeichnet, ist für Brennweiten bis zu 150 mm vernachlässigbar gering. Bei längeren Brennweiten macht sie sich jedoch als zunehmende Unschärfe störend bemerkbar. Hochwertige langbrennweitige Objektive sollten daher apochromatisch korrigiert sein. Bei Apochromaten sind alle drei Spektralbereiche so korrigiert, daß ihre Brennpunkte für achsennahe Strahlen in einer Ebene liegen.

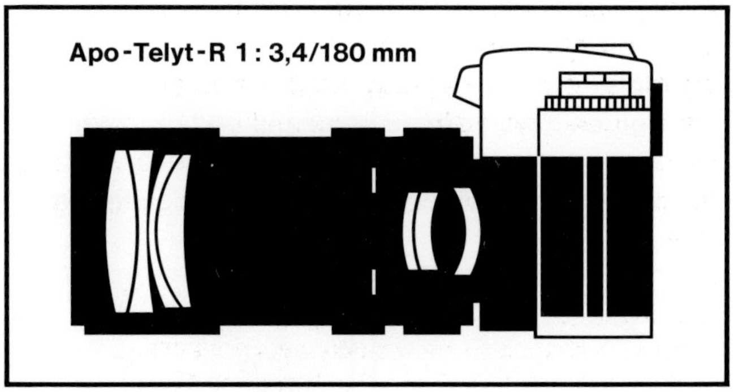

Schnittzeichnung durch das Leitz Apo-Telyt-R 1:3,4/180 mm.

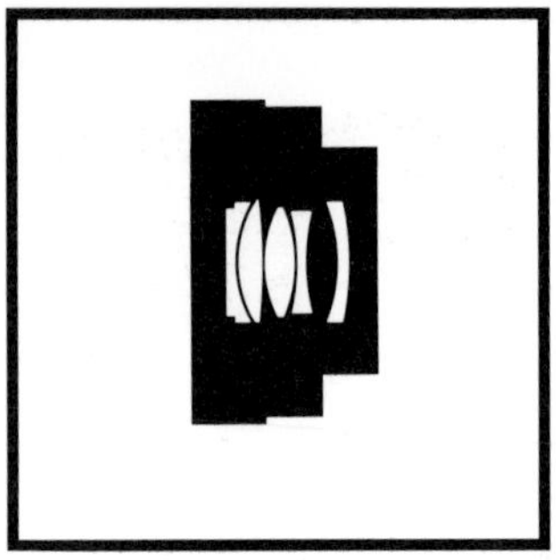

Tele-konverter

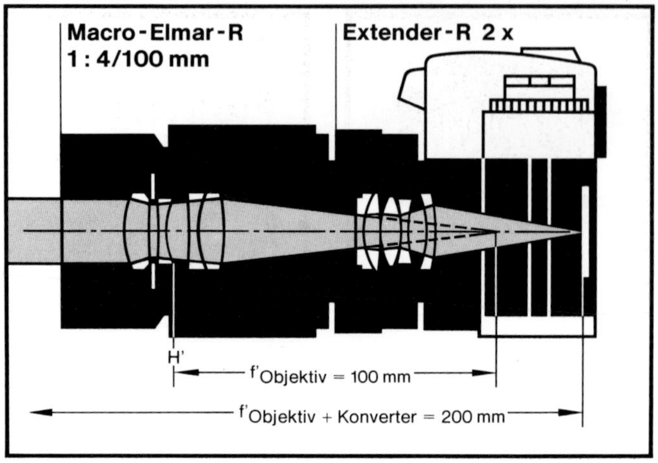

Leitz Macro-Elmar-R 1:4/100 mm mit einem Extender-R 2 x, der die effektive Brennweite auf 200 mm verlängert. Mit seinem negativen, zerstreuenden Linsensystem verlängert der Telekonverter zwar die Brennweite auf das Doppelte, reduziert aber zugleich auch die Lichtstärke um 2 Blendenwerte.

Beim Telekonverter handelt es sich um ein negatives Linsensystem, das hinter ein Objektiv montiert wird. Die Brennweite des Objektivs läßt sich damit entweder um das 1,4 bis 2- oder 3-fache verlängern. Durch den Telekonverter wird aus einem f = 100 mm ein f = 140 mm, ein f = 200 mm oder ein f = 300 mm Objektiv. Im gleichen Maße wie sich die Brennweite verlängert, vermindert sich allerdings auch die Lichtstärke der Objektiv-Konverter-Kombination. Das heißt, aus der Lichtstärke 1 : 2,8 wird 1 : 4, 1 : 5,6 und 1 : 8,4. Zugleich vergrößern sich die Abbildungsfehler des vorgeschalteten Objektivs um das Maß des Vergrößerungsfaktors. Es empfiehlt sich daher, nur mit einem optisch vorzüglichen Objektiv einen Konverter zu benutzen und um zwei Stufen abzublenden. Konverter sollten bevorzugt mit Normal- und Teleobjektiven, jedoch möglichst nicht mit Retrofokus-Weitwinkelobjektiven verwandt werden. Sie sind ein brauchbarer Behelf, wenn man das Volumen der Fotoausrüstung klein halten will. Wie die Abbildung zeigt, beträgt das Volumen des Apo-Telyt mit Konverter nur die Hälfte des entsprechenden Teleobjektivs. Die hier gezeigte Kombination stellt allerdings, wegen der überragenden Qualität des Grundobjektivs, eine außerordentlich günstige Lösung dar.

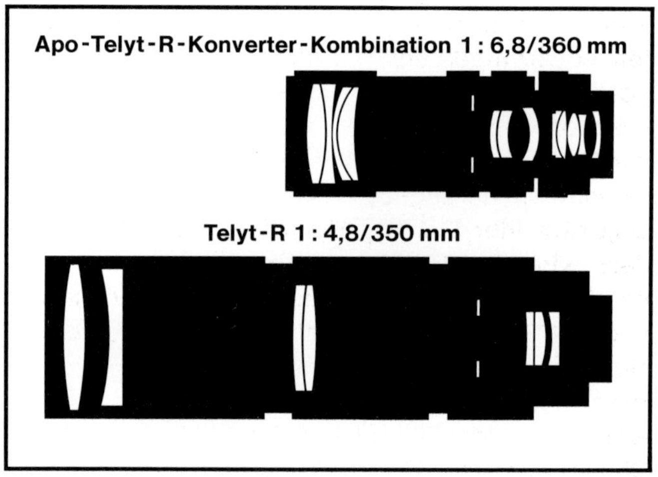

Mitte: Gegenüberstellung einer Objektiv-Konverter-Kombination und eines Teleobjektivs nahezu gleicher Brennweite. Der eindeutige Vorteil der Kombination liegt im wesentlich geringeren Volumen.

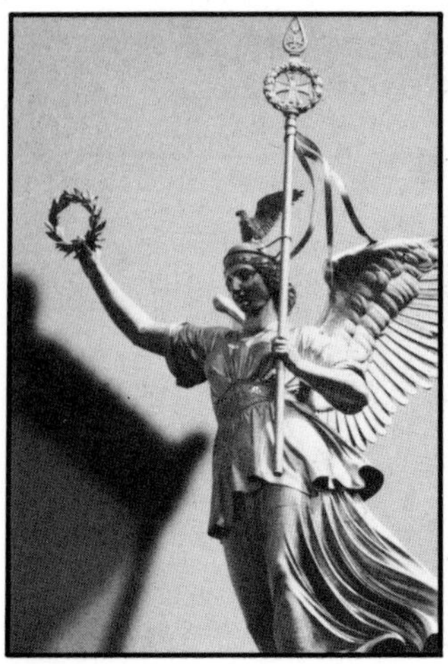
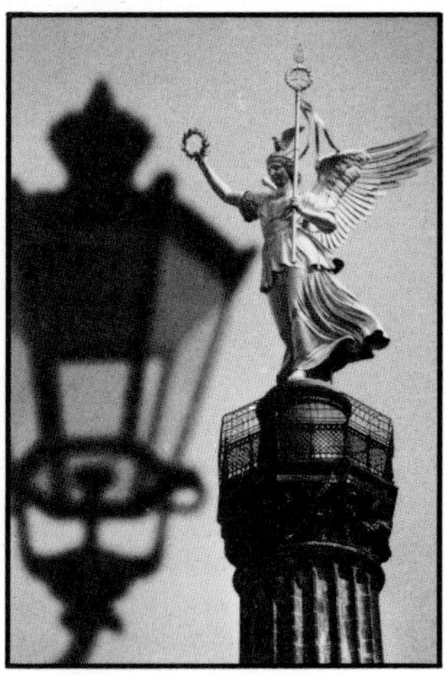

Unten: Die zwei Vergleichsaufnahmen zeigen die Siegessäule im Tiergarten in Berlin, einmal mit dem Telyt f = 180 mm und einmal mit der auf f = 360 mm verlängerten Kombination aufgenommen.

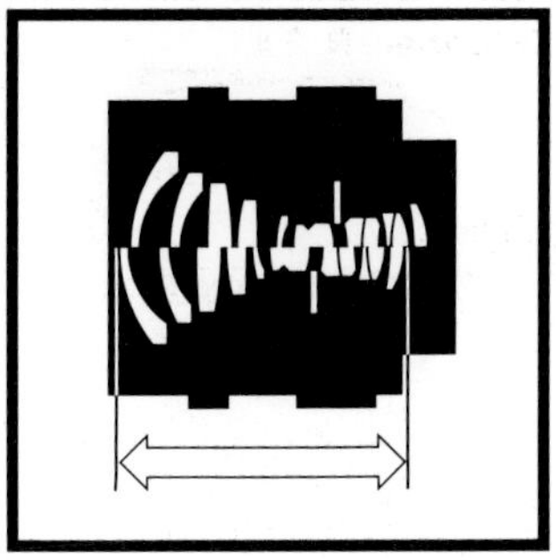

Floating Elements u. Innenfokussierung

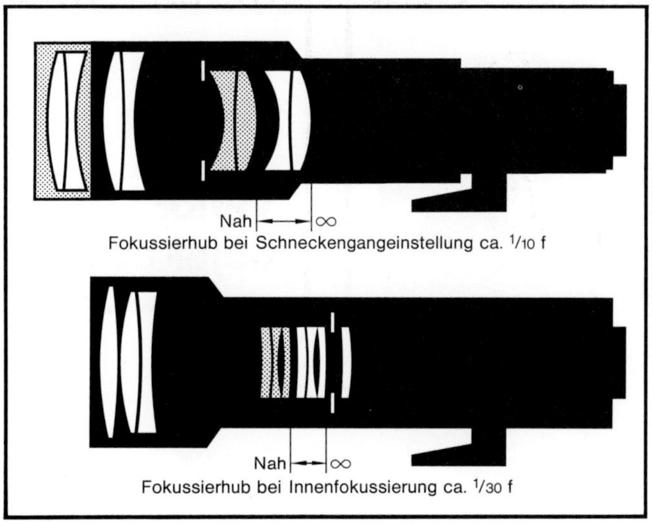

Kameraobjektive sind im allgemeinen optimal auf ∞ korrigiert. Der Unendlichbereich eines Objektivs liegt etwa beim 100fachen Wert seiner Brennweite. Wird diese Einstellentfernung erheblich unterschritten, so verringert sich die Abbildungsgüte. Dies trifft besonders für kurzbrennweitige, viellinsige Retrofokus-Weitwinkelobjektive zu. Durch eine im Verhältnis zur Entfernungseinstellung anders verlaufende Abstandsveränderung einiger Glieder innerhalb des Objektivs, der Floating-Elements (bewegliche Glieder), wird die Bildleistung für den extremen Nahbereich dem hohen Qualitätsstandard des Objektivs angeglichen. Um ein Objektiv von ∞ auf Nah einzustellen, was meistens dem 10fachen Wert seiner Brennweite entspricht, verlängert sich der Einstelltubus um $1/10$ der Brennweite. Bei einem $f = 400$ mm Objekt sind das 40 mm. Die dadurch entstehende ungünstige Gewichtsverlagerung erleichtert nicht gerade die Scharfeinstellung. Eine einfachere, wenn auch mechanisch aufwendigere Scharfeinstellmethode ist daher die Innenfokussierung. Bei unveränderter Länge des Objektivtubus vollzieht sich die Scharfeinstellung von ∞ bis Nah dabei durch interne, über Kurven gesteuerte Abstandsveränderung nur einiger Objektivglieder um ca. $1/30$ der Brennweite.

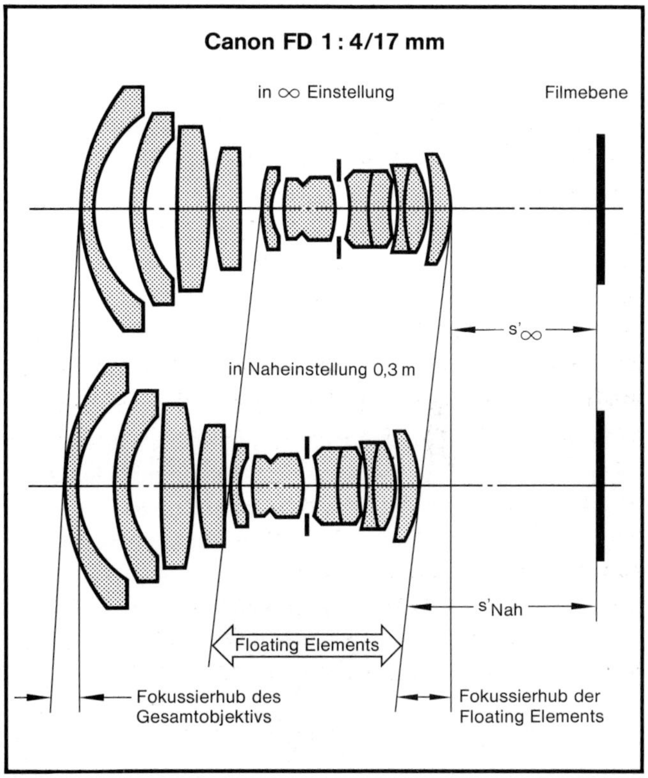

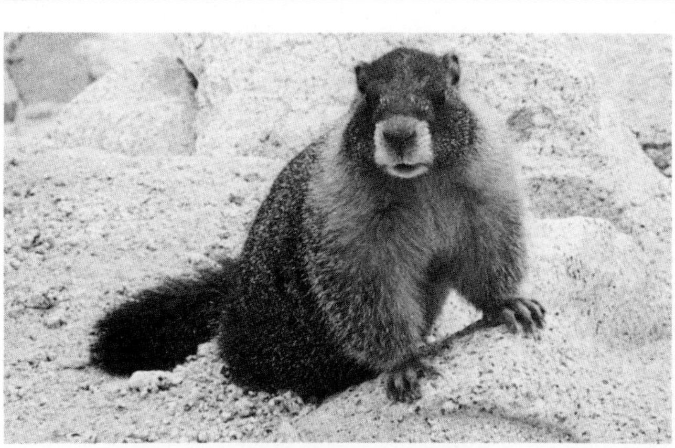

Oben: Der Einstelltubus eines Objektivs verlängert sich bei der Einstellung auf die kürzeste Aufnahmeentfernung um ca. $1/10$ seiner Brennweite. Bei Innenfokussierung verschieben sich lediglich einige Glieder im Inneren des Objektivs ohne die äußeren Abmessungen zu verändern.

Mitte: Für die Erhaltung des hohen Korrektionszustandes selbst im Nahbereich, sorgen die sogenannten Floating Elements.

Unten: Kalifornisches Murmeltier; mit einem Teleobjektiv mit Innenfokussierung aufgenommen.

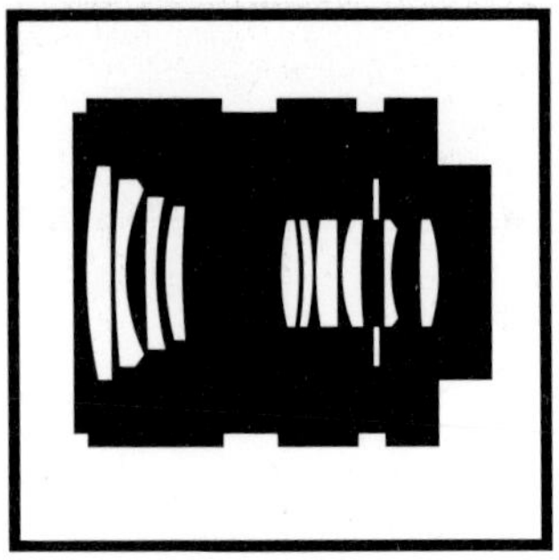

Vario-objektive

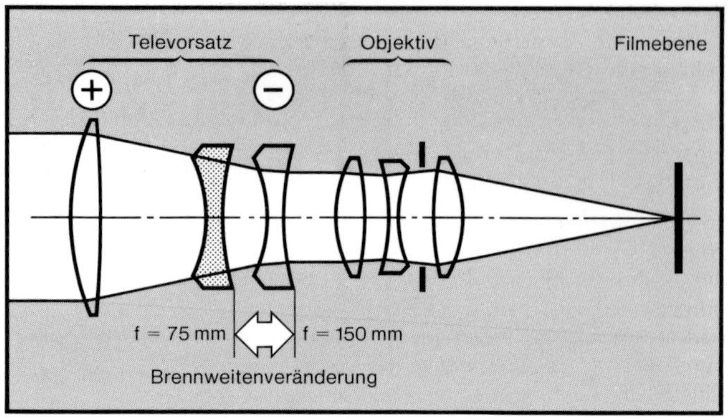

Schematische Darstellung des Prinzips eines Televario-Objektivs: Der Televorsatz, ein Bestandteil des Gesamtsystems, ähnelt im Aufbau und in der Funktion dem eines Teleobjektivs. Die Variation der Brennweite wird durch die Verschiebung des negativen Gliedes des Televorsatzes bewirkt.

Vario- oder Zoomobjektive sind Objektive mit kontinuierlich veränderbarer Brennweite. Die einmal vorgenommene Entfernungseinstellung bleibt trotz Änderung der Brennweite erhalten. Der Vorteil der Varioobjektive besteht darin, daß man sich den lästigen Wechsel von Objektiven verschiedener Brennweiten erspart. Mit nur zwei Varioobjektiven läßt sich eine Brennweitenskala von bis zu 8 Festbrennweiten überbrücken. Zum Beispiel ersetzen ein 28–85 mm und ein 80–200 mm Zoom die Festbrennweiten 28, 35, 50, 85, 105, 135, 180 und 200 mm. Varioobjektive ermöglichen es dem Fotografen, von einem nicht veränderbaren Standpunkt Bilder mit beliebig veränderbarem Bildwinkel zu fotografieren, was besonders bei Hindernissen oder in gefährlichen Situationen sehr nützlich ist. Ein weiterer Vorteil besteht darin, daß man mit den Varioobjektiven die sogenannten Zoomwischeffekte erzielen kann. Dabei wird der gesamte Brennweitenbereich kontinuierlich oder stufenweise durchfahren und mit längeren Belichtungszeiten, stark abgeblendet, vom Stativ aufgenommen. Dies kann ausgehend von der kürzesten bis zur längsten Brennweite oder in umgekehrter Weise geschehen. Die Abbildungsleistung, der Brennweitenbereich, die Lichtstärke und das Volumen der Varioobjektive haben sich in jüngster Zeit erheblich zu ihrem Vorteil verändert. So werden heute Objektive mit Zoombereichen angeboten, über die vor 10 Jahren bestenfalls die Schmalfilmer verfügten. Apochromatenähnliche Zoomobjektive erbringen mit ihrer gesteigerten Lichtstärke eine Abbildungsqualität, die mit der fester Brennweiten vergleichbar ist. Ein Nachteil besteht allerdings noch: Zoomobjektive weisen bei der längsten und kürzesten Brennweiteneinstellung oft eine erkennbare Verzeichnung auf.

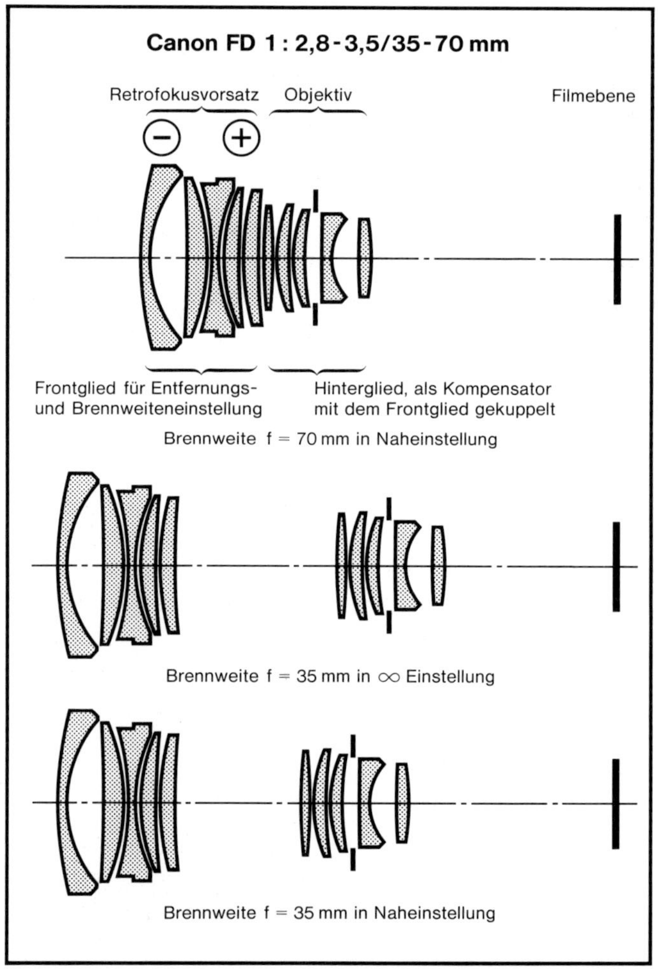

Schematische Darstellung des Prinzips eines Weitwinkelvario-Objektivs: Der Retrofokusvorsatz vor dem eigentlichen Objektiv entspricht in seiner Wirkung einem umgekehrten Teleobjektiv. Die Variation der Brennweite erfolgt durch Verschiebung des gesamten Retrofokusvorsatzes.

Vario-Objektivtypen

1. Bei den als Schiebevario bezeichneten Objektiven erfolgt die Brennweitenverstellung durch Schieben und die Scharfeinstellung durch Drehen des gummierten Objektivtubus.

2. Bei den als Drehvario bezeichneten Objektiven erfolgt die Brennweitenverstellung durch Drehen an dem hinteren und die Scharfeinstellung durch Drehen an dem vorderen Einstellring bzw. -tubus.

3. Bei einem mit Naheinstellung ausgestatteten Schiebevario muß für Nahaufnahmen noch ein zusätzlicher Einstellring betätigt werden.

4. Beim Drehvario mit Naheinstellung wird das Objektiv durch Entriegeln des Brennweiten-Einstellringes für Nahaufnahmen vorbereitet.

5. Damit bei den viellinsigen, oft schweren Zoomobjektiven, bei nach oben oder nach unten geneigter Kamera, der gesamte Einstelltubus durch sein Eigengewicht nicht ins Rutschen gerät, hat ein Hersteller seine Objektive mit einer Einstellbremse versehen.

6. Am bequemsten ist die Scharfeinstellung der Vario-Objektive, deren gesamter Einstellbereich von Unendlich bis Nah mit einem Tubus durchfahren werden kann.

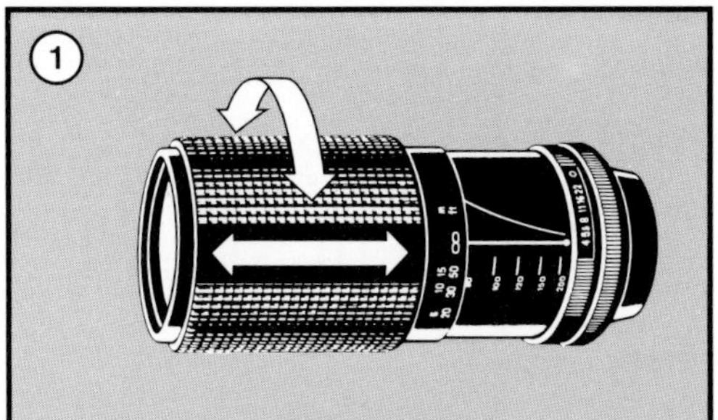

Schiebevario

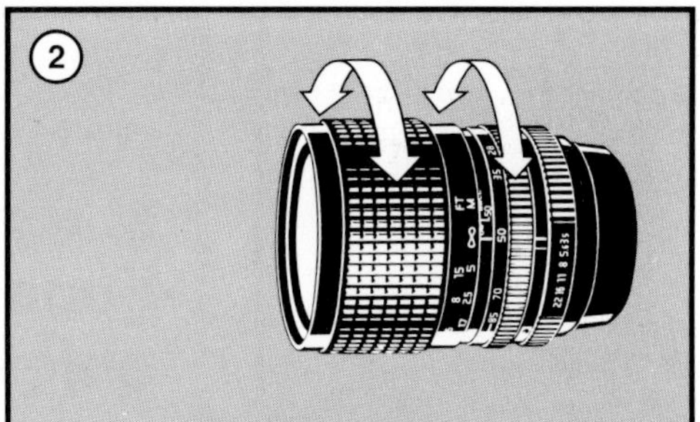

Drehvario

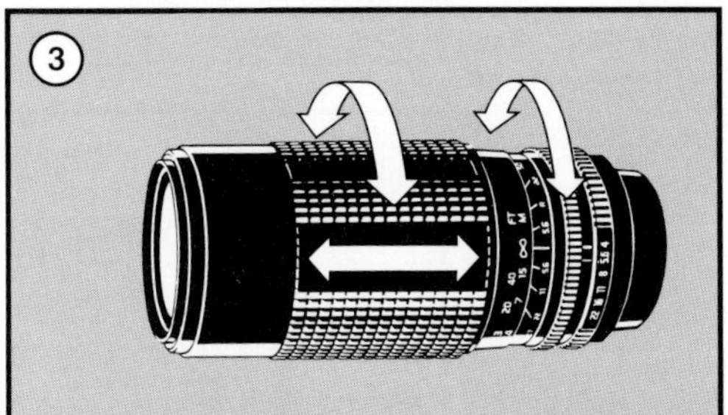

Schiebevario mit Naheinstellung

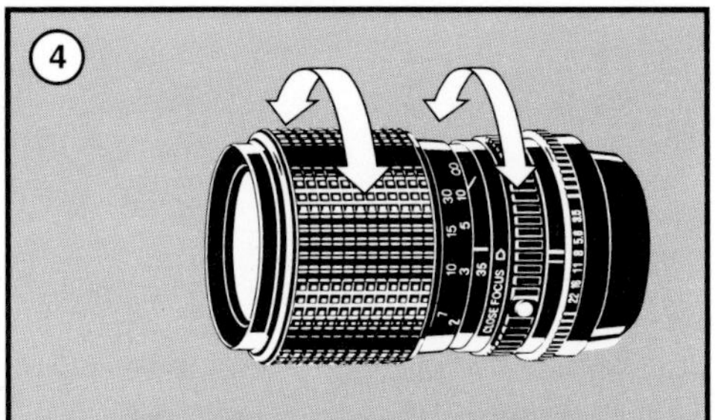

Drehvario mit Naheinstellung

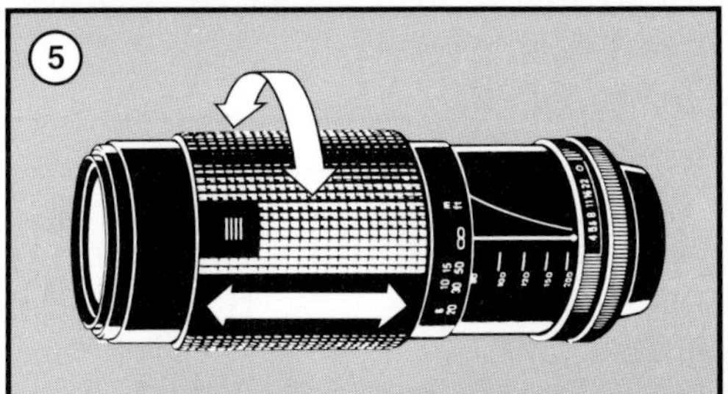

Schiebevario mit Zoomarretierung

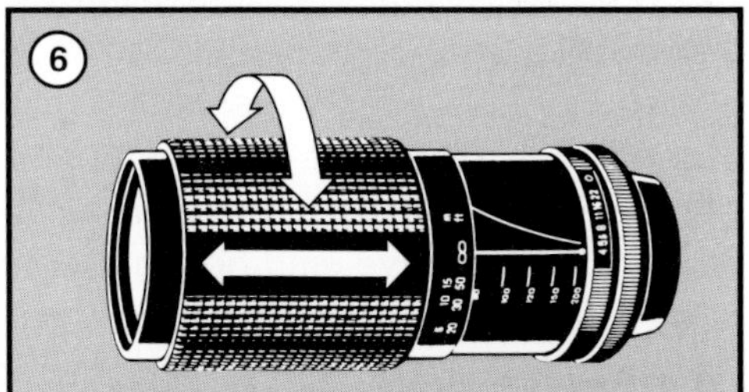

Schiebevario mit kontinuierlicher Einstellung von ∞ bis Nah

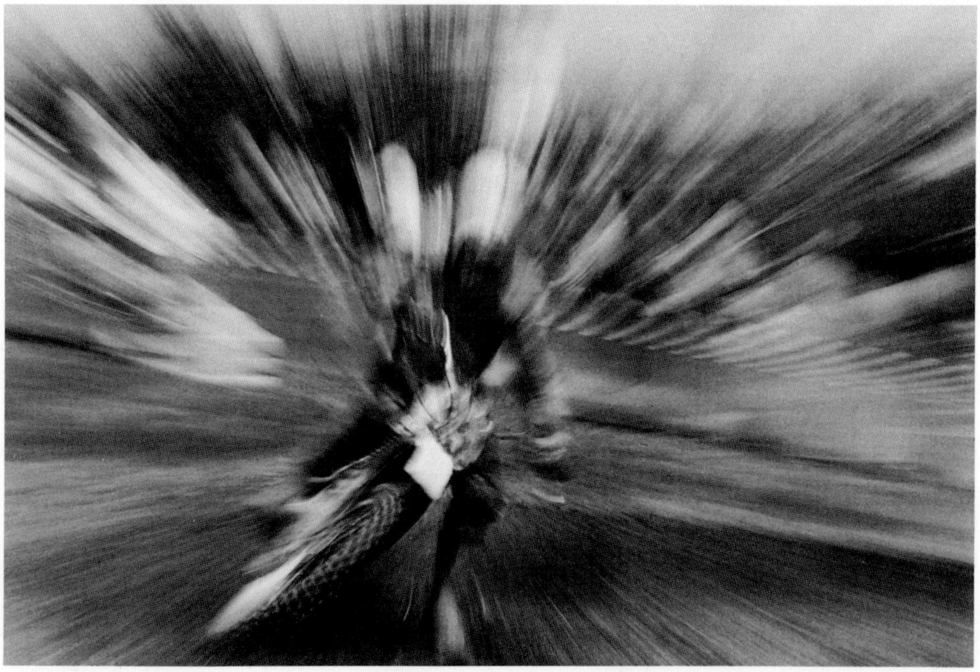

Dynamisch gezoomte Aufnahme einer Motorsportveranstaltung. Foto: Günter Osterloh.

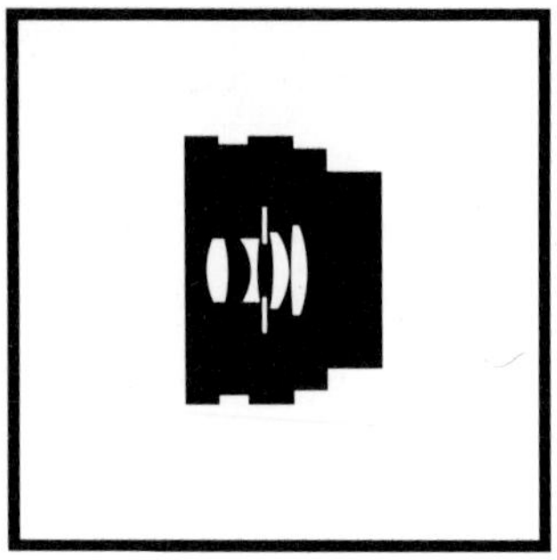

Achromate, Makro- und Lupen-objektive

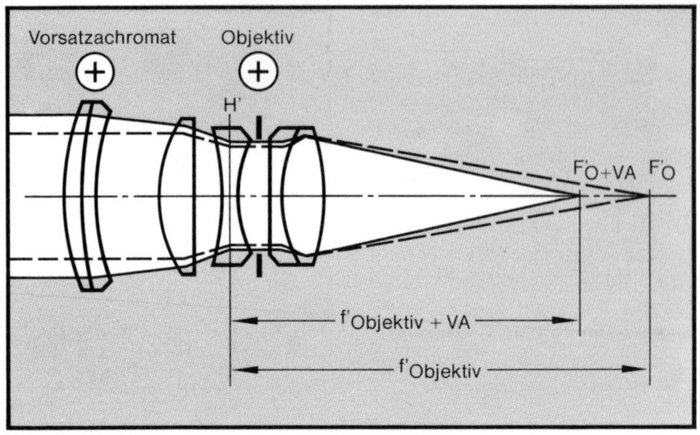

Vorsatzachromat + Objektiv Macro-Elmar 1 : 4/100 mm

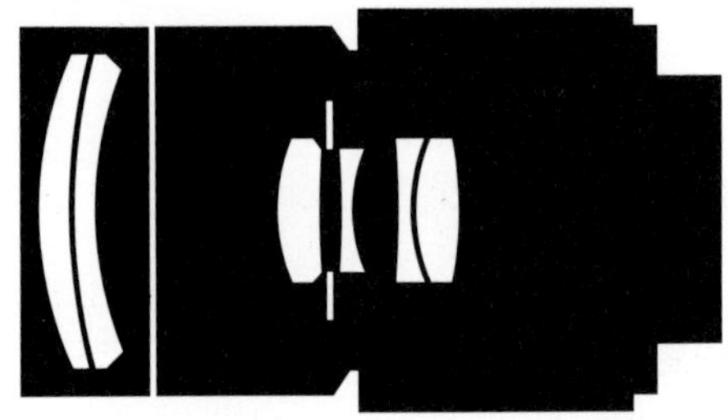

Vorsatzachromate sind aus zwei verkitteten Linsen bestehende positive Vorsatzlinsen für Nahaufnahmen, die die Brennweite um max. 25 % verkürzen. Während bei normalen Objektiven die Abbildungsgüte im Nahbereich nachläßt, helfen die speziell für diesen Bereich errechneten Achromate, sie zu verbessern. Sie verlangen keine Belichtungszeitverlängerung, jedoch muß um 2–3 Werte abgeblendet werden. Makroobjektive sind besonders für den Nahbereich und den Abbildungsmaßstab 1 : 1 korrigiert. Darüber hinaus wurde ihre hohe Abbildungsleistung bis auf ∞ ausgedehnt. Wegen dieser «Universalität» besitzen Makroobjektive eine geringere Lichtstärke, was viele Fotografen jedoch nicht davon abhält, sie grundsätzlich anstelle des Normalobjektivs einzusetzen. Der Objektivtubus erlaubt eine Einstellung bis 1 : 2 bzw. 1 : 1. Lupenobjektive sind für vergrößerte Abbildungsmaßstäbe zwischen 4 : 1 bis 16 : 1 gerechnet. Ihr Linsensystem ist, da die Bildweite bei solchen Aufnahmen größer als die Objektweite ist, bereits in Retrostellung (umgekehrt) in die Objektive gefaßt. Wegen des erforderlichen großen Auszugs müssen sie mit einem Balgengerät benutzt werden.

Photar 1 : 2,4/12,5 mm

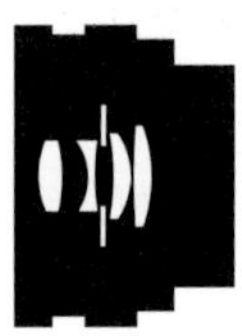

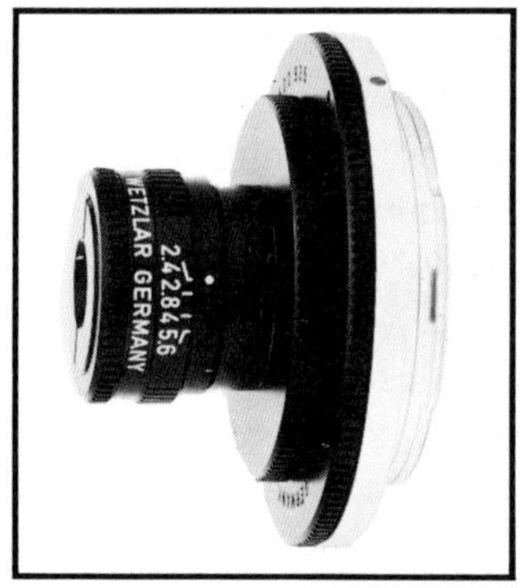

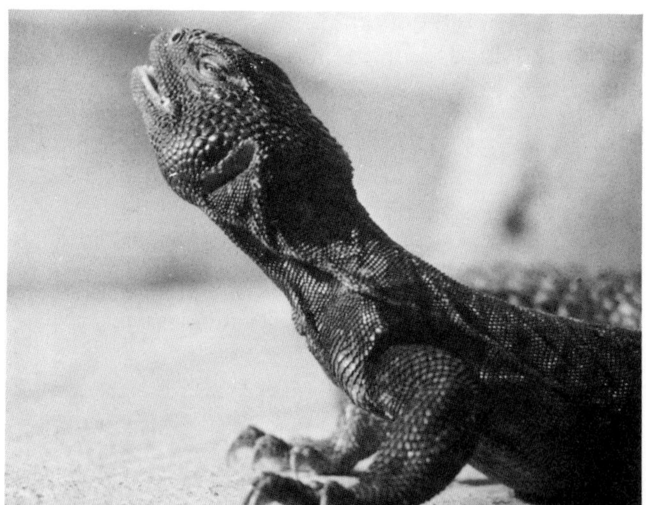

Schematische Darstellung der Wirkungsweise eines Vorsatzachromaten für Nahaufnahmen.

Schnittbild der Kombination Vorsatzachromat plus Makroobjektiv.

Schnittbild eines ausschließlich für Nahaufnahmen errechneten Lupenobjektivs, bei dem deutlich die Retrostellung, die umgekehrte Anordnung der Linsen, zu erkennen ist.

Leitz Photar 1 : 2, 4/12,5 mm. Dieses mit einem Zwischenring und Bajonett versehene Lupenobjektiv ist für die Verwendung am Balgengerät gedacht.

Die ca. 25 cm lange Wüstenechse wurde bei Quarzazate in Marokko mit dem 100er Markoobjektiv und Blende 4 aufgenommen.

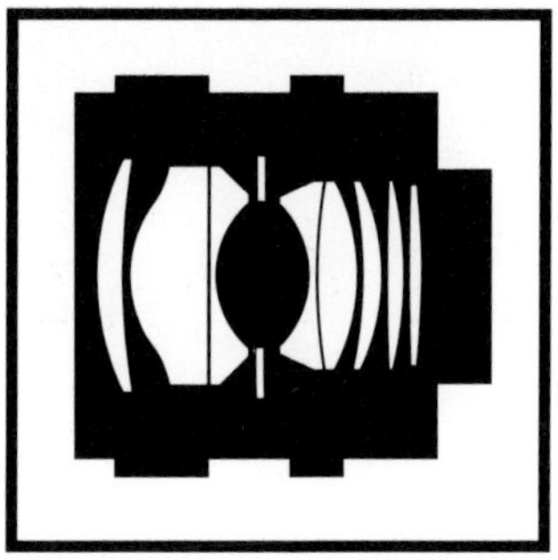

Objektive mit asphärischen Linsen

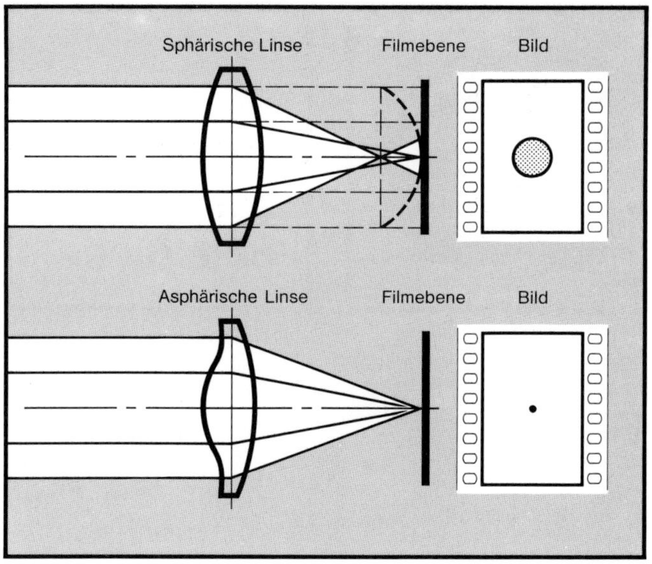

Da sich bei der sphärischen Linse die achsenfernen Strahlen vor den achsennahen schneiden, entstehen mehrere Brennpunkte, die ein unscharfes Bild verursachen. Die bei der sphärischen Linse auftretenden Fehler werden bei der asphärischen Linse durch ihre von der Kugelform abweichende parabolförmige Krümmung vermieden.

Wegen des fertigungstechnisch aufwendigen Verfahrens zur Herstellung von Objektiven mit asphärischen Linsen, stellen diese Objektive noch eine Seltenheit dar. Ihre von der Kugelform abweichende parabolförmige Krümmung bietet eine ausgezeichnete Korrektionsmöglichkeit zur Behebung der sphärischen Abberration bei lichtstarken Objektiven mit Linsen sehr großen Durchmessers. Die sphärische Abberration, auch Öffnungs- oder Kugelgestaltfehler genannt, hängt vom Linsendurchmesser und Krümmungsradius ab und beruht darauf, daß achsenferne Lichtstrahlen stärker als achsennahe gebrochen werden. Bei den davon betroffenen Objektiven handelt es sich um solche höchster Lichtstärke mit einer relativen Öffnung von 1 : 1 bis 1 : 1,2 und um besonders lichtstarke Retrofokusweitwinkelobjektive mit Lichtstärken um 1 : 1,2. Auch unter den lichtstarken, viellinsigen Weitwinkelvarioobjektiven befinden sich einige, die zur Verbesserung des Korrektionszustandes mit einem asphärischen Glied ausgestattet sind.

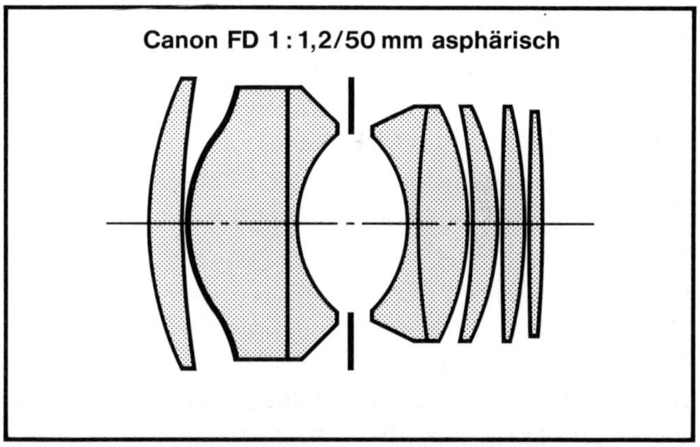

Bei dem Canon FD 1 : 1,2/50 mm besitzt zum Beispiel die zweite Linse zur Verbesserung der Korrektion eine, in der Zeichnung absichtlich übertrieben groß dargestellte, asphärische Linsenfläche.

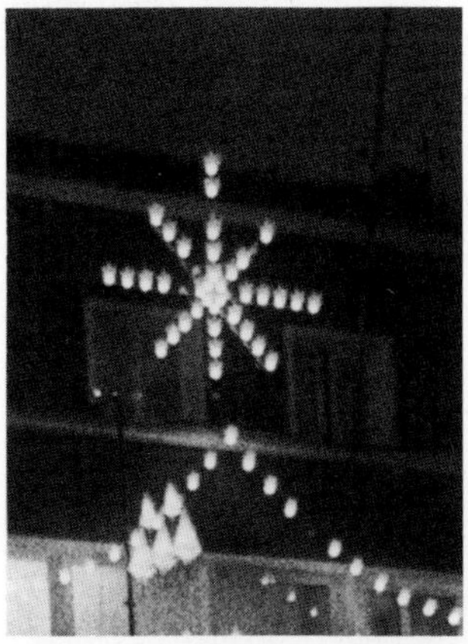

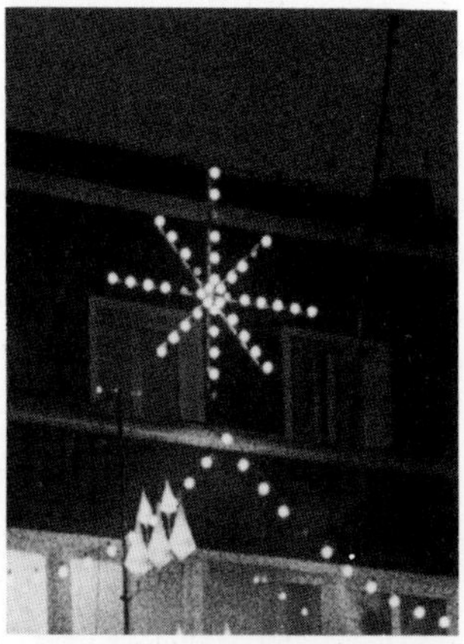

Die beiden Vergleichsaufnahmen wurden (links) mit einem Objektiv mit sphärischer Aberration und (rechts) mit einem von sphärischer Aberration freien Objektiv aufgenommen. Foto: R. Seck.

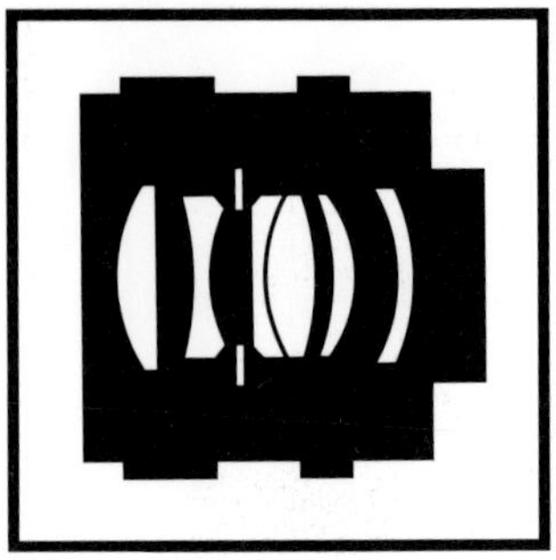

Weichzeichnerobjektive

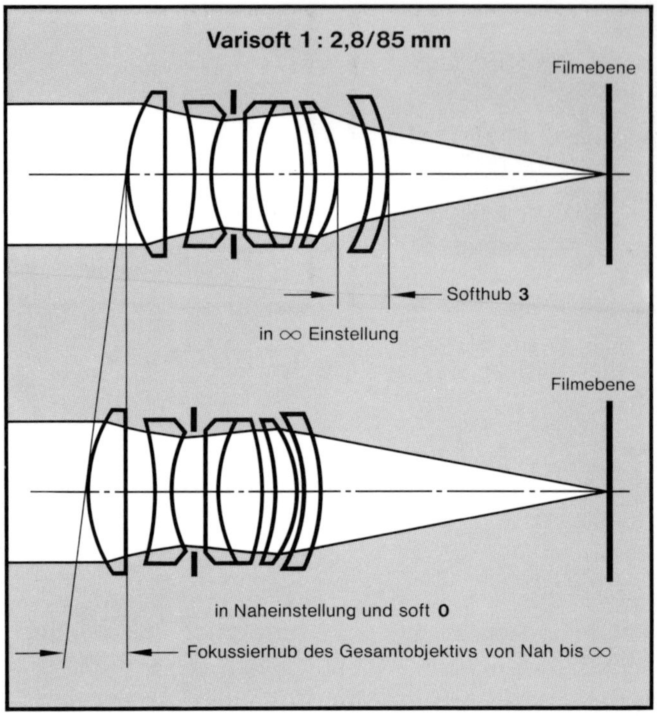

Das Minolta Varisoft 1 : 2,8/85 mm ist ein Weichzeichnerobjektiv mit variabel einstellbarem Weichzeichnungseffekt. Hinter einem Triplet mit verkitteter Hinterlinse (Tessartyp) befindet sich ein zweigliedriger Meniskus, der durch seine mehr oder weniger große Aufspaltung für den Grad der Weichzeichnung verantwortlich ist. In der oberen Position, bei Softhub 3, ist der Weichzeichnungscharakter am ausgeprägtesten. In der unteren Position 0 ist er kaum wahrnehmbar.

Weichzeichnerobjektive oder -vorsätze bilden ein kontrastreich ausgeleuchtetes Objekt mit einer Überstrahlung an den Hell-Dunkelzonen ab. Einige Weichzeichnerobjektive gestatten es sogar, den Grad der Weichzeichnung abgestuft zu regulieren. Dies kann entweder – wie auf der Abbildung dargestellt – durch eine Abstandsveränderung eines Linsenpaares zu dem davor befindlichen normalen vierlinsigen Triplet oder aber, wie bei einem seit Jahrzehnten in der Großbildtechnik bewährten Porträtobjektiv durch das Vorschieben von Lochblenden mit verschieden großen Lochmustern vor den asphärisch nur schwach korrigierten Aufnahmeachromaten geschehen. Der Weichzeichnereffekt läßt sich aber auch ohne ein Spezialobjektiv herstellen, indem man ein Stück Gaze, eine mit Vaseline betupfte Glasplatte oder eine mit konzentrischen Rillen oder Noppen versehene Weichzeichnerlinse vor ein beliebiges Objektiv setzt. Der Einsatz von Weichzeichnerobjektiven ist keine technische, sondern eine Geschmacksfrage.

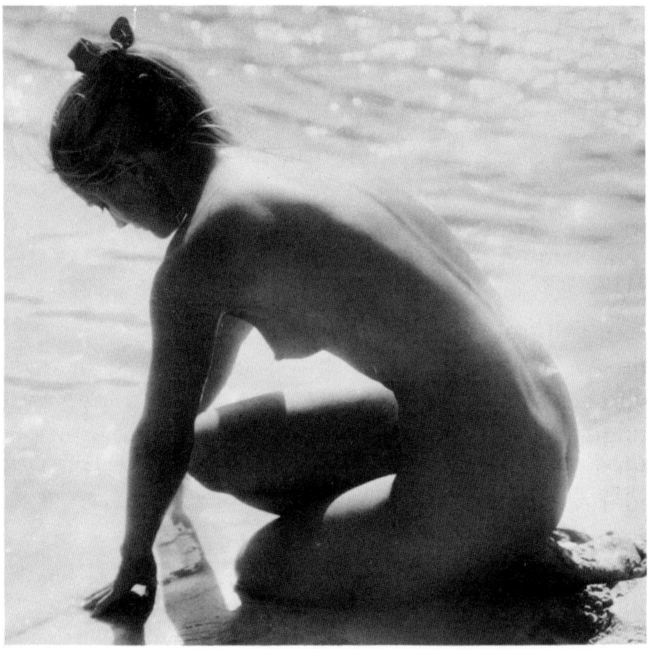

Mit Hilfe einer Weichzeichnerlinse vor dem Objektiv einer Mittelformatkamera entstand dieser Gegenlichtakt.

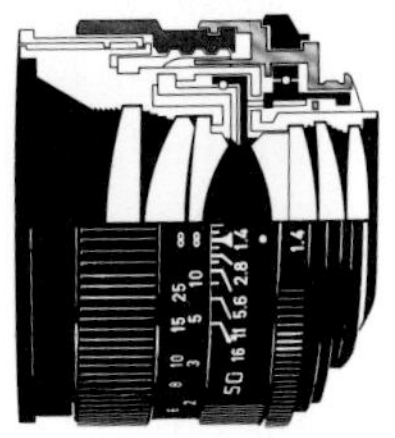

Objektivfassungen

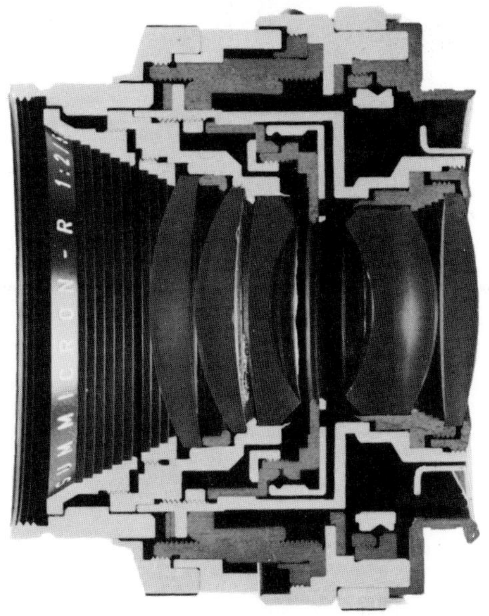

Der senkrechte Schnitt durch das Leitz Summicron 1 : 2/50 mm zeigt, wie präzise die einzelnen Linsen bzw. verkitteten Elemente gefaßt sind. Zur Vermeidung von Reflexionen sind mattschwarzlackierte Rillungen an den Objektivtuben angebracht. Die mehrgängige Gewindeschnecke für die Fokussierung besteht ebenso wie das Objektivbajonett, im Gegensatz zu den übrigen aus einer Aluminiumlegierung gefertigten Fassungsteilen, aus Messing.

Bei einem guten Objektiv sind die optische und die mechanische Qualität einander ebenbürtig. Alle Einzellinsen und Kittglieder sitzen einwandfrei zentriert in der Fassung, daß heißt, daß sämtliche Linsenmittelpunkte genau in der optischen Achse fluchten. Die mehrgängige Gewindeschnecke des Einstelltubusses läßt sich weich und ohne mechanisches Spiel fokussieren. Ebenso rastet die Springblende in ihre Einstellwerte ein. Für die Scharfeinstellung ist die automatische Springblende immer voll geöffnet. Erst im Moment des Auslösens springt sie auf die vorher gewählte Arbeitsblende und nach erfolgter Belichtung sofort wieder auf ihren größten Öffnungswert zurück. Das Objektivbajonett muß mit festem Paßsitz in das Kameragehäuse einrasten und sich schnell für den Objektivwechsel entriegeln lassen. Sowohl an dem Objektiv als auch an der Kamera muß gut erkennbar markiert sein, an welchem Punkt das Objektiv anzusetzen ist. Die innere ebenso wie die äußere Reflexbeseitigung wirken sich maßgeblich auf die Abbildungsgüte aus. Im Inneren des Objektivs wird das Reflexlicht von mattschwarz lackierten Rillungen absorbiert. Die Oberflächenreflexe werden durch vor der Frontlinse eingebaute, ausziehbare oder aufsteck- bzw. aufschraubbare Gegenlichtblenden verhütet. Es ist erstaunlich, wie viele Fotografen mit den teuersten Kameras und Objektiven arbeiten, ohne eine Gegenlichtblende zu verwenden und somit trotz der Vergütung, nur einen Bruchteil der Brillanz nutzen, die ihnen ihre Objektive bieten, weil sie größtenteils von der Reflexion überstrahlt wird.

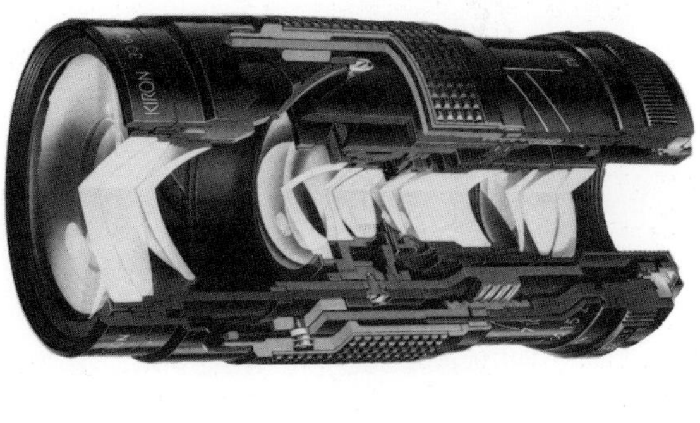

Das zu einem Viertel geöffnete Kiron 1 : 3,5–4,5/30–80 mm Weitwinkel- bis leichte Telezoom zeigt die aufwendige mechanische Fassungskonstruktion, die für die Scharfeinstellung und die Brennweitenveränderung nötig sind. Foto: Kiron.

Aufnahmeformate

Das ideale Aufnahmeformat gibt es nicht. Es gibt aber für jedes Aufnahmegebiet ein richtiges Format. Die Frage, ob eine Kleinbild-, Mittel- oder Großformatkamera die besten Resultate erbringt, läßt sich leichter beantworten, wenn man sich darüber im klaren ist, für welchen Anwendungsbereich die Kamera hauptsächlich benötigt wird. Da aber selbst innerhalb eines bestimmten Aufgabengebietes nicht alle Aufnahmen mit nur einem Aufnahmeformat zu lösen sind, arbeitet der anspruchsvolle Fotograf stets mit mehreren Formaten. Entscheidend für die Wahl des Bildformates ist letztlich der endgültige Verwendungszweck der Aufnahme.
Je nachdem, ob es sich um einen Amateur, halb- oder hauptberuflichen Fotografen handelt, ist für die Wahl des Aufnahmeformates, außer den rein technischen Überlegungen, vor allem die Preisfrage von entscheidender Bedeutung.

Aufnahmeformat	Anwendungsbereich	Nennformat in mm	Filmtyp	Bilder pro Film	Kameratyp
Kleinstbild	Familie, Schnappschuß, Reise	8 × 10,5 8 × 11 10 × 14 12 × 17 13 × 17	Disc 16 mm 110	15 15/36 20 18/24 12/20	Disc Minox Pocket
Kleinbild	Familie, Schnappschuß, Reise, Landschaft, Architektur, Tiere, Makro, Mikro, Reportage, Porträt, Technik, Wissenschaft	18 × 24 24 × 24 28 × 28 24 × 36	35 mm 126 135	40/72 28/50 12/20 24/36	Olympus Robot Instamatic Leica
Mittelformat	Familie, Schnappschuß, Reise, Landschaft, Architektur, Industrie, Mode, Porträt, Reportage, Tiere, Technik Wissenschaft, Werbung	30 × 40 40 × 40 45 × 60 60 × 60 60 × 70 60 × 90 56 × 72	Rollfilm 127 120/220 70 mm	16 12 8 12/24 8/16 53	 Rolleiflex Pentax Rolleiflex Pentax Linhof
Großformat	Architektur, Industrie Luftbild, Kalender, Mode, Porträt, Plakate, Reproduktionen, Werbung, Wissenschaft	90 × 120 4 × 5" 130 × 180 5 × 7" 180 × 240 8 × 10"	Planfilm	Bilder pro Kassette 1/6 1/2 1/2	Linhof Sinar Plaubel

Die wichtigsten professionellen Aufnahmeformate

1

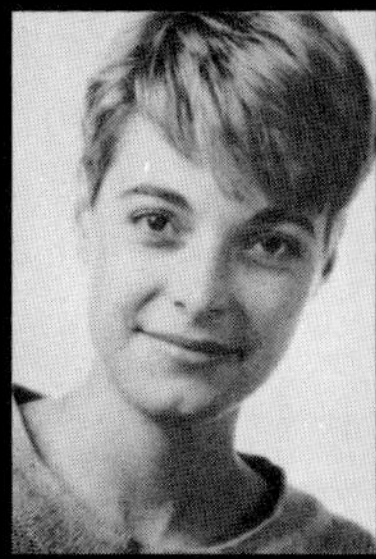

2

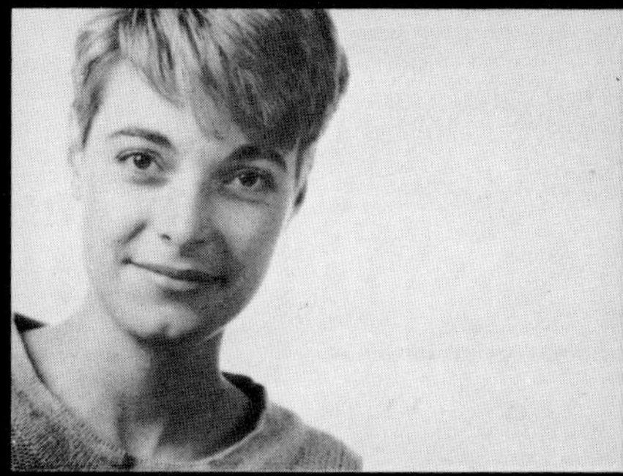

3

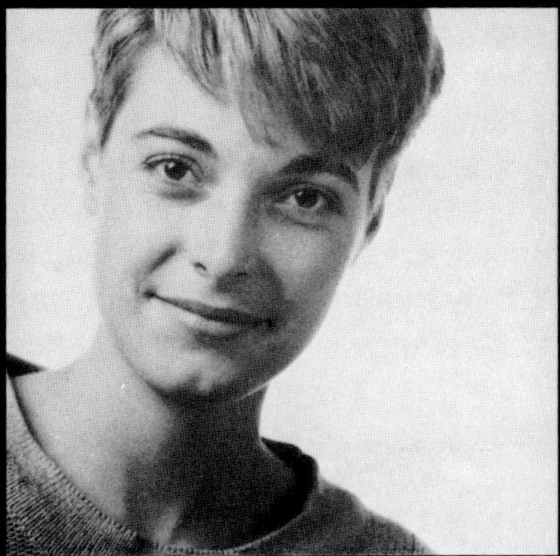

4

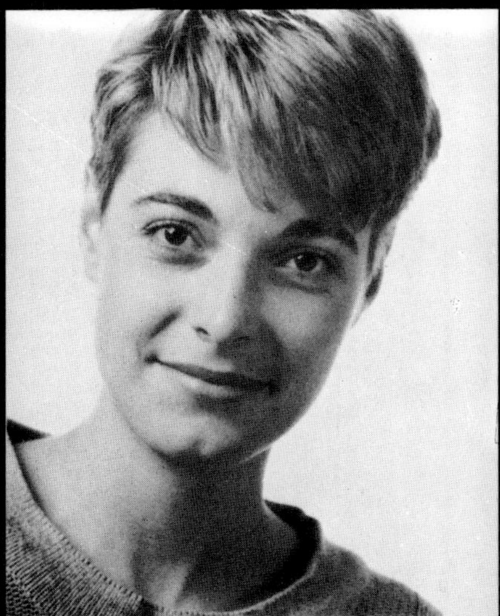

5

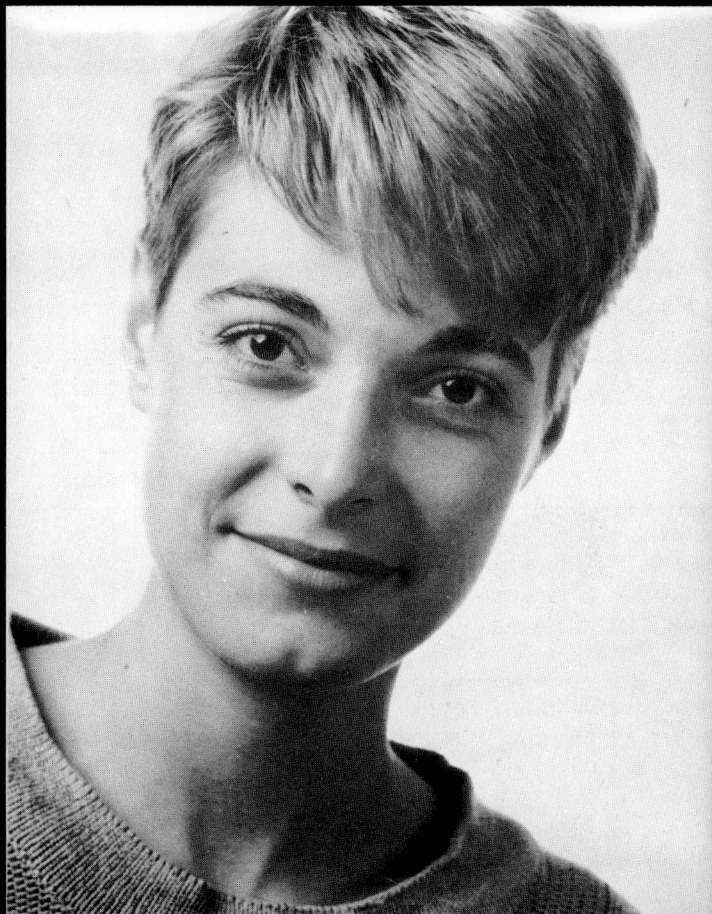

1. Kleinbildformat von 24 × 36 mm.

2. Kleinstes Mittelformat von 4,5 × 6 cm, das von Profis und Amateuren gleichermaßen geschätzt wird.

3. Klassisches Mittelformat von 6 × 6 cm, das nach wie vor bei den Mittelformatkameras dominiert.

4. Das rechteckige Mittelformat von 6 × 7 cm wird von vielen Berufsfotografen gegenüber dem geringfügig kleineren quadratischen Format von 6 × 6 cm bevorzugt.

5. Für höchste Ansprüche bezüglich Tonwertwiedergabe und Detailreichtum benötigt der Fachfotograf die Großformatkamera. Das Großformat beginnt mit – wie hier abgebildet – 9 × 12 cm bzw. 4 × 5″ und führt über 13 × 18 cm bzw. 5 × 7″ bis zu 18 × 24 cm bzw. 8 × 10″. Fotos: Bernd Wille.

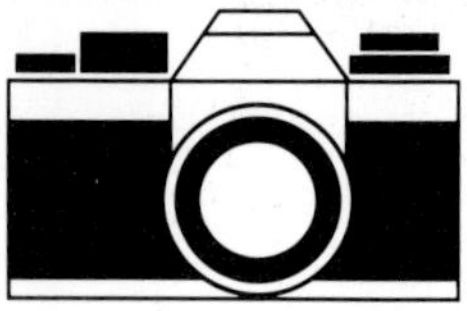

Kamera-typen

Nachdem die Formatfrage entschieden ist, gilt es, den Kameratyp auszuwählen. Denn abgesehen vom Aufnahmeformat und der dadurch bedingten Baugröße, unterscheiden sich die Kameratypen innerhalb einer Formatklasse oft noch wesentlich voneinander. Die Unterschiede bestehen hauptsächlich in der Zubehörausstattung, der Bequemlichkeit der Handhabung und der schnellen Schußbereitschaft. Je nach Anspruch, Arbeitsstil und Temperament, wird man eine Großformatstudio-, eine Meßsucher- oder eine ein- bzw. zweiäugige Spiegelreflexkamera mit oder ohne Motorantrieb bevorzugen. In besonderen Aufnahmesituationen erfüllt wahrscheinlich die Kleinbildmeßsucherkamera mit Wechselobjektiven die Aufgabe am besten. Wegen ihres unauffälligen und geräuschlosen Arbeitens, vor allem auch unter ungünstigen Lichtverhältnissen, wird sie mit Vorliebe von Bildberichtern eingesetzt.

Kameratyp	**Aufnahmeformat**	**Nennformat in mm**	**Nutzformat in mm**	**Bildfläche in mm²**	**Bildfläche im Verhältnis zum 24 × 36-Format**
Disc	Kleinstbild	8 × 10,5	8 × 10,5	84	circa 0,09 ×
Minox		8 × 11	8 × 11	88	0,10 ×
		10 × 14	10 × 14	140	0,17 ×
		12 × 17	12 × 17	204	0,25 ×
Pocket		13 × 17	13 × 17	221	0,26 ×
Olympus	Kleinbild	18 × 24	18 × 24	432	0,50 ×
Robot		24 × 24	24 × 24	576	0,75 ×
Instamatic		28 × 28	28 × 28	784	0,90 ×
Leica		24 × 36	24 × 36	864	= 1
	Mittelformat	30 × 40	28 × 38	1064	1,25 ×
Rolleiflex		40 × 40	38 × 38	1144	1,30 ×
Pentax		45 × 60	41 × 56	2296	2,40 ×
Rolleiflex		60 × 60	56 × 56	3136	3,75 ×
Pentax		60 × 70	56 × 69	3864	4,47 ×
Linhof		60 × 90	58 × 81	4698	5,60 ×
		56 × 72	56 × 72	4032	4,60 ×
Linhof	Großformat	90 × 120	84 × 115	9660	11,20 ×
Sinar		4 × 5"	96 × 121	11616	13,44 ×
Plaubel		130 × 180	122 × 172	20984	24 ×
		5 × 7"	121 × 170	20570	23,80 ×
		180 × 240	172 × 232	39904	46 ×
		8 × 10"	194 × 245	47530	55 ×

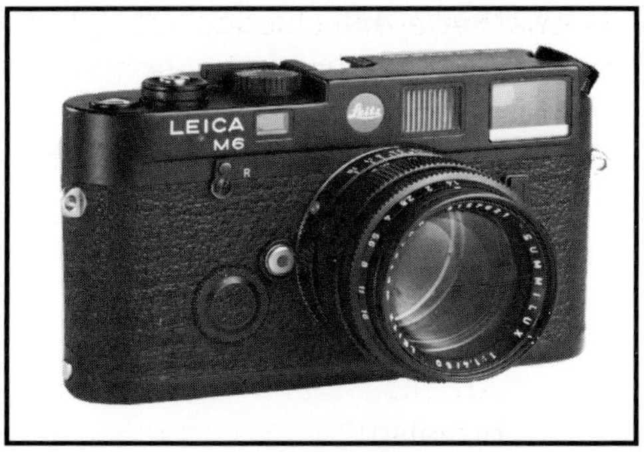

Leica M 6: Kleinbildmeßsucher-Systemkamera mit selektiver Belichtungsmessung durch das Objektiv, Wechselobjektiven und umfangreichem Zubehör.

Bronica GS 1 6 × 7: Mittelformat-SLR-Kamera mit TTL-Belichtungsautomatik, Zentralverschluß-Wechselobjektiven, austauschbaren Suchern und Zubehör.

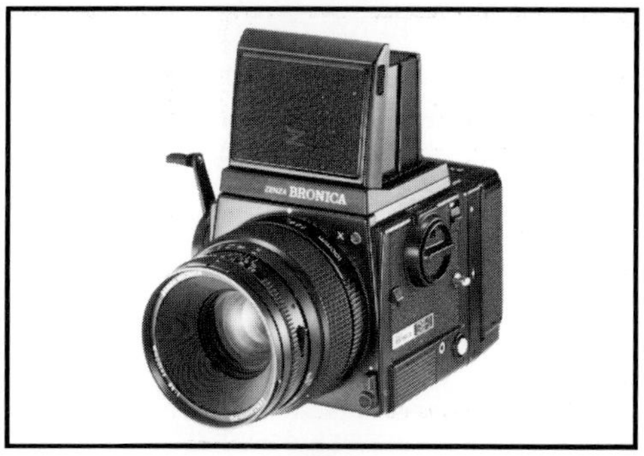

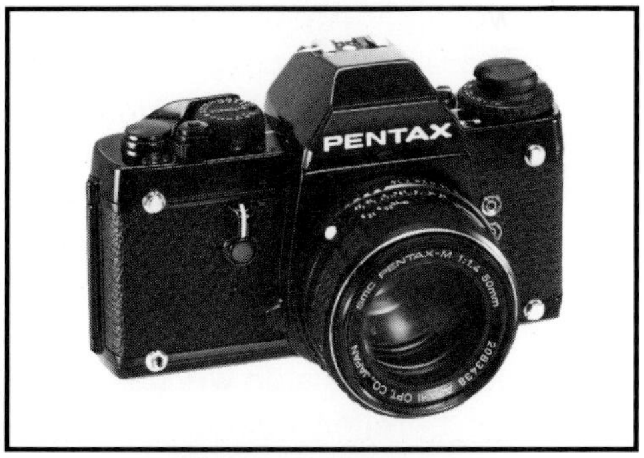

Pentax LX: Kleinbild-SLR-Kamera mit TTL-Belichtungs- und Blitzautomatik, Wechselobjektiven, auswechselbaren Suchern, Einstellscheiben und Zubehör.

Pentax 6 × 7: Mittelformat-SLR-Kamera mit TTL-Belichtungsmessung, Schlitzverschluß, Wechselobjektiven, austauschbaren Suchern und umfangreichem Zubehör.

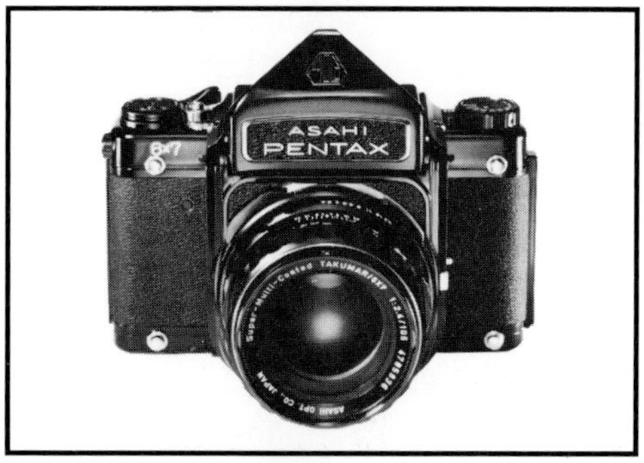

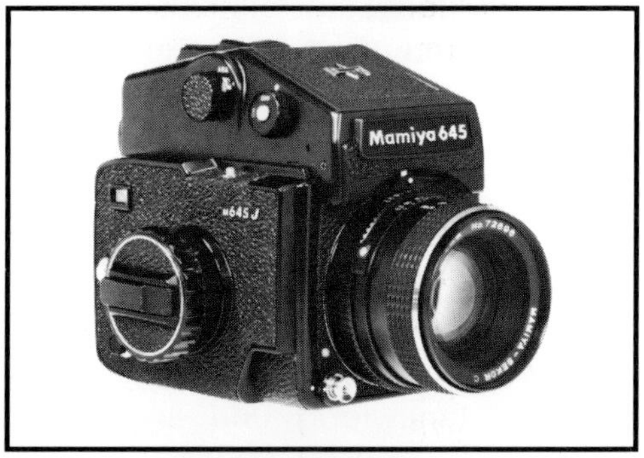

Mamiya 645 J: Mittelformat-SLR-Kamera mit TTL-Belichtungsmessung und -automatik, Schlitzverschluß, Wechselobjektiven, -einstellscheiben und Zubehör.

Linhof Super Technika 6,5 × 9: Mittelformat - Meßsucherkamera mit 3-fach ausziehbarem Laufboden, Verstellmöglichkeiten, Wechselobjektiven und Zubehör.

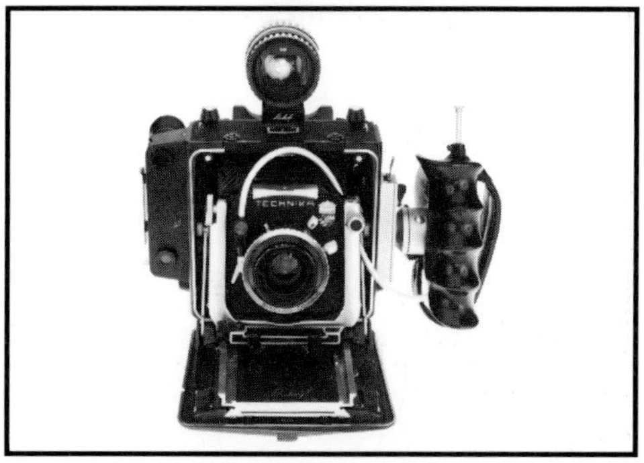

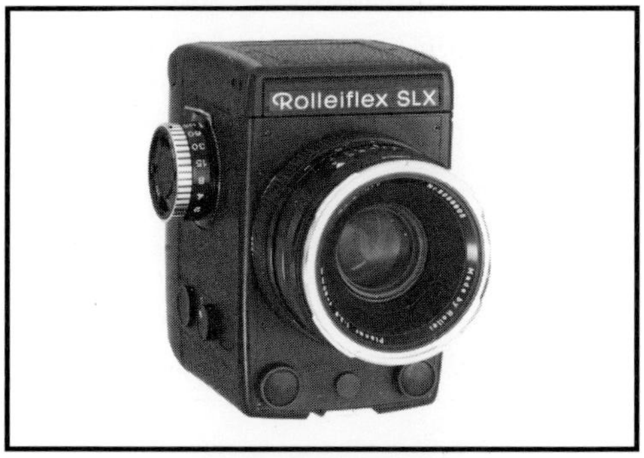

Rolleiflex SLX: Mittelformat-SLR-Kamera mit TTL-Belichtungsautomatik, Wechselobjektiven mit Zentralverschluß, integriertem Motorantrieb und Zubehör.

Sinar P: Großformat-Fachkamera 9 × 12 mit auswechselbaren Objektiven, Verschlüssen, Filmmagazinen, asymmetrischer Verstellmöglichkeit und Zubehör.

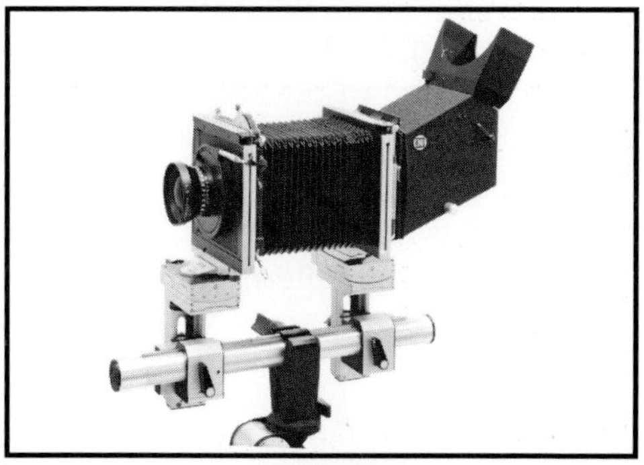

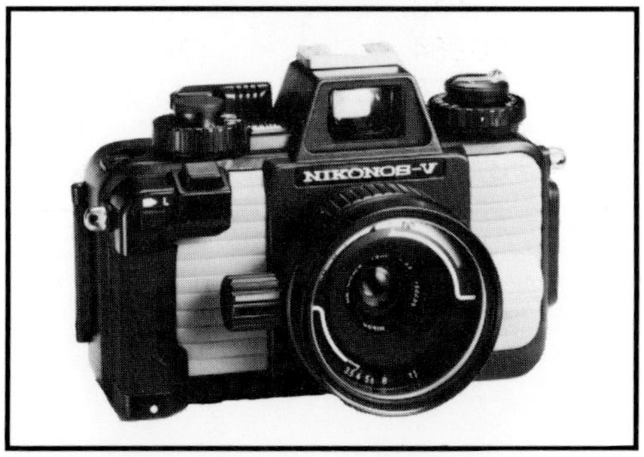

Nikonos V: Kleinbildallwetter- und Unterwasserkamera mit TTL-Belichtungsmessung und -automatik, Wechselobjektiven, -suchern und umfangreichem Zubehör.

Linhof Aerotechnika 9 × 12 EL: Großformatkamera für Luftbildschrägaufnahmen mit Zentralverschluß-Wechselobjektiven, Motorantrieb und Zubehör.

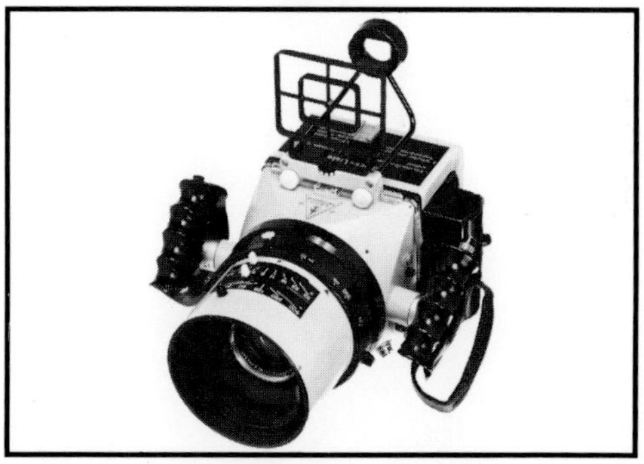

Vorteile des Kleinbildformates

Die bedeutendsten Eigenschaften sind Handlichkeit, geringes Gewicht und Volumen und die schnelle Schußbereitschaft, die ein unauffälliges Arbeiten ermöglichen. Hinzu kommt der große Filmvorrat von 36 bzw. 72 Bildern bis zum Filmwechsel. Wegen der relativ kurzen Brennweiten erhält man trotz hoher Lichtstärken der Objektive noch eine relativ große Schärfentiefe. Von allen Kameraformaten steht für die Kleinbildkamera die größte Auswahl an Wechselobjektiven und Zubehör zur Verfügung. Die Kosten für Aufnahmematerial, Laborgeräte und die Positivverarbeitung sind verhältnismäßig niedrig.

Nachteile des Kleinbildformates

Das Kleinbildformat verlangt bei der Verarbeitung äußerste Präzision und Sauberkeit. Staub und Kratzer sind schwer zu beseitigen. Die Qualität der Detailwiedergabe, der Tonwertabstufungen und der Gesamtschärfe kann mit dem Mittel- und Großformat nicht konkurrieren. Bei schlechter Entwicklungstechnik macht sich die Körnigkeit störend bemerkbar.

Vorteile des Mittelformates

Das Mittelformat verfügt über eine ca. 3–6 mal größere Negativfläche als das Kleinbild und besitzt eine entsprechend bessere Detailwiedergabe. Trotz der Größe sind die Kameras im allgemeinen recht gut zu handhaben. Die Schußbereitschaft wird durch Wechselmagazine und einen relativ großen Filmvorrat bis zum Filmwechsel, beim 220er Film 24 und beim 70 mm Film sogar 50 Bilder, gefördert. Die Lichtstärke der Objektive ist relativ hoch. Für Systemkameras ist ein umfangreiches Zubehör erhältlich.

Nachteile des Mittelformates

Das Volumen und Gewicht für eine Kameraausrüstung mit fünf Objektiven ist um ein Vielfaches höher als beim Kleinbild. Bei der Verarbeitung verlangt das Mittelformat die gleiche Präzision wie das Kleinbild. Staub und Kratzer bereiten ebenfalls Sorgen. Die Preise für die Ausrüstung, einschließlich der Laborgeräte, die hauptsächlich für den professionellen Anwender gedacht sind, liegen erheblich über denen einer Kleinbildausstattung.

Vorteile des Großformates

Die ausgezeichnete Detailwiedergabe und Gesamtschärfe sowie der große Tonwertreichtum werden weder vom Mittel- noch vom Kleinbildformat erreicht. Vor allem aber erlaubt das Großformat die volle Nutzung der Kameraverstellmöglichkeiten und eine individuelle Entwicklung und Verarbeitung des Aufnahmematerials. Ausschnittvergrößerungen und Negativretuschen können problemlos vorgenommen und Kontaktkopien mit einer Brillanz hergestellt werden, wie sie Vergrößerungen niemals aufweisen.

Nachteile des Großformates

Die Unhandlichkeit, das hohe Gewicht und das große Volumen erschweren die Schußbereitschaft. Der Aufnahmevorgang ist langwierig und kann nicht ohne Stativ erfolgen. Für spontane, unauffällige Aufnahmen ist die Großformatkamera ungeeignet. Die Kosten für die Ausrüstung, das Aufnahmematerial und die Laborgeräte sind sehr hoch.

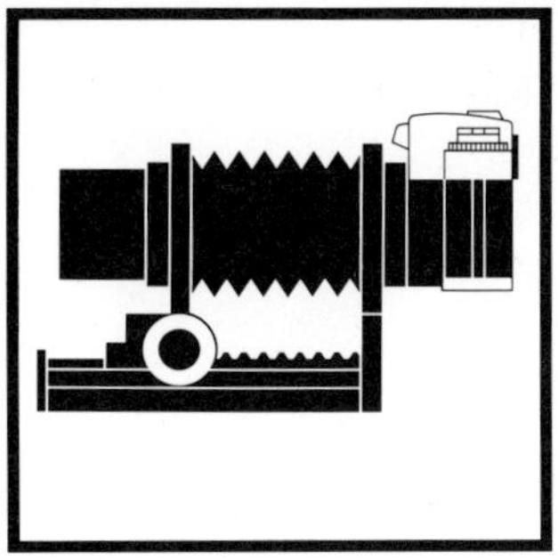

Kamera-systeme: Kleinbild

Beim Kleinbildformat dominiert die einäugige Spiegelreflexkamera. Sie gehört zu den anspruchsvollsten Kameratypen ihrer Klasse und wird im allgemeinen von Amateuren und Profis gegenüber anderen Kameras bevorzugt.

Das große und helle Sucherbild entspricht bei jeder Brennweite und Aufnahmeentfernung dem tatsächlich aufgenommenen Bild. Für SLR-Kameras gibt es das größte Angebot an Wechselobjektiven mit Brennweiten von 6 bis 2000 mm. Auswechselbare Einstellscheiben und Sucher, Winder, Motorantriebe, Zwischenringe, Balgeneinstellgeräte, Datenrückwände, Sofortbildansätze, 250er Filmmagazine, Autofokuseinrichtungen, IR-, Fern- und Funkauslöser sowie systemkonforme Blitzgeräte machen sie zum vielseitigen Arbeitsinstrument des Fotografen.

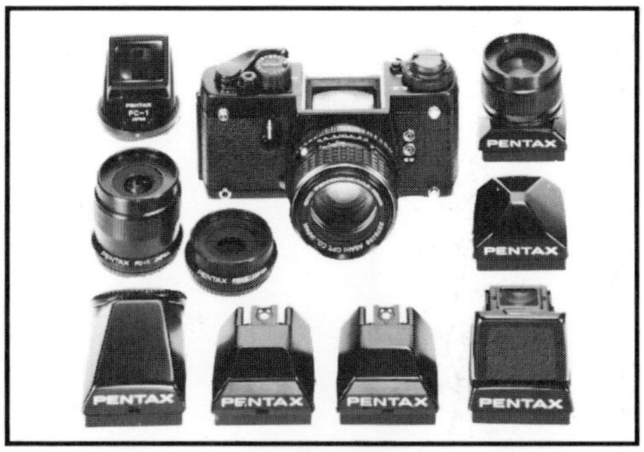

Pentax LX mit ihren zur Verfügung stehenden austauschbaren Suchersystemen.

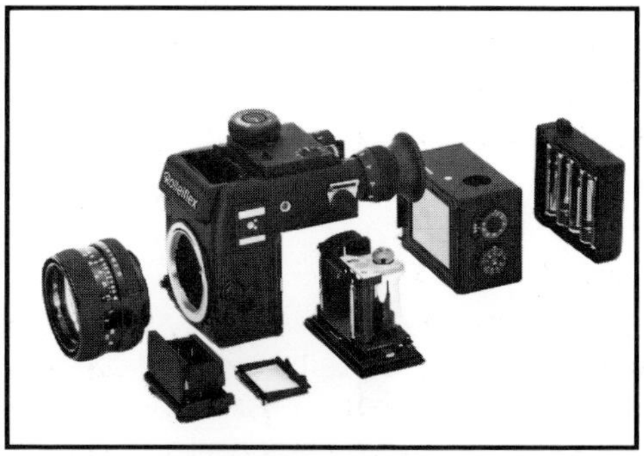

Rollei SL 2000 F: Als Baukastensystem konzipierte Kleinbild-SLR-Kamera mit TTL-Belichtungsautomatik, Motorantrieb, Schlitzverschluß, auswechselbaren Objektiven, Suchern, Einstellscheiben und Filmmagazinen.

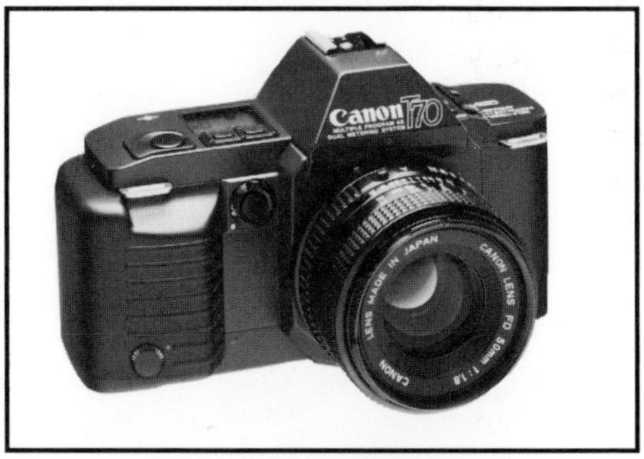

Canon T 70, Kleinbild-SLR-Kamera mit Blitz- und TTL-Belichtungs-Multiprogramm, Schlitzverschluß, Wechselobjektiven und integriertem Motorantrieb.

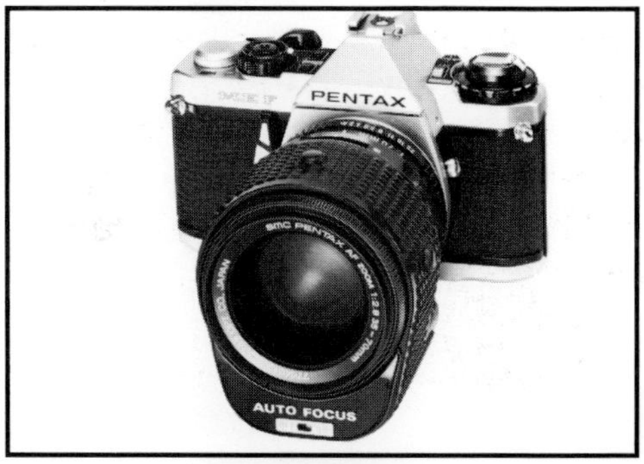

Pentax ME F: Kleinbild-SLR-Kamera mit TTL-Belichtungs- und Scharfeinstellautomatik, Schlitzverschluß, Wechselobjektiven; abgebildet mit Autofokus-Motorzoom.

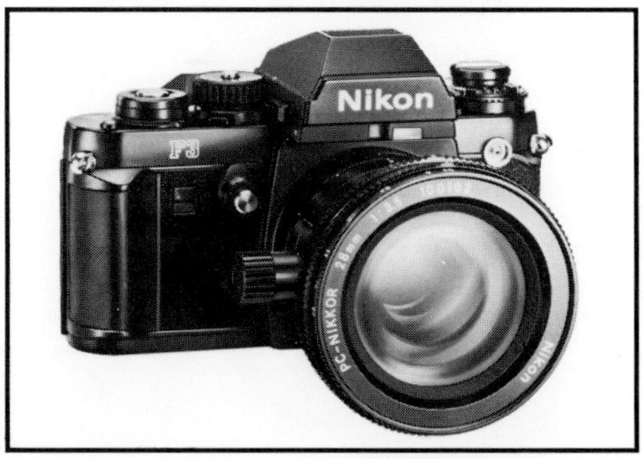

Nikon F 3: Kleinbild-SLR-Kamera mit Schlitzverschluß, auswechselbaren Suchern, Einstellscheiben und Objektiven; abgebildet mit PC-Objektiv 1 : 3,5/28 mm.

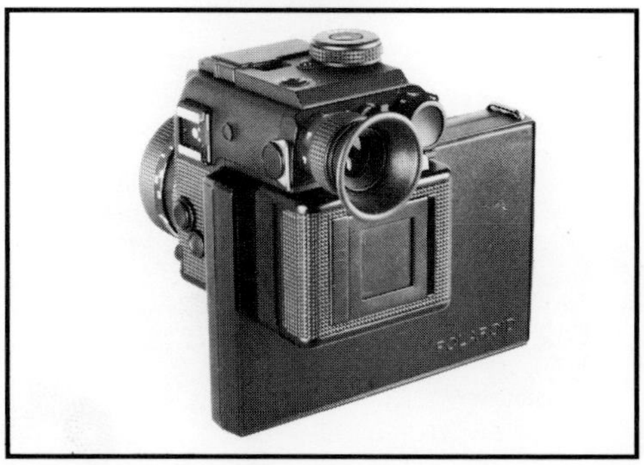

Rollei SL 2000 F: Eine der wenigen Kleinbildkameras, die das Ansetzen eines Polaroid-Sofortbildadapters zuläßt.

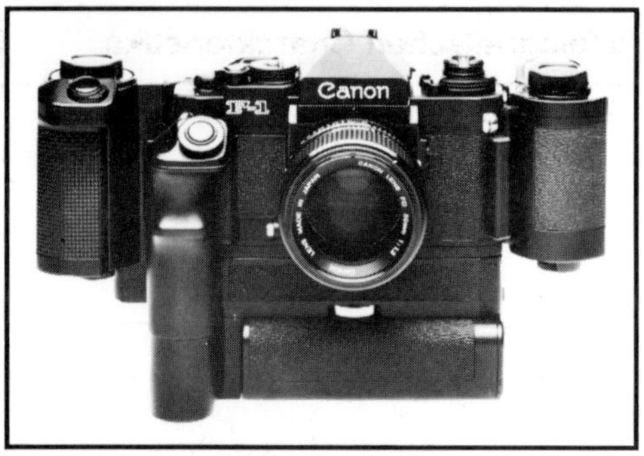

Canon F - 1 mit FD 1 : 1,2/50 mm, AE Motorantrieb FN (für Blendenautomatik) mit NC-Akku Pack FN und Langfilmmagazin FN - 100.

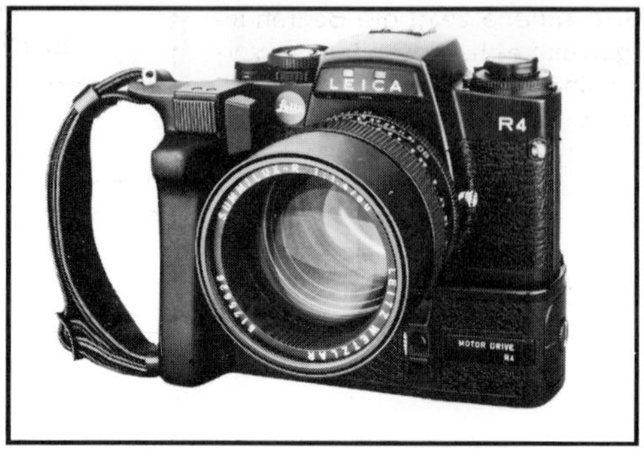

Leica R 4 mit Summilux 1 : 1,4/80 mm, Motordrive R 4 und Handgriff sowie wahlweise integraler oder selektiver TTL-Multibelichtungsautomatik.

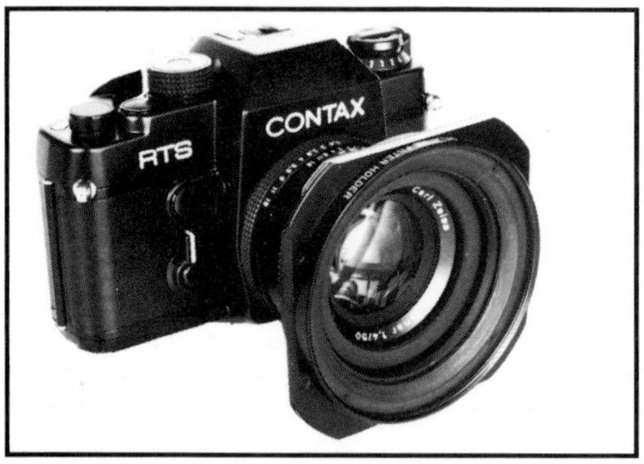

Contax RTS mit Planar 1 : 1,4/50 mm und aufgesetztem Gelatine-Filterfolienhalter.

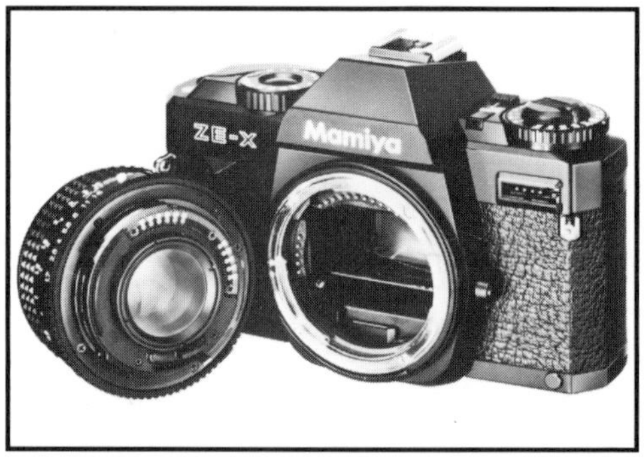

Mamiya ZE-X mit entriegeltem Objektiv: Auf der Objektivrückseite und im Kameragehäuse sind die elektrischen Kontakte zur Befehlsübermittlung für die verschiedenen Funktionen zu erkennen.

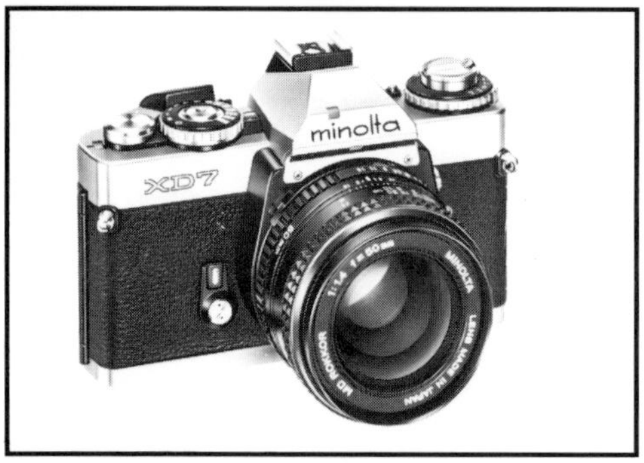

Minolta XD 7, SLR-Kamera mit TTL - Multibelichtungsautomatik, Schlitzverschluß, Wechselobjektiven, Einstellscheiben und umfangreichem Zubehör.

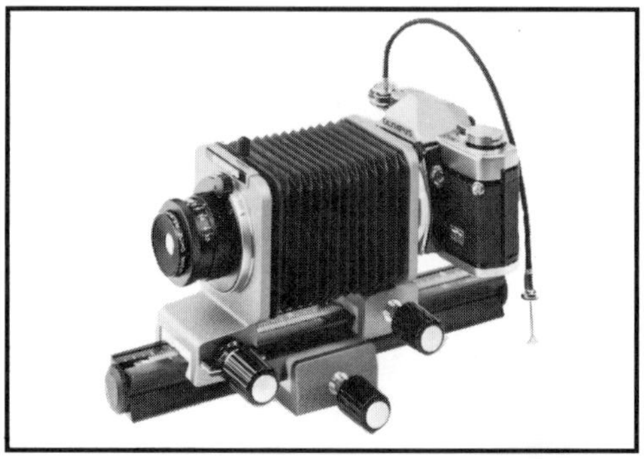

Olympus OM-2 mit OM-Balgengerät und Zuiko Macro-Objektivkopf MB 1 : 3,5/38 mm für Makroaufnahmen im Abbildungsmaßstab von 2 : 1 bis 6 : 1.

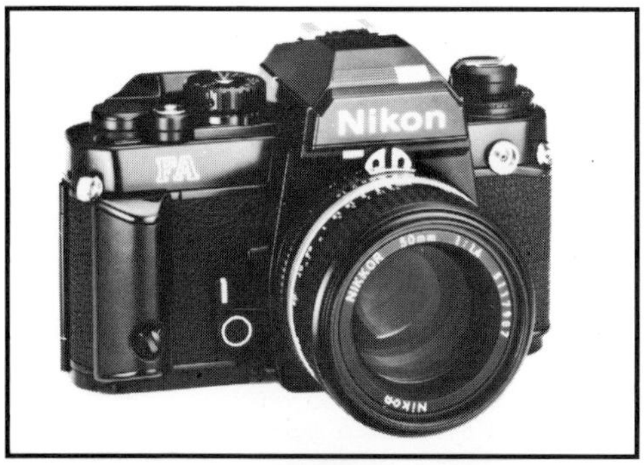

Nikon FA: SLR-Kamera mit TTL-Multibelichtungsautomatik und automatischer Mehrpunktmessung, mit Schlitzverschluß (1/4000 s) und Wechselobjektiven.

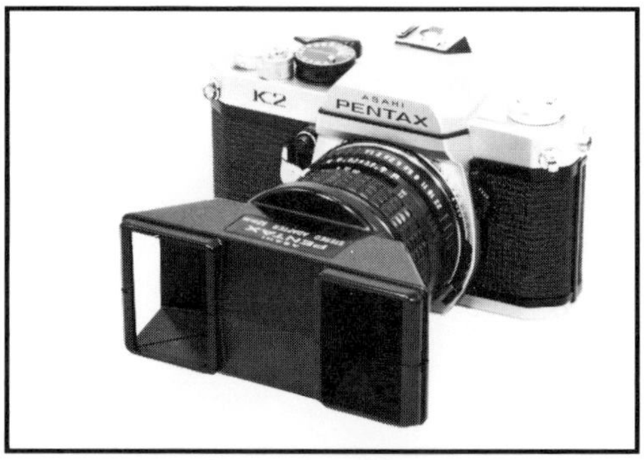

Pentax K 2 mit Normalobjektiv und Stereovorsatz für die Aufnahme von zwei Stereoteilbildern im Format 16 × 22 mm auf ein 24 × 36 mm Kleinbild.

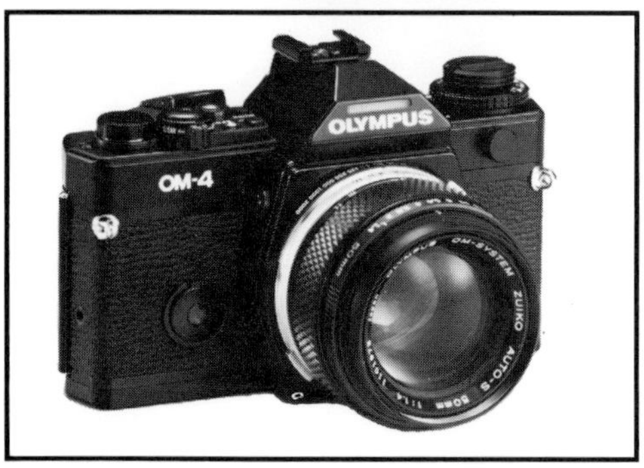

Olympus OM-4: SLR-Kamera mit TTL-Belichtungs- und Blitzautomatik, wahlweiser Integral- oder Spotmessung sowie Multispotmessung mit Mittelwertbildung.

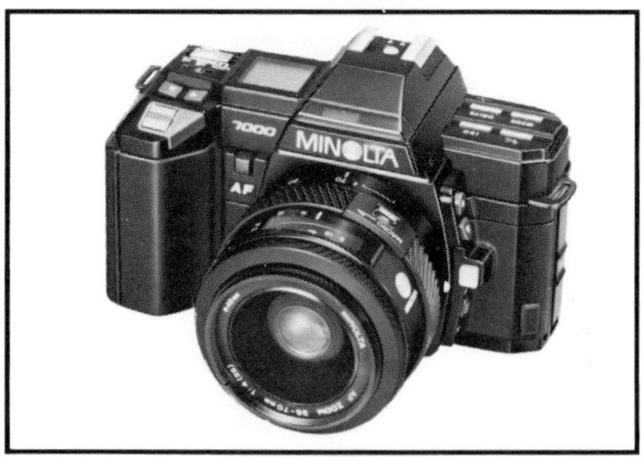

Minolta 7000: SLR-Autofokuskamera mit im Kameragehäuse integriertem Motorantrieb für innenfokussierte Wechselobjektive, Motorwinder, Multiprogramm und TTL-Blitzautomatik.

Die Tabelle zeigt die Beziehungen und Abhängigkeiten der verschiedenen fotografischen Charakteristika zueinander auf.

Einfluß der Wechselobjektive auf die fotografischen Charakteristika

	Weitwinkelobjektiv	**Normalobjektiv**	**Teleobjektiv**	**Bemerkungen**
Brennweite	kürzer	normal	länger	bezogen auf die normale Brennweite
Bildwinkel	größer	normal	kleiner	bezogen auf die normale Brennweite
Abbildungsmaßstab	kleiner	normal	größer	bei gleicher Aufnahmeentfernung
Schärfentiefe	größer	normal	kleiner	bei gleicher Aufnahmeentfernung
Perspektive	tiefer	normal	flacher	bei gleichem Abbildungsmaßstab
Aufnahmeentfernung	näher	normal	weiter	bei gleichem Abbildungsmaßstab
Belichtungszeit	länger	normal	kürzer	bei verwacklungsfreier Auslösung

Entscheidungshilfen für den Kauf einer Kleinbildspiegelreflexkamera

1. Kontrollzentrum Sucher, von links nach rechts:

a) Das Bild wird im Sucher komponiert. Je heller und klarer es ist, um so besser läßt es sich einstellen. Zwei oder drei Skalen im Sucherbild stören und sind außerdem schlecht lesbar.

b) Die diagonale Anordnung der Schnittbildlupe ermöglicht eine präzise Scharfeinstellung auf vertikale und horizontale Objekte,

c) was mit der Kreuzschnittbildlupe noch begünstigt wird. Das klare Sucherbild enthält nur eine Anzeige, die sämtliche Werte wie Kameraprogramm, Blende und Zeit erkennen läßt.

d) Bei Kameras mit einer Autofokuseinrichtung sind die Indikatoren für die Schärfe, meist drei an der unteren Bildkante angebrachte Leuchtdioden.

2. Belichtungsmeßmethode

a) Die Belichtungsmessung durch das Objektiv ist nur dann optimal, wenn die Meßzellen an der richtigen Stelle sitzen. Deshalb ist man von der in den 60er Jahren üblichen Plazierung in Pentaprismennähe wieder abgekommen.

b) Stattdessen mißt man das reflektierte Licht bei kurzen Verschlußzeiten über einen Hilfsspiegel unmittelbar vor der Filmebene oder bei längeren Belichtungszeiten und beim Blitzen direkt von der Filmebene.

c) Die Möglichkeit, bei einer Kamera zwischen der Integral- oder Spotmessung wählen zu können, erweist sich als sehr nützlich.

3. Meßzelle

a) Die CdS-Meßzelle hat den Nachteil, daß sie sehr träge und manchmal sogar fehlerhaft auf große, in rascher Folge wechselnde Intensitätsunterschiede reagiert.

b) Die Si-Fotodiode hingegen wie auch die GAP-Meßzelle arbeiten mit ultrakurzer Reaktionszeit und sind deshalb vorzuziehen.

4. Funktionsweise

a) Den gleich stark an der Technik wie an dem Endprodukt Bild interessierten Fotografen, wird das manuelle Einstellen der Kamera nicht stören.

b) Legt er hingegen größeren Wert auf den Aufnahmekomfort, so wird er sich eher für eine Kamera mit Automatikfunktionen entscheiden, ohne dabei jedoch gänzlich auf die manuelle Einstellmöglichkeit zu verzichten.

5. Wechselobjektive

a) Um allen Aufnahmebedingungen gerecht zu werden, sind Objektive unterschiedlicher Brennweite und Konstruktion erforderlich. Für Gebäudeaufnahmen ohne stürzende Linien benötigt man beispielsweise ein PC-Objektiv.

b) Wirklich überzeugende Resultate bei Nah- und Makroaufnahmen kann man nur mit einem Makroobjektiv erzielen.

c) Auf Reisen ersetzen zwei gute Zoomobjektive bis zu 8 Festbrennweiten.

d) Für Aufnahmen von weit entfernten Objekten, bei sehr guten Lichtverhältnissen, sind Spiegellinsen-Objektive besonders geeignet.

6. Wechseleinstellscheiben

a) Die Klarscheibe ermöglicht bei Astroaufnahmen oder im entgegengesetzten Bereich, der Mikrofotografie, eine optimale Scharfeinstellung.

b) Architektur-, Panorama- und Reproaufnahmen, bei denen die Kamera exakt ausgerichtet werden muß, lassen sich am leichtesten auf der Vollmattscheibe mit Gitternetz einstellen.

7. Wechselsucher

a) Unter ständig wechselnden Aufnahmebedingungen, bewährt sich eine Kamera mit auswechselbaren Suchersystemen. Aufnahmen in Bodennähe stellt man am sichersten mit dem Lupensucher scharf ein.

b) Häufig vorkommende Reproduktionen, bei denen die Kamera auf eine Reprosäule montiert ist, lassen sich mühelos mit einem unter 45° geneigten Pentaprismensucher scharf einstellen.

8. Zubehör

a) Reporter und Sportfotografen kommen ohne einen Motorantrieb mit 5–10 Bildern/Sekunde nicht aus.

b) Aufnahmen mit Abbildungsmaßstäben zwischen 2 : 1 und 10 : 1 sind ohne ein Balgengerät mit Makro- oder Lupenobjektiv überhaupt nicht ausführbar.

c) Autofokuskamera mit motorisch einstellbarem Zoomobjektiv. Bei unzureichenden Lichtverhältnissen erweitert ein systemkonformes Blitzgerät die Einsatzmöglichkeiten jeder Kamera.

Entscheidungshilfen für den Kauf einer Kleinbild-Spiegelreflexkamera

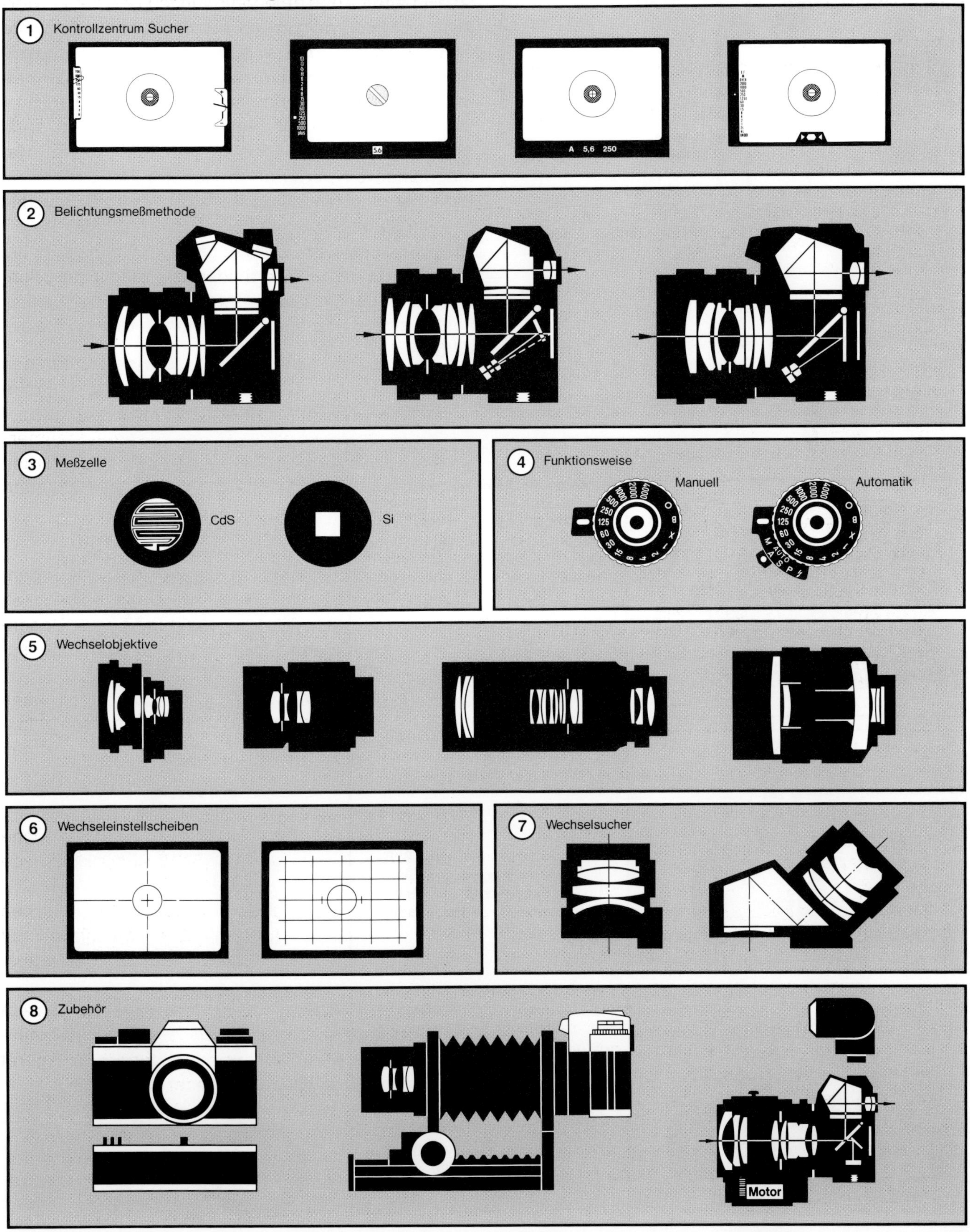

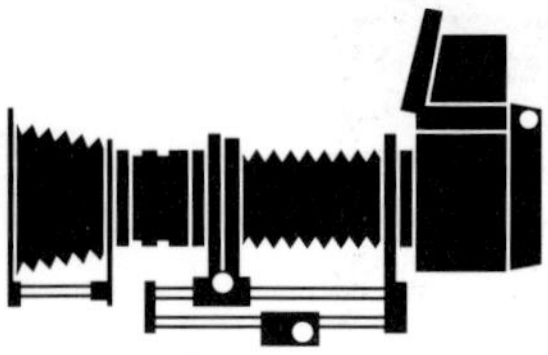

Mittelformat

Die SLR-Mittelformatkamera ist der Favorit der Industrie-, Mode-, Porträt- und Werbefotografen, aber auch der anspruchsvollen Amateure. Trotz des größeren Aufnahmeformates ist sie noch relativ handlich und schnell. Bei Verwendung des 220er Films mit 24 Bildern pro Film verfügt auch sie über eine ausreichende Schußbereitschaft. Wer einen noch größeren Filmvorrat benötigt, findet ihn in den 50er Magazinen für perforierten 70 mm Film. Zur Mittelformatkamera sind Wechselobjektive mit Brennweiten von 35 bis 1000 mm und ein reichhaltiges Zubehör wie auswechselbare Einstellscheiben, Sucher, Wechselmagazine, Sofortbildansätze, Motorantriebe, Balgeneinstellgeräte, Zwischenringe, Fern-, IR- und Funkauslöser sowie systemkonforme Blitzgeräte erhältlich.

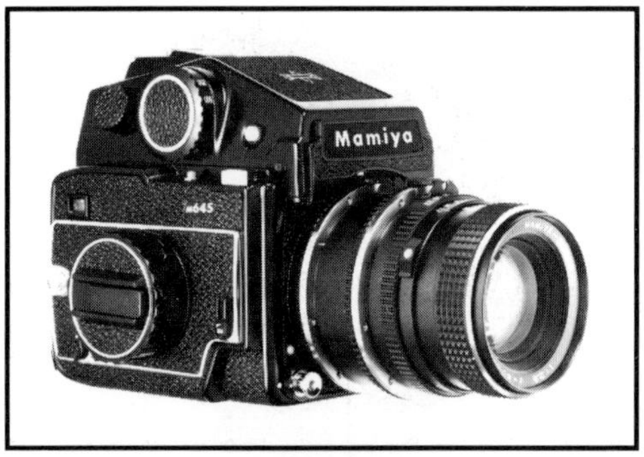

Mamiya M 645: Mittelformat-SLR-Kamera mit TTL-Belichtungsmessung, Schlitzverschluß, auswechselbaren Suchern, Einstellscheiben und Objektiven.

Pentax 645: Mittelformat-SLR-Kamera mit TTL-Multibelichtungs- und Blitzautomatik, Schlitzverschluß, integriertem Motorantrieb und Wechselobjektiven.

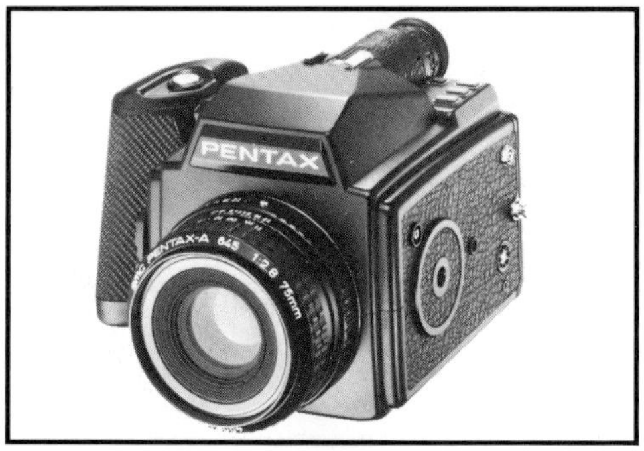

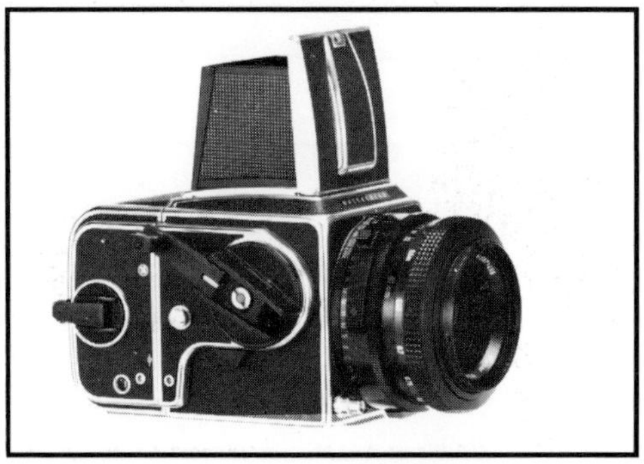

Hasselblad 2000 FC: Mittelformat-SLR-Kamera mit Schlitzverschluß, auswechselbaren Suchern, Objektiven, Filmmagazinen und umfangreichem Zubehör.

Bronica SQ: Mittelformat-SLR-Kamera mit Wechselobjektiven im Zentralverschluß, angesetztem Polaroid-Sofortbildadapter und TTL-MF-Meßsucher S.

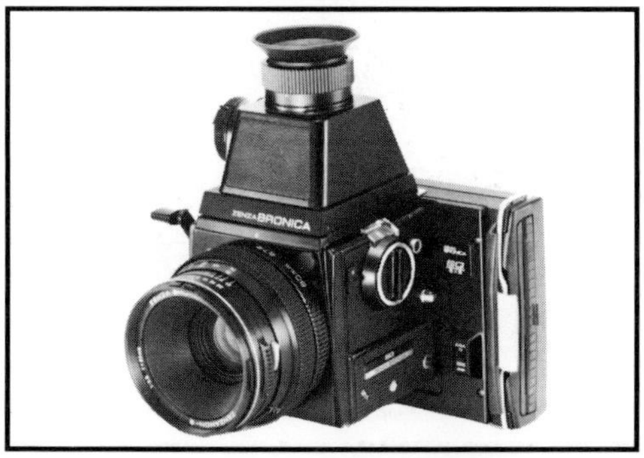

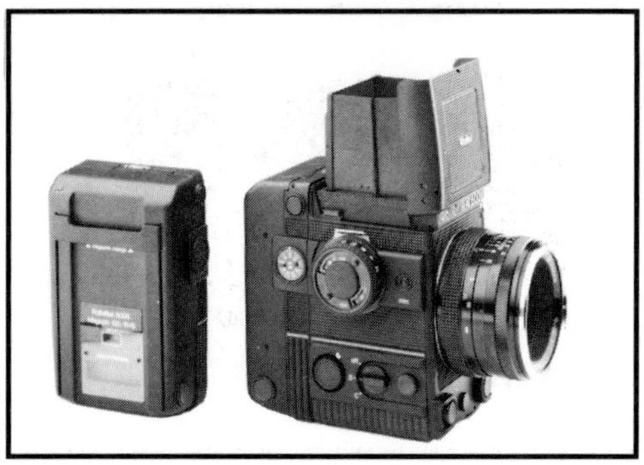

Rolleiflex 6006: Mittelformat-SLR-Kamera mit TTL-Belichtungsautomatik und integriertem Motorantrieb, Wechselobjektiven, Einstellscheiben und Filmmagazinen.

Pentax 6 × 7 mit TTL-Pentaprismensucher, Teleobjektiv 1 : 4/400 mm und Außenbajonett. Schlitzverschluß, auswechselbaren Suchern und Objektiven.

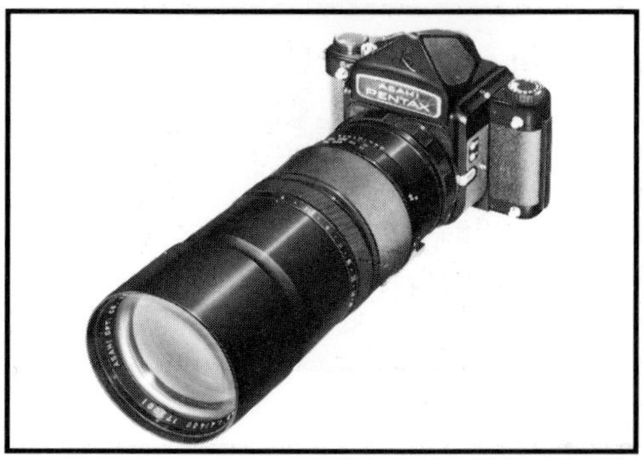

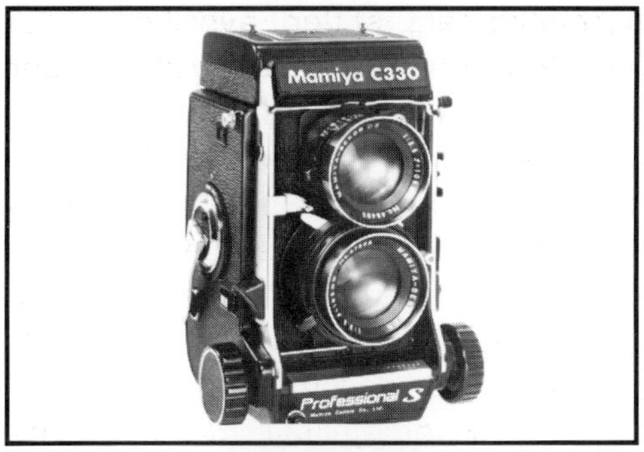

Mamiya C 330: zweiäugige Spiegelreflexkamera mit Wechselobjektiven in Zentralverschlüssen, auswechselbaren Einstellscheiben und Einzelbilddrückteil.

2 Mamiya Sekore
1 : 3,5/105 mm: oben das Sucher-, unten das Aufnahmeobjektiv mit Zentralverschluß auf der Wechselplatine.

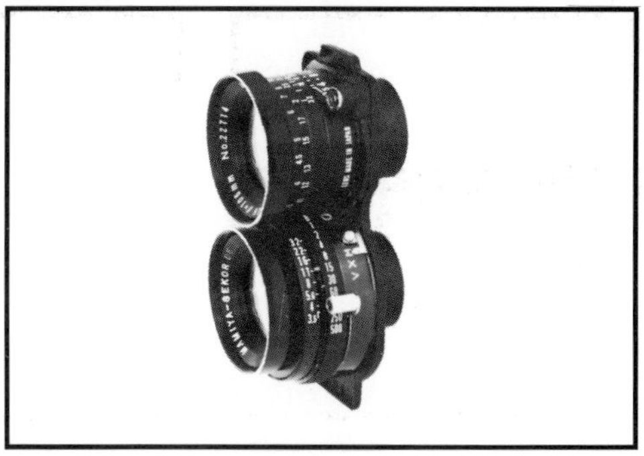

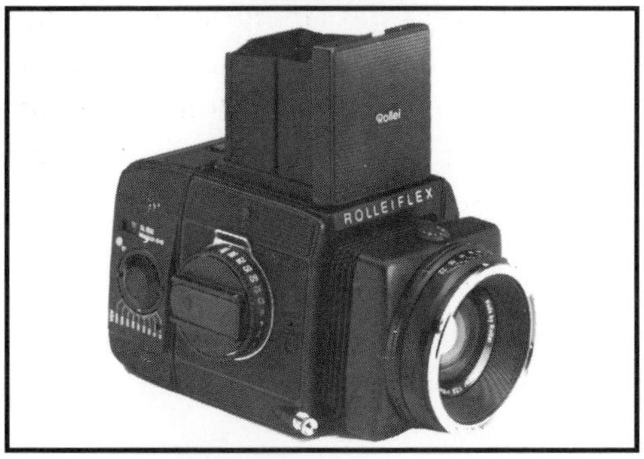

Rolleiflex SL 66 E mit TTL-Belichtungsmessung, Schlitzverschluß, auswechselbaren Suchern, Einstellscheiben, Filmmagazinen und Objektiven.

Rolleiflex SL 66 mit geschwenkter Objektivstandarte, die bei Nahaufnahmen die Einstellung nach der Scheimpflugschen-Einstellregel erlaubt.

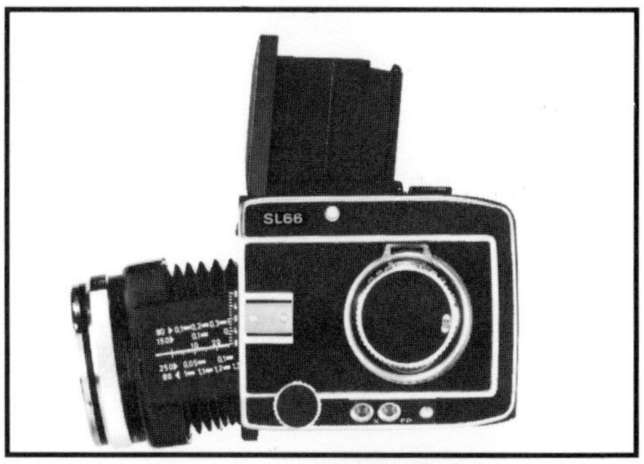

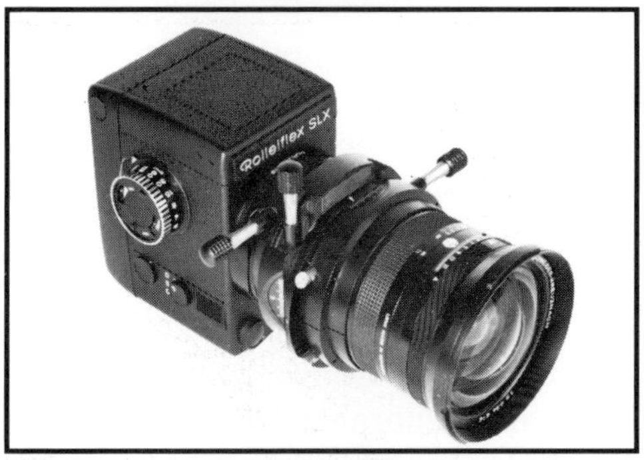

Rolleiflex SLX mit PCS Super-Angulon 1 : 4,5/55 mm: Es erlaubt horizontale Dezentrierung + 12/−12 mm, vertikale + 12/−10 mm und eine Schwenkung um + 10°/−10°.

Bronica ETRS mit TTL-Automatik-Prismensucher AE II, Bereitschaftsgriff E, Wechselobjektiven in Zentralverschluß, Wechselsuchern und -filmmagazinen.

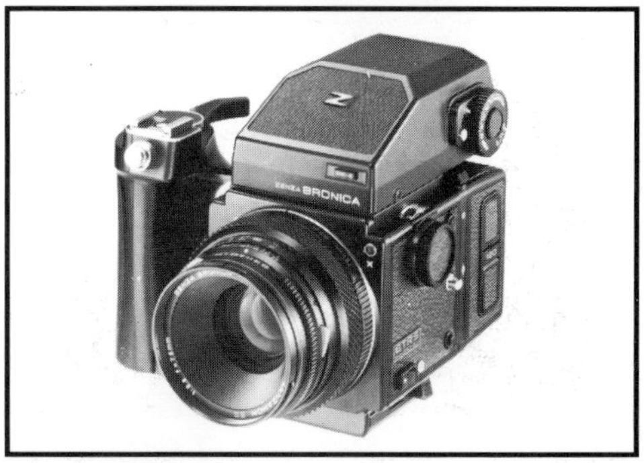

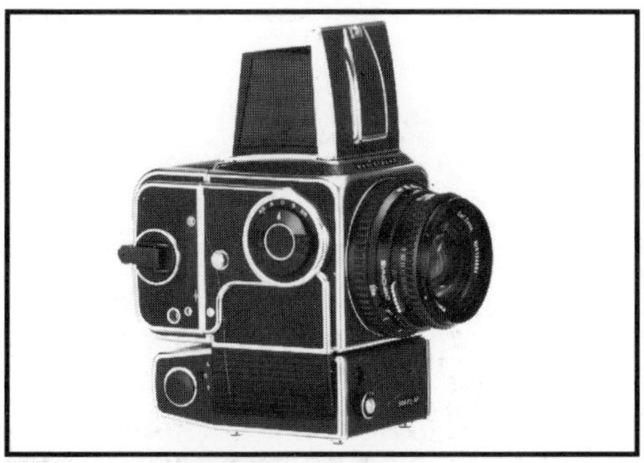

Hasselblad 500 EL/M mit Motorantrieb für Einzel- und Serienaufnahmen mit auswechselbaren Objektiven in Zentralverschlüssen und Wechselmagazinen.

Rolleiflex SLX mit Zweikanal-Infrarotempfänger an der Kamera und Zweikanal-IR-Sender in der Hand: Bei günstigen Bedingungen beträgt die Reichweite bis zu 60 m.

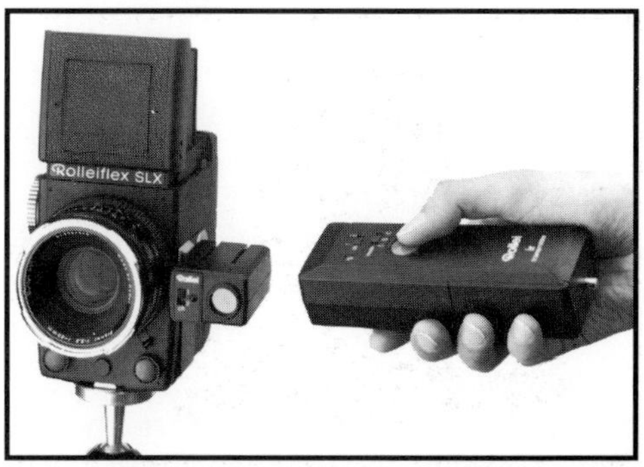

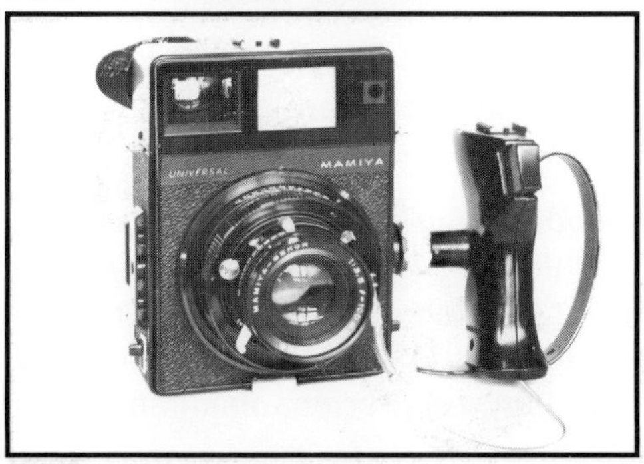

Mamiya Universal 6,5 × 9 Meßsucherkamera mit Mamiya-Sekor 1 : 3,5/100 mm im Zentralverschluß, Handgriff und Wechselobjektiven.

Plaubel Makina 67: zusammenklappbare Spreizen-Meßsucherkamera mit festeingebautem Nikkor 1 : 2,8/80 mm und Belichtungsmesser.

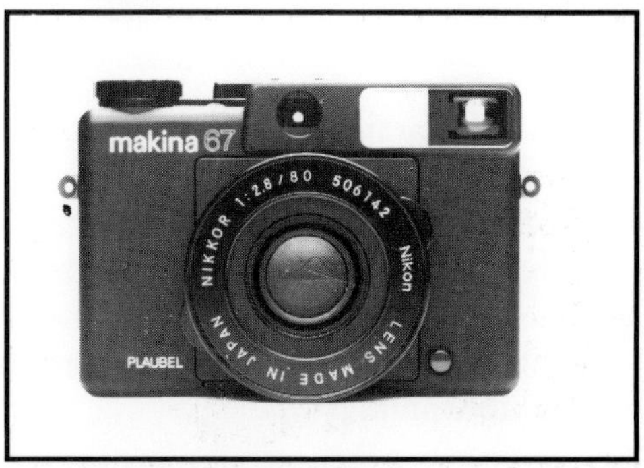

1. Format, von links nach rechts:
a) Das Mittelformat beginnt bei 4,5 × 6 cm mit einer Bildfläche, die 2,4 mal größer ist als die des Kleinbildformates.
b) Das am weitesten verbreitete 6 × 6 Format verfügt sogar über eine 3,75 mal größere Bildfläche als das Kleinbildformat.
c) Mit seinen, den konfektionierten Papierformaten angeglichenen Proportionen, wurde das 6 × 7 Format erst in den 60er Jahren eingeführt.
d) Erheblich an Bedeutung verloren hat dagegen das klassische 6,5 × 9 Format, da es mit seiner Bildgröße keine echte Alternative bietet.

2. Kameratyp
a) Die Formatwahl bestimmt nicht nur das Volumen einer Kamera, sondern oft auch ihren technischen Komfort. Dieser nimmt im umgekehrten Verhältnis zur Formatgröße ab. Erfreulicherweise sind nicht alle Hersteller der Meinung, daß Profigeräte mit weniger Automatikfunktionen als KB-Kameras auskommen müßten.
b) Vom Volumen her unterscheiden sich die 6 × 6 Kameras nur unwesentlich wenn überhaupt, von den 4,5 × 6 Kameras. Ihre Bildfläche ist jedoch 1,37 mal größer als die des 645er Formates.
c) Mit ihrem 13 mm längeren und um 728 mm^2 größeren Bild stellt die 6 × 7 Kamera gegenüber dem 6 × 6 Format eine Variante dar, die das größere Volumen durchaus rechtfertigt.
d) Gegenüber dem 6 × 7 Format bietet die 6,5 × 9 Kamera, mit ihrem lediglich um 12 mm längeren Bild, bei einem erheblich größeren Volumen, keine überzeugenden Vorteile.

3. Wechselobjektive
a) Für die Mittelformatkamera, dem Handwerkszeug des Profis, stehen Objektive für sämtliche Aufnahmezwecke zur Verfügung, u.a. lichtstarke Objektive für Bildreporter.
b) Für Aufnahmen im Nahbereich sind spezielle Makroobjektive erhältlich.

4. Verschlüsse
a) Die am häufigsten zu fotografierenden Aufträge bestimmen die zu verwendende Verschlußart. Wer ausnahmslos mit Studioblitzgeräten arbeitet, wird den Zentralverschluß bevorzugen.
b) Der Sportfotograf hingegen, für den kürzere Verschlußzeiten wichtiger sind, wird den Schlitzverschluß wählen.

5. TTL-Belichtungsmessung und/oder -automatik
a) Das Ermitteln der Belichtung mit einem separaten Handbelichtungsmesser und das mühsame Übertragen auf den Blenden- und Zeiteneinstellring, ist nicht mehr zeitgemäß.
b) TTL-Belichtungsmessung und -automatik erhöhen den Bedienungskomfort und die Schußbereitschaft erheblich.

6. Motor
a) Ein an die Kamera angebauter Motorantrieb eignet sich für Serienaufnahmen und zur Fernauslösung.
b) Bereits in das Kameragehäuse integrierte Motore verkleinern die Abmessungen der Kamera zwar nur geringfügig, bilden aber eine kompaktere Einheit.

7. Wechselsucher und -einstellscheiben
a) Seitenrichtig lassen sich bewegte Objekte nur durch einen Pentaprismensucher auf der Mattscheibe verfolgen. Ein unter 45° geneigter Einblick eignet sich ebenso gut für Reproduktionen an einer Reprosäule wie für Makroaufnahmen in Bodennähe.
b) Um das Abdunkeln einer Meßlupenhälfte beim Arbeiten mit einem 1:8/500 mm Teleobjektiv und der Standardeinstellscheibe zu verhindern, verwendet man eine Vollmattscheibe. Bei Architekturaufnahmen mit einem Weitwinkelobjektiv hilft die Mattscheibe mit Gitternetz stürzende Linien zu vermeiden.

8. Wechselfimmagazine
a) Für Mittelformatkameras von 4,5 × 6 cm bis 6,5 × 9 cm gibt es eine große Auswahl an Wechselfilmmagazinen und/oder Filmeinsätzen.
b) Wer ohne Filmwechsel über eine größere Bildanzahl verfügen möchte, bedient sich des beidseitig perforierten 70 mm Films mit bis zu 70 Aufnahmen pro Magazin.
c) Zur Kontrolle der Beleuchtung und Komposition, werden in der Mode- und Werbefotografie von sehr aufwendigen Einstellungen häufig erst Polaroid-Sofortbilder aufgenommen.

9. Zubehör
a) Balgenkompendium und Naheinstellgerät sind unentbehrliche Hilfsmittel für die Makrofotografie.
b) IR-Fernauslöser und elektronische Steuergeräte ermöglichen in Industrie und Wissenschaft Überwachungs- und Langzeit-Serienaufnahmen.

Entscheidungshilfen für den Kauf einer Mittelformatkamera

1 Format

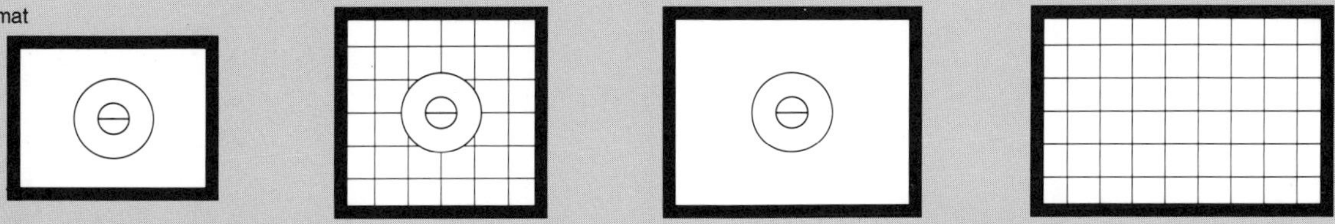

2 Kameratyp

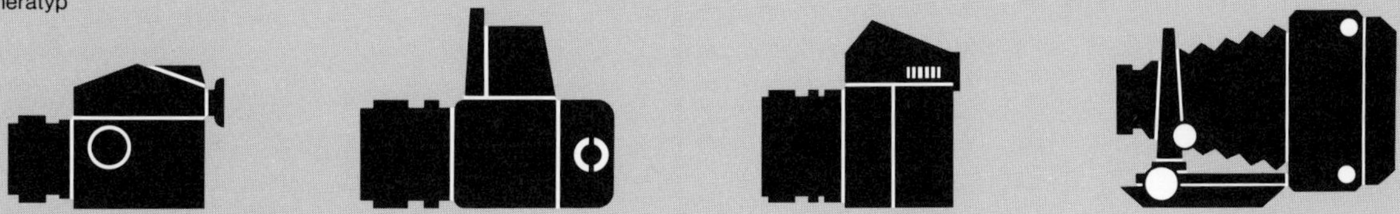

3 Wechselobjektive

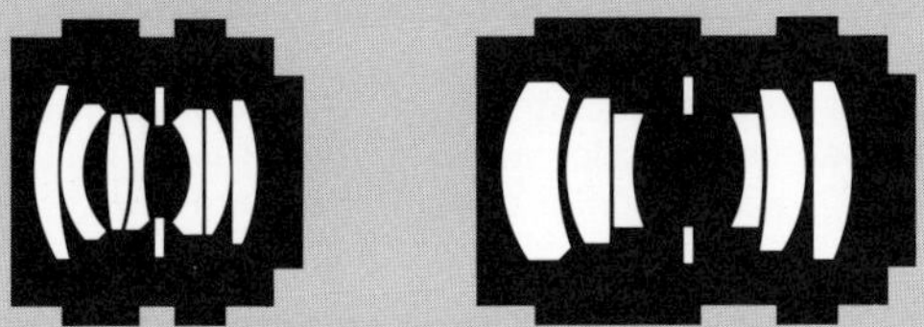

4 Verschlüsse

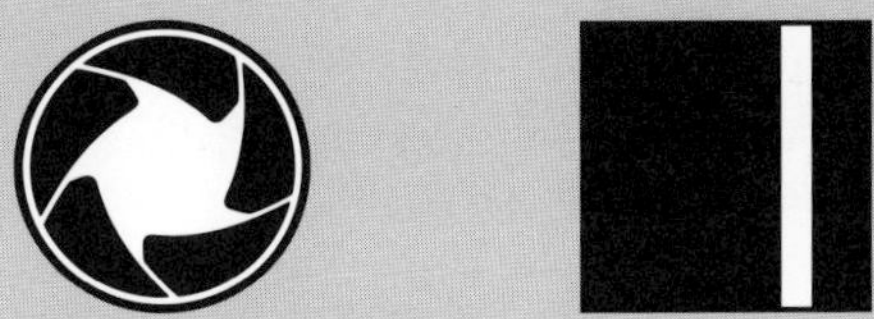

5 TTL-Belichtungsmessung und/oder -automatik

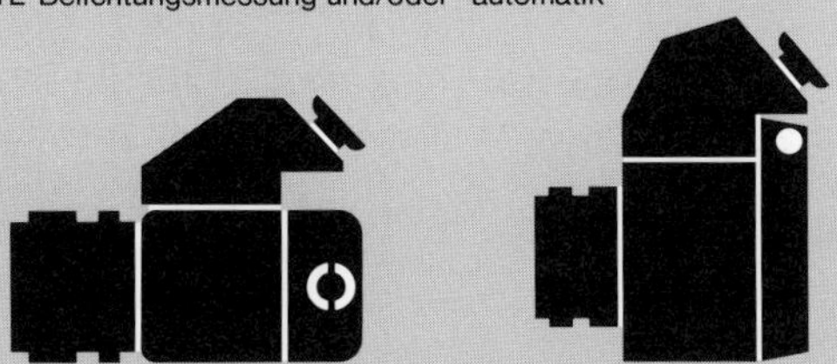

6 Motor

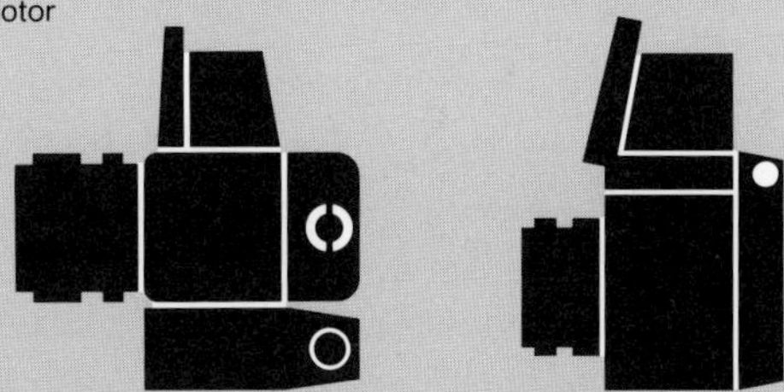

7 Wechselsucher und -einstellscheiben

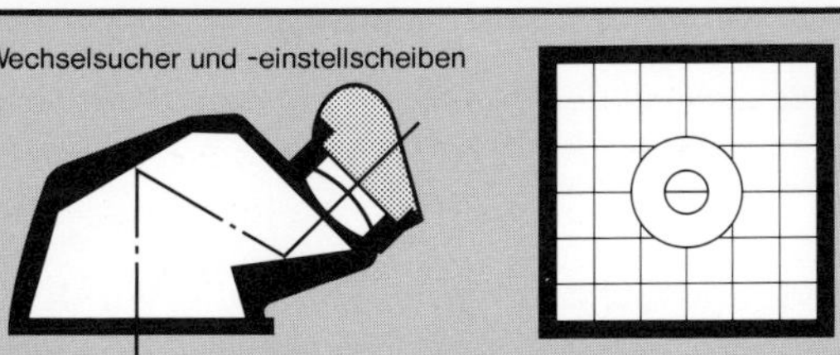

8 Wechselfilmmagazine

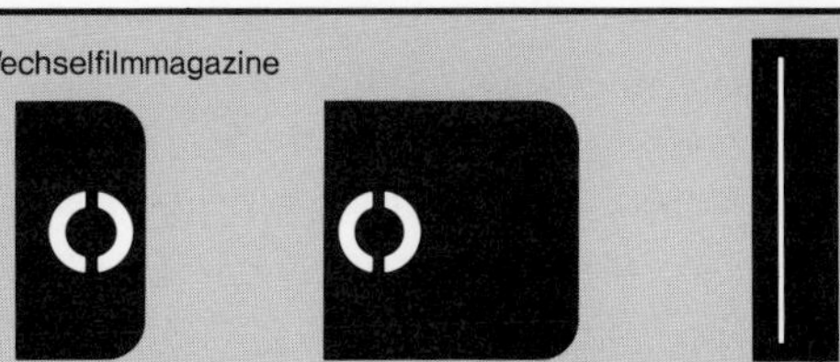

9 Zubehör

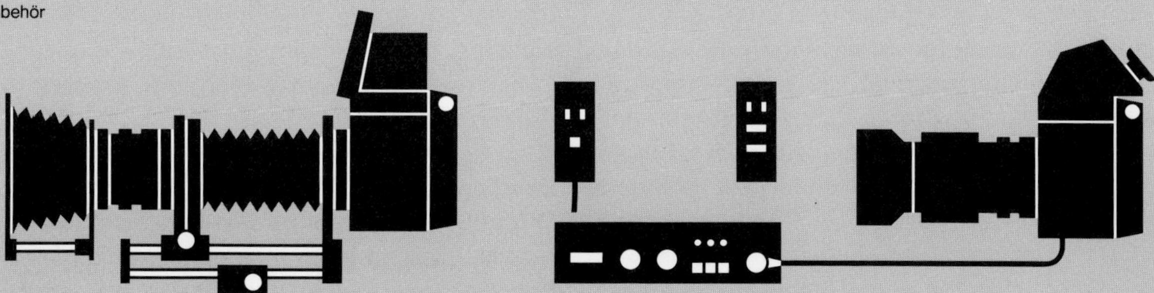

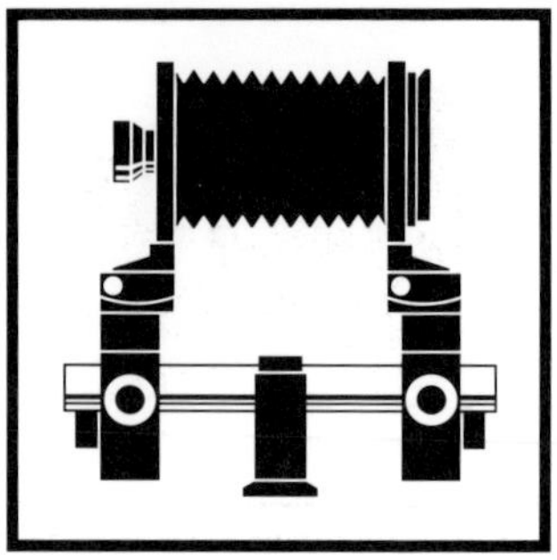

Großformat

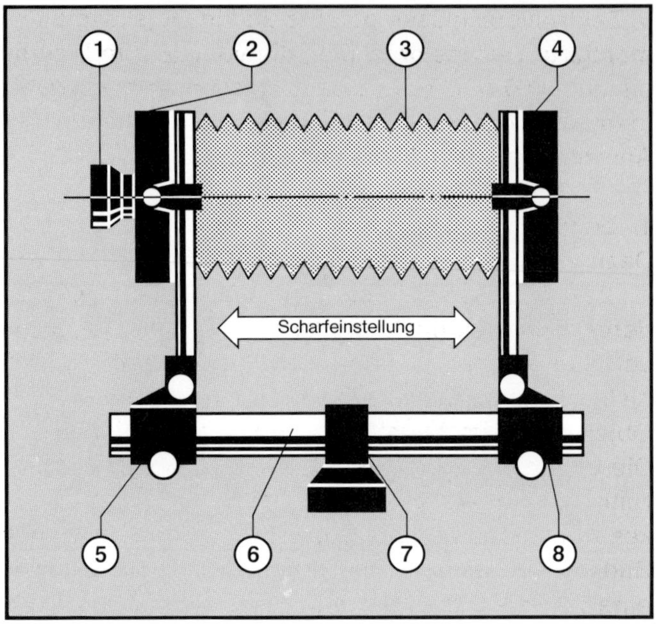

Aufbau einer Großformatkamera: (1) Objektiv, (2) Frontstandarte, (3) Einstellbalgen, (4) Bildstandarte, (5) vorderer Reiter, (6) optische Bank, (7) Kamerahalterung, (8) hinterer Reiter.

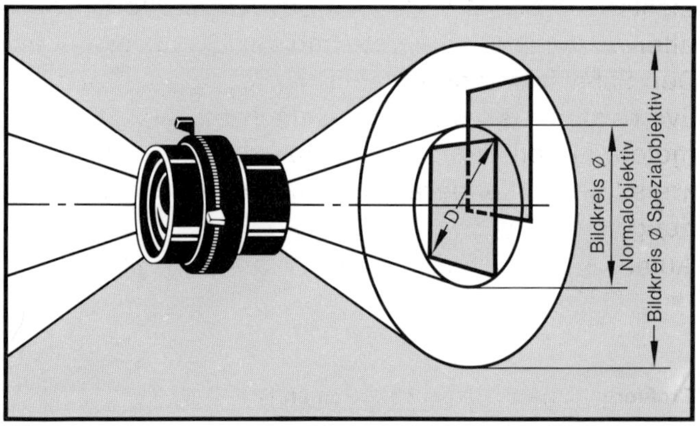

Gegenüberstellung der Bildkreisdurchmesser eines lichtstarken Normalobjektivs und eines speziell für die Ausnutzung aller Verstellbarkeiten errechneten Objektivs.

Die Großformatkamera ist nach wie vor das Werkzeug des Fachfotografen. Ohne sie ist die Herstellung hochwertiger Druckvorlagen – vor allem in Farbe – kaum vorstellbar. Der zunächst hohe Kostenaufwand für die Aufnahme wird bei dem nachfolgenden Prozeß der Druckformherstellung wieder aufgefangen.

Die klassische Fachkamera ist nach dem Prinzip der optischen Bank aufgebaut. Bei den zusammenklappbaren Handkameras ersetzt der Laufboden die als Dreieck-, Vierkant- oder Rundsäule ausgebildete Schiene der optischen Bank. Zwei durch Zahn- oder Friktionstrieb verstellbare Reiter tragen die vordere und hintere Standarte. Die vordere Standarte nimmt die auswechselbare Objektivplatte auf und erlaubt sowohl eine Höhen-, Tiefen- und Seitenverstellung des Objektivs parallel zur optischen Achse als auch eine Zentral- und Vertikalschwenkung des Objektivs in seiner optischen Achse sowie eine Basisschwenkung. Die hintere Standarte trägt die Mattscheibe zur Einstellung und nimmt während der Aufnahme die Kassetten oder Filmmagazine auf. Ihre Verstellbarkeiten sollten möglichst denen der vorderen Standarte entsprechen. Ein lichtdichter Leder- oder Nylonbalgen verbindet beide Standarten miteinander. Die Scharfeinstellung kann durch Veränderung des Abstandes der beiden Standarten zueinander entweder blendfrei unter einem Dunkeltuch oder unter Zuhilfenahme eines unter 45° geneigten Spiegels und einer mono- oder binokularen Einstellupe erfolgen.

Die Verstellmöglichkeiten an der Großformatkamera dienen der vollkommenen Kontrolle über die Perspektive und Schärfentiefe. Ohne die Verstellbarkeiten könnten die für das Großformat erforderlichen relativ langen Brennweiten überhaupt nicht sinnvoll an einer Kamera eingesetzt werden. Für die volle Nutzung der Verstellmöglichkeiten eignen sich nur Objektive mit einem besonders großen Bildkreisdurchmesser.

Großformatobjektive

Die aufwendig konstruierte Großformatkamera wird nur in Verbindung mit einem breiten Angebot an hochwertigen Wechselobjektiven zu einem universellen Arbeitsinstrument. Deshalb stehen individuell in Zentralverschlüsse gefaßte und in Objektivplatten montierte Wechselobjektive, die vom 16 mm Makro- bis zum 600 mm Teleobjektiv reichen, zur Auswahl. Man unterscheidet die Objektive, entsprechend ihrer Anwendung, nach drei Arten:

1. Lichtstarke Objektive
Dazu gehören lichtstarke Normalobjektive von 1 : 2,8–1 : 3,5 sowie Tele- und Weitwinkelobjektive, deren Schärfekreisdurchmesser die Bilddiagonale voll auszeichnet. Für Kameraverstellungen sind sie nicht geeignet. Sie werden für Aufnahmen bewegter Objekte und im Mittel- und Fernbereich eingesetzt. Die Dezentrierung dieser Objektive würde Vignettierung (dunkle Bildecken) hervorrufen. Nur durch starkes Abblenden und bei Nahaufnahmen läßt sich der Bildkreis etwas vergrößern und ermöglicht dadurch eine geringe Dezentrierung.

2. Objektive mit großem Bildkreisdurchmesser
Dazu gehören die Normal- und Weitwinkelobjektive mit einem extrem großen Bildkreis und mittlerer Lichtstärke von 1 : 5,6–1 : 8, die die volle Nutzung aller vorhandenen Verstellmöglichkeiten gestatten. Der Schärfekreisdurchmesser dieser Spezialobjektive reicht sogar aus, um das nächstgrößere Aufnahmeformat voll und scharf auszuzeichnen. Der Bildkreis läßt sich andererseits auch durch die Verwendung von Objektiven, die für das nächstgrößere Aufnahmeformat bestimmt sind, vergrößern. Die

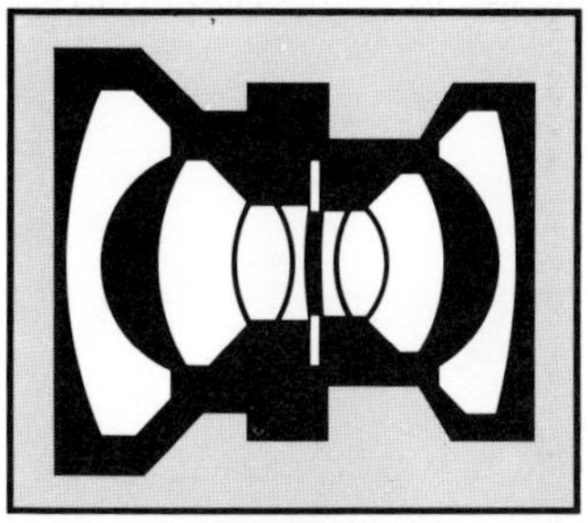
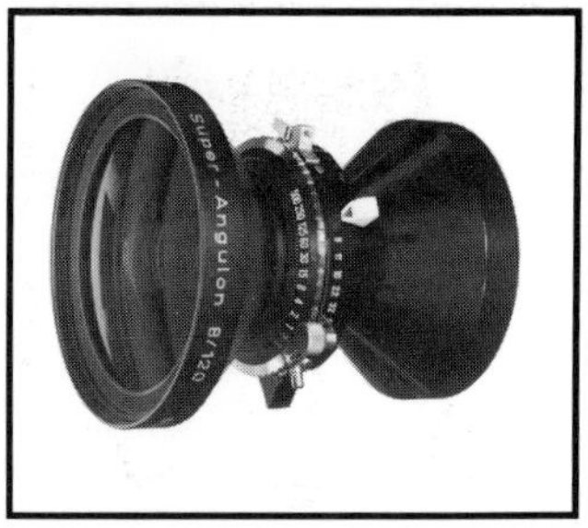
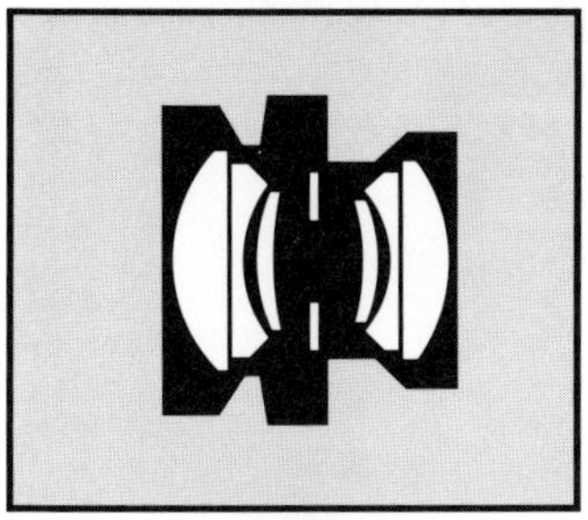
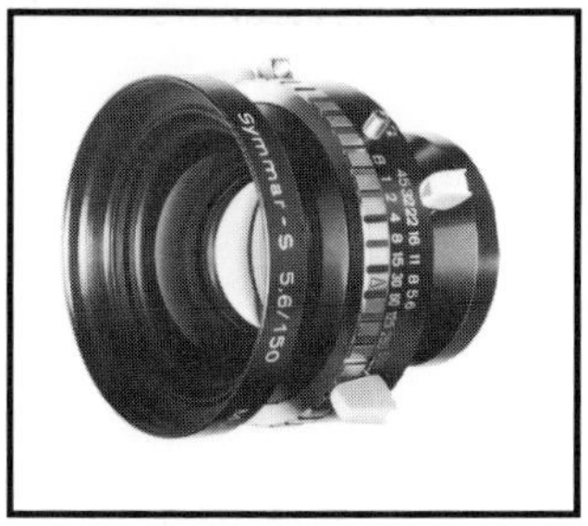
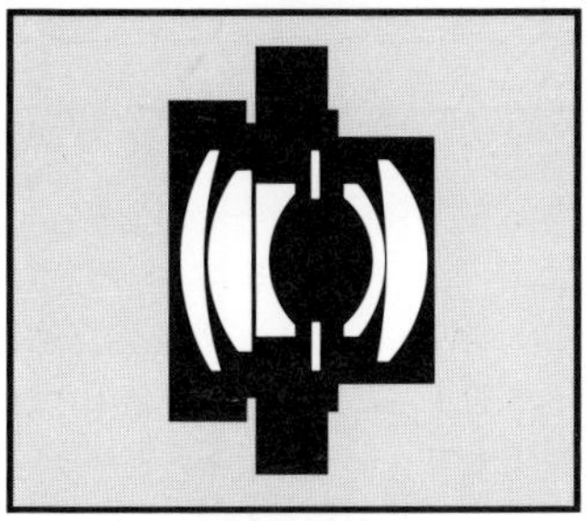
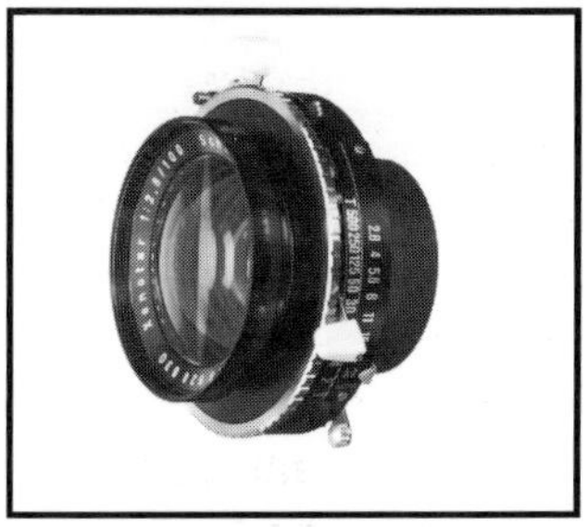
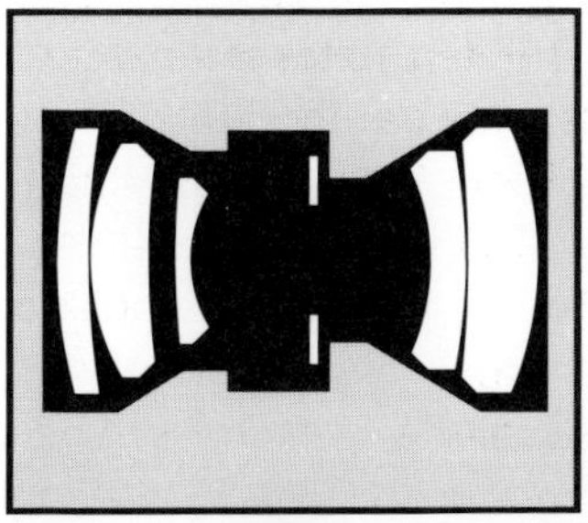
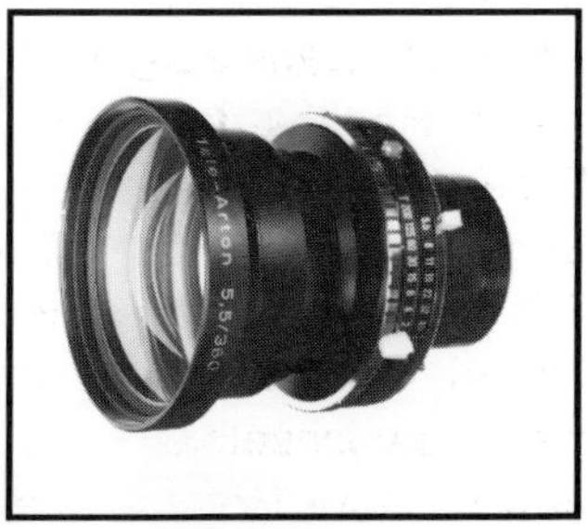
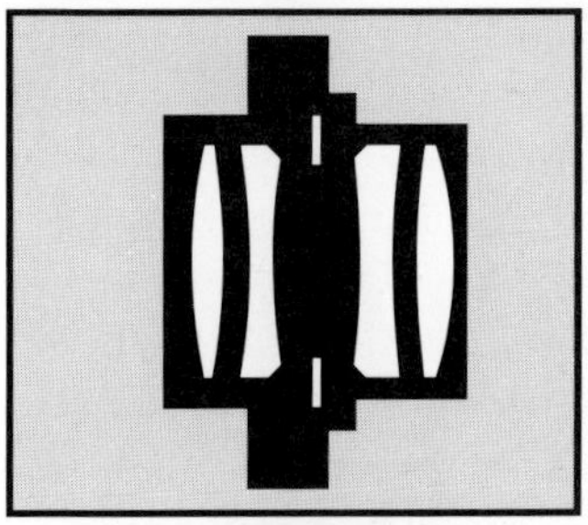
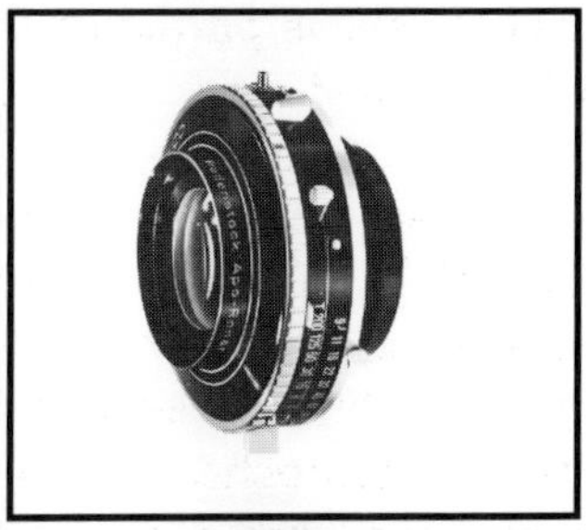
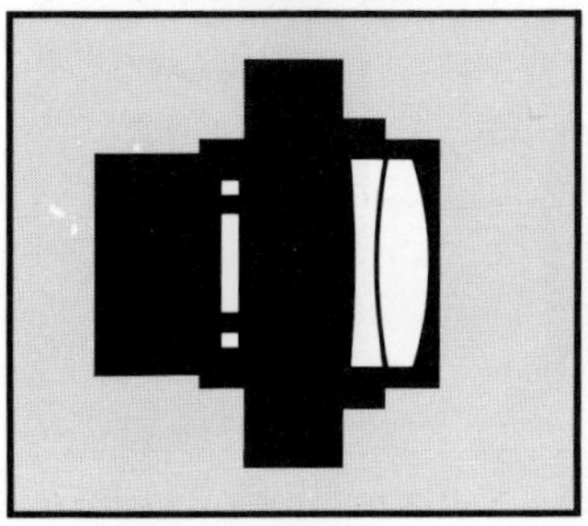
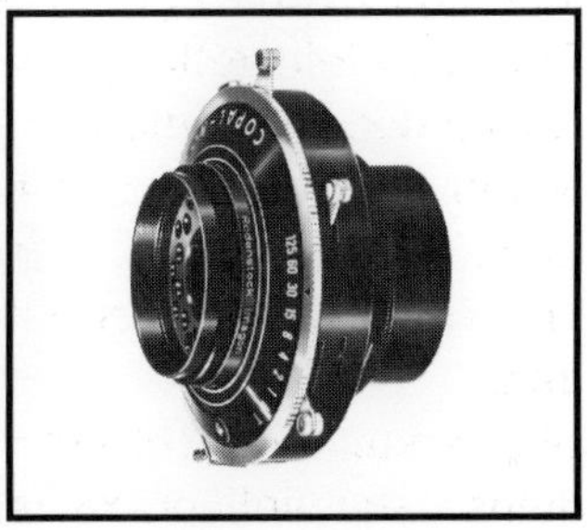

Großformatobjektive von oben nach unten:

1. Schneider Super-Angulon 1 : 8/120 mm: Weitwinkelobjektiv mit Zentralverschluß für das Aufnahmeformat 13 × 18 cm, Bildkreisdurchmesser bei 1 : 22 = 288 mm, Bildwinkel ca. 100°, Gaußtyp-Variante.
2. Schneider Symmar-S 1 : 5,6/150 mm: Normalobjektiv mit Zentralverschluß und extra großem Bildkreisdurchmesser von 210 mm bei 1 : 22 für das Aufnahmeformat 9 × 12 cm, Bildwinkel 70°, Gaußtyp-Variante.
3. Schneider Xenotar 1 : 2,8/100 mm: Lichtstarkes Normalobjektiv im Zentralverschluß für das Aufnahmeformat 6,5 × 9 cm, Bildkreisdurchmesser bei 1 : 22 = 117 mm, Bildwinkel 60°, Gaußtyp-Variante.
4. Schneider Tele-Arton 1 : 5,6/360 mm: Teleobjektiv mit Zentralverschluß für das Aufnahmeformat 13 × 18 cm, Bildkreisdurchmesser 264 mm bei 1 : 22, Bildwinkel 35°, Teletyp mit verkürzter Schnittweite.
5. Rodenstock Apo-Ronar 1 : 9/240 mm: Apochromat im Zentralverschluß für das Aufnahmeformat 9 × 12 cm, Bildwinkel 50°. Der symmetrische Dialyttyp eignet sich ganz besonders für Sachaufnahmen im Nahbereich.
6. Rodenstock Imagon 1 : 5,8/250 mm: Spezialobjektiv mit auswechselbaren Siebblenden zur Abstufung des Weichzeichnungseffektes im Zentralverschluß für das Aufnahmeformat 9 × 12 cm.

Normalobjektive dieser Gruppe werden bevorzugt für Aufnahmen im Nahbereich eingesetzt.

3. Spezialobjektive für bestimmte Aufnahmegebiete
Dazu gehören Makro-, apochromatische, Repro- und Weichzeichnerobjektive.

Verschlüsse

Die meisten Fachkameras arbeiten mit in Zentralverschlüsse gefaßten Objektiven. Je nach dem Objektivdurchmesser und der davon abhängigen Verschlußgröße, erlauben sie bei kleinen Objektiven Belichtungszeiten von $^1/_{500}$ s–1 s und bei größeren Zeiten von $^1/_{125}$ s–1 s plus B für beliebig lange Zeiten. Die Einstellskalen sind meistens so angeordnet, daß man nach abgeschlossener Bildeinstellung auf der Mattscheibe vor die Kamera treten muß, um die Blende und Belichtungszeit entsprechend den gemessenen Werten einzustellen. Dies ist zeitraubend und lästig.

Ein Kamerahersteller, der selbst einmal Fotograf war, beschritt daher einen anderen Weg. Er baute einen einzigen, hinter dem verschlußlosen Objektiv liegenden, auswechselbaren, sogenannten Hinterlinsenverschluß ein, und zwar hinter die Frontstandarte. Dadurch wurde es möglich, die Blende und die Belichtungszeit sowohl von der Vorder- als auch von der Mattscheibenseite abzulesen und einzustellen. Neuerdings besitzen auch einige Zentralverschlüsse diesen Bedienungskomfort. Die Steuerung der Belichtungszeiten erfolgt bei mechanischen Verschlüssen durch eine Federwerkspannung für die kurzen und durch ein Zahnradhemmwerk für die langen Zeiten. Bei Elektronik- bzw. Magnetikverschlüssen werden die Zeiten durch wesentlich genauer arbeitende Mikroprozessoren bzw. Elektromagneten

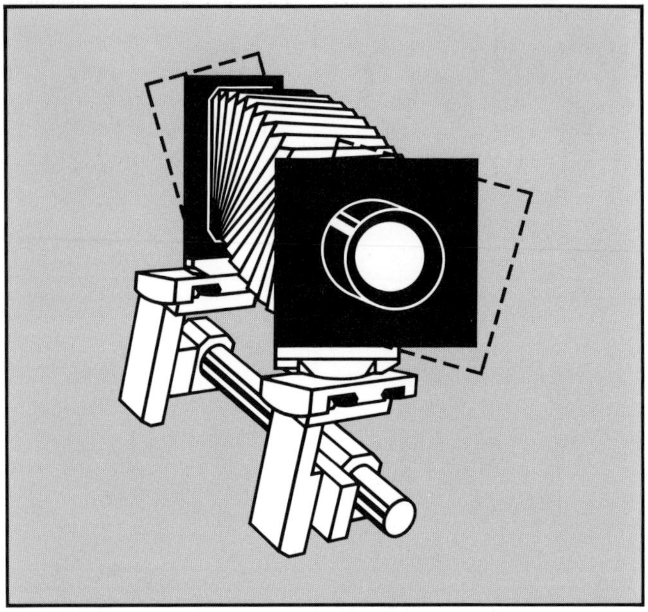

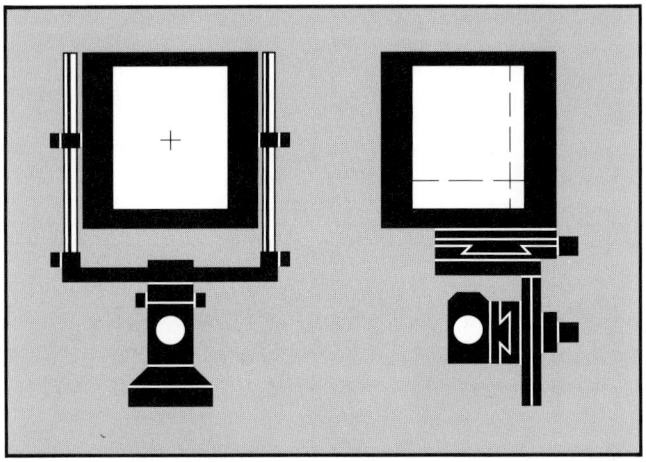

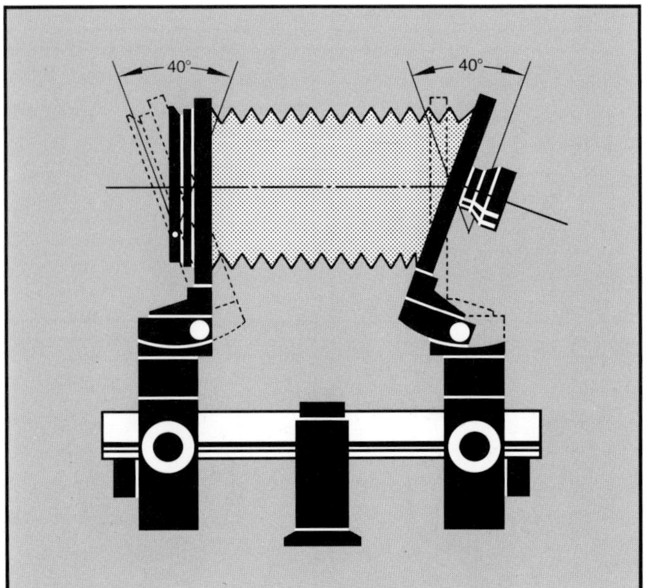

Schematische Darstellung der torkelfreien Schwenkungen einer Sinar sowohl um die horizontale als auch um die vertikale Achse. Die torkelnden Standarten einer Kamera mit konventionellen Verstellmöglichkeiten sind dagegen gestrichelt eingezeichnet.

Gegenüberstellung der Bildstandarte einer konventionellen (links) und einer Sinar-Fachkamera (rechts): Bei Scharfeinstellung auf eine der beiden asymmetrischen Schwenkachsen (gestrichelte horizontale und vertikale Linien) bleibt die Bildschärfe selbst bei Schwenkung der Standarten erhalten.

Sinar P: Die Besonderheit dieser Großformatkamera auf optischer Bank ist eine torkelfreie Verstellmöglichkeit. Sie basiert auf der Segmentschwenkung der vorderen und hinteren Standarte. Der Drehpunkt der asymmetrischen Schwenkachse liegt bei der vorderen Standarte etwas unterhalb der optischen Achse in der Hauptebene des Objektivs. Der Drehpunkt der Bildstandarte liegt ebenfalls etwas unterhalb der optischen Achse direkt in der Filmebene. Die Schwenkbarkeit beider Standarten beträgt 40°.

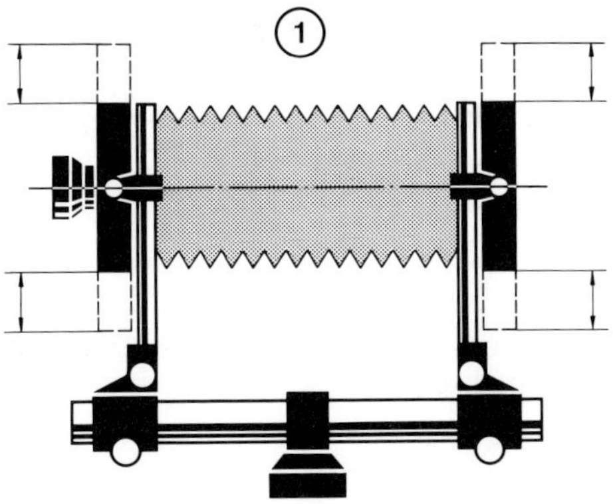

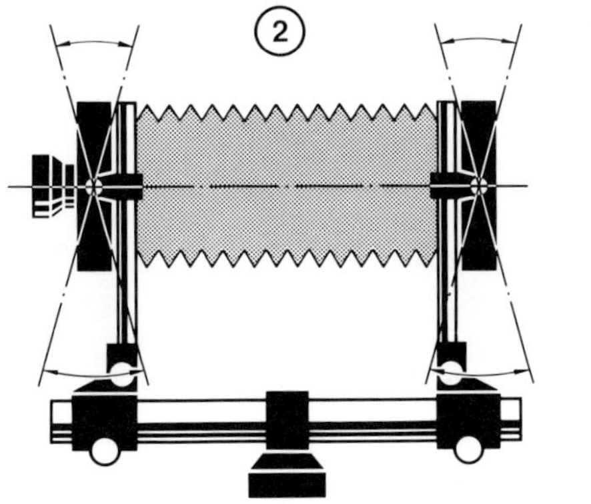

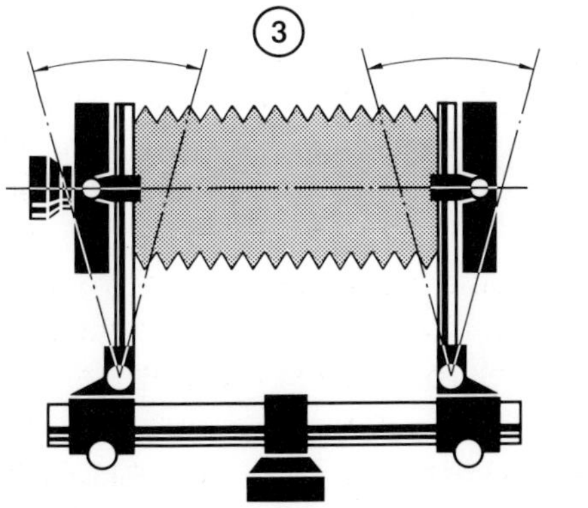

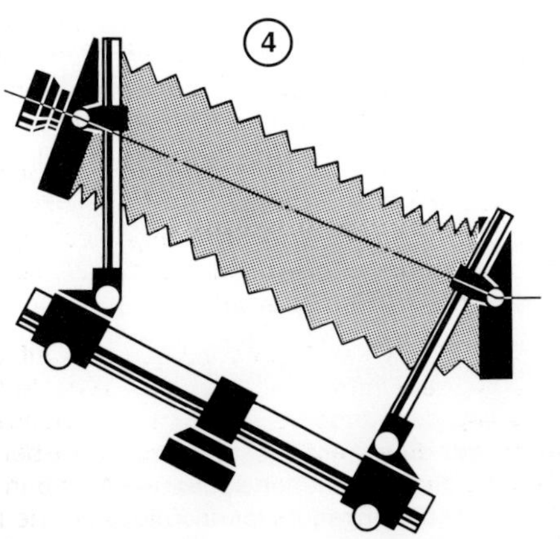

Kameraverstellmöglichkeiten

1. Schematische Darstellung der Höhen- und Tiefenverstellbarkeit der vorderen und der hinteren Standarte parallel zur optischen Achse: Bei 9 × 12 Kameras beträgt sie ca. 50 mm.

2. Zentralschwenkung der vorderen und der hinteren Standarte in der optischen Achse: Sie ermöglicht bei 9 × 12 Kameras Schwenkungen zwischen 20° und 40°.

3. Basisschwenkung der vorderen und der hinteren Standarte einer 9 × 12 Kamera: Sie erlaubt eine Schwenkung um ca. 40°.

4. Schematische Darstellung der kombinierten Basis- (vordere Standarte) und Zentralschwenkung (hintere Standarte) bei geneigter Kamera.

5. Seitenverstellung der vorderen und der hinteren Standarte parallel zur optischen Achse: Bei 9 × 12 Kameras beträgt sie ca. 50 mm.

6. Vertikalschwenkung der vorderen und der hinteren Standarte in der optischen Achse: Sie ermöglicht bei 9 × 12 Kameras Schwenkungen zwischen 20° und 40°.

7. Durch seitlich versetzten Aufnahmestandpunkt bei Parallelausrichtung der vorderen und der hinteren Standarte, läßt sich ein kubisches Objekt plastisch abbilden, ohne daß die Frontseite des Würfels perspektivisch verzeichnet wird.

8. Bei Berücksichtigung der Scheimpflugschen Einstellregel treffen sich die Verlängerung der Objekt-, Objektiv- und Negativebene in einem Punkt. Bei voller Öffnung des Objektivs wird trotz des spitzen Aufnahmewinkels die gesamte Objektebene scharf abgebildet.

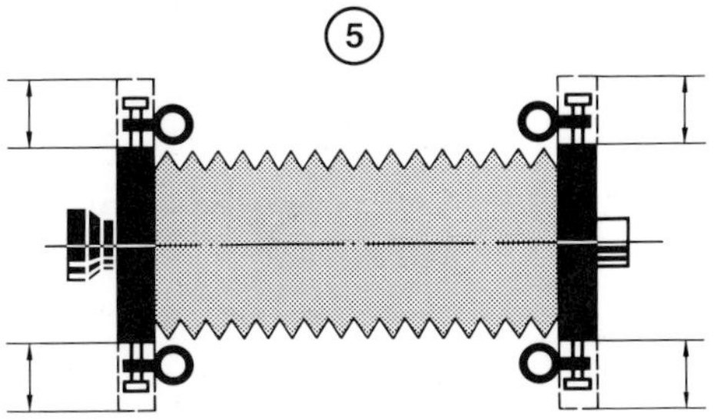

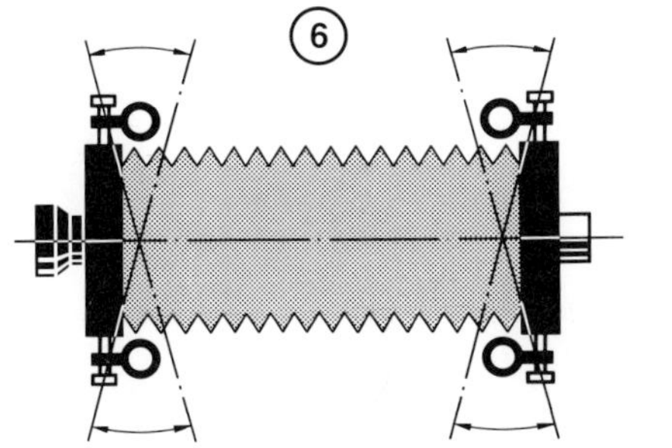

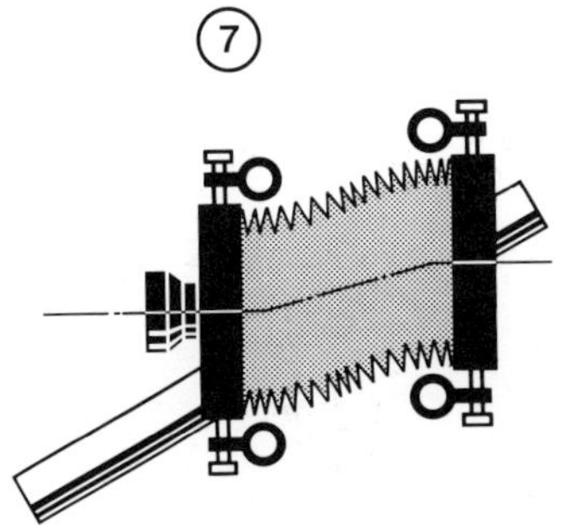

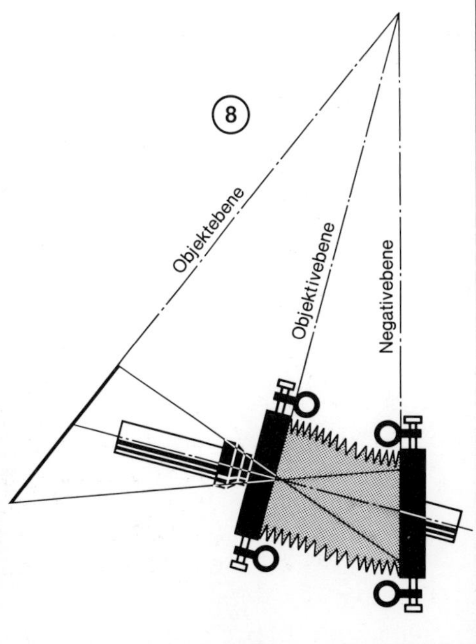

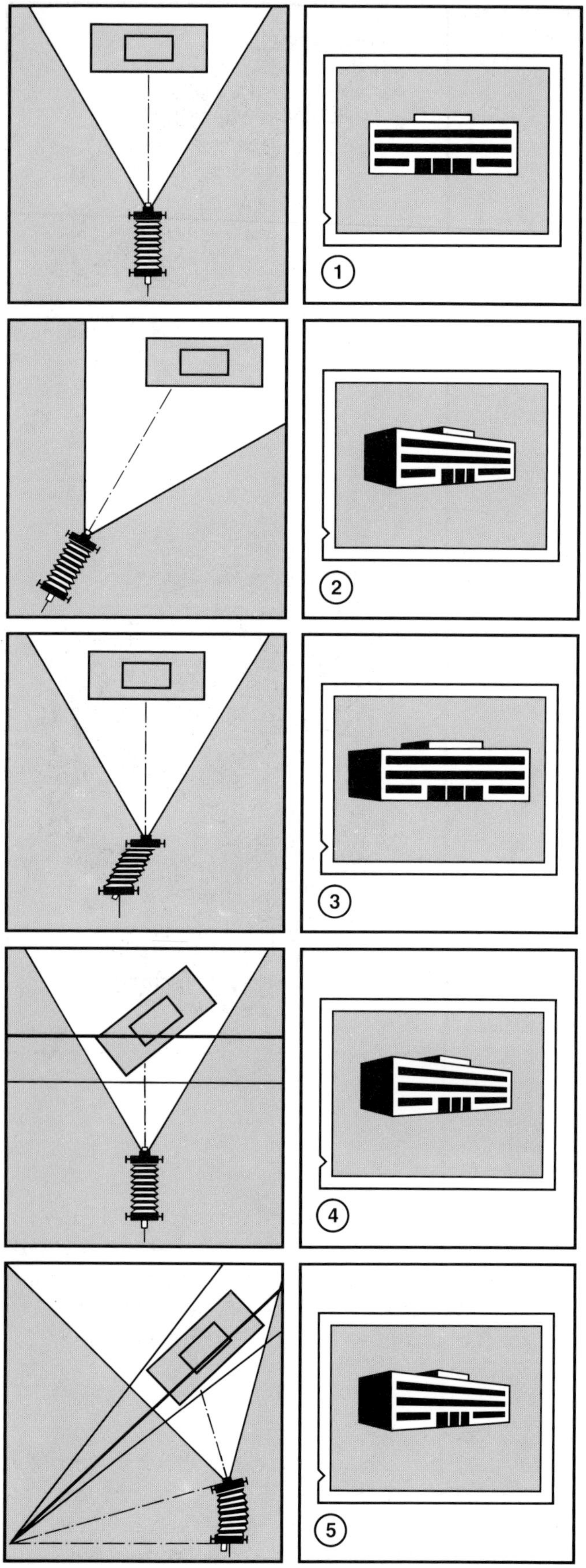

und Kondensatoren reguliert. Sie lassen im Gegensatz zu mechanischen Verschlüssen auch noch über 1 Sekunde hinausreichende, abgestufte Langzeitbelichtungen zu.

Kameraverstellbarkeiten

Für die Ausnutzung aller Verstellbarkeiten an der Großformatkamera kommen nur Objektive mit extra großem Schärfekreis in Betracht. Sie gestatten folgende Kameraverstellungen:

1. Höhen- und Tiefenverstellung
2. Seitenverstellung
3. Zentralschwenkung
4. Vertikalschwenkung
5. Basisschwenkung

Einstellmöglichkeiten

Am vorteilhaftesten ist es, wenn beide Standarten der Kamera die gleichen Verstellmöglichkeiten bieten. Bei einem Format von 9 × 12 cm beträgt die parallel zur optischen Achse erfolgende Verstellbarkeit der Objektivstandarte im Durchschnitt etwa 30–50 mm und die Schwenkbarkeit etwa 30°–40°. Der Grad der Nutzung dieser rein mechanischen Verstellmöglichkeiten ist allerdings vom Schärfekreisdurchmesser des verwendeten Objektivs abhängig. Jede Kameraverstellung sollte möglichst separat einstell- und arretierbar sein.
Für die Schärfenkontrolle bieten sich zwei Möglichkeiten an:

1. Bei frontalem Aufnahmestandpunkt wird das Gebäude zwar ohne perspektivische Verzeichnung abgebildet, jedoch unter Verzicht auf Räumlichkeit.

2. Der seitliche Aufnahmestandpunkt gibt dem Gebäude zwar eine räumliche Wirkung, verursacht aber eine perspektivische Verjüngung der Fassade und der Seitenwand.

3. Durch einen seitlichen Aufnahmestandpunkt bei Parallelausrichtung der vorderen und hinteren Standarte wird eine plastische Abbildung ermöglicht und die Fassade perspektivisch nicht verändert.

4. Bei einer Verstellung der Kamera wird zwar die natürliche Perspektive erhalten, jedoch die Schärfentiefe beeinträchtigt. Diesen Mangel kann man jedoch durch stärkeres Abblenden ausgleichen.

5. Durch Anwendung der Scheimpflugschen-Einstellregel wird selbst bei offener Blende die Einstellebene scharf abgebildet. Zur Erhöhung der optischen Abbildungsqualität und der Schärfentiefe braucht lediglich um zwei Werte nach der vollen Öffnung abgeblendet zu werden.

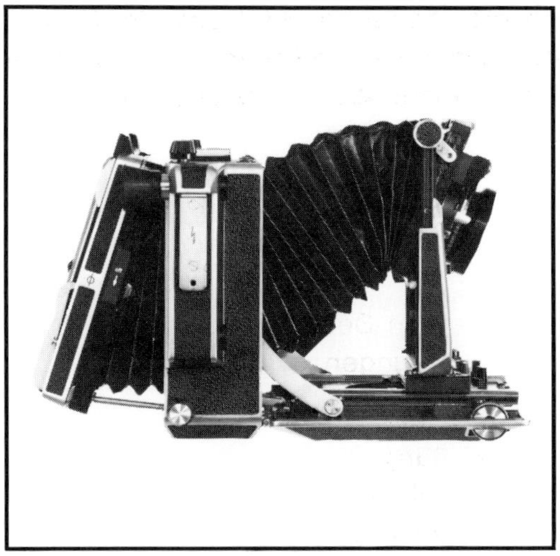

Linhof Master Technika 9 × 12: Laufboden-Großformatkamera mit Meßsucher, neig- und verstellbarer Front- und Rückstandarte und Wechselobjektiven.

Plaubel Peco Profia V: 9 × 12 Fachkamera auf optischer Bank mit neig- und verstellbarer Front- und Rückstandarte und Wechselobjektiven.

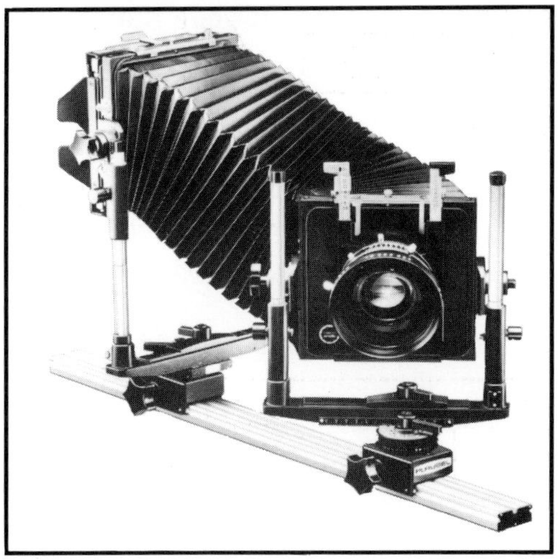

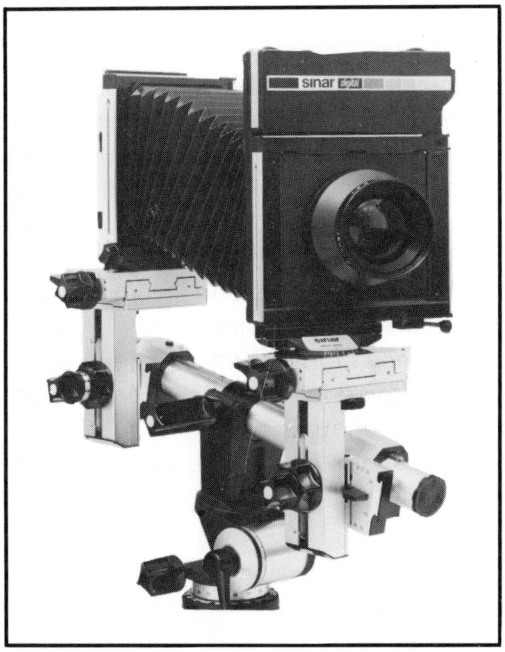

Sinar P: 9 × 12 Fachkamera auf optischer Bank mit Elektronik-Verschluß, Wechselobjektiven und allen Verstell- und asymmetrischen Schwenkmöglichkeiten.

Linhof Kardan Master TL: 9 × 12, Fachkamera auf optischer Bank mit durch L-Bügel torkelfreier Einstellung, Wechselobjektiven und allen Verstell- und Schwenkmöglichkeiten.

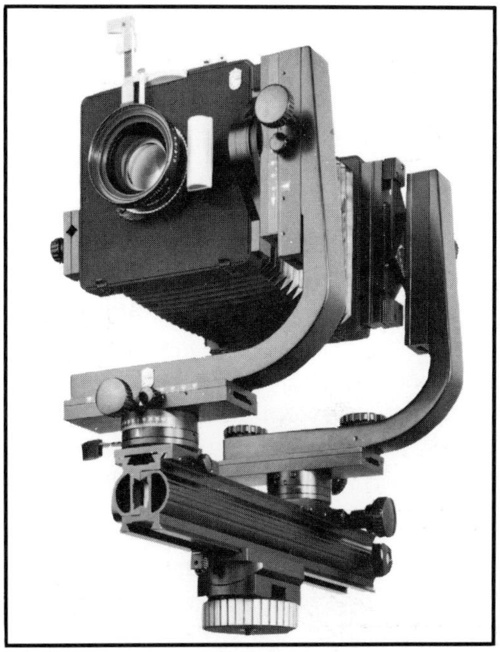

1. Die Rückeinstellung

Die Scharfeinstellung wird durch Veränderung des Abstandes der hinteren Standarte gegenüber der vorderen feststehenden Objektivstandarte vorgenommen. Diese Methode eignet sich besonders für Aufnahmen im Nahbereich, da der Abbildungsmaßstab fast unverändert erhalten bleibt.

2. Die Vordereinstellung

Hier wird die erforderliche Abstandsveränderung bei feststehendem Kamerarückteil mit der Objektivstandarte vorgenommen. Dieses Einstellverfahren führt gleichzeitig zu einer größeren Veränderung des Abbildungsmaßstabes und ist, um die Einstelldifferenz gering zu halten, vorzugsweise bei weiter entfernten Objekten anzuwenden. Das Erkennen der optimalen Schärfe wird hingegen beim Scharfstellen bis 1 : 1 durch den großen Einstellweg sehr erschwert.

Einstellregel nach Scheimpflug

Treffen sich die Verlängerung von Objekt-, Objektiv- und Einstellebene in einer Ebene, so wird die Objektebene trotz des schrägen Aufnahmewinkels bei voller Öffnung des Objektivs scharf abgebildet.

Entscheidungshilfen für den Kauf einer Großformatkamera

1. Kameratyp

a) Laufboden-Großformatkamera mit Meßsucher, dreifachem Bodenauszug, umfangreichen Verstellmöglichkeiten, Wechselobjektiven und -filmkassetten, die auch als Handkamera benutzt werden kann.

b) Das meistgebrauchte Handwerkszeug des Berufsfotografen ist die Einformat-Fachkamera auf optischer Bank mit sehr weitgehenden Verstellmöglichkeiten, Wechselobjektiven und -filmkassetten.

c) Die Mehrformat-Fachkamera auf optischer Bank ist mit umfangreichen Verstellmöglichkeiten, Wechselobjektiven und -filmkassetten ausgerüstet. Sie erlaubt eine flexible Formatwahl.

2. Nutzbare Verstellmöglichkeiten

a) Da Licht sich geradlinig ausbreitet, lassen sich nur solche Verstellbarkeiten ausnutzen, die auch tatsächlich ein Bild zustande bringen.

b) Fachkamera mit asymmetrischer Schwenkbarkeit beider Standarten: Während bei konventionellen Fachkameras nach der Standartenschwenkung die Scharfeinstellung erneut ermittelt werden muß, bleibt sie bei Kameras mit asymmetrischem Schwenksystem erhalten.

c) Die asymmetrische Segmentschwenkung verhindert ein Auswandern der Bildschärfe selbst nach Schwenkung der Standarten.

3. Objektive und Verschlüsse

a) Die Verstellmöglichkeiten an der Großformatkamera dienen der Kontrolle über die Perspektive und Schärfentiefe. Ohne sie könnten die für das Großformat erforderlichen relativ langen Brennweiten überhaupt nicht sinnvoll eingesetzt werden. Für die volle Nutzung eignen sich nur Objektive mit einem extra großen Bildkreisdurchmesser.

b) Dieses in einen Zentralverschluß gefaßte apochromatisch korrigierte Objektiv von geringer Lichtstärke (1:9) wurde für die Reprofotografie geschaffen. Auf Grund seiner guten Abbildungsleistung, vor allem im Nahbereich, wird es aber auch häufig in der Sach- und Werbefotografie eingesetzt.

c) Zur Arbeitserleichterung besitzen Prontor-Zentralverschlüsse zusätzliche Anzeigeskalen, um die eingestellten Werte sowohl vor als auch hinter der Kamera ablesen zu können.

d) Mechanischer Sinar-Copal Hinterlinsen-Zentralverschluß mit Druckblendenautomatik für die Sinar-Fachkameras. Die eingestellten Blendenwerte und Belichtungszeiten lassen sich vor wie auch hinter der Kamera ablesen.

4. TTL-Belichtungsmessung und -automatik

a) Es hat sehr lange gedauert, bis endlich auch die Fachkameras mit einer TTL-Belichtungsmessung ausgerüstet wurden. Die Vorteile der Großformatkamera werden aber nur dann sinnvoll genutzt, wenn der gesamte Abbildungsprozeß ein geschlossenes System bildet. Dazu gehören die Auswahl des Aufnahmematerials, die auf das Filmmaterial abgestimmte Beleuchtung, Belichtungsmessung und Filmentwicklung. Der Profiselect TTL besteht aus der Meßsonde und dem handelsüblichen Belichtungsmesser Profisix von Gossen. Meßkassetten für 9 × 12 und 13 × 18 Kameras erlauben ihre Verwendung an jeder Großformatkamera. Mit der Meßsonde und dem Meßelement von nur 4,5 mm Durchmesser lassen sich direkt in der Filmebene selektive Messungen durchführen.

b) Eine Weiterentwicklung der Belichtungsmessung durch das Objektiv bei Großformatkameras ist das Prontor-Autolux-System, für das ein Prontor magnetic Verschluß benötigt wird. Mit einer ähnlich gestalteten Meßkassette und der gleichen Meßsonde wie sie das Profi-select-System bietet, ermöglicht diese Anlage eine noch weitreichendere Funktionsvielfalt als sie hochwertige Kleinbild- und Mittelformat-Profikameras besitzen. Die Funktionen umfassen eine Zeit-, Blenden- und Blitzautomatik, eine manuelle Einstellung sowie eine Berücksichtigung des Kontrastes und des Schwarzschildfaktors.

c) Ähnlich vielfältig anwendbar ist auch die Kombination des Sinarsix-Systems mit dem Sinar-Digital-Elektronikverschluß. Mit einem Zusatzmodul läßt sich dadurch selbst eine Großformatkamera zu einem Belichtungsautomaten mit Mehrfachspotbelichtungsmessung und automatischer Mittelwertbildung umfunktionieren.

Entscheidungshilfen für den Kauf einer Großformatkamera

(1) Kameratyp

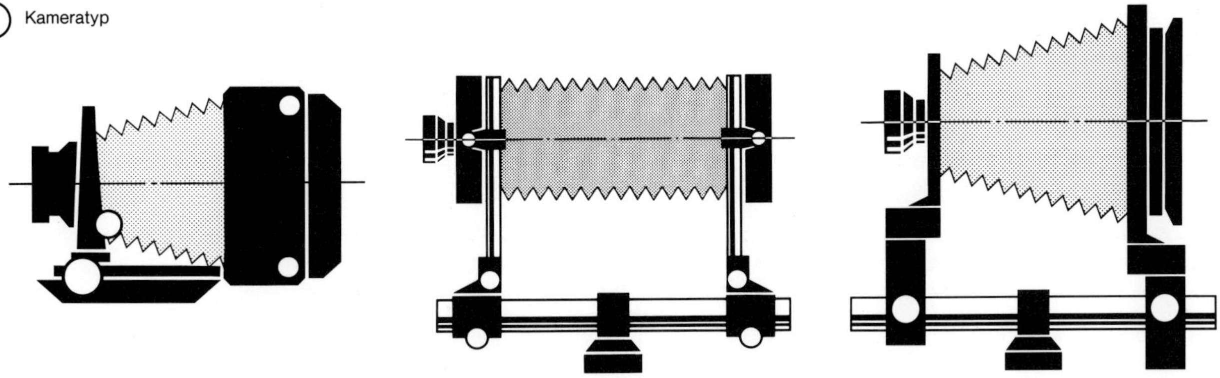

(2) Nutzbare Verstellmöglichkeiten

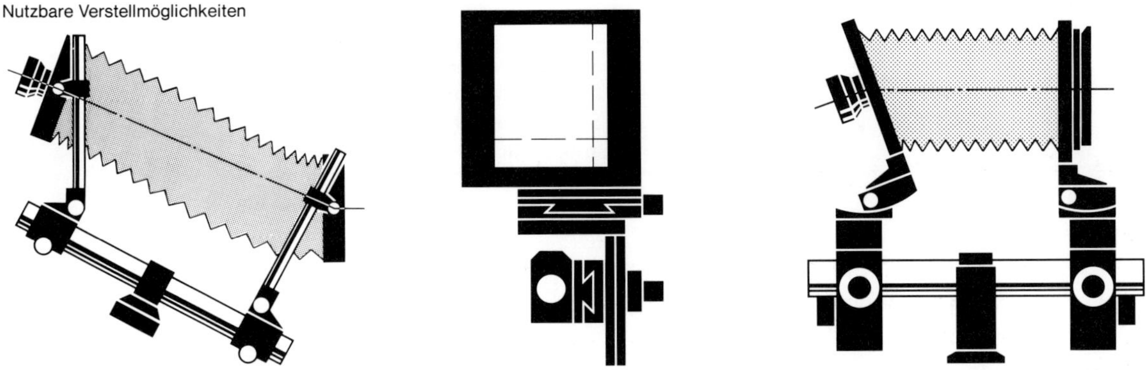

(3) Objektive und Verschlüsse

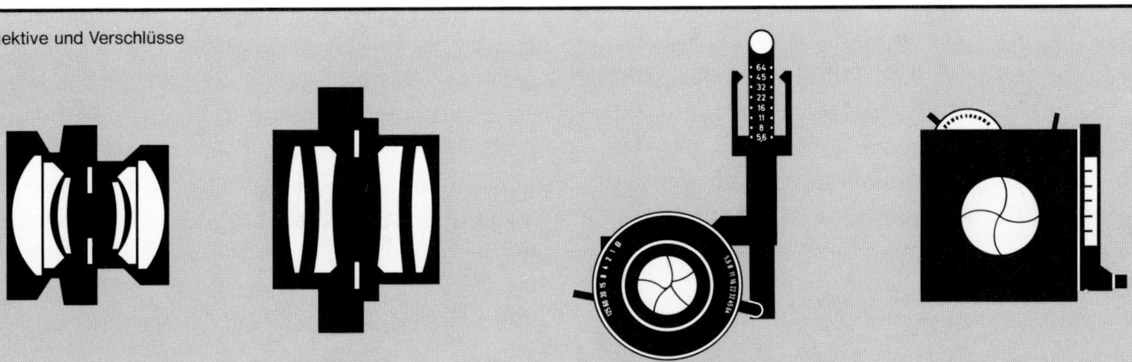

(4) TTL-Belichtungsmessung und -automatik

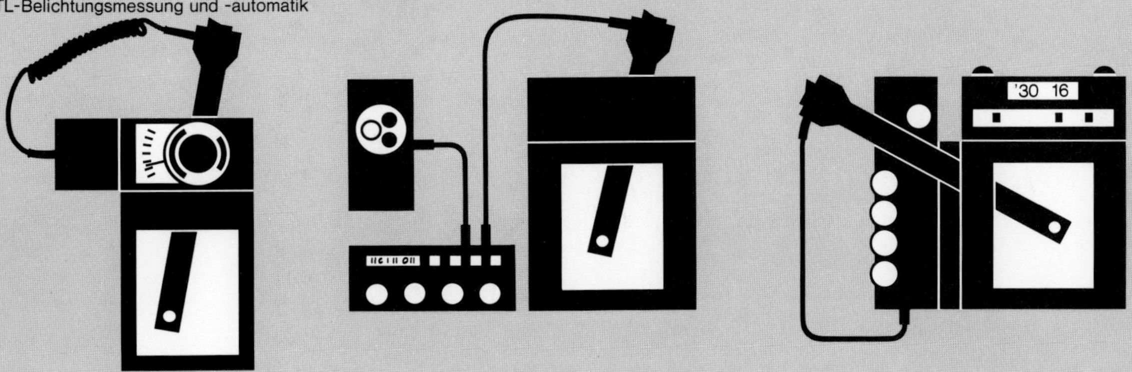

Die Auswirkungen der Kameraverstellbarkeiten beim Großformat		
Kameraverstellung	**bewirkt**	**erlaubt**
Höhen- und Tiefenverstellung parallel zur optischen Achse	Verschiebung des Bildausschnitts nach oben oder unten	Vermeidung stürzender Linien. Ober- und Untersichten ohne Perspektiveveränderung
Seitenverstellung parallel zur optischen Achse	Verschiebung des Bildausschnitts nach rechts oder links	Veränderung der Perspektive vom gleichen Aufnahmestandpunkt
Zentralschwenkung in der optischen Achse	Schärfenebene wird in Schwenkrichtung verlagert	Vergrößerung der Schärfentiefe ohne stärkere Abblendung
Vertikalschwenkung in der optischen Achse	Schärfenebene wird in Schwenkrichtung verlagert. Kasseteneinschieben bei Queraufnahmen evtl. behindert	Vergrößerung der Schärfentiefe ohne stärkere Abblendung
Basisschwenkung	Leichte Zugänglichkeit zu Objektivstandarte und Kamerarückteil	Ebenfalls Vergrößerung der Schärfentiefe, nur muß die Schärfe bei Schwenkung stets erneut nachgestellt werden

Die Tabelle erläutert die Auswirkungen der Kameraverstellbarkeiten bei der Großformatkamera auf die fotografischen Abbildungseigenschaften.

Aufnahmematerialien

Das große Angebot an Aufnahmematerialien erstreckt sich vom umfangreichen Reprografiesektor über eine Vielzahl von Schwarzweißhalbtonmaterialien bis zu Spezialemulsionen für die Infrarotfotografie. Hinzu kommt noch ein umfangreiches Sortiment an Filmen für Farbaufnahmen. Einzel-, Doppel-, 6fach-, Platten-, Planfilm- und Rollfilmkassetten sowie Magazine für den perforierten 70 mm Film und Planfilm- und Filmpackhalter für die Sofortbildfotografie ermöglichen eine vielfältige und individuelle Anwendung der Aufnahmematerialien.

Laborverarbeitung

Während in der Kleinbild- und Mittelformatfotografie die Weiterverarbeitung immer mehr auf eine Automatisierung zusteuert, überwiegt beim Großformat nach wie vor die individuelle Verarbeitung. Man findet in dem reichhaltigen Angebot für nahezu jede Aufnahmesituation den passenden Film, der bei einer auf den Kontrastumfang des Aufnahmeobjektes abgestimmten Belichtung und Entwicklung ein optimales Negativ gewährleistet. Letzte kleine Korrekturen können entweder durch ein Abschwächen, Verstärken oder Retuschieren vorgenommen werden. Fachpapiere mit einem sehr großen Tonwertreichtum sind für die Herstellung von Kontaktkopien und Vergrößerungen zwar nur in wenigen Gradationen erhältlich, können aber durch eine Mehrschalenentwicklung genau den Bedürfnissen angepaßt werden.

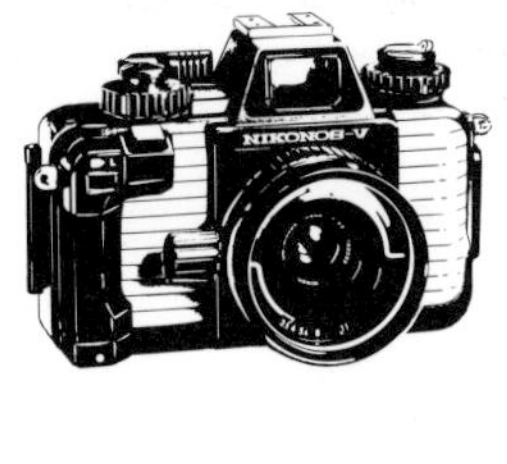

Sondertypen:

Unterwasser

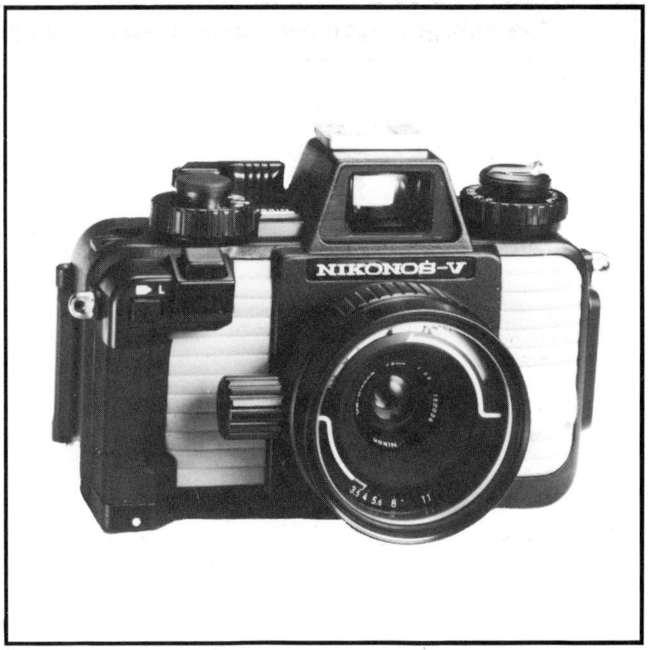

Unterwasserkameras, die man auch als Allwetterkameras bezeichnen könnte, sind ein spezieller Kameratyp, der sowohl über als auch unter Wasser ohne die zusätzliche Verwendung eines Unterwassergehäuses benutzt werden kann. Das Kameragehäuse besteht aus einer seewasserbeständigen Legierung, die wasserdicht, druckfest und bis zu Tauchtiefen von 50 m verwendbar ist. Der größte Vorteil der speziellen Unterwasserkamera gegenüber einer normalen mit einem Unterwassergehäuse verwendeten Kamera besteht in dem wesentlich geringeren Volumen und der unkomplizierten Handhabung. Besonders große und griffige Bedienungselemente erlauben es, selbst unter Wasser oder in Eis und Schnee die Kamera mit Handschuhen zu bedienen. Die Belichtungsmessung erfolgt durch das Objektiv und gestattet es, sowohl mit Belichtungsautomatik als auch mit manueller Belichtungseinstellung zu arbeiten. In Verbindung mit einem speziellen, mit verstellbarem Beleuchtungskopf versehenen Elektronenblitzgerät verfügt sie auch über eine Blitzautomatik für Unterwasseraufnahmen. Es stehen Wechselobjektive mit entsprechenden Rahmensuchern für Unterwasseraufnahmen und optischen Suchern für Aufnahmen außerhalb des Wassers in den Brennweiten von 15 bis 80 mm zur Verfügung. Die Eigenart der Unterwasseraufnahmen erfordert ein Umdenken in der Beziehung zwischen der Brennweite und der zu erwartenden Abbildungsgröße. Bedingt durch den höheren Brechungsindex des Wassers gegenüber der Luft von 1,33 werden alle Objekte um ein Drittel größer abgebildet, als sie sind.

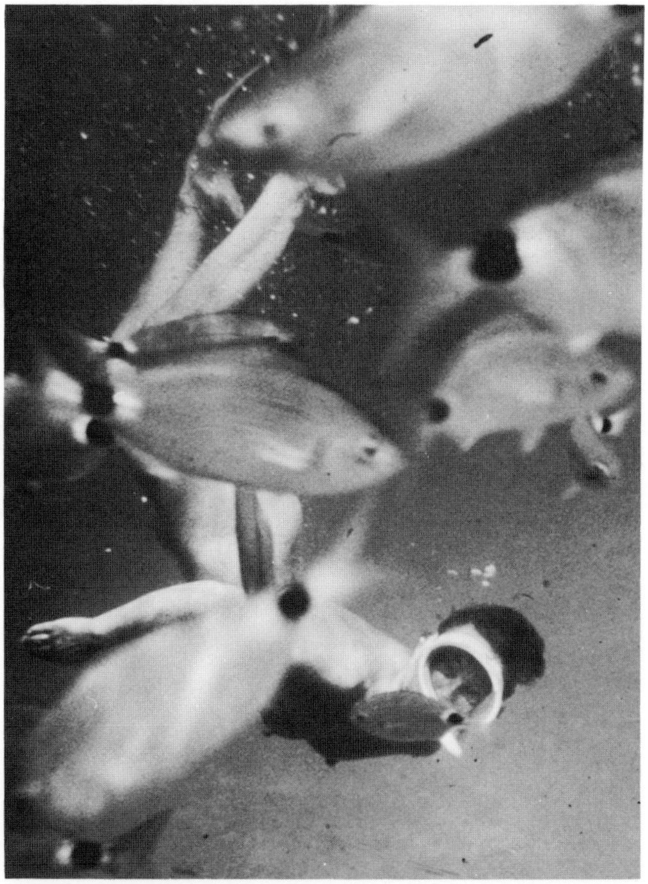

Nikonos V: Kleinbildallwetter- und Unterwasserkamera mit TTL-Belichtungsmessung und -automatik, Wechselobjektiven, -suchern und umfangreichem Zubehör.

Unterwasseraufnahme in drei Meter Tiefe. Foto: Rudi Fest.

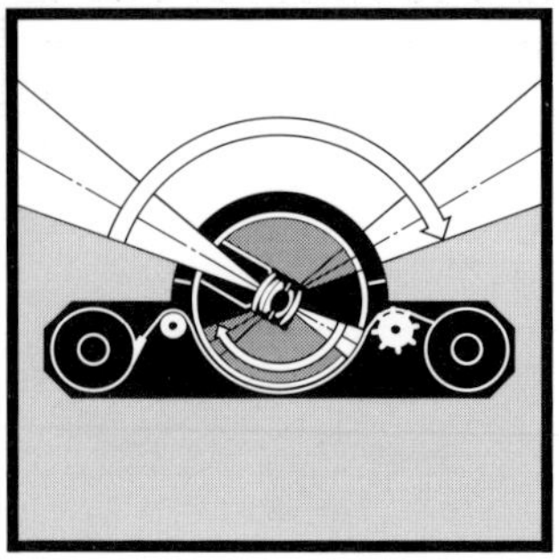

Panorama

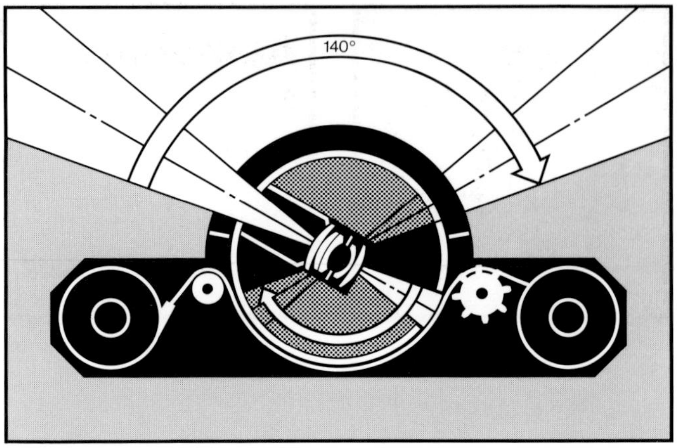

Horizontaler Schnitt durch die Panoramakamera Horizont mit rotierendem Objektiv 1:2,8/28 mm, Bildwinkel 140°, Bildformat 24 × 57 mm und mit im Sucher eingebauter, sichtbarer Wasserwaage.

Unten: Das Internationale Congress Centrum Berlin mit einer Panoramakamera aufgenommen.

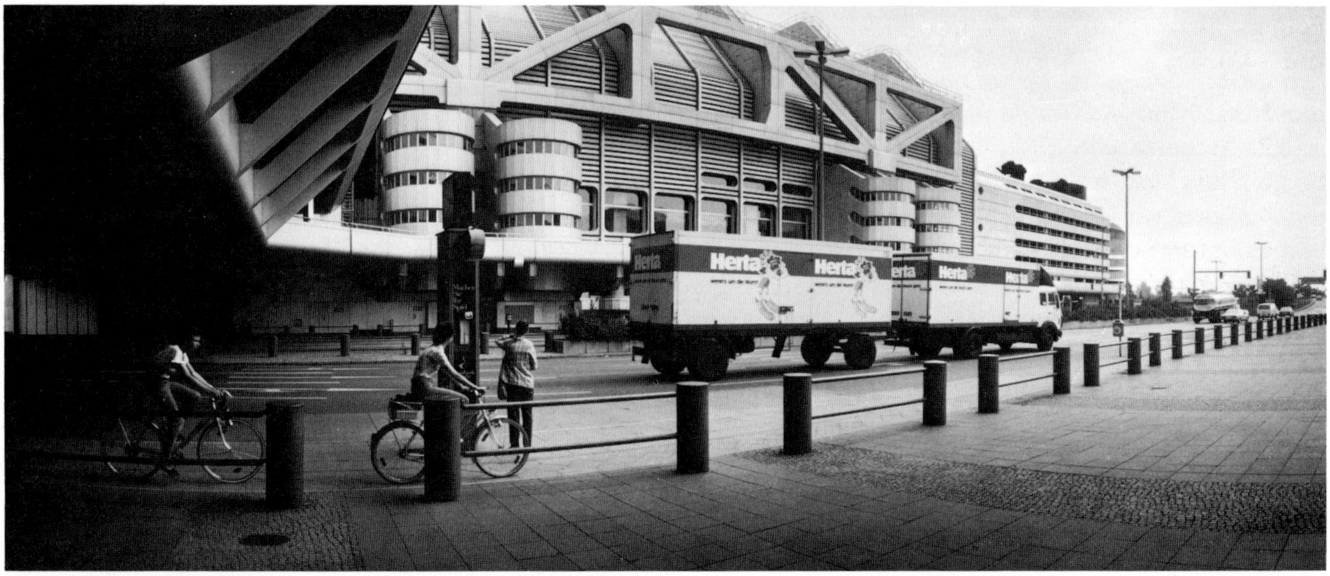

Panoramaaufnahmen erhält man mit einer gewöhnlichen Kamera durch das Aneinanderfügen zweier oder mehrerer Einzelaufnahmen, die unter Verwendung eines Stativs und eines Panoramakopfes hergestellt werden. Während sich diese Technik für die Aufnahme statischer Objekte als ausreichend erweist, ist sie für den Einsatz bei bewegten Objekten ungeeignet. Für derartige Situationen gibt es spezielle Panoramakameras mit einem Schwenkobjektiv. Das Objektiv dreht sich während der Aufnahme in vertikaler Achse um seinen Hauptpunkt und erfaßt dadurch einen Bildwinkel, der diagonal 140° beträgt. Der rotierende Zylinder, in dessen Mittelpunkt das Objektiv sitzt, enthält an seiner Vorderseite eine senkrechte spaltförmige Öffnung, die auf das Motiv gerichtet ist und an der Rückseite einen vertikalen Schlitz, der den Film belichtet. Die Belichtungszeit wird dadurch variiert, daß sich die Rotationsgeschwindigkeit des Zylinders verändert. Bedingt durch die kurze Brennweite von $f = 28$ mm und der größten Öffnung von 5,6 erübrigt sich eine Scharfeinstellung. Zur Vergrößerung der Schärfentiefe läßt sich das Objektiv auf 16 abblenden. Da die kürzeste Belichtungszeit nur $\frac{1}{250}$ s beträgt, können keine zu schnell bewegten Objekte unverzerrt damit aufgenommen werden. Es bietet sich aber die Möglichkeit, die Verzerrung absichtlich und bewußt gestalterisch einzusetzen.

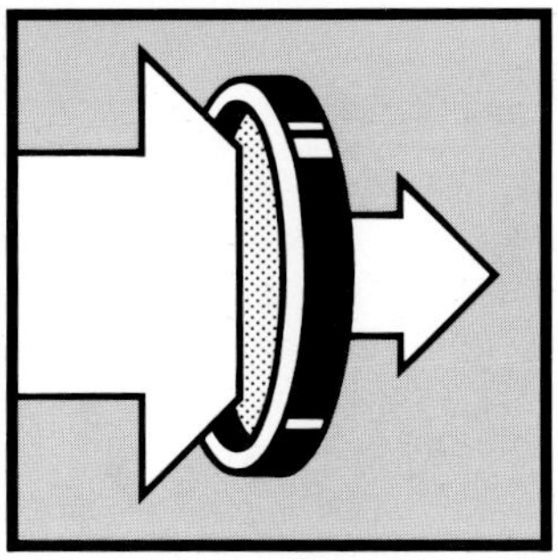

Aufnahmefilter: Sperr- Korrektur- u. Kontrastfilter

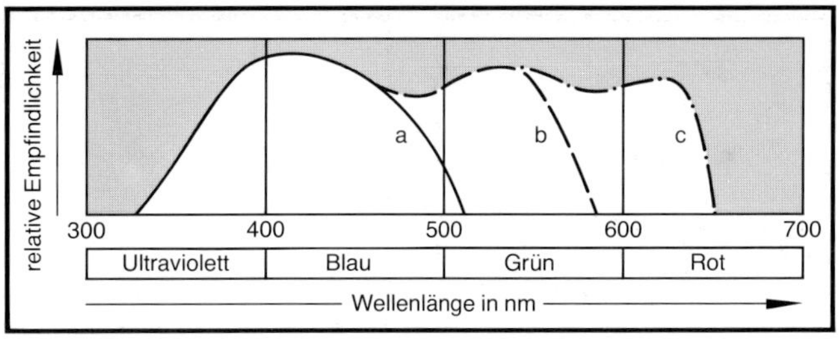

Schematische Darstellung der Sensibilisierungskurve eines a) unsensibilisierten, eines b) orthochromatischen und eines c) panchromatischen Films.

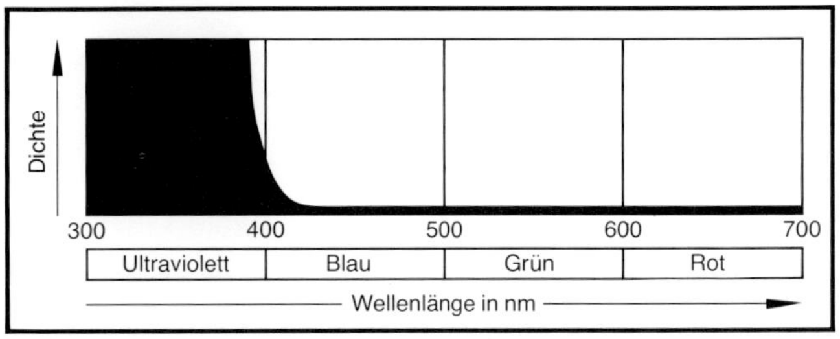

Schematische Darstellung der Absorptionskurve eines Ultraviolett-Sperrfilters.

Folgende Filtertypen finden in der Schwarzweißfotografie Anwendung:

1. UV-Sperrfilter
2. Korrekturfilter
3. Kontrastfilter
4. Polarisationsfilter
5. Infrarotaufnahmefilter
6. Effektfilter und Tricklinsen

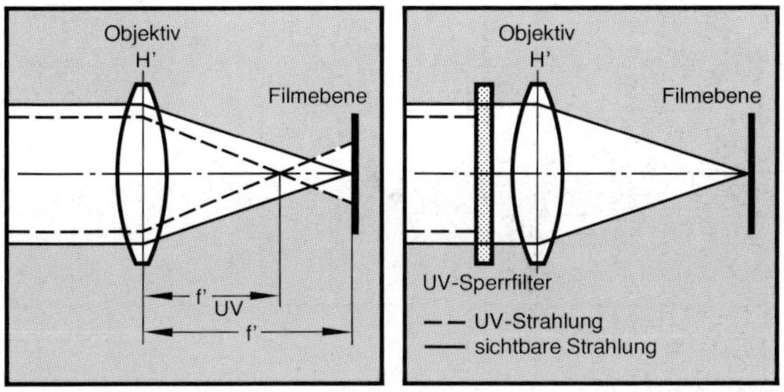

Links: Die Brennweitendifferenz zwischen UV- und sichtbaren Lichtstrahlen verursacht Unschärfen auf dem Film.

Rechts: Durch Vorschalten eines UV-Sperrfilters werden die UV-Strahlen absorbiert.

1. UV-Sperrfilter

Alle fotografischen Schichten sind für die dem Auge unsichtbaren ultravioletten Strahlen besonders empfindlich. Unter normalen Aufnahmeverhältnissen ist der UV-Anteil des Lichtes jedoch unerheblich. Erst in großen Höhen ab 1800 m und in nahezu staubfreier Luft an der See ist es notwendig, einen UV-Sperrfilter zu benutzen, da die kurzwelligen UV-Strahlen sonst ein dem eigentlichen Bild überlagertes, unscharfes Sekundärbild verursachen.

2. Korrekturfilter

In wenigen Fällen ist, wegen der nicht völlig naturgetreuen Farbwiedergabe der Negativmaterialien, eine Korrekturfilterung erforderlich. Bei Landschafts- und Architekturaufnahmen bildet der panchromatische Film im Positiv, aufgrund seiner dem Auge gegenüber zu hohen Blauempfindlichkeit, den Himmel etwas zu hell ab. Um das Grau des Himmels im Positiv dunkler wiederzugeben, muß zur Korrektur ein helles Gelbfilter eingesetzt werden. Farbfilter beeinflussen die Wiedergabe einer Farbe in der foto-

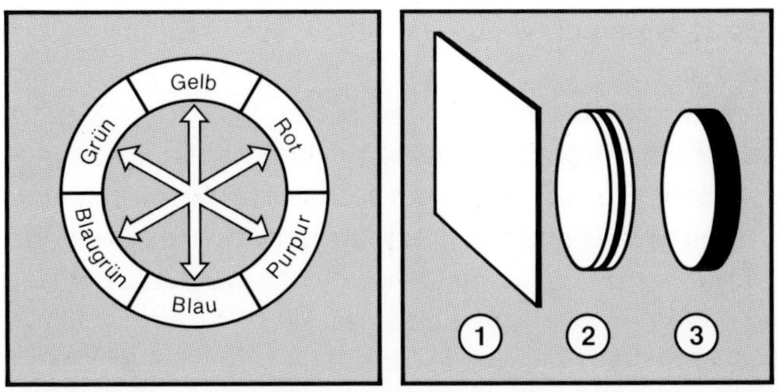

Links: Sechsteiliger Farbkreis mit den einander gegenüberliegenden Komplementärfarben.

Rechts: (1) Gelatinefilterfolie, (2) zwischen zwei planparallelen Glasscheiben gefaßte Filterfolie, (3) bereits in der Schmelze eingefärbte, planparallel geschliffene Filterscheibe.

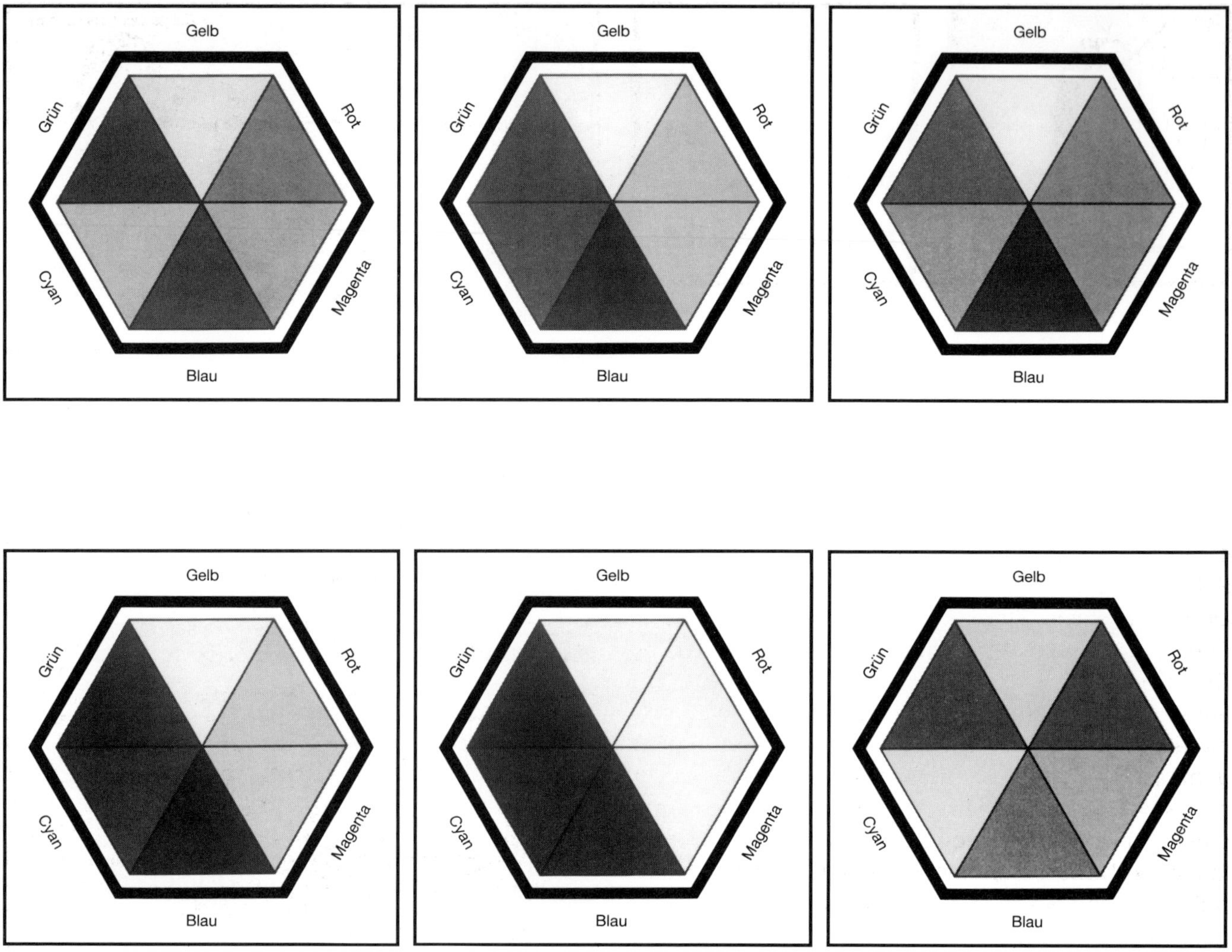

Sechs Vergleichsaufnahmen einer farbigen Vorlage auf panchromatischem Film. Von links nach rechts: 1. ohne Filter, 2. mit Gelbfilter, 3. mit Grünfilter, 4. mit Orangefilter, 5. mit Rotfilter und 6. mit Blaufilter.

grafischen Schicht derart, daß ihre Eigenfarbe im Positiv heller und ihre Komplementärfarbe dunkler wiedergegeben wird.

3. Kontrastfilter

Durch die Kontrastfilterung werden zwei komplementäre Farbtöne, die, in Schwarzweiß umgesetzt, in gleichen Grauwerten wiedergegeben würden, gut differenzierbar voneinander getrennt. Wenn zum Beispiel für die Werbung das Bild einer braungebrannten Badeschönheit vor blauem Himmel benötigt wird, ist es zur Unterscheidung der Grautöne, die in ihren Abstufungen normalerweise fast gleich erscheinen, notwendig, künstlich Kontraste zu schaffen. Bei Verwendung eines Blaufilters wird die Körperfarbe dunkler und der Himmel heller abgebildet. Soll der Himmel dunkler als der Hautton erscheinen, so wird durch einen Orangefilter fotografiert. In beiden Fällen kommt durch die Filterung eine deutlich wahrnehmbare Tontrennung zustande.

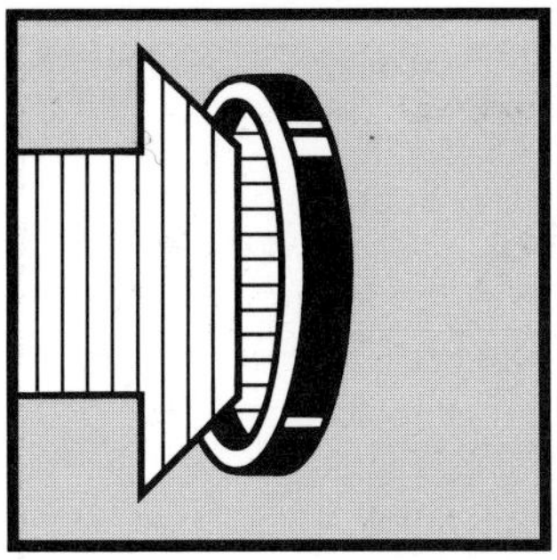

Polfilter

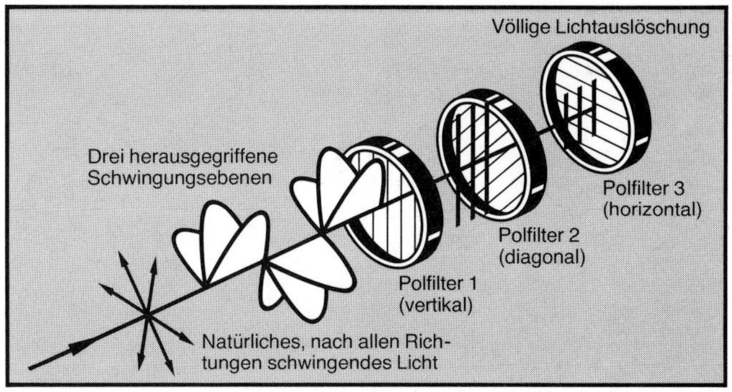

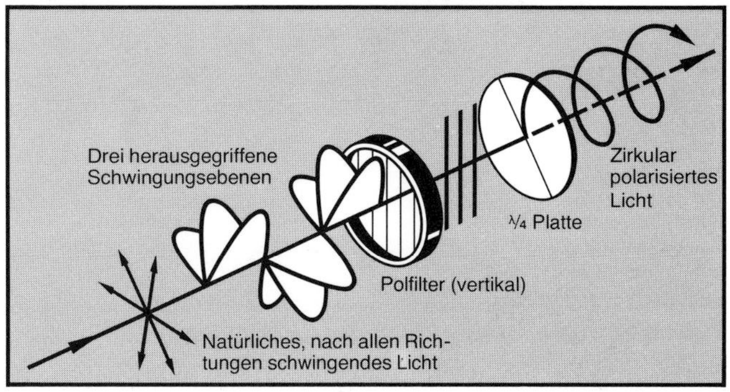

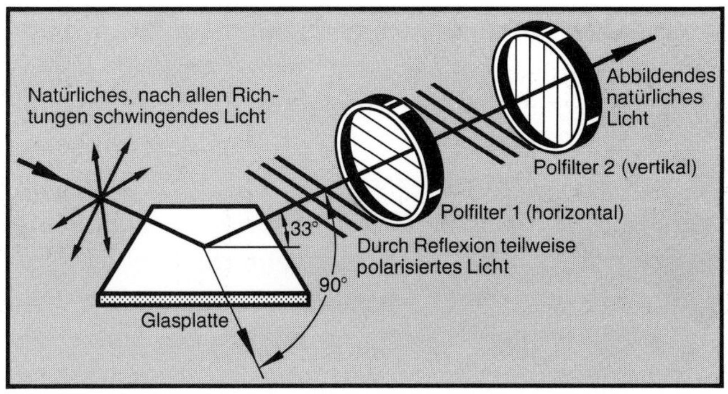

4. Polarisationsfilter

Polfilter beseitigen störende Reflexe auf glänzenden Oberflächen wie Glas, Email, Lack, poliertem Holz, Plastik und Wasser. Spiegelungen metallischer Oberflächen löschen sie nicht aus. Trifft Licht unter einem bestimmten Winkel auf eine spiegelnde nichtmetallische Oberfläche, so wird der reflektierte Teil ganz oder teilweise polarisiert. Die Polarisation tritt ein, wenn der gebrochene und der reflektierte Strahl einen Winkel von 90° zueinander bilden und der Ausfallswinkel des polarisierten Lichtes je nach Materialoberfläche 32–37° beträgt. Nur unter dieser Voraussetzung ist seine Löschung möglich. Durch ein unter 90° zur Schwingungsebene des polarisierten Lichtes angeordnetes Polfilter werden die Reflexe beseitigt. Abgebildet wird dann nur mit dem gewöhnlichen Licht. Der Grad der Reflexauslöschung wird durch ein Drehen des Polfilters vor dem Objektiv bei gleichzeitiger Sucherbildkontrolle bestimmt. Der Verlängerungsfaktor beträgt das 2- bis 3fache. SLR-Kameras, die hinter dem Umlenkspiegel noch einen zweiten Hilfsspiegel für den Belichtungsmesser oder den Autofokussensor besitzen, benötigen statt eines Linear- einen Zirkularpolfilter, dessen Wirkungsweise sich aber nicht von der oben beschriebenen unterscheidet. In jeder Kamerabedienungsanleitung wird auf den zu verwendenden Polfiltertyp hingewiesen.

Von oben nach unten:
Polarisation gewöhnlichen Lichtes durch Polfilter.

Schematische Darstellung der Funktionsweise eines Zirkularpolfilters.

Auslöschen von Reflexen auf einer Glasscheibe durch Polfilter.

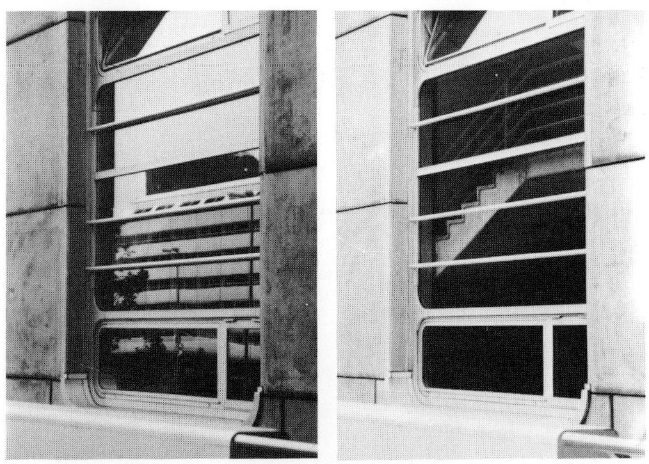

Die Spiegelung auf dem linken Bild wurde durch die Verwendung eines Polfilters beseitigt, so daß auf dem rechten Bild die Treppe sichtbar wird.

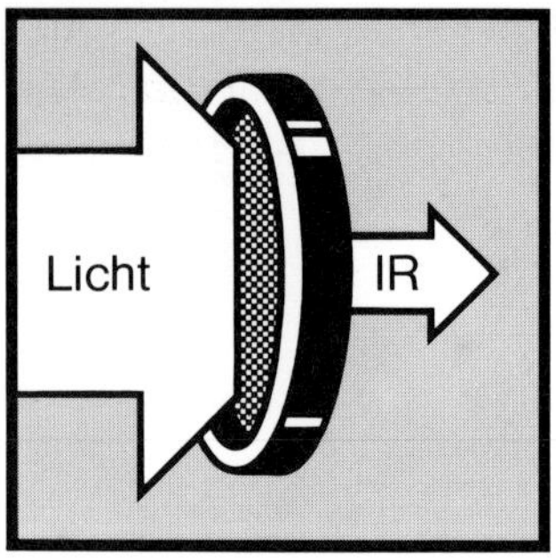

Infrarotfilter

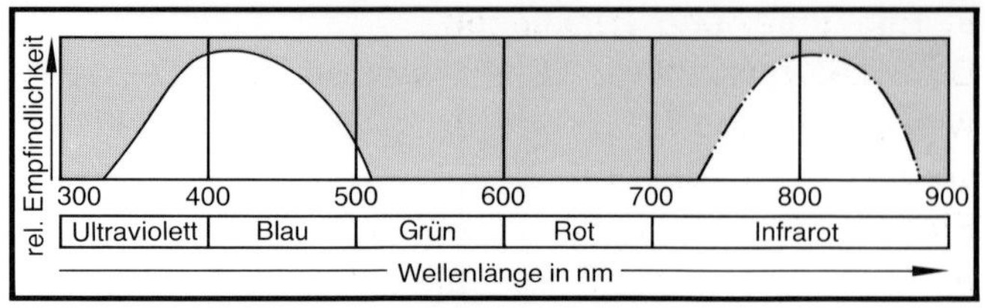

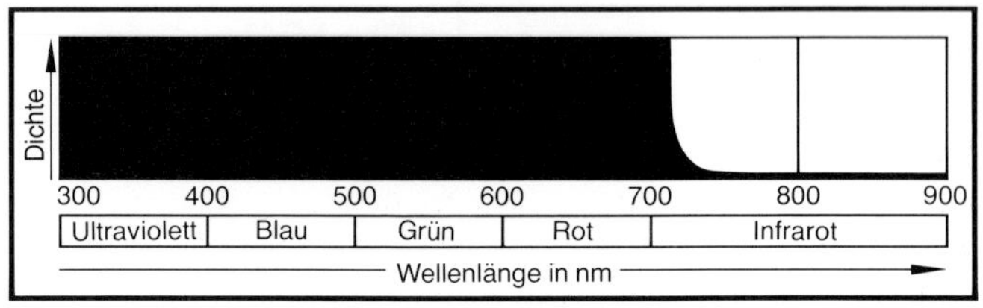

Schematische Darstellung der Sensibilisierungskurve eines Infrarotfilms.

Die Absorptionskurve eines Filters für Aufnahmen auf Infrarotfilm zeigt deutlich seine Undurchlässigkeit für Wellenlängen im sichtbaren Bereich bis zu 700 mm.

5. Infrarotaufnahmefilter

In der Fotografie können mit speziell sensibilisierten Filmen vom menschlichen Auge nicht wahrnehmbare Strahlen sichtbar gemacht werden. Infrarotfilme reagieren außer auf Blau auch auf langwellige Strahlen jenseits des sichtbaren Spektrums zwischen 700 und 1200 Nanometer. Da Infrarotstrahlen ungehindert atmosphärischen Dunst durchdringen, eignet sich das Material vor allem für Fern- und Luftbildaufnahmen sowie für die militärische Aufklärung. Bei der Aufnahme muß ein sehr dichtes Rotfilter (Schwarzfilter) benutzt werden, das alle kurzwelligen Strahlen des Spektrums absorbiert. Durch die starke Filterung gibt der Film die Farben verfälscht wieder. Im Positiv erscheint der blaue Himmel schwarz, das chlorophyllhaltige Blattgrün dagegen weiß. Durch die Verwendung des IR-Filters ergeben sich Belichtungszeiten, die je nach Filterdichte bis zu 100 mal länger sind als die normalen Zeiten. Bei der Scharfeinstellung tritt bei nicht apochromatischen Objektiven eine Fokusdifferenz auf, die eine Verlängerung der Bildweite um $^{3}/_{100}$ verlangt. Da die Lebensdauer des IR-Filmmaterials auf Grund seiner Empfindlichkeit für Wärmestrahlen sehr begrenzt ist, muß es bis zur Aufnahme unbedingt im Kühlschrank aufbewahrt und nach der Belichtung sofort bei völliger Dunkelheit verarbeitet werden.

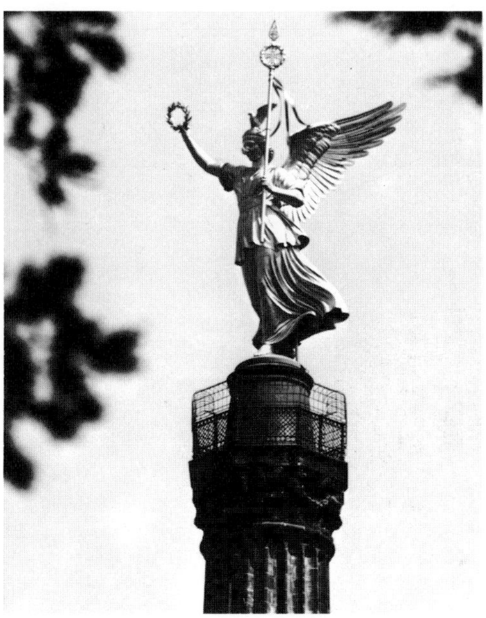

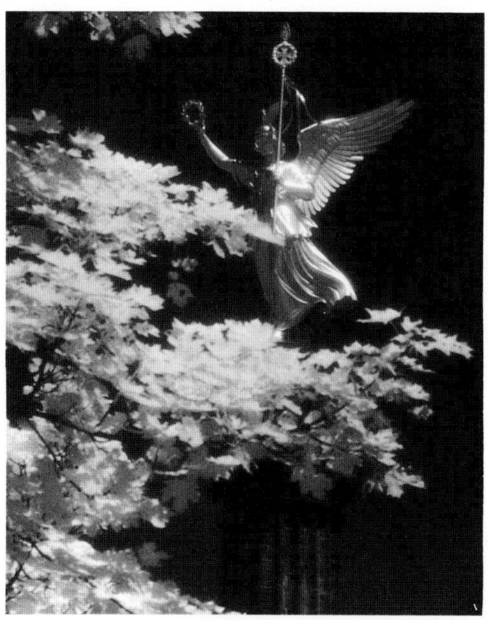

Die zwei Vergleichsaufnahmen wurden links auf panchromatischem und rechts auf Infrarotfilm unter Benutzung eines Infrarotaufnahmefilters aufgenommen.

6. Effektfilter und Tricklinsen

Darunter versteht man Filter oder optische Elemente wie Linsen und Prismen, die das Motiv vervielfacht, verzerrt oder verschiedenfarbig abbilden. Mit dem Einsatz dieser Filter sollte man sehr sparsam umgehen. So gagig die Resultate mit Effektfiltern oder Tricklinsen auch sein mögen, die eigene Bildidee ersetzen sie nicht.

Beschaffenheit der Aufnahmefilter

Die qualitativ besten, aber auch teuersten Filter bestehen aus Massivglas. Ihre Einfärbung erfolgt bereits bei der Glasschmelze. Sie sind planparallel geschliffen, poliert, mit einem Antireflexbelag beschichtet und bleichen nicht aus. Eine preiswertere Variante stellen zwischen zwei Glasscheiben eingefaßte Gelatine- oder Plastikfolienfilter dar. Sie reagieren jedoch empfindlicher auf Wärme und Feuchtigkeit und sind weniger farbstabil.
Filter sollten nur dann benutzt werden, wenn sie zur Tonwertverbesserung der Aufnahme beitragen. Grundsätzlich beeinflußt jedes zusätzlich vor ein Objektiv geschaltete optische Medium die Abbildungsqualität.
Da sich bei der Verwendung von Filtern, vor allem bei roten, eine nicht unerhebliche Fokusdifferenz bemerkbar macht, sollte stets mit vorgesetztem Filter scharf eingestellt werden. Mit Ausnahme von farblosen UV-Sperrfiltern absorbieren alle Filter Licht. Deshalb muß bei deren Benutzung die Belichtungszeit verlängert werden. Die für das Filter erforderliche Verlängerungszeit, die man als Filterfaktor bezeichnet, ist meistens in dessen Fassung graviert. Während TTL-Belichtungsmesser den Filterfaktor automatisch berücksichtigen, muß die mit einem Handbelichtungsmesser ermittelte Belichtungszeit mit dem Filterfaktor multipliziert werden.

Ermittlung des effektiven Verlängerungsfaktors

Der vom Hersteller in die Filterfassung gravierte Verlängerungsfaktor kann nur als durchschnittlicher Richtwert dienen. Der effektive Faktor ist je nach Aufnahmesituation verschieden und von der das Aufnahmelicht oder das Motiv beherrschenden Farbe abhängig. Je mehr die Motivfarbe oder das Aufnahmelicht der Komplementärfarbe des Aufnahmefilters entsprechen, desto höher wird der Verlängerungsfaktor. Er wird um so niedriger, je mehr die Motivfarbe und das Aufnahmelicht mit der Filterfarbe übereinstimmen. Es bleibt also dem Fotografen überlassen, zu beurteilen, ob das Motiv mit einem längeren oder kürzeren Faktor als dem vom Filterhersteller angegebenen aufzunehmen ist. Im Zweifelsfall sollte man eine Belichtungsreihe von drei Aufnahmen vornehmen. Das beste Resultat ist immer die Aufnahme, die an der Grenze zur Unterbelichtung liegt. Eine Überbelichtung macht jede Filterung zunichte.
Wie wird der effektive Verlängerungsfaktor ermittelt? Wenn zum Beispiel zur Mittagszeit die Meeresbrandung mit Klippen und prächtigen Haufenwolken aufgenommen werden soll, verwendet man, um die Brandung und die Wolken leuchtend hervorzuheben, ein dunkles Gelbfilter mit dem Verlängerungsfaktor 1,5–3. Das das Mittagslicht einen starken Blauanteil aufweist und die Motivfarbe, das Meer und der Himmel, auch Blau ist, muß bei Benutzung eines Gelbfilters, da Gelb die Komplementärfarbe zu Blau ist, der höhere der beiden angegebenen Werte benutzt werden. Statt die Belichtungszeit 3mal zu verlängern, verlängert man sie um das 4fache. Die gemessene Belichtungszeit beträgt bei Blende 11 $1/_{125}$ s. Multipliziert mit dem Faktor 4 ergibt das:

$$1/_{125}\,\mathrm{s} \times 4 = \frac{1 \times 4}{125}\,\mathrm{s} = \frac{1}{30}\,\mathrm{s}$$

Das Öffnen der Blende um 2 Stufen entspräche ebenfalls einer Berücksichtigung des Filterfaktors von 4.
Glichen hingegen die Farben des Aufnahmelichtes und des -objektes der Filterfarbe, käme man mit einem niedrigeren als dem angegebenen Verlängerungsfaktor aus.

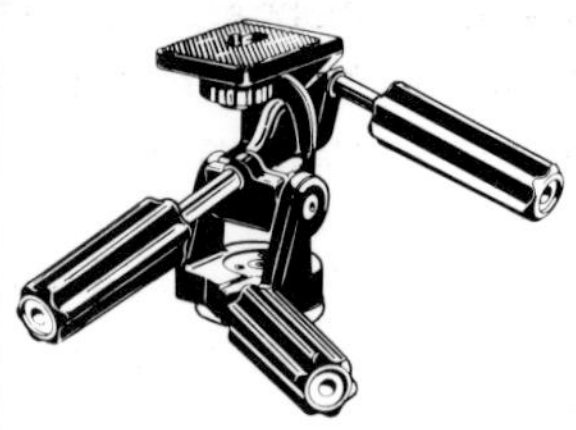

Kamera-zubehör

Gegenlichtblenden
Die Gegenlichtblende soll Kontrastverlust verursachende Überstrahlungen und Reflexe von der Frontlinse des Objektivs fernhalten. Sie schützt das Objektiv aber auch vor Regen und Schnee. Da man sie grundsätzlich bei jeder Tages- oder Kunstlichtaufnahme verwenden sollte, gehen einige Hersteller erfreulicherweise dazu über, sie in den Objektivtubus, aus dem sie sich teleskopartig herausziehen läßt, zu integrieren. Als separates Zubehör ist sie als Aufsteck-, Einschraub- oder Teleskopblende aus Gummi oder Metall und als ein vor das Objektiv zu setzendes Balgenkompendium mit vielfältigen Anwendungsmöglichkeiten erhältlich. Damit keine Vignettierung entsteht, muß die freie Öffnung der Sonnenblende mit dem Bildwinkel des benutzten Objektivs übereinstimmen.

Drahtauslöser
Zum erschütterungsfreien Auslösen der auf ein Stativ montierten Kamera ist bei langen Belichtungszeiten ein Drahtauslöser unerläßlich. Am sichersten und praktischsten sind Drahtauslöser von mindestens 50 cm Länge mit einer Feststellschraube für längere Zeitbelichtungen.

Stative
Für Aufnahmen, die längere Belichtungszeiten als $1/30$ s erfordern, muß zur Vermeidung von Verwacklungsunschärfe unbedingt ein Stativ benutzt werden. Wenn mit längeren Brennweiten als dem Standardobjektiv gearbeitet wird, empfiehlt es sich sogar, selbst bei kürzeren Belichtungszeiten als $1/30$ s ein Stativ zu verwenden. Stative erfüllen allerdings nur dann ihren Zweck, wenn sie solide und schwingungsfrei gebaut sind. Das bedingt leider eine gewisse, nicht immer handliche Baugröße. Der Vorteil des größeren und schwereren Stativs wirkt sich jedoch unverkennbar auf die Qualität der Aufnahmen aus.
Tischstative sind kleine, aber sehr solide zusammenlegbare Stative, die sich sehr gut für Innen-, Außen- und Nahaufnahmen eignen. Die ebenfalls recht soliden Baumstative lassen sich mit einer schraubzwingenartigen Klemm- und/oder Holzschraube leicht an den unterschiedlichsten Gegenständen befestigen.
Schulterstative eignen sich besonders gut für Sportreportagen und Tieraufnahmen mit langen Brennweiten und in allen Situationen, in denen das Aufstellen eines normalen Stativs nicht möglich oder nicht gestattet ist.

Kugelgelenk- und Kinoneigeköpfe
Sie sind eine notwendige Ergänzung für jedes Stativ, da sie Aufnahmen aus jedem Blickwinkel ermöglichen. Die Größe und Stabilität des Kugelgelenk- oder Kinoneigekopfes sollte stets dem Gewicht und Volumen der damit verwendeten Kamera angepaßt sein.

Hand- und Formgriffe
Sie erleichtern die Handhabung der Kamera und bieten einen festen Halt. Meistens sind sie so gestaltet, daß sich mit einem Finger der haltenden Hand der Drahtauslöser oder eine entsprechende Auslöserbrücke leicht betätigen läßt.

Zwischenringe und Balgeneinstellgeräte
Das einfachste Hilfsmittel für die Verlängerung der Bildweite bei Nahaufnahmen sind Zwischenringe. Bei Automatikzwischenringen bleibt sogar die Springblendenautomatik des Objektivs voll erhalten. Sie werden zwischen das auswechselbare Objektiv und das Kameragehäuse gesetzt. Ihre Verwendung beschränkt sich allerdings auf SLR-Kameras, die entweder mit einem Schlitzverschluß oder mit einem in jedes Objektiv eingebauten Zentralverschluß ausgestattet sind. Durch die Kombination verschieden langer Zwischenringe läßt sich jede erforderliche Auszugsverlängerung erzielen. Die exakte Scharfeinstellung wird am Schneckengang des Objektivs vorgenommen, nachdem vorher durch Veränderung des Abstands zwischen der Kamera und dem Objekt

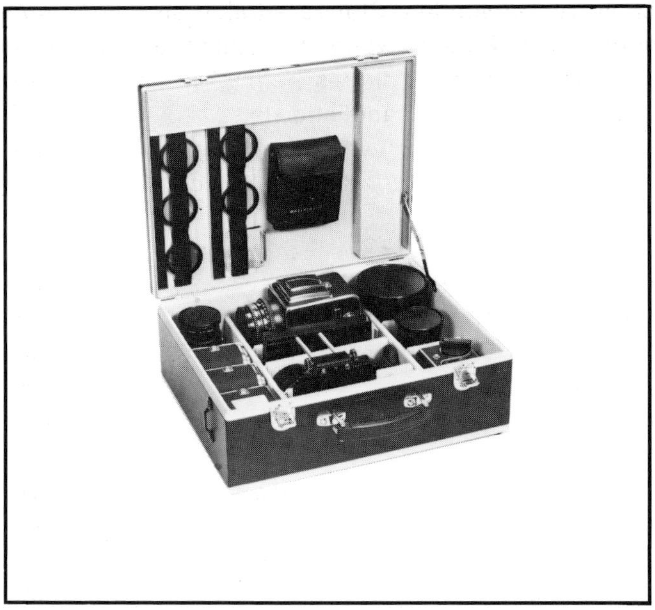

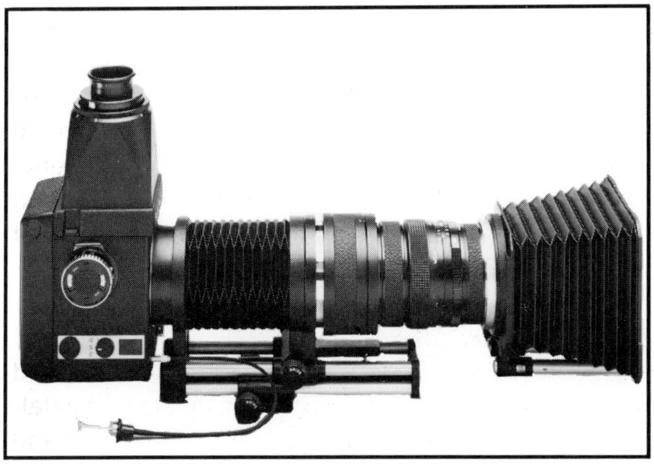

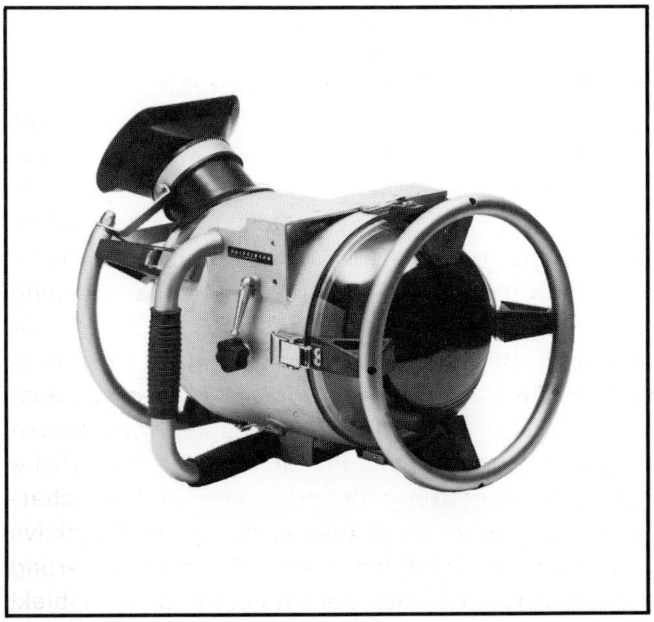

die Schärfe grob ermittelt wurde. Kontinuierlich veränderbare Abbildungsmaßstäbe innerhalb eines weiten Abbildungsbereichs lassen sich sehr bequem mit einem Balgeneinstellgerät überbrücken. Dieses handliche Gerät ist vielseitig verwendbar und kann für Aufnahmen aus der Hand, vom Stativ und am Reprogestell benutzt werden. Seine Anwendungsmöglichkeit erstreckt sich je nach der benutzten Brennweite von Unendlich bis zum Makrobereich. Eine spezielle Version erlaubt sogar eine Höhen- und Seitenverstellung der Objektivstandarte sowie eine Schwenkung des Objektivs in der optischen Achse. Mit Hilfe dieses Balgeneinstellgerätes läßt sich selbst mit einer Kleinbild- oder Mittelformatkamera die sonst nur mit der Fachkamera auszuführende Perspektivekorrektur oder Einstellung nach Scheimpflug vornehmen.

Winder und Motorantrieb

Beim Winderbetrieb transportiert der von Batterien gespeiste Motor den Film und spannt den Verschluß, wodurch die Schußbereitschaft der Kamera in begrenztem Umfang erhöht wird.

Motorantriebe dagegen gestatten eine Belichtungsfrequenz von ca. 3 bis 9 Bildern pro Sekunde und lassen sich sowohl für Einzelbilder als auch für Serienaufnahmen verwenden. Für die Industrie-, Sport-, Tier-, Werbe- und wissenschaftliche Fotografie werden sie deshalb zu einem unentbehrlichen Hilfsmittel. Sie eignen sich vor allem zur Registrierung und Dokumentation von Vorgängen, die entweder in kurz aufeinanderfolgenden Zeitabständen oder über längere Intervalle festgehalten werden sollen.

Infrarot- und Funkfernauslöser

In Situationen, in denen die aufzunehmenden Objekte oder Abläufe ein Auslösen an Ort und Stelle nicht zulassen, bedient man sich einer Infrarot- oder Funkfernsteuerung und -auslösung. (Funkgesteuerte Fernauslöser bedürfen in einigen Ländern einer Lizenz.) Fernauslöser in Verbindung mit einem Motorantrieb erlauben Einzel- oder intervallgesteuerte Se-

Metallkamerakoffer von Hasselblad. Foto: Hasselblad.

Rolleiflex SLX mit Lupensucher, Balgeneinstellgerät, Zwischenring, Objektiv und verstellbarer Kompendium-Gegenlichtblende.

Unterwassergehäuse für die Hasselblad 500 EL/M für Tauchtiefen bis zu 200 Metern. Foto: Hasselblad.

rienaufnahmen auf Distanzen bis zu 60 m kabellos über einen IR- und bis zu 300 m über einen Funksender.

Unterwasserkameragehäuse

Eine Alternative zu den Spezialunterwasserkameras mit ihren druckfesten seewasserbeständigen Kamerakörpern sind die Unterwassergehäuse, die für die bekanntesten Kleinbild- und Mittelformatkameras angeboten werden. Mit ihnen kann man unter Verwendung der normalen Kamera in Tiefen bis zu 100 m die Bildbetrachtung, die Scharf-, Blenden- und Zeiteinstellung, das Auslösen und den Filmtransport unter Wasser vornehmen. Selbst Unterwasserblitzgeräte stehen dafür zur Verfügung.

Kamerataschen und -koffer

Zum Transport und Schutz gegen Staub, Nässe und mechanische Beschädigungen gibt es für jeden Kameratyp eine Bereitschaftstasche. Leider steht deren verchromte und modische Eleganz oft im umgekehrten Verhältnis zu ihrer Zweckmäßigkeit. Außerdem signalisieren die auffällig angebrachten Herstellernamen dem potentiellen Dieb, daß es sich lohnt, zuzugreifen. Wer mit mehr als einer Kamera und umfangreichem Zubehör arbeitet, wird daher seine Ausrüstung in einer größeren, möglichst unauffälligen und stabilen Umhängetasche unterbringen. Dabei sollte die Kamera mit Wechselobjektiven und Zubehör so übersichtlich und so gut geschützt wie möglich verstaut und dennoch jederzeit schnell griffbereit sein. Für Mittel- und Großformatkameras kommen nur robuste, sicher gepolsterte Aluminium- oder Holzkoffer in Frage. Je unauffälliger Kamerataschen und -koffer aussehen, desto sicherer sind sie!

Wichtig ist außerdem, daß, besonders unter südlicher Sonne, der Koffer wegen des darin entstehenden enormen Hitzestaues auf keinen Fall schwarz sein darf.

Reinigungsutensilien

Staub, Schmutz, Feuchtigkeit und Fingerabdrücke auf Linsenoberflächen werden sich trotz größter Vorsicht nicht immer vermeiden lassen. Man sollte daher stets einen Staubpinsel, Wildlederlappen und – wenn genügend Platz vorhanden ist – eine kleine Druckluftflasche zur Kamerareinigung mit sich führen. Besonders vorteilhaft sind Objektivpinsel mit eingebauter Pustevorrichtung. Fingerabdrücke auf optischen Elementen ätzen sich innerhalb kürzester Zeit in das Glas ein. Sie müssen daher sobald als möglich durch Anhauchen der Glasoberfläche und Abwischen mit einem sauberen Wildlederlappen entfernt werden.

Filterfarbe	Filterwirkung im Positiv	Anwendungsbereich	Verläng.-Faktor
Gelbhell	Blau etwas dunkler, gelbliche Töne leicht aufgehellt	Zur Farbkorrektur. Bei Landschaften Betonung des Wolkenhimmels. Kräftigere Schatten im Schnee	ca. 1,5
Gelbdunkel	Noch betonter als bei Gelbhell	Zur Farbkorrektur. Universalfilter bei Landschaftsaufnahmen für Wolkenwiedergabe und Hervorhebung der Schatten bei Schneeaufnahmen	ca. 1,5 bis 3
Gelbgrün	Blau und Rot etwas dunkler, Gelb und Grün aufgehellt	Ähnlich wie bei Gelbdunkel. Porträts im Freien	ca. 2 bis 3
Grün	Rot und Blau dunkler, Gelb und Grün heller	Wie bei Gelbgrün, besonders für Landschaftsaufnahmen mit viel Grün	ca. 3 bis 4
Orange	Blau sehr dunkel, Grün etwas dunkler, gelbrötliche Töne heller	Zur Kontrastfilterung, nimmt bei Landschaftsfernaufnahmen Dunst weg. Sehr betonte Wolkenwiedergabe	ca. 3 bis 5
Rot	Grün und Blau sehr dunkel, Gelb- und Rottöne wesentlich heller	Zur stärkeren Kontrastfilterung. Bei Fernsichten noch stärkere Wirkung als bei Orange. Bei wolkenlosem Himmel leichter Nachteffekt	ca. 8
Blau	Gelb und Rot dunkler, Blau heller	Korrekturfilter, bei Kunstlicht für Porträtaufnahmen. Bei Nebelaufnahmen Verstärkung der Nebelwirkung	ca. 1,5
UV-Sperr	Vermeidung eines unscharfen Bildes	In Höhenlagen über 1800 m und in staubfreier Luft, wie Strand und Wüste	0
Polfilter	Auslöschung störender Reflexe	Schaufensterdekorationen, Nichtmetallische Gegenstände mit spiegelnder Oberfläche	ca. 2,5 bis 3
Infrarot*)	Blau kommt tiefschwarz, Pflanzengrün weiß, Rot sehr hell	Spezialfilter für Fernaufnahmen, Dunst wird durchdrungen, bei Tageslicht Nachteffekt	ca. 100
*) Nur in Verbindung mit IR-Material zu benutzen!			

Tabelle der Filterwirkung verschiedenfarbiger Filter auf die Farbwiedergabe im fotografischen Positiv und die erforderlichen Verlängerungsfaktoren.

2

Das Negativ

NEGATIV

Eigenschaften und Aufbau

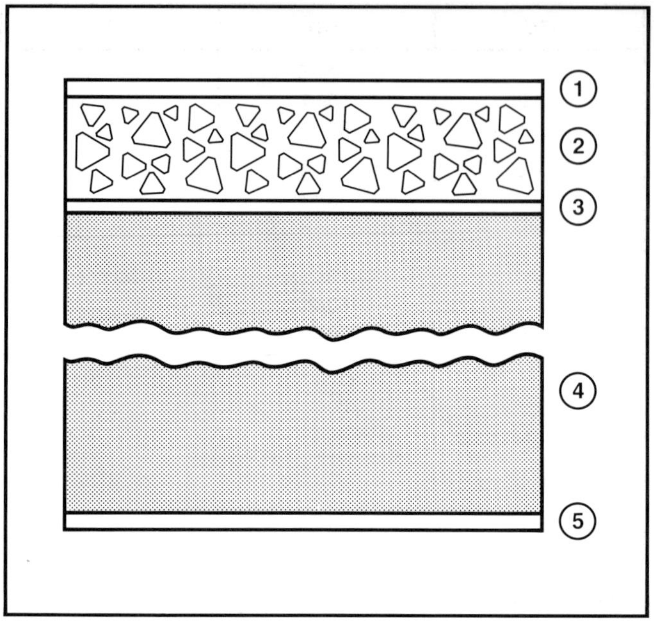

Schematische Darstellung des Schichtaufbaues eines Schwarzweißnegativfilms: (1) Gelatineschutzschicht, (2) Emulsionsschicht, (3) Haftschicht, (4) Schichtträger, (5) dunkel eingefärbte Lichthofschutzschicht bei Roll- und Planfilmen.

Die Qualität einer Aufnahme wird nicht allein von der Güte des Objektives und der Kamera, sondern in gleichem Maße von der des verwendeten Negativmaterials und dessen Verarbeitung bestimmt. Um die richtige Wahl treffen zu können, muß man die Eigenschaften, Abhängigkeiten und Verwendungsmöglichkeiten eines Aufnahmematerials kennen.

Die lichtempfindliche Schicht des Films besteht aus in Gelatine eingebetteten Silberhalogeniden (Bromsilberkristallen). Die Größe und Verteilung der Halogensilberkristalle und deren Beimischungen in der Emulsion bestimmen den Charakter des Negativmaterials. Pro m^2 kann eine fotografische Schicht bei einer Dicke von 0,007 mm bis 0,013 mm zwischen 3 g bis 10 g Silberhalogenid enthalten. Die Größe der einzelnen Bromsilberkristalle beträgt je nach der Lichtempfindlichkeit 0,0002 mm bis 0,0020 mm. Durch eine auf den Schichtträger aufgetragene Haftschicht ist die Emulsion mit dem Zellulose-Azetatfilm oder dem maßhaltigeren Polyesterfilm verbunden. Eine zusätzliche Schicht aus gehärteter Gelatine schützt die Oberfläche der Emulsion vor mechanischen Beschädigungen. Auf der Rückseite des Schichtträgers ist zur Verringerung des Reflexionslichthofes eine eingefärbte Gelatine-Lichthofschutzschicht angebracht, die zugleich als Anticurl- (gegen den Drall) und Antistatik- (staubabweisende) Schicht dient.

Die Qualitätskriterien der Negativmaterialien sind:

1. Allgemeinempfindlichkeit
2. Spektral- oder Farbempfindlichkeit
3. Gradation
4. Körnigkeit
5. Auflösungsvermögen und Kontrastwiedergabe
6. Konturenschärfe
7. Lichthoffreiheit

1. Allgemeinempfindlichkeit

Die Bestimmung der Lichtempfindlichkeit einer Emulsion geschieht nach zwei genormten Meßverfahren. International üblich ist die ISO-Angabe (International Standards Organization). In Deutschland gilt die DIN-Angabe (Deutsche Industrie Norm). Die heute übliche Schreibweise für die Filmempfindlichkeit ist:

ISO 100/21°
= ASA 100/21 DIN

Bei einer Differenz von 3° DIN verdoppelt oder halbiert sich die Empfindlichkeit einer Emulsion. Das heißt, ein Film von ISO 100/21° ist doppelt so empfindlich wie ein Film von ISO 50/18°, eine Emulsion von ISO 25/15° hingegen nur halb so empfindlich wie eine von ISO 50/18°. Außerdem entspricht die Differenz von 3° DIN einem Blendenwert oder einem Belichtungszeitintervall. Zum Beispiel:

ISO 100/21° = Blende 11 und $\frac{1}{250}$ s
ISO 50/18° = Blende 11 und $\frac{1}{125}$ s
ISO 25/15° = Blende 11 und $\frac{1}{60}$ s

ISO	ISO	ISO
1/1° 1,25/2° 1,5/3°	32/16° 40/17° 50/18°	1000/31° 1250/32° 1600/33°
2/4° 2,5/5° 3/6°	64/19° 80/20° 100/21°	2000/34° 2500/35° 3200/36°
4/7° 5/8° 6/9°	125/22° 160/23° 200/24°	4000/37° 5000/38° 6400/39°
8/10° 10/11° 12/12°	250/25° 320/26° 400/27°	8000/40° 10000/41° 12500/42°
16/13° 20/14° 25/15°	500/28° 650/29° 800/30°	16000/43° 20000/44° 25000/45°

Filmempfindlichkeitstabelle nach ISO.

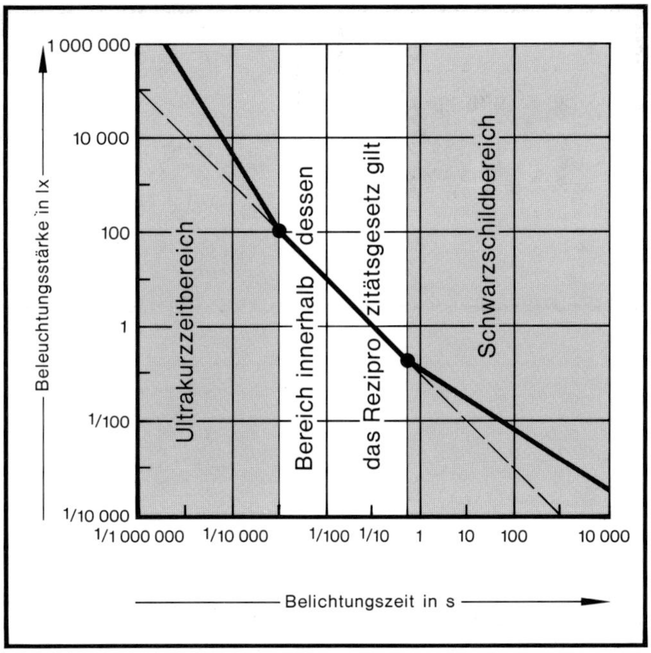

Abweichungen vom Reziprozitätsgesetz (nach G. Schröder, aus: Technische Fotografie).

oder

ISO 100/21° = Blende 11 und 1/250 s
ISO 50/18° = Blende 8 und 1/250 s
ISO 25/15° = Blende 5,6 und 1/250 s

Grundsätzlich beeinflußt die Allgemeinempfindlichkeit alle übrigen Eigenschaften einer Aufnahmeemulsion. Eine höhere Empfindlichkeit bedeutet zwar, daß man kürzer belichten oder stärker abblenden und damit die Schärfentiefe vergrößern kann. Dafür müssen aber gröberes Korn, ein geringeres Auflösungsvermögen und eine herabgesetzte Konturenschärfe in Kauf genommen werden.

Schwarzschildeffekt

Nach dem von Robert Bunsen (1811–1899) und Sir Henry Roscoe (1833–1915) 1859 aufgestellten Reziprozitätsgesetz entspricht dem Produkt von Intensität mal Zeit immer das gleiche Belichtungsresultat. Eine Belichtung mit hoher Intensität und kurzer Zeit verursacht danach die gleiche Schwärzung auf dem Film, wie eine Belichtung mit geringer Intensität und langer Zeit.

Für fotografische Materialien trifft das allerdings nur in einem begrenzten Umfange zu. Wie der Astronom Karl Schwarzschild (1873–1916) mit dem nach ihm benannten Effekt 1899 entdeckte, rufen sehr niedrige Intensitäten, sehr lange aufgestrahlt, nicht die gleiche Schwärzung hervor, wie normale Intensitäten bei normalen Zeiten. Ebenso verhält es sich, wenn sehr hohe Intensitäten nur sehr kurze Zeit auf den Film einwirken. In diesem Falle spricht man von dem sogenannten Ultrakurzzeiteffekt. Das Belichtungsresultat, die Schwärzung auf dem Film, entspricht in beiden Fällen nicht dem normalerweise zu erwartenden. Das Schwarzschildverhalten fotografischer Emulsionen verlangt, wenn Negative normaler Gradation angestrebt werden, neben der Verlängerung der Belichtungszeit auch eine Korrektur der Entwick-

Korrektur des Schwarzschildeffektes bei handelsüblichen Schwarzweißfilmen

Gemessene Bel.-Zeit (Sekunden)	Erforderliche Bel.-Zeit (Sekunden)	Oder Korrektur der Blende	Resultierende Entwickl.-Zeit-korrektur
1/100000	–	um 1 Blende öffnen	20% länger
1/10000	–	um ½ Blende öffnen	15% länger
1/1000	–	–	10% länger
1/100	–	–	–
1/10	–	–	–
1	2	um 1 Blende öffnen	10% kürzer
10	50	Um 2 Blenden öffnen	20% kürzer
100	1200	Um 3 Blenden öffnen	30% kürzer

Korrektur des Schwarzschildverhaltens bei Schwarzweißnegativmaterialien.

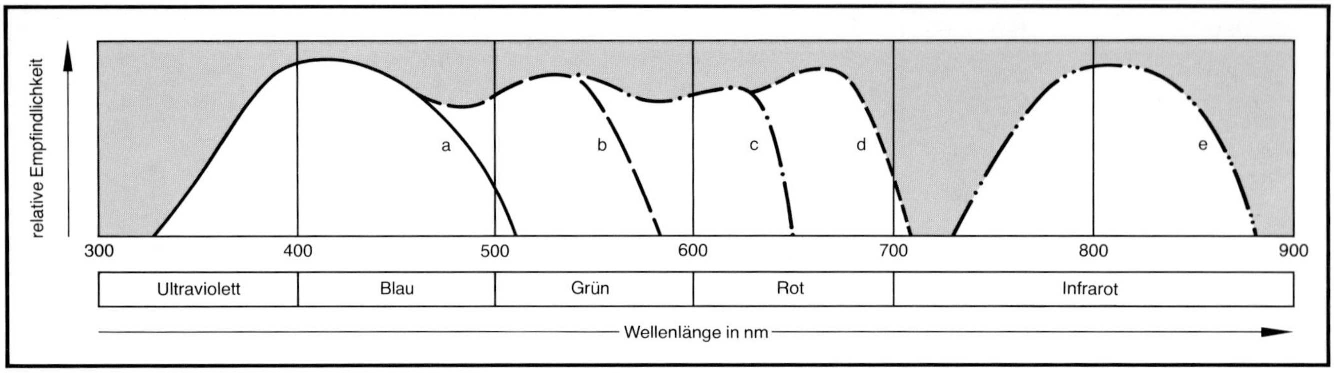

Schematische Darstellung der spektralen Empfindlichkeit: eines a) unsensibilisierten, b) orthochromatischen, c) panchromatischen, d) superpanchromatischen und e) infrarotsensibilisierten Aufnahmematerials.

lungszeit. Die vorangegangenen Grafiken und Tabellen geben darüber Auskunft.

2. Spektral- oder Farbempfindlichkeit

Von Natur ist Bromsilber nur für ultraviolettes, violettes, blaues und blaugrünes Licht empfindlich. Erst durch die Beimischung geeigneter Farbstoffe zur Emulsion, der sogenannten Farbsensibilisierung, wird die Empfindlichkeit des Bromsilbers auf die langwelligeren, übrigen Farben des Spektrums ausgedehnt.
Grundsätzlich unterscheidet man zwischen vier verschiedenen Aufnahmeemulsionen:

a) Unsensibilisierte, nur blauempfindliche Filme werden überwiegend in der Reprografie als sogenannte Line- und Lithfilme zur Reproduktion schwarzweißer Strichvorlagen benutzt. Sie können bei Dunkelkammerlicht verarbeitet werden.

b) Orthochromatische, blau- und grünempfindliche Filme eignen sich als spezielles Porträtaufnahmematerial, weil sie die roten Hauttöne – in Grauwerte umgesetzt – dunkler wiedergeben. Als Kleinbild- und Rollfilm sind sie auch als hochauflösende sogenannte Dokumentenfilme für Strichreproduktionen erhältlich. Überwiegend werden sie in der Reprografie verwendet. Sie können bei Dunkelkammerlicht verarbeitet werden.

c) Panchromatische, blau-, grün- und rotempfindliche Filme finden als universelles Aufnahmematerial für sämtliche Arbeitsbereiche Anwendung. Ihre Verarbeitung muß bei völliger Dunkelheit stattfinden.

d) Infrarot und blauempfindliche Filme sind unter gleichzeitiger Benutzung von alle kurzwelligen Strahlen absorbierenden Sperrfiltern für besondere Aufnahmetechniken und -effekte geschaffene Materialien, die nur bei völliger Dunkelheit verarbeitet werden dürfen.

3. Gradation

Unter der Gradation eines fotografischen Materials versteht man die Eigenschaft, wie es die Helligkeitsabstufungen des Objektes in der Natur auf dem Negativ wiedergibt. Man bezeichnet eine Gradation als normal, wenn die Kontraste im Negativ genauso abgestuft erscheinen, wie sie bei dem realen Objekt sind. Bei einer härteren Gradation macht sich gegenüber dem realen Objekt eine Steigerung der Kontraste bemerkbar, während sie sich bei einer weicheren Gradation verringern. Die Gradation stellt keine unveränderliche Konstante dar, vielmehr ist sie abhängig von:

der Negativemulsion,
dem Objektkontrast,
der Beleuchtung,
der Belichtung und
der Entwicklung.

Die Gradation einer Emulsion wird bereits bei der Herstellung festgelegt. Der Objektkontrast, der von dem Reflexionsvermögen des Objektes bestimmt wird, kann durch die Beleuchtung stark beeinflußt werden. Je nachdem, ob das Objekt mit gerichtetem, harten, oder diffusem, weichen Licht angestrahlt wird, verändert sich der Kontrastumfang. Als Kontrastumfang bezeichnet man den Helligkeitsunterschied zwischen der hellsten und der dunkelsten Stelle des Motivs. Eine Überbelichtung führt zu steilerer, eine Unterbelichtung zu flacherer Gradation. Das gleiche gilt für eine zu lange oder zu kurze Entwicklung, eine zu hohe oder zu niedrige Entwicklertemperatur und für zu häufiges oder zu seltenes

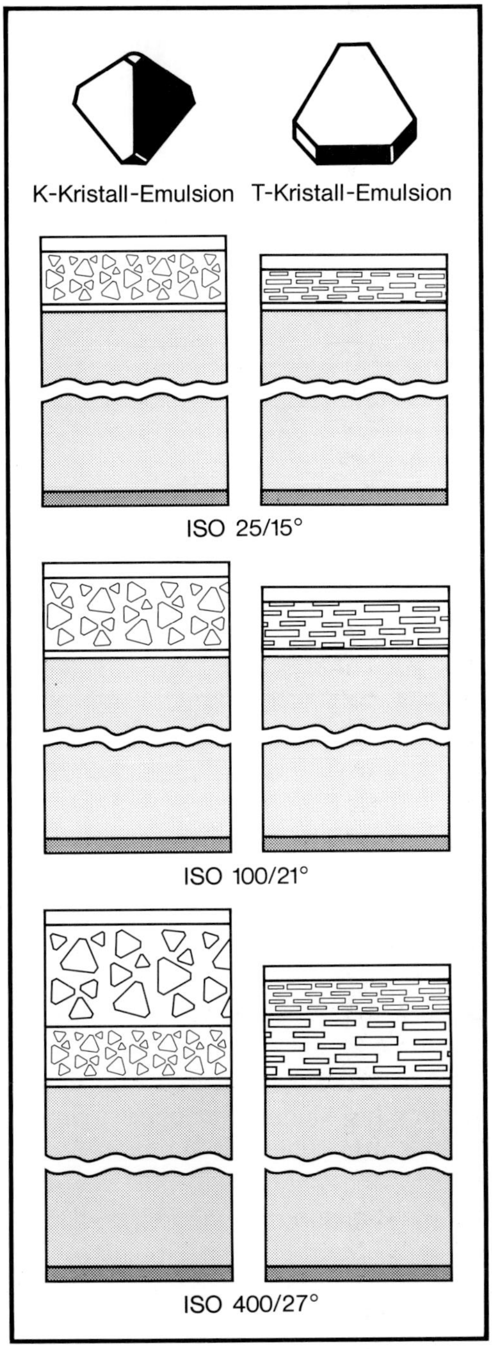

Gegenüberstellung konventioneller, kubischer K-Kristalle und der seit Beginn der 80er Jahre eingeführten tafelförmigen T-Kristalle bei fotografischen Emulsionen: Durch die flach übereinander ausgerichtete Anordnung tafelförmiger Kristalle gleicher Oberflächengröße konnten die Schichten bei gleicher Lichtempfindlichkeit dünner gehalten und die Schärfe durch Verringerung des Diffusionslichthofes verbessert werden. Bei Mehrfachschichten wurde außerdem die Schichtenfolge umgekehrt, was eine Verringerung der Körnigkeit zur Folge hatte.

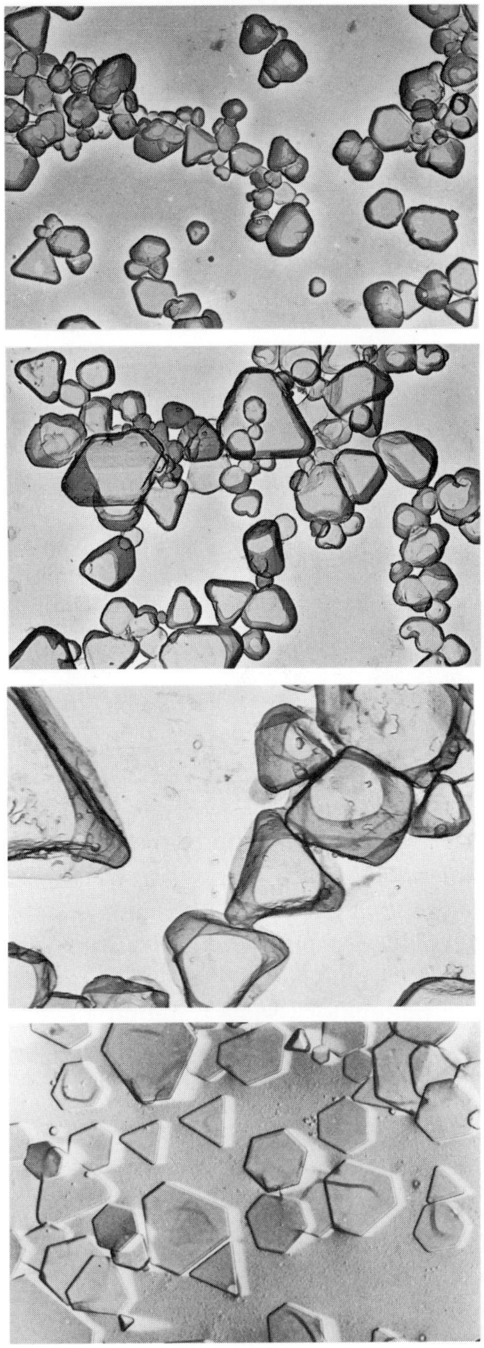

Elektronenmikroskopische Aufnahmen einer, (von oben nach unten) geringempfindlichen, normalempfindlichen und hochempfindlichen K-Kristallemulsion: Die unterste Abbildung zeigt eine hochempfindliche T-Kristallemulsion mit tafelförmigen Silberhalogenidkristallen. Fotos: Agfa-Gevaert (3) und Kodak AG.

Bewegen während des Entwicklungsprozesses.

4. Körnigkeit

Als Körnigkeit bezeichnet man die Struktur des entwickelten Silberbildes in der fotografischen Schicht. Bei zu starken Vergrößerungen wird sie oft in Form zusammengeballter, entwickelter Silberpartikel sichtbar. Die Körnigkeit steht in direkter Beziehung zur Allgemeinempfindlichkeit und ist um so größer, je lichtempfindlicher eine Schicht ist. Die Belichtung und Entwicklung üben einen bedeutenden Einfluß auf die Körnigkeit aus. Überbelichtung und Überentwicklung verursachen eine erhebliche Vergröberung.

5. Auflösungsvermögen und Kontrastwiedergabe

Das Auflösungsvermögen einer fotografischen Schicht wird in Linien pro Millimeter angegeben. Zur Bestimmung des Auflösungsvermögens werden schwarzweiße Linienrastervorlagen stark verklei-

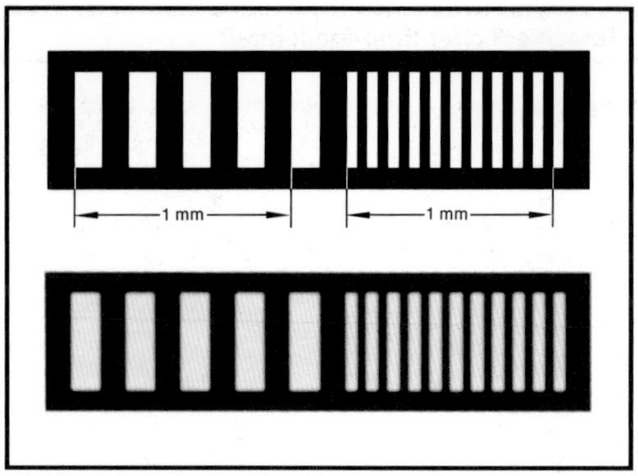

Links: Linienraster (oben) mit einem hochauflösenden und kontrastreichen Film und (unten) einen Film von geringerer Qualität aufgenommen.

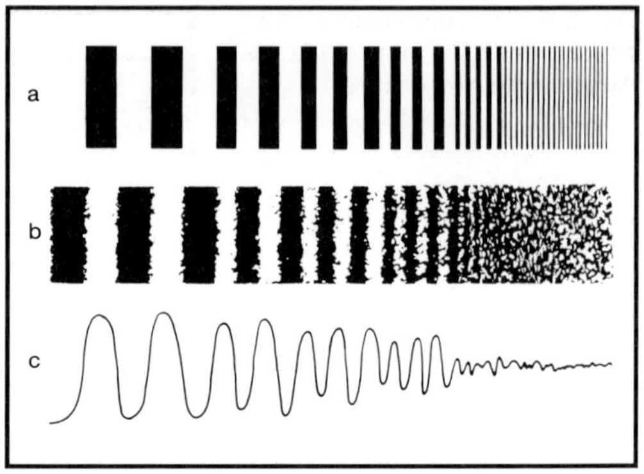

Rechts: Wiedergabe und Auswertung eines Linienrasters a) Vorlage, b) Bild, c) mikrodensitometrisch erstellte Modulationsübertragungskurve.

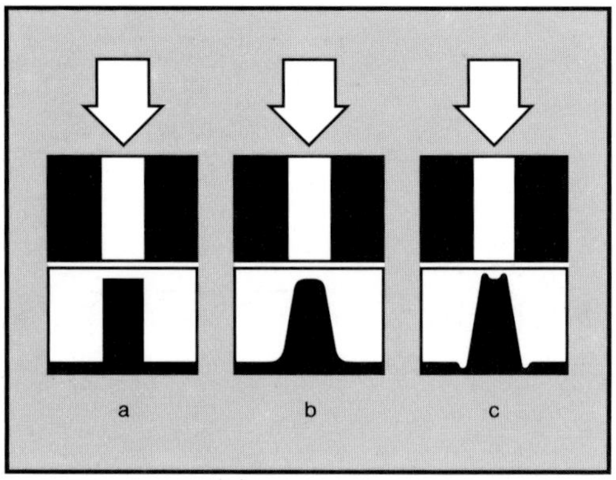

Links: Das ideale Negativ wiese nur einen geringen Grundschleier auf a), durch Diffusion und Verwaschung beim Entwickeln sieht das reale jedoch wie bei b) aus. Durch Nutzung des Kanteneffektes verbessern neue Filme die Konturenschärfe erheblich c).

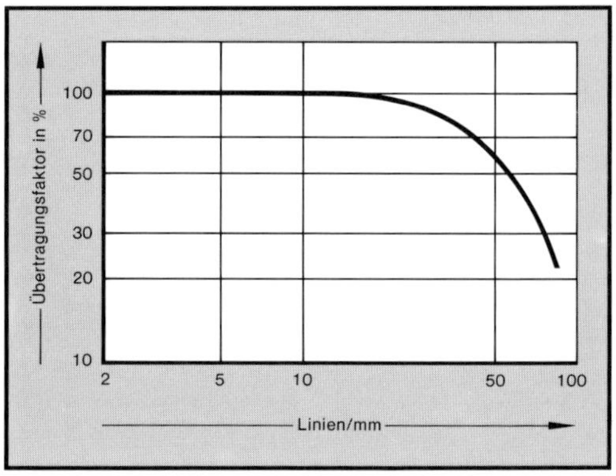

Rechts: MÜF eines hochempfindlichen SW-Films. Der Kontrast wird in % und das Auflösungsvermögen in Linien/mm angegeben.

nert aufgenommen und nach der Entwicklung entweder unter einem Mikroskop visuell oder mit einem Mikrodensitometer (Dichtemeßgerät) meßtechnisch ausgewertet. Negativmaterialien von geringer Lichtempfindlichkeit vermögen eine größere Linienzahl pro Millimeter wiederzugeben als solche von höherer Empfindlichkeit. Das Auflösungsvermögen einer Emulsion ist keine Konstante, sondern hängt ab von:

der Güte des benutzten Objektivs,
der Allgemeinempfindlichkeit des Materials,
dem Kontrast und der Beleuchtung der Vorlage,
der Belichtung und
der Lichthoffreiheit des Filmmaterials.

Allein die Fähigkeit eines Aufnahmematerials, eine möglichst hohe Anzahl von Linien/mm wiederzugeben, ist noch kein positives Kriterium. Erst wenn eine hohe Kontrastwiedergabe hinzukommt, besitzt die fotografische Schicht ein gutes Auflösungsvermögen. Das menschliche Auge tendiert nämlich fälschlicherweise dazu, Kontrast als Schärfe zu interpretieren. Wenn einem Betrachter zwei Vergrößerungen desselben Motivs einmal härter und leicht unscharf und einmal weicher, aber gestochen scharf vorgelegt werden, wird er sich stets für das härtere als das schärfere der beiden Bilder entscheiden. Genauso verhält es sich beim Vergleich zwischen einer Filmemulsion mit zahlenmäßig höherem Auflösungsvermögen und einer mit besserer Kontrastwiedergabe. Die Kontrastwiedergabe einer fotografischen Schicht gibt Aufschluß darüber, wie trennscharf dicht aneinandergrenzende Zonen starker Helligkeitsunterschiede wiedergegeben werden. Eine sowohl das Auflösungsvermögen als auch die Kontrastwiedergabe berücksichtigende Bewertungsgröße ist die sogenannte Modulationsübertragungsfunktion (MÜF) oder auf englisch Modulation Transfer Function, kurz MTF genannt. Die MÜF bewertet das Verhältnis von Auflösungsvermögen und Kontrastwiedergabe einer fotografischen Emulsion.

6. Konturenschärfe

Als Konturenschärfe bezeichnet man die Fähigkeit eines Materials, zwei aneinandergrenzende Zonen sehr unterschiedlichen Kontrastes messerscharf voneinander getrennt wiederzugeben. Die Konturenschärfe wird ohne die Einbeziehung eines Objektivs gemessen. Sie wird ermittelt, indem man im Kontakt einen 0,015 mm breiten Lichtspalt aufkopiert. Im wesentlichen ist sie von der Lichthoffreiheit eines Materials abhängig.

7. Lichthoffreiheit

Bei sehr starker Überbelichtung bilden sich auf dem

Die drei Vergleichsaufnahmen zeigen jeweils eine 30-fache Ausschnittvergrößerung aus einem Motiv, das mit einem gering-, normal und hochempfindlichen Film aufgenommen wurde. Trotz des Verlustes an Feinheiten durch die Druckwiedergabe, ist die zunehmende Körnigkeit mit steigender Filmempfindlichkeit erkennbar.

Die Eigenschaften von Filmen unterschiedlicher Empfindlichkeit

Ausschnitt-vergrößerung 30-fach linear

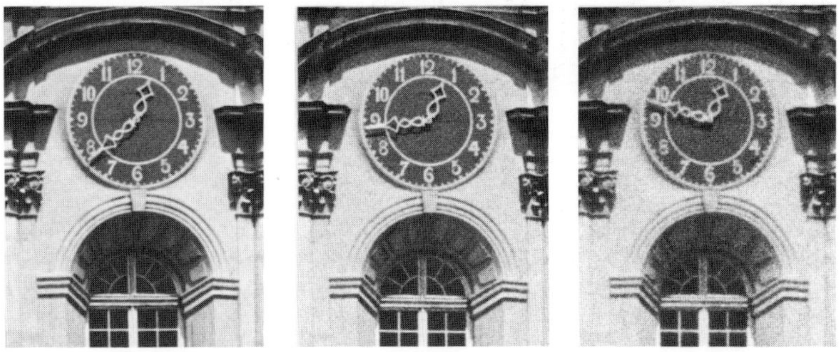

Empfindlichkeit	**ISO 25/15°**	**ISO 100/21°**	**ISO 400/27°**

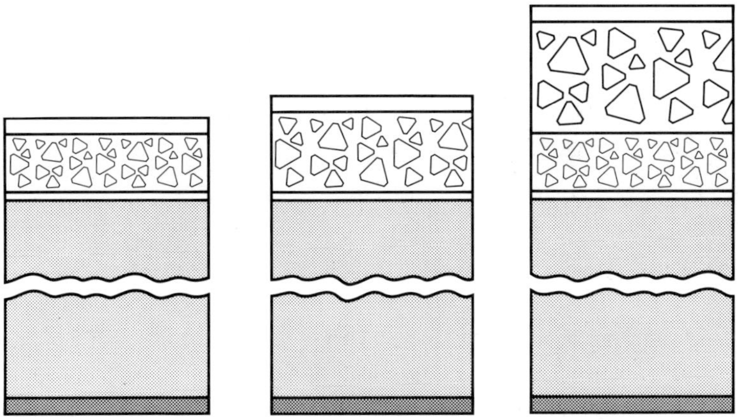

Schichtdicke	0,005 mm	0,007 mm	0,013 mm
Gradation	normal	normal	normal
Körnigkeit	äußerst fein	sehr fein	fein
Auflösungs-vermögen	185 Linien/mm	145 Linien/mm	110 Linien/mm
Konturenschärfe	sehr gut	gut	recht gut
Lichthoffreiheit	sehr gut	gut	recht gut
Schichtträger-dicke	KB-Film: 0,13 mm	Rollfilm: 0,09 mm	Planfilm: 0,20 mm

Filmmaterial durch Überstrahlung in den Zonen großer Lichtkontraste Lichthöfe. Man unterscheidet zwischen Diffusions- und Reflexionslichthöfen. Der Diffusionslichthof entsteht durch Lichtstreuung innerhalb der fotografischen Schicht, der Reflexionslichthof durch Reflexion des Lichtes an der Rückseite des Schichtträgers. Meistens treten beide Formen zugleich auf. Diffusionslichthöfe werden durch Verwendung von Dünnschichtfilmen reduziert. Je dünner die Schicht ist, desto geringer ist der Lichthof. Die Bildung von Reflexionslichthöfen versucht man bei der Fabrikation durch das Einfärben des Schichtträgers, die Anbringung einer Zwischenschicht zwischen den Träger und die Emulsion sowie den Aufguß einer Schutzschicht auf die Rückseite des Schichtträgers zu verringern.

Schwarzweißfilme, die chromogen zu silberfreien Farbstoffbildern entwickelt werden.
Silber wird immer knapper und teurer. Das veranlaßte die Filmhersteller, eine bei der Farbfilmproduktion bewährte Technologie ab 1980 auch auf die Fabrikation von Schwarzweißfilmen auszudehnen. Das Resultat waren chromogen (bei der Entwicklung

ISO 25/15° | ISO 100/21° | ISO 400/27°

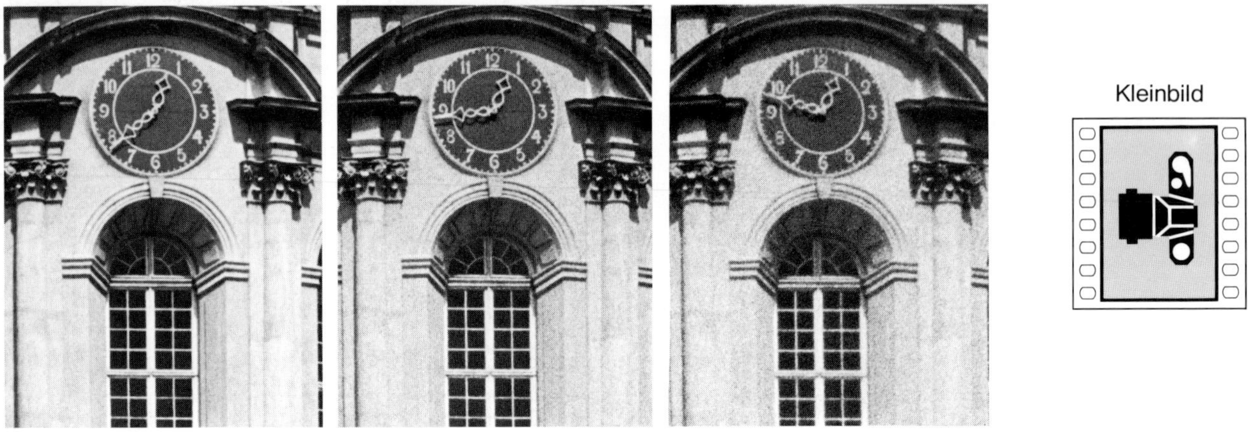

Effektive Vergrößerung: 30-fach linear.

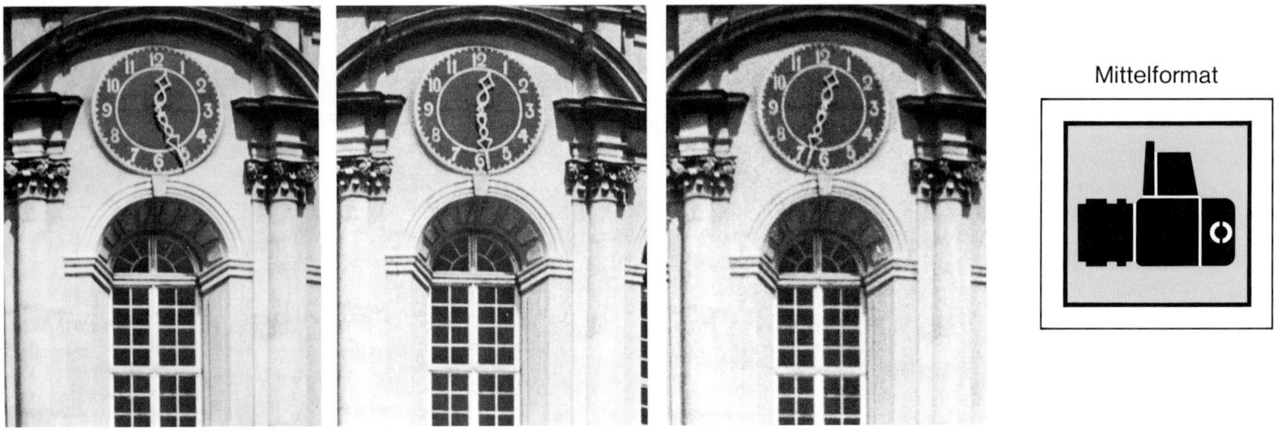

Effektive Vergrößerung: 18-fach linear.

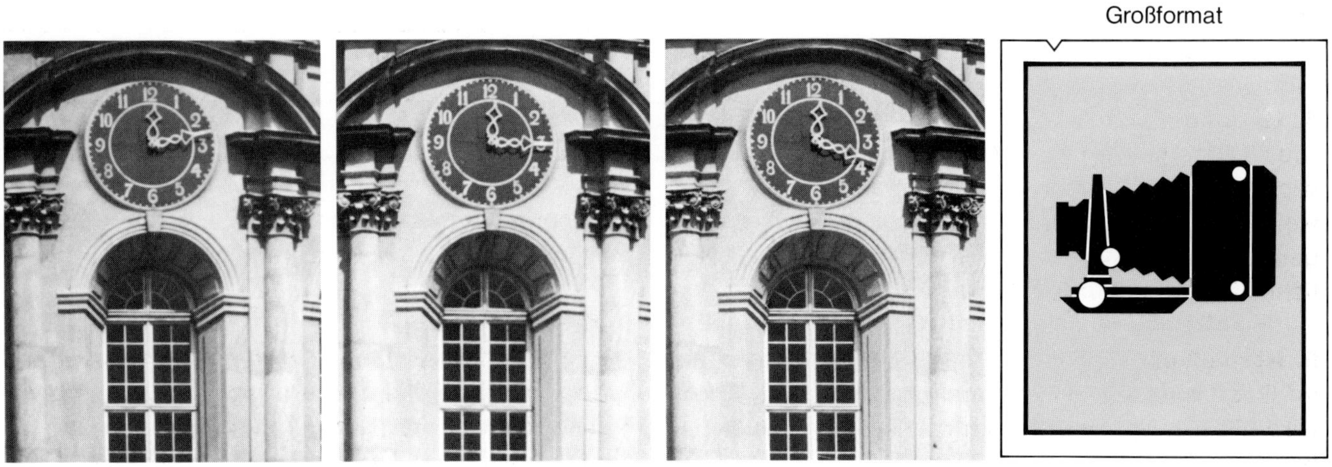

Effektive Vergrößerung: 9-fach linear.

Formatvergleich von Kleinbild bis 9 × 12 bei Verwendung von gering-, normal- und hochempfindlichem Film

Farbstoffe bildende), zu silberfreien Farbstoffbildern zu entwickelnde Schwarzweißnegativfilme. Die von Agfa und Ilford hergestellten Filme lassen sich (neben den von den Filmherstellern empfohlenen eigenen Verfahren) problemlos in dem weltweit dominierenden Kodak C 41 Prozeß verarbeiten. Davon profitieren die Großkopieranstalten doppelt. Erstens nutzen sie die Entwicklungsmaschinen besser aus und zweitens gewinnen sie das gesamte Silber aus den Fixierbädern zurück, das während der Fixage herausgelöst wurde. Ein rarer Rohstoff wird auf diese Weise recycled (wiederverwertet).
Die Vorteile für den Anwender liegen in der besseren Tonwertwiedergabe, Schärfe und Feinkörnigkeit der Filme gegenüber konventionellen silberhaltigen SW-Negativfilmen gleicher Empfindlichkeit. Die Eigenschaften dieser neuen SW-Negativfilme sind:

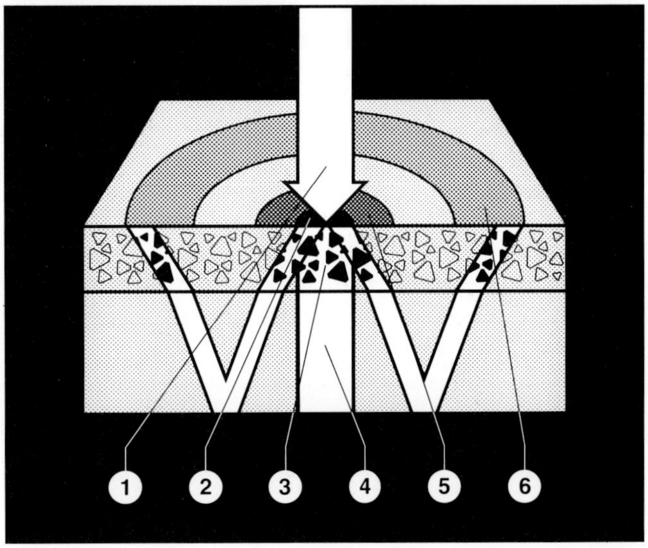

Schematische Darstellung der Entstehung des Diffusions- und des Reflexionslichthofes in der fotografischen Schicht: (1) auftreffender Lichtstrahl, (2) beabsichtigte Hauptbelichtung mit scharfer Bilderzeugung, (3) lichtempfindliche Schicht, (4) Schichtträger, (5) durch Lichtstreuung innerhalb der Schicht entstandene Zweitbelichtung, der Diffusionslichthof, (6) durch Reflexion an der Rückseite des Schichtträgers entstandene Drittbelichtung, der Reflexionslichthof.

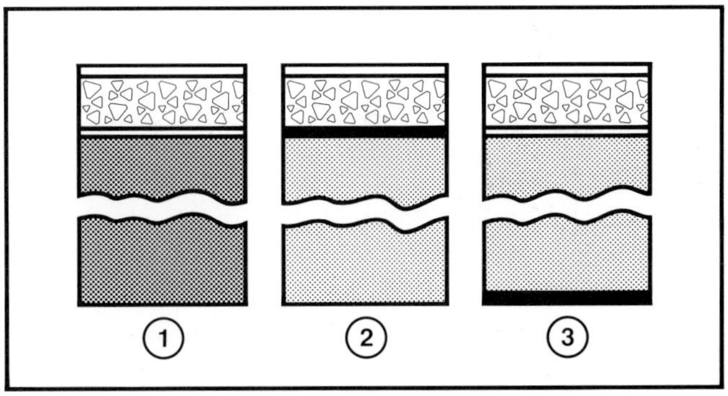

Beseitigung des Reflexionslichthofes durch: (1) Einfärben des Schichtträgers (Grey Base), (2) Zwischenguß, (3) Rückguß.

1. Aufbau
Doppelschichtfilme mit einer hoch- und einer niedrigempfindlichen Bromsilberemulsion, in die Farbkuppler eingebettet sind.

2. Allgemeinempfindlichkeit
Die Nennempfindlichkeit entspricht der von ISO 400/27°. Sie kann jedoch, und das ist das Besondere an diesen Filmen, ohne merkliche Qualitätseinbuße beliebig in dem Bereich zwischen ISO 50/18° bis ISO 1600/33°, je nach Objektumfang des Motivs, variiert werden.

3. Spektral- oder Farbempfindlichkeit
Chromogen zu entwickelnde Schwarzweißfilme entsprechen in ihrer Sensibilisierung normalen panchromatischen Emulsionen.

4. Gradation
Die Gradation entspricht bei vorschriftsmäßiger Entwicklung einem Gammawert von 0,6 bei Schwarzweißfilmen. Die charakteristische Kurve weist gegenüber gewöhnlichen SW-Filmen gleicher Empfindlichkeit einen etwas längeren geradlinigen Teil auf.

5. Körnigkeit
Im Gegensatz zu konventionellen SW-Negativfilmen wird die Körnigkeit mit zunehmender Negativdichte feiner.

6. Auflösungsvermögen und Kontrastwiedergabe
Die besten Resultate erzielt man, wenn die Filme wie ISO 125/22° belichtet werden. Das Auflösungsvermögen der mit einem hochauflösenden Objektiv aufgenommenen Filme beträgt dann 125 Linien/mm.

7. Konturenschärfe
Durch die Verwendung von extrem hochempfindlichen und feinkörnigen Emulsionen wird eine feinere und gleichmäßigere Kornstruktur und Konturenschärfe erzielt, als sie bei herkömmlichen SW-Filmen gleicher Empfindlichkeit zu erreichen wäre.

Handelsübliche Konfektionierungen der Filme

Typ	Ausführung	Aufn.-Format	Bilder/Film
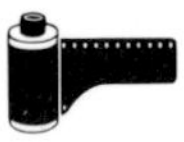 135	35 mm breiter, doppelseitig perforierter Film in Patronen zu 20 und 36 Bildern oder in Rollen zu 10, 17 und 30 m	18x24 mm 24x24 mm 24x36 mm	40/72 28/50 24/36
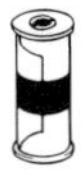 120	61,5 mm breiter Rollfilm mit Schutzpapier	4x4 cm 4,5x6 cm 6x6 cm 6x7 cm 6x9 cm	16 16 12 10 8
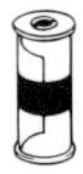 220	61,5 mm breiter Rollfilm mit kurzem Schutzpapier-Vor- und Nachspann	4x4 cm 4,5x6 cm 6x6 cm 6x7 cm 6x9 cm	32 32 24 20 16
 70 mm	70 mm breiter, doppelseitig perforierter Film in Spezialkassetten für einige Kameratypen oder in Rollen zu 30 und 100 m	6x6 cm 6x7 cm 5,6x7,2 cm	70 100 200
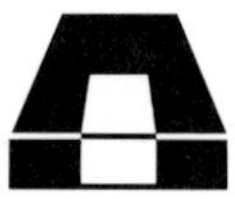 Planfilm	Auf Format zugeschnittene Einzelfilme zum Einlegen in die entsprechenden Kassetten	6,5x9 cm 9x12 cm 4x5 inch 13x18 cm 5x7 inch 18x24 cm 8x10 inch	1 1 1 1 1 1 1

Tabelle der handelsüblichen Filmkonfektionierungen für professionelle Anwender.

8. Lichthoffreiheit

Zum Schutz gegen Reflexionslichthöfe dient eine aus kolloidalem Silber (Silber in feinster Verteilung) als Unterguß unter den lichtempfindlichen Emulsionen angebrachte Schicht, die während der Verarbeitung herausgelöst wird.

9. Besonderheiten der chromogenen SW-Filme

Die den lichtempfindlichen Doppelschichten beigefügten Farbkuppler für Gelb, Purpur und Blaugrün reagieren mit den Oxidationsprodukten, die während der Entwicklung des Bromsilbers entstehen, und lagern sich proportional zur Belichtung des Silberhalogenids an das reduzierte metallische Silber in Form von Farbstoffwölkchen an. Sie bilden, wie bei entwickelten Farbnegativfilmen, ein das metallische Silberbild umschließendes Farbstoffbild. Ebenfalls in die lichtempfindlichen Schichten eingebettete sogenannte DIR-Kuppler (Development Inhibitor Release, zu deutsch Entwicklungs-Verzögerer-Freisetzung) unterbinden eine zu starke Entwicklung belichteter Bromsilberkristalle, die die Bildung von zu grober Körnigkeit und Farbstoffwölkchen verursachen würde. Damit das aus den Farbstoffen Gelb, Purpur und Blaugrün bestehende Bild zum alleinigen Informationsträger wird, muß sämtliches metallische Silber aus den Schichten herausgelöst werden. Danach verbleibt ein nahezu neutralgraues, silberfreies Farbstoffnegativ in den Schichten, welches sich nach einiger Übung genauso gut wie Silbernegative beurteilen und vergrößern läßt.

Sofortbildfilme

Die Polaroid-Schwarzweiß-Sofortbildfilme basieren auf dem Prinzip des seit den dreißiger Jahren bekannten Silbersalzdiffusionsverfahrens. Es wurde 1947 von Edwin H. Land zur technischen Reife für die bildmäßige Fotografie vervollkommnet. Der Polaroid-Schwarzweißfilm besteht aus einem lichtempfindlichen Negativfilm und einem lichtunempfindlichen Positivfilm. Die für die Entwicklung erforderliche Chemie, eine Fixierentwicklerpaste, ist Bestandteil des Filmpacks. Sie wird nach der Belichtung beim Austritt aus der Kamera oder dem speziellen Polaroid-Adapter durch ein Rollenpaar gleichmäßig zwischen das Negativ und Positiv ge-

Der Verwendungszweck bestimmt die Wahl des Filmtyps				
Filmtyp	**Empfindlichkeit ISO**	**Auflösung Linien/mm**	**Anwendungsbereich**	**Konfektionierung**
Reprofilm unsensibilisiert orthochromatisch panchromatisch Linefilm Lithfilm	keine Angabe	keine Angabe	hauptsächlich in der Reprografie für die Reproduktion von Strich- und Halbtonvorlagen. Fotografik	Planfilme von 9 × 12 cm bis 50 × 60 cm und Rollenware
Dokumentenfilm ortho- und panchromatisch	25/15°	350–185	Reproduktion und bildmäßige Fotografie	135, 120 und Rollenware Planfilm
Mikrofilm	keine Angabe	600–400	für Mikroverfilmung von Dokumenten	16, 35, 46, 61,5 mm Rollenware
Halbtonfilm niedrig-, normal-, hoch-, höchstempfindlich	 25/15° 100/25° 400/27° 8000/40°	 185 145 100 60	Architektur, Landschaft, Porträt, Reise, Mode, Industrie, Reportage, Tiere, Makro, Mikro, Wissenschaft, Werbung	135, 120 und Rollenware Planfilm
Chromogener Film	1600/33°–100/21°	130		
SW-Umkehrfilm	32/16°	175	SW-Halbtondias	135, 120, Planfilm
Infrarotfilm	50/18°	80	IR-Aufnahmen unter Verwendung eines IR-Aufnahmefilters	135, Planfilm und Rollenware
Luftbildfilm niedrig-, normal-, hochempfindlich	 10/8° 80/20° 400/27°	 400 130 100	Luftbild Fotogrammetrie	70 mm, 127 mm, 168 mm, 240 mm Rollenware

quetscht. Die Entwicklersubstanz reduziert dabei das belichtete Bromsilber zu metallischem Silber. Die Fixiersubstanz löst unter gleichzeitiger Komplexsalzbildung das unbelichtete Silberbromid, welches in den Positivfilm überdiffundiert und dort das positive metallische Silberbild erzeugt. Je nach Filmtyp erhält man nach 15–30 Sekunden und, nach Trennung des Negativs vom Positiv, das fertige Papierbild. Bei einigen Filmtypen ist noch das Auftragen eines angesäuerten Lichtschutzlackes erforderlich. Die schnelle Verfügbarkeit über das Bild erklärt auch die Bedeutung, die das Verfahren in der Wissenschaft und Technik erlangt hat, wo einmalige Vorgänge oder Experimente damit sofort dokumentiert und beurteilt werden können. Von gleicher Wichtigkeit ist das Sofortbild für die professionelle Fotografie. Dort wird es immer dann eingesetzt, wenn es darum geht, Testaufnahmen für die Beurteilung einer aufwendigen Einstellung zu erlangen, oder wenn die Qualität des Polaroidbildes bereits den Ansprüchen des Auftraggebers genügt. Ein breites Angebot von unterschiedlichen Aufnahmeemulsionen, darunter solche von höchster Lichtempfindlichkeit, wie auch für Strichreproduktionen, sorgt für eine universelle Einsatzmöglichkeit des Verfahrens.

Wahl des richtigen Filmmaterials

Die Fotografie wird heute in so vielen Bereichen des täglichen Lebens als Dokumentationsmittel eingesetzt, daß sich die Lösung der gestellten Aufgaben optimal nur noch mit für jeden speziellen Zweck bestimmten Aufnahmematerialien durchführen läßt.
Bei der Wahl des richtigen Aufnahmematerials üben Faktoren wie die Tonwertwiedergabe, spektrale und Lichtempfindlichkeit, Gradation, Auflösungsvermögen, Körnigkeit und Vergrößerungsfähigkeit einen bedeutenden Einfluß auf die endgültige Entscheidung aus. Welche Filme für welche Aufgabe am besten geeignet sind, soll die obenstehende Tabelle aufzeigen.

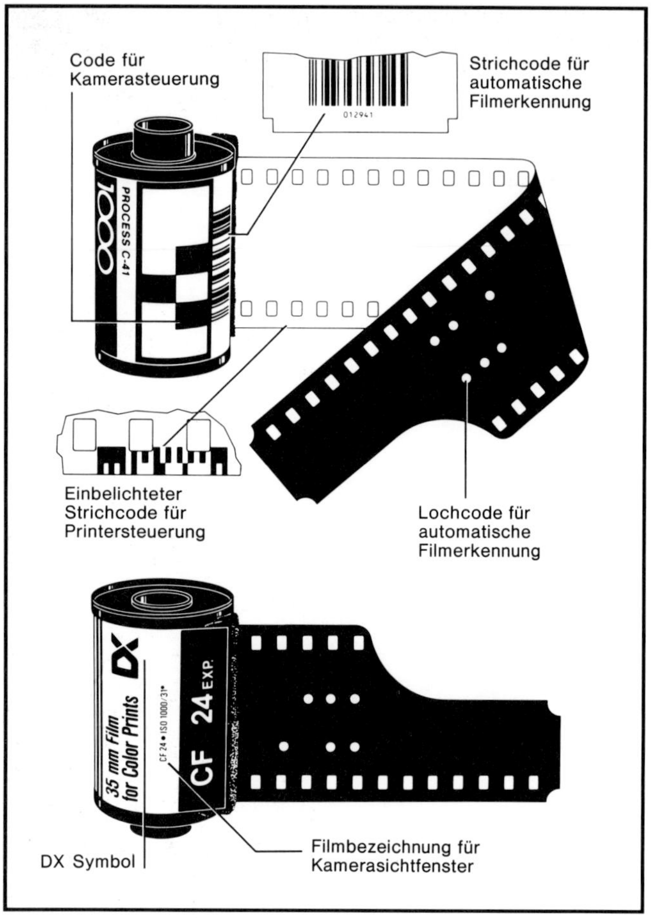

Lage der vier Kodierungen für die DX-Kennzeichnung; Grafik: Kodak AG.

DX-Kodiersystem bei Kleinbildfilmen

1983 stellte Kodak ein mit DX bezeichnetes Kodiersystem für Kleinbildfilme vor. Anhand von vier Erkennungsmerkmalen, zwei davon auf der Filmpatrone und zwei auf dem Film selbst, soll das kodierte, elektronisch lesbare, Informationssystem zu noch mehr Bedienungsvereinfachung und zu besserer und rationellerer Laborverarbeitung beitragen. Das System wurde in erster Linie für die von Fach- oder Großlabors zu entwickelnden Farbnegativ- und Farbumkehrfilme geschaffen.

Da die zwei Kodiermerkmale auf der Filmpatrone von jeder Kamera, die dafür eingerichtet ist, gelesen werden können, erübrigt sich in Zukunft das manuelle Einstellen der Filmempfindlichkeit an der Kamera. Das Vergessen oder falsche Einstellen der Filmempfindlichkeit bleibt ohne Folgen, weil die Kamera die Werte automatisch abliest und berücksichtigt.

Einer Einführung dialogfähiger Kameras, die den Belichtungsumfang eines benutzten Films oder den Filmvorrat automatisch im Sucher anzeigen, steht damit nichts mehr im Wege.

Die zwei auf dem Film angebrachten Kodiermerkmale dienen der rationelleren Verarbeitung in den Großlabors. Außerhalb der Perforation, am Filmrand, sind zwei Strichkodes einbelichtet, die den Film eindeutig identifizieren. Dem Computerprinter erlaubt diese Information, ein typgerechtes Belichtungs- und Filterprogramm zu wählen, das den Ausschuß und die Wiederholungsquote reduziert.

Der eingestanzte Lochkode in der Filmzunge dient ebenfalls der automatischen Filmerkennung (Typ, Hersteller und Empfindlichkeit) und kann pneumatisch oder mit Infrarotsensoren abgetastet werden.

Haltbarkeit und Lagerung

Konventionelle Schwarzweiß-Negativmaterialien haben eine vom Hersteller garantierte, auf der Packung vermerkte Haltbarkeit von 4 Jahren. Bei sachgemäßer Lagerung kann die angegebene Zeit sogar überschritten werden. Fortschreitende Alterung führt bei Filmen zu Empfindlichkeitsverlust, flacherer Gradation und Schleierbildung. Diese Veränderungen treten allerdings erst nach Ablauf von ca. 5 Jahren auf. Negativmaterialien sollten stets in kühlen, trokkenen Räumen bei 12°–18° C und einer Luftfeuchtigkeit, die nicht über 60 % liegt, aufbewahrt werden. Die Haltbarkeit kann durch die Lagerung in luftdicht geschlossenen Behältern im Kühlschrank bei +4° C oder gar in der Tiefkühltruhe bei −18° C verlängert werden. Zur Absorption der Luftfeuchtigkeit fügt man den Behältern Silikagel ein.

Um Kondensationsfeuchte zu vermeiden, müssen sich die Filme mindestens zwei Stunden vor Gebrauch in der geschlossenen Packung wieder an die normale Raumtemperatur angleichen. Erst danach können sie in die Kamera eingelegt und für Aufnahmen verwendet werden.

Niemals sollten Negativmaterialien zusammen mit Chemikalien gelagert werden, da sich die Ausdünstungen schädlich auf die Filme auswirken können.

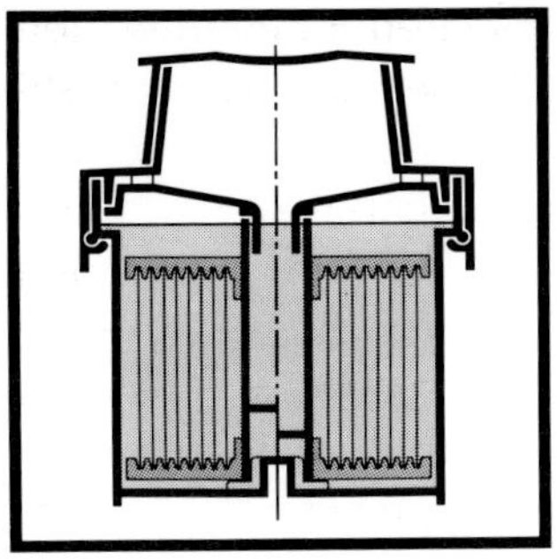

Negativ-entwicklung

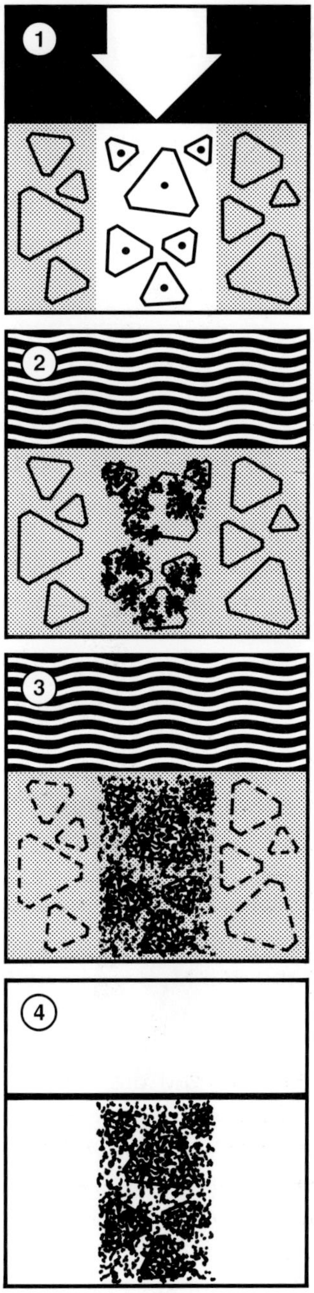

1) Beim Belichtungsvorgang verursachen die auftreffenden Lichtquanten in den Bromsilberkristallen entwicklungsfähige Silberkeime.

2) Diese werden von dem wie ein millionenfacher Verstärker arbeitenden Entwickler im Verlauf der Entwicklung vollkommen zu metallischem Silber reduziert.

3) Um das entwickelte Bild lichtbeständig zu machen, muß es, nachdem die Entwicklerreste kurz abgespült wurden, in einem chemischen Bad fixiert werden.

4) Nach dem Fixieren bleibt nur noch das lichtbeständige reine Silberbild zurück. Die unbelichteten Stellen sind völlig transparent.

Die gleiche Sorgfalt, mit der die Wahl des richtigen Negativmaterials für die Aufnahme erfolgte, muß auch bei der Entwicklung des Filmmaterials beibehalten werden.
Der chemisch-physikalische Vorgang der Entwicklung ist folgender: Nur die von den Lichtquanten hervorgerufenen Störstellen in den Bromsilberkristallen – winzige Silberkeime – werden vom Entwickler angegriffen und völlig ausentwickelt. Der Entwickler reduziert dabei das Bromsilber zu metallischem Silber – den eigentlichen Bildspuren – und zu Brom, welches in die Lösung übergeht. Die Entwicklung verläuft proportional zur Belichtung. Je mehr Licht die einzelnen Stellen erhalten, desto stärker werden sie geschwärzt.
Nach der Entwicklung verbleibt ein Teil des vom Entwickler nicht angegriffenen unbelichteten Bromsilbers in der Schicht und reagiert nach wie vor auf Licht. Es würde sich bei Lichteinwirkung sofort schwärzen. Deshalb muß der Entwicklungsprozeß bei völliger Dunkelheit stattfinden. Erst während des Fixierens wird das unbelichtete Bromsilber in einen wasserlöslichen Zustand überführt und aus der fotografischen Schicht entfernt.

Entwicklertypen

Die Entwickler lassen sich, ihren Eigenschaften entsprechend, in vier Gruppen unterteilen:

1. Rapidentwickler
2. Feinkornausgleichsentwickler
3. Feinstkornentwickler mit hoher Empfindlichkeitsausnutzung (Push-Entwickler)
4. Spezialentwickler

1. Rapidentwickler

Beim Rapidentwickler erscheinen alle Bildspuren nahezu gleichzeitig. Die Schwärzung in den Mitteltönen und Lichtern stellt sich erst im weiteren Verlauf der Entwicklung ein. Der Rapidentwickler ist in der Konzentration gut abstimmbar, leicht zu verarbeiten und in hochkonzentrierter Form lange Zeit haltbar. Selbst unterbelichtete Aufnahmen entwickelt er noch zu kopierfähigen Negativen. Die Entwicklungsresultate sind nicht besonders feinkörnig, lassen sich jedoch durch Abstimmung der Entwicklerkonzentration gut beeinflussen. Je stärker die Verdünnung ist, um so feiner wird das Korn. Handelsübliche Fabrikate: Agfa Rodinal, Tetenal Paranol.

2. Feinkornausgleichsentwickler
Besonders für die Entwicklung von Kleinbildfilmen, für Negative, die stark vergrößert werden müssen, ist der Feinkornausgleichsentwickler vorzuziehen, da er zu wesentlich feinkörnigeren Resultaten führt. Selbst Motive mit sehr hohem Kontrastumfang lassen sich mit diesem Entwickler zu gut kopierbaren, feinkörnigen Negativen entwickeln.
Handelsübliche Fabrikate: Agfa Refinal, Ilford Perceptol.

3. Feinstkornentwickler mit hoher Empfindlichkeitsausnutzung oder Push-Entwickler (push = englisch für höhertreiben)
Obwohl dieser Entwickler extrem feinkörnig arbeitet, vermag er, ohne die übrigen Eigenschaften eines Negativmaterials wesentlich zu beeinträchtigen, auf Grund seiner chemischen Zusammensetzung ein Maximum an Empfindlichkeit – je nach Objektumfang des Motivs bis zu 3 Blenden bzw. 9° DIN – aus einem Film hervorzuholen. Damit scheint er die Gegensätze zwischen feinstem Korn sowie höchster Schärfe und gleichzeitig hoher Lichtempfindlichkeit zu überbrücken. Doch sei einschränkend erwähnt, daß sich die Empfindlichkeitssteigerung nur für Motive eignet, die keinen zu hohen Objektumfang aufweisen, daß also nur der natürliche Belichtungsumfang des Films voll ausgenutzt wird.
Handelsübliche Fabrikate; Agfa Atomal, Kodak D-76, Tetenal Neofin.

4. Spezialentwickler
Neben den bisher erwähnten Entwicklern verwendet man in der Praxis für besondere Materialien oder Entwicklungstechniken häufig auch Spezialentwickler.

Lithentwickler
Lithentwickler arbeiten sehr kontrastreich und dienen der Entwicklung von sogenannten Lithfilmen, die in der Reprografie wegen ihrer äußerst steilen Gradation mit Gammawerten von über 2 für die Reproduktion von Strichvorlagen benötigt werden.
Handelsübliche Fabrikate: Agfa G 9, Kodak Kodalith.

Zweistufenentwickler
Zur Erzielung einer höheren Ausgleichswirkung und zur Verringerung der Körnigkeit läßt sich die Negativentwicklung auch in einem Zweistufenprozeß durchführen. In der ersten Stufe sind die Entwicklersubstanzen und ein Konservierungsmittel enthalten, im zweiten Bad, in dem der Film ohne zwischenzuwässern weiterentwickelt wird, das zur Aktivierung notwendige Alkali.
Handelsübliche Fabrikate: Tetenal Emofin.

Fixierentwickler
Für Supereilige, die, statt Sofortbildmaterialien zu benutzen, gewöhnliche Negativfilme in kürzester Zeit verarbeiten möchten, bietet sich die Fixierentwicklung an. Außer den Entwicklersubstanzen enthält die Lösung als silberlösendes Mittel Natriumthiosulfat. Bei der üblichen Arbeitstemperatur von 20° C ist der Film schon in 5 Minuten entwickelt und fixiert. Für die Schlußwässerung mit fließendem Wasser genügen 3 Minuten. Die Verarbeitungsqualität und Haltbarkeit der nach dieser Technik entwickelten Filme unterscheidet sich nur unwesentlich von konventionell entwickelten Filmen.
Handelsübliche Fabrikate: Tetenal Monotenal.

Aufbau und Zusammensetzung der Entwickler
Grundsätzlich setzt sich jeder Entwickler aus vier in Wasser gelösten Substanzen zusammen:

1. Reduktionsmittel
2. Konservierungsmittel
3. Aktivierungs- oder Beschleunigungsmittel
4. Verzögerungsmittel

1. Reduktionsmittel
Das Reduktionsmittel, Metol, Hydrochinon usw., ist die eigentliche Entwicklersubstanz. Es reduziert das belichtete Bromsilber zu metallischem Silber. Bei diesem Vorgang oxidiert die Substanz.

2. Konservierungsmittel
Um den Entwickler vor zu starker Oxidation durch Sauerstoff zu bewahren, wird ein sauerstoffbindendes Konservierungsmittel wie Natriumsulfit oder Kaliummetabisulfit zugesetzt.

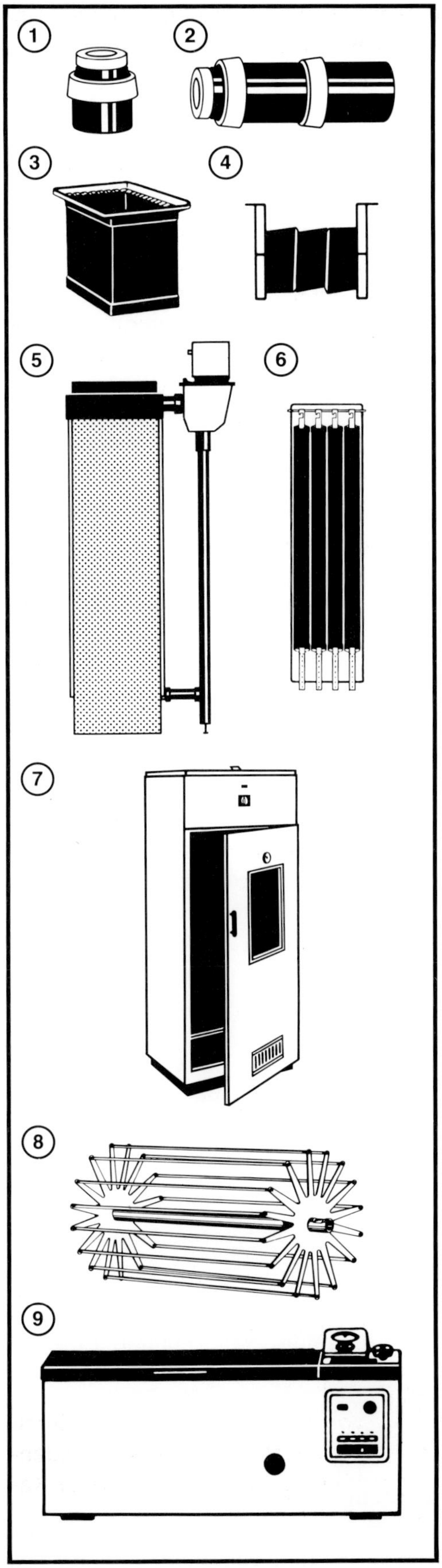

Links:
1) Rollfilmentwicklungsdose.

2) Etagentank für die Entwicklung mehrerer Filme.

3) Entwicklungstank einer Kleintankanlage.

4) Filmspannrahmen mit eingespanntem Rollfilm.

5) Stehtank mit Umpumpeinrichtung.

6) Filmspannrahmen für Stehtankanlagen.

7) Filmtrockenschrank.

8) Trommeleinsatz einer Rotationsentwicklungsmaschine.

9) Rotationsentwicklungsmaschine Meteorette.

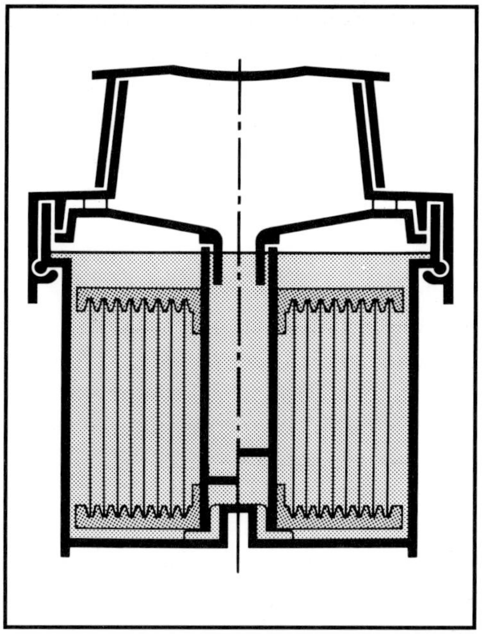

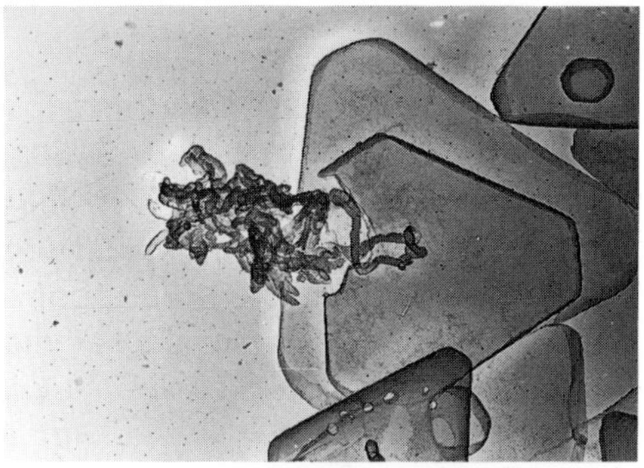

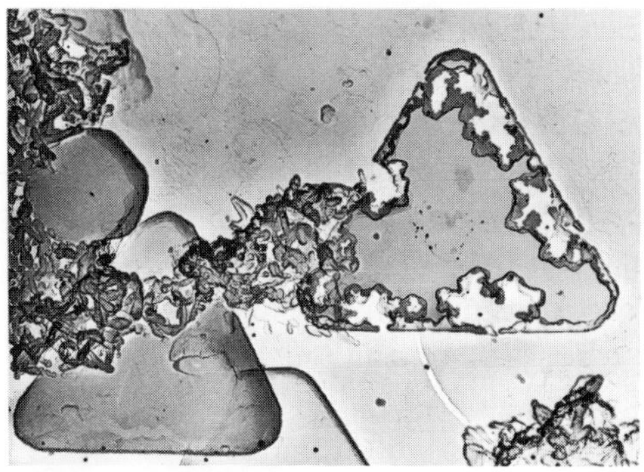

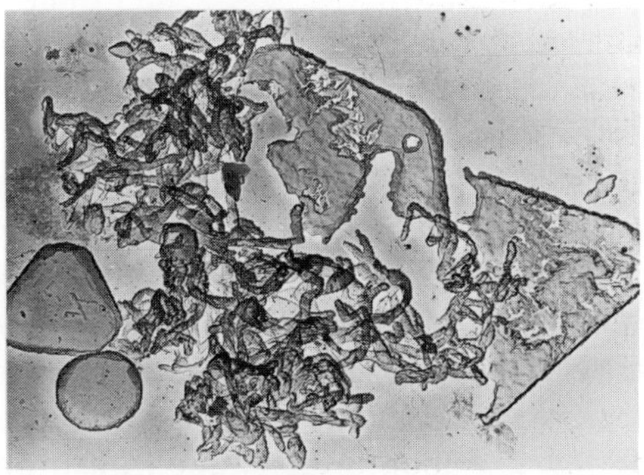

Rechts: Der vertikale Schnitt durch eine mit Lösung gefüllte Entwicklungsdose zeigt den in die Spiralnuten eingespulten Film.

Elektronenmikroskopische Aufnahmen von der Entwicklung einer Bromsilberemulsion in drei Phasen, Fotos: Agfa-Gevaert.

3. Aktivierungs- oder Beschleunigungsmittel
Da das Reduktionsmittel allein zu langsam arbeitet, wird zur Beschleunigung ein Alkali wie Borax oder Pottasche zugesetzt. Dies wiederum aktiviert die Entwicklung so stark, daß auch unbelichtetes Bromsilber zu metallischem Silber reduziert wird, was zur Schleierbildung führt.

4. Verzögerungsmittel
Durch den Zusatz eines Verzögerungsmittels wie Kaliumbromid, wird ausschließlich belichtetes Bromsilber vom Entwickler reduziert und dadurch eine Schleierbildung verhütet.

Entwicklungsmethoden
Für die Entwicklung der Negativmaterialien bieten sich vier Arbeitsmethoden an:

1. Schalenentwicklung
2. Dosenentwicklung
3. Tankentwicklung
4. Maschinenentwicklung

1. Schalenentwicklung
Für Einzelnegative wie Planfilme und Platten wird heute noch immer die Schalenentwicklung angewandt. Sie gestattet eine individuelle Entwicklung, die sich besonders beim Großformat bewährt. Da sie bei totaler Dunkelheit durchgeführt wird, muß auf strikte Einhaltung der Konzentration, Temperatur, Zeit und Häufigkeit der Bewegung geachtet werden.

2. Dosenentwicklung
Für die individuelle Entwicklung von Kleinbild-, Roll- und Planfilmen gibt es lichtdichte Entwicklungsdosen, welche die komplette Verarbeitung des Films im Hellen zulassen, da die Bäder durch eine Lichtschleuse eingefüllt und ausgegossen werden. Nur das Einlegen des Films geschieht in völliger Dunkelheit. Es gibt allerdings sogenannte Tageslichtentwicklungsdosen, die selbst das Einlegen des Films im Hellen erlauben.
Das Chemikalienfassungsvermögen einer Entwicklungsdose sollte, um stets mit einer ausreichenden Menge frischen Entwicklers arbeiten zu können, möglichst nicht unter 500 cm^3 liegen. Kleinere Mengen verbrauchen sich wesentlich rascher und oxidieren schneller. Um eine gleichmäßige Entwicklung an allen Stellen zu gewährleisten, muß die Entwicklerlösung bewegt werden. Dies geschieht durch Umkippen und Auf-den-Kopf-stellen der tropfdicht schließenden Entwicklerdose in regelmäßigen Abständen. Bei dieser Methode wird der Entwickler ständig umgewälzt und gemischt, ohne, wie das früher bei der Drehentwicklung geschah, in eine bestimmte Strömungsrichtung gelenkt zu werden. Bei der Drehentwicklung entstanden an den Spiralnuten Strömungswirbel, die eine stärkere Entwicklung der Filmränder verursachten. Auch wurden die äußeren Filmlagen durch die größere Drehgeschwindigkeit gegenüber dem Spulenkern intensiver entwickelt. Von der Drehentwicklung ist man deshalb abgekommen.
Bei den heute benutzten Entwicklungsdosen handelt es sich durchweg um Spiraldosen. Der Film wird dabei zwischen zwei transparenten Spiralnutenräder, die sich entsprechend der zu verarbeitenden Filmtype verstellen lassen, eingespult. Mit speziellen Etagentanks ist sogar das gleichzeitige Entwikkeln mehrerer Filme möglich.

3. Tankentwicklung
Für die Entwicklung größerer Mengen von Negativmaterialien arbeitet eine Tankanlage am rationellsten. Es handelt sich dabei um in der üblichen Reihenfolge angeordnete Plastik- oder Keramiktanks mit einem zwischen 5 und 140 Litern liegendem Fassungsvermögen, in die das auf Rahmen gespannte Entwicklungsgut eingetaucht wird. Die für die gleichmäßige Entwicklung unbedingt erforderliche Umwälzung der temperierten Lösungen erfolgt durch das Bewegen der Rahmen in kurzen Zeitabständen oder bei modernen Anlagen durch Umpump- und Stickstoffsprudeleinrichtungen.

4. Maschinenentwicklung
Bei ständig anfallenden größeren Mengen zu entwickelnder Filme kommt statt einer manuellen nur noch die maschinelle Filmentwicklung in Betracht. Je nach Arbeitsvolumen bieten sich dazu drei Typen von Entwicklungsmaschinen an:

a) Rotationsentwicklungsmaschinen
Bei diesen Maschinen wird das Entwicklungsgut auf rotierende Trommeln gespannt, die durch eine mit temperierter Lösung gefüllte Wanne laufen. Eine automatische Prozeßsteuerung sorgt für den entsprechenden Verarbeitungsablauf der nur für den einmaligen Gebrauch bestimmten Bäder.

b) Hängerentwicklungsmaschinen
Ähnlich wie bei der manuellen Tankentwicklung ist eine Batterie von Tanks hintereinander angeordnet,

in die die mit Filmen bespannten Entwicklungsrahmen jedoch mechanisch und automatisch eingebracht und weitertransportiert werden. Automatische Temperierung, Regenerierung, Stickstoffsprudel- und Umwälzeinrichtungen sorgen für eine gleichbleibende Entwicklungsqualität.

c) Durchlaufentwicklungsmaschinen
In den Großlabors (Bilderfabriken) mit einem ständigen großen Durchsatz zu entwickelnder Filme, befinden sich meistens diese Zweiraummaschinen im Einsatz. Im Dunkelraum werden die zu entwickelnden Filme eingelegt und durchlaufen dann von Walzen oder Bändern transportiert sämtliche Verarbeitungsstationen bis sie im Tageslichtraum getrocknet eintreffen. Temperierung, Regenerierung und Prozeßüberwachung finden auch hier automatisch statt und gewähren eine konstante Entwicklungsqualität.

Die Beeinflussung des Entwicklungsvorganges
Obwohl die chemische Zusammensetzung grundsätzlich den Charakter und die Arbeitsweise eines Entwicklers bestimmt, kann der Entwicklungsvorgang noch durch die

Konzentration und
Temperatur des Entwicklers,
Dauer der Entwicklung und
Häufigkeit der Bewegung

beeinflußt werden. Die verschiedenen Abhängigkeiten und Auswirkungen sind aus den untenstehenden Tabellen ersichtlich.

Beeinflussung der Körnigkeit		
Entwicklungszeit	Empfindlichkeits-ausnutzung	Körnigkeit
kürzer	verringert	feiner
normal	normal	normal
länger	gesteigert	gröber

2. Zwischenwässern oder Unterbrechen
Nach abgeschlossener Entwicklung wird das Negativ bei einer Arbeitstemperatur von 18–20° C ½ bis 1 Minute gewässert. Der noch anhaftende Entwickler wirkt schwach nach. Um den Entwicklungsvorgang zu einem vollständigen Abschluß zu bringen, muß das Negativ ½ bis 1 Minute in ein saures Unterbrecherbad getaucht werden. Eine 4%ige Kaliummetabisulfitlösung neutralisiert den alkalischen Entwickler sofort und verhindert die Verschleppung von Ent-

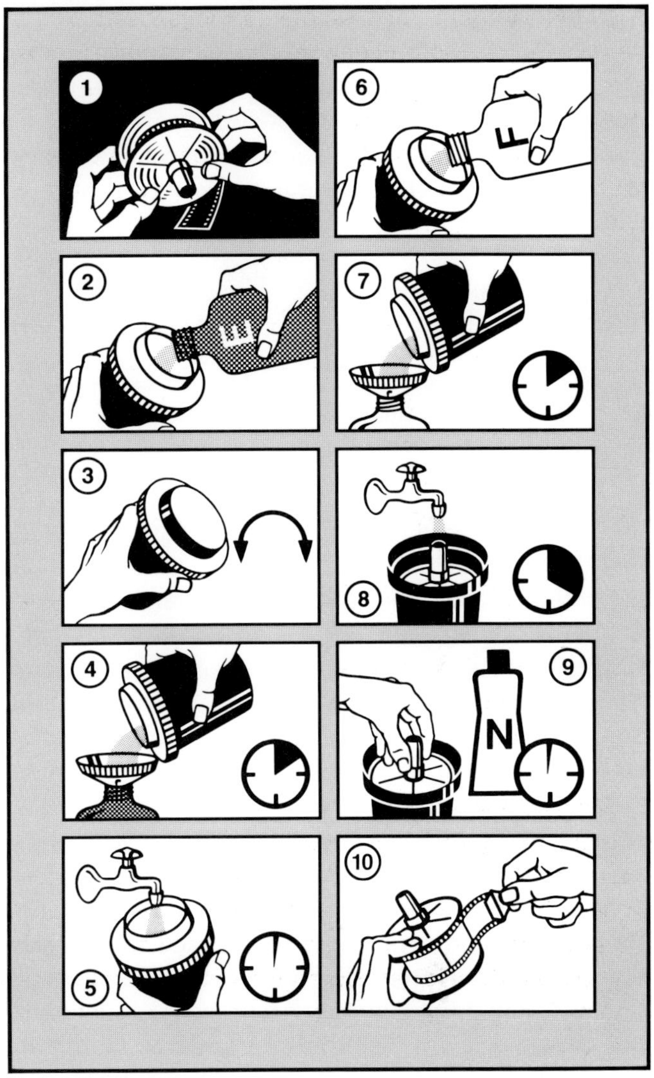

Schematische Darstellung der Dosenentwicklung eines SW-Negativfilms. (1) Filmeinspulen im Dunkeln, (2) Entwickler einfüllen, (3) Kipprhythmus alle 30 s einhalten, (4) Entwickler zurückgießen nach beendeter Entwicklung, (5) Zwischenwässern 30 s, (6) Fixierbad einfüllen, (7) Fixierbad zurückgießen nach beendeter Fixage, (8) Schlußwässern, (9) Netzmittelbad, (10) nach dem Trocknen Film aus der Spirale nehmen, in Streifen schneiden und in Aufbewahrungshüllen eintüten. Jedem konfektionierten Entwickler liegen die genauen Verarbeitungshinweise bei.

Beeinflussung der Gradation			
Gradation	härter	normal	weicher
Entwickler-konzentration	stärker	normal	schwächer
Entwicklungszeit	länger	normal	kürzer
Entwickler-temperatur	höher	normal	niedriger
Bewegung des Entwicklers	häufiger	normal	seltener

wicklerresten in das saure Fixierbad. Dadurch werden auch dichroitische Schleier (gelbe Flecke, die sich auch rot und blau verfärben können), vermieden. Diese Schleier entstehen, wenn ungenügend abgespülte Negative aus dem Entwickler in verbrauchtes Fixierbad gelegt werden.
Das Rezpet für das Unterbrecherbad lautet:

Wasser	1000 cm^3
Kaliummetabisulfit	40 g
oder	
Wasser	1000 cm^3
Essigsäure 98%ig	20 cm^3

3. Fixieren

Im Entwickler wird nur das belichtete Bromsilber zu metallischem Silber reduziert. Das verbleibende unbelichtete Bromsilber wird erst im Fixierbad aus der Schicht herausgelöst. Als Fixierbad dient gelöstes Natriumthiosulfat, welches durch Ansäuerung mit Kaliummetabisulfit haltbarer gemacht wird. Enthält das Fixierbad genügend frisches Natriumthiosulfat, so entstehen beim Fixieren wasserlösliche Salze. Ist das Fixierbad jedoch schon reichlich mit Silbersalzen gesättigt, also verbraucht, so bilden sich wasserunlösliche Salze, die auch durch längeres Wässern nicht aus der Schicht zu entfernen sind. Die Haltbarkeit des Negativs wird dadurch beeinträchtigt. Eine Brauchbarkeitsprüfung des Fixierbades läßt sich leicht mit blauem Lackmuspapier, das sich bei einwandfreiem Fixierbad rot verfärbt, durchführen. Mit einem Liter Fixierbad lassen sich zehn 36er Kleinbild- oder zehn 120er Rollfilme bzw. eine Filmoberfläche von 1 m^2 einwandfrei fixieren. Die durchschnittliche Fixagezeit beträgt bei einer Arbeitstemperatur von 20° C für alle Filmsorten 10 Minuten. Bei der Verwendung von Schnellfixierbädern verkürzt sich die Zeit um die Hälfte.

4. Schlußwässern

Alle noch in der fotografischen Schicht enthaltenen Chemikalien müssen während der Schlußwässerung ausgewaschen werden. Die herausgelösten Silbersalze und das verbrauchte Natriumthiosulfat werden dabei aus der Schicht entfernt. Die Schlußwässerung soll grundsätzlich mit fließendem Wasser erfolgen. Falls dies nicht möglich ist, kann sie auch mit häufig erneuertem stehendem Wasser durchgeführt werden. Da die schweren Silbersalze nach unten sinken, empfiehlt es sich, nach dem Syphonprinzip zu wässern. Für eine Schlußwässerung mit fließendem Wasser reichen im allgemeinen 10 Minuten aus. Um die Negative archivbeständig, das heißt etwa 50 Jahre haltbar zu machen, sollte die Wässerung jedoch auf 30 Minuten erhöht werden. Die Wassertemperatur darf zwischen 15° und 25° C liegen.

5. Baden im Netzmittel

Um eine saubere Negativoberfläche zu erzielen und das Trocknen zu beschleunigen, wird der Film nach beendeter Schlußwässerung 1 Minute in einem Netzmittel gebadet. Netzmittel bewirken eine Oberflächenentspannung, das heißt, ein rückstandfreies Abfließen des Wassers, ohne Trockenflecke auf dem Film zu hinterlassen. Ein Tropfen Geschirrspülmittel auf 1 Liter Wasser erfüllt den gleichen Zweck wie spezielle für fotografische Zwecke angebotene Netzmittel.

6. Trocknen

Für die Weiterverarbeitung im Positivprozeß muß der nassen und aufgequollenen Gelatine der Filmemulsion die Feuchtigkeit entzogen werden. Dies geschieht durch das Aufhängen der Negative an einem trockenen, warmen und vor allem staubfreien Ort. Der Film wird an einer aufgespannten Schnur mit einer Film- oder Wäscheklammer befestigt. Zur Beschwerung versieht man das untere Filmende mit einer zweiten Klammer. Die Trockenzeit beträgt bei Raumtemperatur ca. 15–30 Minuten. Für eine Trocknung in nur 5–10 Minuten gibt es spezielle Trockenschränke, in denen ein temperierter Luftstrom zirkuliert. Ein Thermostat hält die Temperatur konstant auf 40° C. Höhere Temperaturen könnten die Gelatine zum Fließen bringen und sind daher nicht zu empfehlen.

Negativaufbewahrung

Nach dem Trocknen sollten die Negative sofort zum Schutz gegen Staub und mechanische Beschädigungen in Negativhüllen verwahrt werden. Sehr zweckmäßig ist es, Kleinbild- und Rollfilme in 6er-, 5er-, 3er- oder 2erstreifen zu zerschneiden und in mit Ringbuchlochung versehenen DIN A 4 große Aufbewahrungsblätter zu archivieren. Filme dürfen nach dem Trocknen niemals aufgerollt werden, da der stets vorhandene Staub sonst die Schicht verkratzt. Die eingetüteten Filme sind kühl und trocken aufzubewahren. Filme, die zusammengerollt waren und einen starken Drall aufweisen, werden noch einmal gewässert und danach wie oben beschrieben behandelt.

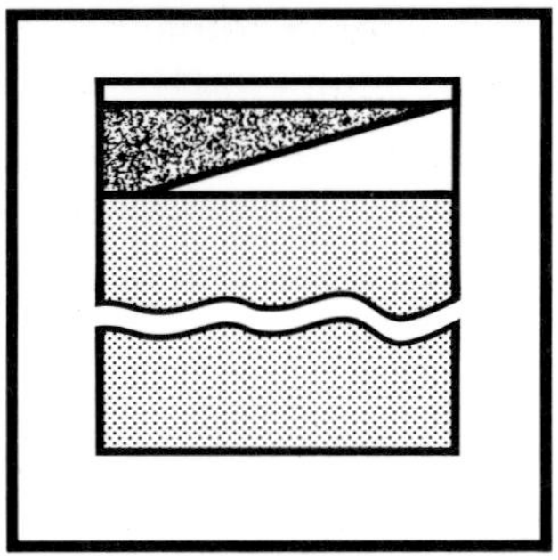

Negativnachbehandlung

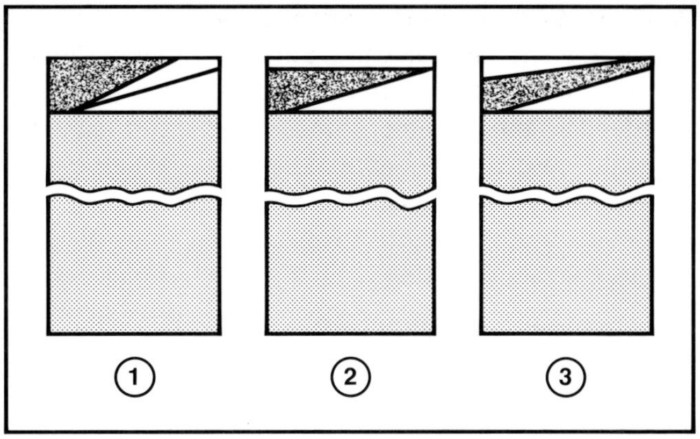

Schematische Darstellung der Wirkungsweise der Abschwächer: (1) den Kontrast steigernder, (2) den Kontrast beibehaltender, (3) den Kontrast verringernder Abschwächer.

Grundsätzlich sollte man unter schwierigen Aufnahmebedingungen jedes Motiv mehrmals mit unterschiedlichen Belichtungen aufnehmen. Auf diese Weise reduziert man Fehler, die sich später nur sehr mühsam und unter großem Zeitaufwand korrigieren lassen. Eine Negativnachbehandlung ist nur dann gerechtfertigt, wenn eine wichtige, nicht zu wiederholende Aufnahme von mangelhafter Qualität unbedingt benutzt werden muß. Unterentwickelte Negative können durch Verstärken des Bildsilbers in einem mehrstufigen Prozeß zwar in gewissem Umfange verbessert werden, der Erfolg steht aber selten im Verhältnis zum Aufwand. Stark überbelichtete Negative hingegen lassen sich leichter korrigieren, da man das überschüssige Bildsilber in einem Arbeitsgang beseitigen kann.
Zum Abschwächen stehen drei, in ihrer Wirkungsweise verschieden arbeitende Typen von Abschwächern zur Verfügung:

1. Farmer, die Gradation aufsteilend
2. Kaliumpermanganat, die Gradation beibehaltend
3. Ammoniumpersulfat, die Gradation abflachend

1. Farmerscher Abschwächer
Der Farmersche Abschwächer verändert das Silberrelief einer Aufnahme in der Weise, daß er die Schatten stärker als die Lichter angreift. Dadurch wirkt er kontraststeigernd.
Vorsicht! Bei der Anwendung empfiehlt es sich, zuerst einmal an einem Ausschußnegativ die Wirkung und Aggressivität der Lösung zu testen. Zum Abschwächen wird das ausfixierte und gewässerte Negativ ganz in die Lösung getaucht, ständig bewegt und in 5–10 Sekundenabständen unter fließendem Wasser abgespült und kontrolliert. Der Grad der Abschwächung wird vor einer angestrahlten weißen Fläche oder einem Leuchtkasten begutachtet und, falls erforderlich, so lange wiederholt, bis die gewünschte Aufhellung erreicht ist.
Statt des gesamten Negativs kann auch nur ein Ausschnitt mit Abschwächer behandelt werden. Am besten eignet sich dafür ein feiner Marderhaarpinsel oder ein Wattestäbchen. Nach beendetem Abschwächen wird das Negativ 5 Minuten fixiert, 30 Minuten fließend gewässert, im Netzmittel gebadet und getrocknet.

Farmerscher Abschwächer-Rezept:

In zwei getrennten Lösungen hergestellt, ist der Abschwächer lange haltbar.

Lösung A	Wasser	500 cm^3
	Kaliumferricyanid	50 g
Lösung B	Wasser	500 cm^3
	Natriumthiosulfat	50 g

Zum Gebrauch mischt man:

Lösung A	10 cm^3
Lösung B	50 cm^3
Wasser	100 cm^3

Das beste Mischungsverhältnis ist durch Versuche zu ermitteln.

2. Kaliumpermanganat Abschwächer
Der Kaliumpermanganat Abschwächer wirkt auf das Silberrelief eines Negativs wie ein Hobel und trägt das Bildsilber in Lichtern und Schatten im gleichen Verhältnis ab. Dadurch bleibt bei einer gewünschten Verringerung der Dichte die Gradation unverändert erhalten. Nach dem Abschwächen wird das Negativ bis zu seiner Entfärbung in frischem Fixierbad gebadet, 30 Minuten fließend gewässert, im Netzmittel gebadet und getrocknet.

Kaliumpermanganat Abschwächer-Rezept:

In zwei getrennten Lösungen hergestellt, ist der Abschwächer über längere Zeit haltbar.

Lösung A	Wasser	1000 cm^3
	Kaliumpermanganat	4 g
Lösung B	Wasser	1000 cm^3
	Schwefelsäure konz.	2 cm^3

Zum Gebrauch mischt man:

Lösung A	3 cm^3
Lösung B	3 cm^3
Wasser	100 cm^3

Variationen des Mischungsverhältnisses sind wiederum durch Versuche zu ermitteln.

3. Ammoniumpersulfat Abschwächer
Der Ammoniumpersulfat Abschwächer greift das Bildsilber an den schwärzesten Stellen des Negativs, den Lichtern, am stärksten an. Dadurch wirkt er gradationsverflachend.
Nach dem Abschwächen wird das Negativ erneut 5–10 Minuten fixiert, 30 Minuten fließend gewässert, im Netzmittel gebadet und getrocknet.

Ammoniumpersulfat Abschwächer-Rezept:

Wegen seines schnellen Zerfalles muß der Abschwächer immer erst kurz vor Gebrauch angesetzt werden!

Wasser	1000 cm^3
Ammoniumpersulfat	20 g
Schwefelsäure konz.	1 cm^3

Ansetzen und Aufbewahren der Chemikalien
Die Mühe lohnt sich kaum, Fotochemikalien selbst zusammenzusetzen, um Kosten zu sparen, weil die meisten der dazu benötigten Substanzen in Mindestmengen verkauft werden, die weit über den Bedarf eines Kleinverbrauchers hinausgehen. Alle Fotochemikalien stehen in reicher Auswahl – auch in kleinen Mengen – in Pulverform oder bereits flüssig konfektioniert zur Verfügung. Die genauen Ansatzvorschriften sind den jeweils beigefügten Gebrauchsanleitungen zu entnehmen.

Ansetzen von Entwickler
Um den Lösungsvorgang zu beschleunigen, wird für den Ansatz von Negativ- und Positiventwicklern in Pulverform 40° C warmes Wasser verwendet. Diese Temperatur darf allerdings nicht überschritten werden, da sonst eine vorzeitige Oxidation eintreten kann. Der Entwickler wird in dunklen, möglichst lichtundurchlässigen Glas- oder Plastikflaschen mit engem Hals aufbewahrt. Bei nicht bis oben gefüllten Plastikflaschen kann man entweder den Flaschenkörper so zusammendrücken, daß die Flüssigkeit den engen Hals erreicht und der Lösungsspiegel dem Luftsauerstoff eine möglichst kleine Angriffsfläche bietet, oder man füllt den Luftraum mit dem Schutzgas Protektan auf. Auf diese Weise aufbewahrte Lösungen sind ca. 4–6 Wochen haltbar.

Ansetzen von Fixierbad
Die Fixierbadchemikalien in Pulverform sollten mindestens 12 Stunden vor Gebrauch angesetzt werden. Dazu benutzt man auf 60° C erwärmtes normales Leitungswasser. Da dem Fixierbad Licht und Luftzutritt nicht schaden, kann es in transparenten Glas- oder Plastikflaschen aufbewahrt werden. Seine Lebensdauer beträgt ca. 8–12 Wochen.

Aufbewahrung der Chemikalien
Alle Fotochemikalien sind bei einer Raumtemperatur von 10–15° C aufzubewahren und vor der Benutzung auf Arbeitstemperatur zu bringen. Aus Sicherheitsgründen ist das Benutzen von Lebensmittel- und Getränkeflaschen als Chemikalienbehälter nicht gestattet. Fotochemikalien sind stets getrennt von Negativ- und Positivmaterialien zu lagern, da die Fotomaterialien durch die Ausdünstungen der Chemikalien Schaden erleiden können.

SW-DIA

Umkehrentwicklung

Schematische Darstellung der Umkehrentwicklung eines Schwarzweißnegativfilms.

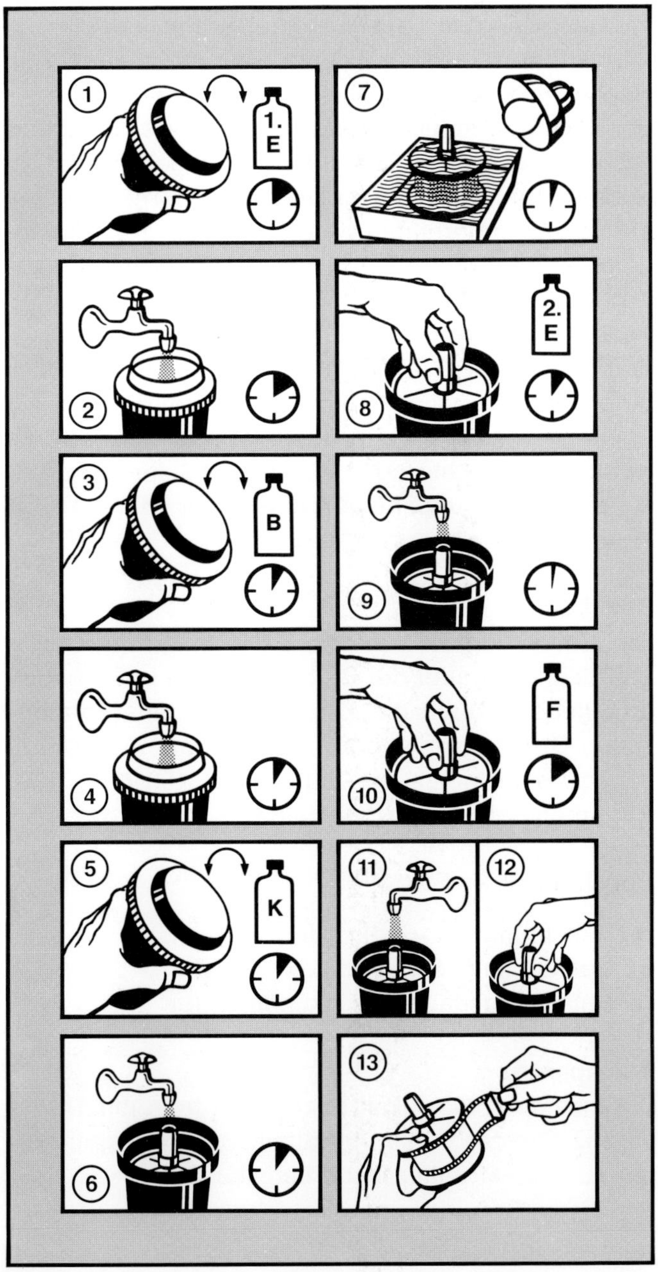

SW-Umkehrfilmentwicklung	
in völliger Dunkelheit	
1. Erstentwicklung (Eukobrom mit 5 g Rhodankalium auf 1000 cm^3)	5 min
2. Fließend wässern	10 min
3. Bleichen und dabei bewegen (Bleichbad: Wasser 1000 cm^3, Kaliumbichromat 6 g, Natriumbisulfat 20g)	5 min
4. Fließend wässern	5 min
5. Klären und dabei bewegen (Klärbad: Wasser 1000 cm^3, Natriumsulfit 50 g)	5 min
im Hellen	
6. Fließend wässern	5 min
7. Zweitbelichtung Film zur Vermeidung von Reflexen anhaftender Tropfen unter Wasser mit 500 W in einem Abstand von 1 m belichten	3 min
8. Zweitentwicklung (Eukobrom ohne Zusatz)	5 min
9. Zwischenwässern	1 min
10. Fixieren und dabei bewegen	10 min
11. Schlußwässern (fließend)	20 min
12. Baden im Netzmittel	1 min
13. Trocknen (im Trockenschrank)	10 min
Gesamtverarbeitungszeit	85 min

Falls ausnahmsweise einmal von einem Schwarzweißfilm keine Papierbilder, sondern für einen Vortrag Diapositive benötigt werden, ist eine Umkehrentwicklung des Films die rationellste und billigste Methode. Zur Umkehrentwicklung eignen sich alle Schwarzweißnegativfilme, die keinen zu stark eingefärbten Schichtträger besitzen. In der Regel sind dies die niedrigempfindlichen Filme von ISO 25/15° bis 80/20°. Die Verarbeitung ist sehr einfach, wenn auch etwas zeitaufwendiger als eine Negativentwicklung. Der Film wird ganz normal belichtet, nach einem besonderen Rezept entwickelt, gebleicht, ein zweites Mal belichtet und zum Diapositiv entwickelt. Die Gesamtverarbeitungszeit bis zum trockenen Film beträgt etwa 85 Minuten. Als Beispiel sei die Verarbeitung eines ISO 25/15° Films, der wie ISO 25/15° belichtet wird, aufgeführt.

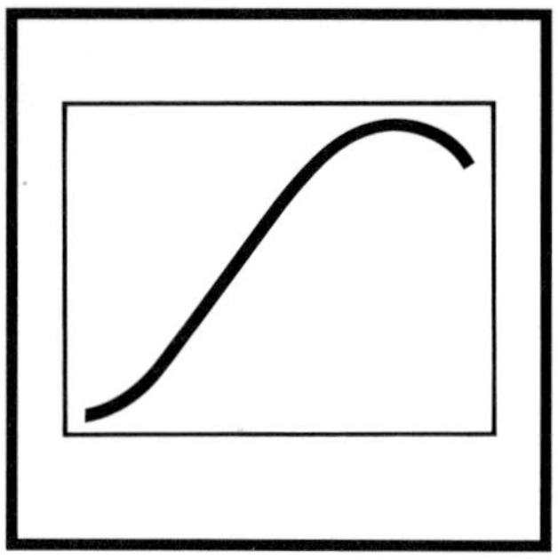

Sensitometrie

Die Sensitometrie (Empfindlichkeitsmessung) beschäftigt sich mit der meßtechnischen Auswertung des Verhaltens fotografischer Schichten auf die Belichtung und Entwicklung. Sie definiert die Reaktionen lichtempfindlicher Materialien unter genau festgelegten Bedingungen und ermöglicht dadurch die Einführung internationaler Normen. Die Urheber des ersten, 1890 erschienenen grundlegenden wissenschaftlichen Werkes über die Sensitometrie, Ferdinand Hurter (1844–1898) und Vero Charles Driffield (1848–1915), gelten auch als deren Begründer.
Welche Bedeutung hat die Sensitometrie für die praktische Fotografie? Die mit ihrer Hilfe gewonnenen Erkenntnisse über den Einfluß der Belichtung und Verarbeitung auf die fotografischen Schichten dienen den Fotomaterialienherstellern zur ständigen Überwachung der Eigenschaften und der Qualität ihrer Produkte. In den Fach- und Großlabors, Reprografiebetrieben und Druckereien wäre eine qualitativ gleichbleibende Produktion ohne die ständige sensitometrische Kontrolle der Arbeitsabläufe völlig undenkbar.
Die Sensitometrie ermöglicht es, die Beziehung, die zwischen Ursache – der Belichtung – und Wirkung – der resultierenden Schwärzung – in der Informationsübertragungskette der Bilderzeugung besteht, in exakten Werten auszudrücken. Der Informationsträger ist das Licht, welches vom Motiv reflektiert wird. Es verursacht auf der lichtempfindlichen Schicht eine entwickelbare Schwärzung. Ziel und Absicht ist es, auf dem fotografischen Abbild eine möglichst naturgetreue Wiedergabe der Vorlage bezüglich der Tonwertabstufungen – der Kontraste – und der Detailerkennbarkeit – der Schärfe – zu erreichen.
Das typische Kennzeichen der Sensitometrie ist die charakteristische oder Schwärzungskurve fotografischer Materialien. Wie gelangt man zu dieser Schwärzungskurve und was sagt sie aus? Bevor die Schwärzungskurve behandelt wird, ist allerdings die Erklärung der sensitometrischen Grundbegriffe erforderlich.

Sensitometrische Grundbegriffe

Jedes Halbtonnegativ weist nach der Entwicklung, entsprechend der auf ihm abgebildeten Vorlage, Flächen unterschiedlicher Schwärzung auf. Je geringer die Belichtung ist, um so weniger Bromsilber wird zu metallischem, schwärzlichem Silber reduziert. Das Negativ ist an dieser Stelle sehr hell oder von geringer Dichte. Umgekehrt weist eine stark belichtete Stelle eine hohe Dichte von völlig geschwärztem Bildsilber auf. Ein schwarzweißes Silbernegativ, auf dem die Bildinformationen als Hell-Dunkel-Abstufungen aufgezeichnet sind, kann abstrakt auch als ein transparentes Medium von unterschiedlicher Dichte bezeichnet werden.
Trifft nun Licht auf ein solches transparentes Medium unterschiedlicher Dichte, wie zum Beispiel auf einen gleichmäßig abgestuften Graukeil, so wird es je nach der Dichte oder Schwärzung der Graukeilstufe entweder ungehindert oder mehr oder weniger stark geschwächt durchgelassen.

Belichtung

Die Belichtung ist das Produkt von Lichtintensität mal Zeit. Die Dauer der Belichtung wird in Sekunden angegeben. Damit die Zahlenwerte keine inflatorischen Größen annehmen, gibt man sie als dekadischen Logarithmus an. Statt 1, 10, 100 oder 1000 trägt man den log-Wert ein wie 0, 1, 2 oder 3.

Belichtung $H = E \times t$

H	Belichtung in Luxsekunden	(lxs)
E	Beleuchtungsstärke in Lux	(lx)
t	Belichtungsdauer in Sekunden	(s)

Transparenz

Die Lichtdurchlässigkeit bezeichnet man mit Transparenz. Sie zeigt das Verhältnis von durchgelassener zu aufgestrahlter Lichtintensität an.

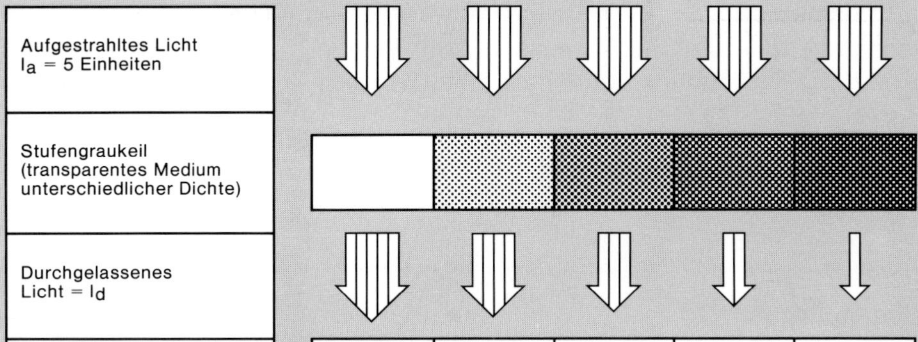

Durchgelassene Lichteinheiten	5	4	3	2	1
Durchlässigkeit	5/5	4/5	3/5	2/5	1/5
Durchlässigkeit in %	100 %	80 %	60 %	40 %	20 %
Transparenz $T = I_d : I_a$	1	0,8	0,6	0,4	0,2
Opazität $O = I_a : I_d$	1	1,25	1,66	2,50	5,00
Dichte $D = \lg O$	0	0,10	0,22	0,40	0,70

Grafische Darstellung der Beziehung zwischen der Durchlässigkeit, Transparenz, Opazität und Dichte.

$$\text{Transparenz} = \frac{\text{durchgelassene Lichtintensität}}{\text{aufgestrahlte Lichtintensität}}$$

$$T = \frac{I_d}{I_a}$$

Opazität (Undurchlässigkeit)

Die Opazität ist das Maß für die Lichtundurchlässigkeit einer fotografischen Schwärzung und wird durch, den reziproken Wert der Transparenz ausgedrückt.

$$\text{Opazität} = \frac{\text{aufgestrahlte Lichtintensität}}{\text{durchgelassene Lichtintensität}}$$

$$O = \frac{I_a}{I_d}$$

Dichte

Die Dichte ist das Maß für die Lichtundurchlässigkeit einer fotografischen Schwärzung und wird durch den dekadischen Logarithmus der Opazität angegeben.

$$\text{Dichte} = \log O$$

Objektumfang

Unter Objektumfang versteht man das Verhältnis der Leuchtdichten zwischen der hellsten und der dunkelsten Bildstelle in einem Motiv.

Motiv	Objektumfang	Blendenwerte Unterschied
Landschaft im Nebel	1 : 2	1
Winterlandschaft	1 : 5	2,3
Luftbild (Schrägaufnahme)	1 : 10	3,3
Reproduktion	1 : 30	4,9
Offene Landschaft im Sonnenlicht	1 : 50	5,7
Kunstlichtporträt	1 : 100	6,7
Landschaft mit schattigem Vordergrund	1 : 200	7,7
Nachtaufnahme	1 : 500	8,9
Innenaufnahme mit hellem Ausblick	1 : 1000	9,9
Gegenlichtaufnahme aus dem Dunkeln ins Helle	1 : 10000	13,3

Objektumfang verschiedener Motive.

Objektumfang = Objektkontrast
Kontrastumfang
Motivkontrast

Beleuchtungskontrast

Der Objektumfang wird weitgehend vom Beleuchtungskontrast beeinflußt. Unter Beleuchtungskontrast versteht man in der Natur das Helligkeitsverhältnis zwischen Lichtern und Schatten und bei Kunstlichtaufnahmen das Helligkeitsverhältnis vom Hauptlicht zum Aufheller.

Belichtungsumfang

Unter Belichtungsumfang versteht man das Verhältnis der minimalen zur maximalen Schwärzung bei gleicher Belichtungszeit.

Helligkeitsumfang

Unter Helligkeitsumfang versteht man das Verhältnis zwischen den hellsten und dunkelsten Motivstellen. Für den Helligkeitsumfang gibt es drei Bezeichnungsweisen:

1. Objektumfang beim Motiv
2. Negativumfang beim Negativ
3. Kopierumfang beim Positiv

Dichteumfang

Unter Dichteumfang versteht man die Differenz zwischen maximaler und minimaler Schwärzung eines Negativs.

Dichteumfang = Schwärzungsumfang

Densitometrie = Dichtemessung

Densitometer

Meßgerät zur Bestimmung der Dichte von Durchsichts- oder Aufsichtsbildern. Die Angaben erfolgen in logarithmischen Dichtewerten.

Entstehung der Schwärzungskurve

Wird eine lichtempfindliche Schicht stufenweise belichtet, indem jede folgende Stufe die doppelte Lichtmenge wie die vorangegangene erhält, so ergibt das eine Stufenskala mit ständig zunehmender Schwärzung. Nun trägt man in ein Koordinatenkreuz die Belichtung, das Produkt von Intensität × Zeit, logarithmisch ein, um einen möglichst großen Belichtungsumfang mit möglichst kleinen Zahlenwerten auf der horizontalen Abszisse unterzubringen. Die aus der Entwicklung resultierende Schwärzung wird auf der vertikalen Ordinate auch in logarithmischen Werten eingetragen. Durch Verbinden der Koordinatenpunkte erhält man dann eine ansteigende Kurve, die sogenannte Dichte- oder Schwärzungskurve. Im Idealfall, bei naturgetreuer Kontrastwiedergabe, würde der Winkel, den der geradlinige Teil der Schwärzungskurve mit der Horizontalen bildet, 45° betragen. Statt des Winkelwertes setzt man jedoch den Tangens des Winkels ein, der bei $\mathrm{tg}\ 45° = 1$ beträgt. Diesen Wert bezeichnet man als den Gammawert einer fotografischen Schicht.
In der fotografischen Praxis ist jedoch ein Gamma 1 für ein Halbtonnegativ, welches zu einem Positiv umkopiert werden soll, aus technischen Gründen nicht erwünscht. Die Gradation wäre viel zu steil, das Negativ zu hart. Die für den Negativ-Positiv-Prozeß ideale Gradation besitzt einen Gammawert, der zwischen 0,6 bis 0,7 liegt. Übersteigt das Gamma eines Negativmaterials diese Werte, so verkleinert sich die Skala der Tonwertabstufungen wegen der zu steilen Gradation. Im umgekehrten Falle, bei einem niedrigeren Gammawert, wird die Tonwertskala gedehnt und ergibt eine flachere Gradation.
Der tatsächliche Verlauf einer Schwärzungskurve gleicht einem «S». Sechs voneinander unterscheidbare Zonen sind dabei von Bedeutung.

1. Grundschleier oder Minimaldichte
Dies ist der Bereich der belichtungsunabhängigen Dichte, der daher rührt, daß ein geringer Teil des lichtempfindlichen Silberhalogenids auch ohne Lichteinwirkung entwickelt wird.

2. Schwelle
Die Schwelle ist der Punkt, von dem an eine Belichtungszunahme auch zu einer Schwärzungszunahme führt. Hier liegt der Bereich der Unterbelichtung und der Schatten, der nur eine reduzierte Tonwertabstufung wiederzugeben vermag.

3. Geradliniger Teil
Im Bereich des geradlinigen Teils der Schwärzungskurve nimmt die Dichte proportional zur Belichtung zu. Einzig und allein hier erfolgt eine nahezu tonwertrichtige Wiedergabe. Deshalb ist man bestrebt, die Bildaufzeichnung ausschließlich in dieses Gebiet zu legen.

4. Schulter
Hier beginnt der Bereich der Überbelichtung, wo einer zunehmenden Belichtung keine proportionale Zunahme der Schwärzung folgt. Eine reduzierte Wiedergabe der Tonwertabstufungen ist die Folge.

5. Maximaldichte
Dieser Bereich ist für die Wiedergabe auf Negativfilmen bedeutungslos, da hier keine wahrnehmbare Differenzierung infolge Überbelichtung mehr erkennbar ist. Dagegen erreicht der Schwarzweißumkehrfilm hier sein Schwärzungsmaximum, die Lage der tiefsten Schatten.

6. Solarisation
Nach dem Erreichen der Maximaldichte führt, infolge der Umkehrung der Tonwerte durch die Solarisation, jede Belichtungszunahme nur noch zur Schwärzungsabnahme.

Auswertung der Schwärzungskurve

Für die tonwertrichtige Wiedergabe ist nur der geradlinige Teil der Kurve von Bedeutung. In der Praxis verläuft dieser Teil jedoch häufig als Kurve, die entweder durchhängend, aufgewölbt oder beides sein kann. Zur Bestimmung des Gammawertes verbindet man in diesem Falle die beiden Grenzpunkte am Beginn und am Ende der Kurve und ermittelt den entstandenen Neigungswinkel. Der Tangens ergibt wiederum den Gammawert.

Trotz aller Normung beharrt jeder Hersteller auf einem eigenen System der Bestimmung eines Wertes in Vertretung des Gammawertes. Bei Agfa geschieht dies durch den Betawert, bei Kodak durch den Kontrastindex. Worin unterscheiden sich die drei Angaben?

Definition des Gammawertes

Unter dem Gammawert versteht man die Kontrastwiedergabe eines fotografischen Materials im Verhältnis zur Vorlage bei einem festgelegten Belichtungsumfang. Er wird mit Hilfe des Neigungswinkels, den der geradlinige Teil der Schwärzungskurve zur horizontalen Abszisse bildet, ermittelt. Sein unterer Grenzpunkt liegt mit einem Dichtewert von 0,1 über dem Grundschleier.

Definition des Betawertes

Unter dem Betawert versteht man die Kontrastwiedergabe eines fotografischen Materials im Verhältnis zur Vorlage bei einem Belichtungsumfang von 1:32 = 1,5 log Einheiten. Er wird wegen des nicht immer geradlinigen Verlaufs des Mittelteils der Schwärzungskurve mit Hilfe von zwei Grenzpunkten bestimmt. Der untere Punkt liegt mit einem Dichtewert von 0,1 über dem Grundschleier, der obere um 1,5 log Einheiten davon entfernt.

Definition des Kontrastindex

Unter dem Kontrastindex versteht man die Kontrastwiedergabe eines fotografischen Materials im Verhältnis zur Vorlage bei einem Belichtungsumfang von 2 log Einheiten. Er wird wegen des nicht immer geradlinigen Verlaufs des Mittelteils der Schwärzungskurve mit Hilfe von zwei Grenzpunkten bestimmt. Der untere Punkt liegt mit einem Dichtewert von 0,2 über dem Grundschleier, der obere 2 log Einheiten davon entfernt.

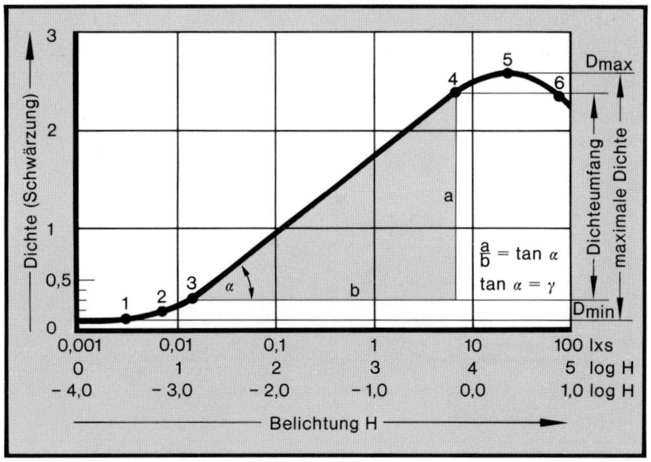

Charakteristische oder Schwärzungskurve eines fotografischen Materials. Die einzelnen Punkte bestimmen die Zonen: 1 Grundschleier, 2 Schwelle, 3 geradliniger Teil, 4 Schulter, 5 Maximaldichte, 6 Solarisation.

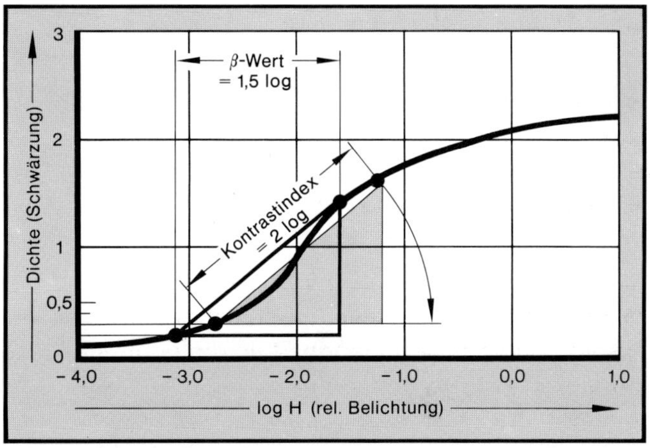

Grafische Darstellung der Definition für den Betawert und Kontrastindex bei der Schwärzungskurve eines fotografischen Materials.

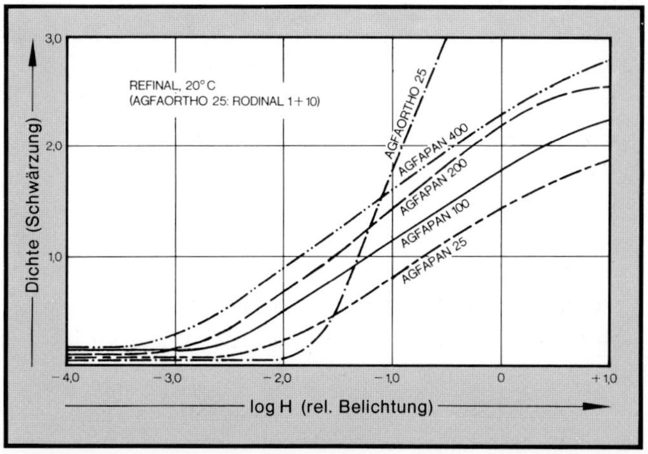

Die Gradation einer fotografischen Emulsion ist aus der Steigung abzulesen, die der Neigungswinkel ihrer Schwärzungskurve zur Abszisse bildet. Ihre Lichtempfindlichkeit ist um so höher, je weiter links auf der Abszisse die Schwärzungskurve ihren Anfang nimmt. Grafik: Agfa-Gevaert.

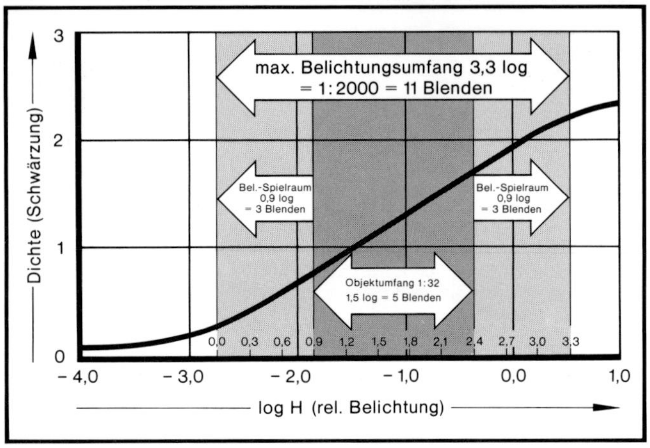

Mit Hilfe der Schwärzungskurve läßt sich auch der Belichtungsspielraum einer fotografischen Schicht ermitteln.

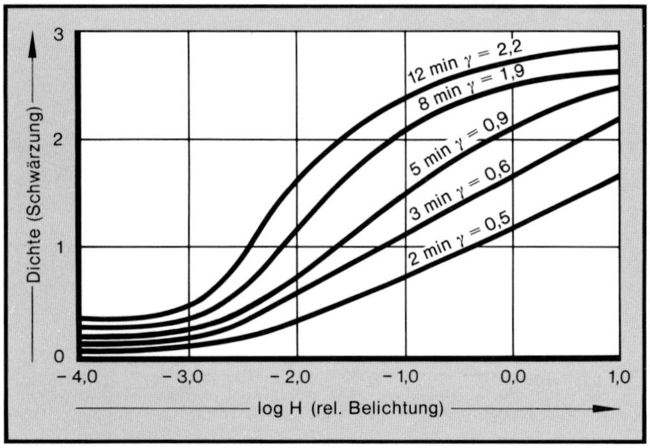

Eine Verkürzung der Entwicklungszeit führt zu einer flacheren und eine Verlängerung, zu einer steileren Gradation bei gleichzeitigem Anstieg des Grundschleiers.

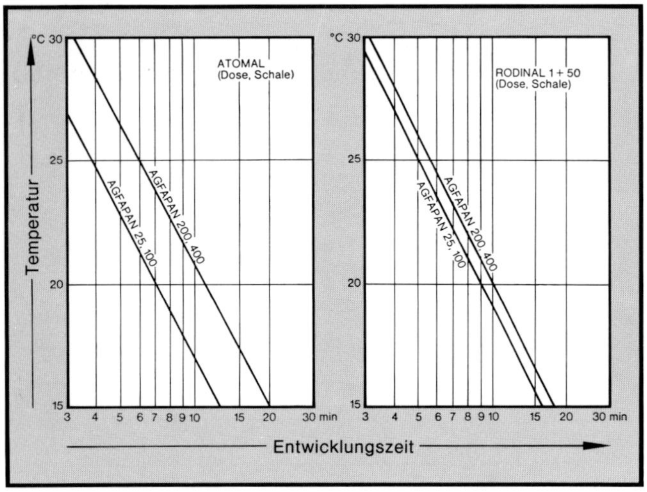

Die Diagramme verdeutlichen die Abhängigkeit der Entwicklungszeit von der Temperatur bei unverändertem Gammawert. Tabelle: Agfa-Gevaert.

Belichtungsspielraum der Aufnahmematerialien

Neben der Auskunft über die Kontrastwiedergabe eines fotografischen Materials im Verhältnis zur Vorlage bei einem gegebenen Belichtungsumfang erlaubt die Schwärzungskurve auch eine Beurteilung des Belichtungsspielraums einer Emulsion.

Wie schon bei der Push-Entwicklung erwähnt, hängt die ausnutzbare Empfindlichkeit eines Films nicht so sehr von seiner Allgemeinempfindlichkeit ab, als vielmehr vom Objektumfang des Aufnahmegegenstandes.

Ist zum Beispiel ein Aufnahmematerial in der Lage, einen Belichtungsumfang von max. 1 : 2000 = 3,3 log oder 11 Blendenwerten wiederzugeben, so läßt sich der Objektumfang des aufzunehmenden Gegenstandes von 1 : 32 (dem genormten Durchschnittsmotiv), wie auf der Schwärzungskurve ersichtlich, sowohl um 0,9 log oder 3 Blenden unterbelichten als auch um 0,9 log oder 3 Blenden überbelichten, ohne daß Tonwertverluste auftreten. Liegt die Wiedergabe des Objektes am Fuße der Kurve, so handelt es sich um ein dünnes Negativ, in dem allerdings der volle Objektumfang enthalten ist. Beim Kopieren muß das Positiv lediglich kürzer belichtet werden. Liegt die Wiedergabe dagegen im oberen Bereich, dann besitzt das Negativ eine höhere Dichte und muß beim Positivprozeß länger belichtet werden. Bezüglich Schärfe und Auflösungsvermögen ist die Belichtung, die gerade an der Grenze der Unterbelichtung liegt, immer die optimale.

Der Belichtungsspielraum einer Emulsion hängt demnach ausschließlich vom Objektumfang des aufzunehmenden Motivs ab. Übersteigt der Objektumfang des Gegenstandes den Belichtungsumfang der Schicht, so treten Tonwertverluste auf, die sich je nach Lage auf der Schwärzungskurve entweder in den Schatten oder in den Lichtern oder bei sehr kontrastreichen Objekten in beiden Bereichen bemerkbar machen. In einer derartigen Situation muß der Objektumfang des Motivs, um keine Verluste in der Abstufung der Tonwiedergabe zu erleiden, durch zusätzliche Aufhellung mit Reflektoren, Blitz- oder Glühlicht dem des Negativmaterials angepaßt werden.

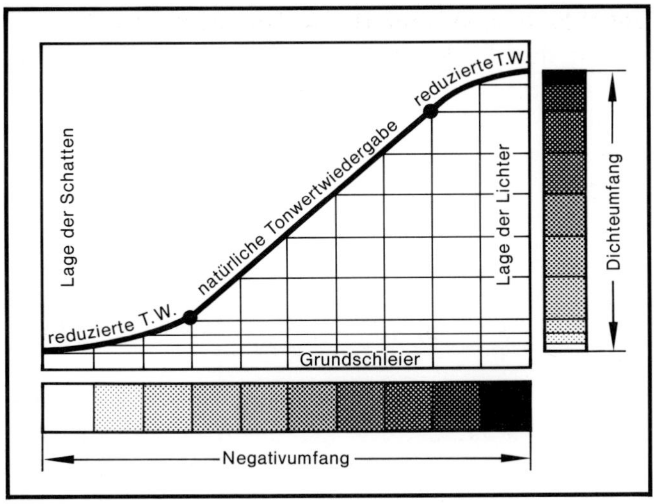

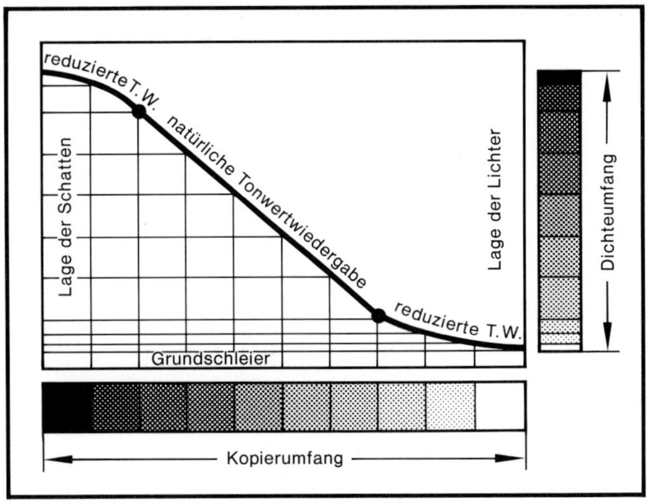

Nur im geradlinigen Teil der Schwärzungskurve steigt die Schwärzung proportional zur Belichtung an. Als Folge davon werden die Schatten (Schwelle) und Lichter (Schulter) des Negativs nur mit einer reduzierten Tonwertabstufung gegenüber den auf dem geradlinigen Teil wiedergegebenen Mitteltönen abgebildet.

Analog dazu verläuft die um 180° gedrehte Schwärzungskurve eines fotografischen Positiv- oder Kopiermaterials. Die Schatten und Lichter werden gegenüber den Mitteltönen ebenfalls nur mit reduzierter Tonwertwiedergabe abgebildet.

Gradation und Lichtempfindlichkeit

Mit der Licht- oder Allgemeinempfindlichkeit wird grundsätzlich auch die Gradation einer fotografischen Emulsion bei der Herstellung festgelegt. Der Gradationscharakter ist aus dem Neigungswinkel, den die Schwärzungskurve zu der Abszisse bildet, abzulesen. Eine Halbtonemulsion weist eine geringere Steigerung mit flacherer Gradation auf als eine Strichfilmemulsion mit steilerer Steigung und steilerer Gradation.

Die Lichtempfindlichkeitsbestimmung einer Schicht erfolgt mit Hilfe der Schwärzungskurve. Der geringste Lichteindruck, der nach der Entwicklung in der Schicht eine Schwärzung von 0,1 über dem Grundschleier erzeugt, gilt als sogenannter Speedpoint (englisch für Empfindlichkeitspunkt), der die DIN- bzw. ISO-Empfindlichkeit einer Emulsion angibt. Je weiter links auf der Abszisse die Schwärzungskurve ihren Anfang nimmt, um so höher ist die Lichtempfindlichkeit der Emulsion.

Gamma-Zeitkurve

Durch Veränderung der Entwicklungszeit, bei konstanter Einhaltung aller übrigen Variablen, läßt sich die Gradation einer fotografischen Schicht flacher oder steiler gestalten. Eine Verkürzung der normalen Entwicklungszeit hat eine weichere, eine Verlängerung eine härtere Gradation zur Folge.

Durch Verlängerung der Entwicklungszeit steilt sich außer dem Kontrast auch die Kurvenform von der Geraden zu immer stärkerer Wölbung auf, und der Grundschleier nimmt zu.

Informationsübertragungskette bei der Herstellung eines fotografischen Bildes

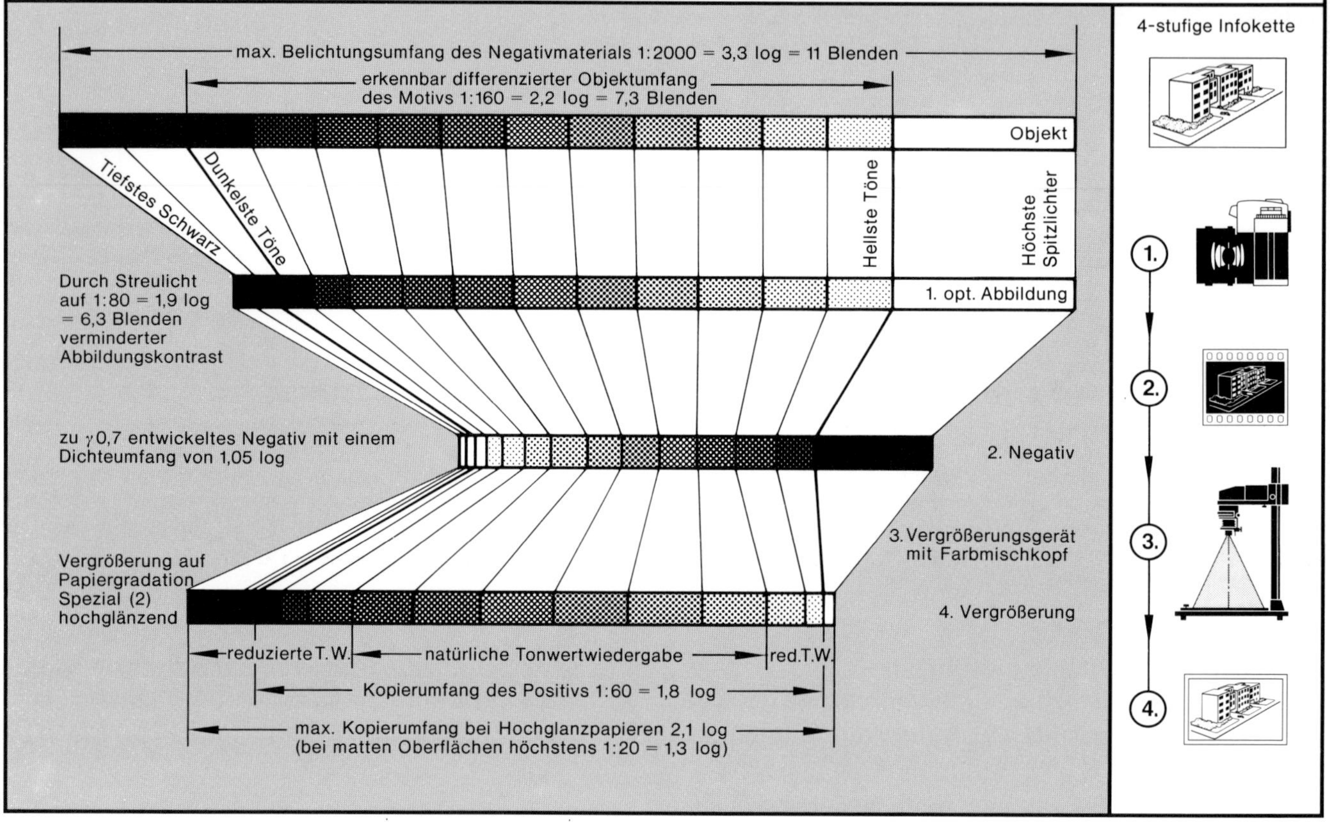

Schematische Darstellung der Informationsübertragungskette bei der Herstellung eines fotografischen Bildes:

1. Das von jeder Kamera aufgenommene Bild eines Objektes wird, bedingt durch Streulicht im Objektiv und Kameragehäuse, in seinem Tonwertumfang mit vermindertem Kontrast abgebildet.

2. Die Tonwertwiedergabe wird außerdem durch die disproportionale Schwärzungszunahme in den Schatten und Lichtern des Negativs verringert.

3. Auch beeinflußt die Beleuchtungseinrichtung eines Vergrößerungsgerätes, ob diffuses oder gerichtetes Licht, die Tonwertwiedergabe der Vergrößerung und sollte bereits bei der Negativentwicklung berücksichtigt werden.

4. Um das beste Resultat zu erzielen, wurde das optimal belichtete und entwickelte Negativ schließlich mit einem Vergrößerungsgerät mit einem Farbmischkopf auf die Papiergradation Spezial (2) hochglänzend vergrößert. Grafik: Eastman Kodak Co.; vom Autor ergänzt.

3

Das Positiv

POSITIV

Eigenschaften- und Aufbau

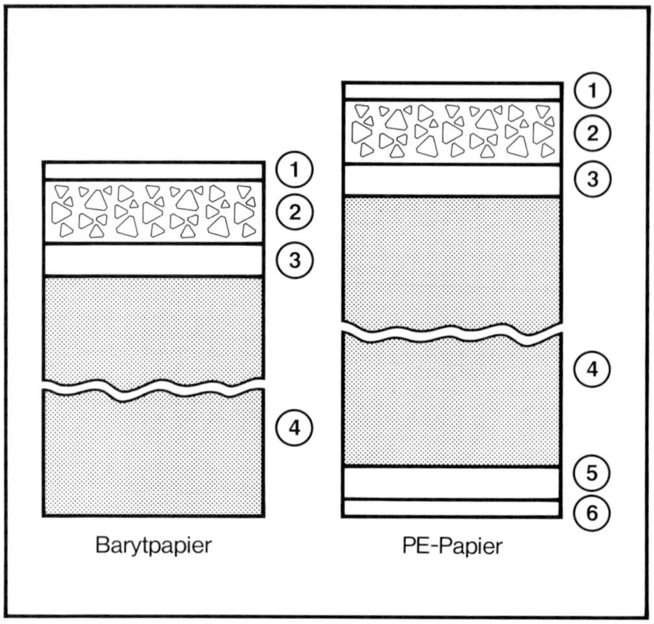

Links: Schematische Darstellung des Schichtaufbaues eines Baryt-Vergrößerungspapiers: (1) Gelatineschutzschicht, (2) Emulsionsschicht, (3) Barytschicht, (4) Papierunterlage.

Rechts: Schematischer Schichtaufbau eines PE-Vergrößerungspapiers: (1) Gelatineschutzschicht, (2) Emulsionsschicht, (3) PE-Schicht, (4) Papierunterlage, (5) PE-Schicht, (6) mit Stärke zur Mattierung versehene Gelatineschicht, die auch zugleich als Anticurlschicht gegen den Drall dient.

Fotografische Positivmaterialien, Fotopapiere, entsprechen in ihrem Aufbau prinzipiell den Negativmaterialien. Bei den konventionellen Fotopapieren wird die lichtempfindliche Emulsion auf ein barytiertes, reißfestes, chemisch reines Papier aufgegossen. Die Barytschicht soll das Einsinken der Emulsion in den Papierfilz verhindern und zugleich, durch die Beigabe optischer Aufheller, für einen möglichst hohen Reflexionsgrad der Bildweißen sorgen. Pro Quadratmeter enthalten Barytpapiere zwischen 1–4 g Silberhalogenid.

Bedingt durch den Trend nach immer schnellerer und wirtschaftlicherer Verarbeitung, vor allem in den Großlabors, hat sich in den letzten Jahren eine Abkehr von den herkömmlichen Papieren hin zu den PE- oder RC-Papieren vollzogen. PE steht für das englische Wort Polyethylene (Polyäthylen) und RC für Resin Coated (plastikbeschichtet). Da beide Bezeichnungen das gleiche bedeuten, wird hier nur noch von PE-Papieren die Rede sein. Bei den PE-Papieren sind die Ober- und Unterseite des Papierfilzes mit einer dünnen PE-Schicht versiegelt. Eine Barytschicht wird dadurch überflüssig. Die Emulsion kann entweder direkt auf die besonders vorbehandelte PE-Schicht oder auf eine zusätzlich aufgebrachte Haftschicht gegossen werden. Da beim PE-Papier die silberaufsaugende Barytschicht fehlt, kommt man bei der Herstellung im Vergleich zu konventionellen Fotopapieren mit bis zu 30% weniger Silberhalogenid aus. Um eine Beschriftung der Bildrückseite zu ermöglichen, wird der Gelatinerückgußschicht Stärke zur Mattierung beigefügt.

Die Vorteile der PE-Papiere gegenüber konventionellen Fotopapieren sind:

1. Schnellere Verarbeitungszeiten und Taktfolgen durch höhere Verarbeitungstemperaturen. Dies gilt sowohl für die maschinelle als auch für die Schalenentwicklung.

2. Geringerer Chemikalienverbrauch und geringere Chemikalienverschleppung.

3. Geringerer Wasserverbrauch bei erheblich kürzeren Wässerungszeiten, da die Chemikalien nicht mehr aus dem Papierfilz, sondern nur noch aus der relativ dünnen Emulsionsschicht ausgewaschen werden müssen.

4. Vereinfachte Trocknung für den Kleinverarbeiter und beschleunigte Maschinentrocknung. Eine Trokkenpresse, wie sie für Barytpapiere erforderlich ist, darf nicht mehr benutzt werden. Die Hochglanz- oder Mattrocknung kann einfach an der Luft erfolgen. Zur Vermeidung von Wasserflecken auf der Schicht ist es jedoch ratsam, die Bilder vor dem Trocknen mit einem feuchten Wildledertuch abzuwischen.

Lichtempfindlichkeit

Fotopapiere weisen je nachdem, ob ihre Emulsion hauptsächlich Chlorbromsilber oder Bromsilber enthält, eine geringere oder höhere Lichtempfindlichkeit auf.

Das niedrigempfindliche Chlorbromsilberpapier eignet sich sowohl als Kontakt- als auch als Vergrößerungspapier. Es steht in vier Gradationen zur Verfügung.

Im Gegensatz zu dem lichtempfindlicheren, in sechs Gradationen erhältlichen Bromsilberpapier reagiert Chlorbromsilberpapier auf die geringste Unsauberkeit und auf jeden Verarbeitungsfehler äußerst empfindlich.

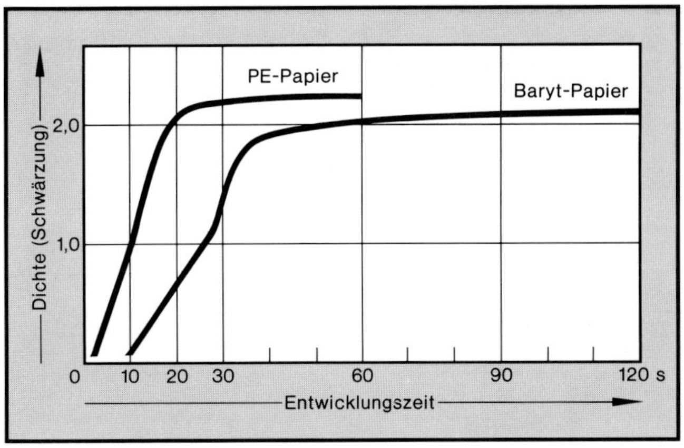

Schematische Darstellung der Entwicklungscharakteristik von PE- und Barytpapier bei einer Arbeitstemperatur von 20° C.

Papierstärken

Barytpapiere sind in zwei Stärken erhältlich: als papierstarke mit 140 g und als kartonstarke mit 240 g Papiergewicht pro Quadratmeter. PE-Papiere liegen mit einem Papiergewicht von 170 g/m² genau dazwischen. Durch die beidseitige Plastikbeschichtung mit Gelatinerückguß für eine bessere Planlage besitzen sie jedoch eine größere Festigkeit als gewöhnliche kartonstarke Papiere.

Fotoleinen

Eine Besonderheit stellt die für Großvergrößerungen auf Ausstellungen benutzte Fotoleinwand dar. Ihr Schichtträger besteht aus einem festen Leinengewebe, auf das die lichtempfindliche Emulsion direkt aufgetragen ist. Fotoleinen steht nur in einer Gradation zur Verfügung. Im Tonwertumfang und in der Lichtempfindlichkeit entspricht es dem Vergrößerungspapier der Gradation Normal.

Verarbeitungszeiten für SW-Baryt- und PE-Papiere

	Barytpapier	PE-Papier	
	Schale 20°C	Schale 20°C	Maschine 40°C
Arbeitsgang	Minuten	Minuten	Sekunden
1. Entwickeln	2	1	20
2. Unterbrechen	0,5–1	3–10 s	20
3. Fixieren	5–10	1–1,5	15
4. Schlußwässern	30–60	2	15
5. Netzmittel	0,5	0,5	–
6. Trocknen	5–10	1	50
Verarbeitungszeit in Minuten	45–85	6	2

Tabelle der Naßverarbeitungszeiten für Schwarzweiß-Baryt- und PE-Papiere.

Papieroberflächen

Am häufigsten werden Papiere mit weißglänzender Oberfläche verwendet. Sie besitzen mit 1 : 60 den größten Tonwertumfang aller Papiersorten. Die Tonwerte der tiefsten Schatten sind dabei 60 mal dunkler als die hellsten Lichter. Andere Papieroberflächen mit leicht gelblicher Tönung, wie Elfenbein, oder mit stärkerer Gelbfärbung, wie Chamois, geben einen wesentlich geringeren Helligkeitsumfang wieder, da die hellsten Bildtöne von der Farbe der Papierunterlage bestimmt werden.

Unabhängig von ihrer Einfärbung gibt es Papiere mit glänzender, halbmatter, matter und strukturierter Oberfläche.

Die Wahl der Oberfläche ist weitgehend eine Geschmacksfrage. Dem Argument, daß zum Beispiel ein getöntes oder strukturiertes Papier einem bestimmten Motivcharakter gerechter werde, steht die Tatsache gegenüber, daß es nur ein Drittel des Helligkeitsumfanges eines weißglänzenden Papieres wiederzugeben vermag. Für Wand- und Großfotos eignen sich wegen der Reflexfreiheit nur matte Oberflächen.

Papiergradationen

Negative weisen, unabhängig davon, wie gut sie belichtet und entwickelt werden, auf Grund der unterschiedlichen Objekt- und Beleuchtungskontraste zwangsläufig unterschiedliche Gradationen auf.

Negativmaterialien können einen Belichtungs- oder Objektumfang von maximal 1 : 2000 wiedergeben. Bei Aufnahmen, die diesen Objektumfang überschreiten, müssen Tonwertverluste hingenommen werden. Sie können sich sowohl in den Schatten als

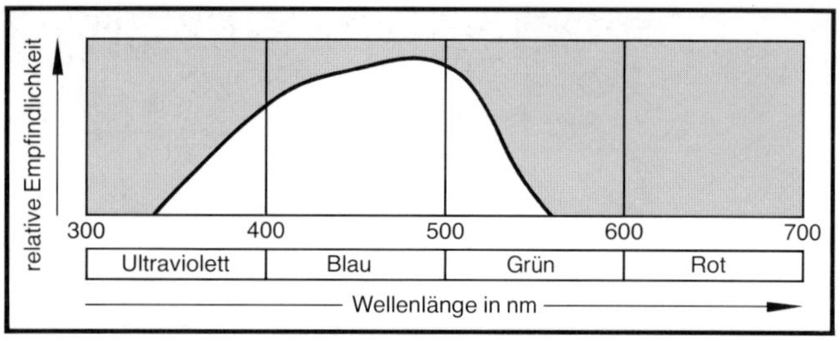

Schematische Darstellung der spektralen Empfindlichkeit schwarzweißer Baryt- und PE-Papiere bei Glühlampenlicht von 2800 K.

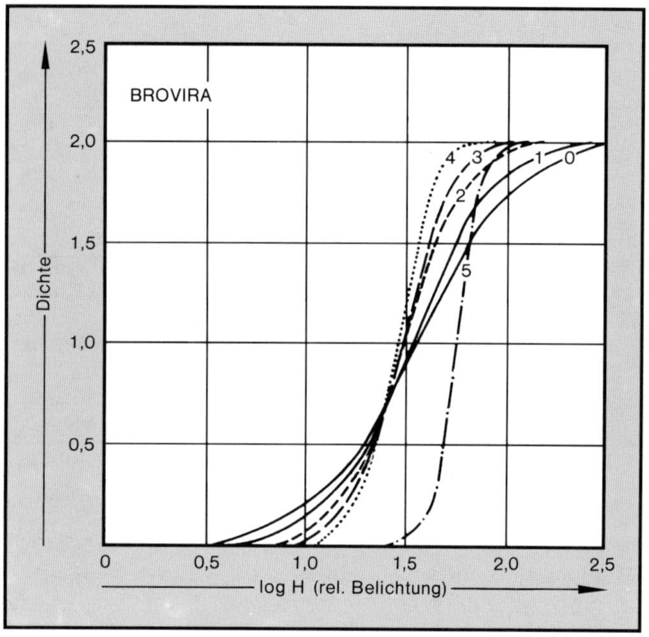

Schwärzungskurven der Agfa-Brovira Papiere für die Gradationen 0 bis 5. Deutlich ist auf der Grafik zu erkennen, daß außer der Gradation 5 (Extra Hart), alle übrigen Gradationen etwa die gleiche Lichtempfindlichkeit besitzen.

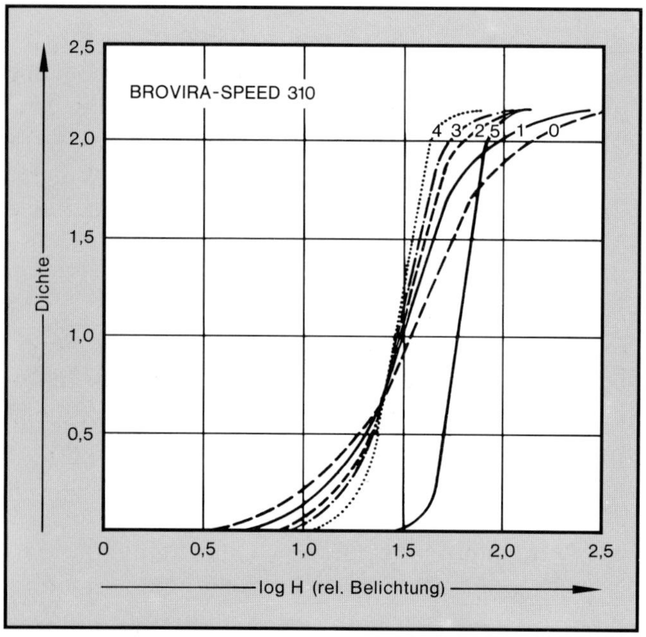

auch in den Lichtern oder sogar in beiden Bereichen bemerkbar machen.

Fotopapiere dagegen vermögen Tonwertabstufungen nur im Verhältnis 1 : 60 wiederzugeben. Negative mit einem größeren Objektumfang werden daher zwangsläufig auf dem Fotopapier in ihrer Tonwertwiederaufgabe auf 1 : 60 reduziert.

Da fotografische Durchsichtsbilder wie Diapositive ebenso wie Negativmaterialien einen viel größeren Objektumfang als Aufsichtsbilder wiedergeben können, etwa 1 : 500, wirken sie wesentlich brillanter.

Damit der geringe Kopierumfang der Fotopapiere voll ausgenutzt und Negative unterschiedlicher Gradation naturgetreu kopiert werden können, steht eine Auswahl von mehreren Papiergradationen zur Verfügung. Die zu wählende Papiergradation verhält sich immer umgekehrt zum Kontrast der Negativgradation. Für ein kontrastarmes, weiches Negativ benötigt man zum Beispiel ein Papier harter Gradation und für ein kontrastreiches, hartes Negativ ein Papier weicher Gradation.

Folgende 6 Papiergradationen stehen zur Verfügung:

Gradation	Gradationsziffer	relative Lichtempfindlichkeit
Extra weich	0	1,0
Weich	1	1,0
Spezial	2	1,0
Normal	3	1,0
Hart	4	1,0
Extra Hart	5	0,5

Die einzelnen Papiergradationen unterscheiden sich darin, daß sie die Tonwertskala von Schwarz nach Weiß mit verschieden langen und steilen Schwärzungskurven wiedergeben. Die Länge der Schwärzungskurve, die bei Extra Hart sehr kurz ist, nimmt in dem Maße zu, wie die Gradation weicher wird und erreicht bei Extra Weich ihre größte Ausdehnung.

Die Schwärzungskurven für Agfa-Brovira Speedpapiere verhalten sich ähnlich wie die der Barytpapiere. Nur die Gradation Extra Hart (5) ist halb so empfindlich wie die Papiere der übrigen Gradationen. Um den Tonwertumfang der PE-Papiere dem der Baryt-Papiere anzugleichen, wurde die maximale Schwärzung sogar über die Dichte 2 hinaus erhöht.

Durch unterschiedliche Filterung (mit Gelb und Purpur) wurde auf ein Blatt Ilfospeed Multigrade II eine Vergrößerung hergestellt, die in 5 Feldern die Gradationsabstufungen der konventionellen Gradationspapiere von 1 bis 5 enthält.

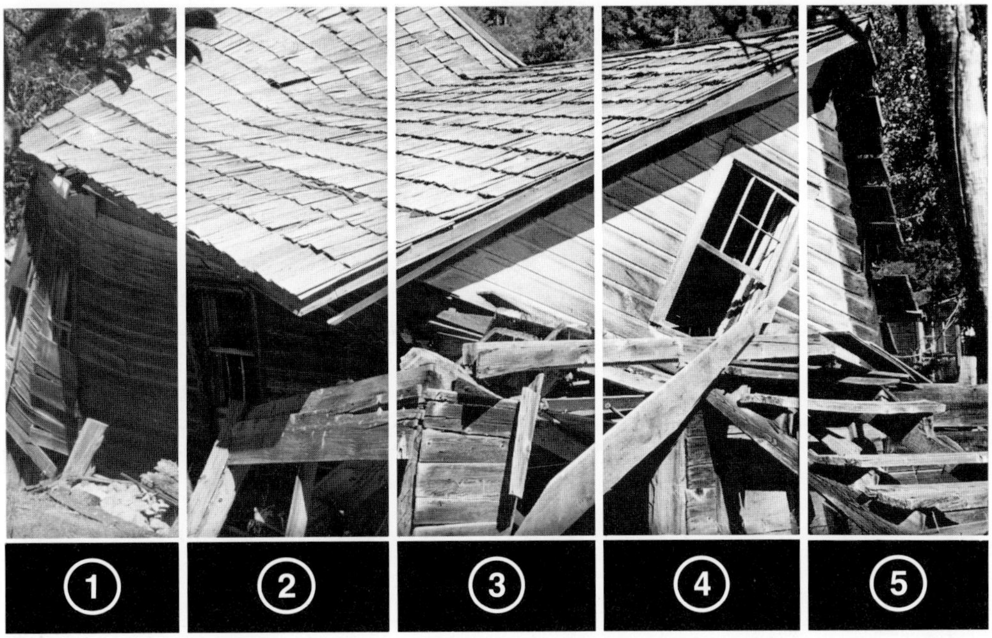

Dies bedeutet jedoch nicht, daß Extra Weich die erstrebenswerteste Gradation ist. Die Wahl der richtigen Papiergradation wird vielmehr von der Negativgradation bestimmt. Die ideale Negativgradation liegt zwischen normal bis kräftig, wofür die Papiergradation Spezial (2) zu verwenden ist.

Variable Kontrastpapiere

Vergrößerungspapier mit variablem Kontrast ist wiederum ein Produkt, das ursprünglich für die Großkopieranstalten geschaffen wurde und zunächst nur als Rollenware zur Verfügung stand.

Die wichtigste Voraussetzung für die Entstehung der Großlabors in den 50er Jahren mit ihren Printern (Schnellkopiermaschinen) war die Einführung des variablen Kontrastpapiers. Eine industrielle Bilderproduktion wäre nach der konventionellen Methode, wo für jedes Negativ die entsprechende Papiergradation auszuwählen war, niemals wirtschaftlich durchführbar gewesen.

Die ersten variablen Kontrastpapiere arbeiteten nach dem Prinzip der Gradationsbeugung durch diffuse Vorbelichtung. Das heißt, die Gradation des Papiers, die von Natur aus hart war, wurde durch diffuse Vorbelichtung, je nach Negativkontrast, bis auf weich ausgedehnt.

Später hat man sich für das Prinzip zweier auf verschiedene Spektralbereiche sensibilisierte Emulsionen in der Schicht entschieden. Beim Kopierprozeß verursacht die Belichtung mit einem Gelbfilter eine weichere und die Belichtung mit einem Purpurfilter eine härtere Gradation. Durch entsprechende Abstufung der Filterdichten lassen sich die gleichen Gradationen erzielen wie mit Gradationspapieren. Mit einer Feinfilterung können sogar Kontrastabstufungen, die zwischen den konventionellen Papiergradationen liegen, erzielt werden. Wenn man keinen Filter benutzt, besitzen die variablen Kontrastpapiere die Gradation Spezial (2).

Um mit dem Arbeitstempo der elektronisch gesteuerten Printer Schritt halten zu können, wurde der Emulsion bei einigen Papieren sogar Entwicklersubstanz hinzugefügt, die den chemischen Prozeß erheblich verkürzte.

Alle heutigen Formatpapiere variablen Kontrasts arbeiten nach dem Prinzip der Gradationssteuerung durch Belichtung mit farbigem Licht. Die Belichtung kann entweder durch das Einlegen von Farbfilterfolien zwischen Beleuchtungseinrichtung und Negativ oder – was zweifellos rationeller ist – mit einem speziellen Variokontrast-Modul bzw. mit einem Farbmischkopf am Vergrößerungsgerät vorgenommen werden.

Der Vorteil dieser Papiere, die unter Bezeichnungen wie Polycontrast Rapid II oder Multigrade II erhältlich sind, besteht darin, daß man statt mit 6 verschiedenen Gradationspapieren mit nur einem variablen Kontrastpapier auskommt.

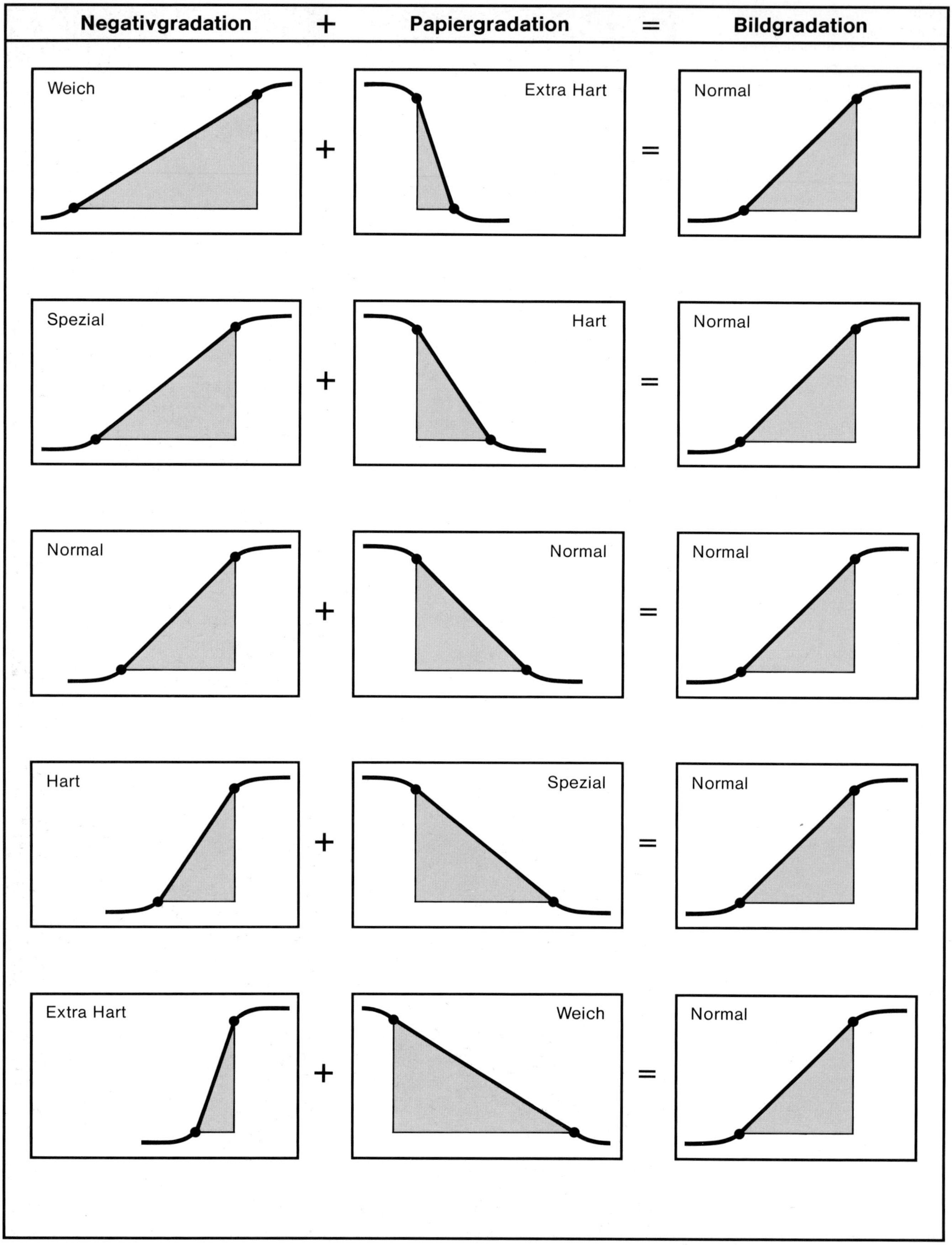
Negativgradation
+
Papiergradation
=
Bildgradation
Weich
Extra Hart
Normal
Spezial
Hart
Normal
Normal
Normal
Normal
Hart
Spezial
Normal
Extra Hart
Weich
Normal

Links: Schematisch vereinfachte, aber nicht sensitometrisch korrekte Darstellung der Wahl der richtigen Papiergradation. Zur Erzielung der richtigen Bildgradation wird das Negativ auf die Papiergradation vergrößert, die sich in ihrem Kontrast umgekehrt zu dem des Negativs verhält.

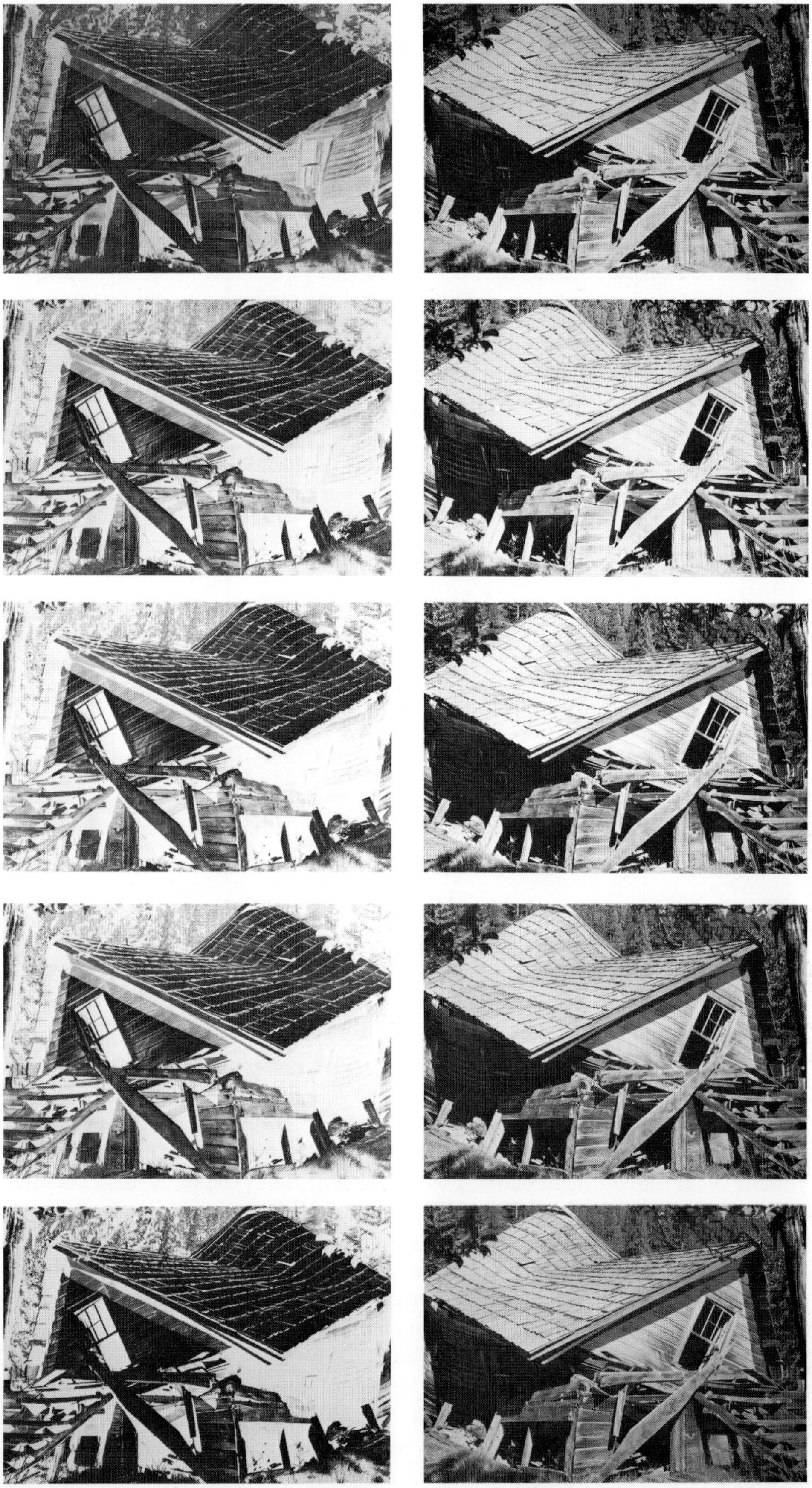

Rechts: Von 5 Negativen unterschiedlicher Gradation, erhält man durch das Kopieren auf Papiere entgegengesetzter Gradation ein Bild in der richtigen Gradation.

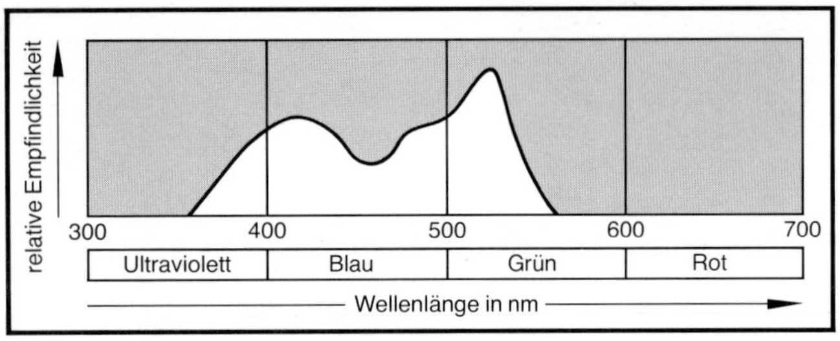

Schematische Darstellung der spektralen Empfindlichkeit des schwarzweißen variablen Kontrastpapiers Ilfospeed Multigrade II. Die Belichtung erfolgte mit Glühlampenlicht von 2800 K. Deutlich ist die Empfindlichkeit in zwei Spektralbereichen erkennbar.

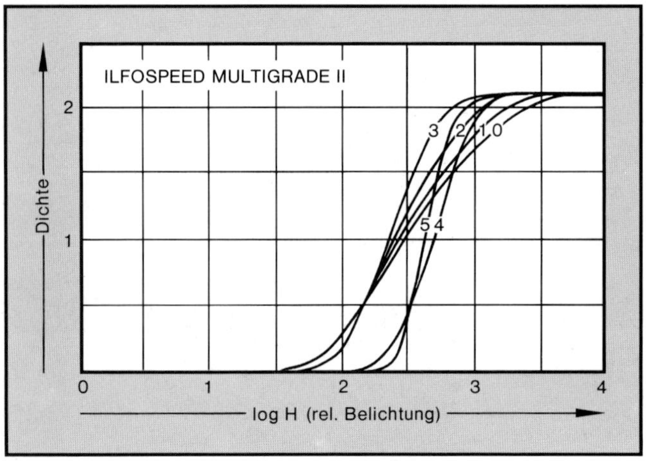

Schwärzungskurven für das Ilfospeed Multigrade II Vergrößerungspapier. Außer den Gradationen Extra Hart und Hart (5 und 4) besitzen alle Gradationen nahezu die gleiche Lichtempfindlichkeit.

Negativbeurteilung

Die Negativbeurteilung und die Bestimmung der richtigen Papiergradation bereitet beim fotografischen Prozeß die größten Schwierigkeiten. Wichtig ist zunächst, beurteilen zu können, ob ein Negativ unter- oder überbelichtet oder unter- oder überentwickelt ist.

Diese Arbeit kann man sich dadurch wesentlich erleichtern, indem man bei der einmal bewährten Filmsorte bleibt und nicht ständig wechselt. Zur Beurteilung werden die Negative am besten vor einer angestrahlten oder durchleuchteten weißen Fläche (einem Leuchttisch) betrachtet. Die Beurteilung der Belichtung richtet sich nach der Durchzeichnung der Schatten im Negativ. Die Beurteilung der Entwicklung richtet sich nach der Deckung der Lichter im Negativ.

Die Beurteilung der Negativgradation, ob hart oder weich, richtet sich nach der Kontrastwiedergabe im Negativ.

Die Beurteilung der Belichtung richtet sich nach der Durchzeichnung der Schatten im Negativ

Negativ	unterbelichtet	richtig belichtet	überbelichtet
Schatten	völlig transparent	durchzeichnet	reichlich gedeckt
Dichte	zu dünn	normal	zu dicht
Gradation	zu weich, zu kontrastarm	normal, gut abgestufte Kontraste	weich, zu konstrastarm
Entwicklung	richtig	richtig	richtig
Ursache	zu kurz belichtet	richtig belichtet	zu lange belichtet

Die Beurteilung der Entwicklung richtet sich nach der Deckung der Lichter im Negativ

Negativ	unterentwickelt	richtig entwickelt	überentwickelt
Lichter	zu wenig geschwärzt, nur grau	kräftig geschwärzt, nicht zu dicht	tiefschwarz, zu dicht
Dichte	zu dünn	normal	zu dicht
Gradation	weich, zu konstrastarm	normal, gut abgestufte Kontraste	hart, zu kontrastreich
Belichtung	richtig	richtig	richtig
Ursache	Entwicklung zu kurz, zu kalt, zu stark verdünnt, zu selten bewegt	richtig entwickelt	Entwicklung zu lange, zu warm, zu hoch konzentriert, zu häufig bewegt

Weisen die Lichter nur eine geringe, nicht zu tiefe Schwärzung auf und sind die Schatten noch eben durchzeichnet, so ist der Kontrast gering und das Negativ als weich zu bezeichnen. Nicht zu dichte, stark geschwärzte Lichter, gute Abstufungen in den Mitteltönen und gerade noch durchzeichnete Schatten sind die Merkmale eines Negativs normaler Gradation. Sind die Lichter sehr stark geschwärzt und die Schatten nahezu transparent, so ist ein hoher Kontrast vorhanden und das Negativ von harter Gradation.

Die Ursache verschiedener Negativgradationen und die zum Ausgleich zu verwendende Papiergradation sind aus der nachfolgenden Schautafel zu erkennen.

Negativbelichtung →

unter | richtig | über

Negativentwicklung ↑ (über – richtig – unter)

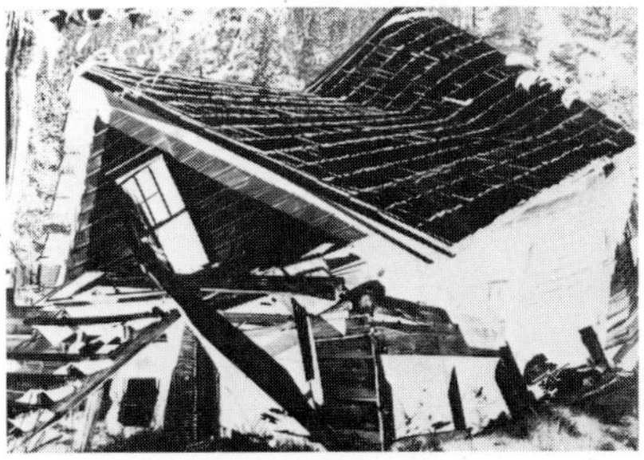

3. Überentwickelt und unterbelichtet
Negativdichte: normal-dicht
Negativgradation: hart
Papiergradation: Weich
Papierbelichtung: länger
Resultat: kaum brauchbar

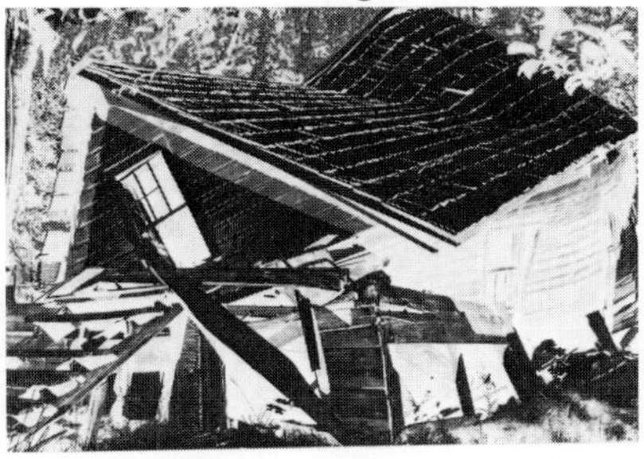

6. Überentwickelt und richtig belichtet
Negativdichte: dicht
Negativgradation: sehr hart
Papiergradation: Extra Weich
Papierbelichtung: länger
Resultat: brauchbar

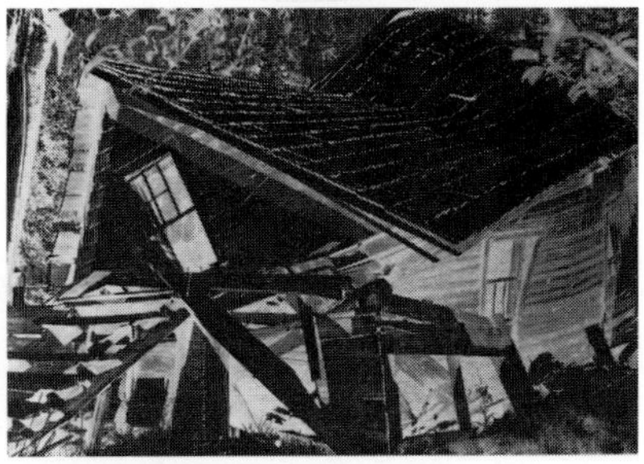

9. Überentwickelt und überbelichtet
Negativdichte: sehr dicht
Negativgradation: normal
Papiergradation: Normal
Papierbelichtung: sehr lange
Resultat: kaum brauchbar

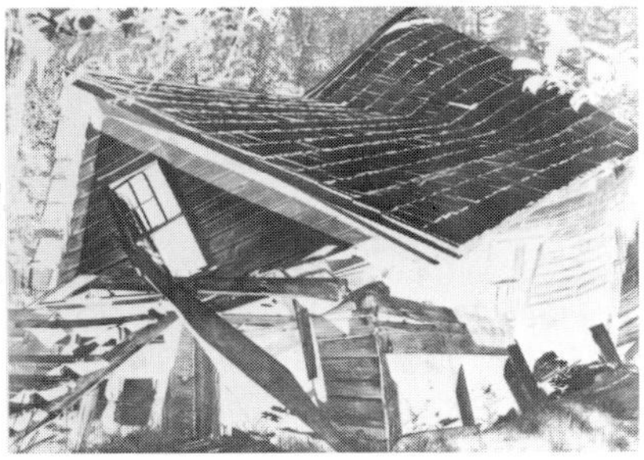

2. Richtig entwickelt und unterbelichtet
Negativdichte: dünn
Negativgradation: weich-normal
Papiergradation: Hart-Normal
Papierbelichtung: kurz
Resultat: brauchbar

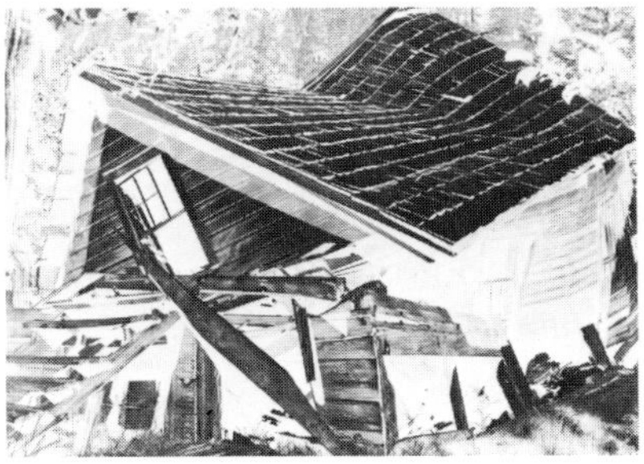

5. Richtig entwickelt und belichtet
Negativdichte: normal
Negativgradation: normal
Papiergradation: Normal-Spezial
Papierbelichtung: normal
Resultat: gut

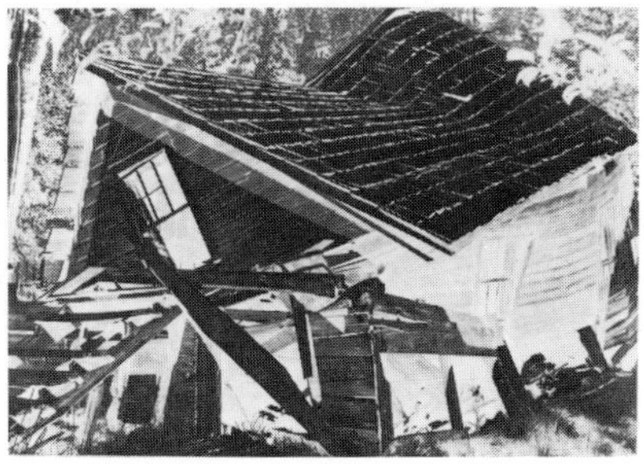

8. Richtig entwickelt und überbelichtet
Negativdichte: dicht
Negativgradation: normal-weich
Papiergradation: Normal-Hart
Papierbelichtung: länger
Resultat: brauchbar

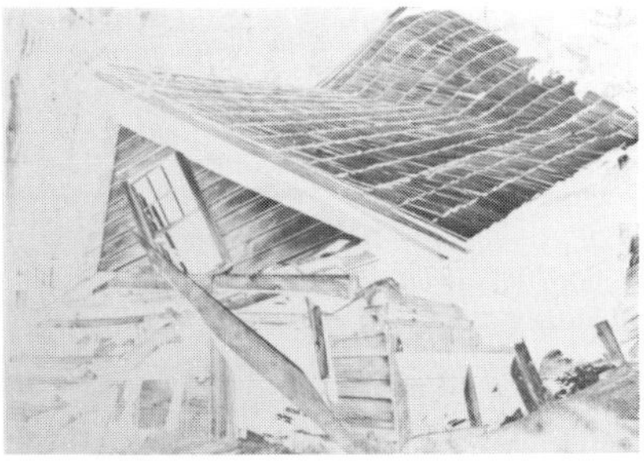

1. Unterentwickelt und unterbelichtet
Negativdichte: sehr dünn
Negativgradation: weich
Papiergradation: Extra Hart
Papierbelichtung: sehr kurz
Resultat: kaum brauchbar

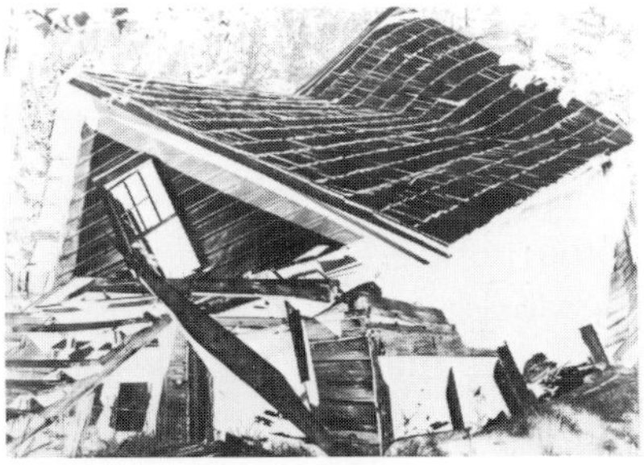

4. Unterentwickelt und richtig belichtet
Negativdichte: dünn
Negativgradation: weich
Papiergradation: Hart
Papierbelichtung: kürzer
Resultat: brauchbar

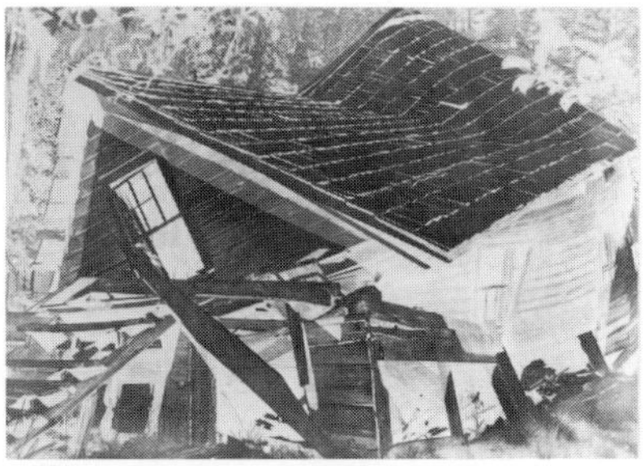

7. Unterentwickelt und überbelichtet
Negativdichte: dünn-normal
Negativgradation: weich
Papiergradation: Hart
Papierbelichtung: normal
Resultat: kaum brauchbar

«Beachtungszeichen» für die Auswahl der besten Vergrößerungsresultate: Negativ 5 erbringt das beste Ergebnis, während die Negative 6, 8, 4 und 2 brauchbar und die Negative 9, 7, 1 und 3 kaum brauchbar sind.

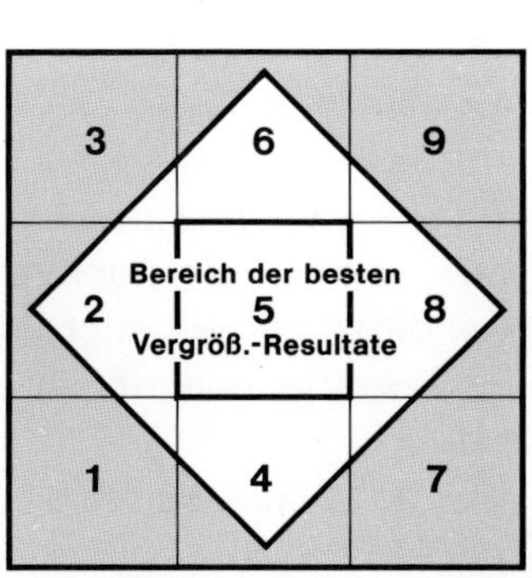

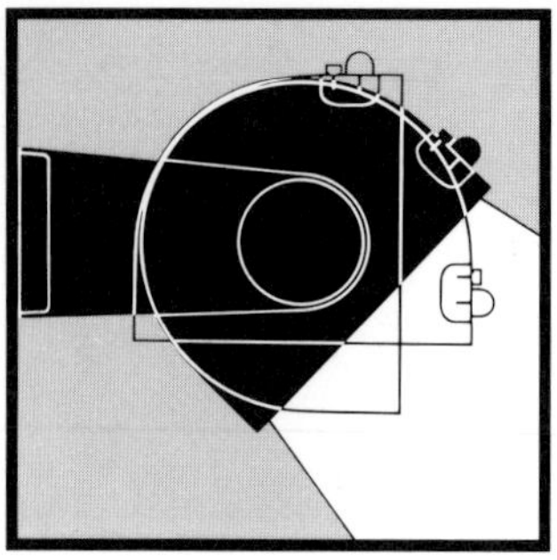

Duka-beleuchtung

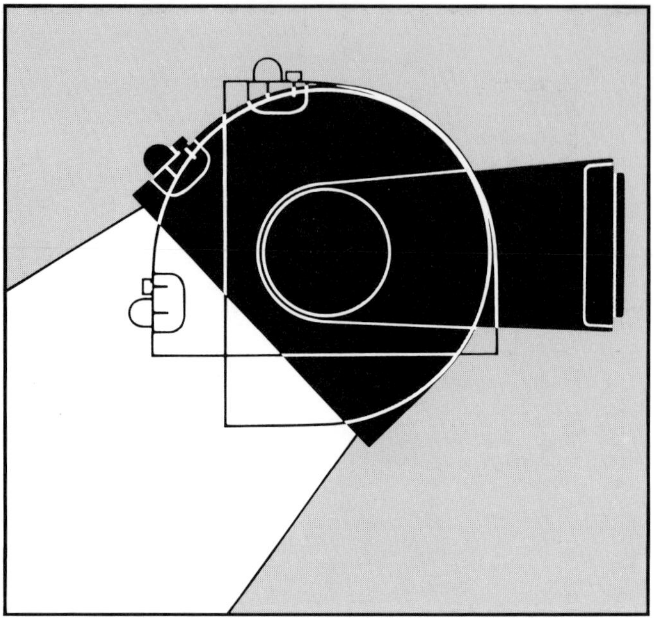

Schwenkbare Dunkelkammerleuchte Osram Duka Studio 10 mit Natriumdampflampe, Spezialfilter für die Verarbeitung von Schwarzweiß- und Colorfotopapieren und stufenloser Helligkeitsregulierung.

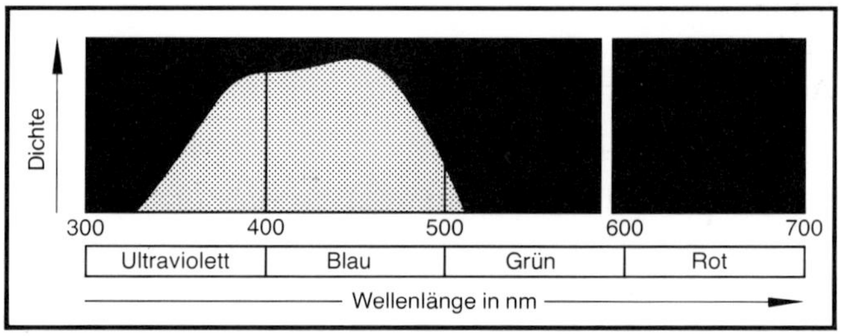

Schematische Darstellung der spektralen Empfindlichkeitskurve schwarzweißer Vergrößerungspapiere und dem auf eine schmale Linie verteilten Helligkeitsmaximum einer Duka-Leuchte mit Natriumdampflampe.

Die wichtigste Bedingung für ein ermüdungsfreies Arbeiten in der Dunkelkammer ist eine möglichst große, keine Schleier verursachende, visuelle Helligkeit. Die spektrale Empfindlichkeit der Positivmaterialien stimmt nicht mit der visuellen Empfindlichkeitskurve des menschlichen Auges überein. Während das Empfindlichkeitsmaximum des Auges im Gelbgrünbereich bei 560 nm liegt, besitzen Positivmaterialien ihre größte Empfindlichkeit im kurzwelligen Blaubereich. Daher wählt man für die Dunkelkammerbeleuchtung die chemisch unwirksamen, inaktinischen, visuell aber relativ hellen Farben Gelb oder Gelbgrün.

Die einfachste Form einer Dunkelkammerlampe ist eine in Lack getauchte Glühbirne. Außerdem gibt es Dukalampen mit einer über eine normale Glühbirne geschraubten Glocke aus farbigem Glas. Am praktischsten für die Laborarbeit sind Lampen mit farbigen Filterscheiben, die je nach der Sensibilisierung des zu verarbeitenden Materials auswechselbar sind. Die größte Helligkeit strahlen Leuchten mit einer speziellen Natriumdampflampe aus. Ihr Helligkeitsmaximum liegt bei 590 nm bei Gelb, einer für die fotografische Schicht unwirksamen, vom menschlichen Auge jedoch als sehr hell empfundenen Wellenlänge.

Für die Positivverarbeitung benutzt man am häufigsten gelbes oder gelbgrünes Dunkelkammerlicht, weil diese Farbe bei großer visueller Helligkeit eine gute Beurteilung der Tonwerte und Kontraste erlaubt.

Von der Dunkelkammerbeleuchtung erwartet man, daß sie absolut schleierfrei arbeitet. Für die Direktbeleuchtung verwendet man 15 W Glühlampen, wobei der Arbeitsabstand mindestens 75 cm betragen muß. Für die indirekte Deckenbeleuchtung können 25 W Lampen bei einem Arbeitsabstand von mindestens 2,50 m benutzt werden. Die Prüfung der Dunkelkammerbeleuchtung auf Schleierfreiheit geschieht mit einem zur Hälfte mit schwarzer Pappe abgedeckten Fotopapier, das unter Einhaltung des üblichen Arbeitsabstandes 5 Minuten lang dem Dunkelkammerlicht ausgesetzt und danach normal entwickelt und fixiert wird. Zeigt es sich, daß zwischen den beiden Papierhälften kein Unterschied besteht, so arbeitet die Dunkelkammerbeleuchtung einwandfrei, weist eine Hälfte jedoch einen Schleier auf, so muß der Verarbeitungsabstand vergrößert werden.

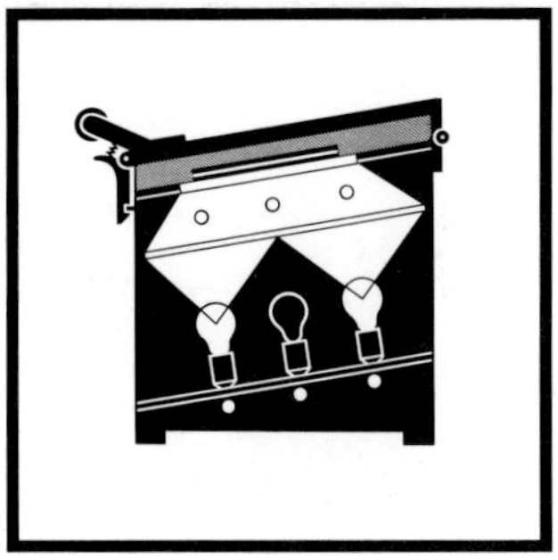

Kontaktkopiergeräte

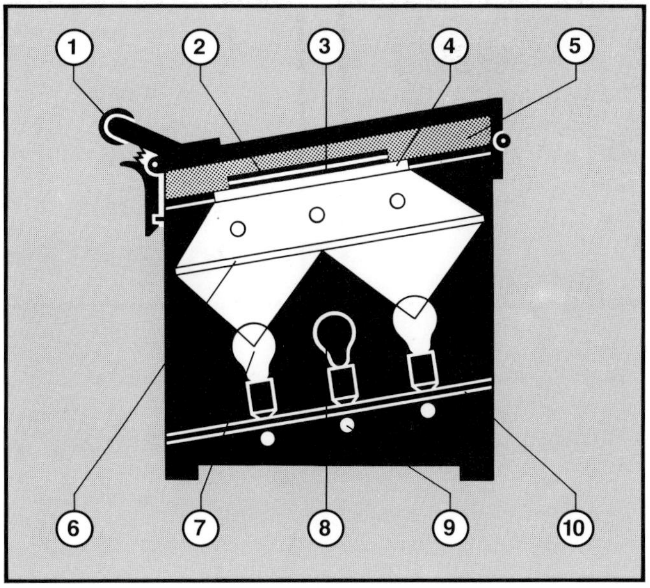

Schematischer Aufbau eines Kontaktkopiergerätes: (1) Handgriff für die Ver- und Entriegelung der Andruckplatte, (2) zu belichtendes Positiv, (3) durchleuchtetes Negativ, (4) Glasplatte als Negativauflage, (5) elastische Andruckplatte, (6) Streuscheibe, (7) Lichtquelle für die Belichtung, (8) rotes Einstellicht, (9) Entlüftungslöcher, (10) Montageplatte mit der Beleuchtungseinrichtung.
Unten: Streifenkopierrahmen für Kleinbild- oder Mittelformatnegative ermöglichen die Kopie eines ganzen Filmes auf einen Kontaktbogen von 24 × 30 cm.

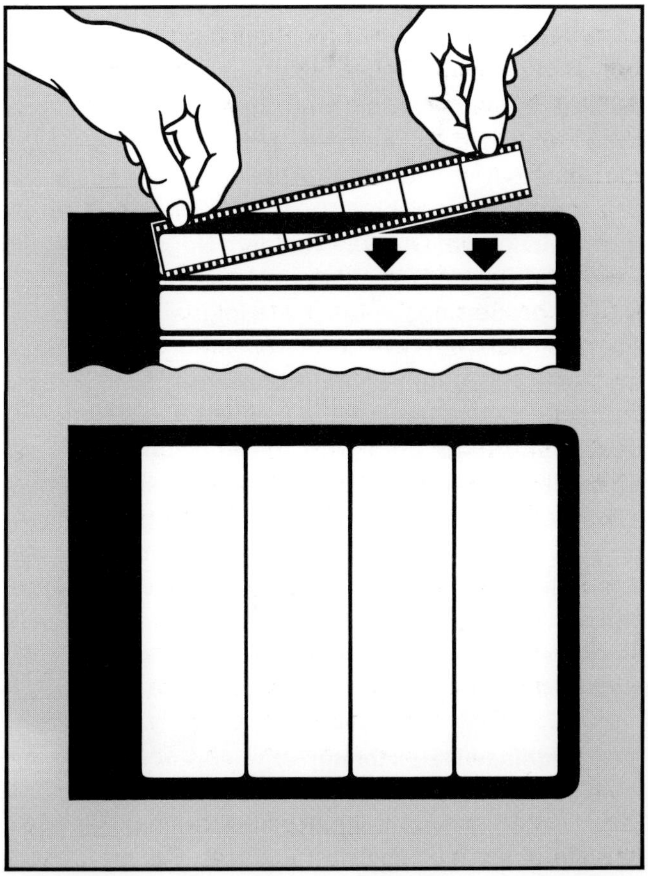

Ziel und Zweck der Fotografie ist es, ein getreues Abbild der Vorlage wiederzugeben. Dieses Abbild kann sowohl ein Aufsichtspositiv in Form eines Papierbildes als auch ein Durchsichtsbild in Form eines transparenten Diapositivs sein.
In der Herstellung unterscheidet man zwei Arten von Aufsichtspositiven:

1. die Kontaktkopie
2. die optische Kopie oder Vergrößerung

1. Kontaktkopie
Die Kontaktkopie entsteht, wie es der Name bereits andeutet, im direkten Kontakt mit dem Negativ und ergibt ein gleichgroßes Positiv. Hierzu werden das Fotopapier und das Negativ Schicht auf Schicht gelegt und zur besseren Planlage mit einer Glasscheibe zusammengepreßt und belichtet. Die Belichtung kann unter einem Vergrößerungsgerät erfolgen, in das kein Negativ eingelegt ist. Beim Belichten ist darauf zu achten, daß das Negativ stets auf der Seite liegt, von der das Licht kommt, da es auf das Positivmaterial durchbelichtet werden muß. Anschließend wird das belichtete Fotopapier wie üblich verarbeitet.
Wenn häufig Kontaktkopien von Großformatnegativen herzustellen sind, bedient man sich eines speziellen Kontaktkopiergerätes, dessen schematischer Aufbau nebenstehend abgebildet ist. Mit Ausnahme eines in 6er-Streifen geschnittenen Kleinbildfilms, der auf einen Bogen von 24 × 30 cm kopiert wird, lohnen sich Kontaktkopien grundsätzlich erst für Negativformate ab 6 × 6 cm.

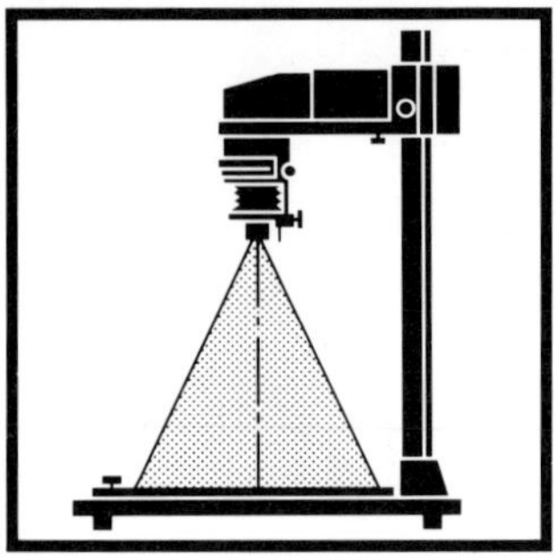

Vergrößerungsgeräte

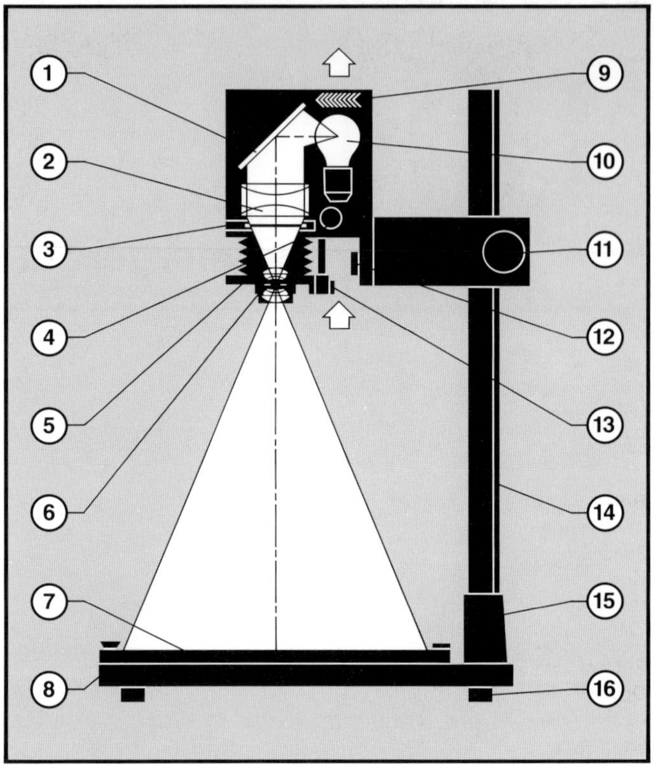

Schematischer Aufbau eines Vergrößerungsgerätes: (1) Umlenkspiegel, (2) Doppelkondensor, (3) Negativbühne, (4) Scharfeinstellknopf, (5) Einstellbalgen, (6) Vergrößerungsobjektiv, (7) Vergrößerungsrahmen, (8) Grundbrett, (9) Entlüftung, (10) Vergrößerungslampe, (11) Einstellrad/-kurbel für die Maßstabveränderung, (12) Feststellknopf für die Schwenkung des Lampenhauses und zur Horizontalprojektion, (13) Feststellknopf für die Verstellung der Objektivstandarte zu Ent- oder Verzerrungen, (14) Gerätesäule mit Geradeführung, (15) Säulenfuß, (16) Gummifüße.

2. Optische Kopie oder Vergrößerung

Im Gegensatz zur Kontaktkopie, die denselben Abbildungsmaßstab wie das Negativ aufweist, wird eine optische Kopie immer dann hergestellt, wenn das Aufsichtspositiv größer oder kleiner als das Negativ wiedergegeben werden soll. Dies trifft für alle Kleinbild- oder Mittelformataufnahmen zu, deren Negative vergrößert werden müssen, um wirkungsvolle Bilder zu ergeben.

Aufbau des Vergrößerungsgerätes

Umgekehrt wie die Kamera, die mit ihrem Objektiv meistens ein verkleinertes Abbild von der Natur auf das Negativ aufzeichnet, bildet das Vergrößerungsgerät mit seinem Objektiv von dem Negativ meistens ein vergrößertes Bild auf dem Fotopapier ab.
Das Vergrößerungsgerät ist wie folgt aufgebaut:
Auf ein stabiles Grundbrett ist eine solide Säule montiert, die den Vergrößerungskopf trägt. Dieser besteht aus dem Lampenhaus mit der Beleuchtungseinrichtung und dem Transportmechanismus zur Einstellung des gewünschten Abbildungsmaßstabes, der Negativbühne, sowie dem Vergrößerungsobjektiv mit der Scharfeinstellvorrichtung. Die Art der Beleuchtungseinrichtung bestimmt weitgehend, welche Sorte von Negativen sich optimal mit dem Gerät vergrößern läßt.
Drei Beleuchtungssysteme stehen zur Auswahl:

1. Halbdiffuse Beleuchtung

Zwischen der Opallampe und dem Negativ befinden sich eine oder zwei Kondensorlinsen, die einen gebündelten diffusen Lichtstrom durch das Negativ leiten. Dies ist die ideale Beleuchtungsart für Kleinbild- und Mittelformatnegative.

Vorteile:
Die Lichtleistung und die Schärfewiedergabe sind bei relativ weichem Licht hervorragend.

Nachteil:
Trotz des halbdiffusen Lichtes macht sich bei starker Vergrößerung die Körnigkeit bemerkbar.

2. Gerichtete Beleuchtung

Bei diesem Beleuchtungstyp bilden drei Kondensorlinsen die Lampenwendel einer Punktlichtquelle in der Blendenebene des Objektivs vergrößert ab und erzielen dadurch eine sehr intensive und kontrastreiche Ausleuchtung der Negativfläche. Diese Beleuchtungsart eignet sich besonders für großformatige Vergrößerungen und die Rückvergrößerung von Mikrofilmaufnahmen.

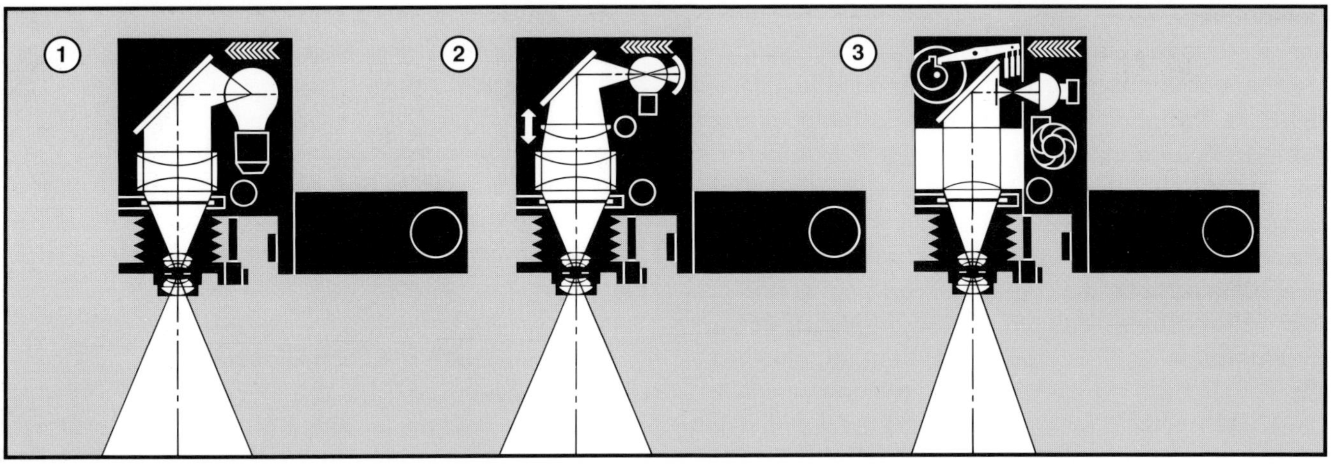

Beleuchtungssysteme der Vergrößerungsgeräte:
1) Halbdiffuse Beleuchtung
Zwischen der Opallampe und dem Negativ befinden sich zwei Kondensorlinsen, die einen gebündelten diffusen Lichtstrom durch das Negativ leiten. Es ist das ideale Beleuchtungssystem für Kleinbild- und Mittelformatnegative.

2) Gerichtete Beleuchtung
Drei Kondensorlinsen bilden die Lampenwendel einer Punktlichtquelle in der Blendenebene des Objektivs vergrößert ab und gewährleisten eine sehr intensive und kontrastreiche Ausleuchtung. Dieses Beleuchtungssystem eignet sich besonders für Groß- und Rückvergrößerungen von Mikrofilmnegativen.

3) Diffuse Beleuchtung mit Farbmischkopf
Ein Lichtmischschacht und eine Diffusorlinse formen das harte Licht der Punktlichtquelle zu einem sehr intensiven, weichen Lichtstrom um. Kurz vor dem Parabolspiegel, in die Ebene der engsten Strahlenbündeleinschnürung, werden zur Gradationswandlung schwarzweißer, variabler Kontrastpapiere farbige Kopierfilter in den Strahlengang eingeschwenkt. Durch ein Skalenrad mit Steuerkurve und Hebelübertragung wird die entsprechende Filterdichte für die gewünschte Papiergradation eingestellt. Ein Ventilator unter der Lichtquelle sorgt für die Entlüftung des Lampenhauses. Es ist ein universelles Beleuchtungssystem für die Vergrößerung von Schwarzweiß- und Farbnegativen.

Vorteile:
Die hohe Lichtleistung erbringt selbst bei Großvergrößerungen extrem scharfe Bilder und außerdem sehr kurze Belichtungszeiten.

Nachteile:
Durch das extrem harte Licht werden die Körnigkeit und jeder Kratzer im Bild sichtbar. Bei Änderung des Abbildungsmaßstabes muß jedesmal erneut durch Abstandsveränderung der dritten Kondensorlinse gegenüber dem Doppelkondensor die optimale Ausleuchtung des Negativs ermittelt werden.

3. Diffuse Beleuchtung

Bei diesem Beleuchtungssystem wird das harte Licht einer Punktlichtquelle durch einen Lichtmischschacht und eine Diffusorlinse gelenkt und passiert schließlich als sehr intensives, weiches Licht das Negativ. Diesem System ist, mit Ausnahme von Strichfilmvergrößerungen, für alle Anwendungsgebiete der Vorzug zu geben.

Vorteile:
Eventuell vorhandene Kratzer werden gemildert. Neben gewöhnlichen Schwarzweißpapieren können damit auch variable Kontrastpapiere und Farbmaterialien vergrößert werden.

Nachteil:
Bei einigen Farbmischköpfen sind die Filterdichten nicht hoch genug, um alle Gradationen bei der Verarbeitung von variablen Kontrastpapieren zu erzielen.

Von der Beleuchtungseinrichtung verlangt man, daß sie drei wichtige Forderungen erfüllt:

1. Das Fotopapier darf nur durch das Objektiv belichtet werden. Leider trifft dies nicht für alle Geräte zu. Vielmehr fällt oft mehr störendes Streulicht aus dem Negativträger und durch die Belüftungsschlitze des Vergrößerungsgerätes als durch das Objektiv.

2. Die Entlüftungseinrichtung des Lampenhauses muß so wirksam sein, daß selbst bei längeren Belichtungszeiten keine zu starke Erwärmung des Negativs eintritt. In glaslosen Negativbühnen dürfen sich die Negative nicht werfen und verziehen, da sonst Unschärfen entstehen.

3. Wenn die Lichtquelle aus einer Opallampe besteht, muß sie, um ein gleichmäßig ausgeleuchtetes Bildfeld zu erzielen, justierbar angeordnet sein und sich sowohl im Beleuchtungsabstand als auch seitlich verstellen lassen.

Lichtquellen

Als Lichtquellen dienen spezielle, mit Überspannung brennende Opallampen in den Stärken 75, 150 und 250 Watt. Daneben finden bei den Farbmischköpfen Niedervolthalogenlampen mit einer Leistung von 100 W/12 V bis 250 W/24 V Anwendung. Niedervolthalogenlampen werden immer mit einem Transformator benutzt, der zweckmäßigerweise mit einem Spannungskonstanthalter kombiniert sein sollte.

Die Überprüfung des Vergrößerungsgerätes auf gleichmäßige Ausleuchtung geschieht folgendermaßen:

Ohne daß ein Negativ eingelegt ist, wird auf ein Blatt Vergrößerungspapier der Gradation Hart scharf eingestellt und belichtet. Die Belichtungszeit wird so gewählt, daß nach der Entwicklung nur ein leichter Grauton auf dem Papier sichtbar ist. Bei exakter Lampenjustierung ist die Fläche gleichmäßig getönt. Sollte dies nicht der Fall sein, müssen die Lampenjustierung, Papierbelichtung und Entwicklung so oft wiederholt werden, bis ein befriedigendes Resultat erzielt ist.

Negativbühnen

Unterhalb der Beleuchtungseinrichtung liegt die Negativbühne. Ihre Aufgabe ist es, das Negativ in absoluter Planlage zu halten sowie mechanische Beschädigungen am Negativ und Newtonsche Ringe zu vermeiden. Unter Newtonschen Ringen versteht man eine Interferenzerscheinung, die zwischen der glänzenden Filmrückseite und einer nicht mattierten Glasfläche auftritt und Farbringe zur Folge hat.

Man unterscheidet vier Arten von Negativbühnen:

1. Glaslose Negativbühnen
2. Metallrahmen mit einer Glasandruckplatte
3. Metallrahmen mit Kondensorandruck
4. Negativbühnen mit zwei Glasplatten

1. Glaslose Negativbühnen

Bei glaslosen Negativbühnen liegt das Negativ nur zwischen zwei Metallrahmen. Sie sind am vorteilhaftesten für die Vergrößerung von Kleinbild- und Kleinstbildnegativen. Bei zu starker Erwärmung besteht die Gefahr des Filmdurchbiegens, was zu Unschärfen führt.

2. Metallrahmen mit einer Glasandruckplatte

Durch die Glasandruckplatte wird ein Durchbiegen des Negativs verhindert. Zur Vermeidung Newtonscher Ringe muß die Glasplatte leicht mattiert sein. Dieser Typ von Negativbühne eignet sich sehr gut für die Vergrößerung von Negativen im Kleinbild- bis zum 6 × 7 cm Format.

3. Metallrahmen mit Kondensorandruck

Statt einer Glasplatte hält eine mattgeätzte Kondensorfläche die Negative in Planlage. Auch dieser Negativbühnentyp eigent sich sehr gut für Negativformate vom Kleinbild bis zu 6 × 7 cm.

4. Negativbühnen mit zwei Glasplatten

Um die notwendige Planlage für größere Negativformate als 6 × 7 cm zu gewährleisten, kommen nur noch Zweiglasbildbühnen in Betracht. Sie bieten eine ausgezeichnete Planlage und verhindern bei Mattierung der Andruckfläche die Bildung Newtonscher Ringe. Sie haben jedoch den Nachteil, daß Staubfussel, die am Negativ und am Glas anhaften, mitvergrößert werden. Sorgfältiges Reinigen der Glasplatten und des Negativs mit einem Antistatiktuch, einem feinen Haarpinsel oder einer Druckluftflasche ist daher unbedingt erforderlich. Die Bildbühne und das Negativ fünf Minuten zu reinigen ist weniger zeitraubend, als die Vergrößerung eine Stunde lang ausflecken und retuschieren zu müssen. Eine elegantere, wenn auch etwas teurere Methode, ist die Beseitigung der Fussel mit einem Hochspannungsionisator. Durch die Bürsten dieses Gerätes gezogen, werden Film und Bildbühne antistatisch aufgeladen, das heißt für einen gewissen Zeitraum staubfrei bzw. staubabweisend gemacht.

Abdeckmasken

Bei Ausschnittvergrößerungen eines Negativs wirkt das den Motivausschnitt umgebende Streulicht immer kontrastmindernd. Eine Negativbühne sollte deshalb mit eingebauten, kontinuierlich verstellbaren, sehr dünnen, mattschwarzen Abdeckmasken versehen sein, die es gestatten, das übrige Bildfeld bis auf den beabsichtigten Ausschnitt konturenscharf abzudecken.

Vergrößerungsobjektive

Da das fotografische Bild das Endprodukt einer mehrstufigen Informationsübertragungskette ist, kann es nur so gut sein, wie deren schwächstes Glied. Es hieße daher an der falschen Stelle zu sparen, wenn man die mit einem erstklassigen Kameraobjektiv aufgenommenen Bilder mit einem zweitrangigen Vergrößerungsobjektiv vergrößerte.

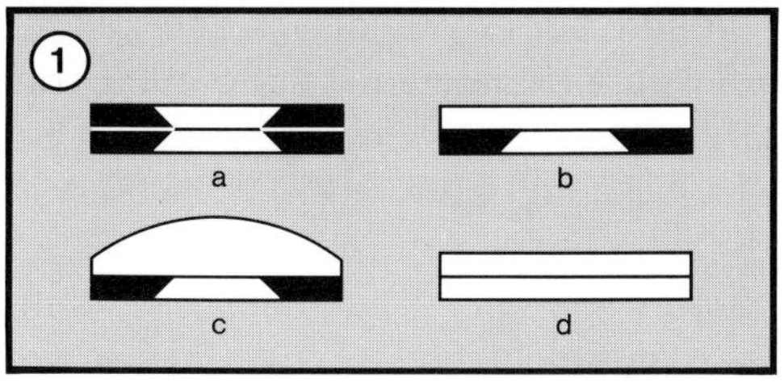

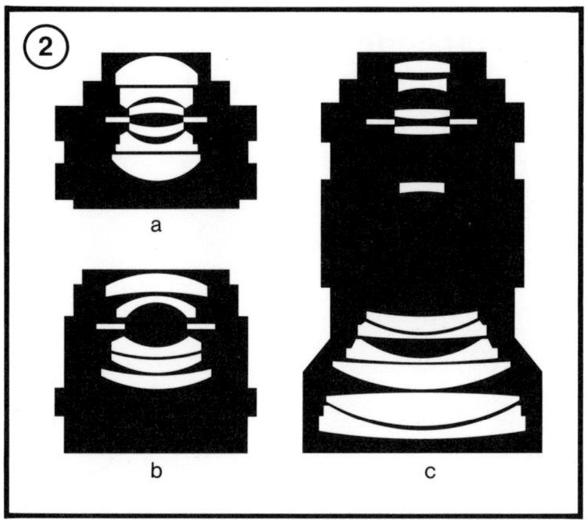

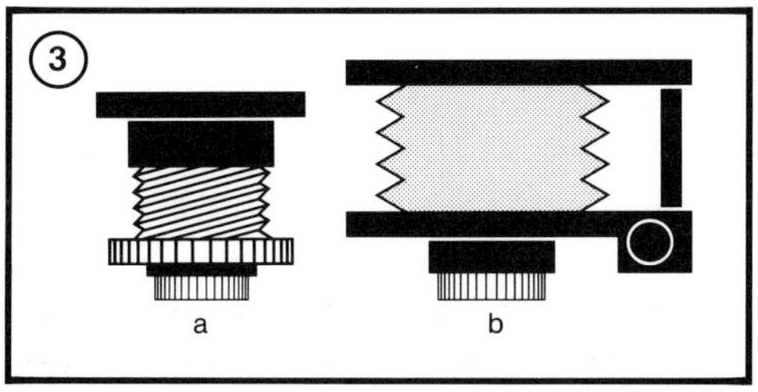

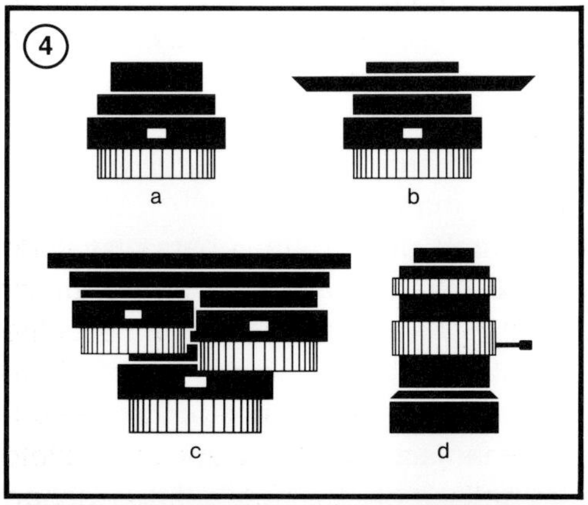

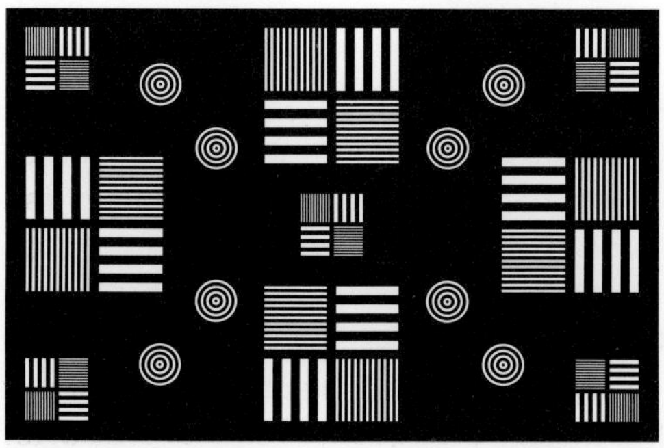

1. Negativbühnen
a) Glaslose Negativbühne,
b) Metallrahmen mit einer Glasandruckplatte,
c) Metallrahmen mit Kondensorandruck,
d) Negativbühne mit zwei Glasplatten
2. Vergrößerungsobjektive
a) 6-linsiges Vergrößerungsobjektiv, Gaußtyp, für höchste Ansprüche und Vergrößerungsmaßstäbe zwischen 2 : 1 bis 20 : 1
b) 5-linsiges Weitwinkel-Vergrößerungsobjektiv, modifizierter Gaußtyp, für höchste Ansprüche und Vergrößerungsmaßstäbe zwischen 2 : 1 bis 20 : 1
c) Vario-Vergrößerungsobjektiv für Printer und Vergrößerungsgeräte. Bei unverändertem Abstand zwischen Negativ und Vergrößerungsebene kann der Vergrößerungsmaßstab kontinuierlich zwischen 3 : 1 bis 10 : 1 variiert werden.
3. Scharfeinstellung
a) Scharfeinstellung mit mehrgängigem Gewindeeinstelltubus
b) Scharfeinstellung mit Einstellbalgen
4. Vergrößerungsobjektive und ihre Befestigung am Gerät
a) Objektiv mit Schraubgewinde
b) Objektiv in Wechselplatine
c) drei Objektive in drehbarem Objektivrevolver
d) Vario-Vergrößerungsobjektiv mit Schraubgewinde
5. Testnegativ
Testnegativ mit Linienmuster zum Scharfeinstellen
6. Scharfstellupe für Vergrößerungsgeräte
(1) Oberflächenspiegel zur Umlenkung des Strahlenganges, (2) Scharfeinstellebene, (3) Okular.
7. Vergr.-Rahmen mit verstellbaren Randmasken.
8. Randlosvergr.-Rahmen
Eine auf das gewünschte Papierformat zugeschnittene weiße Platte mit an vier Ecken und in der Mitte angebrachten beidseitig haftenden Klebestreifen ergibt einen preiswerten Randlosvergrößerungsrahmen.
9. Vakuum-Vergr.-Rahmen
Von talentierten Bastlern läßt sich wie im Text beschrieben dieser Vakuum-Randlosvergrößerungsrahmen leicht und relativ preiswert herstellen.

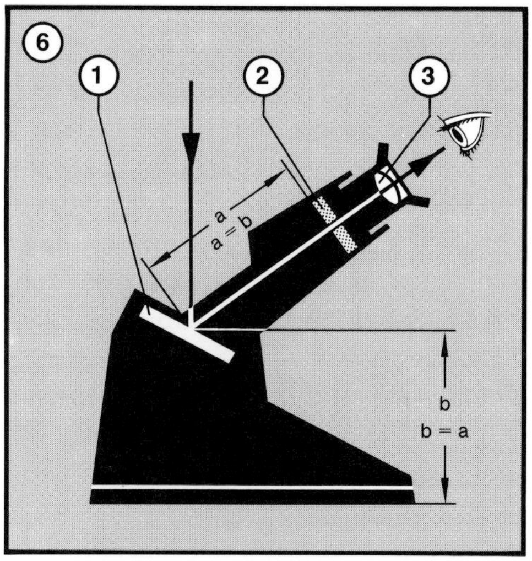

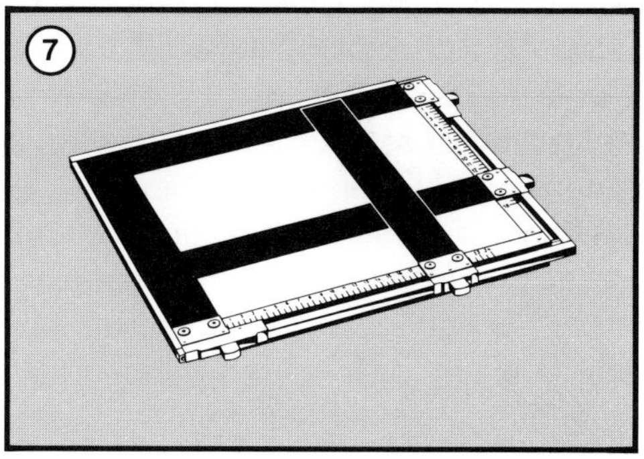

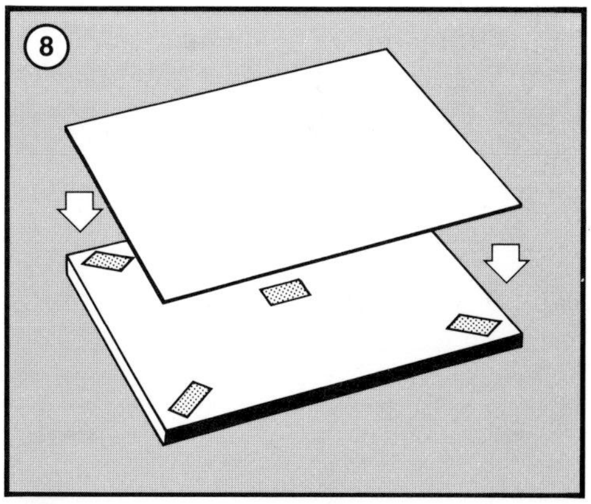

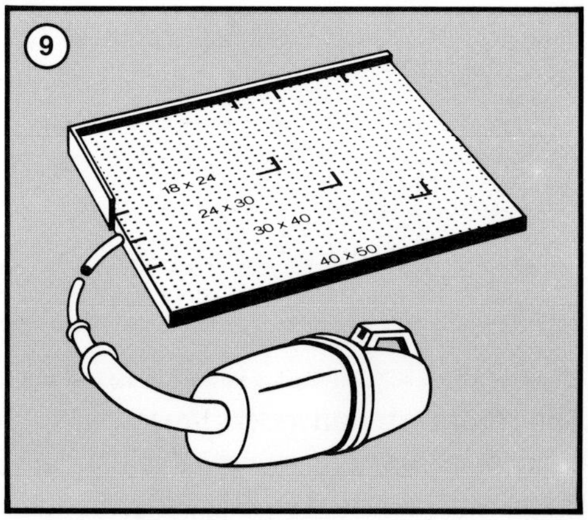

Aufnahmeobjektive sind im Gegensatz zu Vergrößerungsobjektiven für den Abbildungsbereich Unendlich gerechnet und korrigiert und eignen sich deshalb nicht für die Vergrößerung von Negativen. Die für die Negativvergrößerung bestimmten sogenannten Vergrößerungsobjektive sind für ein Abbildungsverhältnis gerechnet, das größer als 1 : 1 ist. Je nach Typ erzielen sie ihre beste Abbildungsleistung bei einem Abbildungsmaßstab, der zwischen 4 : 1 bis 10 : 1 liegt.

Als Vergrößerungsobjektive dienen entweder drei- oder vierlinsige Triplets und für höchste Ansprüche fünf- oder sechslinsige Gaußtyp-Varianten. Die Objektive sind meistens mit einer Rast- und/oder einer kontinuierlich verstellbaren Blende ausgestattet. Bei vielen Typen wird die Blendenskala von innen beleuchtet. Andere Objektive sind mit einer Vorwahlblende ausgerüstet, die es erlaubt, mit voller Öffnung scharfzustellen und erst zum Vergrößern mit einem Hebel auf die vorher festgelegte Arbeitsblende abzublenden. Wie die Aufnahmeobjektive erzielen auch die Vergrößerungsobjektive ihre optimale Abbildungsleistung erst zwei bis drei Blendenstufen nach der vollen Öffnung. Unter optimaler Abbildungsleistung versteht man, daß sich die Bildschärfe und eine gleichmäßige Ausleuchtung über das ganze Format bis in die äußersten Ecken erstreckt und die Schärfentiefe so groß ist, daß kleine Papierunebenheiten überbrückt werden.

Die Brennweite eines Vergrößerungsobjektivs richtet sich nach dem zu vergrößernden Negativformat. Sie beträgt für:

Negativformat	Brennweite des Vergrößerungsobjektivs
24 × 36 mm	f = 40– 50 mm
4,5 × 6 cm	f = 75 mm
6 × 6 cm	f = 75– 80 mm
6 × 7 cm	f = 90 mm
6,5 × 9 cm	f = 105 mm
9 × 12 cm	f = 135–150 mm
13 × 18 cm	f = 210 mm
18 × 24 cm	f = 270–300 mm

Außerdem stehen noch Vario-Vergrößerungsobjektive mit einem Zoombereich bis 1 : 6 zur Verfügung. Diese zur Vergrößerung verschiedener Aufnahmeformate gerechneten Objektive sind vorrangig für den Einsatz an Printern gedacht, können jedoch auch an gewöhnlichen Vergrößerungsgeräten benutzt werden. Ihr Preis ist relativ hoch.

Objektivhalterung

Wie aus der Tabelle ersichtlich ist, muß für die Vergrößerung unterschiedlicher Negativformate die Brennweite des Vergrößerungsobjektivs gewechselt werden. Für den raschen Objektivwechsel an Vergrößerungsgeräten bieten sich folgende Lösungsmöglichkeiten an:

1. mittels Schraubgewinde
2. mittels Schnellwechselplatine
3. mittels eines mit mehreren Objektiven bestückten Revolvers.

Scharfeinstellung

Die Scharfeinstellung erfolgt entweder mit einem mit mehrgängigem Gewinde versehenen Einstelltubus oder mit einem durch Zahn- oder Friktionstrieb verstellbaren Balgen. Der Einstelltubus erlaubt meistens nur eine begrenzte Abstandsveränderung. Für optische Kopien im Maßstab 1 : 1 sowie für Verkleinerungen sind daher zusätzliche Zwischenringe erforderlich. Beim Balgentyp wird das Objektiv, ähnlich wie bei der Fachkamera, verstellt. Die Balgeneinstellung erlaubt einen wesentlich längeren Auszug, der nicht nur die Verwendung verschiedener Brennweiten, sondern auch die Herstellung von Verkleinerungen zuläßt.

Die Scharfeinstellung kann von Hand oder vollautomatisch erfolgen. Bei manueller Einstellung wird der Vergrößerungsmaßstab durch eine Abstandsveränderung des Gerätekopfes gegenüber dem Grundbrett und die Schärfe durch ein Nachstellen am Objektivbalgen reguliert. Vollautomatische Geräte übertragen beim Verändern des Abbildungsmaßstabes über eine mechanische Steuerkurve oder optoelektronisch automatisch die Schärfe auf das Objektiv. Der für diese Automatik wirksame Arbeitsbereich reicht im allgemeinen von 2 : 1 bis maximal 20 : 1. Die automatische Scharfeinstellung muß stets unter Berücksichtigung des damit verwendeten Vergrößerungsrahmens justiert werden. Wird der Rahmen (die Rahmendicke) gewechselt, so ist die automatische Scharfeinstellung entsprechend zu korrigieren. Unabhängig davon empfiehlt es sich, von Zeit zu Zeit eine Kontrolle und eventuelle Nachjustierung der Schärfe vorzunehmen.

Optoelektronische Scharfeinstellvorrichtungen, wie man sie an den Fachvergrößerern findet, haben bei den Amateurvergrößerungsgeräten leider noch keinen Einzug gehalten, obwohl dies bei dem heutigen Stand der Technik ohne weiteres möglich wäre. Jeder Diaprojektor arbeitet damit, warum können nicht auch Vergrößerungsgeräte damit ausgestattet sein? Einige Fachvergrößerer bieten darüber hinaus die Möglichkeit, den Abbildungsmaßstab und die Schärfe motorisch zu verändern.

Vergrößerungsrahmen

Der Vergrößerungsrahmen hat die Aufgabe, das Fotopapier während des Vergrößerns in absoluter Planlage zu halten. Die verstellbaren Randmasken sollten möglichst dünn und zur Vermeidung von Reflexen mattschwarz gespritzt sein. Außerdem ist darauf zu achten, daß sie unbedingt rechtwinkelig zueinander stehen. Um ein Verrutschen des Vergrößerungsrahmens zu vermeiden, muß er schwer genug und/oder mit Gummifüßen versehen sein. Für das Einstellen des Bildformates und der Schärfe sollte er über eine mattweiße Papierauflagefläche verfügen.

Randlose Vergrößerungen erzielt man mit einem Vergrößerungsrahmen, der zum Andruck statt der Maskenbänder eine in einem Gelenk gelagerte, planparallele Glasscheibe besitzt. Der Kampf mit dem stets anhaftenden Staub bereitet hierbei die meiste Arbeit.

Größere Bildformate als 30 × 40 cm vergrößert man randlos, indem man sie auf ein in der gewünschten Größe zugeschnittenes, weißes Brett, das an den vier Ecken und in der Mitte mit beidseitig haftenden Klebestreifen versehen ist, aufdrückt. Dies ist eine

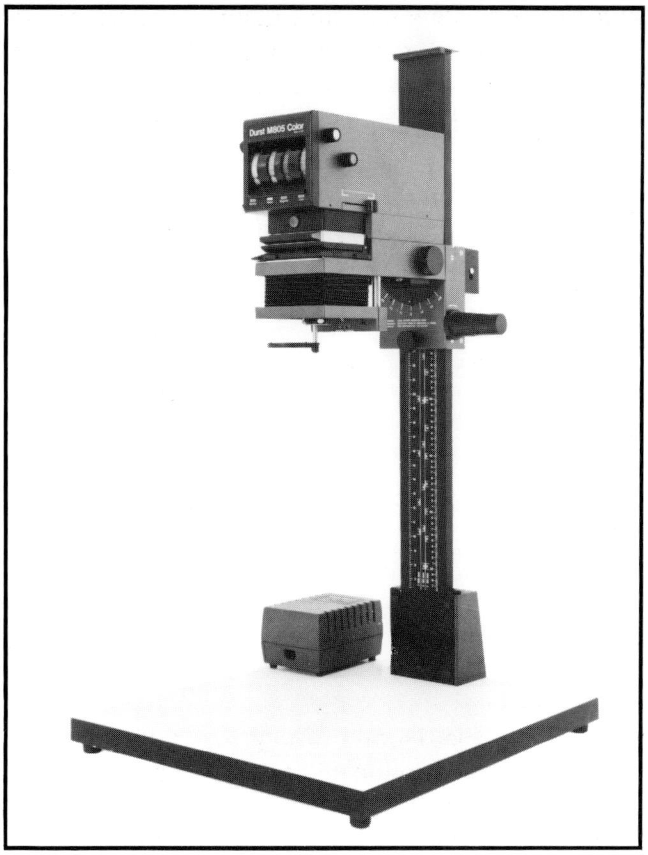

Mehrformat-Vergrößerungsgerät Durst M 805 Color mit Farbmischkopf und Transformator für Negativformate von Kleinbild bis 6 × 9: Der Farbmischkopf arbeitet mit dichroitischen, nicht ausbleichenden Kopierfiltern mit einer maximalen densitometrischen Dichte von 130, die sich über Skalenräder einstellen lassen. Das diffuse Beleuchtungssystem besteht aus einer gebläsegekühlten 24 Volt/250 Watt Halogenlampe. Die erzielbaren Vergrößerungsmaßstäbe liegen für Kleinbild bei 4 : 1 bis 18 : 1 und beim 6 × 9 Format bei 1,5 : 1 bis 7 : 1. Foto: Durst.

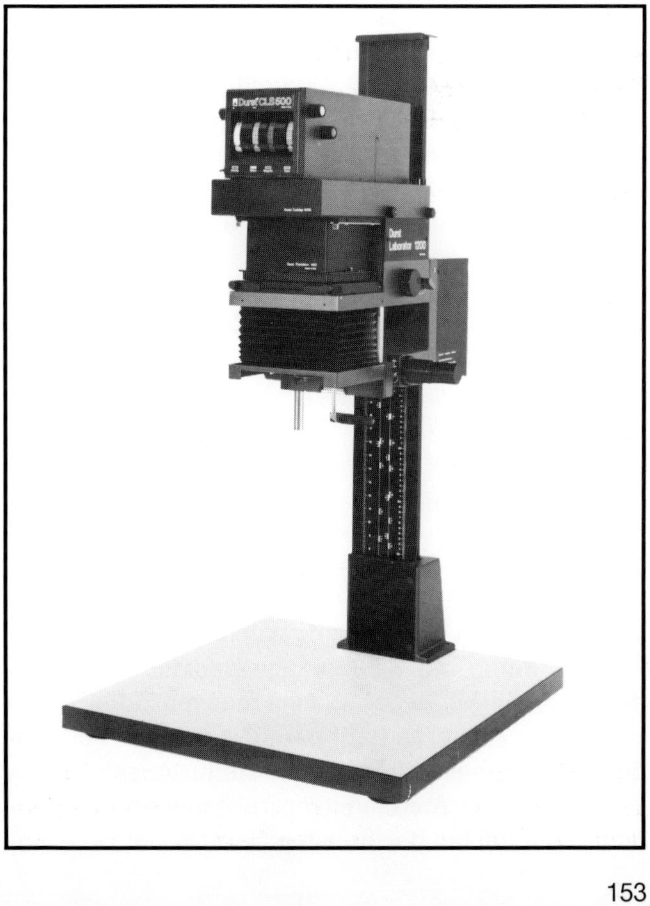

Mehrformat-Vergrößerungsgerät Durst Laborator 1200 mit Farbmischkopf für Negativformate vom Kleinbild bis zu 9 × 12 cm. Der Farbmischkopf arbeitet mit dichroitischen, nicht ausbleichenden Filtern mit einer maximalen densitometrischen Dichte von 130, die sich über Drehknöpfe in den Strahlengang einschwenken lassen. Das diffuse Beleuchtungssystem, mit auf das Format abgestimmten auswechselbaren Mischschächten, besteht aus einer gebläsegekühlten 24 Volt/250 Watt Halogenlampe. Die erzielbaren Vergrößerungsmaßstäbe liegen für Kleinbild bei 5 : 1 bis 20 : 1 und beim 9 × 12 Format bei 1,5 : 1 bis 5,5 : 1. Foto: Durst.

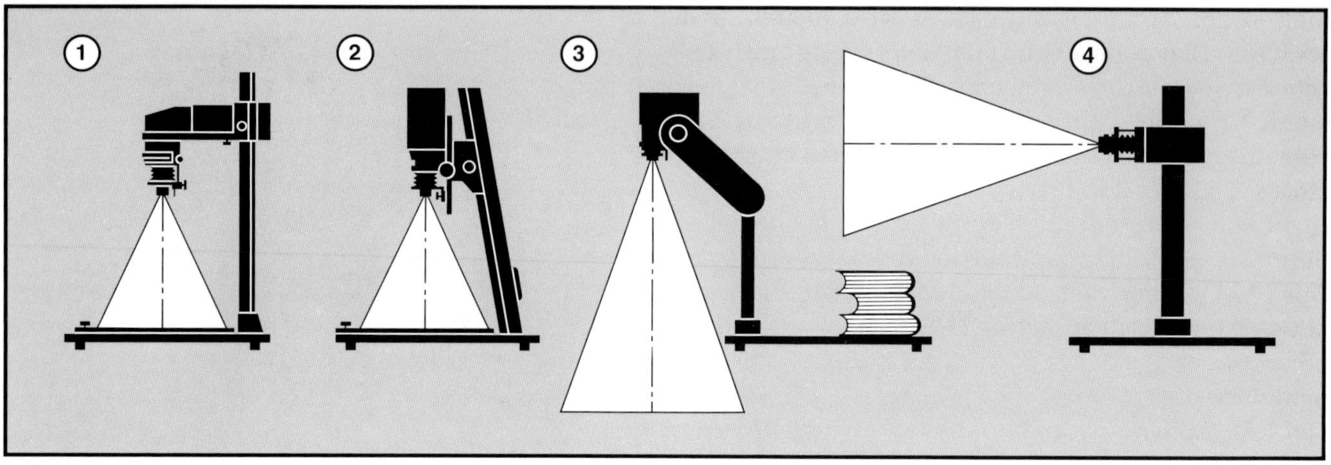

Gerätesäulen
1. Art und Höhe der Gerätesäule sind mitentscheidend für das größte auf dem Grundbrett zu erzielende Bildformat.

2. Durch ihre Neigung ergibt die Schrägsäule bei Verwendung eines Weitwinkelobjektivs ein größeres Bildformat als eine gerade Säule gleicher Länge.

3. Die Möglichkeiten zu haben, ein Autofokus-Vergrößerungsgerät um 180° zu schwenken und für die Herstellung von Großvergrößerungen manuell scharf einzustellen, ist von besonderer Bedeutung.

4. Als ebenso nützlich erweist sich eine solide Säule, die zur Entzerrung oder Horizontalprojektion eine Schwenkung des Lampenhauses zuläßt.

äußerst preiswerte und staubfreie Methode. Eine elegantere Lösung für randlose und staubfreie Vergrößerungen stellt der Vakuum-Vergrößerungsrahmen dar, den Bastler sich leicht selbst bauen können.

Unter einer gelochten Hartfaserplatte von 50 × 60 cm wird eine geschlossene Bodenplatte mit einem Holzrahmen und Gummifüßen befestigt, so daß dazwischen ein etwa 3 cm breiter Hohlraum entsteht. In diesem Hohlraum bringt man eine Absaugvorrichtung in Form eines Schlauches an, der mit einem preiswerten kleinen Autostaubsauger verbunden wird. Als Anschlag für das Fotopapier werden in der oberen linken Ecke der Lochplatte zwei leicht überstehende Leisten befestigt. Zusätzliche Markierungen auf der Lochplatte für kleinere Bildformate ermöglichen auch deren Verarbeitung. In diesem Fall wird der freibleibende Raum des Lochbrettes mit einer schwarzen Papierschablone abgedeckt, um den Wirkungsgrad zu erhöhen und ein Ansaugen von Staub durch die freistehenden Löcher zu vermeiden.

Schwenken des Beleuchtungskopfes

Bedingt durch die Säulenlänge gestatten die meisten Vergrößerungsgeräte eine maximal 10–15fache lineare Vergrößerung auf dem Grundbrett. Für größere Abbildungsmaßstäbe, wie sie für Ausstellungsbilder oder bei Ausschnittvergrößerungen erforderlich sind, muß bei den meisten Geräten der Beleuchtungskopf um 180° geschwenkt und auf den Boden projiziert werden. Dazu werden, um das Gleichgewicht zu erhalten, das Gerät an den Rand eines Tisches gestellt und das Grundbrett beschwert. Vergrößerungsgeräte mit einer unter 15° geneigten schrägen Säule besitzen gegenüber solchen mit geraden Säulen den Vorteil, daß die Parallelität zwischen dem Lichtkegel und der Gerätesäule einen etwas größeren Abbildungsmaßstab erlaubt.

Bei einigen Gerätetypen kann der Kopf um 90° geschwenkt und für Wandvergrößerungen in Horizontalprojektion benutzt werden. Das als Rollenware von 105 cm und 127 cm Breite erhältliche Fotopapier wird entweder mit großen Stecknadeln auf einer Holz- oder mit kleinen Magneten auf einer Metallwand befestigt und belichtet.

Einstellhilfen für die Schärfe

Zur Kontrolle der Scharfeinstellung beim Vergrößern bieten sich zwei Methoden an:

1. Nachdem vorher der Abbildungsmaßstab festgelegt wurde, wird statt auf das zu vergrößernde Negativ auf ein mit geometrischen Mustern versehenes Testnegativ scharf eingestellt. Nach erfolgter Scharfeinstellung tauscht man das Testnegativ dann gegen das zu vergrößernde Negativ aus. Da die Schicht beider Negative in der gleichen Ebene liegt, ist eine einwandfreie Bildschärfe gewährleistet.

2. Eine Speziallupe wird auf den Vergrößerungsrah-

men in den Strahlengang des Gerätes gestellt und lenkt das Bild über einen Umlenkspiegel, eine Mattscheibe und ein vergrößerndes Okular ins Auge. Die starke Vergrößerung des Okulars ermöglicht es, direkt auf das Silberkorn des Negativs scharf einzustellen.

Einstellhilfen für die Belichtungszeit

Obwohl man sich mit einer Armbanduhr mit einem gut ablesbaren Zifferblatt und großem Sekundenzeiger behelfen kann, läßt sich die Belichtungszeit mit einer Schaltuhr bedeutend bequemer und wesentlich exakter einhalten. Die einfachsten Belichtungsschaltuhren arbeiten mit einem Federwerk, welches sich beim Betätigen der Uhr automatisch spannt. Elektrische Kontakte schließen dann für die Dauer der Belichtung den Stromkreis. Zur Scharfeinstellung des Motivs wird Dauerlicht eingeschaltet. Der Bereich der möglichen Belichtungszeiten ist je nach Typ zwar verschieden, doch liegt er meistens zwischen 0,1 s und 999,9 s. Die Belichtungsuhr erfüllt beim Vergrößern die gleiche Funktion wie der Kameraverschluß bei der Aufnahme. Da ihr Ablauf zeitgenau und bei Belichtungszeitwiederholungen mit der gleichen Zeit auch zeitkonstant bleiben muß, sollte man beim Kauf nicht an der falschen Stelle sparen und eine der Qualität der Kamera entsprechende Schaltuhr wählen.

Belichtungsautomaten

Belichtungsautomaten messen im Strahlengang des Vergrößerungsgerätes die Lichtintensität des projizierten Negativs, rechnen die korrekte Belichtungszeit aus und zeigen sie digital an.

Die Meßsonde des Gerätes enthält eine hochempfindliche Silizium-Fotodiode, die auch Veränderungen der Lichtintensität bei Änderung des Formates, der Blende oder der Filterdichte genau mißt und wiedergibt.

Punkt- und Integralmessungen sind – je nach Gerätetyp unterschiedlich – an bis zu 9 verschiedenen Negativstellen möglich. Der daraus resultierende, alle 9 Meßwerte berücksichtigende Mittelwert wird von dem Gerät errechnet und angezeigt. Zur Eichung der Meßzelle muß, wie bei allen Belichtungsautomaten üblich, das jeweils verwendete Fotopapier einjustiert werden.

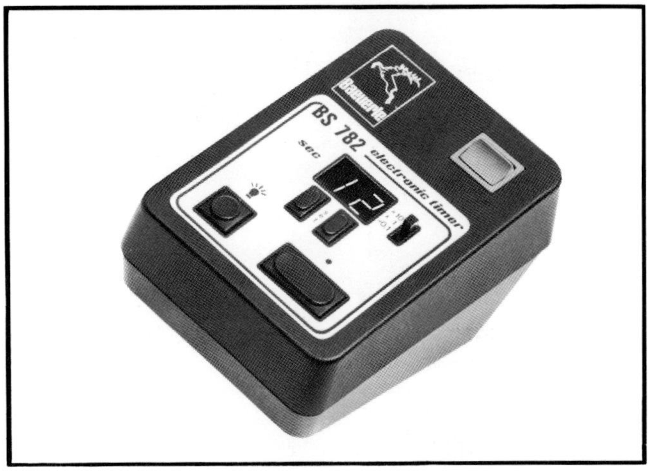

Elektronische Belichtungsschaltuhr Baeuerle BS 782 mit einem Zeitenbereich von 0,1 bis 999 Sekunden, die in drei Einstellbereiche unterteilt ist: Die Zeiteingabe erfolgt elektronisch über Tasten. Die digitale Zeitanzeige läuft nach dem Auslösen rückwärts ab. Die Uhr besitzt einen Dauerlichtschalter zum Scharfeinstellen. Foto: Baeuerle.

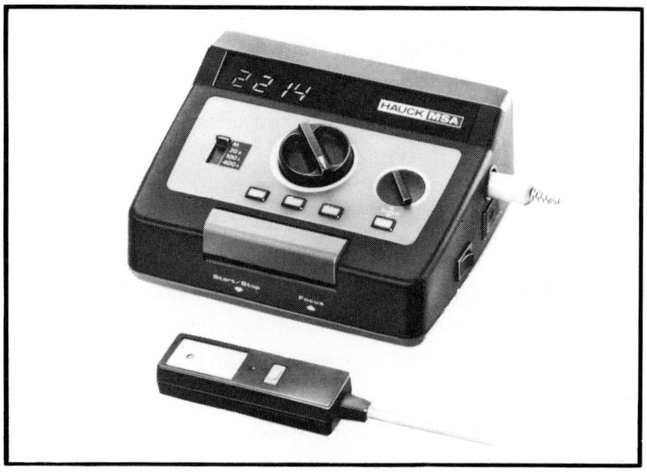

Der Belichtungsautomat Hauck MSA 100 mißt die Lichtintensität des projizierten Bildes, rechnet sie um in die richtige Belichtungszeit und zeigt diese digital an. Die Si-Meßzelle ermöglicht eine Punkt- oder Integralmessung von bis zu 9 verschiedenen Negativstellen. Der daraus resultierende Mittelwert wird vom Gerät errechnet und angezeigt. Mögliche Belichtungszeiten 0,1 bis 400 Sekunden. Foto: Hauck.

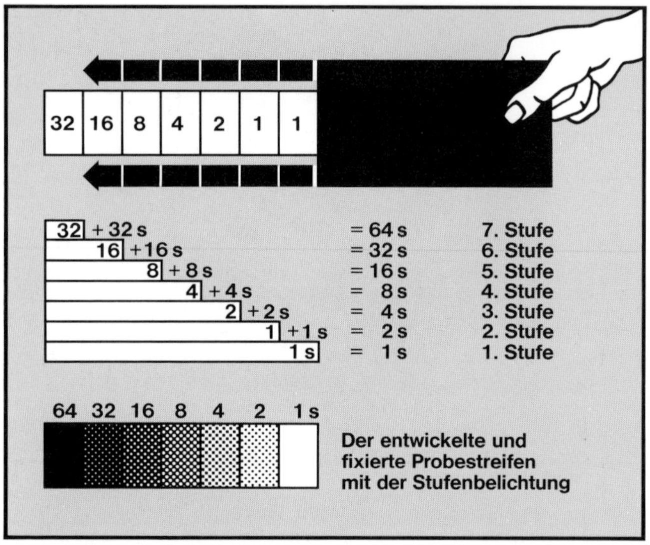

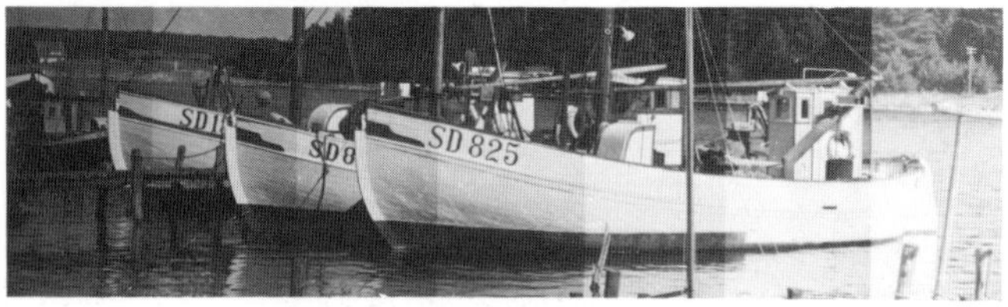

Schematische Darstellung der Stufenbelichtung.

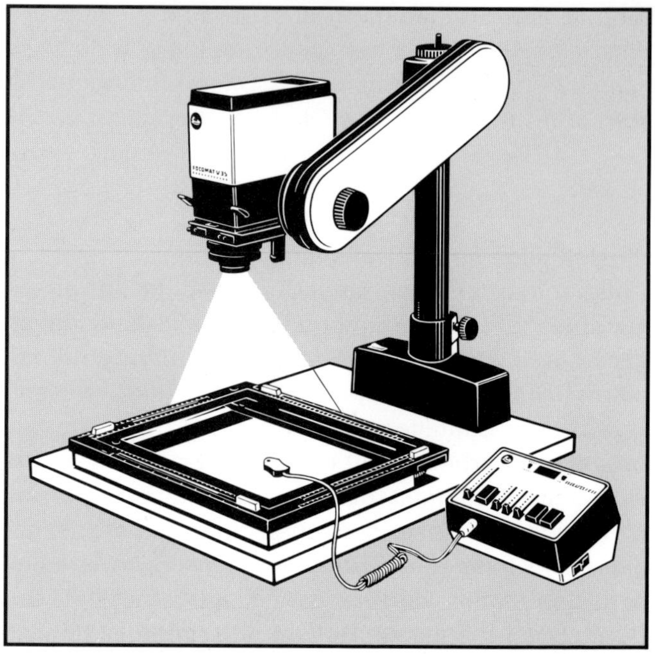

Leitz Focomat V 35 Autofocus: Kleinbildvergrößerungsgerät mit automatischer Scharfeinstellung für Vergrößerungsmaßstäbe zwischen 3:1 bis 16:1 und Belichtungsautomat Focometer. Grafik: Ernst Leitz Wetzlar GmbH.

Belichtungsprobe

Zuerst wird die Schärfe mit voller Objektivöffnung eingestellt, die Gradation bestimmt und auf Arbeitsblende abgeblendet. Danach wird ein etwa 2 cm breiter Probestreifen der gewählten Papiergradation an einer bildwichtigen Stelle des Motivs belichtet und anschließend entwickelt.

Sollte noch keine ausreichende Erfahrung vorhanden sein, so empfiehlt es sich, zunächst eine Stufenbelichtung vorzunehmen. Bei der ersten Stufe wird der ganze Streifen auf einmal belichtet. Bei jeder weiteren Stufe wird $1/7$ des Streifens nach dem anderen mit schwarzer Pappe abgedeckt und so belichtet, daß jede Stufe doppelt soviel Licht erhält wie die vorangegangene. Dadurch lassen sich bei nur sieben Stufen auf einem einzigen Papierstreifen Belichtungsunterschiede unterbringen, die sich wie 1 : 64 verhalten.

Die Wahrscheinlichkeit, daß in der Nähe einer Stufe ein brauchbares Ergebnis liegt, ist sehr groß. Ein zweiter Streifen mit der anhand des 1. Streifens entsprechend korrigierten Belichtungszeit erbringt dann die Gewißheit, ob die Belichtung und die Gradation stimmen. Ist das Bild zu weich oder zu hart, wird der Vorgang mit einer härteren oder weicheren Papiergradation so lange wiederholt, bis ein zufriedenstellendes Resultat erzielt ist. Achtung! Die Entwicklungszeit bleibt immer konstant.

Die exakte Beurteilung der Probestreifen bezüglich Belichtung und Gradation kann nicht bei Dunkelkammerlicht, sondern muß bei hellem Kunst- oder Tageslicht erfolgen. Vorsicht auch hier: bei der Beurteilung täuscht oft die Brillanz des nassen Bildes. Lichter wie auch Schatten dunkeln beim Trocknen noch nach. Die Bilder sollten daher in nassem Zustand immer etwas heller sein, als man sie sich in trockenem Zustand wünscht.

Rotfilter

Zur Einstellerleichterung sind viele Vergrößerungsgeräte mit einem in den Strahlengang einschwenkbaren Rotfilter ausgestattet. Er ermöglicht es, bei bereits eingelegtem Fotopapier den Bildausschnitt oder die Lage des Probestreifens noch einmal zu kontrollieren. Nur für wenige Sekunden eingeschaltet, schadet das rote Licht nicht. Bei längeren Zeiten können allerdings Schleier auftreten.

Nachbelichten

Überschreitet der Objektumfang eines Motivs den Belichtungsumfang des Negativmaterials, so können beispielsweise die hellsten Bildpartien überbelichtet

Der Leuchtturm am Cabo Carvoeiro, Portugal.
Überbelichtete Bildpartien erhalten durch Nachbelichten mehr Zeichnung.

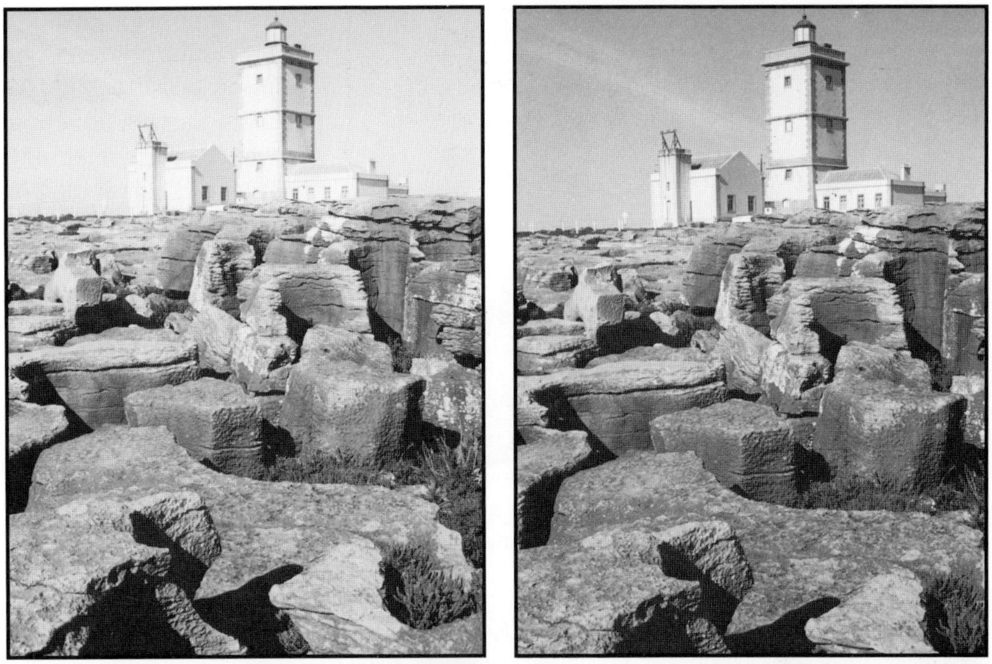

Duoro-Segler für den Transport der Portweinfässer am Oberlauf des Douro, Portugal.
Unterbelichtete Schatten können durch Zurückhalten während der Belichtung aufgehellt werden.

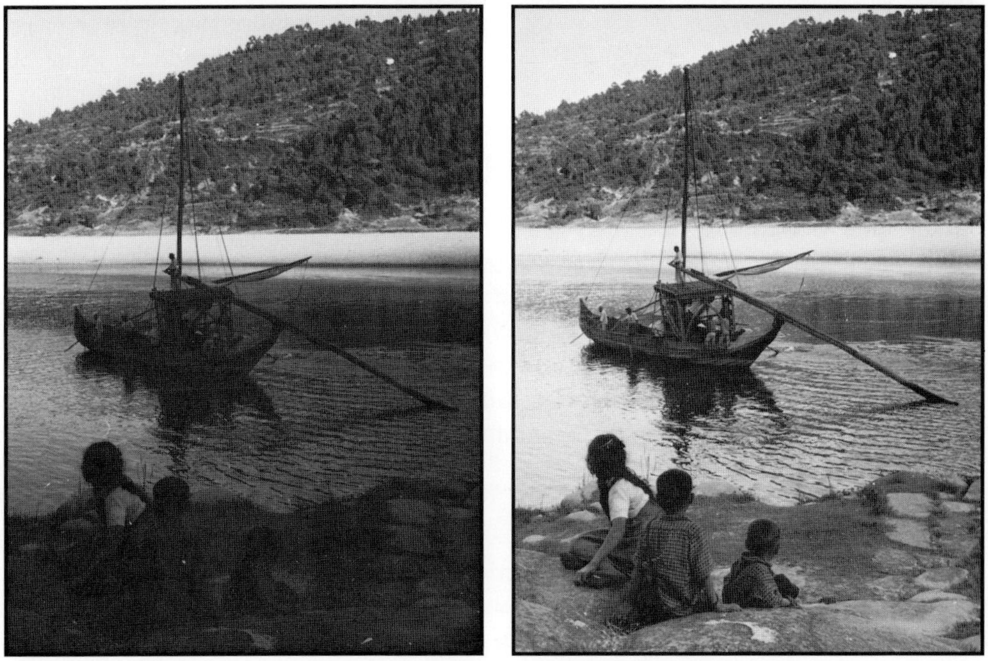

werden. Als Folge davon weisen die hellsten Bildstellen des Positivs keine differenzierbaren Tonwertabstufungen mehr auf. Mit etwas Geschick läßt sich dieser Mangel leicht beseitigen.
Zu diesem Zweck wird in ein schwarzes Blatt Papier ein Loch in der Form der betreffenden Bildpartie geschnitten und damit nachbelichtet. Vorsicht! Das Loch darf nicht zu groß sein. Harte Konturen auf dem Positiv vermeidet man dadurch, daß das schwarze Papier mit dem Loch ständig kreisend zwischen dem Objektiv und dem Vergrößerungspapier über der betreffenden Stelle bewegt wird. Die für die Nachbelichtung notwendige Zeit ist per Test zu ermitteln. Sie beträgt meistens ein Mehrfaches der normalen Belichtungszeit, da das Loch in dem schwarzen Papier wie eine Blende wirkt, die nur einen Bruchteil der Gesamtlichtmenge passieren läßt.

Abwedeln

Unterbelichtete Schatten im Negativ werden im Posi-

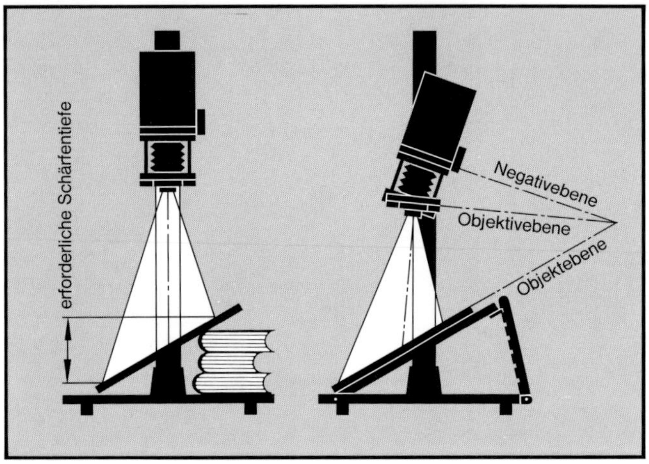

Entzerren stürzender Linien, links: Entzerren durch Neigen des Vergrößerungsrahmens bei unveränderter Objektiv- und Negativebene. Um das gesamte Bildfeld scharf abzubilden, muß sehr stark abgeblendet werden.

Rechts: Beim Entzerren nach Scheimpflug wird durch ein Neigen der Negativ- und der Objektebene zueinander schon bei voller Öffnung des Objektivs Schärfe über die gesamte Bild- bzw. Objektebene erzielt.

tiv zu dunkel und ohne jede Differenzierung wiedergegeben. Durch Abwedeln lassen sich diese Schatten aufhellen. Man schneidet dazu aus schwarzem Papier eine Schablone, die etwa der Form der zu dunklen Bildpartie entspricht. Die Schablone wird dann an einem als Haltegriff dienenden Draht befestigt und unter ständiger Bewegung während des Belichtens an der betreffenden Stelle in den Strahlengang eingeschwenkt. Die Zeit des Zurückhaltens sollte nur halb so lang wie die Gesamtbelichtungszeit sein.

Entzerren

Eine Senkrechte in der Natur wird auf dem Negativ nur dann als Senkrechte wiedergegeben, wenn die Kamera bei der Aufnahme nicht geneigt wird. Ist für die Aufnahme eines Gebäudes aus zwingenden Gründen ein Kippen der Kamera nicht zu vermeiden, so lassen sich die daraus resultierenden stürzenden Linien, wenn sie nicht mehr als 15° von der Senkrechten abweichen, durch nachträgliches Entzerren beim Vergrößern beheben. Zum Entzerren stürzender Linien wird der Vergrößerungsrahmen immer entgegengesetzt zur Verzerrung des Motivs im Negativ geneigt. Was im Negativ schmaler ist, muß auf dem Kopierbrett weiter entfernt, und was breiter ist, näher am Objektiv dran sein. Man ermittelt die richtige Neigung bzw. beseitigt die Verzerrung durch das Unterlegen von Büchern unter eine Seite des Vergrößerungsrahmens. Anschließend wird bei voller Öffnung auf die Mitte des Motivs scharf eingestellt und stärker als üblich, auf 16–22, abgeblendet. Dies ist notwendig, weil durch die Schräglage des Kopierbrettes ein wesentlich größerer Tiefenbereich scharf abgebildet werden muß. Der Abstandsunterschied macht es erforderlich, die vom Objektiv weiter entfernten Bildpartien etwas länger zu belichten. Der dem Objektiv näher gelegene Bildteil wird unterdessen mit einem schwarzen Papier zurückgehalten. Durch das In-die-Länge-Ziehen der trapezförmigen Verzeichnung auf der schiefen Ebene wird allerdings an der Bildbasis links und rechts je ein keilförmiges Motivstück abgeschnitten.

Entzerren nach Scheimpflug

Mit Vergrößerungsgeräten, deren Negativebene und Objektivebene unabhängig voneinander verstellbar sind, lassen sich selbst Verzerrungen größeren Ausmaßes korrigieren. Gemäß der Scheimpflugschen Einstellbedingung ist bereits dann auf das gesamte Motiv scharf eingestellt, wenn sich bei voller Öffnung des Objektivs die Verlängerung der Negativ-, Objektiv- und Objektebene in einem Punkt treffen. Trotz der über das gesamte Bildfeld erzielten Schärfe wird bis zur optimalen Blende (2–3 Werte) abgeblendet. Wie bei der vorher erwähnten Entzerrungstechnik muß auch hier der vom Objektiv weiter entfernt liegende Bildteil nachbelichtet werden.

Soften

Wird ein Damenporträt mit einer Mittel- oder Großformatkamera aufgenommen, so können die Bildschärfe und der Detailreichtum so realistisch sein, daß sie nicht mehr schmeichelhaft sind. Durch das Einschwenken eines Softers zwischen Objektiv und das Vergrößerungspapier oder das Vorsetzen einer Weichzeichnerlinse vor das Objektiv lassen sich die Schärfe mildern und ein weicheres Resultat erzielen. Ein Softer besteht aus einem mit Gaze oder einem Stück Nylonstrumpf bespannten Papprahmen. Je länger er unter ständiger Bewegung während der Belichtung eingeschwenkt wird, desto weicher wird der Bildcharakter. Auf die gleiche Weise lassen sich auch grobes Korn oder Kratzer im Negativ mildern. Die Papiergradation muß allerdings ein Grad härter als üblich gewählt und die Belichtungszeit etwas verlängert werden. Die richtige Belichtungszeit ist per Test zu ermitteln.

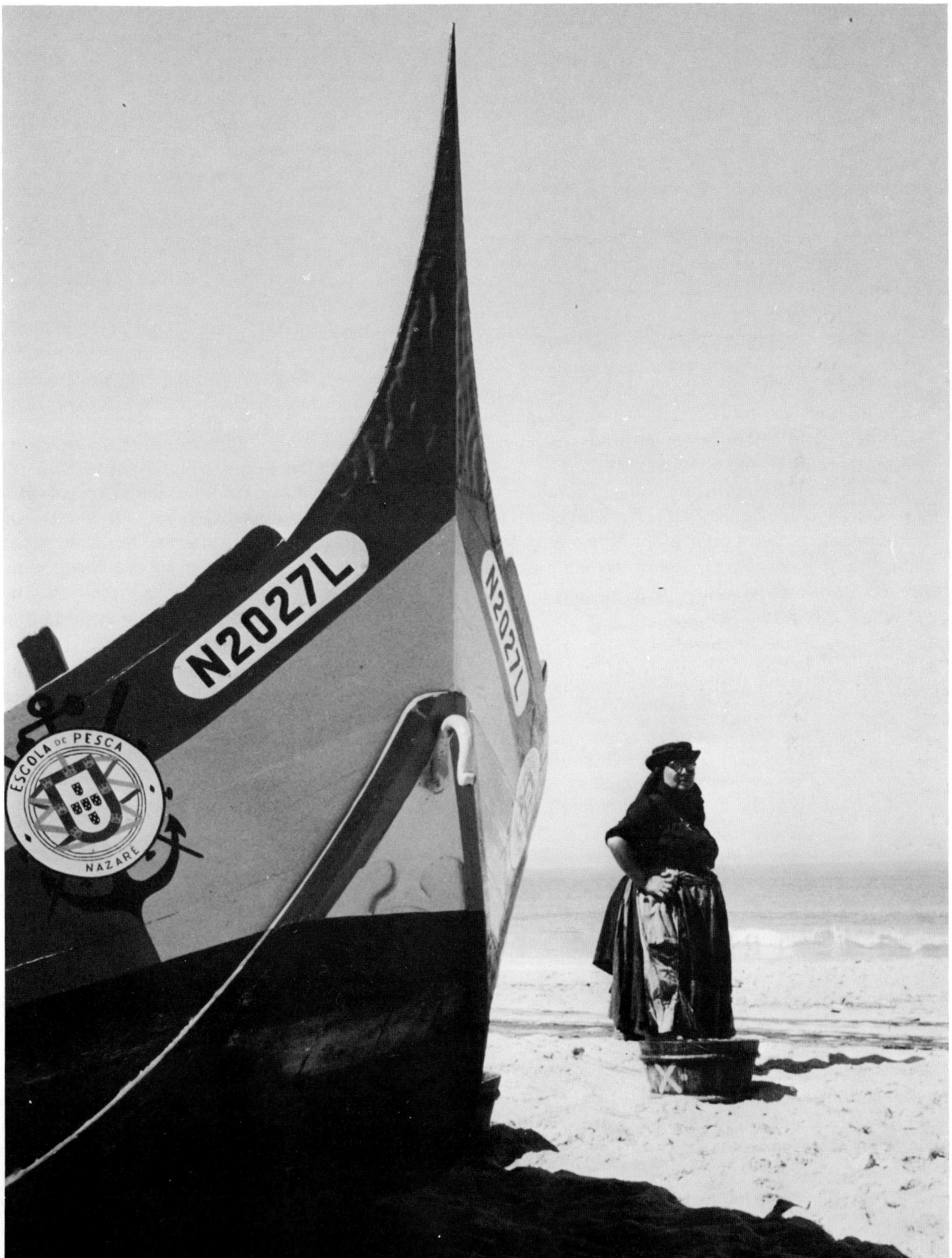
N2027L
N2027L
ESCOLA DE PESCA
NAZARÉ

Entscheidungshilfen für den Kauf eines Vergrößerungsgerätes

1. Format

a) Bei der Anschaffung eines Vergrößerungsgerätes gilt es, als erstes die Formatfrage zu klären. Wird ausschließlich mit einer Kleinbildkamera gearbeitet, braucht man auch nur ein Kleinbildvergrößerungsgerät.

b) Wer mit einer Kleinbild- und mit einer 6 × 6 Kamera fotografiert, wird sich mehr für ein Vergrößerungsgerät interessieren, das es ihm erlaubt, beide Formate zu vergrößern.

c) Fotografen, die mit einer Mittelformatkamera von 6 × 7 oder 6 × 9 cm arbeiten, benötigen ein entsprechendes Vergrößerungsgerät. Da sie häufig außerdem mit der Kleinbildkamera fotografieren, wird ein Mehrformat-Vergrößerungsgerät ihren Ansprüchen am ehesten gerecht.

d) Auch der Fachfotograf wird sich je nachdem, ob er nur mit einem oder mehreren Großformaten arbeitet, für ein Ein- oder Mehrformat-Vergrößerungsgerät entscheiden. Der Anschaffungspreis eines Mehrformatgerätes liegt meistens unter dem von zwei Einformatgeräten.

2. Gerätesäule

a) Die Art und Höhe der Gerätesäule sind mitentscheidend für das größte auf dem Grundbrett zu erzielende Bildformat.

b) Durch ihre Neigung ergibt die Schrägsäule, bei Verwendung eines Weitwinkelobjektivs, ein größeres Bildformat als eine gerade Säule gleicher Länge.

c) Auch ein Autofokus-Vergrößerungsgerät sollte um 180° geschwenkt und für die Herstellung von Großvergrößerungen manuell scharf eingestellt werden können.

d) Als ebenso nützlich erweist sich eine solide Säule, die zur Entzerrung oder Horizontalprojektion eine Schwenkbarkeit des Lampenhauses zuläßt.

3. Beleuchtung

a) Die halbdiffuse Beleuchtung ist das ideale Beleuchtungssystem für das Vergrößern von Kleinbild- und Mittelformatnegativen.

b) Beleuchtungssysteme mit einer Punktlichtquelle und einem Dreifachkondensor eignen sich vor allem für Strichfilm- und Großvergrößerungen.

c) Farbmischköpfe mit diffusem Licht sind das universelle Beleuchtungssystem zur Vergrößerung von Schwarzweißhalbton- und Farbnegativen.

4. Negativbühne

a) Die glaslose Negativbühne eignet sich besonders für Kleinst- bis Kleinbildformate.

b) Der Metallrahmen mit einer Glasandruckplatte, die möglichst eine Anti-Newtonoberfläche besitzen sollte, ist für das Kleinbild bis zum 6 × 9 Format zu empfehlen.

c) Der Metallrahmen mit Kondensor, dessen Andruckfläche eine Anti-Newtonoberfläche besitzen sollte, ist für alle Formate vom Kleinbild bis zu 6 × 9 geeignet.

d) Die Zweiglasnegativbühne, bei der die Andruckfläche der oberen Scheibe mit einer Anti-Newtonmattierung versehen sein muß, stellt die beste Lösung für alle Großformate von 9 × 12 bis 18 × 24 dar.

5. Scharfeinstellung

a) Die Scharfeinstellung mit mehrgängigem Gewindetubus, der Abbildungsmaßstäbe zwischen 3:1 bis 10:1 zuläßt, ist nur noch selten anzutreffen.

b) Viel verbreiteter hingegen ist die Balgeneinstellung mit einem Friktions- oder Zahntrieb. Sie erlaubt Abbildungsmaßstäbe zwischen 1:1 und 20:1 (je nach Fabrikat verschieden).

c) Bei großen Vergrößerungsmaßstäben sind die Einstellknöpfe von Fachgeräten über Armeslänge entfernt, so daß motorisch scharfgestellt werden muß.

6. Objektiv und -halterung

a) Bei Einformatvergrößerungsgeräten ist das Objektiv meistens direkt in die Objektivstandarte eingeschraubt.

b) Bei Mehrformatgeräten hingegen sind die Objektive in Wechselplatinen geschraubt, die sich schneller an die Objektivstandarte an- und abbauen lassen.

c) Noch eleganter ist die Lösung, mehrere Objektive in einem an der Objektivstandarte befestigten Revolver unterzubringen, so daß sie je nach Bedarf nur in den Strahlengang eingeschwenkt zu werden brauchen.

d) Als sehr vorteilhaft erweisen sich auch Vario-Vergrößerungsobjektive, die ohne den Abstand zwischen dem Negativ und Vergrößerungspapier ändern zu müssen, Vergrößerungsmaßstäbe von 3:1 bis 10:1 zulassen.

Entscheidungshilfen für den Kauf eines Vergrößerungsgerätes

(1) Format

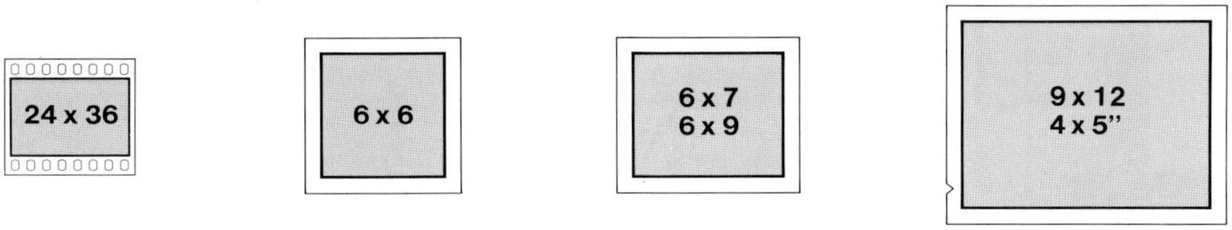

(2) Gerätesäule

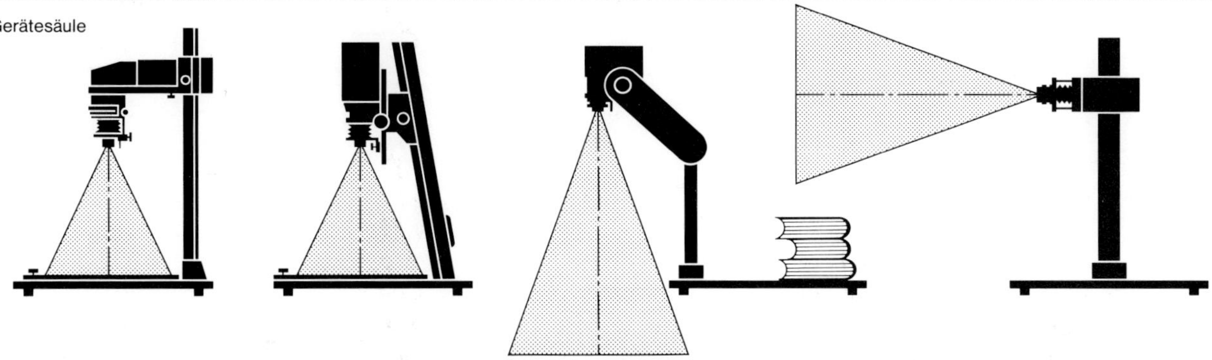

(3) Beleuchtung

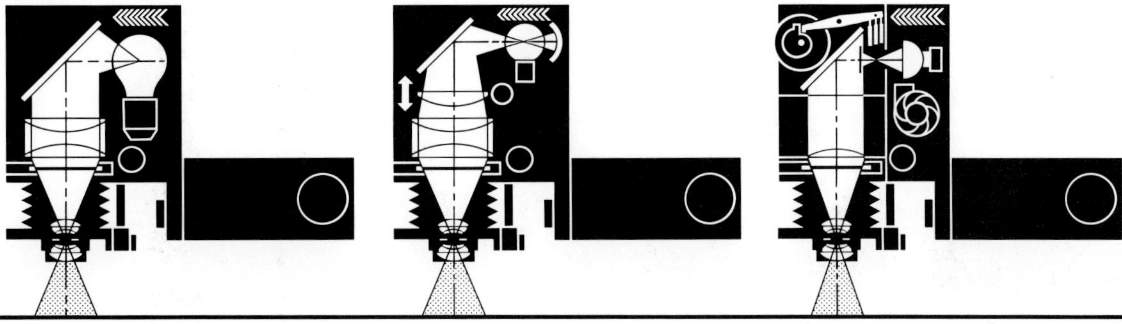

(4) Negativbühne

(5) Scharfeinstellung

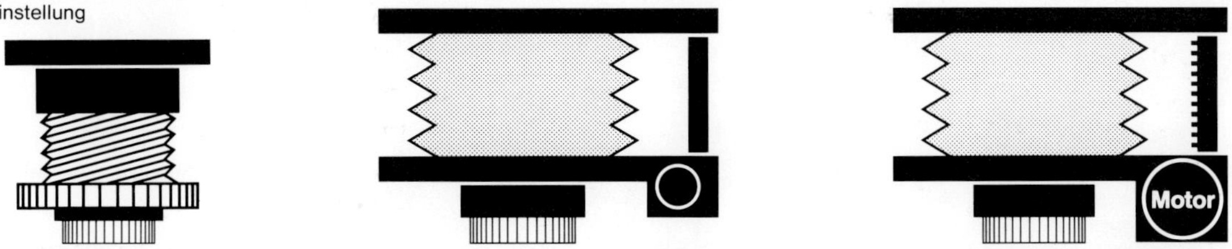

(6) Objektiv und -halterung

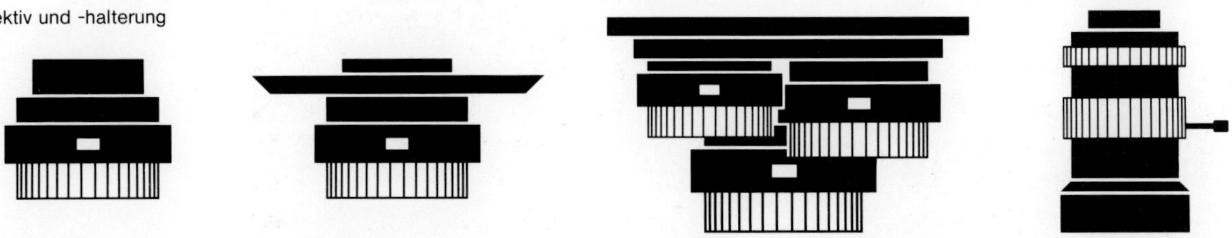

Beim Vergrößern gestalten

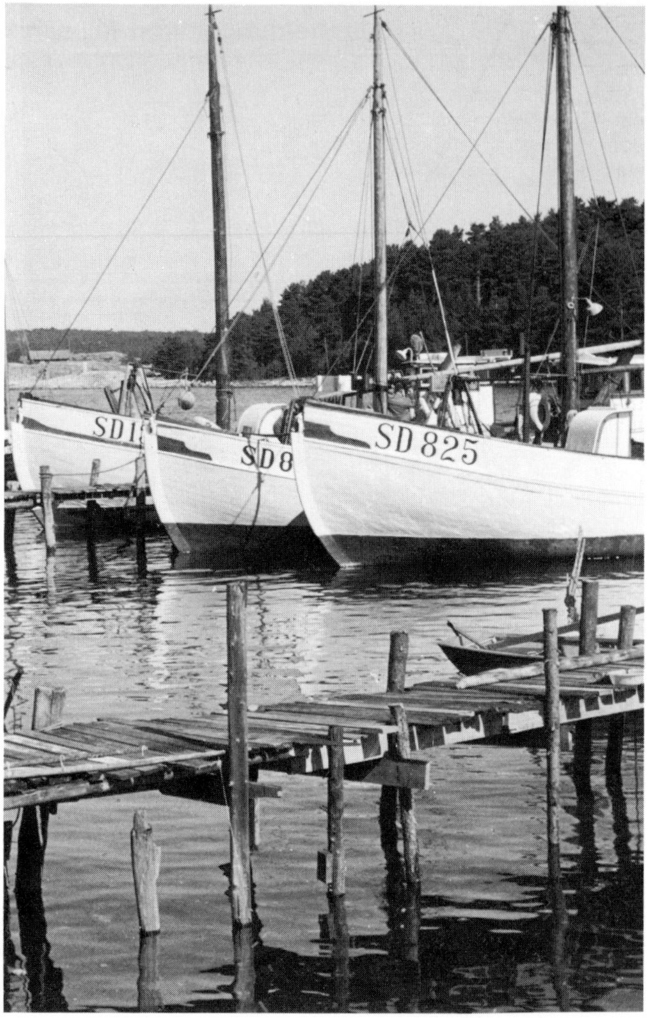

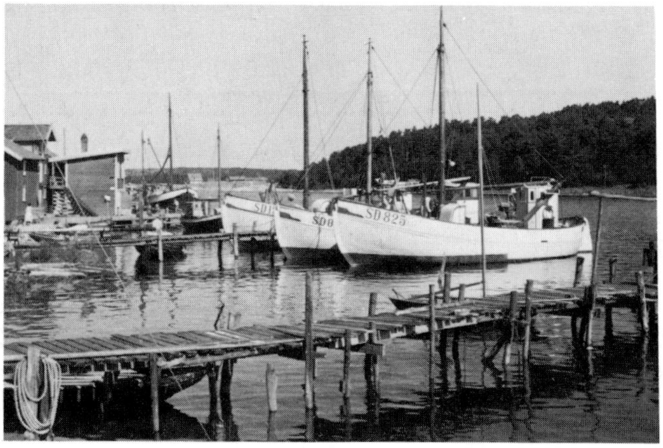

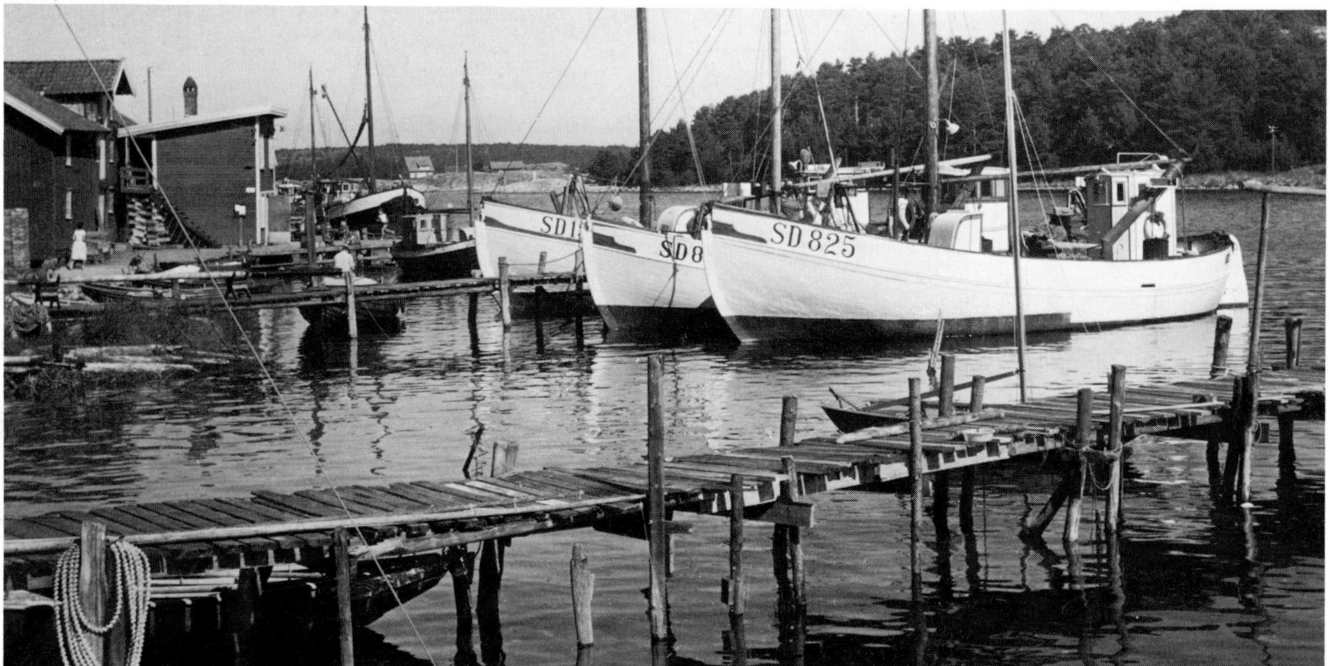

Linke Seite: Das kleine Querformat ist eine Vergrößerung des mit einem Weitwinkelobjektiv aufgenommenen Original-Kleinbildnegativs. Es zeigt den Fischerhafen von Strömstad in Südschweden.

Die Ausschnittvergrößerung des Hochformates zeigt, daß auch diese Komposition bildwirksam ist.

Der Eindruck von Tiefe und Räumlichkeit wird allerdings mehr von der Ausschnittvergrößerung im Querformat vermittelt.

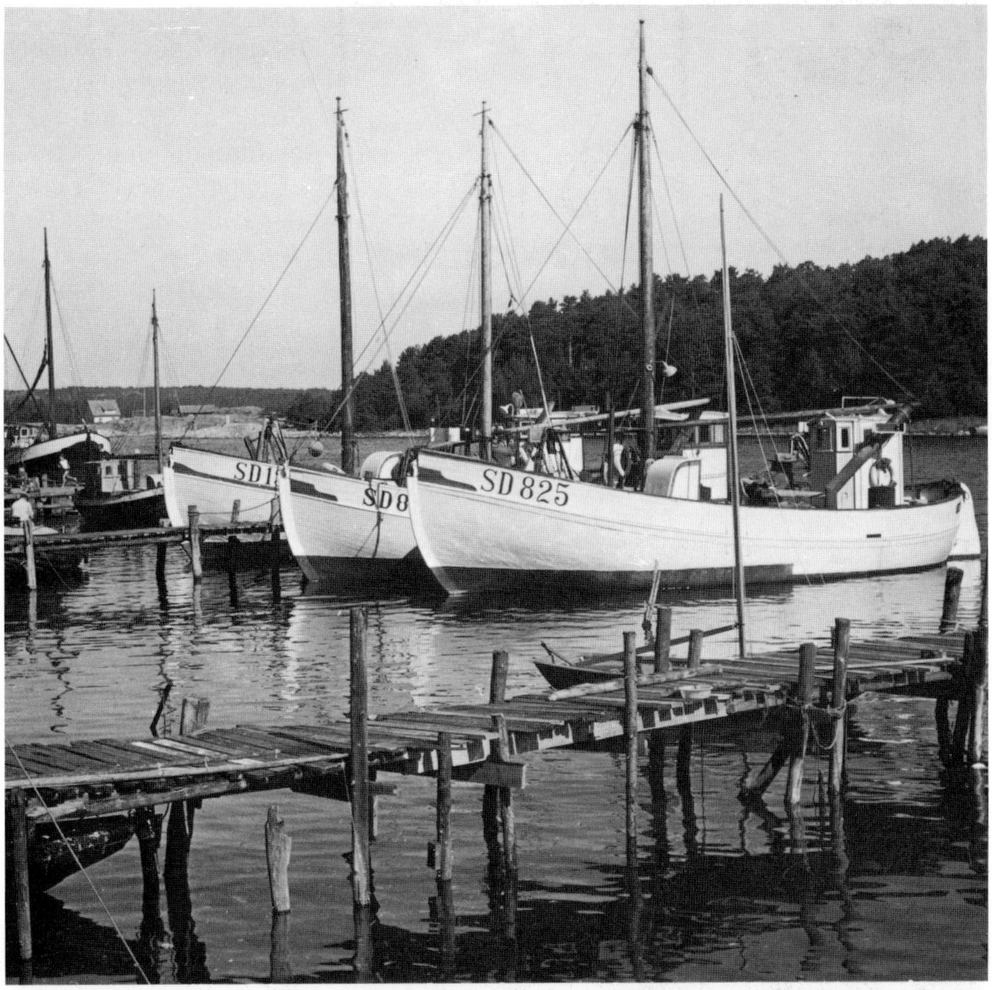

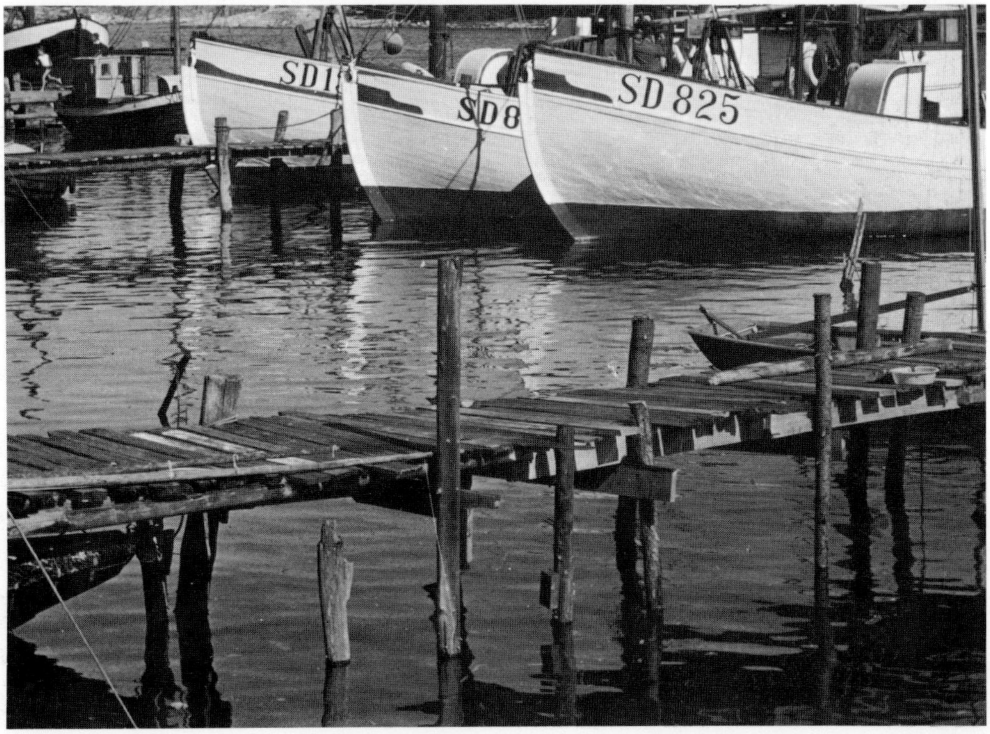

Der quadratische Bildausschnitt, oben, wirkt auf Grund der ausgeglichenen Seitenverhältnisse des Bildformates statischer und weniger räumlich.

Die fünfte Variation des Motivs zeigt schließlich ein noch stärker herausvergrößertes Querformat, das fast schon einen abstrakten Nahaufnahmecharakter annimmt.

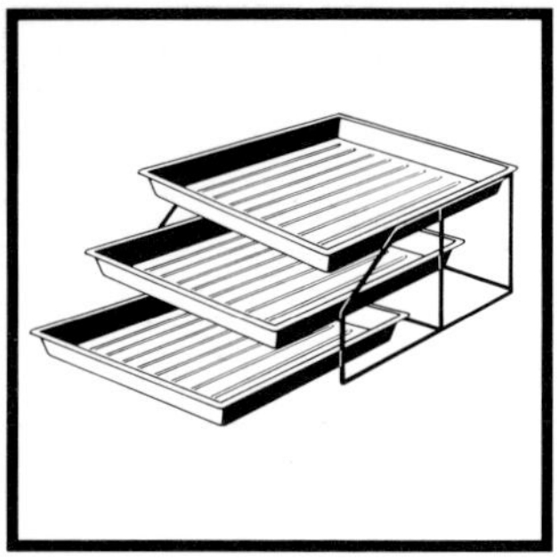

Positiv-entwicklung

Da der Ablauf der Positiventwicklung grundsätzlich dem der Negativentwicklung entspricht, erübrigt sich hier eine nochmalige ausführliche Beschreibung. Die Anordnung der Schalen im Labor von links nach rechts ist wie folgt:

1. Entwickler
2. Zwischenwässerung oder Stoppbad
3. Fixierbad
4. Schlußwässerung

Zur Erzielung sauberer Ergebnisse sind drei Papierzangen aus nichtrostendem Stahl oder Plastik unerläßlich. Je eine davon ist für den Entwickler, das Stoppbad und das Fixierbad bestimmt. Die Zangen sollten möglichst nicht vertauscht werden. Das Bild wird jeweils, ohne daß die Zange oder die Finger in das nachfolgende Bad eintauchen, mit der Entwicklerzange aus dem Entwickler in das Unterbrecher- oder Wasserbad, mit der Unterbrecherzange in das Fixierbad und mit der Fixierzange aus dem Fixierbad transportiert. Läßt sich jedoch, wie bei der Verarbeitung von sehr großen Formaten, ein Eintauchen der Zange oder der Finger nicht vermeiden, so müssen sie, bevor sie wieder mit einer anderen Lösung in Berührung kommen, unter fließendem Wasser abgespült werden.

Zur Arbeit im Labor gehören ein Kittel oder eine Schürze und ein sauberes, von Chemikalienrückständen freies Handtuch. Gummihandschuhe sind für die Verarbeitung von Schwarzweißfotopapieren nicht erforderlich, es sei denn, man reagiert auf Brom oder andere Fotochemikalien allergisch.

1. Entwickler

Zum Entwickeln benutzt man konfektionierte, spezielle Papierentwickler. Diese sind in Pulverform und als Flüssigkonzentrate erhältlich. Die Pulverform ist zwar etwas preiswerter, verursacht aber beim Ansetzen auch etwas mehr Arbeit.

In einem Liter Entwicklerlösung können in der Regel ca. 25 Blatt 18 × 24 cm oder 1 Quadratmeter Fotopapier einwandfrei entwickelt werden. Die Arbeitstemperatur beträgt 20° C, die Entwicklungszeit 2 Minuten für Baryt- und 1 Minute für PE-Papiere. Diese Verarbeitungszeiten bleiben immer konstant!

Zum Entwickeln wird das Fotopapier mit der Schichtseite nach oben mit trockenen Händen an der Schmalseite der Schale mit behutsamem Schwung in die Lösung geschoben. Wichtig ist dabei, daß die

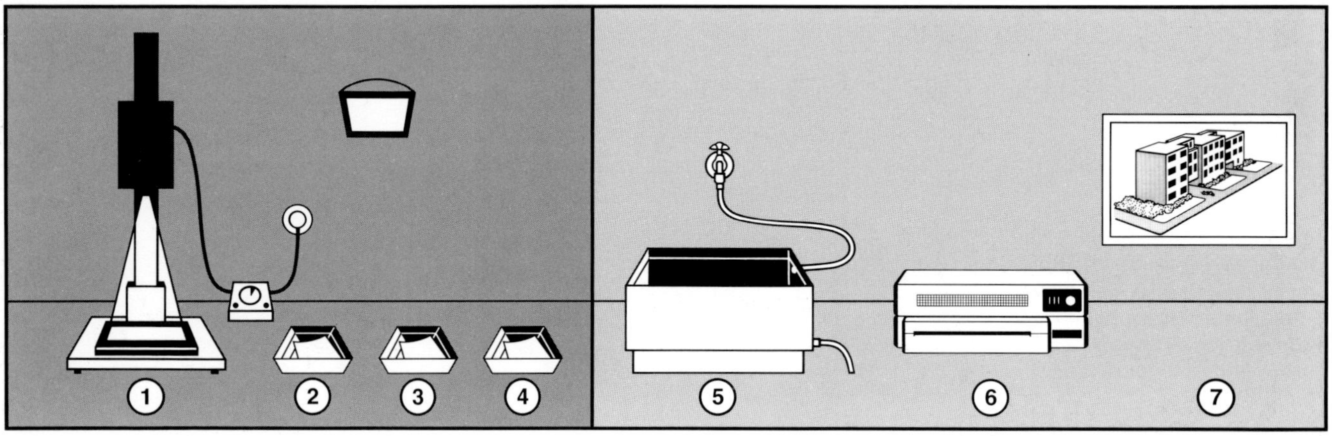

Positiventwicklung: Das Negativ wird in der Dunkelkammer mit einem Vergrößerungsgerät unter Zuhilfenahme einer Belichtungsschaltuhr in beliebigem Abbildungsmaßstab auf das Fotopapier vergrößert (1). Danach wird entwickelt (2), zwischengewässert (3) und fixiert (4). Nach der wieder im Hellen erfolgenden Schlußwässerung und Trocknung erhält man das fertige Bild (7).

1

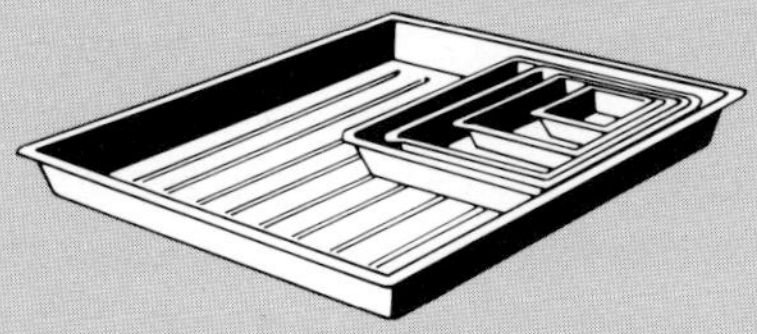

2

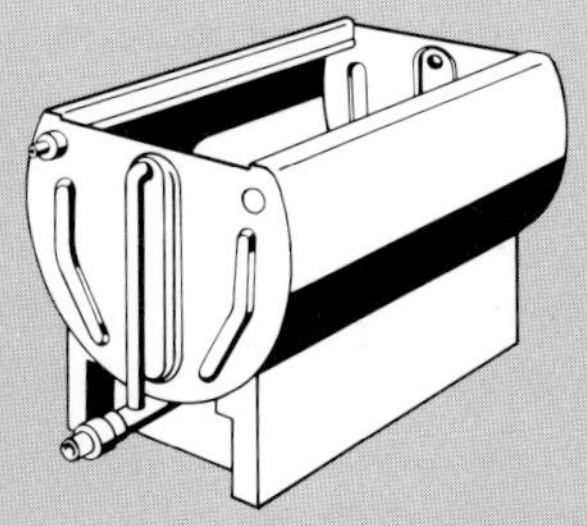

3

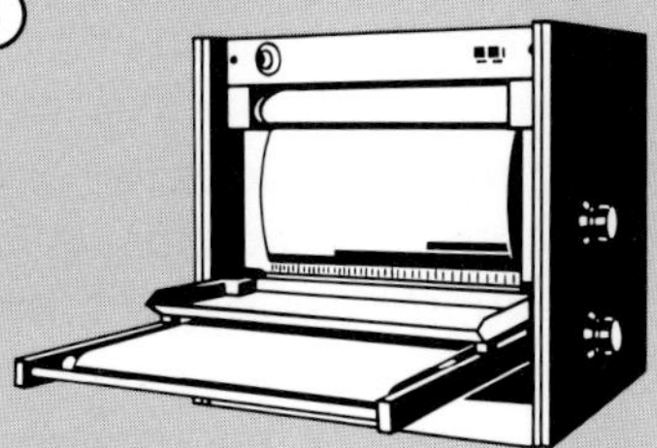

4

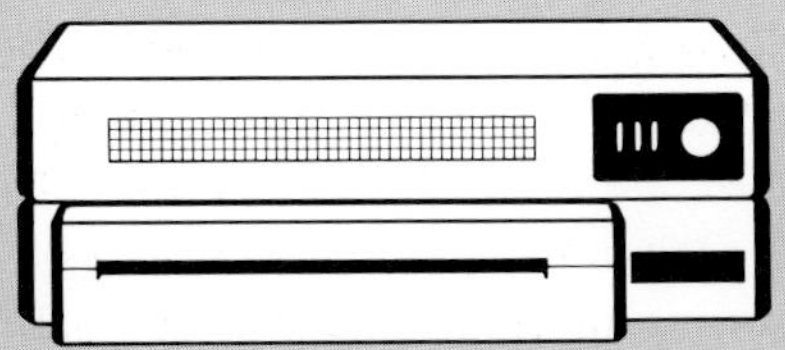

5

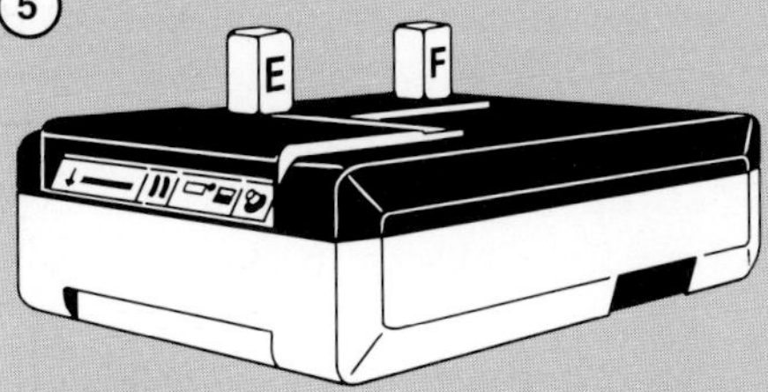

6

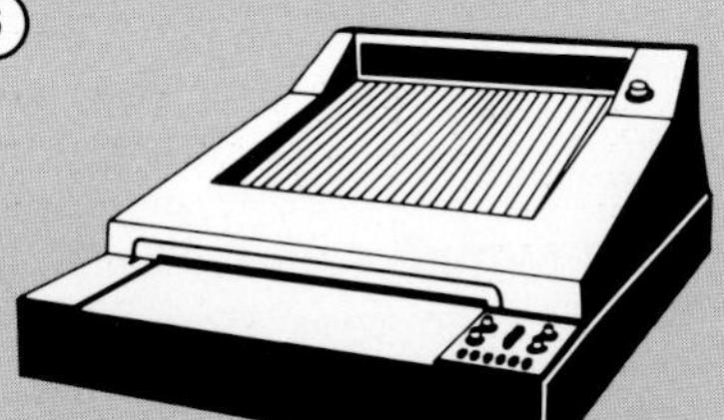

Geräte zur Positivverarbeitung

1. Die Größe der Schalen richtet sich nach dem Format der zu verarbeitenden Fotopapiere.

2. Eine nach dem Syphonprinzip arbeitende Wässerungstrommel sorgt für eine rationelle Schlußwässerung.

3. Meteor Hochglanz-Schnelltrockenmaschine für die Trocknung von Barytpapieren.

4. Meteor Warmlufttrockner für kunststoffbeschichtete PE-Papiere.

5. Metoform 5040 automatische Papierentwicklungsmaschine für Formate bis zu 40 × 50 cm.

6. Metoform 65 Schnellentwicklungsautomat für Schwarzweiß PE-Papiere in den Formaten von 9 × 13 cm bis 60 x 80 cm mit formatabhängig gesteuerter Regenerierung für Entwickler und Fixierbad, Durchsatz pro Stunde: 300 Blatt 18 × 24 cm. 6 Grafiken: Meteor.

7. Raumsparende Anordnung einer Batterie von Entwicklungsschalen in drei Etagen: oben, Entwickler, Mitte, Zwischenwässerung, unten, Fixierbad. Diese Anordnung läßt sich ebenso gut für die Dreischalenentwicklung mit einem weich-, normal- und hartarbeitenden Entwickler einsetzen.

8. Eigenbauschale für die Entwicklung von Großformaten: in den Holzrahmen wird mit Heftzwecken eine Plastikfolie gespannt. Zum Entleeren wird die Lösung mit einem Schlauch angesaugt und in Plastikkanister abgefüllt.

9. Improvisierte Großformat-Entwicklungsschale in Form eines Kunststoff-Blumenkastens.

7

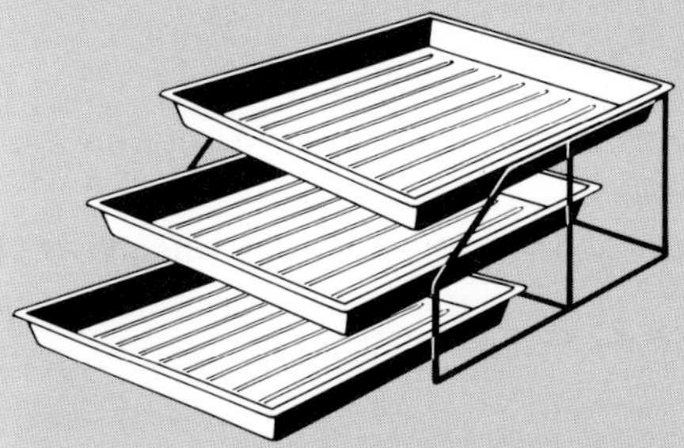

8

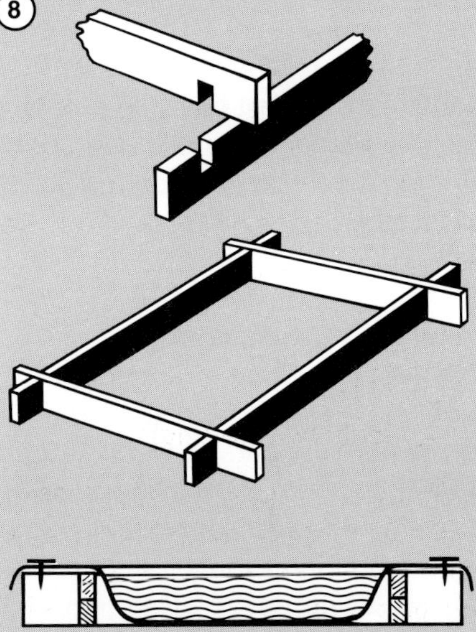

9

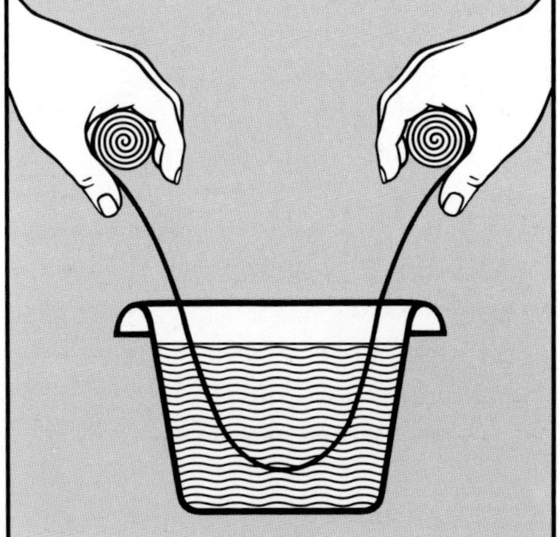

gesamte Papieroberfläche möglichst gleichzeitig mit Entwickler benetzt wird und keine Luftblasen haften bleiben. Auf keinen Fall darf das Papier an einer trockenen Stelle mit der Zange unter die Lösungsoberfläche gedrückt werden, da sonst durch den Druck schwarze Striche entstünden. Während der Entwicklung wird das Bild ständig im Bad bewegt. Dies geschieht entweder durch vorsichtiges Ankippen der Schale oder durch Bewegen des Bildes selbst mit der Zange. Bei der Zangenbewegung muß jedoch, um eine gleichmäßige Entwicklung zu erzielen, die Greifstelle öfters gewechselt werden.

Mit dem Erscheinen der ersten Bildspuren, nach etwa 15 Sekunden, baut sich das Bild in der ersten Minute sehr schnell auf, braucht aber dann noch eine weitere Minute, bis es ausentwickelt ist. Für PE-Papiere reduzieren sich die erwähnten Zeiten jeweils um die Hälfte.

Danach nimmt man das Bild mit der Zange aus dem Bad, läßt den noch anhaftenden Entwickler über Eck ablaufen und transportiert es in die Wässerungs- oder Unterbrecherbadschale.

Kleine Entwicklungstricks

Nicht jedes Negativ ergibt sofort ein perfektes Bild. Ist bei einem Landschaftsbild zum Beispiel der Himmel etwas zu dicht, so wird die Landschaft im Entwickler sehr schnell sichtbar, während die Fläche des Himmels noch ohne jede Zeichnung bleibt. In diesem Fall unterbricht man die Entwicklung vorzeitig und spült das Bild in einem Wasserbad ab. Danach wird nur die Bildstelle des Himmels noch ein zweites Mal in den Entwickler getaucht und weiterentwickelt. Zur Vermeidung einer harten Kontur wird das Bild in der Zone des Übergangs ständig bewegt.

Weist eine kleine Stelle im Bild zu wenig Zeichnung auf, so legt man die Kopie auf den linken Handballen und reibt mit den Fingern der rechten Hand mehrmals hintereinander frischen Entwickler auf die zu helle Stelle. Die durch das Reiben verursachte Wärme, die sich durch zusätzliches Anhauchen noch erhöhen läßt, verstärkt die Entwicklung. Diese mit «Quälen» bezeichnete Methode darf jedoch nicht zu lange ausgedehnt werden, da sonst gelbe Flecken entstehen.

Wird eine Papiergradation benötigt, die zwischen den im Handel erhältlichen liegt, so kann man die nächstweichere oder die nächsthärtere Papiergradation dazu umfunktionieren. Um ein härteres Bild zu erhalten, wird es knapper belichtet und zwei Minuten länger entwickelt. Zur Erzielung eines weicheren Resultates wird das Bild überbelichtet und zuerst eine Minute in Wasser gebadet und dann so lange abwechselnd in Entwickler und Wasser getaucht, bis die gewünschte Schwärzung erzielt ist.

Zur Überbrückung eines Härtegrades eignet sich auch die sogenannte Dreischalenentwicklung. Bei großen Formaten zum Beispiel entwickelt man mit einem weich-, normal- und hartarbeitenden Entwickler. Begonnen wird stets im weicharbeitenden Entwickler. Zeigt es sich nach 30 Sekunden, daß das Bild zu weich ist, wechselt man zum normalarbeitenden Entwickler über. Erweist sich nach 15 Sekunden auch dieser Entwickler als zu weich, so setzt man die Entwicklung im hartarbeitenden fort.

Befindet sich in einem Motiv eine störende, helle Fläche, die für eine übliche Nachbelichtung ungeeignet ist, so kann man sich mit einer bleistiftgroßen Taschenlampe (Penlight) behelfen. Dazu wird das Bild nach einer halben Minute Entwicklungszeit aus dem Entwickler genommen, mit dem gerichteten Strahlenbündel der Taschenlampe kurz kreisend über die betreffende Stelle gefahren und dann weiterentwickelt. Die Dauer der erforderlichen Nachbelichtung ist per Versuch zu ermitteln. Gewöhnlich schwärzt sich eine mit der Taschenlampe nachbelichtete Stelle sehr rasch.

2. Zwischenwässerung oder Stoppbad

Um das Papierbild nach der Entwicklung von noch anhaftendem Entwickler zu befreien, spült man es ½ Minute in einem Wasserbad von 20° C ab. Noch wirksamer ist es, ein saures Unterbrecherbad, auch Stoppbad genannt, zu benutzen. Es stoppt den Entwicklungsprozeß abrupt und vermeidet das Verschleppen basischen Entwicklers in das saure Fixierbad.

Als Unterbrecherbad dient eine 2%ige Essigsäurelösung. Da es durch den ständig eingeschleppten Entwickler neutralisiert wird, muß es während des Arbeitens je nach Bedarf erneuert werden.

3. Fixierbad

Barytpapiere werden 10 Minuten und PE-Papiere 5 Minuten bei 20° C unter ständiger Bewegung fixiert. In Schnellfixierbädern verkürzen sich die Zeiten für beide Papiersorten um die Hälfte. In einem Liter Fixierbad können ca. 25 Blatt 18 × 24 cm oder 1 m^2 Fotopapier einwandfrei fixiert werden.

4. Schlußwässerung

Um sicherzugehen, daß sämtliche nach der Fixage noch in der Schicht verbliebenen Chemikalien herausgewaschen werden, sollte die Schlußwässerung stets mit fließendem Wasser von 15–25° C erfolgen. Für Barytpapiere beträgt die Schlußwässerung mindestens 30 Minuten. Um Bilder für 50 Jahre archivbeständig zu machen, müssen sie sogar 60 Minuten gewässert werden. PE-Papiere brauchen nur 5 bzw. 10 Minuten gewässert zu werden.

5. Netzmittelbad

Nach der Schlußwässerung werden die Bilder 1 Minute in einem Netzmittel gebadet. Das Netzmittel beschleunigt den Trockenvorgang und sorgt sowohl bei matten als auch bei glänzenden Papieren für eine makellose, von Trockenflecken freie Bildoberfläche. Ein Tropfen Geschirrspülmittel auf einen Liter Wasser erfüllt den gleichen Zweck wie die relativ teuren konfektionierten Netzmittel.

6. Trocknung

Den in Naßprozessen verarbeiteten Positivmaterialien muß ebenso wie den naßverarbeiteten Negativen durch Trocknen die überschüssige Feuchtigkeit entzogen werden. Ausgewässerte und im Netzmittel gebadete Baryt- oder PE-Papiere können sowohl an der Luft als auch mit elektrisch beheizten Trockenmaschinen getrocknet werden.

Für die Lufttrocknung werden die Vorder- und Rückseite der Bilder mit einem feuchten Wildledertuch abgetrocknet und auf einer sauberen Ablagefläche ausgebreitet oder mit Klammern an einer Leine aufgehängt. Die Trockenzeit für Barytpapier beträgt, je nach Papierstärke und Raumtemperatur, ca. 2 bis 4 Stunden im Gegensatz zum PE-Papier, das nur 15 bis 30 Minuten braucht. Luftgetrocknetes Barytpapier wird außerdem wellig oder rollt sich zusammen. Um es wieder in Planlage zu bringen, werden die Bilder mit der Schichtseite nach oben diagonal über eine Tischkante gezogen. Selbst die Lufttrocknung erbringt bei PE-Papieren einen einwandfreien Hochglanz, da dieser bereits bei der Herstellung mit «eingebaut» wird.

Zur Beschleunigung der Trockenzeit können beide Papierarten auch heiß getrocknet werden. Konventionelle Papiere werden entweder mit einer ein- oder zweiseitig benutzbaren Hochglanztrockenpresse oder, beim Anfall größerer Mengen von Bildern, mit einer Umlauftrockentrommel in ca. 5–10 Minuten bei 80° C getrocknet. Die Bildseite zur Hochglanzfolie ergibt dabei Hochglanz und die Bildseite zum Trockentuch eine matte Oberfläche. PE-Papiere dürfen aber keinesfalls auf diesen Trockenpressen getrocknet werden, da die Gefahr besteht, daß die Plastikschicht schmilzt und auf der Hochglanzpresse kleben bleibt.

Die Trocknung größerer Mengen von PE-Papierbildern geschieht in einer durch Heißluft oder Infrarotstrahler beheizten und temperaturgeregelten Durchlauftrockenmaschine bei einer Temperatur von 60° C. Die Trockenzeit beträgt für ein 18 × 24 cm Bild ca. 15 Sekunden.

Positivnachbehandlung

Erscheint ein Bild nach der Trocknung nicht brillant genug, so läßt sich der Kontrast durch das Baden in einem aus verdünntem Farmerschen Abschwächer bestehenden Klärbad um eine Gradation steigern. Zum Klären wird das vorher gewässerte Bild etwa 1–2 Minuten in der Lösung gebadet und dann erneut fließend gewässert. Die Wässerungszeit beträgt für konventionelle Papiere 30 Minuten und für PE-Papiere 5 Minuten.

Zu dunkle Schattenpartien in einem Bild können durch partielles Behandeln mit Farmerschem Abschwächer aufgehellt werden. Hierzu wird das gewässerte Foto auf eine Glasscheibe gelegt und das an der Oberfläche haftende Wasser mit einem feuchten Wildlederlapppen oder dem Handballen abgestreift. Danach trägt man mit einem Marderhaarpinsel oder einem Wattestäbchen auf die aufzuhellenden Partien den Abschwächer auf. Jeweils nach 5 oder 10 Sekunden Behandlungsdauer muß das Bild unter fließendem Wasser abgespült werden. Vorsicht! Der Abschwächer darf nicht über Bildpartien fließen, die nicht aufgehellt werden sollen. Der Vorgang wird so lange wiederholt, bis die gewünschte Aufhellung erreicht ist. Im Anschluß daran wird je nach Papiertyp das Bild wieder 30 bzw. 5 Minuten fließend gewässert.

Ausflecken und Retusche

Trotz größter Sorgfalt beim Vergrößern wird ein Ausflecken und Retuschieren von Positiven nicht völlig zu vermeiden sein. An den Glasplatten der Bildbühne haftende Staubteilchen und Fussel auf dem Negativ, die in der Vergrößerung als helle Punkte oder Striche sichtbar werden, lassen sich durch Ausflecken leicht beseitigen. Das Retuschieren größerer

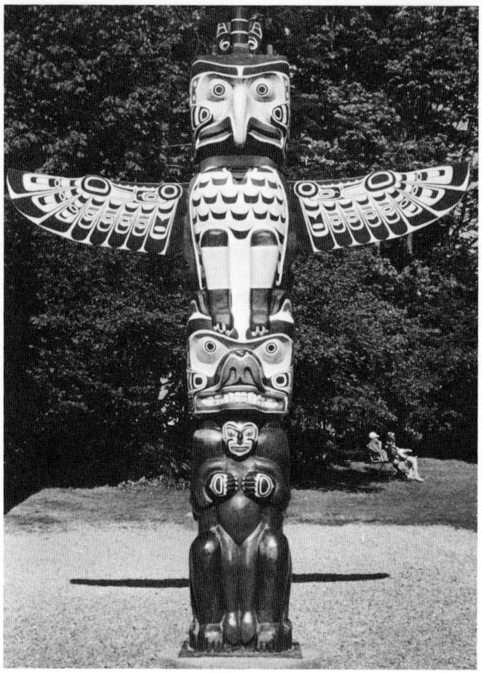

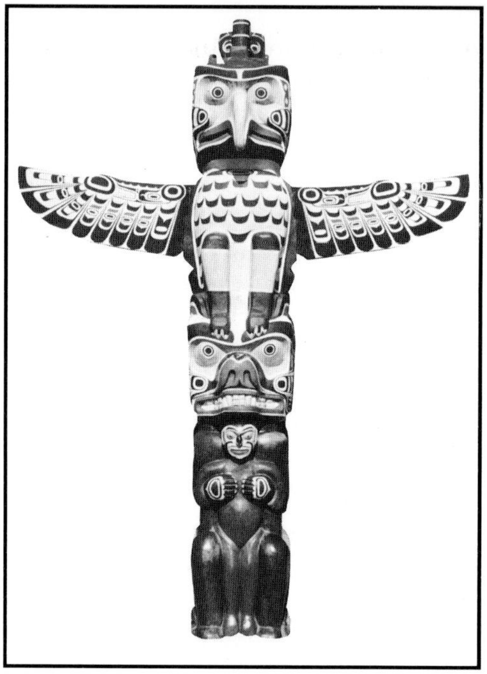

Der zu unruhige störende Hintergrund wurde durch die Behandlung mit Farmerschem Abschwächer beseitigt. Totempfahl im Stanley Park, Vancouver, British Columbia, Canada.

Flächen hingegen erfordert schon etwas mehr Geschick und Erfahrung. Matte Papiere bereiten bei der Retusche weniger Schwierigkeiten als glänzende. Je nach Oberflächenbeschaffenheit der Papiere kann man eine oder mehrere der nachfolgend beschriebenen Techniken anwenden:

1. Trockenretusche
2. Naßretusche
3. Schaberetusche
4. Chemische Retusche
5. Spritzretusche

1. Trockenretusche

Die Trockenretusche läßt sich nur auf Papieren mit matter oder halbmatter Oberfläche ausführen. Helle Flecke und Fussel werden mit einem weichen, gut angespitzten Bleisitft, Punkt neben Punkt im gleichen Farbton wie das Umfeld setzend, beseitigt. Unterbrochene Linien und Konturen lassen sich ebenfalls leicht ergänzen. Auf größere Flächen, die mit einem Grauton versehen werden sollen, trägt man mit einem Flachpinsel oder einem Pappstift abgeschabtes Graphit auf.

2. Naßretusche

Die Naßretusche wird mit dem Pinsel ausgeführt und eignet sich sowohl für matte als auch glänzende Papiere. Die Grundausrüstung besteht aus zwei bis drei mit vollkommener Spitze versehenen Marderhaarpinseln der Nummern 1–4 und jeweils einer Tube deckender und eines Fläschchens lasierender Retuschefarbe in den Tönen Neutral-, Blau- und Braunschwarz.

Für die Retusche mischt man auf einer Palette oder einer weiß unterklebten Glasplatte mit etwas Farbe und Wasser genau den erforderlichen Ton. Überschüssige Farbe entfernt man durch Ausdrehen des Pinsels auf einem unbedruckten Stück Zeitungspapier. Danach nimmt man auf dem Bildrand zur Kontrolle eine Farbprobe vor. Erst dann wird die auszufleckende Stelle mit der nahezu trockenen Pinselspitze Punkt neben Punkt setzend ausgefüllt. Vorsicht! Damit kein dunkler Rand entsteht, darf nicht über den Fleck hinaus gemalt werden. Um keine Spuren durch die das Foto haltende Hand zu hinterlassen, wird während des Arbeitens ein Schutzpapier untergelegt.

3. Schaberetusche

Auf nicht strukturierten Papieren lassen sich mit einem Retuschemesser schwarze oder zu dunkle Stellen durch Schaben aufhellen oder beseitigen. Dazu wird mit dem vorher auf dem Abziehstein gut geschliffenen Retuschemesser so lange über die betreffende Stelle geschabt, bis sie in ihrem Grauton dem Umfeld entspricht. Auf diese Weise lassen sich auch Lichtkanten und Spitzlichter einschaben und selbst größere Flächen aufhellen.

4. Chemische Retusche

Die chemische Retusche wird mit Farmerschem Abschwächer durchgeführt und läßt sich bei allen Papieroberflächen anwenden. Will man zum Beispiel einen störenden, zu unruhigen Hintergrund beseitigen und das Objekt vor eine weiße Fläche freistellen, so erreicht man dies auf zwei Wegen: Einmal wird das Objekt konturengenau mit einem speziellen Abdecklack übermalt und anschließend das ganze Bild so lange im Abschwächer gebadet, bis der Hintergrund verschwindet. Danach wird der Abdecklack durch Lösungsmittel oder durch Abribbeln entfernt. Zum anderen übermalt man mit einem Pinsel, entlang den Konturen des trockenen Bildes beginnend, den Hintergrund mit konzentriertem Abschwächer und läßt ihn so lange einwirken, bis der Hintergrund völlig weiß ist.

Durch das Auftragen von Abschwächer mit dem Pinsel lassen sich auch Spitzlichter, Licht- oder Körperkanten auf einem Positiv anbringen. Im Anschluß an jede chemische Retusche muß das Bild stets 10 bzw. 5 Minuten fixiert und je nachdem, ob es sich um konventionelles oder PE-Papier handelt, 30 bzw. 5 Minuten fließend gewässert werden.

5. Spritzretusche

An für die Veröffentlichung vorgesehenen Bildern wird überwiegend die Spritzretusche vorgenommen. Dabei zerstäubt man mit einer mit Kohlensäure oder Preßluft betriebenen Spritzpistole durch eine haarfeine Düse Retuschefarbe auf das Bild. Der nach Bedarf zu mischende Farbton läßt sich lasierend bis deckend auftragen. Mit der Spritzretusche können Klebestellen von Positivmontagen für die Reproduktion nahezu unsichtbar gemacht werden. Ebenso läßt sich ein unruhiger, störender Hintergrund durch das Überspritzen mit einem helleren oder dunkleren Farbton neutralisieren. Zu diesem Zweck wird das Motiv mit einer konturengenauen Schablone aus selbstklebender, transparenter Plastikfolie überklebt.

Beschneiden der Bilder

Das fertige Bild, mit oder ohne Rand, wird am saubersten mit einer einen glatten rechtwinkeligen Schnitt ausführenden Schneidemaschine beschnitten. Dabei braucht man sich keineswegs sklavisch an das Papierformat zu halten, vielmehr beschneidet man das Motiv, wenn es die Bildwirkung unterstützt, auf ein schmales Hoch- oder Querformat oder zu einem quadratischen Bild. Größere Formate als 40 × 50 cm werden unter Zuhilfenahme eines Stahllineals und eines scharfen Messers beschnitten.

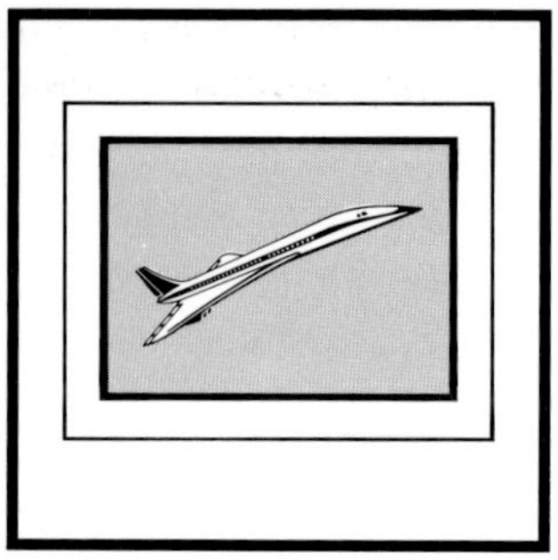

Aufbewahrung und Präsentation

Ein bei der Aufnahme gut gestaltetes, technisch einwandfrei ausgearbeitetes Foto kommt nur dann voll zur Geltung, wenn es auch entsprechend präsentiert wird.
Zur Präsentation und Aufbewahrung von Fotos eignen sich vorzüglich Klarsichthüllen in den Größen DIN A 4 und A 3 mit Ringbuchlochung. Die Ringbuchaufbewahrung ermöglicht sowohl eine thematische als auch eine chronologische Zusammenstellung von Bildern und ergänzendem Text. Bei Verwendung eines weißen oder schwarzen Untergrundkartons, je nach Tonwert des Motivs, lassen sich in jeder Hülle zwei Fotos unterbringen. Da die Plastikfolie durch ihre elektrostatische Aufladung von selbst an der Bildoberfläche anhaftet, erübrigt sich eine zusätzliche Befestigung.
Fotos einer Serie oder eines Themas, die zu einem Portfolio oder zu einem Bildband zusammengefaßt werden sollen, werden bereits beim Vergrößern auf das Buchformat gebracht. Je zwei, Rücken an Rükken mit Folie zusammengeklebte Bilder, ergeben ein Blatt. Die einzelnen Blätter werden dann gelocht und durch eine Spiralbindung zu einem Buch vereinigt.

Aufziehen der Bilder
Für das Aufziehen von Bildern bieten sich mehrere Methoden an:

1. Aufziehen mit Heißklebefolie
Dies ist eine sehr einfache Methode, um Fotos aufzuziehen. Hierbei benutzt man doppelseitig beschichtete Wachs- oder Plastikfolien mit einem niedrigen Schmelzpunkt. Zum Aufziehen legt man die etwas größere Aufziehfolie auf die Rückseite des unbeschnittenen Fotos, heftet sie mit der Spitze eines Bügeleisens oder Lötkolbens an 3 bis 4 Punkten kurz an und plaziert sie auf der Bildunterlage. Diese kann aus Karton, Aluminium, Plastik oder Sperrholz bestehen. Soll das Bild mit einem größeren weißen Umfeld auf einen Karton aufgezogen werden, so wird es samt Klebefolie erst beschnitten und dann, nachdem noch ein Schutzpapier auf die Bildoberfläche gelegt wurde, in der richtigen Position aufgebügelt. Dies geschieht mit einem auf 80° C erhitzten Bügeleisen, indem das Bild zur Vermeidung von Blasen von der Mitte zum Rand hin aufgebügelt wird. Beim randlosen Aufziehen auf eine Unterlage wird das Bild nebst Klebefolie und Unterlage erst nach dem Aufziehen auf das Endformat zugeschnitten. Bequemer als mit einem Bügeleisen ist das Aufziehen mit einer speziellen im Boden und Deckel elektrisch beheizten Aufziehpresse. Leider steigt deren Anschaffungspreis proportional zur Formatgröße an und ist nicht gerade niedrig.

2. Aufziehen mit doppelseitig klebendem Film
Dies ist wohl die sauberste und nach einiger Übung auch die einfachste Aufziehmethode. Dabei wird der bildgroße Film zuerst auf die Rückseite des Fotos und dann unter schrittweisem, stetigem Abziehen des Schutzpapiers und ständigem Glattstreichen mit einem weichen Handtuch auf die Unterlage geklebt. Für dieses Aufziehverfahren gibt es ebenfalls Maschinen, deren Anschaffung sich allerdings nur für den professionellen Anwender lohnen dürfte.

3. Aufziehen mit wasserlöslichem Klebstoff
Damit sich bei dieser Methode die Unterlage aus Karton, Holz oder Plastik nicht verzieht, muß deren Rückseite mit Papier gleicher Größe und Stärke wie das Fotopapier gegenkaschiert werden. Sehr gut eignen sich dafür Ausschußvergrößerungen.

4. Aufziehen mit synthetischem Klebstoff
Diese Aufziehmethode eignet sich besonders für kleinere Fotos bis zum Format 18 × 24 cm. Zu beachten ist dabei, daß der Alleskleber als gleichmäßiger, dünner Film auf die gesamte Rückseite des Fotos aufgetragen wird.

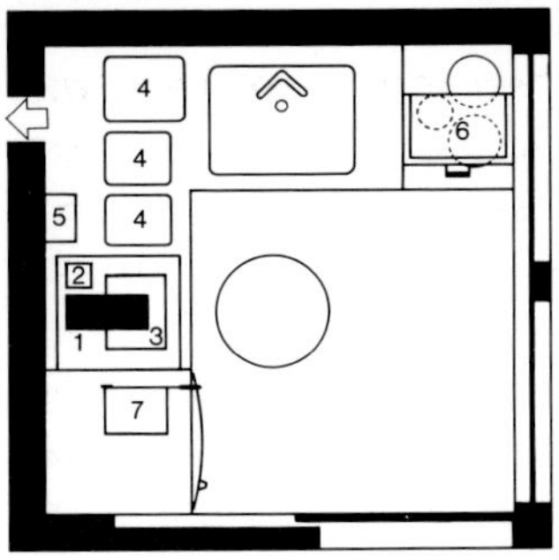

Einrichtung eines Labors

Die eigentliche Aufnahme bildet die erste, doch zweifellos wichtigste Phase der fotografischen Informationsübertragungskette. Bei der Aufnahme gemachte Fehler lassen sich später im Labor nur noch in begrenztem Umfang korrigieren. In der zweiten Phase der Weiterverarbeitung in der Dunkelkammer hingegen, können während des Prozeßverlaufs auftretende Fehler leichter berichtigt werden.
Durch Variation der Entwicklung kann der Film zum Beispiel härter oder weicher, fein- oder grobkörniger oder gar pushentwickelt werden. Die Wahl des Bildausschnittes, des Vergrößerungsmaßstabes, der Papiergradation und der Oberfläche sowie partielles Nachbelichten oder Zurückhalten können den Bildcharakter total verändern.
Die Negativ- und Positiventwicklung ermöglicht Manipulationen in technischer wie ästhetischer Hinsicht und kann als eine erneute, zweite Bildgestaltung angesehen werden. Daher ist es nicht nur sinnvoll, sondern unbedingt notwendig, die Weiterverarbeitung der eigenen Fotos selbst vorzunehmen, um optimale Bildresultate zu erzielen. In erster Linie dient die Dunkelkammer zur Herstellung der Positive. Für die Negativentwicklung bedarf es keines Labors, da nur das Einlegen des Films bei völliger Dunkelheit zu geschehen hat. Alle übrigen Arbeitsgänge, Entwickeln, Zwischenwässern und Fixieren, werden in der lichtdicht verschlossenen Dose im Hellen durchgeführt. Wo und unter welchen Bedingungen läßt sich eine Dunkelkammer einrichten? Das Ideal stellt zweifellos ein Arbeitsraum dar, der ausschließlich als Labor benutzt werden kann. Besteht diese Möglichkeit nicht, so läßt sich auch jeder verdunkelbare Raum vorübergehend dazu herrichten. Wenn nur abends oder nachts gearbeitet wird, bereitet die Verdunkelung kaum Schwierigkeiten. Gewöhnlich reichen dichte Übergardinen aus, um die Straßenbeleuchtung und das Himmelslicht stark genug zu dämpfen. Soll dagegen auch bei Tag gearbeitet werden, so muß sich der Raum vollständig verdunkeln lassen. Hierfür haben sich Hartfaserpappeblenden sehr gut bewährt, die, auf Leistenrahmen befestigt, in die Fensteröffnungen eingesetzt werden. Eventuell noch vorhandene Ritzen dichtet man mit selbstklebenden Schaumstoffstreifen ab. Am elegantesten läßt sich das Verdunkelungsproblem durch lichtdichte Rollos lösen, die in Rahmenführungen laufen.
Von größter Wichtigkeit ist es, daß die Dunkelkammer gut durchgelüftet werden kann. Schlechte Luft ermüdet vorzeitig und nimmt die Freude an der Arbeit. In den Räumen mit Außenfenstern genügt es, vor und nach der Arbeit die Fenster zu öffnen. In Wohnungen, in denen das Bad oder die Küche als Dunkelkammer dient, sorgt meistens eine Entlüftungsanlage für eine ausreichende Raumbelüftung. Der Einbau eines mit einer Lichtschleuse versehenen Ventilators empfiehlt sich, wenn der Raum ausschließlich und ständig als Labor benutzt wird. Da alle fotografischen Prozesse auf eine Arbeitstemperatur von 20° C geeicht sind, wird die Dunkelkammerarbeit wesentlich dadurch unterstützt, daß die Raumtemperatur im gleichen Bereich liegt.
Ein Anschluß an fließendes Wasser muß nicht unbedingt in dem als Dunkelkammer benutzten Raum vorhanden sein. Man kann sich behelfen, indem man nach der Fixage die Bilder in einer größeren Schale vorwässert und danach in der Küche oder im Bad fließend schlußwässert. In dem als ständiges Labor eingerichteten Raum darf allerdings ein Wasserleitungsanschluß nicht fehlen.
Benutzt man den Wohnraum als Dunkelkammer, so deckt man Möbel und Teppiche in unmittelbarer Nähe der nassen Verarbeitung mit einer Plastikfolie ab. Chemikalienspritzer auf Einrichtungsgegenständen werden dadurch vermieden.
Zum elektrischen Anschluß der Geräte sollten mindestens eine, besser jedoch mehrere gut zugängliche Steckdosen vorhanden sein, die je Stromkreis mit 10 Ampere abzusichern sind, damit bei gleichzeitiger Benutzung aller Laborgeräte die Sicherungen nicht durchbrennen.
Für die Beleuchtung der Dunkelkammer gilt der Grundsatz: so hell wie möglich und nur so dunkel

wie nötig. Bequem und arbeitserleichternd ist eine Lampe mit weißem Licht und separatem Schalter direkt über der Fixierbadschale. Sie erlaubt eine zuverlässige Beurteilung der Schwärzung und des Kontrastes der Vergrößerungen, was bei Dunkelkammerlicht nicht möglich ist.
Als Beispiel sei anhand von zwei Lageplanskizzen dargestellt, wie sich gewöhnliche Wohnräume mit wenigen Handgriffen in eine arbeitsbereite Dunkelkammer umwandeln lassen. Ein weiterer Plan zeigt, wie man sich einen Arbeitsraum als ständiges Labor einrichten kann.

Das Bad als Dunkelkammer
In einem etwa 4 m² großen verdunkelbaren Bad mit einer Entlüftungsanlage wird die Badewanne mit einer kunststoffbeschichteten Arbeitsplatte von ca. 0,70 × 1,90 m abgedeckt. Ein Verlängerungskabel stellt den elektrischen Anschluß von der Rasiersteckdose zu zwei unter der Arbeitsplatte montierten Steckdosen her. An die eine wird das Vergrößerungsgerät, an die andere die Dunkelkammerlampe angeschlossen. Letztere kann eine Schreibtischlampe mit eingeschraubter gelbgrüner Dukalampe sein. Zur Beurteilung der Probestreifen und der fertigen Bilder liefert eine Leuchtstofflampe über dem Waschbecken weißes Licht. Als Sitzgelegenheit dient ein Hocker. Der Arbeitsablauf vollzieht sich von links nach rechts: belichten, entwickeln, unterbrechen und fixieren. Die Schlußwässerung erfolgt in der Badewanne. Bei Verwendung von PE-Papieren lassen sich die Bilder zum Trocknen mit Klammern auf einer Wäscheleine aufhängen. Barytpapiere werden zweckmäßigerweise auf einer Hochglanztrockenpresse in einem anderen Raum getrocknet. Wegen der hohen Feuchtigkeit im Bad dürfen die Geräte und Fotopapiere nicht dort verbleiben, sondern müssen an einem anderen Ort in der Wohnung aufbewahrt werden.

Die Küche als Dunkelkammer
Unter Nutzung der vorhandenen Einrichtung bietet eine ca. 4 m² große Küche mit einer Entlüftungsanlage einen brauchbaren Arbeitsplatz. Das Fenster rechts und die Schiebetür unten werden mit Hartfaserpappeblenden verdunkelt. Neben dem als Papierablage dienenden Kühlschrank links unten stehen der Vergrößerungsapparat, das Entwickler-, Unterbrecher- und Fixierbad. Die Wässerung wird direkt im Spülbecken vorgenommen. Der elektrische Anschluß für das Vergrößerungsgerät und die Dunkelkammerlampe wird von einer Doppelsteckdose abgezweigt. Die Dukalampe ist eine Wandlampe mit auswechselbaren Filterscheiben. Das weiße Licht liefert die über dem Spülbecken befindliche Küchenbeleuchtung. Auf dem Elektroherd rechts oben findet die an einer weiteren Steckdose angeschlossene Hochglanztrockenpresse Platz. Als Sitzgelegenheit dient ein Hocker. Wie beim Arbeiten im Bad müssen die Geräte und Fotopapiere des «Küchenlabors» an einem anderen Ort in der Wohnung aufbewahrt werden.

Das permanente Fotolabor
Ein 6 m² großer Raum im Keller oder auf dem Dachboden, der abdunkel- und belüftbar ist und auf 20° C temperiert werden kann, eignet sich vorzüglich als Dunkelkammer, da er der Forderung nach Trennung zwischen nasser und trockener Verarbeitungsseite gerecht wird.
Die gesamte Naßverarbeitung findet an der oberen Längswand statt. In einem vertieft eingelassenen Plastikbecken haben alle Schalen Platz. Die beiden Wasserhähne sind schwenkbar, um jeden Punkt des Beckens zu erreichen und dessen Reinigung zu erleichtern. Die Schlußwässerung findet in einer großen Syphonschale statt. Zwischen zwei Gummiwalzen werden nach dem Netzmittelbad die Barytpapiere auf die Hochglanzfolien aufgequetscht. Daneben befindet sich eine doppelseitige Trockenpresse. Den Abschluß der nassen Seite bildet ein Trockenschrank für Negative und Filme.
Auf der gegenüberliegenden trockenen Seite ist Raum für das Vergrößerungsgerät, eine Papierschneidemaschine und ein Kontaktkopiergerät. Der Einbau einer Lichtschleuse an der Eingangstür macht am Ende des Arbeitstisches eine Trennwand erforderlich. Wenn das Vergrößerungsgerät eine horizontale Projektion zuläßt, kann diese Trennwand als Papierauflagefläche für Großvergrößerungen genutzt werden.
Eine mattweiße Blechplatte erlaubt die Befestigung von Fotopapier mit kleinen Haftmagneten. An den Wänden beider Arbeitsseiten befinden sich Dunkelkammerlampen mit auswechselbaren Filterscheiben und auf der nassen Seite auch noch eine helle Lampe für die Bildbeurteilung. Das Licht für die allgemeine Raumaufhellung während des Arbeitens im Dunkeln liefert eine am Eingang von der Decke hängende Natriumdampflampe. Für Arbeiten, die im Hellen durchgeführt werden müssen, dient eine an der Decke angebrachte Leuchtstofflampe. Für ein ra-

tionelles Arbeiten sorgt ein Bürodrehstuhl, der es erlaubt, mit einer Drehung von der nassen zur trokkenen Seite zu gelangen.

Zusammenstellung der notwendigen Arbeitsgeräte:

1. für die Negativentwicklung
   - 1 Entwicklungsdose
   - 1 Fotothermometer
   - 1 1-Liter-Flasche aus Plastik, dunkel, für Entwickler
   - 1 1-Liter-Flasche aus Plastik, weiß, für Fixierbad
   - 1 Plastikmensur, 25 cm³
   - 1 Plastikmensur, 500 cm³
   - 1 Plastiktrichter
   - 1 Plastikrührstab
   - 10 Filmklammern aus nichtrostendem Stahl
   - 1 Flasche Netzmittel
   - 1 Langzeituhr von 1–60 Minuten
2. für die Positiventwicklung
   - 1 Dunkelkammerlampe mit entsprechendem Filter
   - 1 Vergrößerungsgerät entsprechend dem Negativformat
   - 1 Vergrößerungsrahmen, 24 × 30 cm
   - 1 Belichtungsschaltuhr von 0,1–999 Sekunden
   - 1 Testnegativ
   - 4 Entwicklungsschalen, 18 × 24 cm
   - 4 Entwicklungsschalen, 24 × 30 cm
   - 2 Entwicklungsschalen, 30 × 40 cm
   - 3 Papierzangen aus nichtrostendem Stahl
   - 1 2-Liter-Flasche, dunkel, für Papierentwickler
   - 1 2-Liter-Flasche, weiß, für Fixierbad
   - 1 5-Liter-Kanister, dunkel, für Entwickler
   - 1 5-Liter-Kanister, weiß, für Fixierbad
   - 1 Trockenpresse, 30 × 40 cm, doppelseitig
   - 2 Hochglanzfolien, 30 × 40 cm
   - 1 Rollenquetscher
   - 1 Beschneidemaschine, 30 × 40 cm, Glattschnitt
3. für die Negativ- und Positivnachbehandlung
   - 1–2 Tube rote Abdeckfarbe
   - 1 Flasche Abdecklack
   - mehrere weiche, gut zugespitzte Bleistifte
   - 2–3 Marderhaarpinsel Nr. 1–4
   - 1 Retuschebesteck mit Abziehstein
   - 1 Palette
   - 1 Flachpinsel
   - 2–3 Pappstifte als Wischer
   - 1 Druckluftdose

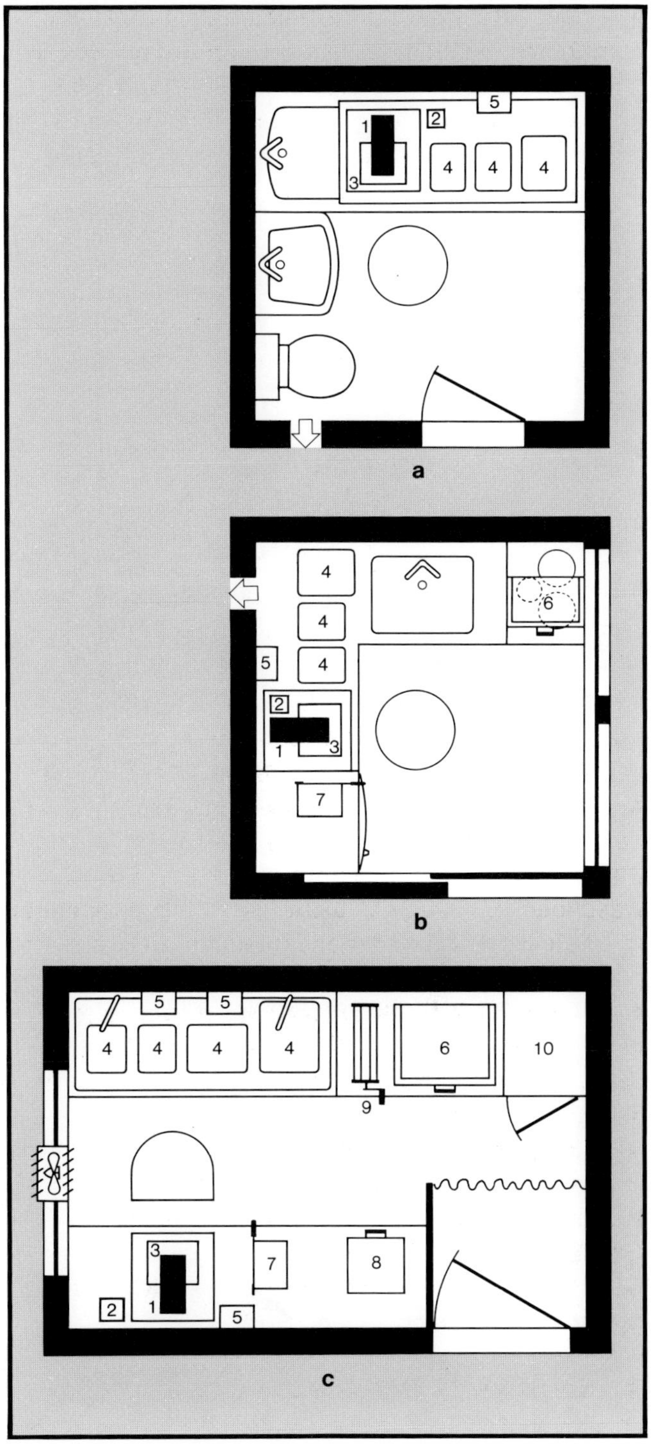

Einrichtung eines Labors

a) Im Bad,
b) in der Küche,
c) in einem eigenen Raum.

Die Bedeutung der Zahlen ist: (1) Vergrößerungsgerät, (2) Belichtungsschaltuhr, (3) Vergrößerungsrahmen, (4) Schalen, (5) Dunkelkammerlampe, (6) Trockenpresse, (7) Papierschneidemaschine, (8) Kontaktkopiergerät, (9) Wringmaschine zum Wasserabquetschen bei Barytpapieren, (10) Negativtrockenschrank.

4

Das Licht

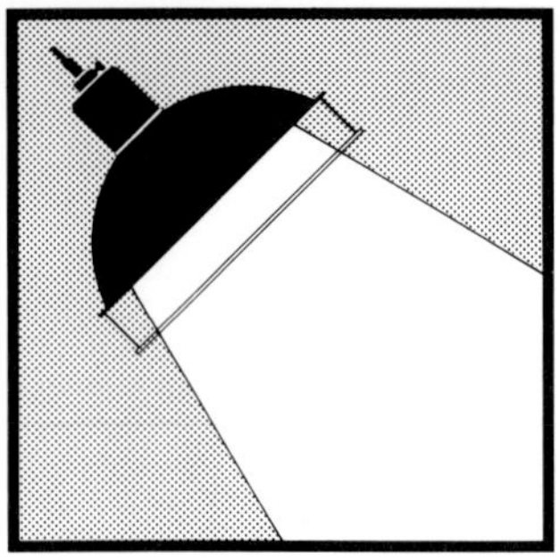

Kunstlicht

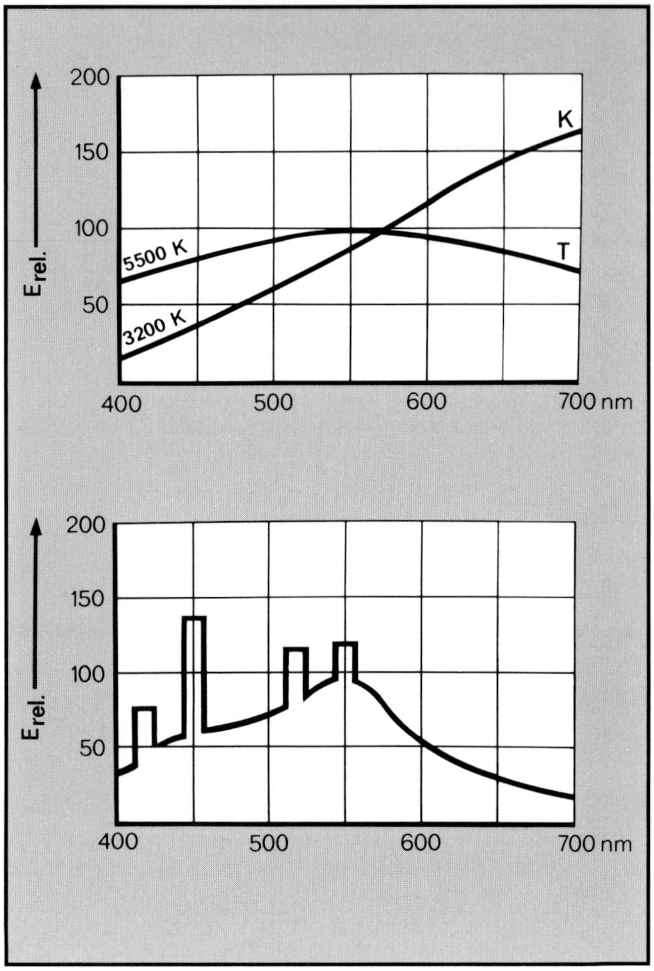

Oben: Schematische Darstellung der spektralen Energieverteilung des Tageslichtes T und von Kunstlicht K (Fotolampe).

Unten: Spektrale Energieverteilung einer Leuchtstofflampe mit diskontinuierlichem Spektrum.

Spektrale Zusammensetzung

Im Tageslicht sind alle Wellenlängen des sichtbaren Bereichs in nahezu gleicher Stärke vorhanden. Man spricht daher von einem kontinuierlichen, energiegleichen Spektrum. Xenon-Blitzlicht besitzt eine ähnliche spektrale Verteilung der Strahlung wie Tageslicht.

Auch Glühlampen und andere Temperaturstrahler strahlen ein kontinuierliches Spektrum aus. Jedoch steigt die Energie vom kurzwelligen zum langwelligen Teil stark an. Das Maximum der Glühlampenstrahlung liegt sogar im Infrarot, also außerhalb des sichtbaren Teils der elektromagnetischen Wellen.

Die meisten Gasentladungslampen liefern ein Linienspektrum, das heißt, im Spektrum kommen nur einige wenige Wellenlängen vor. Für fotografische Zwecke können diese Lichtquellen daher nur bei SW-Aufnahmen verwandt werden.

1. Glühlampen

In vielen Fällen dienen Glühlampen als Aufnahmelichtquellen. Sie gehören der Gruppe der Temperaturstrahler an. Durch das Anlegen einer Spannung werden die in den Glühlampen befindlichen dünnen Wolframdrähte, die sich entweder in einem Vakuum oder in einer Stickstoff- und Edelgasfüllung befinden, zum Glühen gebracht. Das ausgestrahlte Licht liegt überwiegend im Rotbereich des Spektrums. Je stärker die Lampenwendel erhitzt wird, um so mehr verschiebt sich die Lichtfarbe in den kurzwelligen Bereich. Zur Erzielung einer möglichst hohen Lichtleistung speist man die Fotolampen mit einer geringen Überspannung. Dies verkürzt jedoch ihre Lebensdauer. Fotolampen besitzen gegenüber den Allgebrauchslampen (Haushaltslampen) mit einer durchschnittlichen Lebensdauer von 1000 h nur eine solche von 100 h–50 h und darunter. Die Farbtemperatur der Fotolampen beträgt 3200–3400 Kelvin.

Farbtemperatur

Der Begriff Farbtemperatur kennzeichnet die visuelle Erscheinung des Farbtones einer Strahlung durch die Temperatur in Kelvin, auf die der sogenannte «schwarze Strahler» gebracht werden muß, um die gleiche Lichtfarbe wie die mit ihm verglichene Lichtquelle auszustrahlen. Erhitzt man einen schwarzen Körper, so strahlt er ein seiner Temperatur entsprechendes, verschiedenfarbiges Licht aus. Temperatur und Lichtfarbe stehen in direkter Beziehung zueinander. Einen beide Faktoren einbezie-

Die Farbtemperaturen verschiedener Lichtquellen			
Kerze		1500	Kelvin
Glühlampe	100 W	2800	Kelvin
Fotolampe	500 W	3200	Kelvin
Projektionslampe	500 W	3200	Kelvin
Niedervoltprojektionslampe	50 W	3200	Kelvin
Halogenglühlampe	1000 W	3400	Kelvin
Klarkolbenblitz		4000	Kelvin
Kohlebogenlicht		5000	Kelvin
Mittleres Tageslicht		5400	Kelvin
Blaukolbenblitz		5500	Kelvin
Elektronenblitz		5500	Kelvin
Blauer Himmel		25000	Kelvin

Die Farbtemperaturen verschiedener künstlicher und natürlicher Lichtquellen, die in der Fotografie zur Anwendung gelangen, in Kelvin.

henden Begriff stellt das dafür gebrauchte Wort «Farbtemperatur» dar. Sie wird in Kelvin angegeben und unterscheidet sich von der Celsius-Skala dadurch, daß sie mit dem absoluten Nullpunkt bei minus 273° C beginnt.

2. Halogenglühlampen (Jodquarzlampen)

Alle Glühlampen haben den Nachteil, daß ihre Wolframdrahtwendel durch den ständigen Gebrauch langsam verdampfen, was sich als grauschwarzer Niederschlag an der Innenseite der Glaskolben bemerkbar macht. Als Folge davon sinkt die Lichtleistung und die Farbtemperatur. Das Licht wird schwächer und rötlich. Bei der Halogenlampe wirkt ein dem Füllgas zugesetztes Halogen, Jod oder Brom diesem Niederschlagsprozeß entgegen. Zwar verdampt auch hier das Wolfram, verbindet sich aber mit dem Halogen zu Wolframjodid. Auf Grund der hohen Temperaturen, die innerhalb des speziellen Quarzkolbens herrschen (ein normaler Glaskolben würde eine derartige Wärmebelastung nicht aushalten), findet ein thermischer Kreisprozeß statt. Bei diesem Kreisprozeß wird das Wolframjodid an der heißglühenden Wendel in seine Bestandteile Jod und Wolfram zerlegt. Ein Teil des Wolframs lagert sich dabei wieder an die heiße Glühwendel des Wolframdrahtes an. Die freigewordenen Jodatome versuchen wiederum, sich mit verdampften Wolframatomen zu verbinden, und der Kreisprozeß beginnt von vorne.
Halogenlampen haben den großen Vorteil, während ihrer gesamten Lebensdauer von etwa 50–100 h eine gleichbleibende Lichtleistung abzugeben. Ihr Licht besitzt eine Farbtemperatur von 3400 Kelvin.

3. Leuchtstofflampen

Leuchtstofflampen sind eine besondere Art von Gasentladungslampen, die mit entsprechenden Vorschaltgeräten an die normale Netzspannung angeschlossen werden. Im Gegensatz zur Glühlampe ist die Leuchtstofflampe kein Temperatur- sondern ein Lumineszensstrahler. Die auf der Glaskolbeninnenwand angebrachte Leuchtstoffschicht wird durch den Gasentladungsvorgang zum Aufleuchten angeregt, indem sie die im wesentlichen ultraviolette Strahlung in langwelliges, sichtbares Licht umwandelt. Je nach Leuchtstoffzusammensetzung können verschiedene Lichtfarben erzeugt werden. Leuchtstofflampen strahlen ein kontinuierliches Spektrum aus, dem aber ein Linienspektrum mit einigen Spitzen überlagert ist. Eine exakte Farbtemperaturangabe wie bei Temperaturstrahlern ist daher nicht möglich. Für Farbaufnahmen sind Leuchtstoffröhren nicht geeignet.
Die für Aufnahmezwecke verwendeten Beleuchtungsgeräte können mit zwei Arten von Lichtquellen bestückt werden:

1. Glühlampen
2. Halogenlampen

1. Glühlampen

Allgebrauchs- oder Haushaltslampen brennen mit normaler Spannung und geben im Verhältnis zu ihrer Leistungsaufnahme wenig Licht ab. Mit Überspannung brennende Fotolampen hingegen sind wesentlich lichtstärker. Die ebenfalls mit Überspannung brennenden Lichtwurf- und Projektionslampen erbringen eine sehr hohe Lichtleistung, sind jedoch relativ kurzlebig. In ihrer Anwendbarkeit sind sie auf bestimmte Brennstellungen beschränkt, die aus der Typenbezeichnung hervorgehen und unbedingt befolgt werden müssen, da sonst mit vorzeitigem Ausfall der Lampen zu rechnen ist. Die vom Hersteller angegebene Lebensdauer ist ein Mittelwert, der je nach Betrieb leicht unter- oder überschritten werden kann. Wegen der hohen Betriebstemperaturen reagieren Lichtwurflampen während des Gebrauchs sehr empfindlich auf Erschütterungen. Für die notwendige Wärmeabfuhr muß durch ausreichende Belüftung der Beleuchtungsgeräte gesorgt werden.

Niedervoltlampen bieten im Vergleich zu normalen Netzspannungslampen erheblich höhere Lichtströme bei gleicher Leistungsaufnahme. Wie der Vergleich zeigt, verdoppelt sich nahezu der Lichtstrom bei einer Niedervoltlampe gegenüber der 220-Volt-Lampe. Die mit 12–24 Volt arbeitenden Niedervoltlampen benötigen allerdings Vorschalttransformatoren und sind leider nur im unteren Leistungsbereich mit 150–250 Watt erhältlich.

2. Halogenlampen

Halogenlampen zeichnen sich gegenüber Glühlampen durch sehr kleine Abmessungen, hohen und konstanten Lichtstrom bei relativ langer Lebensdauer und guter Lichtkonzentration, geringem Gewicht und thermischer Unempfindlichkeit aus. Ihr Lichtstrom, der in Lumen ausgedrückt wird, erreicht nahezu doppelt so hohe Werte wie vergleichbare Glühlampen.

Aufnahmeleuchten

Sie haben die Aufgabe, das Licht der Lampen durch Reflektoren zu lenken. Die angestrahlten Objekte werden je nach Reflektortyp mit diffusem oder gerichtetem Licht aufgehellt. Die vier in der Schwarzweißfotografie am häufigsten eingesetzten Gerätetypen sind:

1. Weichstrahler
2. Flächenleuchten
3. Stufenlinsenscheinwerfer
4. Spotlights

1. Weichstrahler

Bei der Aufnahme übernimmt ein starker Weichstrahler meistens die Funktion des Hauptlichtes. Die Sonne in der Natur wird vom Hauptlicht im Studio ersetzt. Weichstrahler sind so beschaffen, daß ein großer, leicht gewölbter, sphärischer Reflektor weiches, diffuses Licht abstrahlt. Damit nur indirektes, diffuses Licht austritt, ist vor der Glühlampe ein nach innen gerichteter Reflektor angebracht. Vor dem Reflektor befindet sich im Abstand von 8–10 cm ein wärmebeständiger Streuschirm aus Plastik. Er sorgt neben einer gleichmäßigen Verteilung des austretenden Lichtstroms für die erforderliche Luftzirkulation und Wärmeabfuhr.

2. Flächenleuchten

Zur Ausleuchtung größerer Motive oder Szenerien dienen Flächenleuchten, die auch als Lichtwannen bezeichnet werden. Sie sind entweder mit mehreren Fotolampen, 4–25 Stück, oder Leuchtstofflampen, 4–10 Stück, bestückt und strahlen ein diffuses Licht aus. Sie eignen sich besonders als Deckenbeleuchtung. Der Vorteil der Leuchtstofflampenbestückung liegt in der geringen Wärmeentwicklung gegenüber dem Glühlicht.

3. Stufenlinsenscheinwerfer

Stufenlinsenscheinwerfer werden dort verwendet, wo ein Motiv auf größere Distanz auszuleuchten ist. Sie werden sowohl als Hauptlicht mit Diffusor als auch als Effektlicht zum Hervorheben bestimmter Bildpartien eingesetzt. Sie strahlen ein sehr hartes gerichtetes Licht aus. Durch Verändern des Abstandes zwischen Lichtquelle und Stufenlinse läßt sich der Lichtkegel in seinem Beleuchtungswinkel von 7° bis auf 40° vergrößern. Als Lichtquelle werden Lichtwurf- oder Projektionslampen verwendet. Vor Inbetriebnahme muß die Lampenwendel korrekt justiert und während des Betriebes auf die richtige Brennstellung geachtet werden. Als Zubehör sind Diffusoren aus Drahtgaze, Wabenblenden, Scheunentore, Vorsatztuben, farbige Filterfolien und Scherenblenden erhältlich.

4. Spotlights

Spotlights unterscheiden sich von Stufenlinsenscheinwerfern lediglich darin, daß sie anstelle der Hartglasstufenlinse mehrere sphärische Beleuchtungslinsen besitzen. Ein verstellbarer Spindelbetrieb sorgt auch hier für die Veränderung des Strahlenkegels bis zu einem sehr kleinen Beleuchtungswinkel. Das reichhaltige Zubehör zu den Stufenlinsenscheinwerfern von 0,5 KW, 1 KW und 2 KW erlaubt ein Umrüsten auf Spotlight.

Die Anbringung der Aufnahmeleuchten

Mit Hilfe verschiedener Vorrichtungen lassen sich die Beleuchtungsgeräte im Studio stehend oder hängend anbringen. Für die stehende Anbringung werden Auszieh-, Klemm-, Roll-, Kurbel- und Galgenstative und für die hängende Scheren, Auslegearme, Teleskope und Beleuchtungsbühnen benutzt. In kleineren Studios montiert man die Leuchten auf auszieh- und eventuell zusammenlegbare leichte Stative. Die Montage erfolgt entweder über die genormten 3/8″ Gewindezapfen oder spezielle Steckzapfen. Für Kleinststudios sind jedoch auch diese Stative noch zu groß. Hierfür bieten sich die raumsparenden

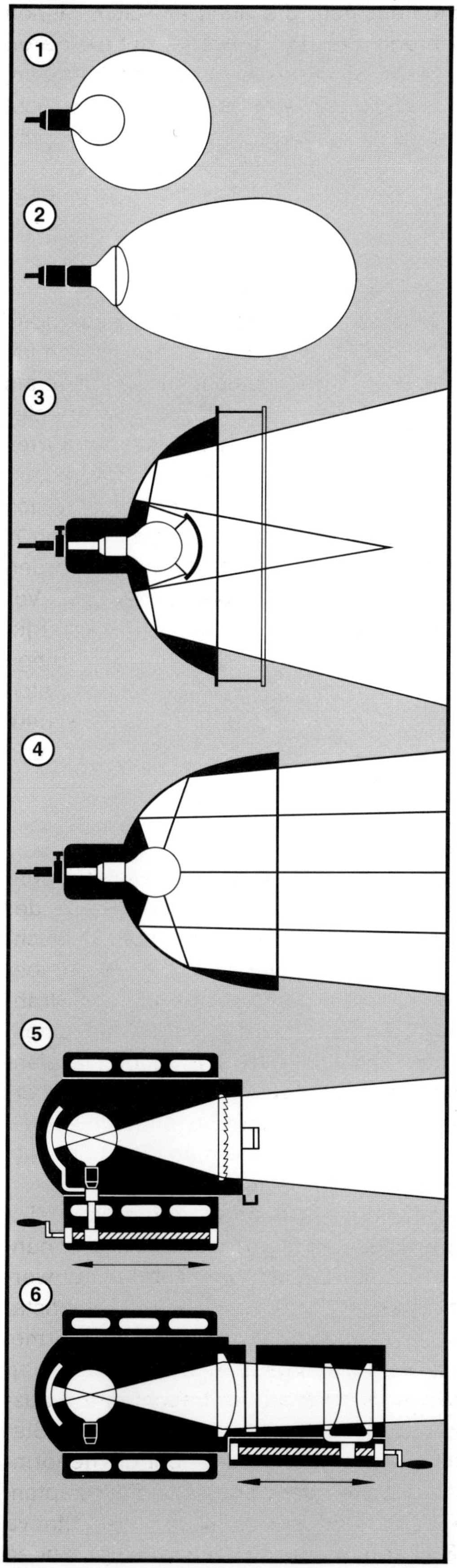

Aufnahmelichtquellen

1. Schematische Darstellung der Lichtabstrahlung einer 500 Watt Fotolampe ohne Reflektor, Beleuchtungscharakter: hartes Licht.

2. Lichtabstrahlung einer innenverspiegelten 500 Watt Fotolampe ohne Reflektor, Beleuchtungscharakter: sehr hartes Licht.

3. Senkrechter Schnitt durch einen Weichstrahler mit vorgeschaltetem Reflektor und Diffusorschirm, Beleuchtungscharakter: sehr weiches Licht.

4. Senkrechter Schnitt durch einen Tiefstrahler und dessen Lichtabstrahlung. Beleuchtungscharakter: etwas härteres Licht.

5. Senkrechter Schnitt durch einen Stufenlinsenscheinwerfer und dessen Lichtabstrahlung. Die Veränderung des Strahlenkegels zwischen 7° und 40° erfolgt durch ein Betätigen der Spindel und die dadurch verursachte Abstandsveränderung von Hohlspiegel und Scheinwerferlampe zur Stufenlinse. Beleuchtungscharakter: sehr intensives und hartes Licht.

6. Senkrechter Schnitt durch einen Spotscheinwerfer und dessen Lichtabstrahlung. Die Spindelbetätigung verursacht eine Abstandsveränderung der beiden Beleuchtungslinsen gegenüber der Kondensorlinse des Scheinwerfers und variiert den sehr engen Strahlenkegel. Beleuchtungscharakter: sehr intensives, hartes und scharf begrenztes Licht.

7. Innenverspiegelte 500 Watt Fotolampe in Arri-Klemmfassung.

8. Halogen-Handleuchte Osram SVL 1000 Studio 1000 W.

9. Halogen-Aufnahmeleuchte flektalux 1000 SRL 1000 W.

10. Halogen-Klemmleuchte mit Kugelgelenk 1000 W.

11. Arrilux-Halogen-Indirektflächenleuchte 5000 W.

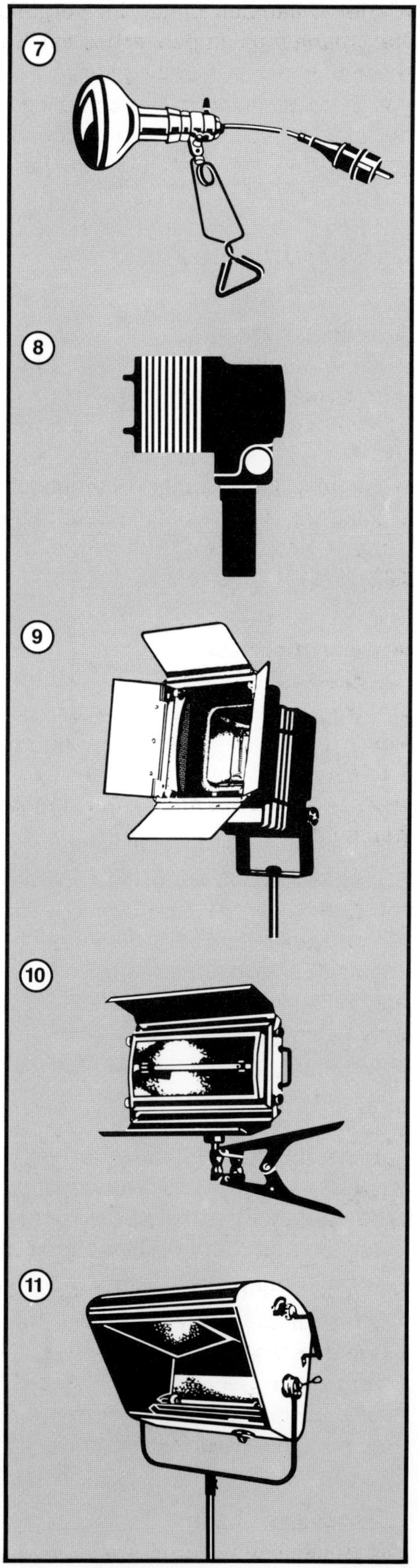

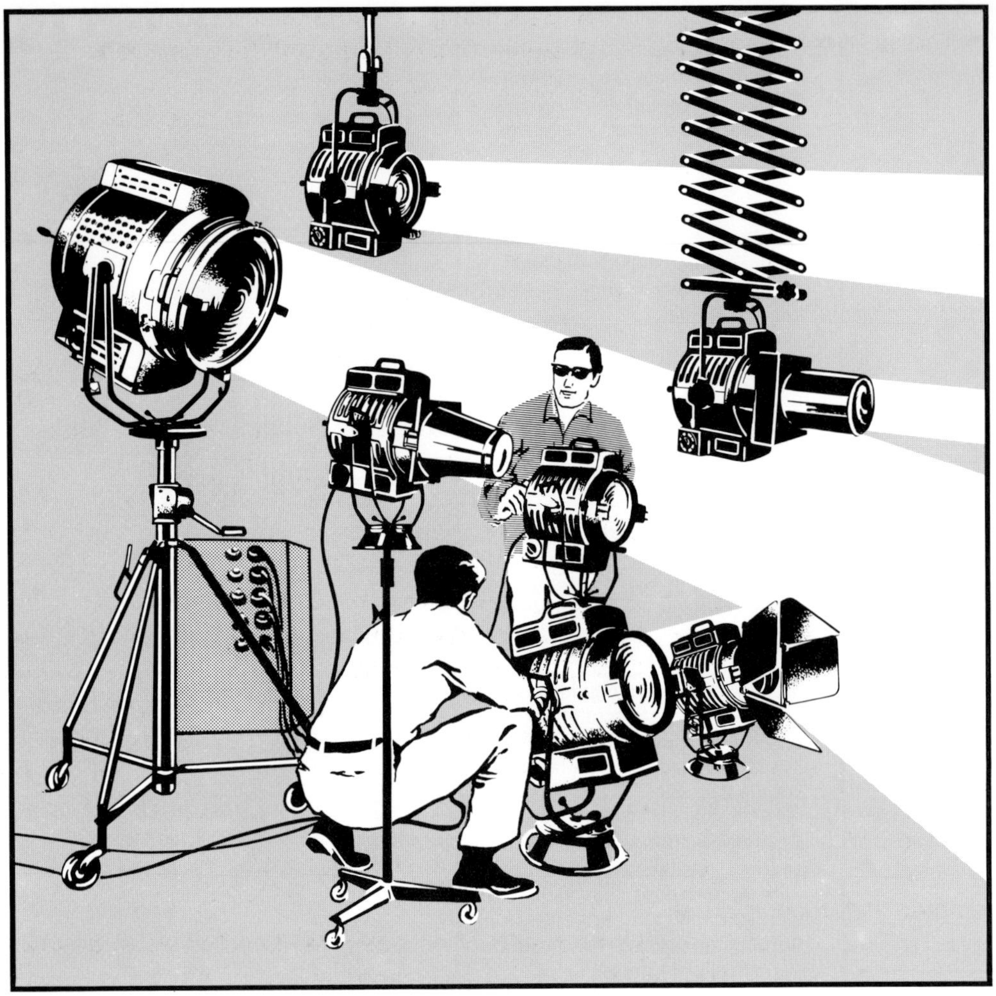

Beispiele für die vielfältigen Anbringungsmöglichkeiten von Beleuchtungsgeräten in einem professionellen Studio. Von links nach rechts:

1. 20 Kilowatt Arri-Stufenlinsenscheinwerfer mit Scheinwerferlampe auf fahr- und zusammenlegbarem Kurbelstativ in schwerer Ausführung.
2. 2 KW Arri-Stufenlinsenscheinwerfer mit Scheinwerferlampe am Weinert-Mono-Teleskophänger der fahrbar, hängend und in der Höhe verstellbar ist.
3. 2 KW Arri-Stufenlinsenscheinwerfer mit Scheinwerferlampe und Vorsatztubus zur Verengung des Lichtkegels auf fahr- und in der Höhe verstellbarem Stativ.
4. 2 KW Arri-Stufenlinsenscheinwerfer mit Scheinwerferlampe.
5. 5 kW Arri-Stufenlinsenscheinwerfer mit Scheinwerferlampe, auf dem Boden stehend.
6. 2 KW Arri-Stufenlinsenscheinwerfer mit Scheinwerferlampe und Spotlichtvorsatz, die an einer Weinert-Schere fahrbar und in der Höhe verstellbar aufgehängt sind.
7. 2 KW Arri-Stufenlinsenscheinwerfer mit Scheinwerferlampe mit Vierflügel-«Scheunentor».

Klemmstative an, an denen sich beliebig viele Leuchten anbringen lassen. Ein Klemmstativ besteht aus zwei teleskopartig ineinander gleitenden Rohren, die unter Federdruck stehen. An den Rohrenden in Kugelgelenken angebrachte Plastik- oder Gummiteller sorgen für einen soliden Halt an der Decke und am Boden.

Für die in großen Studios verwendeten leistungsstärkeren und schwereren Aufnahmelichtquellen benutzt man stabile mit Kugellagerschwenklaufrollen versehene fahrbare Stative. Diese können entweder von Hand auszieh- und feststellbar oder mit einem Kurbeltrieb ausgestattet sein. Für Kopfleuchten stehen universell verstellbare Galgenstative zur Verfügung.

Kabelschnüre und Stativbeine stören bei der Arbeit im Studio. Eine Möglichkeit, sie zu vermeiden, ist die Befestigung der Lichtquellen an hängenden fahr- und ausziehbaren Scheren, die sich auf einem Schienensystem befinden. Ebenso sind universell schwenkbare Auslegearme, wie man sie in Friseursalons findet, eine praktische und raumsparende Lösung. Noch vielseitiger sind auf einer fahrbaren Beleuchtungsbühne an Laufschienen befestigte Teleskopstative, die sich in der Höhe ausfahren und auch drehen lassen.

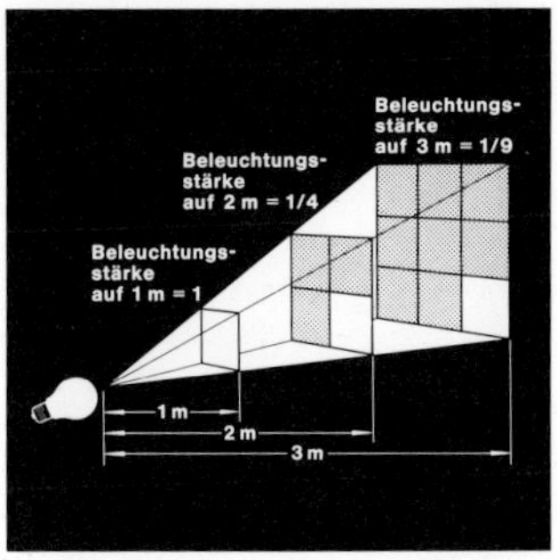

Dipl.-Ing. Reinhard Schödl

Lichttechnik

Mit Hilfe der Fotografie werden Bilder in einer lichtempfindlichen Schicht gespeichert. Träger der Bildinformation ist das Licht, das auf seinem Weg von der Lichtquelle bis zur Oberfläche des Aufnahmematerials durch die zu übertragende Information in Richtung, Intensität und Zusammensetzung verändert und umgewandelt wird. Dieser Weg soll vom Ende, dem Film, bis zum Beginn, der Lichtquelle, zurückverfolgt und die beteiligten lichttechnischen Größen sollen erläutert werden.

Belichtung

Die Belichtung H ist das Produkt aus der Beleuchtungsstärke E und der Belichtungszeit t, gemessen in Luxsekunden (lxs). Sie ist die Ursache dafür, daß nach der Verarbeitung des Filmmaterials eine bleibende Veränderung der optischen Dichte auftritt. Die an der Belichtung beteiligte Beleuchtungsstärke wird nachfolgend noch erläutert. Um die Belichtung auf dem Film zu ändern, kann entweder die Belichtungszeit oder die Beleuchtungsstärke geändert werden. Die Belichtungszeit läßt sich durch die Dauer der Verschlußöffnung steuern. Die Beleuchtungsstärke auf der Filmebene läßt sich sowohl mit der Blendenöffnung als auch durch die Beleuchtungsverhältnisse des Aufnahmeobjekts beeinflussen. Zwischen der Belichtung auf dem Film, der Blendenzahl und den lichttechnischen Eigenschaften des Aufnahmeobjektes besteht folgender Zusammenhang:

$$H = E \times t = L \times \frac{\pi}{4 \times k^2} \times t$$

H Belichtung der Filmebene
E Beleuchtungsstärke auf der Filmebene
t Belichtungszeit
L Leuchtdichte des Aufnahmeobjektes
π = 3,14
k Blendenzahl

Leuchtdichte

Die Leuchtdichte ist diejenige lichttechnische Eigenschaft der Objekte, die mit Hilfe unserer Augen und des Gehirns in eine Helligkeitsempfindung umgewandelt wird. Sie ist eine sehr anschauliche Größe, denn die Helligkeiten, mit denen wir die Objekte in unserem Gesichtsfeld wahrnehmen, werden durch die Leuchtdichte dieser Objekte verursacht. Dabei ist es unerheblich, ob die Leuchtdichte durch Reflexion auffallenden Lichts entsteht oder selbst durch eine Lichtquelle erzeugt wird. Die Leuchtdichte gibt die Stärke des Lichtes an, das von der Oberfläche der Objekte zum Betrachter gelangt. Man mißt die Leuchtdichte in Candela pro Quadratmeter (cd/m^2). Daneben werden noch andere Einheiten für die Leuchtdichte verwendet:

1 Stilb	(Sb)	=	1 cd/m^2
1 Apostilb	(asb)	=	0,3 cd/m^2
footlambert	(fl)	=	3,4 cd/m^2

Das Verhältnis der extremen Leuchtdichten des Objektes L_{max}/L_{min} kann auch logarithmisch als $lg_{max} - lg_{min}$ oder auch in Blendenstufen angegeben werden. Die maximale Leuchtdichte des Objektes verursacht die maximale Belichtung, die minimale Leuchtdichte die minimale Belichtung innerhalb einer Aufnahme. Ziel der Belichtungsmessung ist es, eine solche Kombination aus Belichtungszeit und Blendenzahl zu finden, daß diese Extremwerte der Leuchtdichte zu Belichtungen führen, die vom Aufnahmematerial optimal in Schwärzungen umgesetzt werden. Die Belichtungsmessung ist, wenn sie als Objektmessung durchgeführt wird, eigentlich eine Leuchtdichtemessung. Der Belichtungsmesser wird in Richtung des Aufnahmeobjektes gehalten und zeigt für die eingestellte Filmempfindlichkeit S ein Verhältnis K^2/t an. Dieses Verhältnis ist proportional zur mittleren Leuchtdichte im Meßwinkel:

$$\frac{k^2}{t} = L \times \frac{10S/10}{C_R}$$

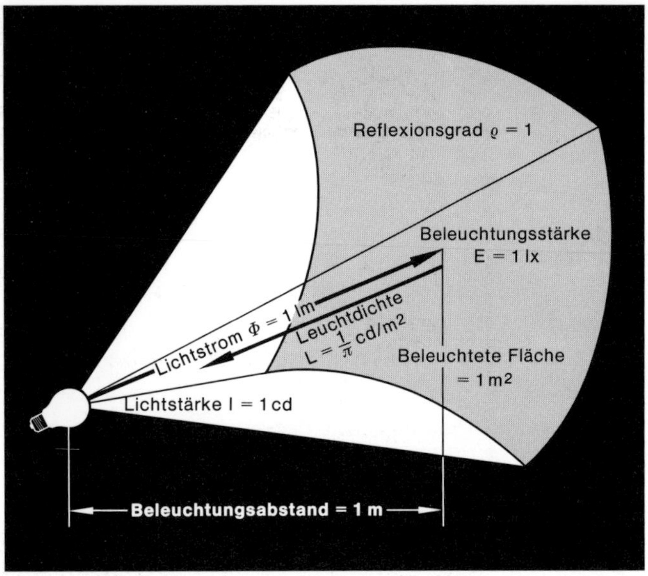

Schematische Darstellung der lichttechnischen Maßeinheiten.

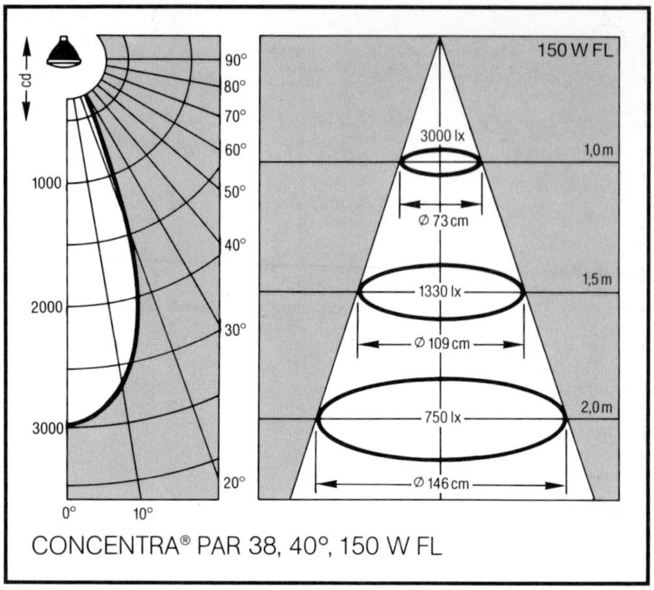

Links: Keulenförmige Lichtverteilungskurve einer Osram Concentra Lampe von 150 Watt.

Rechts: Schematische Darstellung der Abnahme der Beleuchtungsstärke im Quadrat zur Entfernung, Grafik: Osram.

k Blendenzahl
t Belichtungszeit in s
L Leuchtdichte in cd/m²
C_R = (13,3 bis 16,3) cd × s/m² (Eichkonstante wird vom Hersteller des Bel.-Messers festgelegt)
S Filmempfindlichkeit nach DIN

Lichtquellen haben naturgemäß sehr hohe Leuchtdichten. Werden sie mit abgebildet, kommt es am Ort der Abbildung meist zu großen Überbelichtungen. Nicht selbstleuchtende Objekte erhalten ihre Leuchtdichte dadurch, daß sie das auffallende Licht reflektieren. Ihre Leuchtdichte hängt einerseits von der Beleuchtungsstärke, andererseits von ihrem Reflexionsvermögen ab. Wird das auffallende Licht von der reflektierenden Oberfläche wie bei einem Spiegel gerichtet reflektiert, kommt es zu einer hohen Leuchtdichte in Spiegelrichtung, es treten Glanzerscheinungen auf. Die Leuchtdichte hängt stark von der Beobachtungsrichtung ab. Die meisten Oberflächen reflektieren das Licht jedoch diffus oder gestreut, so daß die Beobachtungsrichtung keinen Einfluß auf die Leuchtdichte hat. Die Leuchtdichte hängt dann nur von der Beleuchtungsstärke E und dem Reflexionsgrad Rho ϱ ab:

$$L = \frac{\varrho}{\pi} \times E$$

L Leuchtdichte in cd/m²
ϱ Reflexionsgrad = (0 bis 1)
π = 3,14
E Beleuchtungsstärke in lx

Beleuchtungsstärke
Die Beleuchtungsstärke gibt an, wieviel Lichtstrom auf eine beleuchtete Fläche fällt, sie wird in Lux (lx) gemessen. Die Beleuchtungsstärke beträgt 1 lx, wenn ein Lichtstrom von 1 lm (Lumen) auf eine Fläche von 1 m² fällt:

$$E = \frac{\Phi}{A}$$

E Beleuchtungsstärke in lx
Φ Lichtstrom in lm
A Fläche in m²

Der Lichtstrom einer Lichtquelle breitet sich nach allen Richtungen geradlinig in den Raum aus. Einen Teil dieses Raumes oder einen Teilraumwinkel kann man sich wie einen Kegel vorstellen. An der Spitze befindet sich die Lichtquelle und sendet ihren Lichtstrom in den gedachten Kegel, der sich von der Spitze aus in diesem Kegel ausbreitet. Jede Querschnittsfläche des Kegels wird vom gleichen Lichtstrom durchflossen. Je weiter wir uns von der Spitze des Kegels entfernen, desto größer wird die Quer-

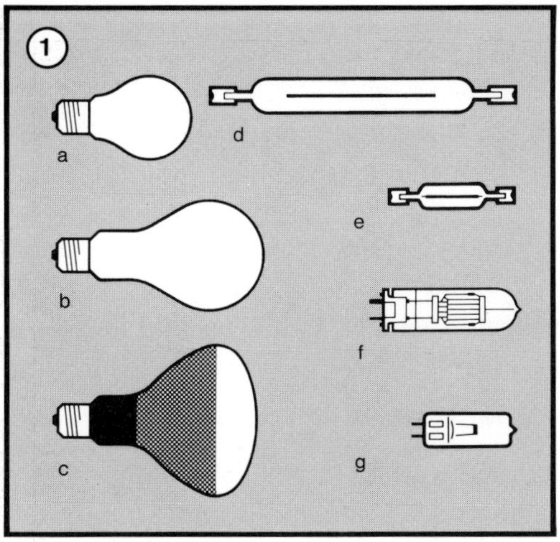

1. Lichtquellen für Aufnahmezwecke:

a) 250 Watt Nitraphot-Fotolampe

b) 500 Watt Nitraphot-Fotolampe

c) 500 Watt innenverspiegelte Nitraphot-Fotolampe

d) 1000 Watt Halogen-Glühlampe

e) 650 Watt Halogen-Glühlampe

f) 500 Watt Halogen-Glühlampe

g) 400 Watt Halogen-Glühlampe

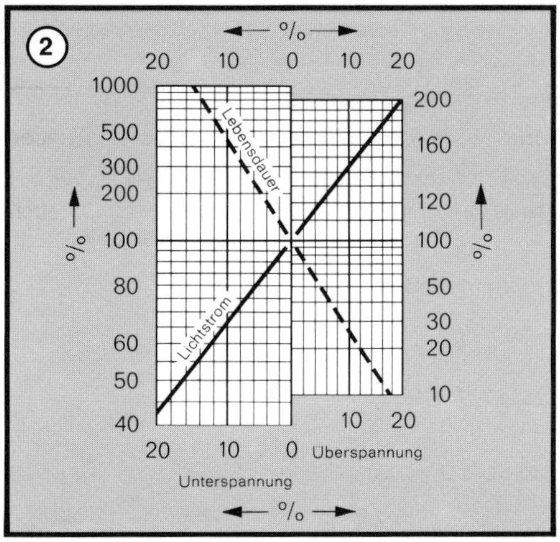

2. Das Lebensdauer-Lichtstrom-Diagramm zeigt die Abhängigkeit dieser beiden Größen von der Spannung an.

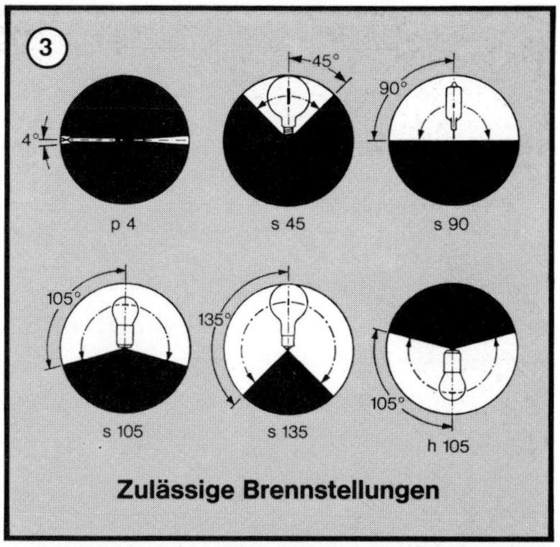

3. Schematische Darstellung zulässiger Brennstellungen für verschiedene Lichtquellen.

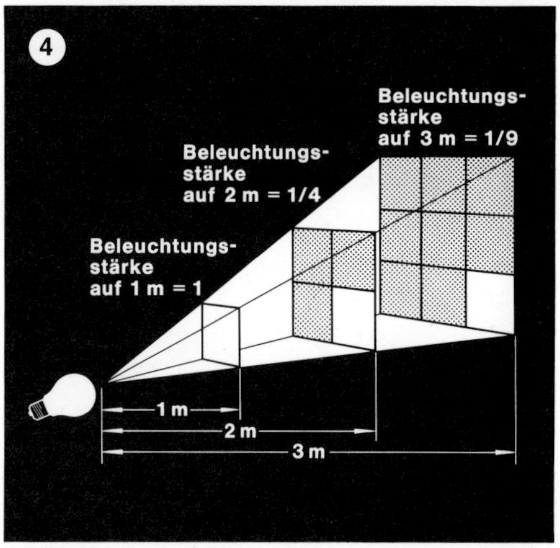

4. Schematische Darstellung der Abnahme der Beleuchtungsstärke.

schnittsfläche des Kegels, und zwar wächst sie mit dem Quadrat des Abstandes von der Kegelspitze. Der gleiche Lichtstrom fällt mit zunehmendem Abstand auf eine immer größere Fläche, die Beleuchtungsstärke nimmt mit dem Quadrat des Abstandes von der Lichtquelle ab. Legen wir die Querschnittsfläche nicht senkrecht zur Kegelachse, sondern neigen sie um einen bestimmten Winkel ε, so wird die Querschnittsfläche ebenfalls größer. Die Beleuchtungsstärke nimmt demnach bei schräg einfallendem Licht ab. Die Beleuchtungsstärke auf einer Fläche ist abhängig vom Lichtstrom, der in die Richtung der zu beleuchtenden Fläche ausgestrahlt wird, von der Entfernung zur Lichtquelle und vom Lichteinfallswinkel. Der von einer Lichtquelle in eine bestimmte Richtung ausgestrahlte Lichtstrom heißt Lichtstärke I. Die Zusammenhänge beschreibt das fotometrische Entfernungsgesetz:

$$E = \frac{I}{r^2} \times \cos \varepsilon$$

E	Beleuchtungsstärke in lx
I	Lichtstärke in cd
r	Abstand zur Lichtquelle in m
ε	Lichteinfallswinkel

Bei der in der Fotografie angewandten Lichtmessung wird mit dem Belichtungsmesser die Beleuchtungsstärke am Objekt gemessen. Die Messung liefert wieder einen Quotienten k^2/t, der aber von der Beleuchtungsstärke am Aufnahmeobjekt abhängt:

$$\frac{k^2}{t} = E \times \frac{10S/10}{C_L}$$

k	Blendenzahl
t	Belichtungszeit in s
E	Beleuchtungsstärke in lx
C_L =	(255 bis 425) lx × s (Eichkonstante wird vom Hersteller des Bel.-Messens festgelegt)
S	Filmempfindlichkeit nach DIN

Der Zusammenhang zwischen der Beleuchtungsstärke E und der Leuchtdichte L, die für die Belichtung ausschlaggebend ist, wird über den Reflexionsgrad (Rho ϱ) hergestellt. Untersuchungen an einer großen Zahl von Aufnahmeobjekten haben ergeben, daß der mittlere Reflexionsgrad ϱ einer Szene bei ca. 0,18 oder 18% liegt. Graukarten haben diesen Reflexionsgrad und können daher das «mittlere Aufnahmeobjekt» bei der Messung ersetzen. Um die Beleuchtungsstärke richtig zu messen, muß der lichtempfindliche Teil des Gerätes schräg einfallendes Licht so bewerten, daß die Anzeige der tatsächlichen Beleuchtungsstärke entspricht, es muß das Licht cos-getreu bewerten. Diese Bewertung erreicht man durch halbkugelförmige Diffusorkalotten oder Streuscheiben, die zur Lichtmessung vor dem Belichtungsmesser anzubringen sind.

Lichtstärke

Die Lichtstärke wird in Candela (cd) gemessen. Mit Hilfe der Lichtstärke läßt sich beschreiben, wie eine Leuchte den von der Lampe erzeugten Lichtstrom im Raum verteilt und lenkt. Die richtige Verteilung des erzeugten Lichtstroms ist für die Qualität der Beleuchtung von entscheidender Bedeutung. Über Verlauf und Form der Lichtstärkenverteilung einer Lichtquelle in die verschiedenen Raumrichtungen gibt die Lichtverteilungskurve Auskunft. Eng strahlende Scheinwerfer besitzen z.B. einen keulenförmigen Verteilungskörper, eine diffus strahlende Fläche dagegen einen kugelförmigen.

Lichtstrom

Auf dem Weg des Lichtes sind wir somit am Ursprung, der Lichtquelle, angelangt. Lichtquellen erzeugen einen Lichtstrom, der in Lumen (lm) gemessen wird. Um Lichtstrom zu erzeugen, muß der Lichtquelle eine Leistung zugeführt werden, bei den künstlichen Lichtquellen meist in elektrischer Form. Je nach Art der Lichterzeugung wird ein mehr oder weniger großer Teil der zugeführten Leistung in Lichtstrom umgesetzt.

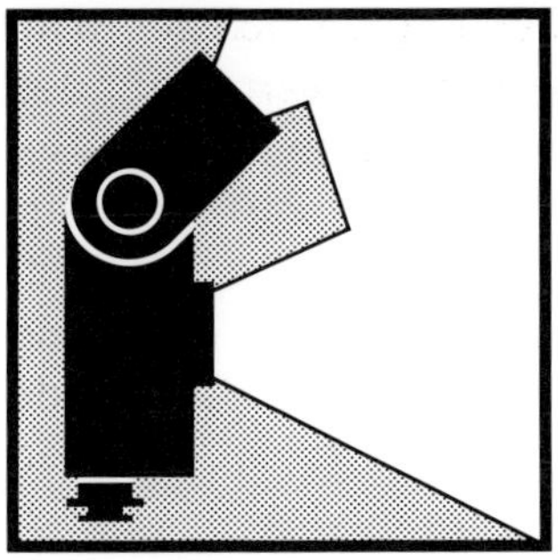

Blitzgeräte

In der Fotografie werden Lichtquellen, die ein Dauerlicht ausstrahlen, immer mehr durch kurz aufleuchtende Blitzlichtgeräte abgelöst. Dabei unterscheidet man zwischen tragbaren und stationären oder Studioblitzgeräten.

Tragbare Elektronenblitzgeräte

Elektronenblitzgeräte liefern im Gegensatz zu den nur einmal aufflammenden Kolbenblitzlampen eine nahezu unbegrenzte Zahl von Blitzentladungen. Eine derartige Blitzröhre besteht in der Regel aus einer mit dem Edelgas Xenon gefüllten Glasröhre, an deren beiden Enden eine Elektrode angebracht ist. Da Xenon nicht leitend ist, wird es erst durch das Anlegen einer Zündelektrode um den Glasmantel der Röhre und einer sehr hohen Zündspannung von mindestens 10000 Volt ionisiert und zum Leiter. Bei der Zündung entlädt sich der Speicherkondensator stoßartig und erzeugt zwischen beiden Elektroden durch Gasentladung einen sehr intensiven kurz-

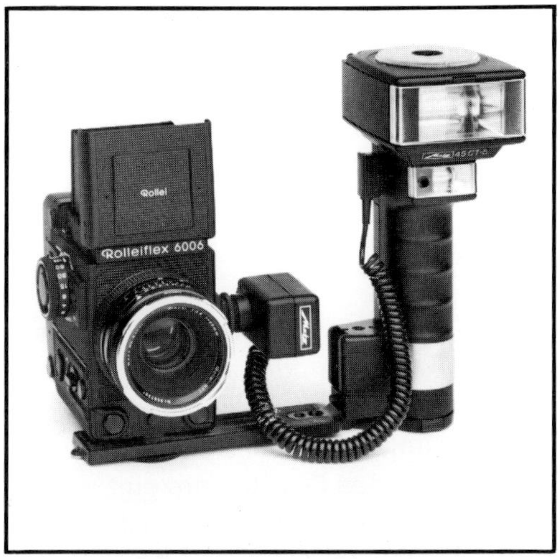

Links: Mecablitz 45 CT 5 mit Adapter zur TTL-Blitzsteuerung an der Rolleiflex 6006: Leistungsstarkes Blitzgerät mit einer Leitzahl von 45 bei ISO 100/21° mit Weitwinkelausleuchtung, 6 Telecomputerarbeitsblenden, kurzer Blitzfolgezeit, Schwenkreflektor und Zweitreflektor für belebendes Vorderlicht. Foto: Metz.

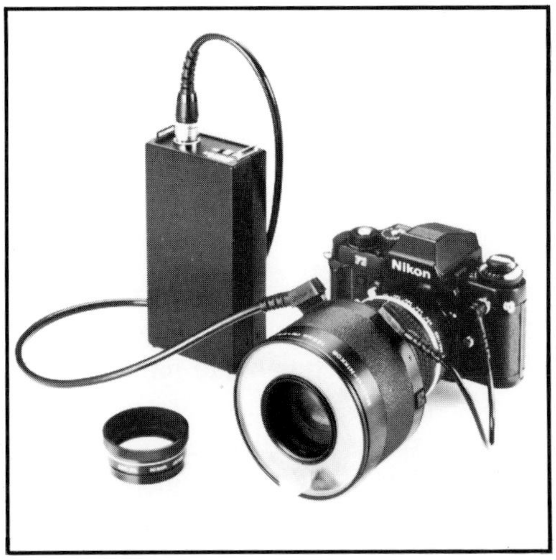

Rechts: Medical-Nikkor 1 : 4/ 120 mm IF mit eingebauter Ringblitzleuchte für Nah- und Makroaufnahmen für Abbildungsmaßstäbe von 1:11 bis 1:1, mit zusätzlicher Vorsatzlinse bis 2 : 1 an der Nikon F 3 und transportabler Energiequelle. Foto: Nikon.

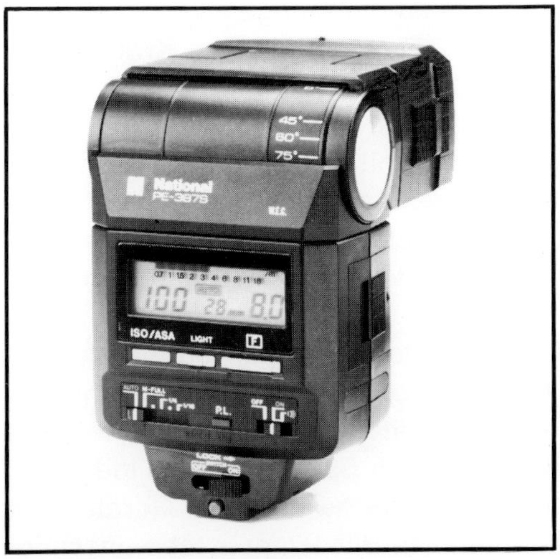

Links: National PE 378 S Computer-Elektronenblitzgerät mit digitaler Blitzdatenanzeige, kombiniertem Zoom- und Schwenkreflektor zur Anpassung an 5 Aufnahmebrennweiten mit Bildwinkeln von 84° bis 28° und kurzer Blitzfolgezeit, Leitzahl: 38 bei ISO 100/21°. Foto: National.

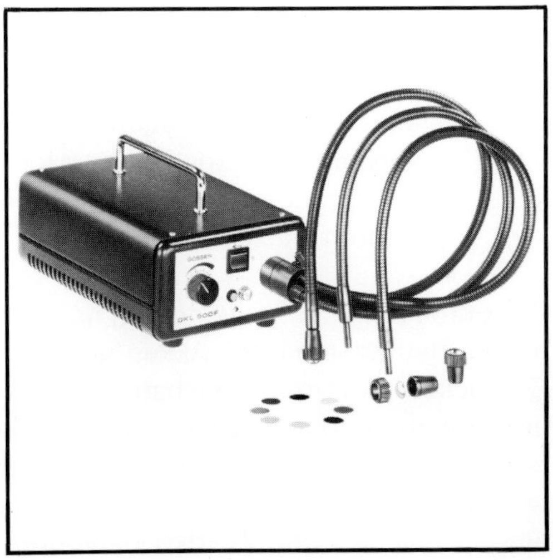

Gossen GKL 500 F Kaltlichtleuchte für Dauer- und Blitzlicht für Makroaufnahmen mit Halogen-Kaltlichtspiegellampe 12 V/100 W, drei flexiblen Lichtleitern aus Glasfasern mit auswechselbaren Vorsätzen und Filtern. Foto: Gossen.

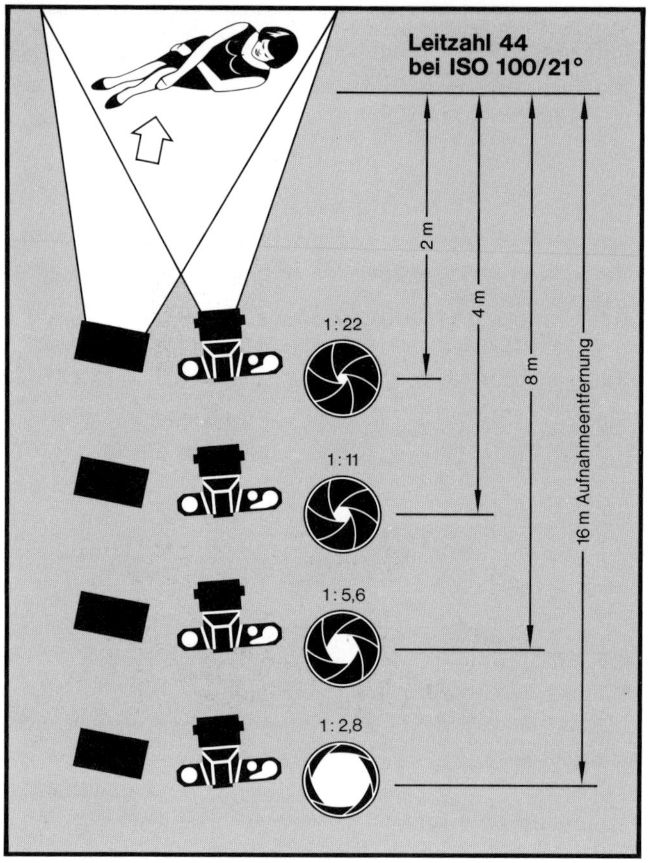

Schematische Darstellung der Beziehung: Leitzahl geteilt durch Aufnahmeentfernung gleich Blende.

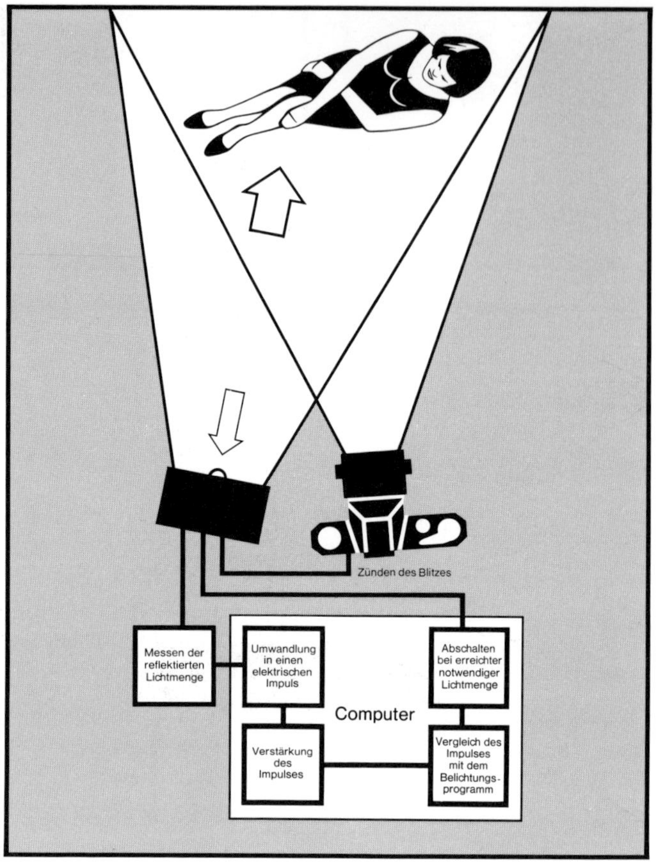

Schematische Darstellung des Funktionsablaufs beim computergesteuerten Blitzgerät.

schlußartigen Lichtblitz. Die Dauer des Aufflammens der Blitzröhre schwankt je nach Gerätetyp zwischen $\frac{1}{500}$ s und $\frac{1}{50000}$ s. In seiner spektralen Zusammensetzung ist das Blitzlicht auf einen mittleren Tageslichtcharakter von 5500–5600 Kelvin abgestimmt. Elektronenblitze können mit folgenden Energiequellen gespeist werden:

1. Bleiakkus
2. Nickel-Cadmiumakkus
3. Niedervolt-Trockenbatterien
4. Hochspannungstrockenbatterien
5. dem Lichtnetz unter Verwendung eines besonderen Netzgerätes

Zur Erzeugung der notwendigen hohen Spannungen besitzt das Krafteil der Akkus und Batterien einen Zerhacker, der den Gleichstrom in Wechselstrom umwandelt, einen Transformator, der die Spannung hochtransformiert und einen Gleichrichter, der ihn wieder in Gleichstrom zurückverwandelt, ferner einen Speicher- und Zündkondensator, eine Regelelektronik mit Thyristor, der die Blitzleistung dosiert und die Batterie- oder Akkuautomatik ein- und ausschaltet, sobald der Speicherkondensator aufgeladen ist, und eine Glimmlampe oder Leuchtdiode, die die Betriebsbereitschaft des Gerätes anzeigt.
Anschlußkontakte für eventuelle zusätzliche Lampenstäbe und zur Kontaktgabe an dem Kameraverschluß vervollständigen die Anlage.
Die Zahl der Blitze, die die einzelnen Kraftquellen abgeben, ist je nach Gerätetyp sehr unterschiedlich und letztlich eine Kostenfrage.
Ebenso verhält es sich mit der Lichtleistung und der Blitzfolgezeit. Zwischen den Abmessungen der Elektronenblitze und ihrer Leistung besteht eine direkte Beziehung. Je kleiner das Gerät ist, um so geringer ist die Leistung.
Außer den jeweils einteiligen Stab- oder Aufsteckblitzen gibt es leistungsstärkere bis zu mehreren Kilos schwere Profigeräte, deren Generatorteil und Blitzlampe zwei separate Bauelemente bilden. Der Vorteil der meisten dieser zweiteiligen Geräte liegt darin, daß sich mehrere Blitzlampenstäbe anschlie-

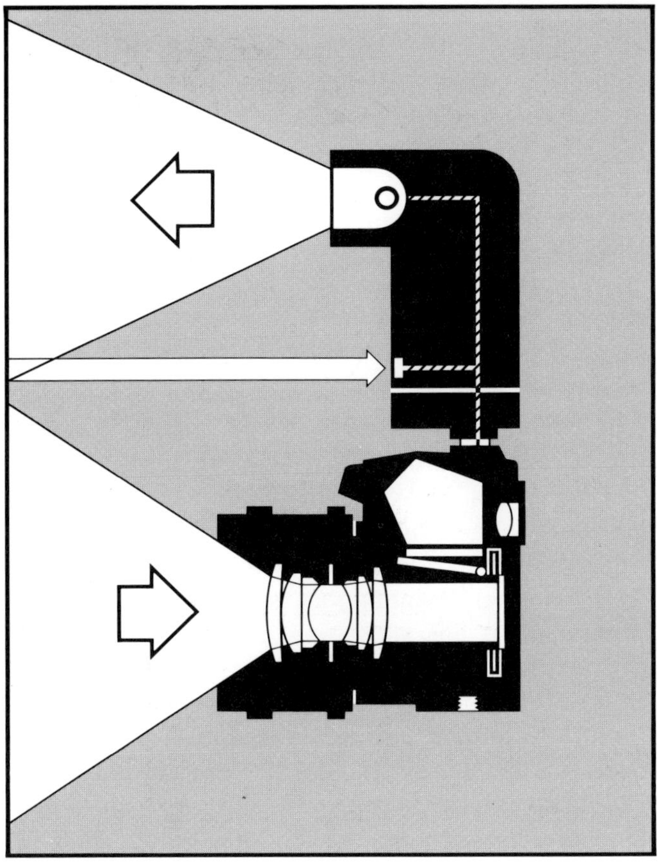

Schematische Darstellung der Funktion eines SCA (Speziellen Camera Adapters): Verschiedene Systemkameras verfügen über ein spezielles Blitzfunktions-System, das über die Synchronisation hinaus noch weitere Funktionen, wie Anzeige der Blitzbereitschaft im Sucher, Blitzverschlußzeiteinstellung usw. vornimmt. Da jeder Hersteller seine Kameras mit einem eigenen Blitzfunktions-System ausstattet, benötigt jede Kamera einen ihrem System angepaßten Adapter. Bei einem Kamerawechsel braucht nicht das ganze Blitzgerät, sondern nur der SCA am Fuße des Gerätes ausgetauscht zu werden.

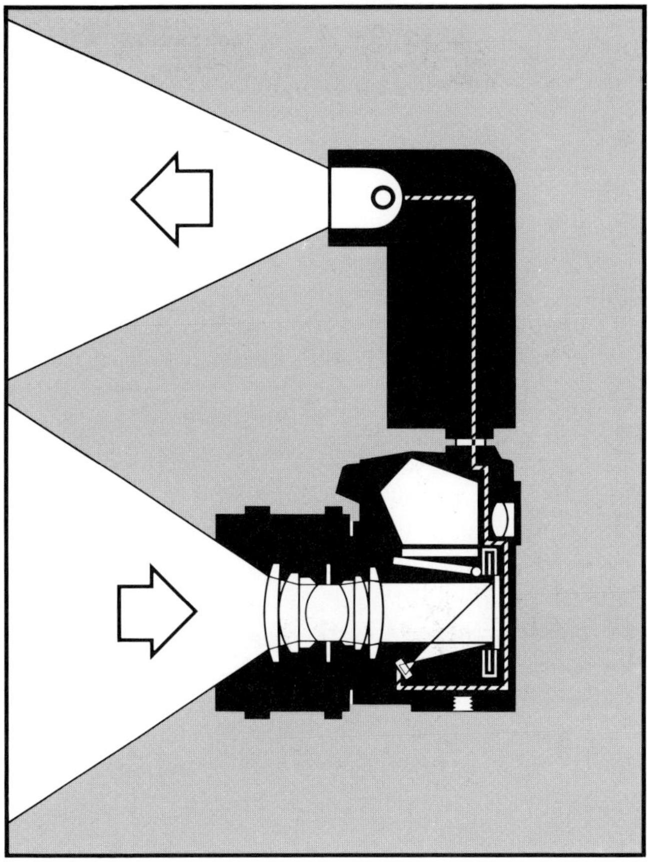

Schematische Darstellung der Funktion einer Kamerablitzautomatik. Das aufgesteckte Blitzgerät schaltet automatisch die richtige Synchronzeit an der Kamera ein, und zeigt dies im Sucher an, sobald es blitzbereit ist. Außerdem erfolgen vor der Aufnahme eine bestimmte Blendeneinstellung und/oder eine automatische Abschaltung des Blitzgerätes, nachdem eine korrekte Belichtung erreicht worden ist. Hierbei mißt eine Meßzelle in der Kamera das vom Film reflektierte Licht und der Belichtungscomputer schaltet das Blitzgerät ab.

ßen lassen. Dabei kann die Gesamtleistung je nach Gerätetyp auf alle Lampenstäbe verteilt oder durch vorhandene Speicherkondensatoren in den Zusatzlampenstäben sogar noch erhöht werden. Die Zündung aller angeschlossenen Blitzlampen erfolgt über den Mutterblitz, und zwar kabellos mit Hilfe von mit den Zusatzlampenstäben verbundenen Fotozellen, die nahezu verzögerungsfrei zünden. Die leistungsstärkeren Geräte bieten meistens auch die Möglichkeit, auf halbe Kapazität umzuschalten, wodurch sich die Zahl der abgegebenen Blitze pro Ladung erhöht und/oder die Blitzfolgezeit für die nächste Aufnahme verkürzt.

Der Vorteil, statt nur eines Lampenstabes mehrere zu verwenden, liegt in der größeren Modulationsfähigkeit der Ausleuchtung, die damit dem Charakter von Fotolampen gleichkommt. Die meisten Gerätetypen sind für diesen Zweck mit Pilotlichtanlagen ausgestattet, die das Ausleuchten wesentlich erleichtern. Mit dem Pilotlicht (Glühlampen) wird die Aufnahme eingestellt und der Beleuchtungscharakter bestimmt, danach wird geblitzt. Der Leuchtwinkel der Blitzreflektoren läßt sich je nach Gerät zwar verschieden, meistens aber zwischen 75° bis 24° verstellen. Viele Blitzleuchten sind im Sockel drehbar um ihre vertikale Achse angeordnet oder besitzen neben dem schwenkbaren Hauptreflektor einen kleineren, leistungsschwächeren Reflektor, der zur Aufhellung eventueller Schatten oder – bei Porträts – für Spitzlichter in den Augen sorgt.

Computerblitzgeräte

Mit Ausnahme der kleinsten tragbaren Elektronenblitze sind alle Geräte mit einem Siliziumsensor ausgestattet, der einen Meßwinkel von ca. 10° hat und entweder im Reflektorgehäuse angeordnet oder als Zubehör erhältlich ist. Vor der Inbetriebnahme wird die entsprechende Filmempfindlichkeit und die gewünschte Arbeitsblende eingestellt. Der Aktionsradius des Blitzgerätes kann sich je nach Gerätetyp und benutzter Arbeitsblende von 50 cm bis zu 40 m erstrecken. Wird ein Objekt innerhalb dieser Distanz angeblitzt, so reguliert der Si-Sensor über den Computer die Dauer der Leuchtzeit des Blitzes. Er mißt das vom Objekt reflektierte Licht und schaltet nach Erreichen der korrekten Lichtmenge die Energiezufuhr ab. Die nicht benötigte Energie bleibt erhalten und ermöglicht eine größere Anzahl von Blitzen pro Batterieladung und/oder kürzere Blitzfolgezeiten, die sogar stroboskopische oder Serienaufnahmen mit Winder oder Motorantrieb erlauben. Die längste Belichtungszeit liegt bei $1/_{500}$ s für die größte Aufnahmeentfernung und die kürzeste Zeit bei $1/_{50000}$ s für den geringsten Abstand von 50 cm. Je nach Blitzgerät erfaßt die Computerautomatik bis zu 8 verschiedene Blendenwerte.

Kamerablitzautomatik

Bei Kameras, deren TTL-Belichtungsmesser das Licht von den Verschlußvorhängen oder während der Belichtung vom Film selbst «ablesen», benötigt man keine Computerblitzgeräte. Die kameraeigene Blitzautomatik sorgt in Verbindung mit einem eigens darauf abgestimmten Blitzgerät, dem sogenannten «Dedicated Flash» bei jeder Blende, Filmempfindlichkeit und Aufnahmeentfernung für die korrekte Belichtung. Die Blitzautomatik steht durch im Sucher ablesbare Informationen sogar im Dialog mit dem Fotografen und zeigt an, ob die Energie und Blende ausreichen. Bei zu erwartender Unter- oder Überbelichtung versagt sie den Dienst, so daß Fehlbelichtungen nicht möglich sind.

Dedicated Flash Adapter

Einige Gerätehersteller liefern zu den üblichen Blitzgeräten spezielle, für nur einen Kameratyp zu verwendende Zusatzgeräte, die sogenannten «Dedicated Flash Adapter» oder SCA = Systemkonforme-Camera-Adapter. Mit Hilfe dieses Adapters übertragen Blitzgeräte alle Funktionen des Blitzes auf die Kamera und koordinieren sie mit der Kamerablitzautomatik, so daß alle blitzbezogenen Daten, die die Sucheranzeige der Kamera übermittelt, voll erhalten bleiben. Da der Funktionsumfang der Blitzautomatik sich von Kameratyp zu Kameratyp erheblich unterscheidet, benötigt man zur Verwendung ein und desselben Blitzgerätes an verschiedenen Kameras jeweils den entsprechenden Adapter. Dies ist weitaus wirtschaftlicher, als das eigens für jede Kamera produzierte Elektronenblitzgerät zu kaufen.

Kolbenblitzlampen

Prinzipiell bestehen Kolbenblitzlampen aus glühlampenähnlichen Glaskolben von unterschiedlicher Größe und Leistung. Sie sind zum Zweck der Entflammung mit einer Magnesiumlegierung in Form von Folie oder Draht und zur Beschleunigung des Abbrennens mit reinem Sauerstoff gefüllt. Durch das Anlegen einer Spannung an die Elektrode wird eine Glühzündung ausgelöst, die die Füllung in einem sehr kurzen Zeitintervall unter Entwicklung eines sehr intensiven Lichtstroms zum Brennen bringt. Damit die Lampe bei der im Inneren des Glaskolbens stattfindenden Explosion nicht zerplatzt, sind sämtliche Kolbenblitzlampen mit einer farblosen Lackschutzschicht überzogen. Außerdem sind sie mit einem aus Kobaltsalz bestehenden kleinen Fleck gekennzeichnet. Ist der Fleck blau, so ist der Glaskolben vollkommen luftdicht und betriebsbereit, verfärbt er sich rosa, so ist die Lampe fehlerhaft und sollte nicht zur Zündung gebracht werden, da die Gefahr des Zerplatzens besteht. Kolbenblitzlampen, deren Glaskolben mit einer blauen Lackschicht überzogen ist, setzt man bei Verwendung von Tageslicht-Farbfilmen ein.

Kolbenblitzgeräte

Der Aufbau des Kolbenblitzgerätes, das man auch Kondensatorblitzleuchte nennt, ist relativ einfach. In den Gehäusekörper sind ein Reflektor, eine Lampenfassung, eine Stromquelle, ein Kondensator und ein Widerstand eingebaut. Die angelegte Zündspannung beträgt 3–45 Volt. Als Stromquelle dienen Hochleistungstrockenbatterien. Bei einigen Typen erfolgt die Zündung batterielos durch einen mechanischen piezoelektrischen Impuls.
Der Synchronanschluß mit der Kamera erfolgt über ein Kabel oder einen in den Aufsteckschuh eingebauten Mittenkontakt. Im Gegensatz zu Elektronenblitzgeräten, die bis zu 50000 Blitze pro Blitzröhre abgeben, sind Kolbenblitzlampen nur für den einmaligen Gebrauch bestimmt.

Die Synchronisation

Die Synchronisation hat die Aufgabe, das gleichzeitige Zusammenfallen der Leuchtzeit des Blitzes mit der Öffnung des Verschlusses zu gewährleisten. Sie erfolgt entweder über ein Kabel, das den Blitz mit dem Kontaktnippel der Kamera oder des Objektivs verbindet oder über einen im Zubehörschuh der Kamera eingebauten, mehrpoligen Kontakt oder Mittenkontakt.

Der synchronisierte Zentralverschluß

Während ältere Modelle mit der M- und der X-Synchronisation ausgestattet waren, begnügt man sich bei den meisten modernen Kameras und Verschlüssen ausschließlich mit der X-Synchronisation. Ein Elektronenblitz erreicht schon nach einer Millisekunde (1 ms = $\frac{1}{1000}$ Sekunde) sein Leuchtmaximum. Sowie der Verschluß voll geöffnet ist, muß die Kontaktgabe verzögerungsfrei erfolgen.

Bei der Verwendung eines Elektronenblitzes synchronisiert der X-Kontakt alle Verschlußzeiten des Zentralverschlusses. Er synchronisiert außerdem bei der Einstellung auf $\frac{1}{30}$ s fast alle Kolbenblitzlampen. Kürzere Verschlußzeiten können in Verbindung mit Kolbenblitzen nicht eingesetzt werden, da der Zentralverschluß sich bereits schließt, ehe die Blitzlampe gezündet hat.

Die bei den älteren Verschlüssen noch vorhandene M-Synchronisation trägt der Abbrennverzögerung der Kolbenblitzlampen voll Rechnung. Da vom Zeitpunkt des Verschlußauslösens bis zu seiner vollen Öffnung nur 1 ms vergeht, der Kolbenblitz aber erst nach 16,5 ms sein halbes Leuchtmaximum erreicht, muß die Kontaktgabe bei der M-Synchronisation zur vollen Nutzung der Leucht- und Öffnungsmaxima nach der betätigten Auslösung mit einer Verzögerung von 16,5 ms erfolgen. So fällt selbst bei kürzester Verschlußzeit das Leuchtmaximum in die Offenzeit des Verschlusses.

Der synchronisierte Schlitzverschluß

Da die Zündung des Elektronenblitzes fast verzögerungsfrei abläuft, erfolgt beim Schlitzverschluß die Kontaktgabe zum gleichen Zeitpunkt, zu dem die beiden Verschlußvorhänge das gesamte Bildfeld freigeben. Dies geschieht je nach Kameratyp zwar bei verschiedenen Verschlußzeiten, meistens aber mit $\frac{1}{60}$ s, $\frac{1}{125}$ s oder neuerdings auch mit $\frac{1}{250}$ s. Die wirksame Belichtungsdauer bestimmt die Blitzröhre. Sie wird beim Computerblitz oder bei einer kameraeigenen Blitzautomatik durch deren Computer gesteuert. Der Computer schaltet die Blitzenergie genau zu dem Zeitpunkt ab, wenn die Belichtung ihre korrekte Beziehung zur Blende, Filmempfindlichkeit und Entfernung erreicht hat.

Leitzahl

Mit der Einführung der ersten Elektronenblitzgeräte zu Beginn der 50er Jahre wurde eine objektive Leistungsbestimmung, die es dem Käufer ermöglichte, die Lichtleistung der Produkte verschiedener Hersteller miteinander zu vergleichen, notwendig. Dafür prägte man den Begriff «Leitzahl». Die Leitzahl ist die Leistungsangabe für die Lichtleistung einer Blitzlichtquelle bei der Aufnahme eines Motivs mit einem mittleren Reflexionsvermögen von ca. 18%. Sie setzt sich aus dem Produkt Blendenzahl mal Entfernung (Blitzlicht zum Objekt) zusammen und gilt für einen Film der Empfindlichkeit ISO 100/21°. Zum Beispiel:

$$\text{Leitzahl} = \text{Blende} \times \text{Entfernung}$$

oder

$$\text{Arbeitsblende} = \frac{\text{Leitzahl}}{\text{Entfernung}}$$

Bei einer Entfernung von 3 m und einer Leitzahl von 24 ergibt das Blende 8.

Die Leitzahlangaben beziehen sich auf mittelgroße ca. 18% reflektierende Neubauräume. In höheren, dunkleren Hallen muß die Leitzahl durch das Öffnen der Blende um 2–3 Werte korrigiert werden, da die zusätzliche Aufhellung durch Reflexion fehlt. Die Leitzahlangabe für sämtliche Blitzgeräte bezieht sich immer auf eine Filmempfindlichkeit von ISO 100/21°. Es lag nahe, die bei der Blitztechnik notwendigen Rechenmanipulationen durch eine Automatik zu ersetzen. Deshalb sind heute die meisten Blitzgeräte computergesteuert. Außer der Filmempfindlichkeit und der Blende ist nichts mehr einzustellen oder auszurechnen.

Blitztechnik

Bei den vielfältigen Einsatzmöglichkeiten von Blitzlicht in der Fotografie haben sich für bestimmte Aufnahmesituationen entsprechende Blitztechniken entwickelt, die sich wie folgt unterteilen lassen:

1. starrer mit der Kamera fest verbundener Blitz
2. von der Kamera gelöster Blitz
3. Offen- und Mehrfachblitz

4. Indirektblitz und Bounce Flash bzw. Schirmblitz
5. Blitzaufhellung bei Tag und Nacht
6. stroboskopischer Blitz
7. Dunkelblitz auf Infrarotfilm
8. Unterwasserblitz

1. Das Blitzen mit starrer, an der Kamera befestigter Blitzlichtquelle ist die älteste Aufnahmemethode. Sie wird vorwiegend von Bildberichterstattern angewandt, die mehr Wert auf das aktuelle als auf das ästhetische Bild legen. Der Nachteil dieser Beleuchtungstechnik besteht darin, daß die Objekte frontal und völlig flach ausgeleuchtet werden. Bei Aufnahmen von dicht vor einem Hintergrund stehenden Personen entstehen oft störende, harte Schattenbilder. Von dieser veralteten Methode des nur Ausleuchtens ist daher abzuraten, ganz davon abgesehen, daß sich bei Farbporträts oft noch der «Albinoeffekt» bemerkbar macht, indem die blauen Augen einer Person im Foto rot erscheinen. Der Grund dafür liegt darin, daß der Blitz den Augenhintergrund, die Netzhaut, mit aufhellt, die durch die Iris sichtbar wird.

2. Mit von der Kamera gelöstem Blitz erreicht man eine weitaus bessere Ausleuchtung als die vorher genannte. Dazu wird der Reflektor entweder seitlich erhöht an der Kamera angebracht oder mit der Hand gehalten. Der erzielte Beleuchtungseffekt entspricht etwa dem von bei normalem Tageslicht aufgenommenen Bildern. Die meisten leistungsstarken Elektronenblitzgeräte verfügen über ein ausreichend langes Kabel, welches zusammen mit der Verlängerung des Synchronkabels diese Blitztechnik ermöglicht. Wird mit mehreren Lampenstäben gearbeitet, so werden die Tochterblitze kabellos über eine Fotozelle vom Mutterblitz ausgelöst.

3. Die Offen- und Mehrfachblitzmethode wendet man bei Zeitbelichtungen mit Tages- oder Kunstlicht in sehr großen Räumen oder Werkshallen an. Während der Gesamtbelichtungszeit hellt man nacheinander mit einem oder mehreren Blitzen die einzelnen Partien der Szenerie auf. Bei älteren, nicht synchronisierten Verschlüssen öffnet man den Verschluß und blitzt in diese Offenzeit einen oder mehrere Blitze durch Handauslösung. Wichtig ist dabei, daß das Umgebungslicht schwach genug ist, um selbst keine Sekundärbelichtung zu verursachen.

4. Der Indirektblitz wird meistens von Bildberichtern bei Innenaufnahmen praktiziert, um eine weiche Ausleuchtung zu erreichen. Viele Blitzgeräte sind so konstruiert, daß sich die Beleuchtungsköpfe um 45°, 60° oder 90° nach oben schwenken lassen. Wenn mit einer Kamera mit Blitzautomatik gearbeitet wird oder der Computersensor sich im Lampenstab befindet, fällt das Belichtungsergebnis stets korrekt aus.
Eine Zeit lang arbeitete man vorwiegend in der Mode-, Porträt- und Werbefotografie nach der «Bounce Flash»-Methode, wobei man weiß- oder silberfolienbespannte Schirmreflektoren verwendete. Die Blitzröhren der Studioblitze strahlten ihr Licht in die konkave Innenseite des Schirms, welcher das Motiv mit dem reflektierten, diffusen Licht aufhellte.

5. Für die Aufhellung zu starker Schatten bei Tageslichtaufnahmen benutzt man den sogenannten «Fill In Flash» (Aufhellblitz). Die zu schweren Schatten einer Gegenlichtaufnahme werden von diesem Blitz leicht aufgehellt, nicht aber weggeleuchtet. Dazu wird die Belichtung an den vom Hauptlicht – der Sonne – getroffenen Bildstellen mit dem Belichtungsmesser gemessen. Angenommen, das Ergebnis ist $1/125$ s bei Blende 8 und die Leitzahl des verwendeten Blitzes beträgt 24, so blitzt man bei einer Entfernung von 3 m zum Objekt mit $1/125$ und Blende 11. So werden die zu tiefen Schatten lediglich aufgehellt und mit mehr Zeichnung versehen, ohne daß der Gegenlichtcharakter verlorengeht.
Nachtaufnahmen vom Stativ wirken oft sehr statisch und tot, weil in dem dunklen Vordergrund ein belebendes Objekt, zum Beispiel eine Person, fehlt. Um dem abzuhelfen, führt man die Nachtaufnahme zwar als Zeitbelichtung durch, löst aber zusätzlich nach der Offenblitzmethode einen Blitz zur Aufhellung eines belebenden Vordergrundes aus. Das Bild wird dadurch um vieles lebendiger, ohne den Nachtcharakter zu verlieren. Verlangt die Nachtaufnahme zum Beispiel eine Belichtung von 30 s bei Blende 11, so schießt man nach etwa 20 s je nach Größenausdehnung einen oder mehrere Blitze auf das im Vordergrund befindliche Objekt ab. Bei Verwendung eines Computerblitzes wird die Blitzbelichtung automatisch gesteuert, während bei computerlosen Blitzen der Abstand vom Blitz zum Objekt über die Leitzahl zu ermitteln ist.

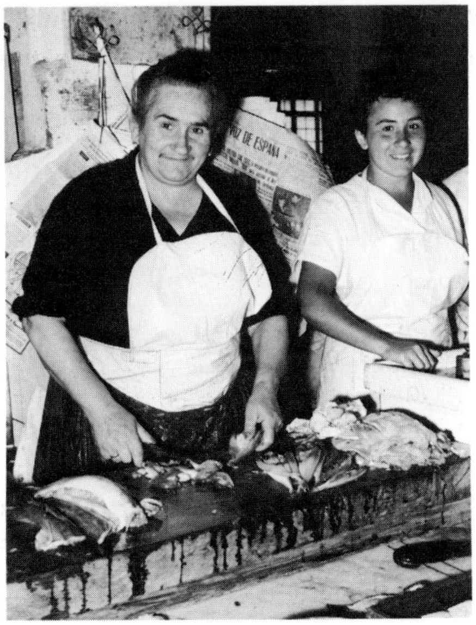

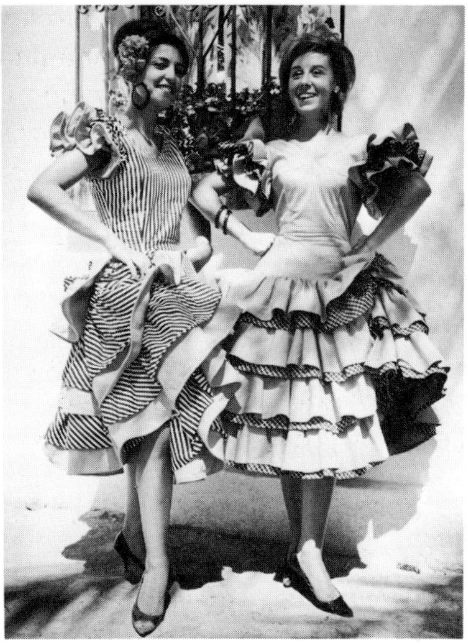

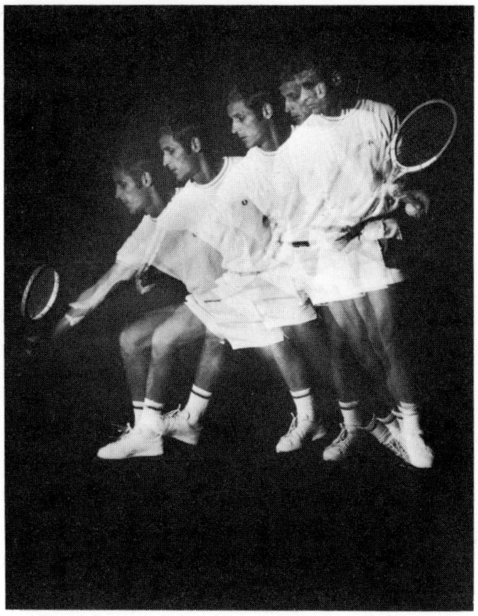

Drei Bildbeispiele verschiedener Blitztechniken:
Links: Mit auf der Kamera aufgestecktem starren Blitz aufgenommen.
Mitte: Blitzaufhellung bei Tageslicht.
Rechts: Stroboskopische Blitzaufnahme.

6. Stroboskopische Blitzaufnahmen dienen der Verdeutlichung und der Kontrolle von Bewegungsabläufen in der Industrie und Wissenschaft sowie beim Sport. Auf ein und derselben Aufnahme wird durch das Auslösen einer Serie aufeinanderfolgender Blitze ein Bewegungsablauf in verschiedenen Einzelphasen festgehalten. Leider sind die speziellen Stroboskope, die eine Blitzfrequenz von 16–50000 Bilder pro Sekunde erlauben, nicht für die gegenständliche Fotografie geeignet, da ihre Lichtleistung viel zu gering ist. Zu guten Stroboskopaufnahmen gelangt man daher nur mit selbstgebauten Geräten, die jedoch viel technisches Geschick und Erfindungsgeist voraussetzen.

7. Dunkelblitzaufnahmen auf Infrarotfilm sind dann angebracht, wenn der eigentliche Vorgang des Fotografierens mit gewöhnlichem Blitzlicht als sehr störend oder gar gefährdend – etwa in Varietè- oder Zirkusvorstellungen – empfunden wird. Unter Verwendung von Infrarotfilm und eines, das kurzwellige Licht sperrenden, Filters vor dem Blitzgerät können die Aufnahmen unbemerkt vorgenommen werden. Dieser Methode bedienen sich auch die Polizei und der Zoll zu erkennungsdienstlichen Zwecken.

8. Für die Unterwasserfotografie in großen Tiefen ist das vorhandene Tageslicht zu schwach. Zur Aufhellung verwendet man dafür wasserdicht konstruierte, gut isolierte Blitzlichtgeräte, die als Kolben- und als Elektronenblitze erhältlich sind.

Entscheidungshilfen für den Kauf eines Elektronenblitzgerätes

1. Stromquelle und Leitzahl

a) Zwischen Größe und Leistung eines Blitzgerätes besteht eine direkte Wechselbeziehung. Je größer das Volumen, um so größer können der Kondensator und die der Aufladung dienende Stromquelle für die Blitzenergie sein. Ein Gerät mit der Leitzahl 12 wird meistens mit Trockenbatterien gespeist.

b) Der Computerblitz mit der Leitzahl 36 besitzt demgegenüber die achtfache Lichtleistung und die Möglichkeit zur Verstellbarkeit des Leuchtwinkels, einen Schwenkreflektor, eine Thyristor-Lichtregelung und Blendenautomatik, einen SCA-Adapter und eine sehr kurze Blitzfolge. Stromquelle: NC-Akku.

c) Das einteilige Elektronenblitzgerät in Stabform mit der Leitzahl 45 hat einen Schwenkreflektor, 6 Automatikblenden, eine Thyristor-Lichtregelung, einen SCA-Adapter und eine sehr kurze Blitzfolgezeit, bei Winderbetrieb 2 Blitze/s. Stromquellen: NC-Akku oder Trockenbatterien.

d) Das zweiteilige Profi-Blitzgerät hat mit der Leitzahl 60 die höchste Leistung der hier abgebildeten Geräte. Es besitzt ein Kraftteil mit wiederaufladbarem Akku und kann auch über ein Netzgerät direkt am Netz mit zusätzlichen Lampenstäben benutzt werden. Außerdem verfügt es über einen Schwenkreflektor, eine Thyristor-Lichtregelung, 6 Automatikblenden und eine Blitzfolgezeit, die bei Motorbetrieb 5 Bilder/s erlaubt.

2. Blitzmethode

a) Blitzen mit auf der Kamera aufgestecktem Blitz ohne Computer. Die korrekte Belichtung muß über die Leitzahl ermittelt werden.

b) Blitzen mit Computerblitz, der bei der Einstellung der entsprechenden Filmempfindlichkeit und Blende über den Computer die korrekte Belichtung automatisch regelt.

c) Blitzen mit Computerblitz und SCA-Adapter, der alle blitzbezogenen Daten automatisch im Kamerasucher anzeigt.

d) Blitzen mit hochgeschwenktem Reflektor und einer Kamera mit Blitzautomatik, die während des Aufleuchtens des Blitzes bei geöffnetem Kameraverschluß das vom Film reflektierte Licht mißt und nach Erreichen der korrekten Belichtung den Blitz abschaltet.

3. Beleuchtungsmöglichkeiten

a) Bei einem Elektronenblitz ohne Verstell- und Schwenkbarkeit des Reflektors beschränken sich die Beleuchtungsmöglichkeiten auf ein reines «Anblitzen». Modulieren läßt sich das meist zu harte Licht leicht durch Überstülpen eines mattierten Plastikbeutels über den Reflektor.

b) Im Beleuchtungswinkel veränderbare Elektronenblitzgeräte gewährleisten bei der Aufnahme mit Objektiven verschiedener Brennweite, eine gleichmäßige Ausleuchtung des gesamten vom Objektiv erfaßten Bildfeldes.

c) Schwenk- und drehbar angeordnete Reflektoren an Blitzgeräten erlauben durch indirektes Blitzen eine weichere und wesentlich natürlichere Ausleuchtung, als sie mit starrem, auf die Kamera aufgestecktem Blitz erzielt werden kann. Die Computerautomatik sorgt dabei stets für ein korrektes Belichtungsresultat.

d) Für Porträtaufnahmen besonders gut geeignet sind Blitzgeräte mit einem Schwenkreflektor und einem zweiten schwächeren Blitz als Vorderlicht, das beim indirekten Blitzen stets für die belebenden Spitzlichter in den Augen sorgt.

4. Zubehör

a) Zur Erzielung spezieller Beleuchtungseffekte besitzen einige Blitzgeräte Halterungen vor dem Reflektor, die für die Aufnahme farbiger Filter- und Diffusorscheiben gedacht sind.

b) Ein auf den Blitzreflektor aufgesetzter Reflexschirm sorgt für ein weiches, breitgestreutes Licht.

c) Ein auf ein einteiliges Stabblitzgerät montierter spezieller Televorsatz eignet sich vorzüglich für Aufnahmen von Freiluftkonzerten, von Tieren in freier Wildbahn und vom Sport. Der Televorsatz bündelt das Blitzlicht für Aufnahmen mit langbrennweitigen Objektiven ab f = 120 mm und verdoppelt dadurch die Leitzahl und die Reichweite.

d) Durch den Einsatz mehrerer Blitzgeräte läßt sich eine studiomäßige Ausleuchtung erzielen. Aus Entfernungen bis zu 60 m kann die Zündung mehrerer Geräte kabellos ferngesteuert über IR-Sender- und Empfänger erfolgen.

Entscheidungshilfen für den Kauf eines Elektronenblitzgerätes

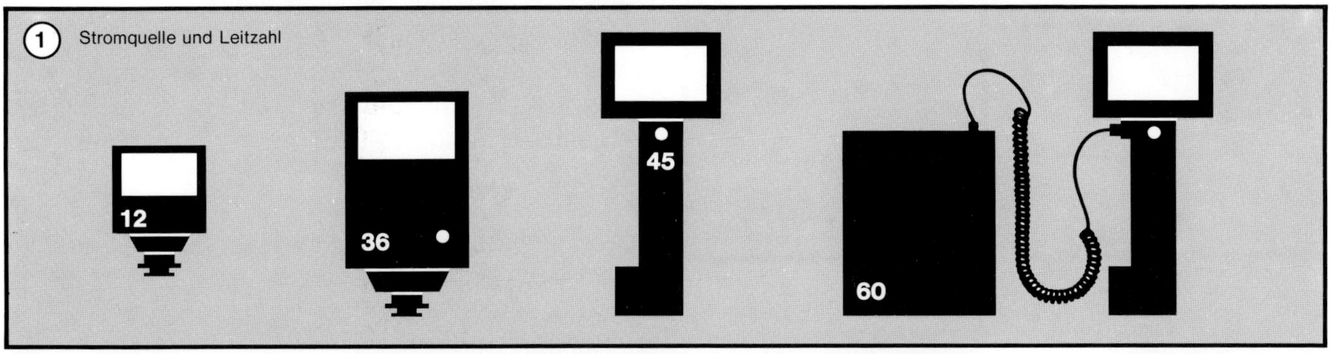

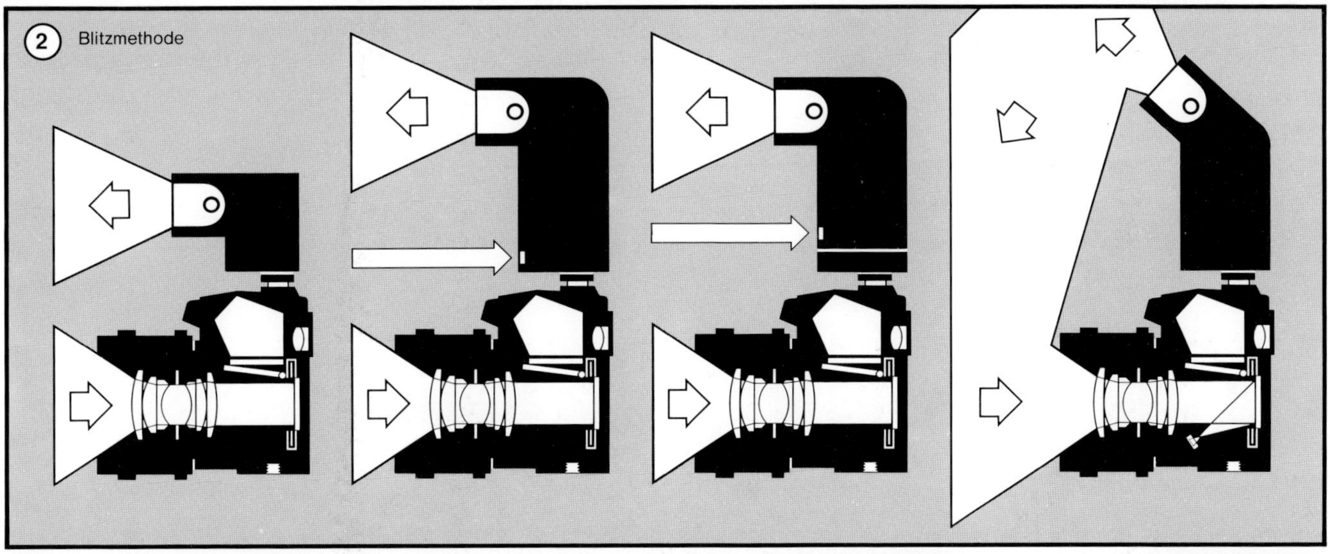

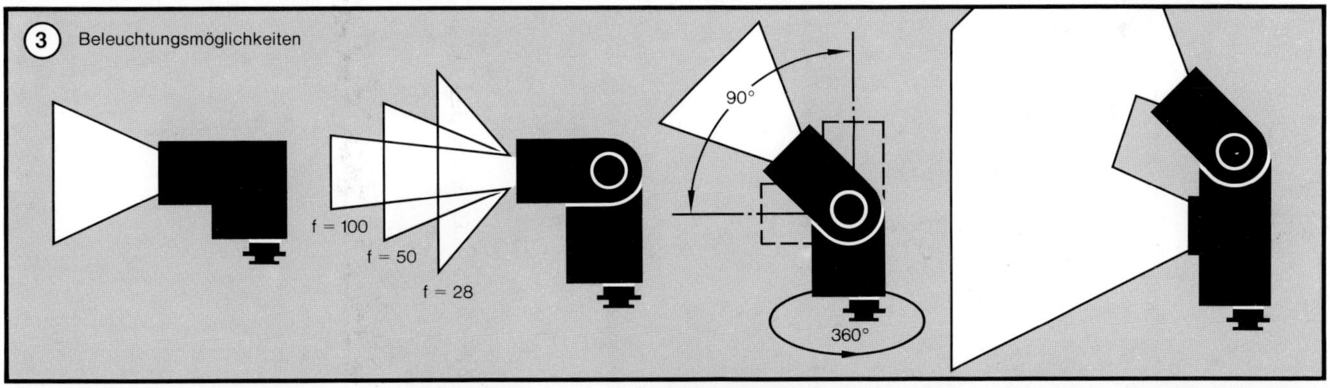

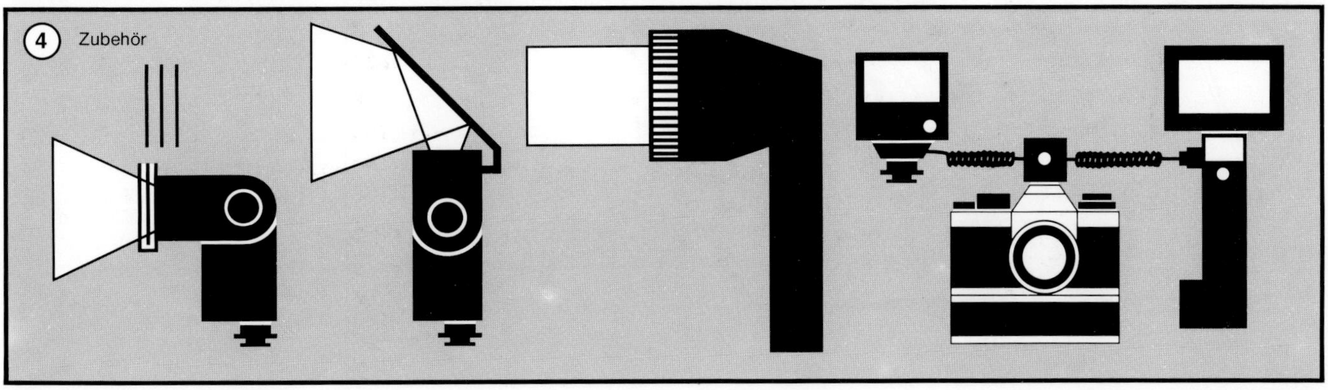

Studio-blitzgeräte

Bei den Aufnahmelichtquellen für die Fotografie vollzieht sich seit den fünfziger Jahren ein deutlicher Wandel. Der mit hoher Wärmeentwicklung verbundene Einsatz von Lampenparks konventionellen Dauerlichtes geht zugunsten der nur kurzzeitig aufflammenden Studioblitzgeräte immer weiter zurück.
Bei den Studioblitzgeräten unterscheidet man zwischen einteiligen Kompaktgeräten und mehrteiligen stationären Studioblitzanlagen.

1. Kompaktgeräte

Kompaktgeräte mit einer Blitzenergie von 100 Ws bis 1000 Ws (Ws = Wattsekunden) und integriertem Generatorteil lassen sich sowohl vom Stromnetz

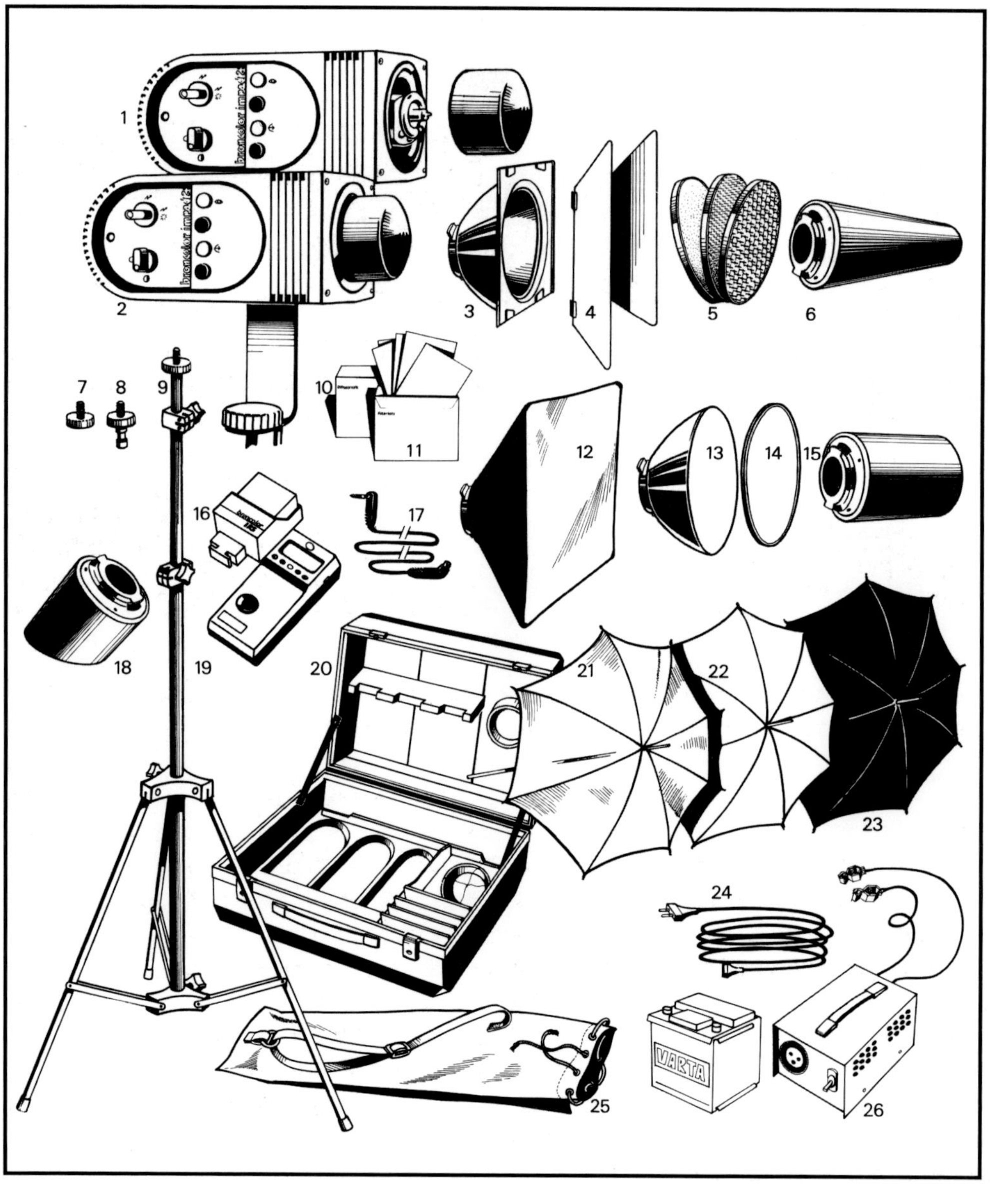

Die transportablen Studioblitzanlagen Broncolor Impact 21 mit 150 Ws und 41 mit 300 Ws Leistung. Erklärung:

(1) Impact 21
(2) Impact 41
(3) Normalreflektor
(4) Abschirmklappen
(5) Wabenraster
(6) Konus
(7) Gewindenippel
(8) Gewindezapfen
(9) Impact-Stativ
(10) Diffusionsfilterset
(11) Farbfilterset
(12) Impaflex 60
(13) Weichstrahlerreflektor
(14) Diffusor
(15) Spotvorsatz
(16) IRI-Sender
(17) Synchronkabel
(18) Schirmreflektor
(19) FH-Blitzbelichtungsmesser
(20) Koffer für Sets
(21) transparenter Schirm
(22) weißer Schirm
(23) silberner Schirm
(24) Netzkabel
(25) Stativtasche
(26) Umformer.

Graphik: Bron Elektronik AG.

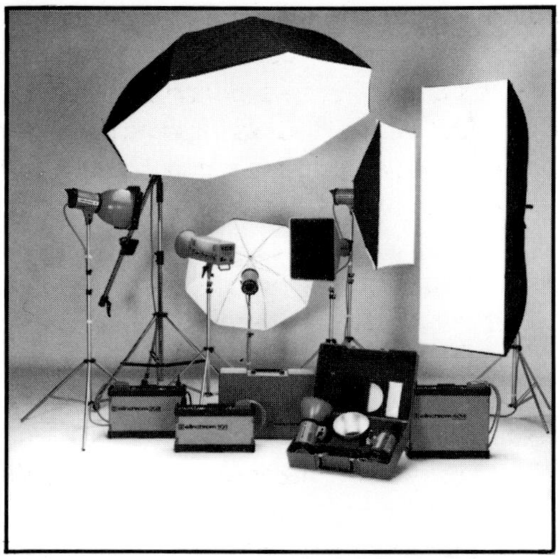

Elinchrom Studioblitzanlagen 66 mit 600 Wattsekunden, 101 mit 1000 Ws, 202 mit 2000 Ws und 404 mit 4000 Ws Leistung und den faltbaren Großflächenreflektoren Octa, Recta und Quadra. Foto: Elinca SA.

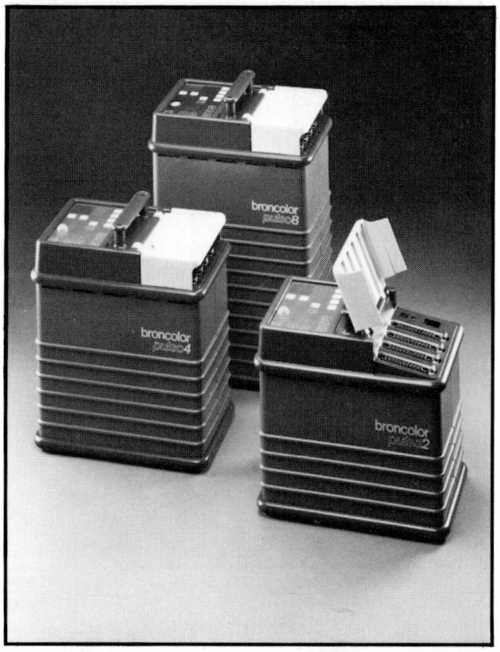

Boncolor Generatoren für Studioblitzanlagen Pulso 2 1600 Ws, Pulso 4 3200 Ws und Pulso 8 6400 Ws mit je 4 Leuchtenanschlüssen. Foto: Bron Elektronik AG.

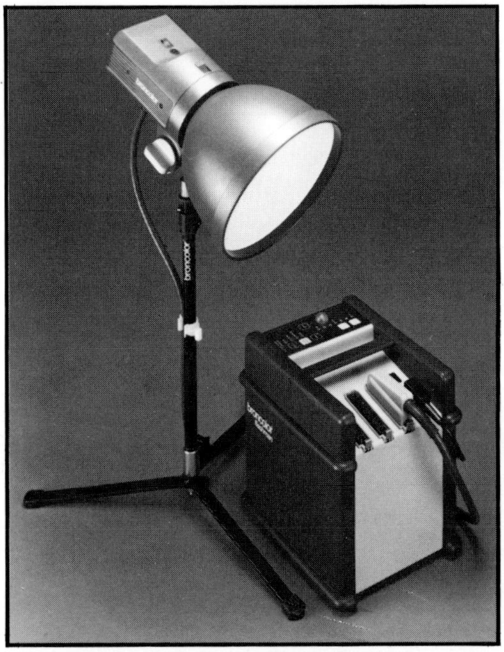

Broncolor Flashman Studioblitzanlage mit 950 Ws, einer Leuchte und insgesamt 3 Leuchtenanschlüssen.
Foto: Bron Elektronik AG.

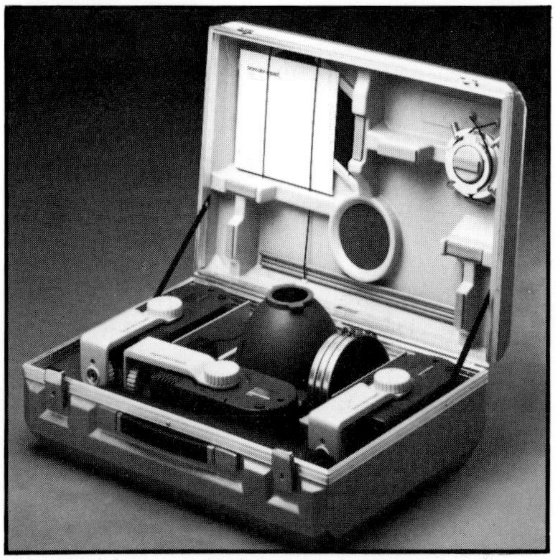

Broncolor Impact Kompaktstudioblitzanlage mit 3 Generator/Leuchteneinheiten von wahlweise je 150 Ws oder 300 Ws Leistung im Transportkoffer. Foto: Bron Elektronik AG.

als auch aus der 12 Volt Autobatterie betreiben. Ihre Leistungsstärke ist zwar geringer, dafür sind sie aber klein und leicht zu transportieren.

2. Stationäre Studioblitzanlagen

Die mit separaten Generatoren und Blitzleuchten betriebenen Anlagen sind zwar voluminös und schwer, aber sehr leistungsstark. Ihre Energieabgabe reicht von 1000 Ws bis 10000 Ws. Sie werden ausschließlich aus dem Stromnetz gespeist.

Beiden gemeinsam ist die Ausstattung der Lampenköpfe mit einem zusätzlichen Dauereinstellicht, das sich proportional zur Blitzenergie in seiner Helligkeit regeln läßt. Die meisten Geräte verfügen außerdem über eine abgestufte oder stufenlose Leistungsregulierung und wählbare Ladezeiten sowie eine Fotozelle oder einen Infrarotempfänger zur kabellosen Blitzauslösung. Die Blitzdauer beträgt je nach Gerätetyp und -leistung zwischen $\frac{1}{100}$ s und $\frac{1}{2000}$ s. Separate Generatoren besitzen drei bis vier Anschlüsse für zum Teil gebläsegekühlte Leuchten.

Zur Modulation des Lichtes sind für die Studioblitzanlagen eine Vielzahl von Leuchten mit den unterschiedlichsten Beleuchtungseigenschaften erhältlich. Neben Leuchten mit Weich- oder Tiefstrahlercharakteristik gibt es Wabenrastervorsätze, Schirmreflektoren, Flächenleuchten verschiedener Formen und Größen sowie Stufenlinsenscheinwerfer und Spotprojektoren.

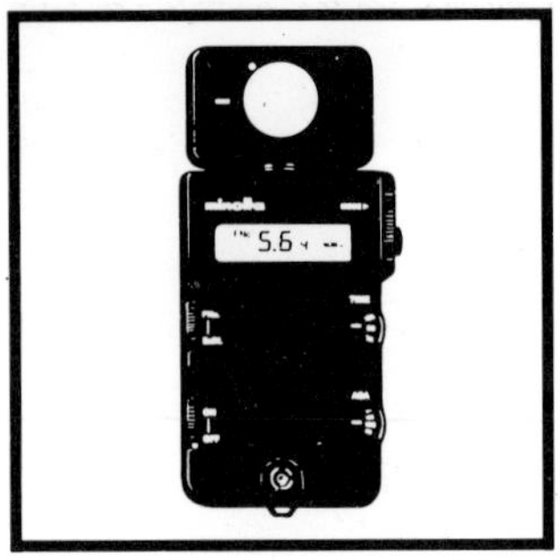

Blitzbelichtungsmesser

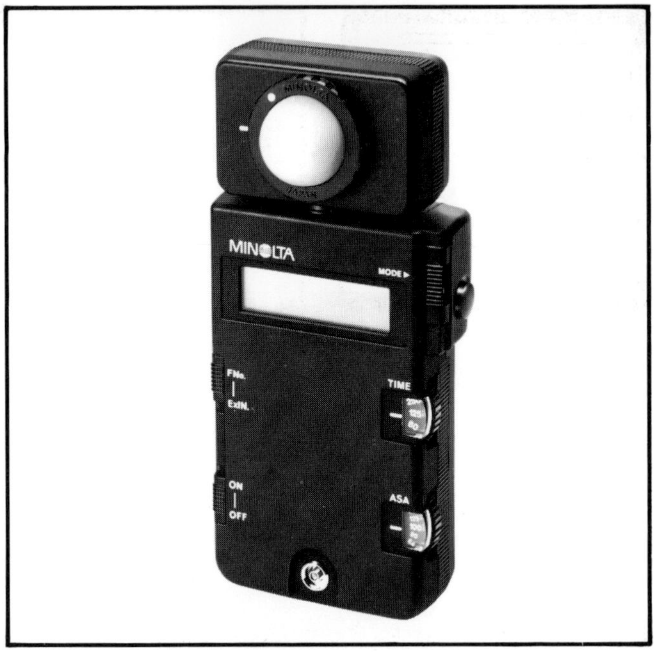

Minolta Flash-Meter III Blitzbelichtungsmesser für Blitz- und Dauerlichtmessungen nach der Objekt- oder Lichtmeßmethode mit Digitalanzeige. Foto: Minolta.

Wer überwiegend mit Studioblitzanlagen fotografiert, wird für die schnelle und exakte Belichtungsbestimmung nicht ohne einen Blitzbelichtungsmesser auskommen. Im Gegensatz zu der Mehrzahl der Hand- und in die Kamera eingebauten TTL-Belichtungsmesser, die meist nur auf Dauerlicht reagieren, mißt der Blitzbelichtungsmesser auch das kurzzeitig aufleuchtende Impulslicht der Lichtblitze von Blitzgeräten.

Seine Funktionsweise weicht von der der Dauerlicht-Belichtungsmesser ab. Das Aufleuchten eines Blitzes bewirkt bei dem ebenfalls batteriegespeisten Blitzbelichtungsmesser, daß dessen Si-Fotodiode oder Si-Fototransistor den Licht- in einen Spannungsimpuls umwandelt und in einem Kondensator speichert. Bei mehreren aufeinanderfolgenden Blitzen addiert sich die Ladung. Sie ist proportional zur ausgestrahlten Lichtleistung des Blitzes und kann für die digitale Flüssigkristallanzeige genutzt werden, die den entsprechenden Blendenwert für die Aufnahme anzeigt. Durch eine Speicherschaltung wird der Meßwert für einen begrenzten Zeitraum fest- und abrufbereit gehalten.

Die Schaltungselektronik des Gerätes erlaubt je nach der gewählten Funktionsart folgende Meßmöglichkeiten:

1. Licht- und Objektmessung bei Blitzlicht,
2. kabellose oder über Synchronkabel erfolgende Messung,
3. Einzelblitzmessung mit oder ohne Umgebungslicht,
4. addierende Blitzmessung mehrerer aufeinanderfolgender Blitze mit oder ohne Umgebungslicht.

Die meisten Blitzbelichtungsmesser arbeiten nach der Lichtmeßmethode (Beleuchtungsstärkemessung) und lassen sich durch Zusatzgeräte für die Objektmeßmethode (Beleuchtungsdichtemessung) umfunktionieren. Bei der Lichtmessung wird die Diffusorhalbkugel des Belichtungsmessers von der bildwichtigsten Stelle des Motivs auf das Kameraobjektiv gerichtet und das auf das Objekt aufgestrahlte Licht gemessen. Von Hand oder über das Synchronkabel wird für die Messung ein Testblitz ausgelöst. Die Meßwertanzeige erfolgt unter Berücksichtigung der vorher eingestellten Filmempfindlichkeit und Verschlußzeit und gibt die für die Aufnahme korrekte Arbeitsblende an.

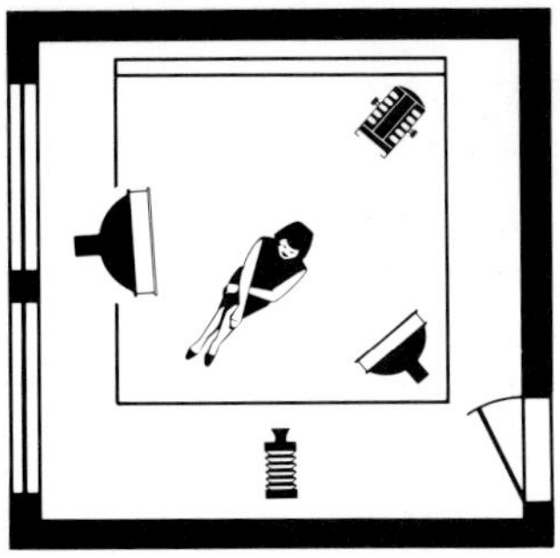

Einrichtung eines Studios

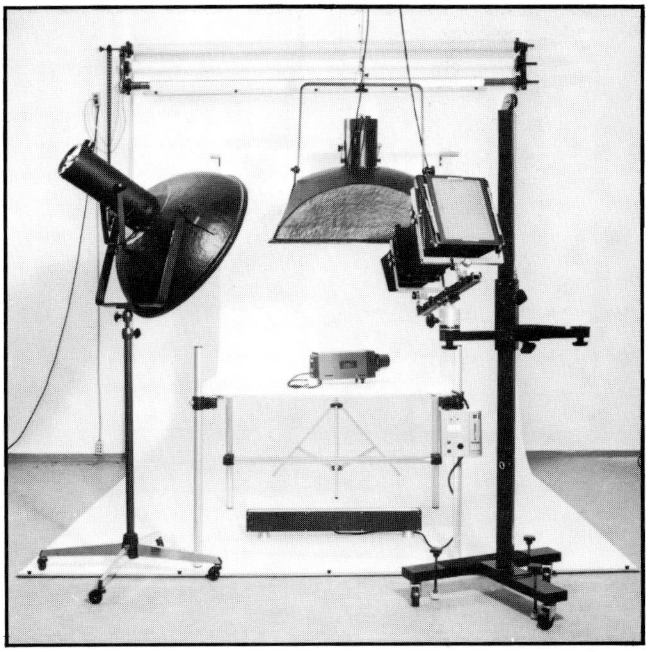

Studioarbeitsplatz für eine Sachaufnahme vor elektromotorisch betriebener Hintergrundrollen-Aufhängevorrichtung auf einem variablen Objekttisch mit einer Studioblitzanlage und Arca Swiss 18 × 24 Fachkamera, Vertrieb aller Geräte durch Studiotechnik Hensel. Foto: Hensel.

Dem Einrichten eines Studios sollten einige grundsätzliche Überlegungen vorausgehen. Zunächst ist zu klären, welche Art von Aufnahmen überwiegen werden und ob das Studio nur gelegentlich oder permanent für private oder kommerzielle Zwecke benutzt wird. Im letzteren Falle wäre auch ein repräsentativer Besprechungsraum zum Empfang von Kunden einzurichten. Nachdem man sich über die Lage des Studios, die eine wichtige Rolle in bezug auf die zu erwartenden Kunden spielt, im klaren ist, kann man sich den rein technischen Details zuwenden. Dazu einige Ratschläge:

Der zeitweilig als Studio benutzte Raum

Nahezu jeder Wohnraum mit 3 × 4 m zur Verfügung stehender, unbestellter Fläche eignet sich vorübergehend als Fotoatelier. Der Hintergrund sollte einfarbig sein. Wenn der vorhandene Wandanstrich oder die Tapete dem nicht enspricht, erweist sich ein 1,57 m breiter Zeichenkarton von der Rolle als zweckmäßig. Von einer einfachen Aufhängevorrichtung, wie bei Landkarten, kann man eine beliebige Länge von Hintergrundkarton abrollen, um beispielsweise ein Porträt oder eine stehende Person aufzunehmen. Bei Ganzaufnahmen von Personen oder großen Gegenständen muß der Hintergrundkarton über eine Raumtiefe von mindestens 2,50 m vorgezogen werden, damit eine einzige kontinuierliche, durch nichts unterbrochene Hintergrundfläche entsteht.

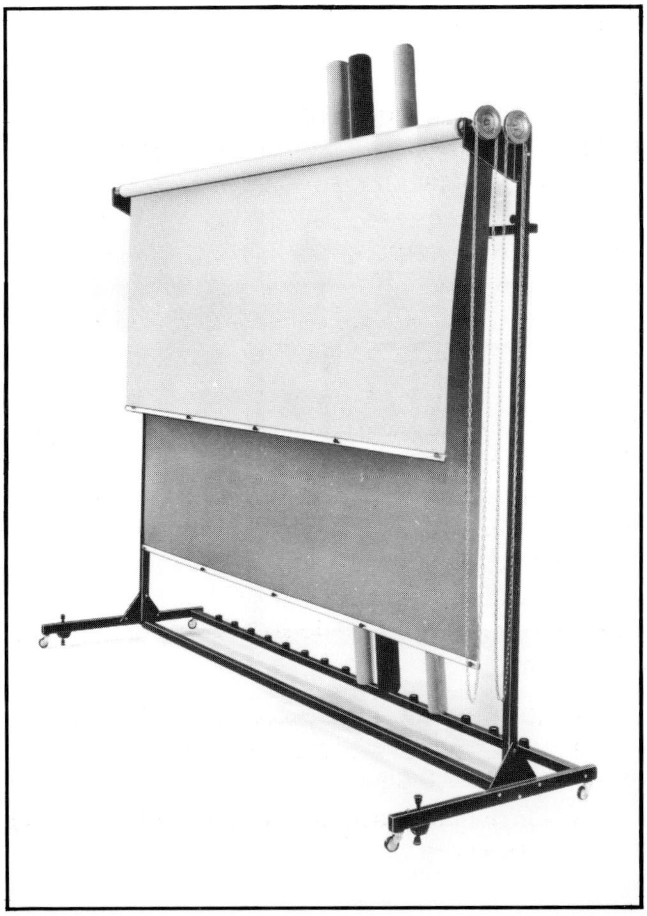

Fahrbare Hintergrundrollen-Aufhängevorrichtung mit Abstellmöglichkeit für 15 Hintergrundpapierrollen von Foba. Foto: Foba AG.

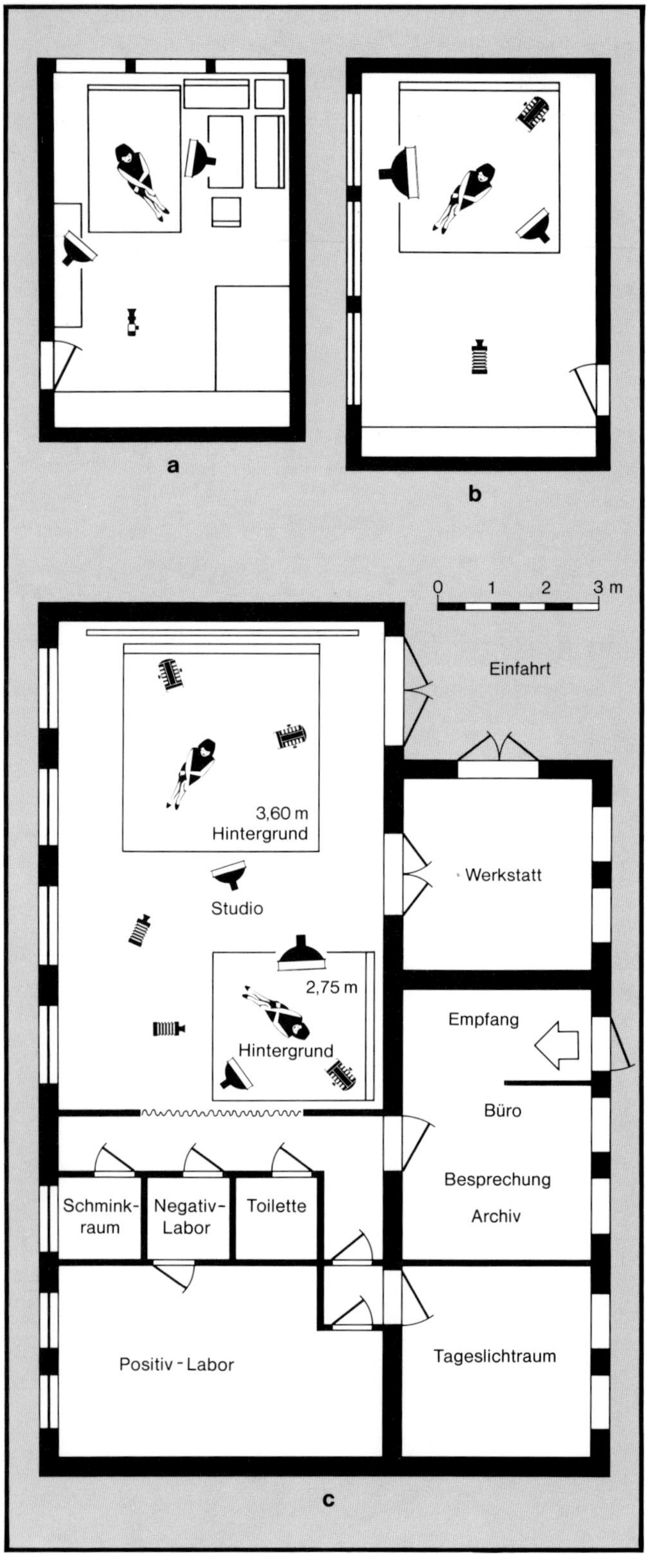

a) Aufnahmeanordnung in einem zum Studio umfunktionierten Wohnraum.
b) Aufnahmeanordnung in einem als ständigem Kleinstudio benutzten Raum.
c) Grundriß eines mittleren professionellen Studios mit den dazugehörigen Nebenräumen.

Auf einer zur Verfügung stehenden Arbeitsfläche von 3 × 4 m ist bei geschickter Ausleuchtung auch Platz für die notwendigen Beleuchtungsgeräte. Die meistens mit 10 Ampére abgesicherten elektrischen Leitungen in Wohnräumen erlauben eine maximale Belastung von 2200 Watt bei einer Netzspannung von 220 Volt. Dies reicht im allgemeinen aus, um auf die in einem solchen Raum erforderlichen kurzen Belichtungszeiten zu kommen. Ob man mit dem vorhandenen Tageslicht allein, einer Kombination von Tages- und Kunstlicht oder nur mit Kunstlicht arbeitet, hängt von der Absicht und den technischen Mitteln des Fotografen ab. Wegen der gleichbleibenden Intensität und Farbtemperatur ist die Arbeit mit einer Studioblitzanlage vorzuziehen. Außerdem ist zu berücksichtigen, daß nur bei Schwarzweißaufnahmen mit Mischlicht gearbeitet werden kann. Farbaufnahmen dürfen nicht mit Mischlicht aufgenommen werden.

Das permanente Kleinstudio

Für die halbberufliche oder berufliche Nutzung sollte die Grundfläche des Studios nicht unter 4 × 6 m und die Raumhöhe nicht unter 2,75 m liegen. Je größer der Raum, desto besser!

Es ist zweckmäßig, den Wand- und Deckenanstrich rein weiß zu halten. Die Bodenfläche sollte ganz eben sein, und für die Fenster ist eine Verdunklungsmöglichkeit erforderlich. Bei der Installation der elektrischen Anlage sind die besonderen Erfordernisse zu berücksichtigen. Vorschriftsmäßig geerdete, mit Automaten zu je 16 Ampére pro Stromkreis abgesicherten Steckdosen sollten in ausreichender Zahl links und rechts neben der Aufnahmewand angebracht werden. Die Gesamtbelastbarkeit des Stromnetzes sollte 35 A bei 220 V nicht unterschreiten. Als Studiolicht dürfte eine Studioblitzanlage von 1500 Ws mit 4 Leuchten ausreichen. Je nach Arbeitsgebiet wird auch eine zusätzliche Flächenleuchte mit einem zweiten 1500 Ws Generator sehr nützlich sein.

Wenn eine Schmalwand des Studios für eine Aufnahmefläche von 2,75 × 4,00 m ausreicht, besteht die Möglichkeit, eine Hintergrundrollenaufhängevorrichtung für mehrere Rollen anzubringen. Hintergrundkarton gibt es in zwei Breiten, 2,75 und 3,60 m, und in einer Vielzahl von Farben. Meistens kommt man schon mit den drei Farben Schwarz, Grau und Weiß aus.

Während das Mobilar in einem Studio für Porträtaufnahmen weitgehend dem Geschmack des Fotogra-

fen überlassen bleibt, gehören in einem Studio für Sachaufnahmen verstell- und drehbare Objekttische aus Holz oder Metall zur Minimalausrüstung. Es gibt speziell für fotografische Zwecke geschaffene Bauelemente aus Metallrohr, die sich mit Gelenkstücken zu beliebigen, jedem Aufnahmegegenstand anzupassenden Objekttischen zusammenbauen lassen. Schwere Gegenstände nimmt man am besten auf aus gestanzten Metallprofilen zusammengeschraubten Gestellen auf.
Jede neue Aufgabe verlangt eine andere Technik und einen anderen Aufbau. Es kommt weniger auf die Menge der zur Verfügung stehenden Hilfsmittel als vielmehr auf den Einfallsreichtum des Fotografen an, um möglichst jeden Auftrag mit den vorhandenen Mitteln optimal zu realisieren.

Das mittlere Studio

Das mittlere Studio verlangt einen Arbeitsraum von mindestens 6 × 9 m. Um Vertikalaufnahmen und das Einziehen von Zwischendecken zu ermöglichen, sollte die Raumhöhe nicht unter 4 m liegen. In der Werbefotografie werden für größere Aufnahmeobjekte entsprechend dimensionierte Türen gebraucht, und da manche Aufträge Bildkompositionen mit fließendem Wasser in der Küche oder im Bad verlangen, sollten Wasseranschlüsse vorhanden sein. Für Modelle ist ein Umkleide- und Schminkraum erforderlich, und eine kleine Werkstatt sowie ein Abstellraum für die Hilfsmittel und Requisiten sind ebenfalls unentbehrlich.
Ein Studio mittlerer Größe wird auch nicht ohne eine leistungsfähige Frontprojektionsanlage auskommen und benötigt etwa 6–10 Studioblitzanlagen mit mehreren Flächenleuchten. Eine Beleuchtungsbrücke auf Laufschienen, leicht zu verändernde Trennwände, gut zugängliche Laborräume, ein Besprechungs- und Vorführraum und ein Büro mit Archiv vervollständigen das professionelle Studio.

5

Das Bild

Fotogramm

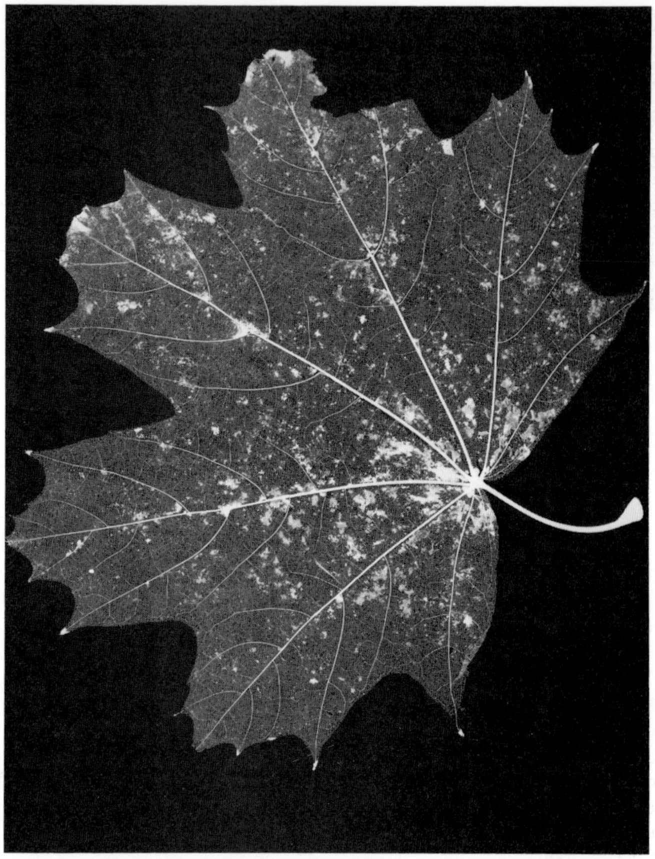

Die einfachste Methode, mit fotografischen Materialien ein Bild zu erzeugen, ist die Herstellung eines Fotogramms. Eine Aufnahmekamera ist dazu nicht erforderlich. Auf das lichtempfindliche Fotopapier der Gradation Normal (3) in beliebiger Größe wird ein geeignetes Objekt gelegt und kurz von oben mit einer Lichtquelle, z.B. mit dem Vergrößerungsgerät ohne eingelegtes Negativ belichtet. Die richtige Belichtungszeit wird durch Probestreifen ermittelt. Nach der Entwicklung erhält man auf dunklem Untergrund die hellen, je nach Objekt verschiedenen, möglicherweise sogar in Grauwerten abgestuften Konturen des Gegenstandes. Wer das Objekt lieber schwarz auf weißem Hintergrund haben möchte, kann die Tonwerte durch Kopieren im Kontaktverfahren problemlos umkehren. Mit dieser Technik lassen sich wirkungsvolle Kompositionen erzielen.
Statt die Belichtung in nur einer Phase vorzunehmen, kann man sie ebenso gut auf mehrere Einzelbelichtungen aufteilen, die sich zur Gesamtzeit addieren. Dies ist jedoch nur dann sinnvoll, wenn das Objekt nach jeder Teilbelichtung auf dem Papier um einen geringen Betrag gegenüber seiner vorherigen Lage verschoben wird. Durch die Mehrfachbelichtung erhält das Motiv zusätzliche Dynamik.

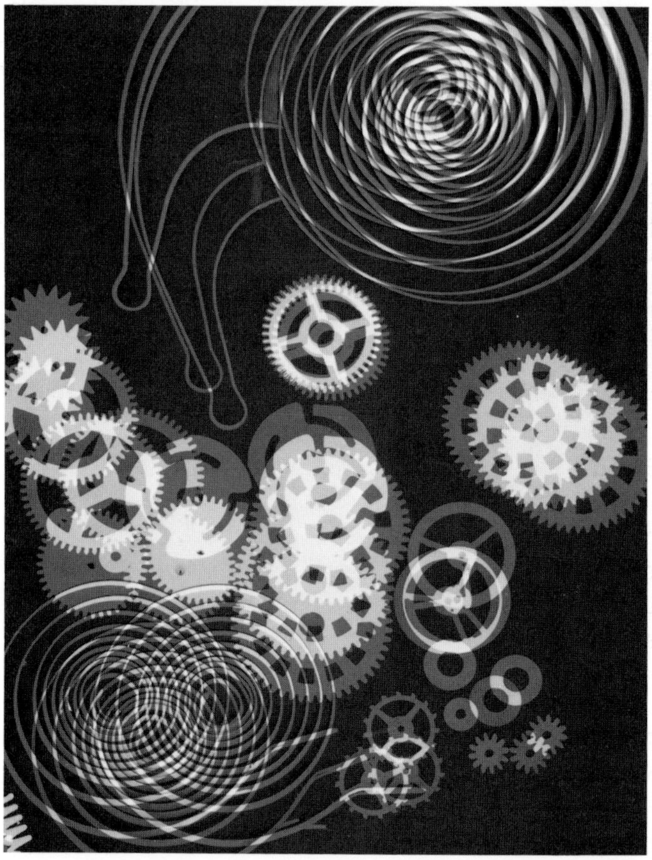

Oben: Fotogramm eines verrottenden Platanenblattes.

Unten: Durch Mehrfachbelichtung dynamisiertes Fotogramm von Zahnrädern und Spiralfedern.

Reproduktion

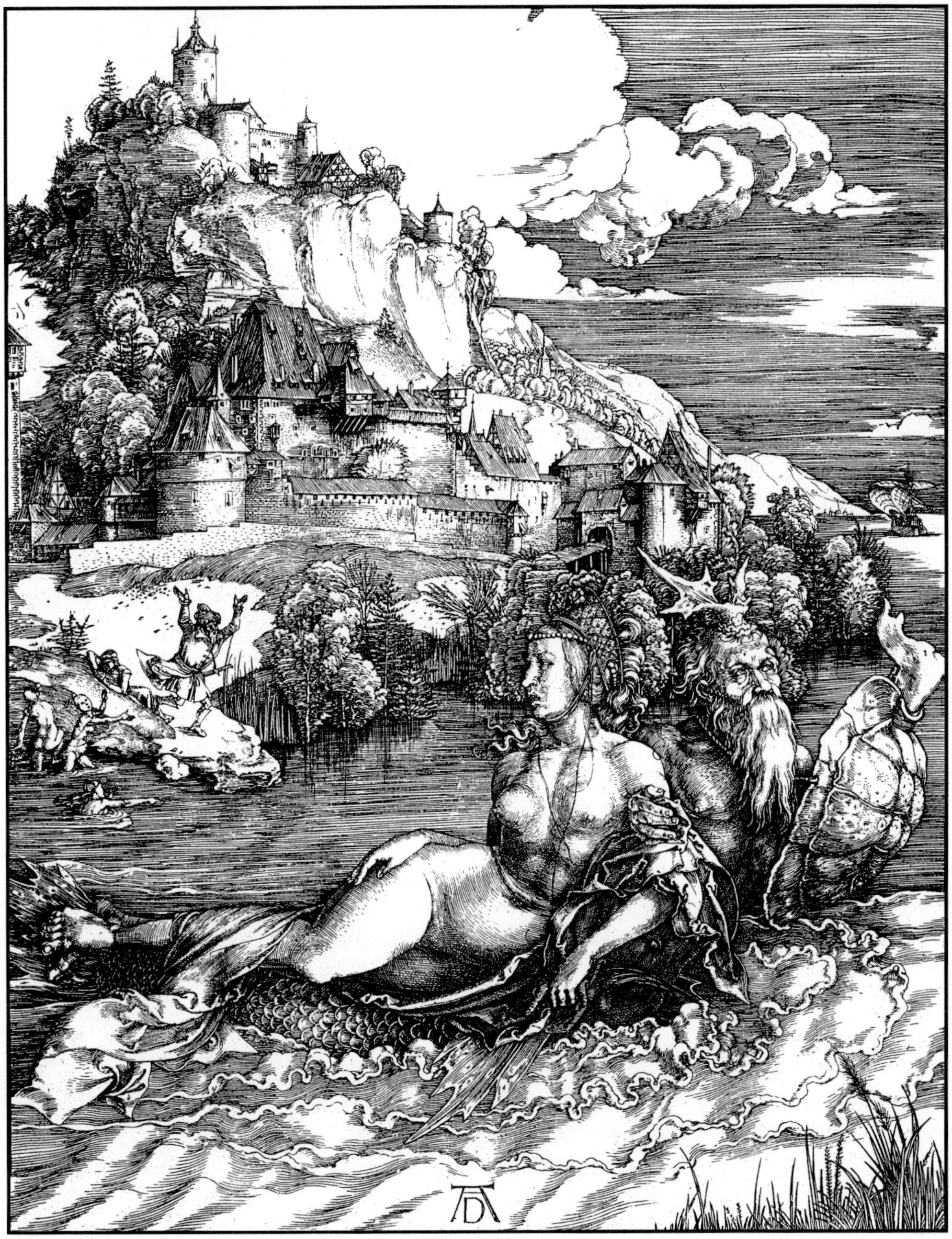

Beleuchtungs- und Aufnahmeordnung für die Reproduktion des Faksimile-Handkupferdruckes der Bundesdruckerei Berlin «Der Raub der Amymone» von Albrecht Dürer (1471–1528).

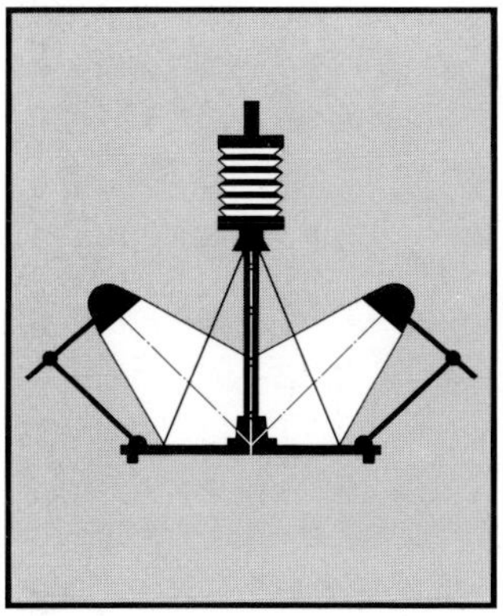

Bei der Reproduktion unterscheidet man grundsätzlich zwischen Vorlagen, die mit Auflicht und solchen, die mit Durchlicht aufgenommen werden. Da es sich bei der Reproduktion transparenter Vorlagen häufig um Farbdias handelt, wird diese Reprotechnik zusammen mit der Makrofotografie auf Seite 256 behandelt.

Reproduktion mit Auflicht

Nichttransparente Vorlagen wie Drucke, Fotos, Gemälde oder Zeichnungen reproduziert man folgendermaßen: Zuerst werden mindestens zwei Lichtquellen so justiert, daß sie in gleicher Höhe und in gleichem Winkel (von ca. 45°) zu der Aufnahmeoberfläche der Vorlage stehen. Danach wird durch das Unterlegen eines weißen Bogens in der Größe der Vorlage die Ausleuchtung auf ihre Gleichmäßigkeit hin überprüft. Dies geschieht mit Hilfe eines genau in der optischen Achse aufgestellten Bleistiftes, dessen Schatten nach jeder Seite hin gleich lang und gleich intensiv sein müssen. Bei der Benutzung von vier Lampen ergibt sich ein diagonal verlaufendes Schattenkreuz. Nach dieser Schattenprobe wird die eigentliche Vorlage mit Klebestreifen befestigt, so daß

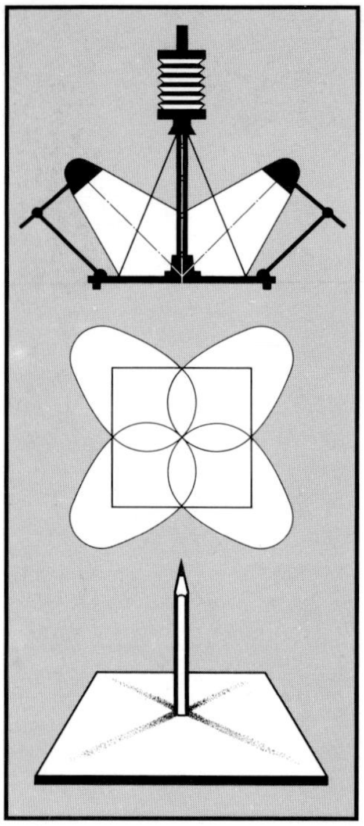

Von oben nach unten:
1. Schematische Darstellung der Anordnung der Lichtquellen für die Reprroduktion mit Auflicht in der Vorderansicht.

2. Schematische Darstellung der Ausleuchtung mit vier Lichtquellen bei der Reproduktion mit Auflicht in der Draufsicht.

3. Die einfache, aber präzise Schattenprobe zur Kontrolle der gleichmäßigen Ausleuchtung erfolgt mit Hilfe eines in der optischen Achse aufgestellten Bleistiftes.

sie vollkommen plan liegt. Bei der Ausleuchtung ist darauf zu achten, daß die Oberfläche der Vorlage keine der Lichtquellen widerspiegelt. Sollten Reflexe auftreten, so muß der Beleuchtungswinkel der Lampen geändert und erneut die Schattenprobe vorgenommen werden.
Verfügt die benutzte Kamera über TTL-Belichtungsmessung, so braucht man den Verlängerungsfaktor für die Belichtungszeit bei der Reproduktion nicht auszurechnen.
Hat die Kamera keinen eingebauten Belichtungsmesser, so muß für den entsprechenden Kameraauszug der Verlängerungsfaktor, mit dem die gemessene Belichtungszeit zu multiplizieren ist, ermittelt werden, da die Blendenwerte streng genommen nur bei der Unendlicheinstellung des Objektivs Gültigkeit haben. Die geringe Einstelldifferenz bei Aufnahmeentfernungen bis zu einem Meter kann vernachlässigt werden. Bei noch kürzeren Aufnahmeentfernungen hingegen macht sich eine Blendendifferenz bemerkbar. Einige Objektive korrigieren deshalb im Nahbereich automatisch ihre Blende, indem sie sie weiter öffnen.
Zur Erzielung eines größeren Abbildungsmaßstabs wird der Abstand zwischen der Hauptebene des Objektivs und der Bildebene durch das Dazwischenschalten auszugsverlängernder Hilfsmittel erheblich vergrößert. Da das Licht im Quadrat zur Entfernung abnimmt, verkleinert sich die wirksame Öffnung des Objektivs. Folglich muß die Verringerung der durchgelassenen Lichtmenge korrigiert werden. Der Verlängerungsfaktor für die Belichtungszeit wird folgendermaßen ermittelt:

$$\text{Verlängerungsfaktor} = \left(\frac{\text{Bildweite}}{\text{Brennweite}}\right)^2$$

Zum Beispiel:
Bildweite 100 mm, Brennweite 50 mm

$$\text{Verlängerungsfaktor} = \left(\frac{100}{(50)}\right)^2 = \frac{10000}{2500} = 4 \times$$

Es gibt noch eine zweite, ebenso einfache Formel, bei der man den Abbildungsmaßstab einbezieht. Sie kann dann angewendet werden, wenn die Möglichkeit besteht, die Vorlage selbst und deren Abbildungsgröße auf der Mattscheibe der Kamera zu messen. Wenn man die Bildgröße ins Verhältnis zur Objektgröße setzt, erhält man den Abbildungsmaßstab.

Zum Beispiel:
Bildgröße (Mattscheibenbild) 36 mm,
Objektgröße (Briefmarke) 36 mm

$$\text{Abbildungsmaßstab} = \frac{36}{36} = \frac{1}{1} = 1:1$$

Addiert man zu dem gefundenen Abbildungsmaßstab die Zahl 1 und erhebt die Summe ins Quadrat, so erhält man für diesen Abbildungsmaßstab den richtigen Verlängerungsfaktor.

Zum Beispiel:
$\text{Verlängerungsfaktor} = (\text{Abbildungsmaßstab} + 1)^2$

$\text{Verlängerungsfaktor} = (1 + 1)^2 = 2^2 = 4\ \text{x}$

Grundbeleuchtungsstudien

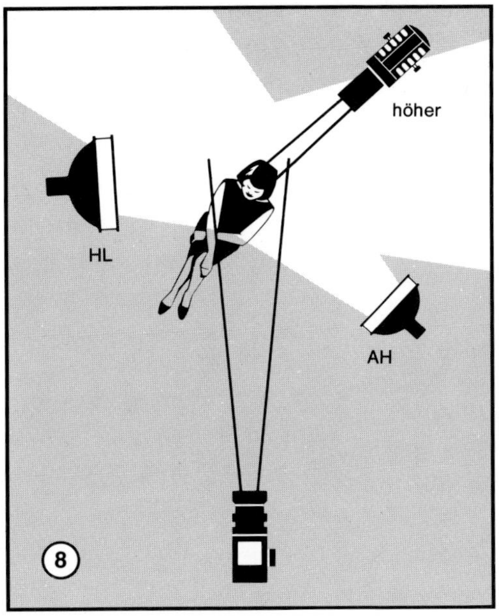

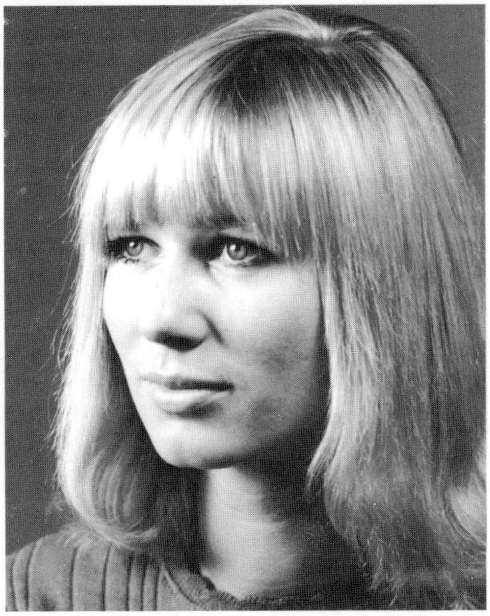

Schematische Darstellung der Anordnung der Lichtquellen und die daraus resultierende Porträt-Beleuchtungsstudie.

Die nachfolgend aufgeführten 10 Grundbeleuchtungsstudien sind nicht als ein Patentrezept für die perfekte Ausleuchtung gedacht, vielmehr soll der Effekt von Licht am Aufnahmeobjekt durch die unterschiedliche Anordnung und Zahl von Lichtquellen demonstriert werden. Es mag in der Praxis zwar vorkommen, daß man die eine oder andere Anordnung direkt übernehmen kann, häufig wird man aber die Lampenordnung ganz individuell auf das Aufnahmeobjekt abstimmen müssen. Dies wiederum setzt eine allgemeine Kenntnis der Beleuchtungstechnik voraus.

Das Hauptlicht bestimmt den Beleuchtungscharakter des Bildes. Die Sonne in der Natur wird im Studio vom Hauptlicht ersetzt. Aufheller haben nur die Aufgabe, zu starke Schatten zu mildern. Sie dürfen die Schatten aber keineswegs beseitigen oder gar zusätzliche Schatten werfen!

Als Hauptlicht verwendet man lichtstarke Weichstrahler. Zu kräftige Schatten werden mit Weichstrahlern geringerer Intensität oder mit solchen gleicher Stärke in einem größeren Abstand zum Objekt aufgehellt. Zur Erzielung von Effektlichtern benutzt man Stufenlinsenscheinwerfer, die ein gerichtetes, hartes Licht ausstrahlen. Durch das Auswechseln der Stufenlinse gegen einen Punktlichtvorsatz wird der Scheinwerfer in ein Spotlight mit noch kleinerem Strahlenkegel umgewandelt.

Die Belichtungsmessung wird bei der Aufnahme mit Glühlicht mit einem Handbelichtungsmesser vorgenommen.

Dabei mißt man das vom Objekt tatsächlich reflektierte und auf den Film einwirkende Licht im Abstand von 15–20 cm, ohne den Schatten des Gerätes in das Meßfeld miteinzubeziehen. Bei der Verwendung mehrerer Lichtquellen wird zuerst der Beleuchtungskontrast zwischen der hellsten und der dunkelsten bildwichtigen Stelle – zum Beispiel beim Porträt im Hautton des Gesichtes –, die sich wie 1 : 3 bis 1 : 6 verhalten dürfen, gemessen. Das entspricht einer Differenz von 1,5 bis 2,5 Blendenwerten. Dabei entfallen flächenmäßig ein Drittel auf das Hauptlicht und zwei Drittel auf den Aufheller. Diese Kontrastabstufung ist bei konventionellen Porträts die Norm. Selbstverständlich kann man zur Erzielung besonderer Beleuchtungseffekte davon abweichen. Sowohl das Hauptlicht als auch der Aufheller müssen getrennt gemessen werden. Die Aufnahme wird dann mit einem Mittelwert dieser beiden Meßergebnisse vorgenommen. Beim Arbeiten mit Glühlicht ist darauf zu achten, daß die Belichtungszeit ½ Sekunde nicht überschreitet, da sonst Verwacklungsgefahr von seiten des Modells besteht. Wird mit einer Studioblitzanlage gearbeitet, so mißt man das Blitzlicht mit einem Blitzbelichtungsmesser, indem man das Hauptlicht und den Aufheller ebenfalls separat ausmißt und mit einem Mittelwert belichtet. Auch bei Kameras, die über eine TTL-Spotmessung verfügen, wird der Beleuchtungskontrast des Hauptlichtes und des Aufhellers getrennt gemessen und mit einem Mittelwert beider Meßresultate fotografiert. Kameras, die eine Mehrfachspotmessung mit automatischer Mittelwertbildung zulassen, nehmen dem Fotografen sogar die Denkarbeit des Mittelns ab.

Die Grundbeleuchtungsstudien

1. Die optische Achse der Kamera, die Beleuchtungsachse des Hauptlichtes und die Augenhöhe des Modells liegen etwa in gleicher Höhe. Der Abstand vom Modell zum Hintergrund beträgt mindestens 1,5 bis 2 m. Als Hintergrund dient ein nahtloser, hellgrauer Hintergrundkarton von der Rolle.

2. Die Beleuchtungsachse des höher gestellten Hauptlichtes bildet einen spitzen Winkel zu dem Modell von ca. 30–45°. Dadurch bekommt das Haar mehr Licht. Die Scharfeinstellung erfolgt – mit der Mattscheiben- oder Reflexkamera – bei voller Öffnung auf die Spitzlichter in den Augen. Dies gilt für Frontalaufnahmen. Bei Halbprofilbildern stellt man auf die Nasenwurzel ein.
Zur Kontrolle verschafft man sich durch Abblenden auf Arbeitsblende Gewißheit, ob beide Augen auch scharf abgebildet werden. Je nach benutzter Brennweite beträgt die Arbeitsblende bei:

f = 90 mm	5,6–8
f = 135 mm	8–11
f = 180 mm	11–16
f = 250 mm	16–22

Bei Frontalaufnahmen genügt die größere der beiden angegebenen Blenden. Bei Aufnahmen im Halbprofil muß wegen der größeren erforderlichen Schärfentiefe stärker, auf den zweiten Wert, abgeblendet werden. Bedingung bei jeder Porträtaufnahme ist, die Augen, die Nasenspitze und die Lippen scharf abzubilden. Alle übrigen Gesichtspartien können in eine zunehmende Unschärfe übergehen.

3. Durch die Anordnung des Hauptlichtes in etwa 90° zur optischen Achse des Objektivs erhält nur die eine Gesichtshälfte Licht.

4. Hierbei wird erstmals zusätzlich zu dem Hauptlicht ein Aufheller zur Aufhellung der Schatten benutzt. Bei der Verwendung mehrerer Lichtquellen erfolgt die Ausleuchtung nacheinander. Zuerst wird das Hauptlicht gesetzt. Ist man mit dem Beleuchtungseffekt zufrieden, wird der Aufheller eingeschaltet und in die richtige Beziehung zum Hauptlicht gebracht. (Je mehr Lichtquellen, um so mehr Schatten entstehen auch!) Nur wenn die Ausleuchtung jeder einzelnen Lichtquelle überprüft wird, läßt sich der Beleuchtungscharakter eines Bildes steuern und kontrollieren. Werden bei der Benutzung mehrerer Lichtquellen alle gleichzeitig angeschaltet, so läßt sich kaum beurteilen, welcher Beleuchtungseffekt von welcher Lichtquelle herrührt.

5. Bei gleichbleibender Lampenanordnung ist nur die Pose verändert worden, von Frontal auf Profil.

6. Die wohl am häufigsten angewandte Pose ist das Halbprofil. Der Aufheller steht dabei erhöht zum Modell, um dem Haar etwas mehr Licht zu geben. Bei der Verwendung mehrerer Lichtquellen ist außerdem darauf zu achten, daß die Augen möglichst nur je ein Spitzlicht reflektieren und nicht den gesamten zum Einsatz gelangten Lampenpark. Sollten – was nicht immer zu vermeiden ist – dennoch mehrere Spitzlichter auftreten, so läßt sich durch Retusche Abhilfe schaffen.

7. Hierbei wird zusätzlich noch ein Scheinwerfer eingesetzt. Durch Projektion einer hellen Zone um den Kopf des Modells auf dem Hintergrund wird eine bessere räumliche Trennung erzielt. Der Kopf des Modells steht vor dem Hintergrund im Raum.

8. Ein Spitzlicht, das von einem Scheinwerfer von schräg oben mit sehr engem Strahlenbündel auf das Haar gesetzt wird, gibt diesem mehr Glanz und Lebendigkeit. Die Relation helle Zone zu dunkler Zone im Gesicht, die durch die Anwendung von Hauptlicht und Aufheller zustande kommt, sollte etwa $\frac{1}{3}$ zu $\frac{2}{3}$ sein, wobei der kleinere Bereich der hellere ist.

9. Sehr reizvoll in der Wirkung, hauptsächlich bei Porträts von Herren oder Damen mit kurzem Haarschnitt, ist die Lichtschere. Zwei Scheinwerfer sind seitlich über und hinter dem Modell so angebracht, daß sie das Gesicht mit einem Lichtsaum einrahmen. Ein Aufheller in Kameranähe sorgt von vorn für die Aufhellung zu starker Schatten.

10. Für bestimmte Zwecke kann eine Profilaufnahme nach Scherenschnittmanier notwendig sein. Dazu wird das Modell in einem Abstand von mindestens 2–3 m vor eine hell angestrahlte weiße Fläche (Hintergrundkarton) gesetzt. Die Belichtung wird nicht am Modell, sondern am Hintergrund gemessen. Da das Modell nur stark unterbelichtet als Silhouette wiedergegeben wird, entsteht der scherenschnittartige Bildeffekt.

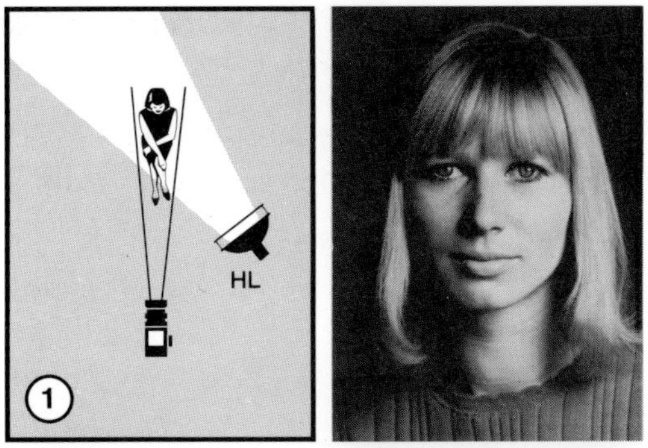
HL
1

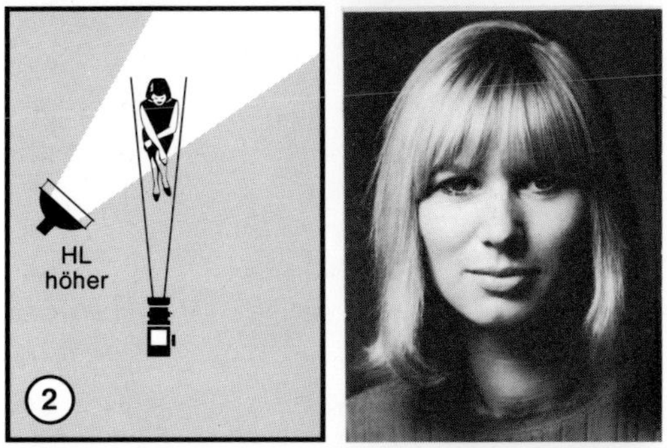
HL
höher
2

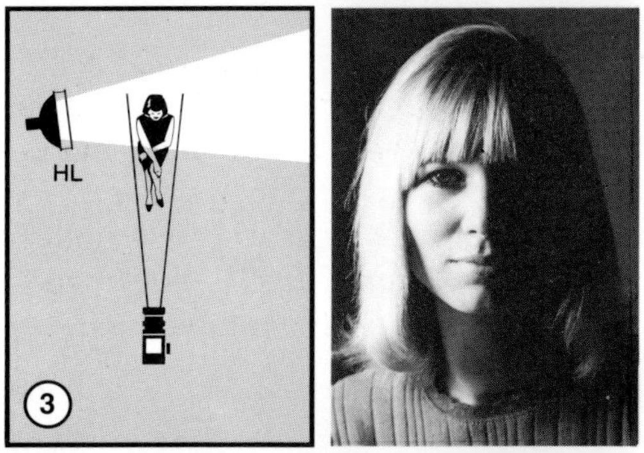
HL
3

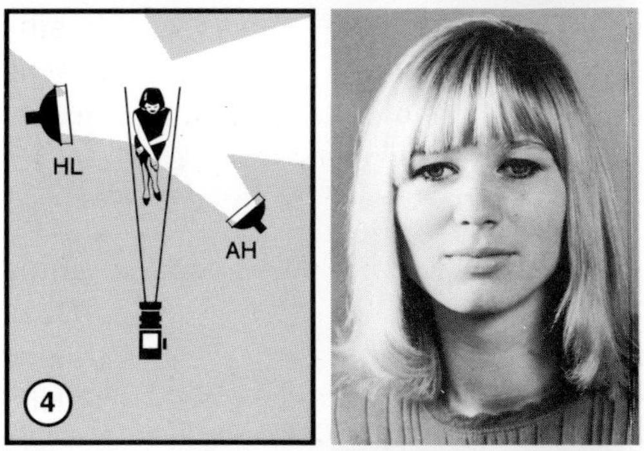
HL
AH
4

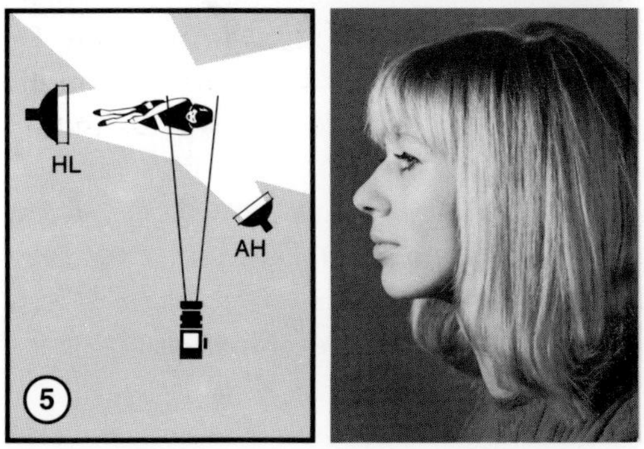
HL
AH
5

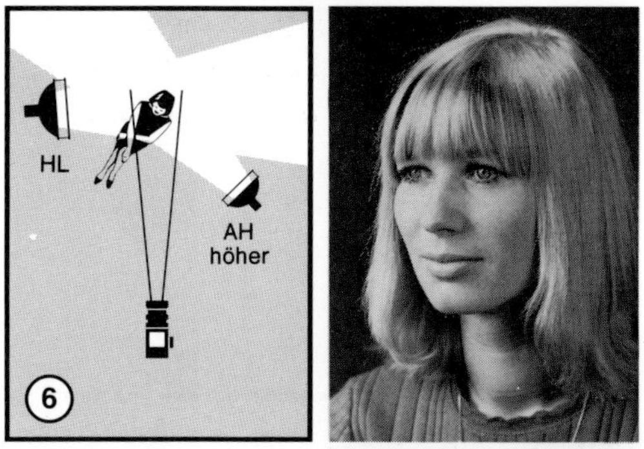
HL
AH
höher
6

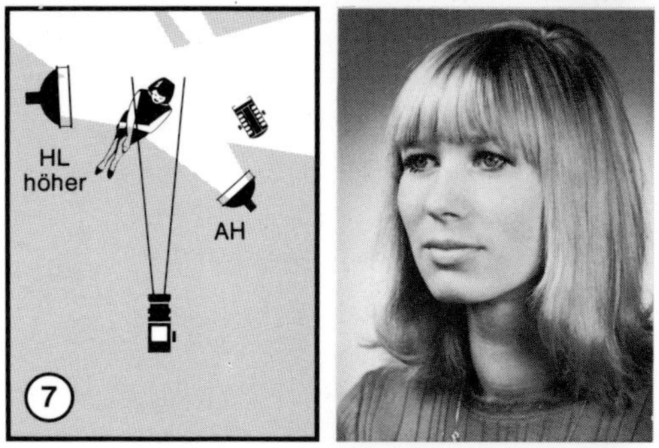
HL
höher
AH
7

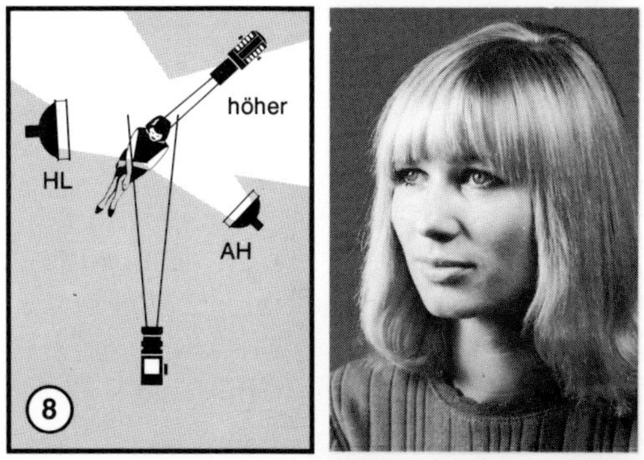
höher
HL
AH
8

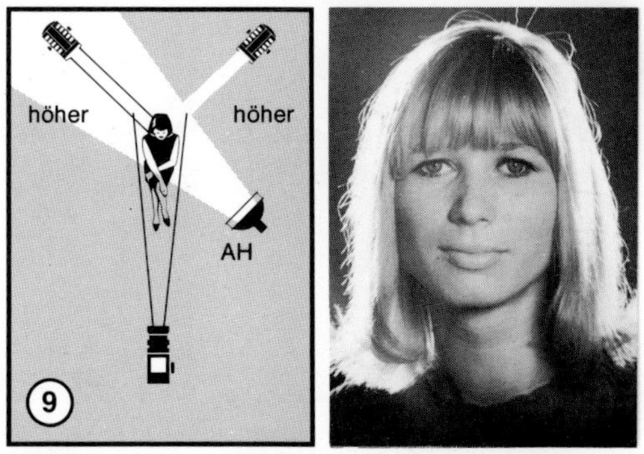
höher
höher
AH
9

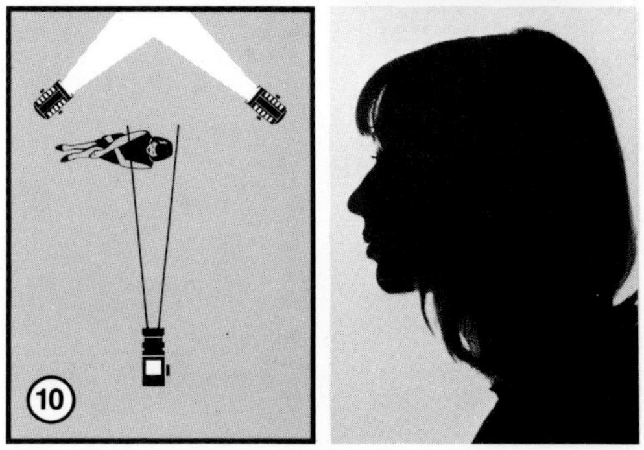
10

Porträt

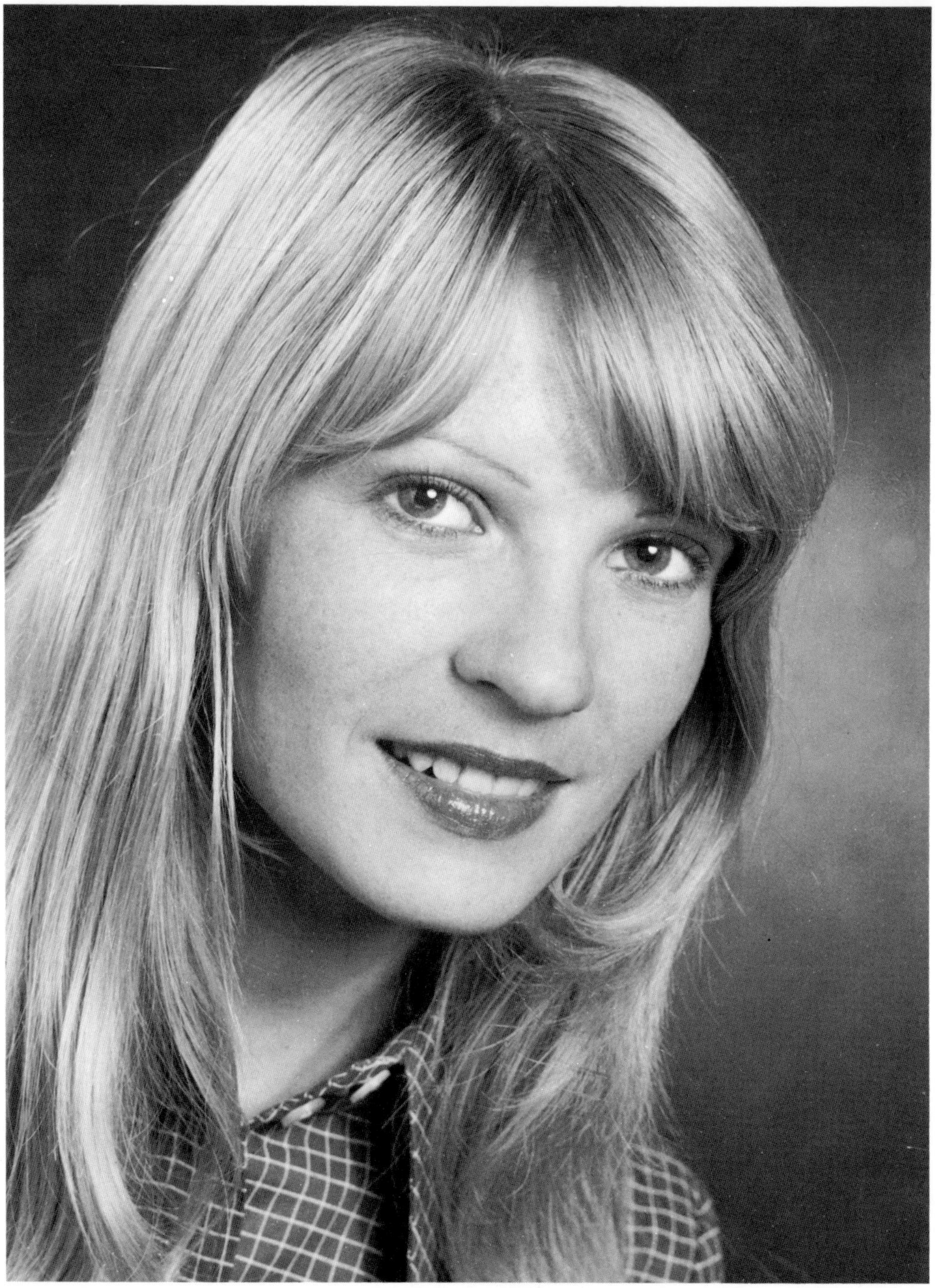

Schematische Darstellung der Anordnung der Lichtquellen und das daraus resultierende Porträt einer jungen Dame.

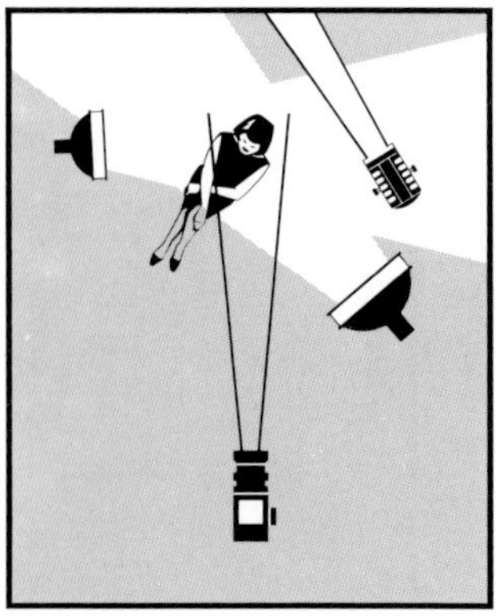

Das formelle Porträt ist im Gegensatz zum Schnappschuß eine mit Regie gestaltete Aufnahme. Meistens entsteht sie im Studio oder in einem für diesen Zweck improvisierten Raum. Die Ungezwungenheit, die ein Schnappschuß ausstrahlt, wird sich im Studio nur mit besonders entspannten Modellen erreichen lassen. Wenn man jedoch einige psychologische und technische Überlegungen berücksichtigt, braucht auch das gestellte Bild keineswegs steif und unnatürlich zu wirken.

Psychologische Überlegungen

Die Pose muß dem Typ des abgebildeten Menschen entsprechen. Die Kleidung soll dezent und möglichst einfarbig sein, aber weder schneeweiß noch tiefschwarz, weil der Film diese Kontraste nicht bewältigt. Am besten ist ein mittlerer Farbton. Die Kleidung soll das Bildnis lediglich unterstreichen, keineswegs aber durch auffällige Musterung oder Struktur dominieren.

Noch mehr als von der Kleidung erwartet man vom

Hintergrund Neutralität. Auch er sollte einfarbig, möglichst neutralgrau, weiß oder schwarz sein und einen Kontrast zum Hautton und der Haarfarbe bilden. Es stört nicht, wenn der Farbton der Kleidung leicht in den des Hintergrundes übergeht. Wird die Aufnahme nicht im Studio, sondern am Arbeitsplatz, beim Sport oder im Theater vorgenommen, so ist darauf zu achten, daß die Umgebung in glaubhafter Beziehung zum Typ der abzubildenden Person steht.

Technische Überlegungen

Nahezu jede Kamera eignet sich für Porträtaufnahmen, am besten jedoch eine SLR-Kamera. Es gibt zwei wichtige Gründe, die die Verwendung einer längeren als die normale Brennweite erforderlich machen.

1. Psychologisch fühlt sich der Abzubildende weitaus weniger eingeengt und gehemmt und agiert freier vor der Kamera, wenn ein größerer Aufnahmeabstand besteht.

2. Die bei Verwendung eines Normalobjektivs auftretenden, störenden perspektivischen Verzeichnungen werden mit einer längeren Brennweite vermieden.

Das ideale Porträtobjektiv besitzt etwa die doppelte Brennweite des Normalobjektivs. Beim Kleinbild entspricht dies dem 90er, 105er und 135er Objektiv, beim Mittelformat von 4,5 × 6 bis 6 × 7 cm den Brennweiten zwischen 150 und 210 mm und beim Großformat von 9 × 12 bis 18 × 24 cm den Brennweiten von 300 bis 600 mm.

Das Aufnahmematerial richtet sich nach dem endgültigen Verwendungszweck des Bildes. Wird, wie beim Paßbild, nur eine geringe Vergrößerung verlangt, so kann mit höher empfindlichem Film gearbeitet werden. Der höher empfindliche Film ist wegen der kurzen Verschlußzeiten besonders dann von Vorteil, wenn die Aufnahme – ähnlich wie beim Schnappschuß – während eines Gesprächs aus der Hand geschossen werden soll. Sollte das Stativ nicht zu umgehen sein, etwa weil die Aufnahme für eine plakatgroße Vergrößerung benötigt wird, so fotografiert man auf einen Film niedriger Empfindlichkeit, um störendes Korn zu vermeiden.

Als Aufnahmelicht benutzt man in diesem Fall eine Studioblitzanlage mit einer Leistung von 1500 Ws. Um sich das störende Synchronkabel bei der handgehaltenen Kamera zu ersparen, löst man die Blitzanlage mit einem auf der Kamera aufsteckbaren Infrarotsender aus.

High-Key

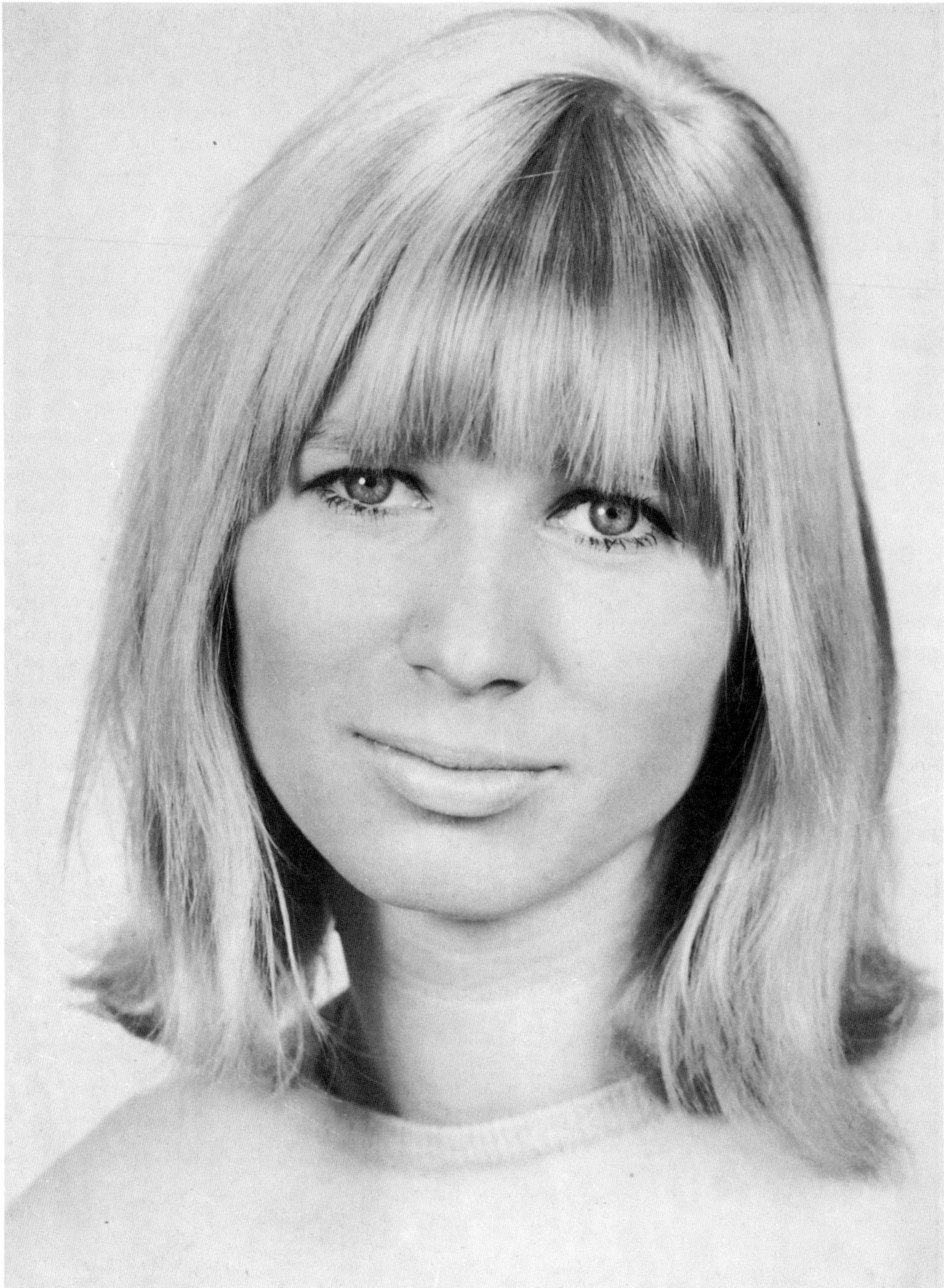

Schematische Darstellung der Anordnung der Lichtquellen und das daraus resultierende High-Key-Bildnis.

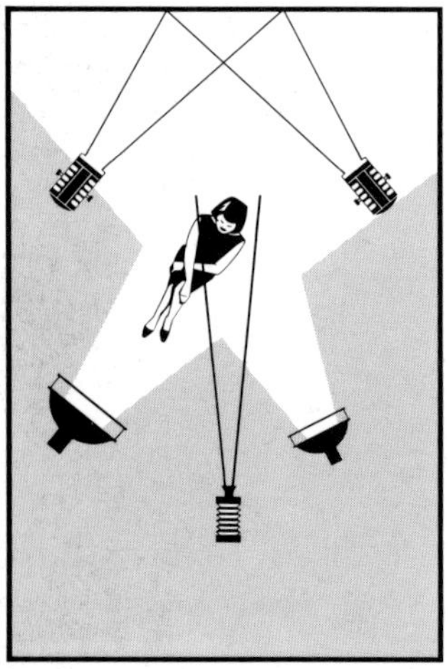

Für Porträt-, Mode- und Werbeaufnahmen bedient man sich gerne eines besonderen Beleuchtungsstils, der sogenannten High-Key-Technik. Neben der besonderen Lichtführung ist bei der High-Key-Aufnahme zu beachten, daß die Haut, das Haar und die Kleidung des Modells sowie der Hintergrund möglichst in einem einzigen, sehr hellen Farbton gehalten sind.

Bei der Ausleuchtung wird nur mit diffusem, schattenlosem Licht gearbeitet. Der Hintergrund sollte so angestrahlt werden, daß er um etwa zwei Blendenwerte heller ist als die übrigen bildwichtigen Töne. Für die Haut, das Haar und die Kleidung sollte der Belichtungsmesser die gleichen Werte anzeigen. Das Ergebnis ist dann ein sehr zartes, in den hellsten Grautönen fein abgestuftes Bild des Modells vor einem völlig weißen Hintergrund. Nur die Augen und der Mund heben sich als dunklere Bildpartien ab. Ein Ausschalten der Halbtöne durch hartes Kopieren ist nicht identisch mit der High-Key-Technik.

Low-Key

Schematische Darstellung der Anordnung der Lichtquellen und die daraus resultierende Low-Key-Aufnahme.

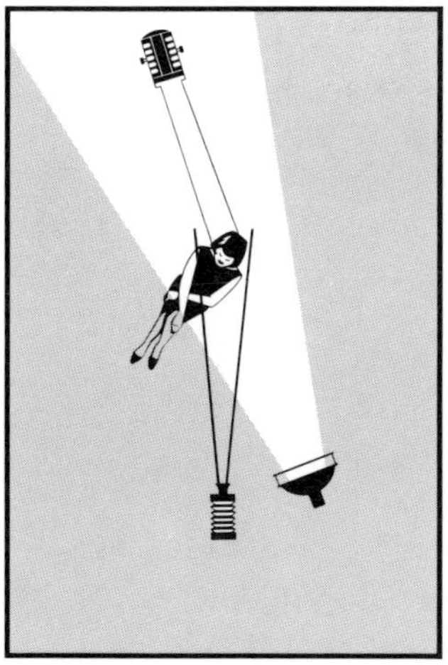

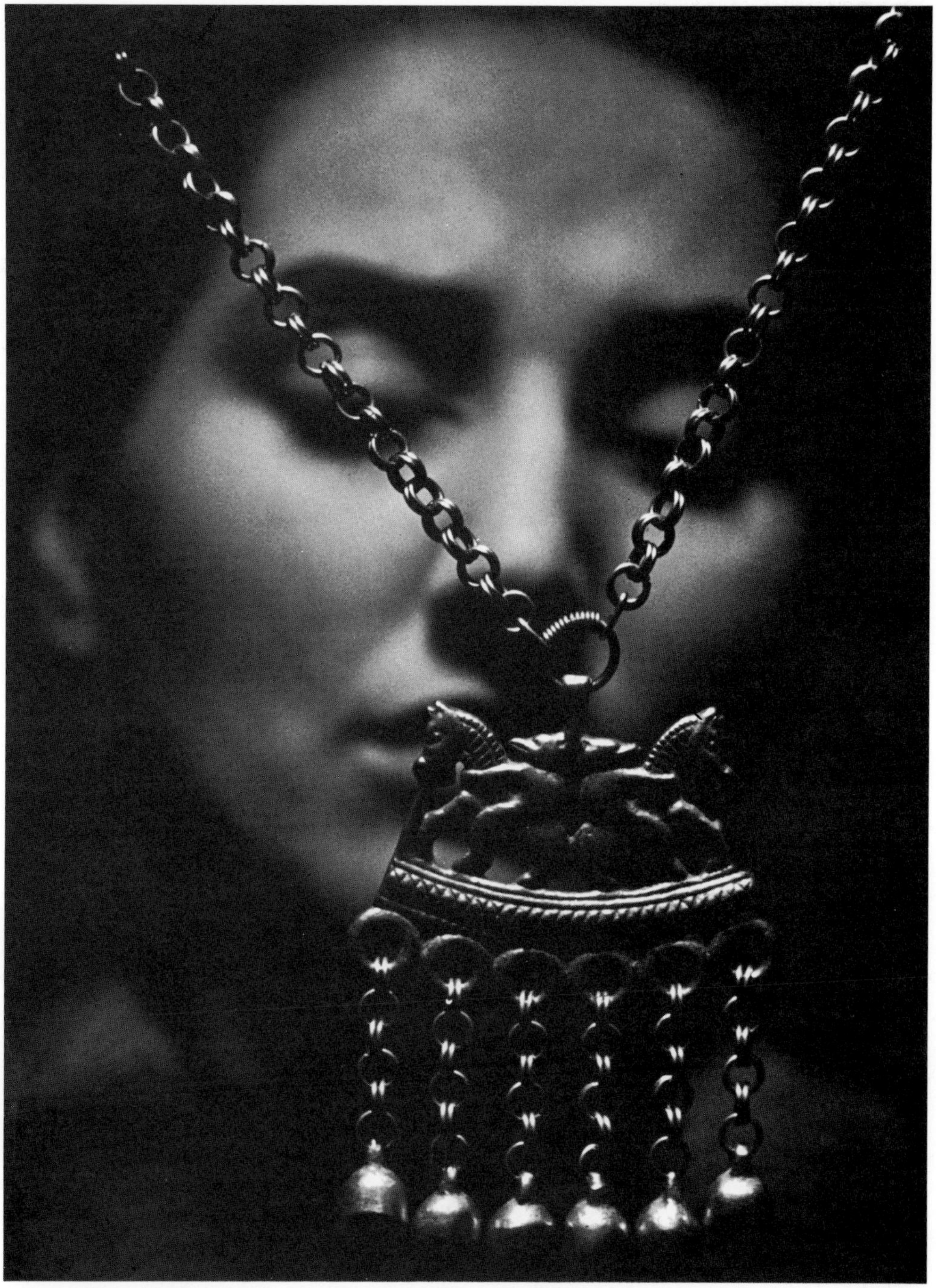

Das Gegenteil der High-Key- ist die Low-Key-Technik. Vor tiefschwarzem Hintergrund wird dabei das Objekt nur mit gerichtetem Streiflicht angestrahlt. Je nach dem gewünschten Effekt können die zu tiefen Schatten durch einen Weichstrahler schwach aufgehellt werden. Der Beleuchtungskontrast sollte 1 : 10 oder 3⅓ Blendenstufen nicht überschreiten.

Während die High-Key-Technik sich wegen ihrer weichen Tonwertabstufung besonders für Babybilder, Damenporträts, Modefotos und die Kosmetikwerbung eignet, wird die Low-Key-Technik mit ihren kontrastreichen Abstufungen eher für Herrenporträts, Bilder mit dramatischem Akzent und Aufnahmen mit Nachteffekt angewandt.

Stilleben

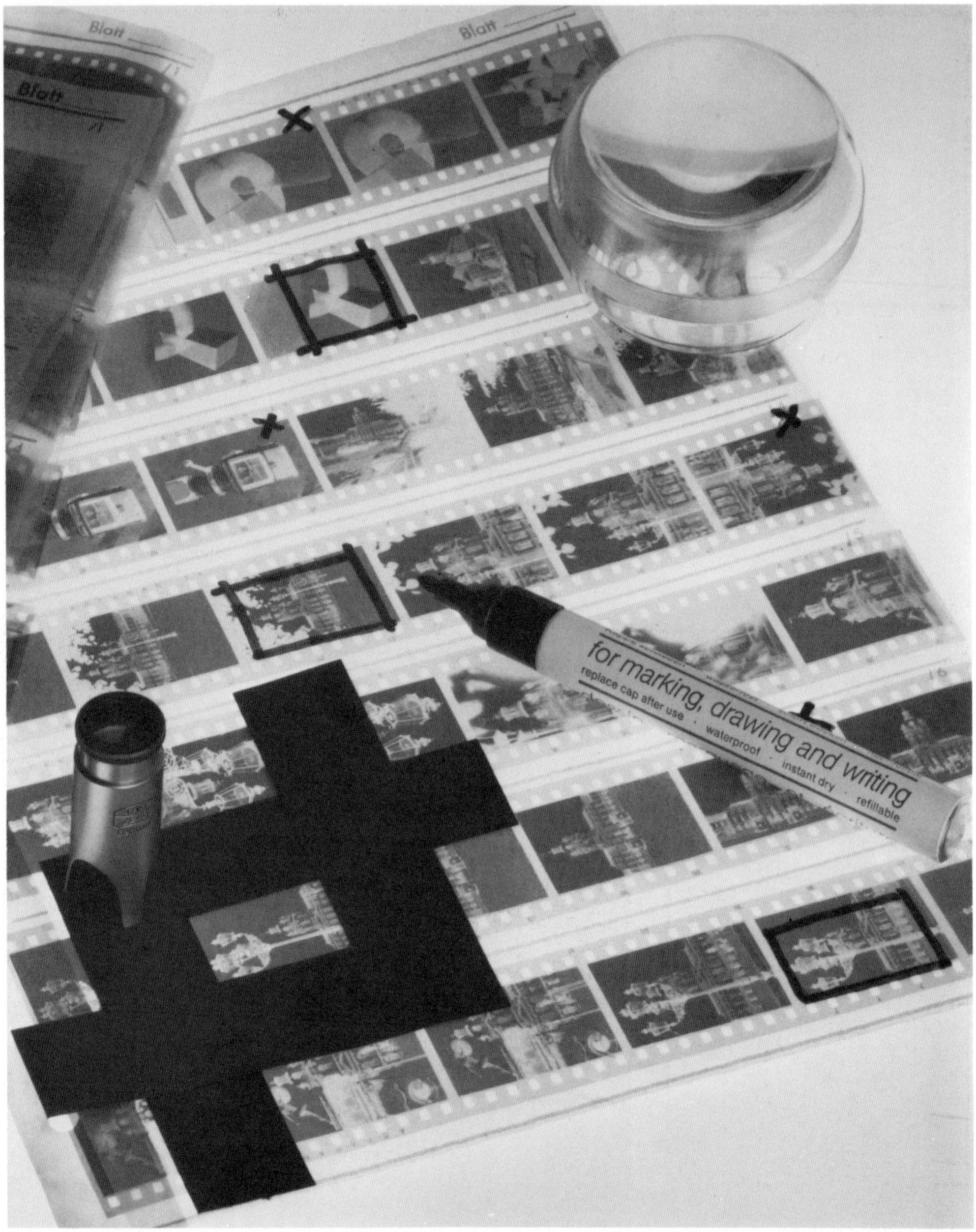

Schematische Darstellung der Aufnahmeordnung unter Berücksichtigung der Scheimpflugbedingung und das daraus resultierende Stilleben. Foto: E.A. Weber und B. Wille.

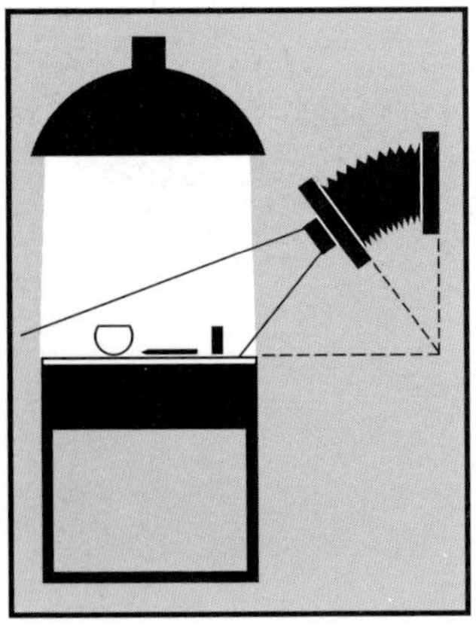

Neben dem Kunstlichtporträt stellt das Stilleben bezüglich der Beleuchtung und Komposition die größte Herausforderung für jeden Fotografen dar.

Wenn man bedenkt, daß der größte Teil aller Werbeaufnahmen aus Produktfotos besteht, so erkennt man die Bedeutung, die dieser Kategorie von Aufnahmen zukommt. Das Stilleben existiert zunächst nur als Idee. Erst durch die Wahl eines für das Motiv passenden Hintergrundes und der geeigneten Beleuchtung wird sie in ein Bild umgesetzt. Wie beim Porträt soll der Hintergrund vollkommen unauffällig sein und nicht durch dominierende Strukturen mit dem Hauptmotiv konkurrieren. Die meisten Stilleben und Sachaufnahmen sind zu vollgepackt mit Objekten, zu überladen. Weniger ist mehr! Die Beleuchtung, die dem Sonnenlicht am nächsten kommt, wird das Motiv am überzeugendsten präsentieren. Da es sich beim Stilleben in den meisten Fällen um Nahaufnahmen handelt, wird man nur mit der verstellbaren Kamera eine optimale Lösung der gestellten Aufgabe erzielen. Dies setzt voraus, daß der Bildkreisdurchmesser des verwendeten Objektivs groß genug ist, um alle Verstellmöglichkeiten der Kamera ausnutzen zu können. Die Wahl der Filmsorte wird vom endgültigen Verwendungszweck der Aufnahme bestimmt.

Mode

Schematische Darstellung der Aufnahmeanordnung und die daraus resultierende Modeaufnahme. Foto: Thomas Pfeiffer.

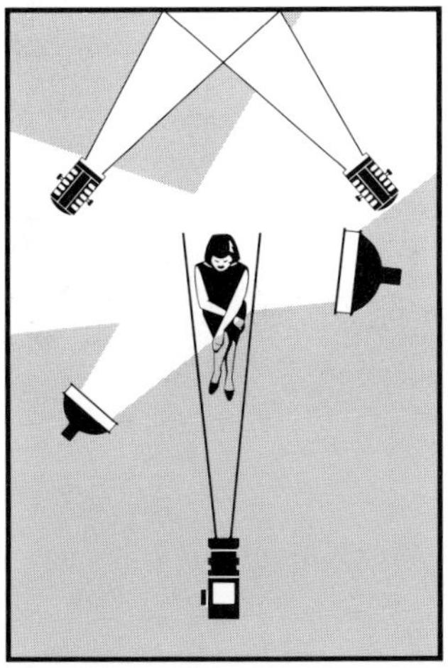

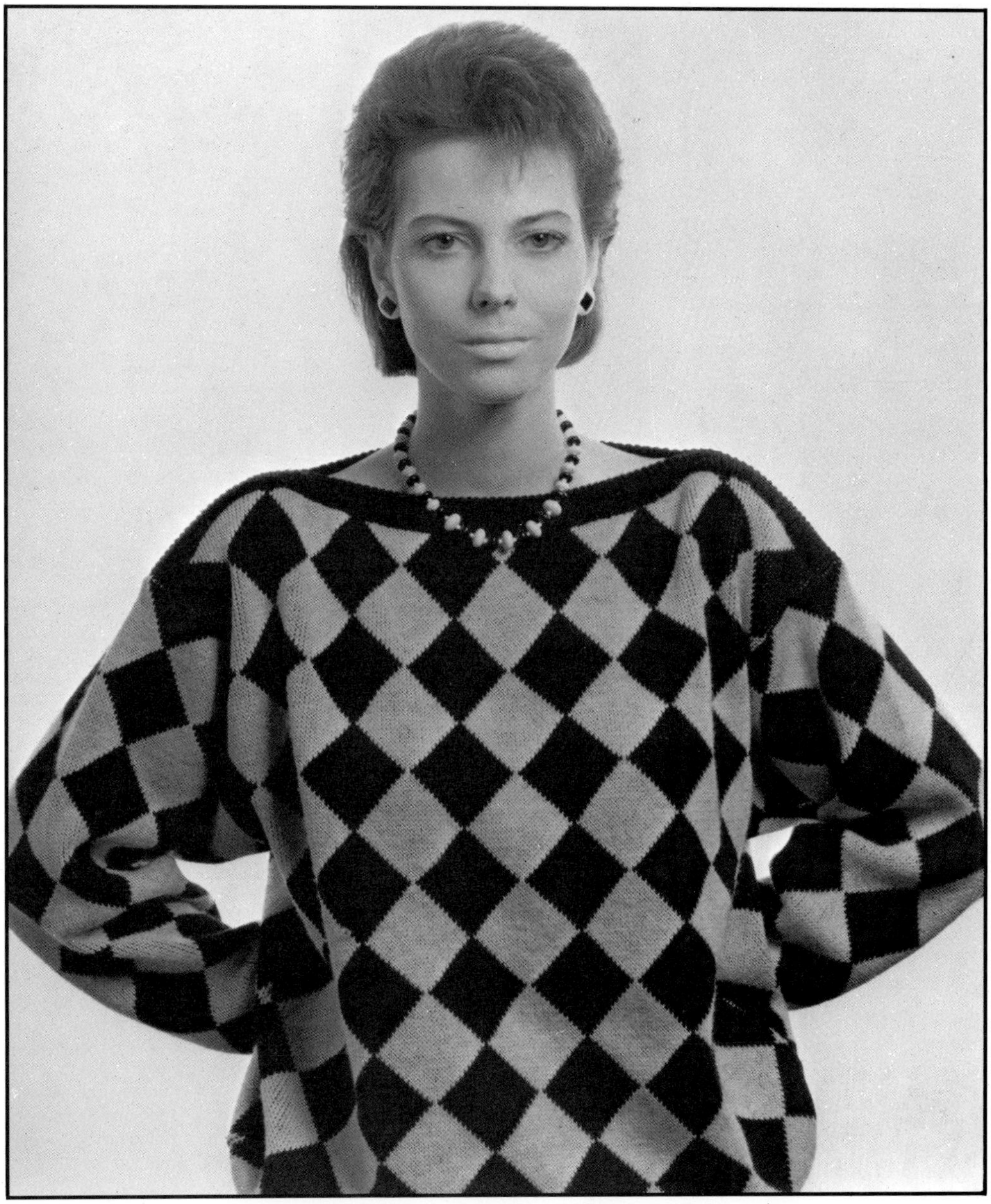

Auf jedem Sektor der angewandten Fotografie ist nicht die Handhabung der Technik, sondern die vorteilhafte Darstellung des Produktes die wichtigste Aufgabe. Wie auf allen Spezialgebieten erfordert auch die Modefotografie viel Sachkenntnis und Einfühlungsvermögen in die Materie. Der beste Modefotograf wäre wahrscheinlich der Modedesigner selbst, vorausgesetzt, er verfügte über die notwendigen fototechnischen Kenntnisse. In der Praxis wird das selten genug vorkommen. Die nächstbeste Lösung besteht daher aus einer Teamarbeit zwischen Designer, Direktrice, Stilistin, Modell und Fotograf. Vom Fotografen erwartet man, daß er mit viel Phantasie und Einfallsreichtum ständig neue Variationen der optischen Präsentation der Kleidungsstücke findet, um sie vorteilhaft aus der Masse der Konkurrenzprodukte hervorzuheben. Das Werkzeug des Modefotografen ist die motorisierte SLR-Mittelformatkamera. Vereinzelt wird auch die Kleinbildkamera eingesetzt. Bei Außenaufnahmen, ob in der Natur oder in der Stadt, kann sich das Hintergrundmotiv der Modeaufnahmen sowohl in Harmonie als auch im Gegensatz zu den abgebildeten Kleidern und Modellen befinden. Die Beleuchtung muß jedoch stets materialgerecht sein, das heißt, die abzubildenden Stoffe müssen bei geeignetem Licht fotografiert werden.

Landschaft

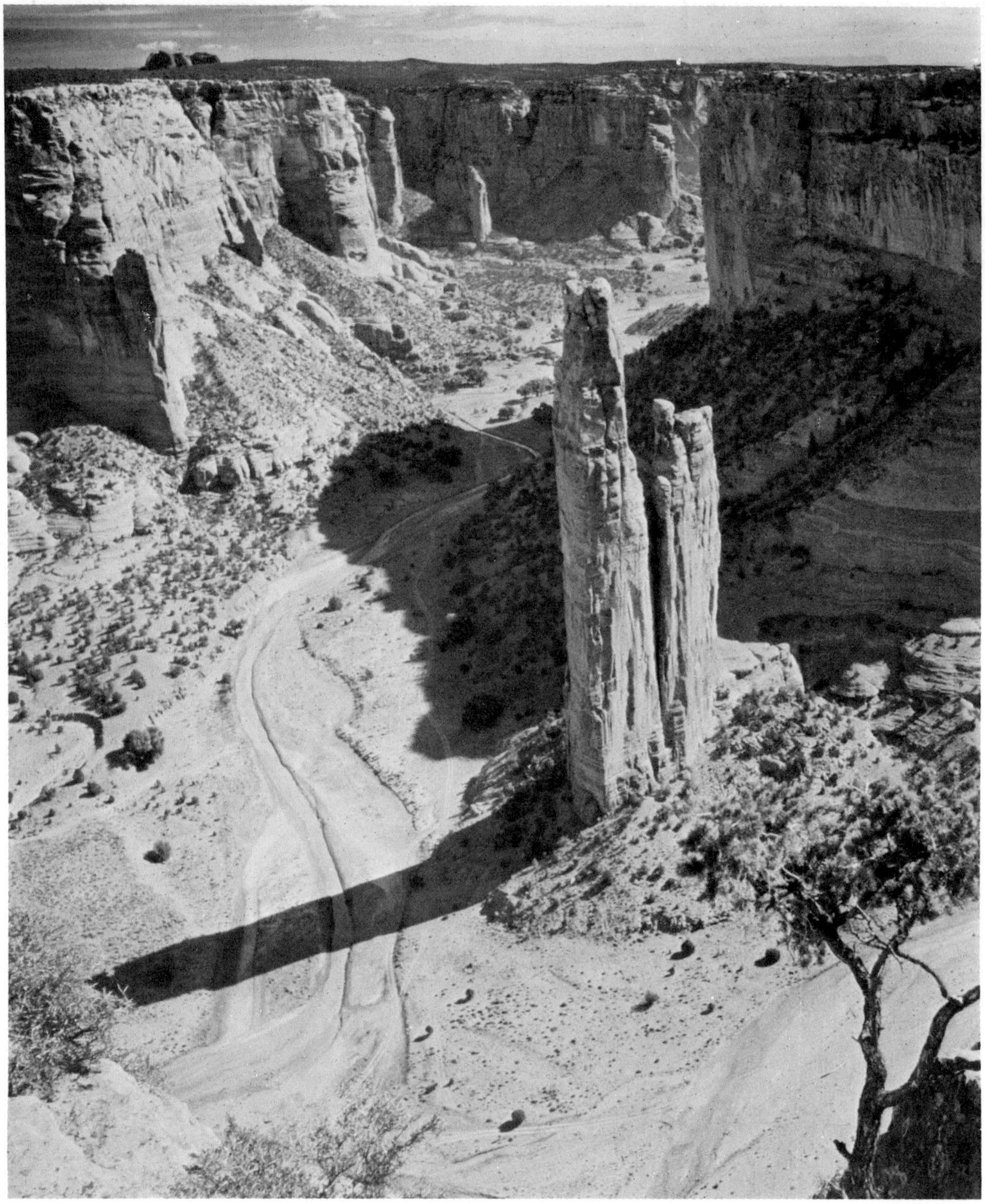

Der 240 m hohe Spider Rock im Canyon de Chelly National Monument in Arizona, USA, wurde bei morgendlichem Seitenlicht mit dem Weitwinkelobjektiv fotografiert.

Die Landschaftsaufnahme zählt zu den am häufigsten aufgenommenen Motiven überhaupt. Neben dem Festhalten flüchtiger Reiseerinnerungen dient sie dem Amateur oft als ein Versuch, eine ganz bestimmte, zum Aufnahmezeitpunkt herrschende, Stimmung einzufangen. Für den Berufsfotografen dagegen ist mit der Landschaftsaufnahme meistens eine konkrete Aufgabenstellung verbunden. Die Aufnahme kann zum Beispiel zur Dokumentation oder für die Tourismuswerbung benötigt werden. Unabhängig vom Verwendungszweck verlangt sie stets ein systematisches Vorgehen und Erkunden des für die gestellte Aufgabe optimalen Stand- und Zeitpunktes. Der Witterung bzw. den Lichtverhältnissen kommt dabei die größte Bedeutung zu. Je nachdem, ob bei strahlend blauem oder bei dramatisch bewölktem Himmel, bei Sonnenauf- oder -untergang fotografiert wird, erhält dieselbe Landschaft einen völlig verschiedenen Bildcharakter. Fototechnisch kann die Aufnahme mit jedem Kameratyp durchgeführt werden. Aus drucktechnischen Gründen verlangen einige Auftraggeber jedoch den Einsatz einer Mittel- oder Großformatkamera. Die Objektivwahl hängt ebenso wie die Verwendung von Farb- oder Polfiltern von der Bildidee und der Szenerie ab. Lange Belichtungszeiten verlangen den Einsatz eines Stativs. Die zu verwendende Filmsorte wird vom endgültigen Verwendungszweck der Aufnahme bestimmt.

Architektur

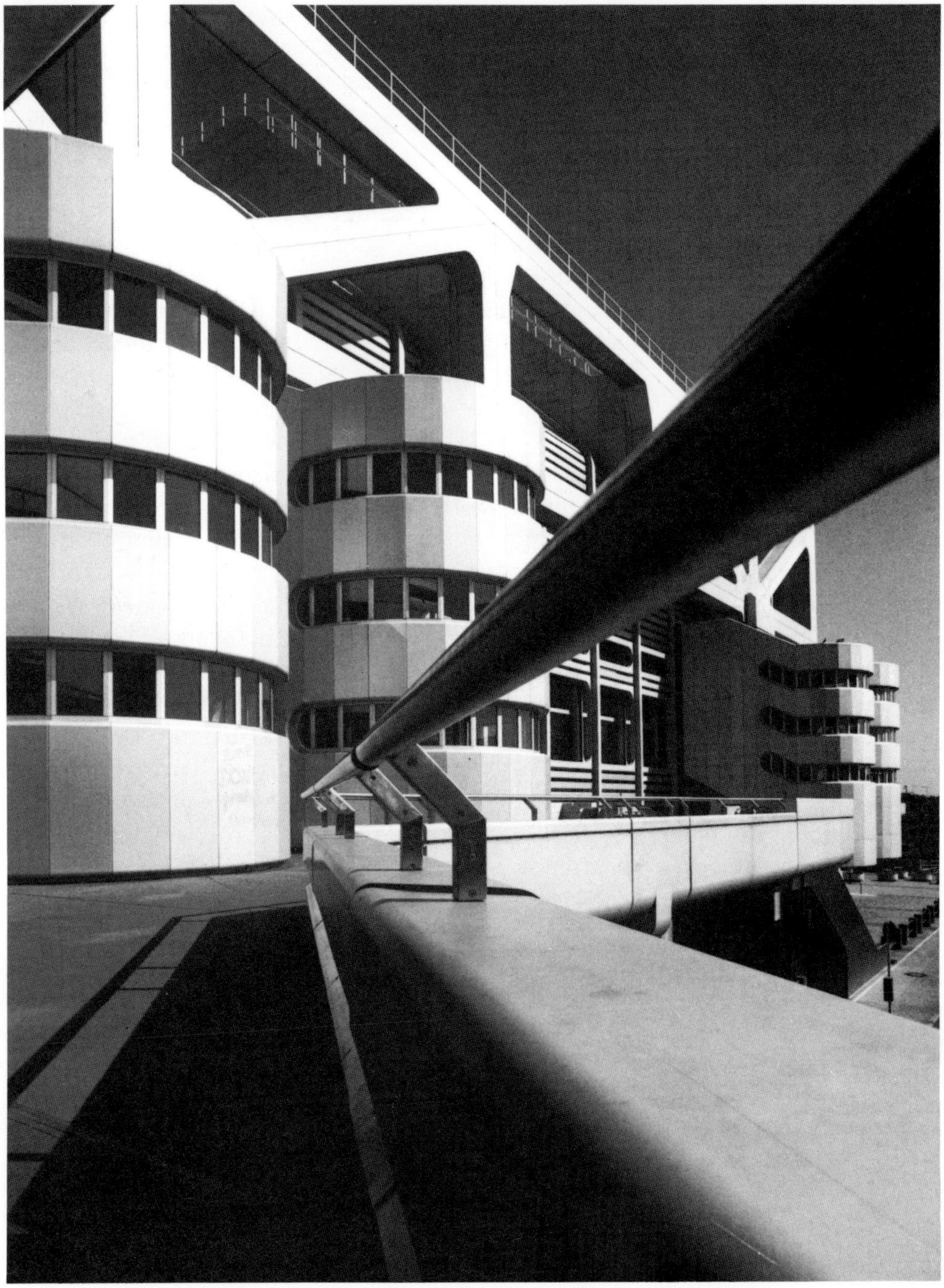

Das Bild des Internationalen Congress Centrums Berlin wurde mit einem Weitwinkelobjektiv unter Verwendung eines Rotfilters aufgenommen.

Um eine plastische Wiedergabe zu erzielen, sind in der Architekturfotografie die Perspektive und das Licht die wichtigsten Gestaltungsmittel. Je nach dem Aufnahmestandpunkt ergibt sich bei geringer Aufnahmedistanz mit dem Weitwinkelobjektiv eine übertriebene und bei weiter entferntem Standpunkt mit dem Teleobjektiv eine verflachte Perspektivewiedergabe. Da Bauwerke gewöhnlich aus der Augenhöhe betrachtet werden, sollte man auch aus der Augenhöhe fotografieren. Dies schließt aber keineswegs aus, zur Erzielung eines besonderen Effektes einen wesentlich höheren oder tieferen Standpunkt zu wählen.

Die Aufnahmekamera

Für die Architekturaufnahme wird man ohne eine mit allen Verstellbarkeiten ausgestattete Mittel- oder Großformatkamera kaum auskommen. Sie ist sowohl zur Vermeidung stürzender Linien als auch zur Beeinflussung der Perspektive und des Schärfeausgleichs nach Scheimpflug erforderlich. Unter Verwendung eines PC-Objektivs lassen sich in beschränktem Maße auch Kleinbildkameras einsetzten.

Objektive

Da Architekturaufnahmen überwiegend vielseitige Verstellmöglichkeiten der Kamera verlangen, kommen für sie nur Objektive mit extrem großem Schärfekreisdurchmesser in Betracht. Selbstverständlich kommt man gelegentlich auch mit normalen Objektiven aus.

Beleuchtung

Das Architekturfoto, sei es nun eine Gebäude- oder Innenaufnahme, lebt vom Licht und den Schatten. Da die dreidimensionalen Gebäude auf der Abbildung zweidimensional erscheinen, muß vor allem mit Hilfe der Beleuchtung der Eindruck von Räumlichkeit hervorgerufen werden. Man arbeitet deshalb möglichst nur mit Seitenlicht, so daß eine Seite des Gebäudes volles Licht erhält, während die andere im Schatten liegt. Ein bedeckter Himmel mit diffusem Licht beraubt das Bild jeder plastischen Wirkung. Sollte sich die helle Fassade des Gebäudes mit ihrem Farbton nur wenig von dem des Himmels abheben, so wendet man zur Tontrennung die Kontrastfilterung an. Mit Hilfe eines kräftigen Gelb-, Orange- oder Rotfilters wird der Himmel wesentlich dunkler abgebildet. Bei besonders schwierigen Objekten erhält man möglicherweise mit einer Nachtaufnahme ein befriedigenderes Resultat als bei Tageslicht. Auch die kombinierte Belichtung von Tag- und Nachtaufnahme auf einem Negativ kann sehr zur Steigerung der Bildwirkung beitragen. Innenaufnahmen lassen sich in den meisten Fällen nur mit einer verstellbaren Kamera und einem alle Verstellbarkeiten zulassenden Weitwinkelobjektiv zufriedenstellend aufnehmen. Manchmal verhilft auch eine Kleinbildkamera mit einem f = 15 mm Weitwinkelobjektiv mit einem Bildwinkel von 110° zu einer eindrucksvollen Innenarchitekturaufnahme. Bei unzureichend aufgehellten Schatten eines Innenraums setzt man zusätzlich einen Weichstrahler oder Blitzlicht ein, indem man für die Kamera unsichtbar bei einer Zeitbelichtung mit den Lichtquellen in der Szenerie umherwandert und, wo immer notwendig, die zu dunklen Schatten aufhellt. Vorsicht! Die Einrichtungsgegenstände dürfen ihre Schatten nur nach einer Richtung werfen!

Für die Aufnahme von Architekturmodellen gelten für die Perspektive, den Kamerastandpunkt und die Beleuchtung im Prinzip die gleichen Bedingungen wie bei normalen Architekturaufnahmen. Erschwerend hinzu kommt allerdings der geringe Aufnahmeabstand. Die besten Ergebnisse wird man wiederum mit extrem kurzen Brennweiten bei unverstellbaren Kameras oder mit etwas längeren Brennweiten bei mit allen Verstellbarkeiten versehenen Kameras erzielen. Die Wahl des Filmmaterials richtet sich nach dem endgültigen Verwendungszweck der Aufnahme. Für Großvergrößerungen zum Beispiel kommen nur großformatige, niedrigempfindliche Aufnahmematerialien in Frage, für normale Vergrößerung bis zu 30 × 40 cm dagegen reichen Mittelformat und Filme normaler Empfindlichkeit aus.

Tiere

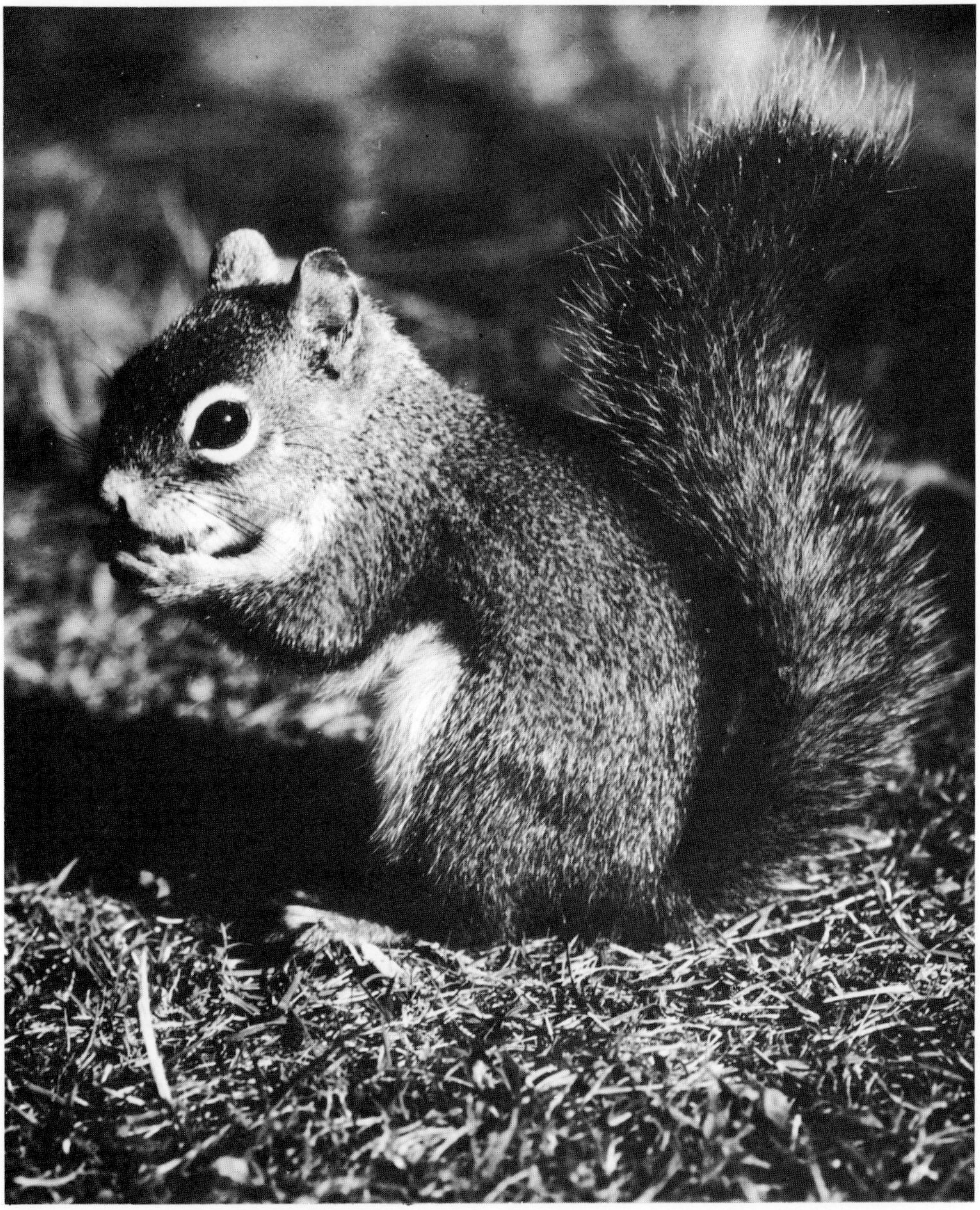

Die Aufnahme des Eichhörnchens erfolgte mit einem f = 100 mm Makroobjektiv und ist, wegen des sich schnell bewegenden Tieres, das einzige brauchbare Bild aus einer Serie von 12 Aufnahmen.

Tieraufnahmen erfordern außer entsprechenden Kenntnissen über die Lebensgewohnheiten und das Verhalten der Tiere eine gehörige Portion Geduld und Glück. Für die Aufnahme zahmer oder wildlebender Tiere eignen sich nur sehr langbrennweitige Teleobjektive. Beim Kleinbildformat kommt man kaum mit kürzeren Brennweiten aus als 250 bis 1000 mm und beim Mittelformat mit Objektiven, die unter 350 bis 1000 mm liegen. Um mit derartig langen Brennweiten noch verwackelungsfrei auslösen zu können, muß mit einer möglichst kurzen Verschlußzeit fotografiert werden. Dies verlangt wiederum Aufnahmematerialien von höchster Empfindlichkeit. Da ein Stativ bei solchen weitgehend vom Zufall abhängenden Aufnahmen selten oder überhaupt nicht zu gebrauchen ist, empfiehlt es sich, einen kleinen mit Sand oder Reiskörnern gefüllten Sack mitzuführen. Auf einen Baumast, Felsen oder das Autodach aufgelegt, bietet der Sandsack eine gute Unterlage, um selbst längste Brennweiten verwacklungsfrei auslösen zu können. Da Tiere auf dem Negativ flächenmäßig häufig nur sehr klein wiedergegeben werden und auch der Beleuchtungskontrast zwischen dem Tier und der Umgebung oft sehr groß ist, läßt sich die Belichtung nur mit Hilfe einer Spotbelichtungsmessung exakt ermitteln.

Akt

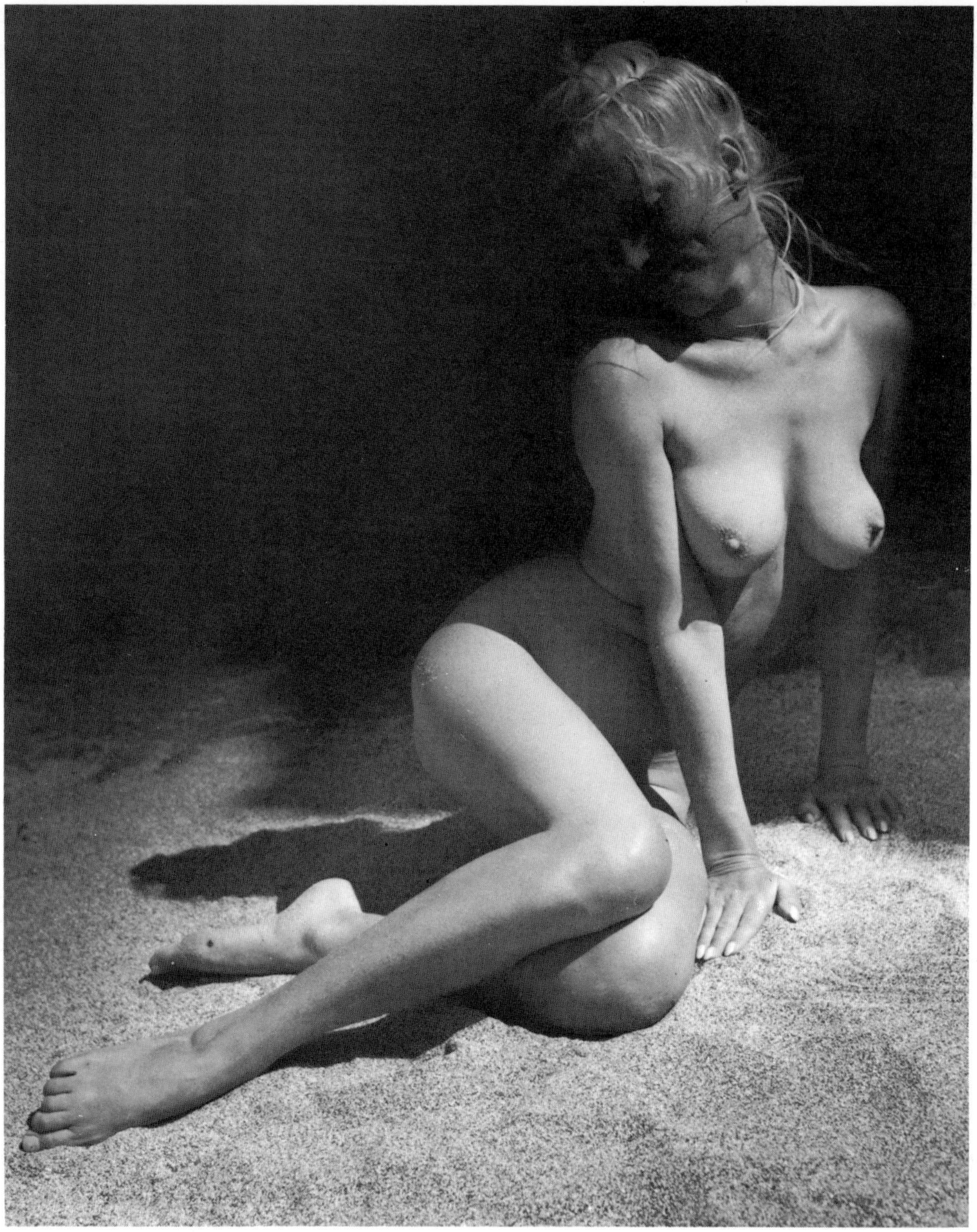

Die wirkungsvolle Aktaufnahme wird neben dem Können des Fotografen weitgehend vom Aussehen und der Mitarbeit des Modells bestimmt.

Warum fotografiert man überhaupt Aktaufnahmen? Vermutlich zur ästhetisch erotischen Kompensation einer sonst eher nüchternen Alltagsarbeit. Was liegt also näher, als mit einem hübschen, gut gewachsenen Modell in einer inspirierenden Landschaft ein paar ungekünstelte Aktaufnahmen zu schießen. Persönliches Kennen und ein zwischenmenschlicher Kontakt sind von größter Wichtigkeit, um Bildideen auch in Bilder umsetzen zu können. Die natürliche Aktaufnahme bezieht die Landschaft als einen wesentlichen Bestandteil mit in die Bildkomposition ein.

Ganz anders liegen die Verhältnisse beim Studioakt. Natürlich ist auch hier ein gut gewachsenes Modell erste Voraussetzung. Jedoch dürfte der Schwerpunkt der Gestaltung mehr in der abstrakten Bildkomposition liegen. Diese kann sowohl durch die Pose und den Ausschnitt als auch durch die Lichtführung erreicht werden. In jedem Fall stellt, wenn der Fotograf keinen Kitsch produzieren will, die Studioaktaufnahme gegenüber der Aktaufnahme im Freien gestalterisch erheblich höhere Ansprüche an sein Können. Beleuchtungstechnisch gelten bei der Aktaufnahme die gleichen Gesetzmäßigkeiten, wie sie auch bei der Porträtfotografie Anwendung finden.

Available Light

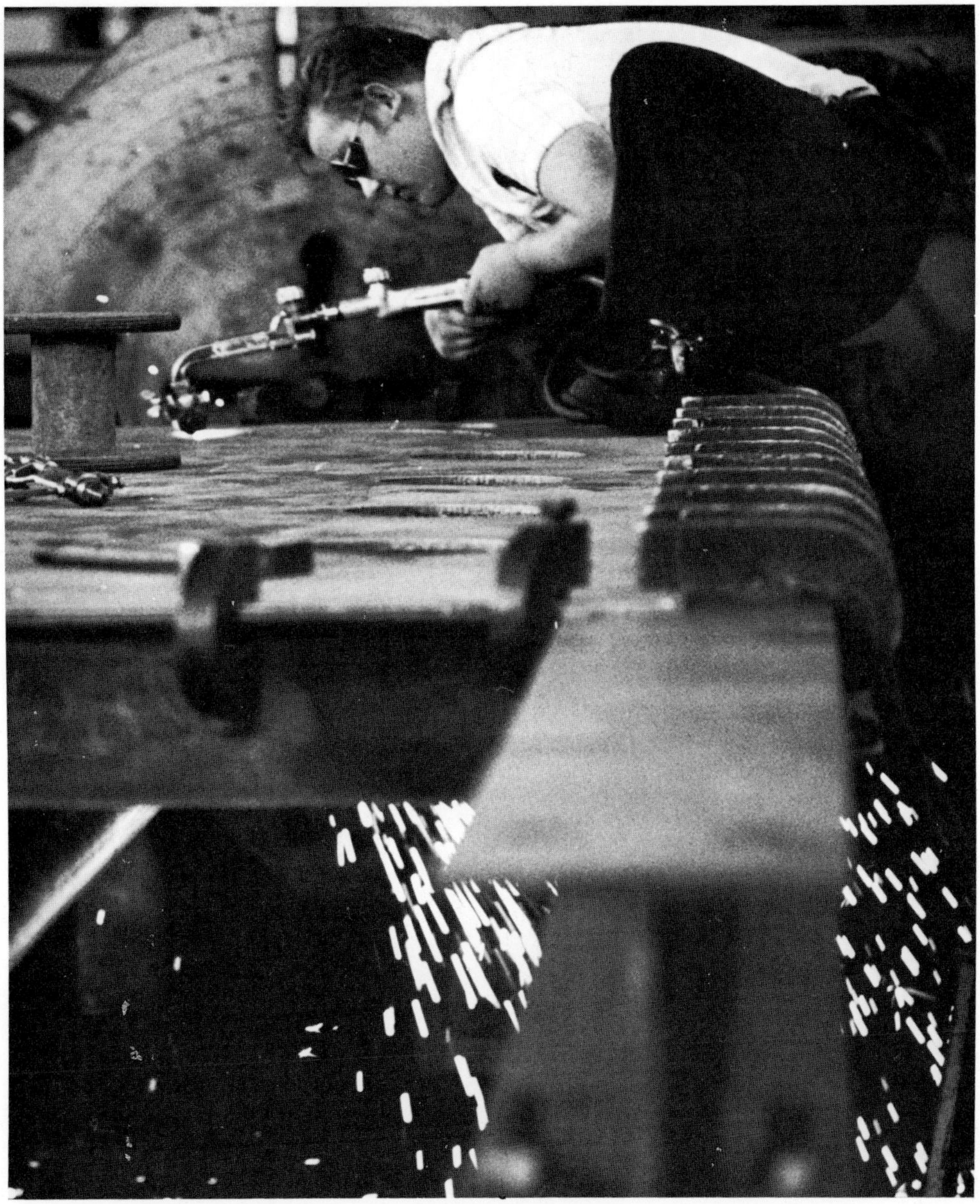

Wesentlich realistischer, als mit großem Beleuchtungsaufwand hergestellte Industrieaufnahmen, wirken die mit vorhandenem Licht aufgenommenen Available-Light-Fotos. Autogenschweißer beim Schneidbrennen.

Mit Available Light (englisch) heißt mit vorhandenem, oft sehr schwachem, Licht zu fotografieren, und zwar ohne die Zuhilfenahme zusätzlicher Lichtquellen. Der Ursprung dieser Aufnahmetechnik liegt aber nicht, wie zu vermuten wäre, in der Gegenwart. Vielmehr wurde sie bereits in den zwanziger Jahren von dem bekannten Bildjournalisten Erich Salomon mit einer 4,5 × 6 cm Ermanox-Kamera und einem Objektiv von 1 : 2, mit dem seinerzeit empfindlichsten Film von ISO 16/13°, praktiziert. Verglichen mit den heutigen über 100 × empfindlicheren Filmen, ist die damalige Leistung fast schon als sensationell zu bezeichnen. Gegenwärtig wird die Available-Light-Fotografie vor allem in der anspruchsvollen Berichterstattung (im allgemeinen wird nur geblitzt), der Industriereportage, Reise- und Theaterfotografie und überall dort eingesetzt, wo es darauf ankommt, die Atmosphäre und Echtheit des Augenblicks einzufangen. Für die Available-Light-Fotografie eignet sich jede Kleinbildspiegelreflex- und Meßsucherkamera. Letzterer ist wegen des mit dem Entfernungsmesser bei vorhandenem Licht schneller und besser einstellbaren helleren Sucherbildes sogar der Vorzug zu geben. Objektive mit Lichtstärken von 1 : 1 bis 1 : 2 und Brennweiten zwischen 28 bis 200 mm bieten unter Verwendung höchstempfindlicher, möglichst auch pushentwickelbarer Filme geradezu ideale Voraussetzungen.

Luftbild

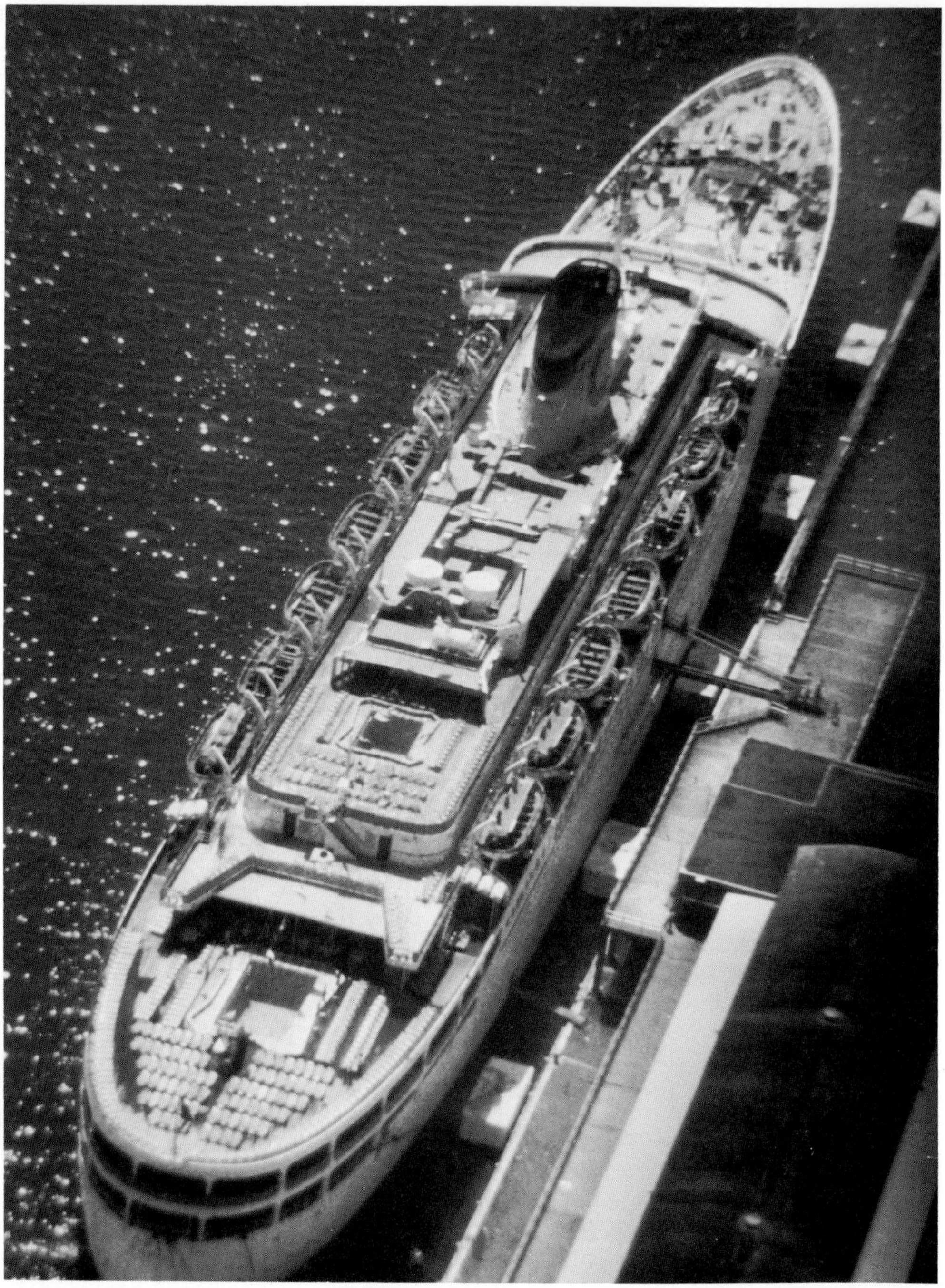

Das Kreuzfahrtschiff «Carla C» am Pier von San Juan, Puerto Rico, aus ca. 150 m Flughöhe aufgenommen.

Es gibt zwei Arten von Luftbildaufnahmen: Erstens die mit einer starren großformatigen, sogenannten Reihenmeßkammer aufgenommenen Luftbilder, die überwiegend fotogrammetrischen Zwecken dienen, und zweitens Luftbildschrägaufnahmen, die sich mit jeder handgehaltenen Kamera fotografieren lassen. Für Luftbildschrägaufnahmen eignen sich neben speziellen Versionen von 9 × 12 cm Kameras motorbetriebene Mittelformatkameras mit Langfilmmagazinen für doppelseitig perforierten 70 mm Film am besten. Um Unschärfen durch die Vibration des Fluggerätes auszuschließen, wird immer mit den kürzestmöglichen Verschlußzeiten fotografiert. Die geeignetsten Flugzeugtypen für Luftbildschrägaufnahmen sind Hubschrauber und langsam fliegende Hochdecker, weil deren Tragfläche nicht stört. Ausschlaggebend für die Qualität der Luftbilder ist die Witterung. Wegen des sehr geringen Kontrastes lassen sich informative und wirkungsvolle Luftaufnahmen nur bei klarem Wetter und tiefstehender Sonne frühmorgens oder spätnachmittags aufnehmen.

Unterwasser

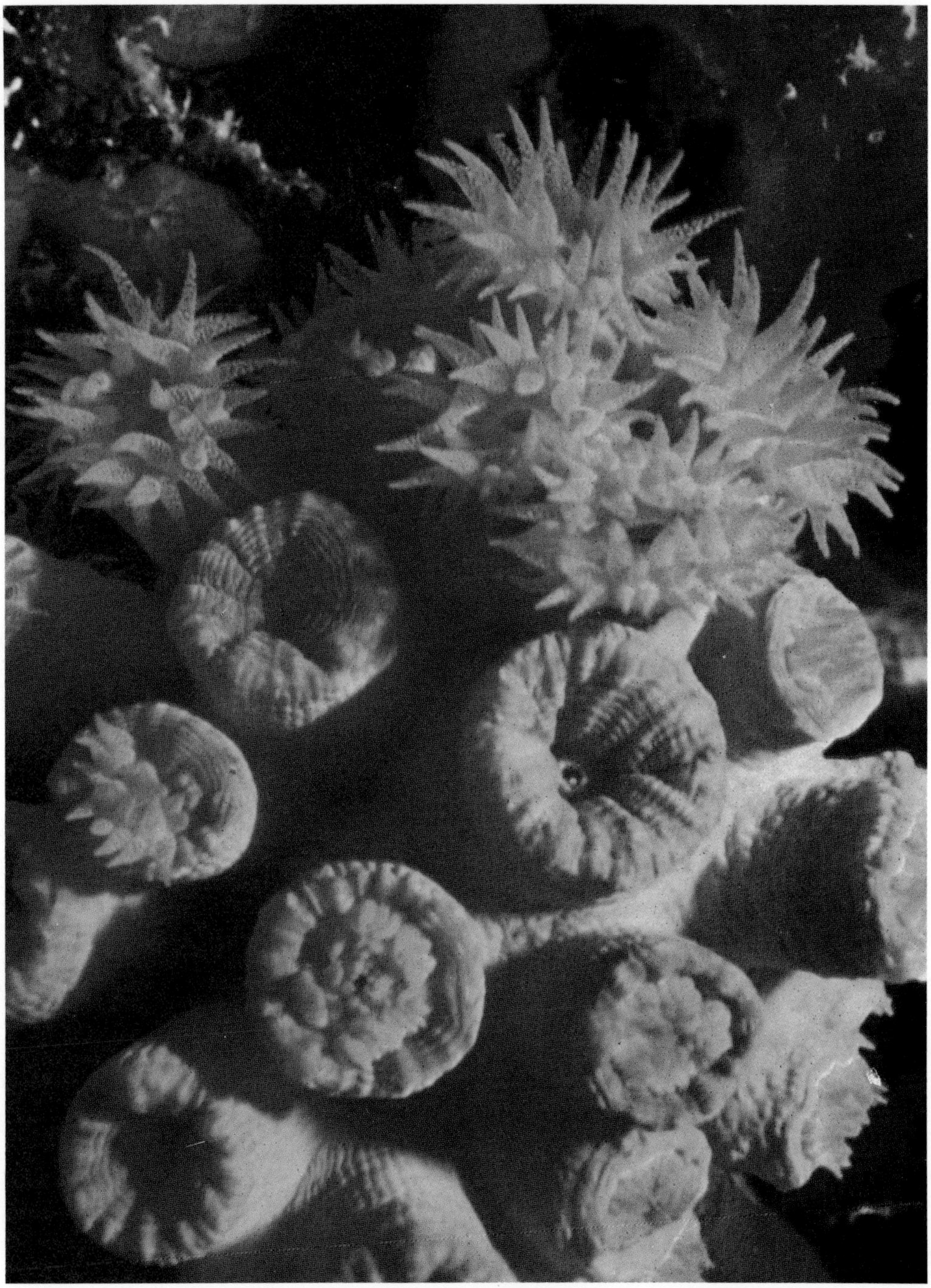

Mit Blitz aufgehellte Unterwasser-Makroaufnahme von geöffneten Korallenpolypen in der Karibik von Michael Anderson fotografiert.

Für das Fotografieren unter Wasser bieten sich drei Möglichkeiten an: 1. Wer nur gelegentlich im Urlaub in geringen Tiefen unter Wasser fotografiert, kommt mit einem flexiblen Kameragehäuse aus Plastikfolie aus, das sich wasserdicht verschließen läßt. 2. Sportler, die öfters in Schnee und Eis sowie unter Wasser fotografieren, bedienen sich einer Allwetterkamera, die für Tauchtiefen bis zu 50 m geeignet ist. 3. Ambitionierte UW-Fotografen bevorzugen für ihre SLR-Kamera ein druckfestes Unterwassergehäuse, das auch unter Wasser eine Mattscheibeneinstellung und Blitzaufnahmen ermöglicht. Infolge der Absorption des Lichtes und der Farben tritt bei Aufnahmen in größeren Tiefen als 3 m eine starke Verblauung und Verringerung des Kontrastes ein. Abhilfe erbringt hier nur der Einsatz zusätzlicher künstlicher Lichtquellen. Den größten Erfolg wird der Anfänger mit dem f = 35 mm Objektiv in geringen Wassertiefen und bei Aufnahmeentfernungen zwischen 50 cm und 2 m erzielen.

Reportage

Die Reportage ist Fotografie in ihrer aussagestärksten und beeindruckendsten Form. Sie vermittelt dem nichtbeteiligten Betrachter eines Geschehnisses den Vorfall und Ablauf. Dabei unterrichtet oder unterhält sie ihn, indem sie, dem Film ähnlich, in einer Serie von Einzelbildern den Vorgang, aus den verschiedensten Blickpunkten gesehen – optisch wie psychologisch – festhält.

Aufgabe der Reportage

Die Aussage der Reportage beruht selten allein auf dem Bild. Meistens stellen Fotos und der durch Fakten angereicherte, informierende Text eine Einheit dar. Ein Foto vermag zwar mehr als tausend Worte auszudrücken, dennoch ist es oftmals leichter, bestimmte Umstände oder Vorgänge in Worten zu schildern, als optisch in Bilder umzusetzen.

Wenn es sich nicht gerade um eine Zufallsreportage handelt, ist die Reportage das Produkt eingehender Recherchen bezüglich der erwähnten Fakten wie Daten, Namen, Orte und Zahlen. Ganz gleich ob eine Reportage vom Thema her zeitgebunden (aktuell) oder zeitlos (Feature) ist, in ihrem Informationsgehalt sollte sie immer die fünf großen «W» der Berichterstattung berücksichtigen:

Wann? Wo? Wie? Wer? Was?

Aufbau der Reportage

Die Reportage setzt sich aus einer Serie von Bildern, dem Titel (der Headline), dem Text (der Story) und den Bildunterschriften (den Bildlegenden) zusammen. Thematisch sollte man sie stets so konzentriert wie möglich um eine zentrale Handlung aufbauen. Weitläufig abgehandelte Themen verlieren an Spannung und Aussagekraft. Das Thema, der rote Faden, führt durch die ganze Bildgeschichte. Als «Aufreißer» muß am Anfang als Blickfang ein besonders starkes, aussagekräftiges Bild stehen. Dasselbe gilt für das letzte, abschließende Bild. Dazwischen können sich Aufnahmen befinden, die in ihrer Wirkung als Einzelbild nicht so prägnant sind, die sich aber im Rahmen der Handlung mit anderen Motiven ergänzen und dadurch ihre Bildwirksamkeit wesentlich steigern. Damit wie beim Film Spannung und Abwechslung erzeugt werden, muß auch der Blickpunkt gegenüber dem Geschehen innerhalb des Bildberichtes von Bild zu Bild wechseln. Nach der einführenden Totalen, die den Ort der Handlung zeigt, sollten die Einstellungen über Halbnah, Nah bis zur Großaufnahme auf den Kern des Geschehens hinführen.

Zu beachten ist außerdem, daß Personen, die nicht im öffentlichen Leben stehen, nicht ohne deren Einwilligung auf Fotos veröffentlicht werden dürfen.

Aufnahmetechnik

Für die Anzahl der Bilder, aus denen eine Reportage besteht, gibt es keine Norm. Doch kann man als Richtschnur 6 bis 24 Bilder zu Grunde legen. Um auf ein Dutzend aussagekräftiger Fotos zu kommen, muß man die Zahl der tatsächlich geschossenen Aufnahmen allerdings mit dem Faktor 5–10 multiplizieren. Dies geschieht nicht aus Unsicherheit, um wenigstens einige technisch einwandfreie Aufnahmen zu erlangen, sondern um sicherzugehen, daß auch der Höhepunkt des Geschehens mit mehreren Einstellungen erfaßt wird, die dann zur Auswahl stehen.

Von gleicher Wichtigkeit ist die Wahl des Bildformates, mit dem man die Aufnahmen macht, ob im Hoch- oder Querformat. Je nachdem, welcher Raum für die Veröffentlichung zur Verfügung steht, kann das Erscheinen oder Nichterscheinen eines Bildes davon abhängen, welches Format es aufweist. Deshalb, wenn es die Zeit und die Situation erlauben, gleich beide Möglichkeiten berücksichtigen.

Die Beherrschung der Technik sollte für den Bildreporter eine Selbstverständlichkeit sein. Dazu gehört es auch, stets genügend Filmmaterial mit sich zu führen. Schließlich sind einige zusätzlich belichtete Rollen Film immer noch billiger und leichter zu verschmerzen als ungünstigstenfalls ein Aufnahmetag,

Wie ein Fotoobjektiv entsteht

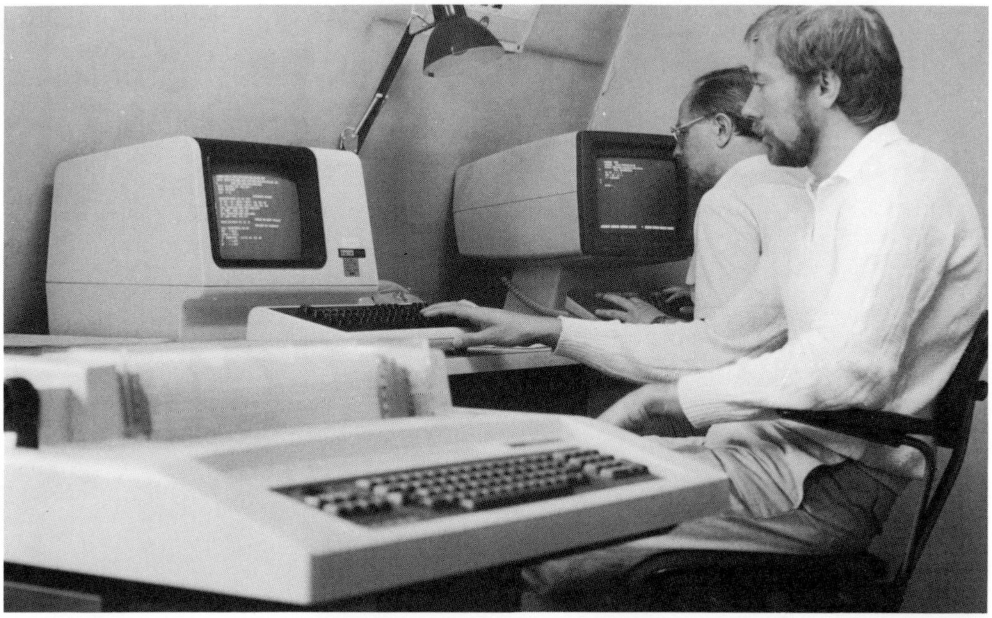

1. Optikrechner mit jahrzehntelanger Erfahrung sowie Mathematiker und Physiker entwickeln mit Hilfe von COMO, einem bei Leitz geschaffenen Optimierungsprogramm, neue optische Systeme.

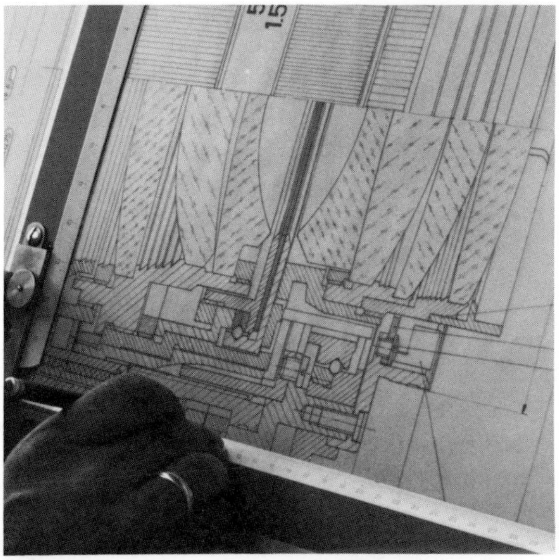

2. Der endgültigen Konstruktionszeichnung geht, parallel zur optischen Entwicklung, die Konstruktion der mechanischen Fassung voraus, die weitgehend CAD-gestützt (Computer Aided Design) erfolgt.

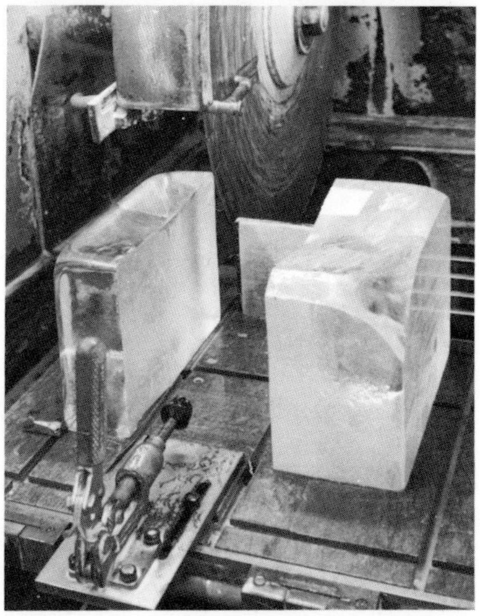

3. Zu Beginn der Produktion werden die Rohglasblöcke mit der Diamant-Trennschleifmaschine in planparallele Blöcke zerteilt.

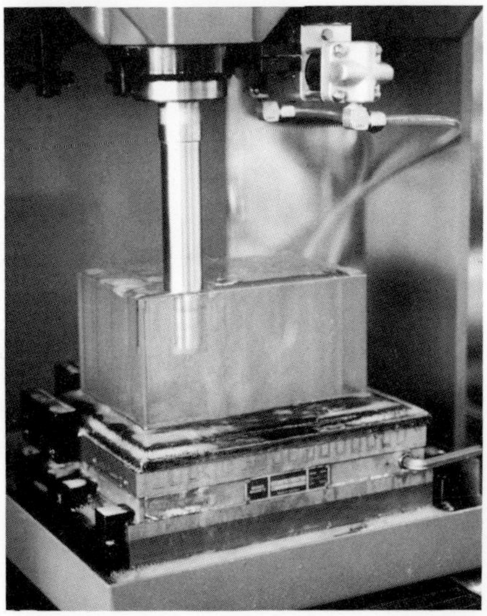

4. Ein diamantbesetzter Bohrschleifkörper bohrt auf einem Ausbohrautomaten runde Glasstäbe für die Linsenrohlinge aus der Glasplatte.

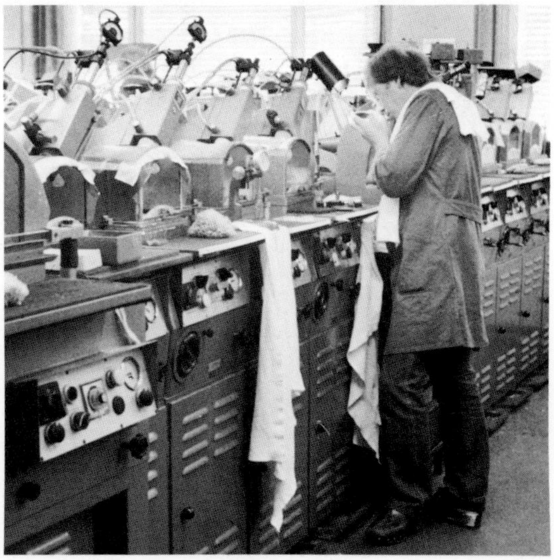

5. Die in Scheiben getrennten Glasstäbe werden danach auf von Leitz entwickelten Maschinengruppen zum Schleifen und Polieren von Fotoobjektivlinsen, deren Radien-Durchmesserverhältnis eine Einzelbearbeitung erfordert, bearbeitet.

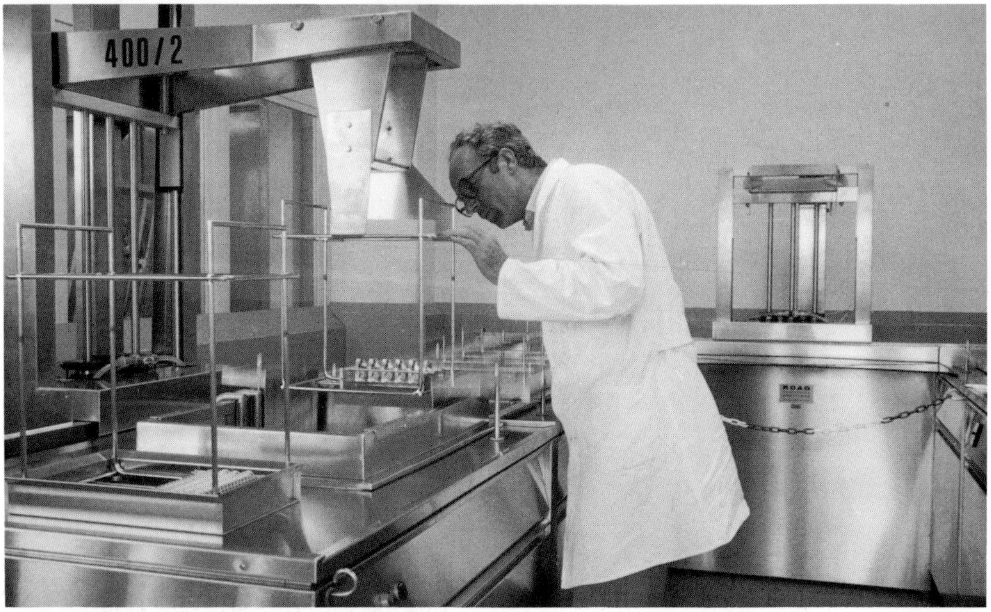

6. Ein Transportautomat befördert die in Rähmchen steckenden Linsen zur lappenlosen Reinigung durch 13 Bäder einer Ultraschallreinigungsanlage.

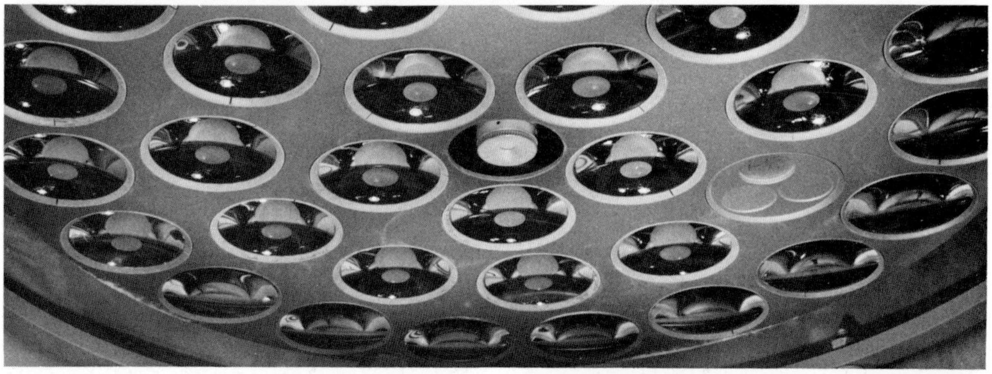

7. Bedampfungsbereite Palette mit für die Dünnbeschichtung zur Reflexminderung und zum Schutz gegen atmosphärische Einflüsse in der Hochvakuum-Aufdampfungsanlage bestückten Linsen.

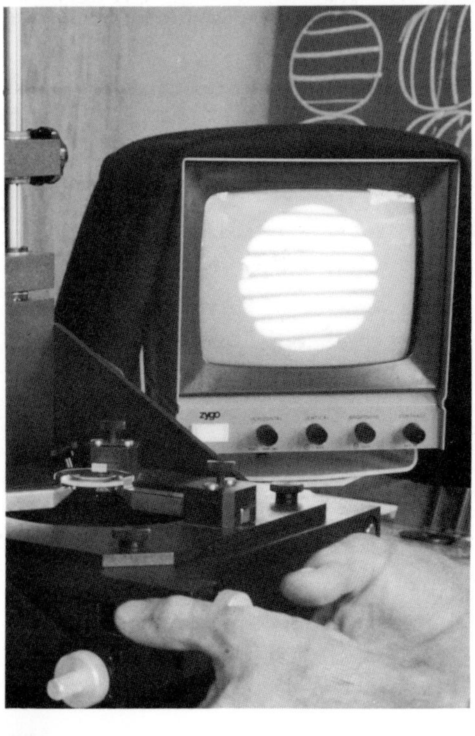

8. Berührungslose Prüfung einer Linse auf Paßfehler mit einem Laserinterferometer und Sichtanzeige auf einem Fernsehmonitor zur Kontrolle der Linsenflächen vor der Montage in der Fasserei.

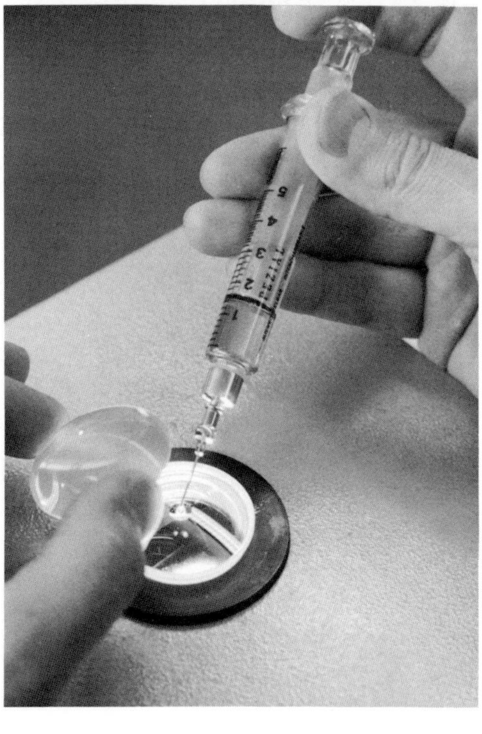

9. Verkitten eines Achromaten mit Epoxydharz. Zur Gewährleistung einer blasenfreien Kittschicht wird mit der Injektionsspritze Kitt auf die Konkavfläche gegeben und nach dem Aufsetzen der Gegenlinse, unter Lupenbeobachtung im Durchlicht, angedrückt. Alle Leica-Objektive enthalten mindestens eine UV-absorbierende «Absorban»-Kittschicht.

10. Die Herstellung der Objektivfassungsteile erfolgt auf CNC-Drehautomaten (computergesteuerten Maschinen). Für die Bearbeitung der Hauptfassung eines mittleren Teleobjektivs werden hier zwei Werkzeugrevolver mit je 8 Werkzeugen eingesetzt.

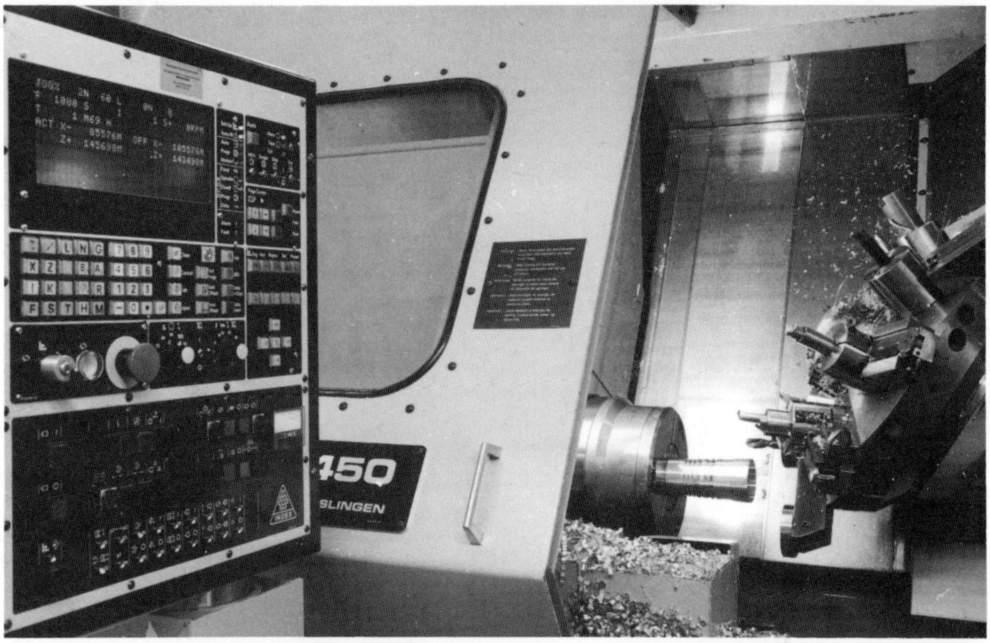

11. Zur spielfreien Halterung mehrerer Linsen in einer Fassung werden unter Einhaltung der genauen Linsenabstände auf einer Fasserdrehmaschine mit Haupt- und Zusatzsupporten (Werkzeughaltern) die endgültigen Linsensitze ausgedreht.

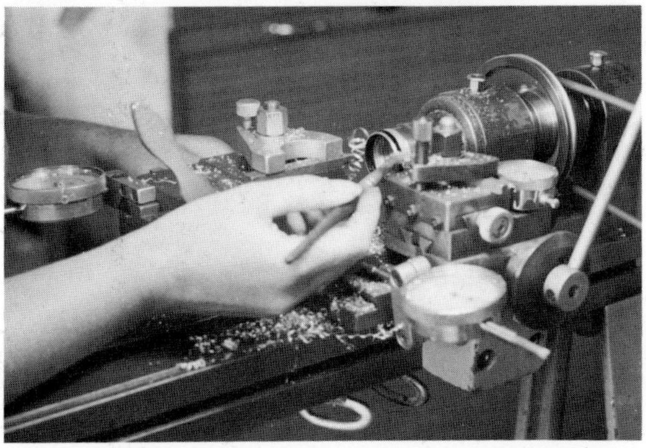

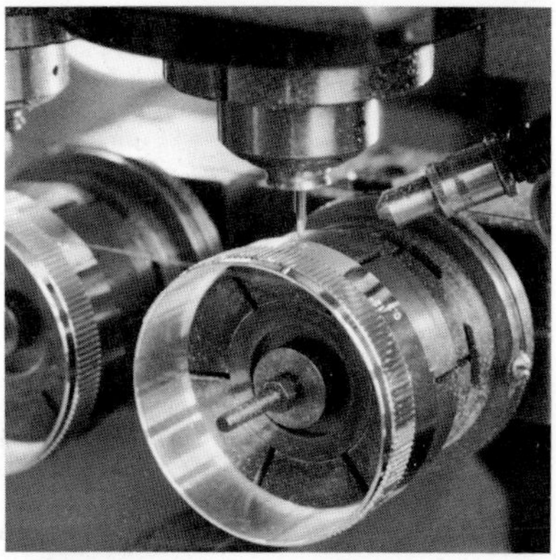

12. Gravieren des Blendenringes einer Objektivfassung auf einem Doppelspindel-NC-Gravierautomaten mit automatischer Durchnumerierung der Seriennummern.

13. Montage der Blendenbaugruppe eines Summilux-R 1 : 1,4/50 mm Objektivs. Das einwandfreie Arbeiten der Springblende wird durch in den kugelgelagerten Lamellenboden eingelegte Blendenlamellen ermöglicht.

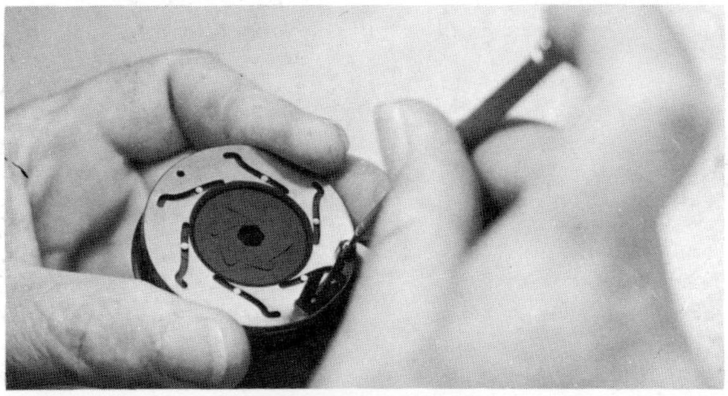

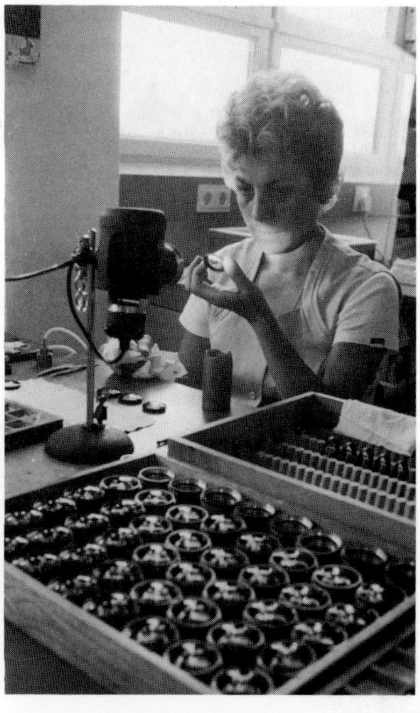

14. Zur besseren Lesbarkeit der Zahlen wird die Gravur eines eloxierten Schriftringes mit weißer Farbe ausgelegt.

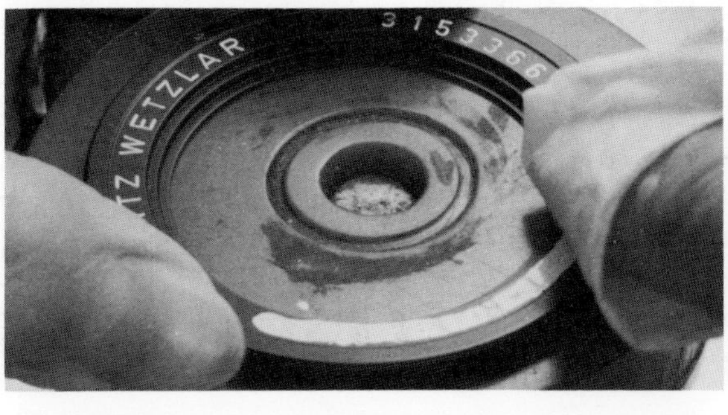

15. Reinigen der Linsen und Montieren in die zugehörigen Fassungsteile zu einem kompletten Fotoobjektiv. Die Arbeit erfolgt in einer Reinluftkabine mit vertikalem Luftstrom, um eine optimale Staubfreiheit und Sauberkeit innerhalb des Objektives zu gewährleisten.

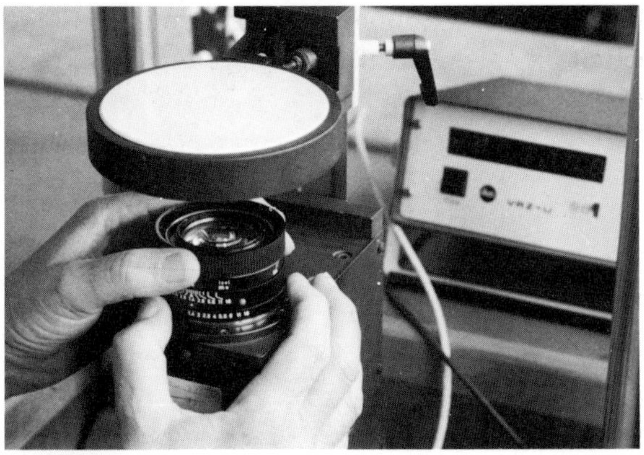

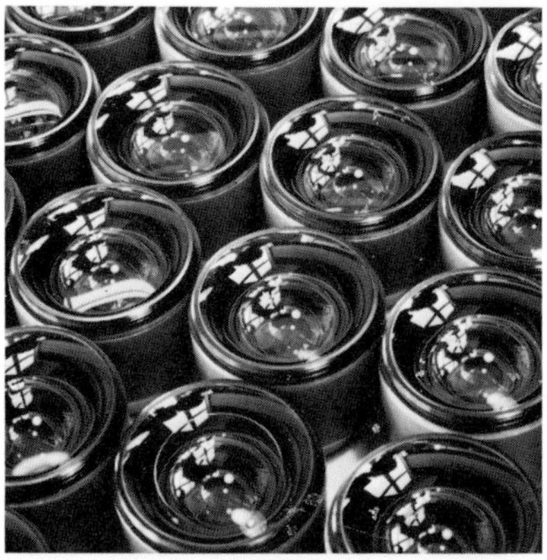

16. Mit Hilfe eines Autokollimationssystems wird die Lage der Brennebene fotoelektrisch ermittelt. Die Objektive werden mit dem Gerät so abgestimmt, daß beim Unendlichanschlag der Objektiveinstellschnecke die Brennebene in der Filmebene liegt.

17. Teilmontierte Objektive erwarten die Endmontage.

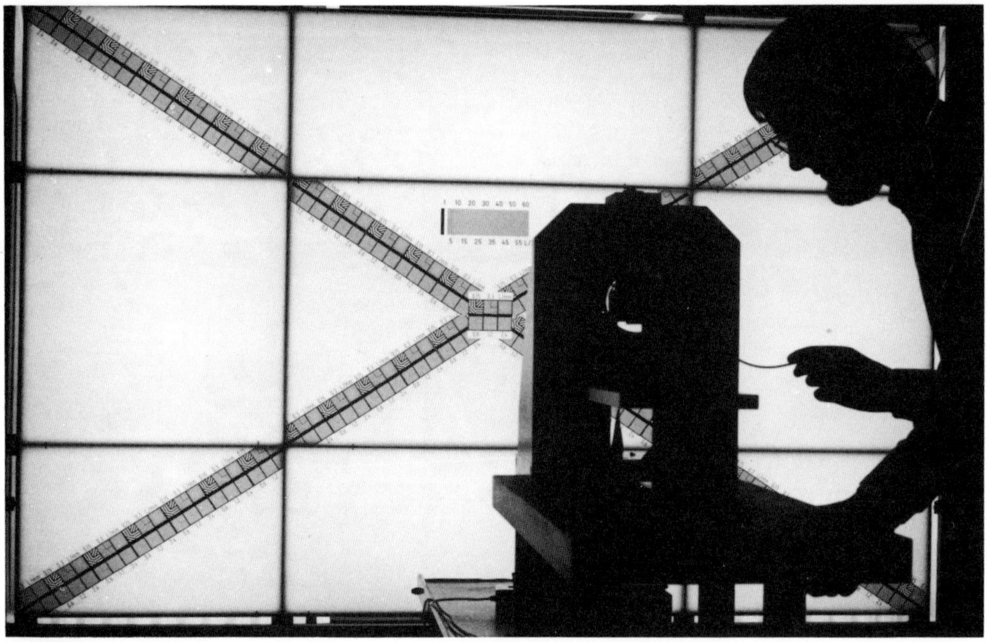

18. Testaufnahme zur Prüfung eines Objektivs: Zur praktischen Prüfung eines Objektivs werden Testaufnahmen von Testmustern einer durchleuchteten Testwand mit einem zwischengeschalteten Weitwinkelkollimator aufgenommen, der eine unendliche Objektentfernung im Labor simuliert.

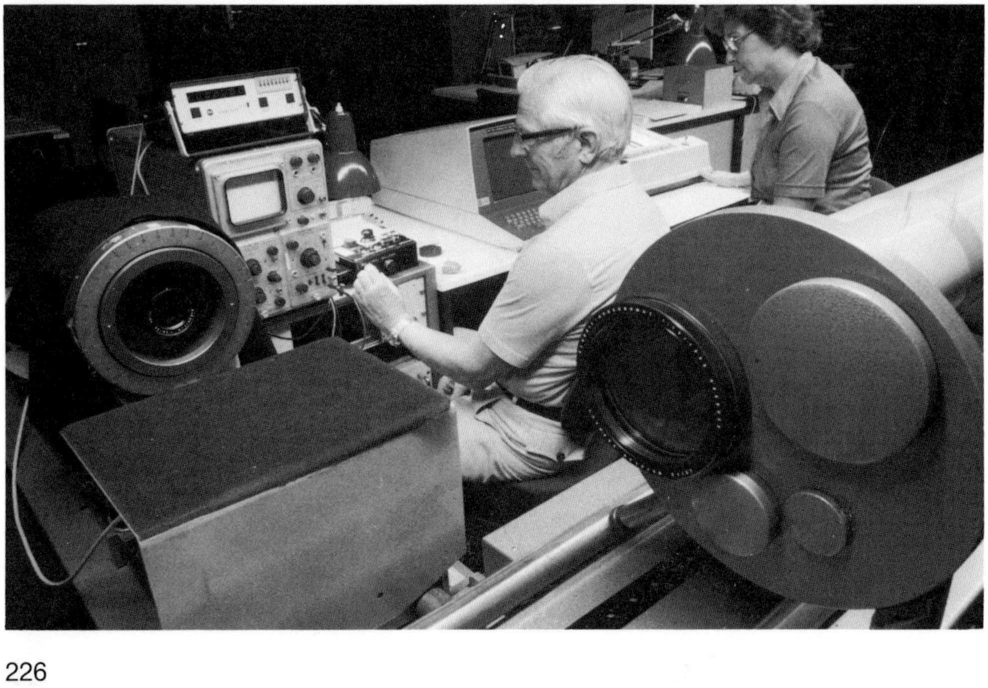

19. Der meßtechnischen Beurteilung der Abbildungsqualität eines Objektivs dient die Ermittlung der optischen Übertragungsfunktion (OTF) durch die Messung der Intensitätsverteilung im Bild eines inkohärent beleuchteten schmalen Spaltes und die Auswertung über einen angeschlossenen Computer (Prozeßrechner).

Sämtliche Aufnahmen wurden vom Autor mit freundlicher Genehmigung der Firmenleitung in den Produktionsstätten der Ernst Leitz Wetzlar GmbH mit Available Light aufgenommen. Alle Bilder entstanden mit der Leica R 4 und mit Brennweiten von 28 bis 100 mm auf Kodak Tri-X Pan Professional Film, der pushentwickelt wurde.

der wegen zu großer Sparsamkeit nicht die erhoffte Bildausbeute erbringt. Ganz davon abgesehen, daß gewisse Vorgänge unwiederholbar sind. Auf Reisen ist das besonders wichtig, denn mehr Filme mitzunehmen, als man verbraucht ist besser, als weniger dabei zu haben, als man benötigt.

Kameraausrüstung

Die Kamera für den Bildberichterstatter ist eine handliche, schnelle und vielseitige Kleinbildkamera mit Wechselobjektiven. Ob Spiegelreflex- oder Entfernungsmessermodell, ist eine persönliche Geschmackssache des Fotografen.

Die notwendigste Objektivbestückung umfaßt ein f = 15 mm und ein f = 28 Weitwinkelobjektiv, die f = 50 mm Standardbrennweite oder stattdessen ein Makroobjektiv, ein lichtstarkes f = 100 mm und f = 180 mm, ein f = 250 mm Tele- und ein f = 500 mm Spiegellinsenobjektiv. Beim heutigen Stand der Technik könnte man sich gegebenenfalls sogar auf zwei Varioobjektive von f = 28–135 mm und f = 100–300 mm beschränken. Je nach dem Arbeitsgebiet kann man sich mit Standardlichtstärken und Elektronenblitz begnügen oder stattdessen besonders lichtstarke Objektive verwenden. Die Arbeit wird durch mehrere Kameragehäuse, darunter eines mit Motorantrieb für mindestens 5 Bilder pro Sekunde, wesentlich erleichtert. Die Kameragehäuse bestückt man entweder mit Filmen verschiedener Empfindlichkeit oder, da das Objektivewechseln manchmal zu viel Zeit kostet, mit verschiedenen Brennweiten. Zur erweiterten Ausrüstung zählen extrem kurze und lange Brennweiten oder Lichtstärken, ein Schulterstativ sowie eine wasserfeste Kamera für Aufnahmen bei Regen oder im Schlamm.

Phantom-aufnahme

Phase 1 und 2 und die endgültige auf ein Negativ belichtete Phantomaufnahme.

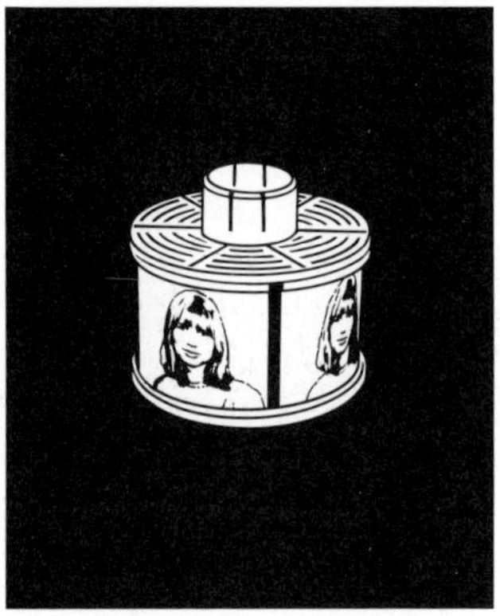

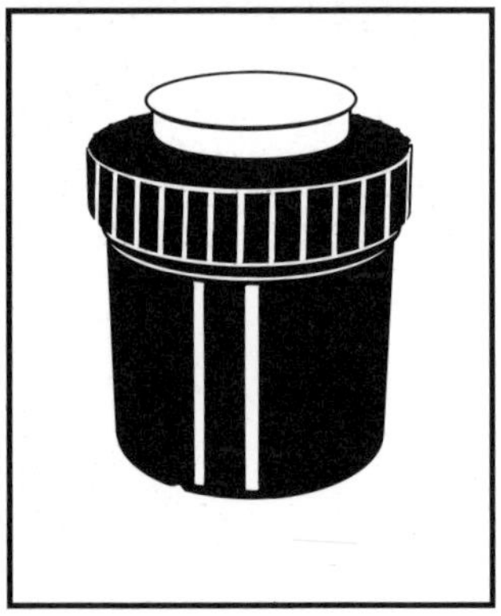

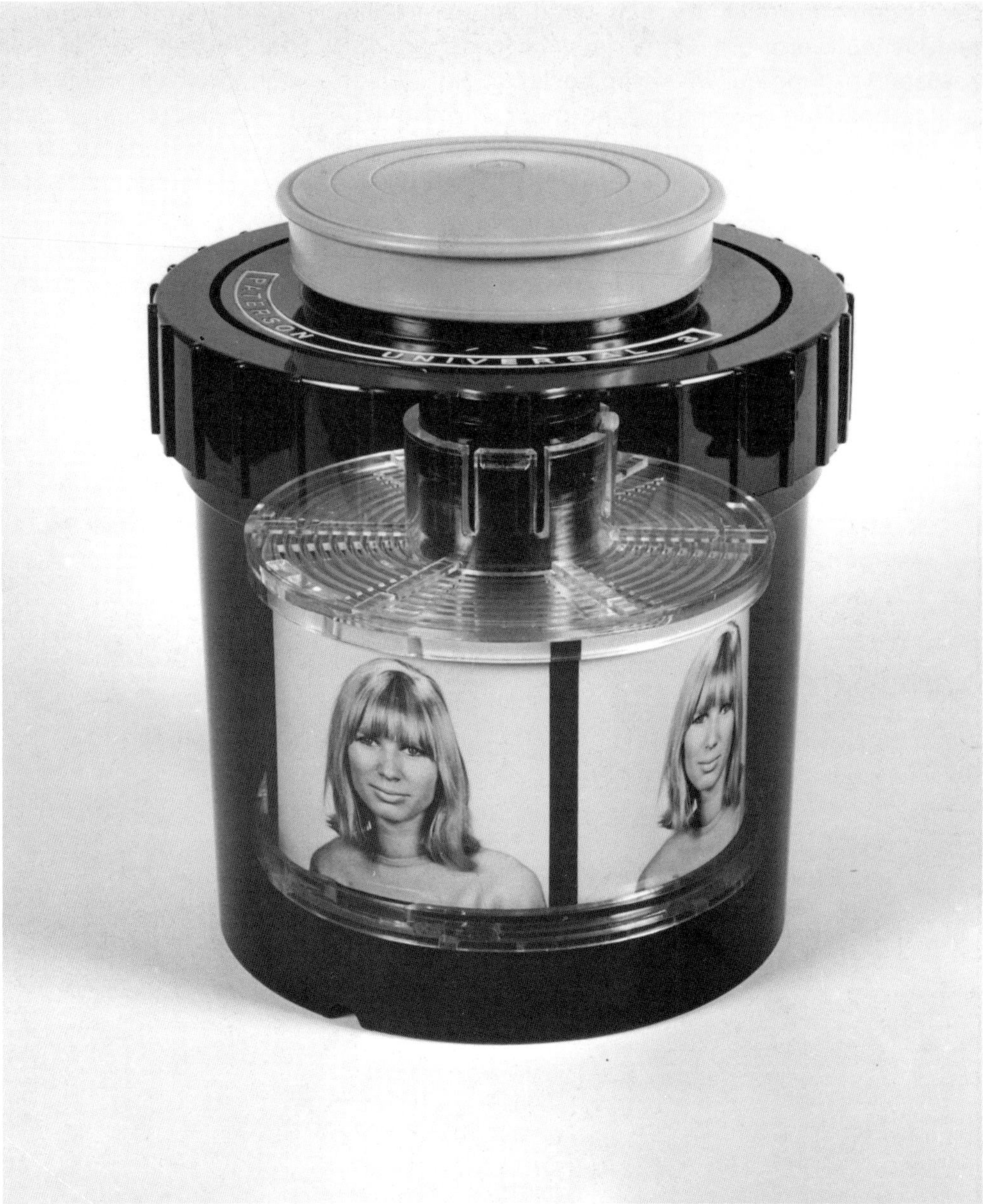

Die Phantomaufnahme macht normalerweise nicht erkennbare Vorgänge durch Mehrfachbelichtungen sichtbar. Sie ist nur mit einer für Mehrfachbelichtungen vorgesehenen Kamera durchführbar. Der Aufnahmevorgang besteht aus mindestens zwei Einzelbelichtungen. Voraussetzung für das Gelingen ist ein natürlicher Kontrast zwischen dem dunklen Gehäuse und seinem helleren Inhalt.
Zunächst wird mit einer oder mehreren Aufnahmen der Gehäuseinhalt vor tiefschwarzem, mattem Hintergrundkarton fotografiert. Der Hintergrund muß deshalb tiefschwarz sein, weil ein hellerer Farbton auf dem Negativ bereits eine Belichtung verursachen und somit weitere Bildaufzeichnungen auf dem Negativ vereiteln würde.

Für die erste Aufnahme wird die Belichtungszeit wie üblich ermittelt und belichtet. Zur Kontrolle für die nachfolgenden Belichtungen zeichnet man sich die Konturen des Gehäuses mit Fettstift auf ein auf die Mattscheibe gelegtes mattscheibengroßes Stück Transparentpapier, das mit Klebefilm befestigt wird. Damit sich bei der letzten Aufnahme das Gehäuse vom Hintergrund abhebt, wird der tiefschwarze Hintergrund gegen einen helleren ausgetauscht. Nach dem Auswechseln des Hintergrundkartons ist allerdings nur noch eine einzige Phasenaufzeichnung möglich. Zur Erzielung einer guten Detailwiedergabe des dunklen Gehäuses muß beim Fotografieren die vorher gemessene Belichtungszeit verdoppelt werden.

Halbton und Text

Ein Halbton- und ein Schriftnegativ gesandwiched ergeben das kombinierte Halbton-Textbild.

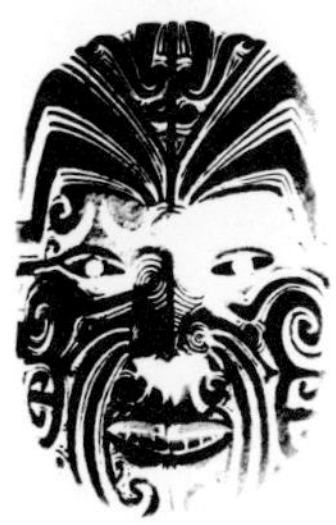

Die Kunst
der
Maoris

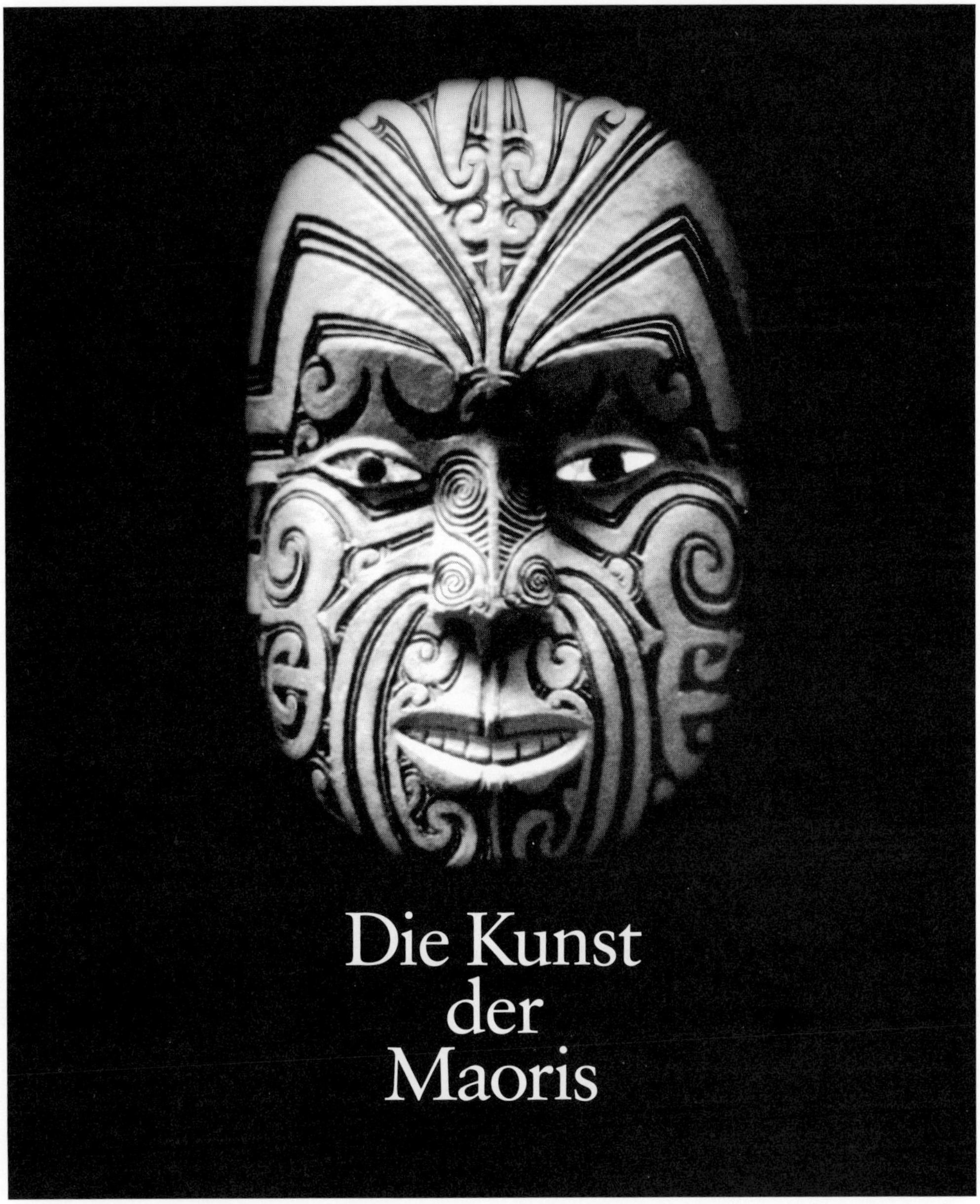

Die Wiedergabe einer Halbton-Text-Kombination auf nur einer Vergrößerung ist relativ leicht herzustellen. Für diese Kombination sind allerdings zwei separate Aufnahmen erforderlich: einmal die Halbtonaufnahme und zum anderen die Textreproduktion einer negativen Schrift (weiße Schrift auf schwarzem Grund). Würde man das Halbtonbild und den Schriftzug zugleich auf Halbtonmaterial aufnehmen, so erschiene der Schriftzug grau. Nähme man dagegen beide Vorlagen auf einen Strichfilm auf, so verschwänden sämtliche Halbtöne des Bildes.
Bei der Halbtonaufnahme ist darauf zu achten, daß im tiefschwarzen, matten Hintergrund die für die Schrift vorgesehene Stelle frei bleibt. Wird mit einer, über eine Mattscheibeneinstellung verfügende Kamera gearbeitet, so kann man sehr gut nach einer auf Transparentpapier angefertigten Layoutskizze, die auf die Mattscheibe gelegt wird, einstellen.
Für die endgültige Vergrößerung werden die beiden Negative aufeinandergelegt und, damit sie nicht verrutschen, an den Rändern mit Klebefilm befestigt. Vergrößert wird auf die Papiergradation, die für das Halbmotiv erforderlich ist. Sollten die beiden Negative nicht Schicht auf Schicht liegen, so muß zum Schärfeausgleich um eine Blendenstufe stärker als üblich abgeblendet werden.

Sport

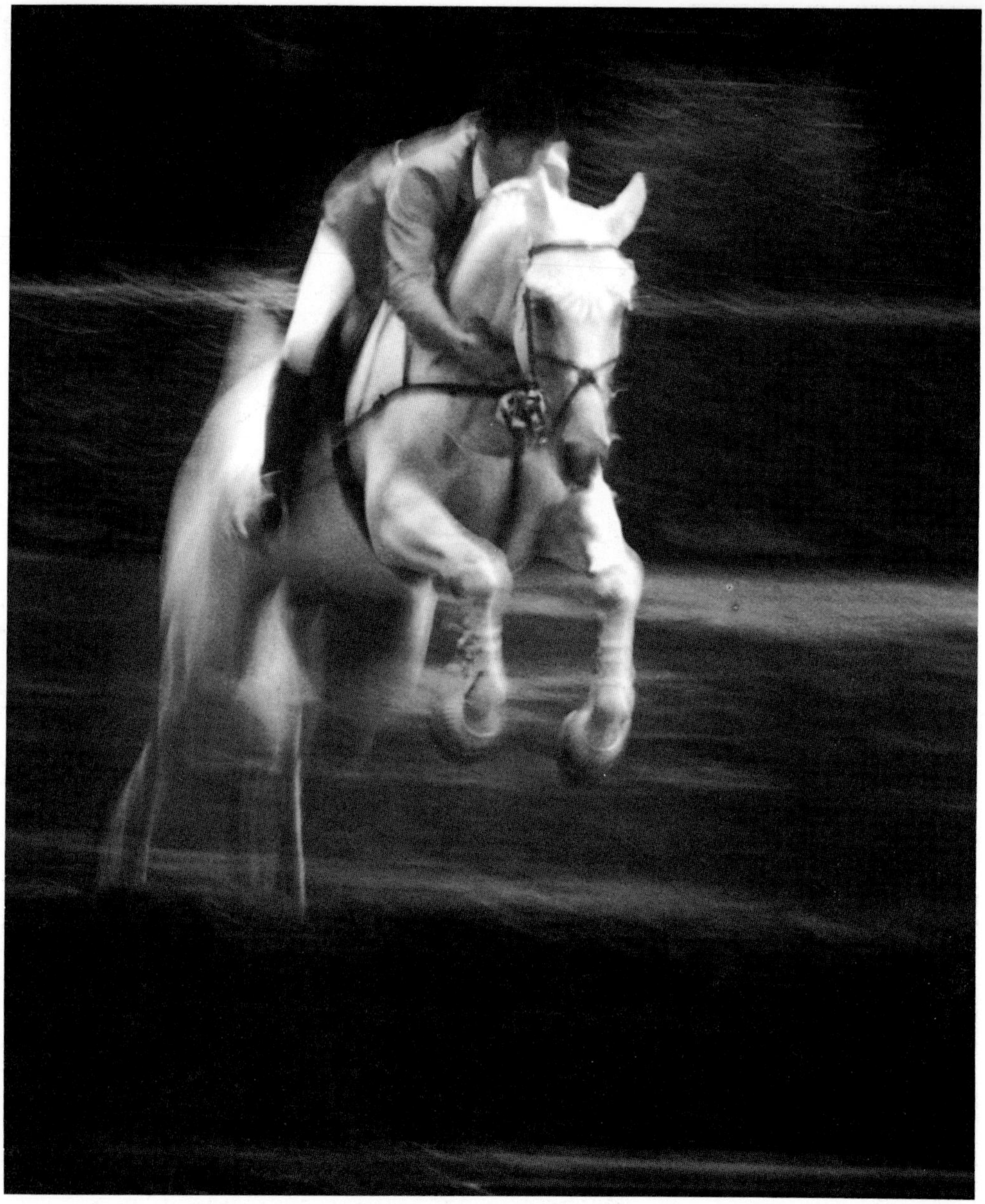

Um das Bild dynamischer zu gestalten, wurde der Springreiter beim Sprung über den Wassergraben absichtlich verwischt mit dem 400er Teleobjektiv aufgenommen. Foto: Bernd Wille.

Die besten Sportbilder erhält der Fotograf, der mit der jeweiligen Sportart vertraut ist und deren Besonderheiten und Höhepunkte kennt. Natürlich muß er auch die technischen Voraussetzungen beherrschen, das heißt, die richtige Wahl der Kamera, der Objektivbrennweiten und des Filmmaterials treffen. In den meisten Fällen wird der Fotograf das sportliche Ereignis nur aus gehörigem Abstand verfolgen dürfen. Je nachdem, ob er es vorzieht aus der Hand oder mit dem Stativ zu arbeiten, entscheidet er sich für eine Kleinbild- oder Mittelformatkamera. Allerdings muß er, selbst bei Verwendung einer Kleinbildkamera, beim Arbeiten mit sehr langen Brennweiten, ein solides Stativ benutzen. Um das sich ständig verändernde Treiben auf dem Sportfeld aus einiger Distanz verfolgen und so schnell und präzise wie möglich scharf einstellen zu können, sind Teleobjektive höchster Lichtstärke erforderlich. Objektive mit Schnellfokussiereinrichtung sind dabei von großem Vorteil. Die in Frage kommenden Brennweiten liegen zwischen 250 und 1000 mm und sollten möglichst Lichtstärken von 1 : 2 bis 1 : 5,6 mm besitzen. Wegen der oft rasanten Vorgänge, die es festzuhalten gilt, kommt man nur mit einem Motorantrieb, der mindestens 5–10 Bilder/Sekunde ermöglicht, aus. Man arbeitet mit Filmen höchster Empfindlichkeit und den kürzesten Verschlußzeiten.

Zerstreu-ungskreise

Schema der Aufnahmeanordnung und das daraus resultierende Werbefoto, bei dem Zerstreuungskreise als Gestaltungselement in die Bildkomposition einbezogen wurden.

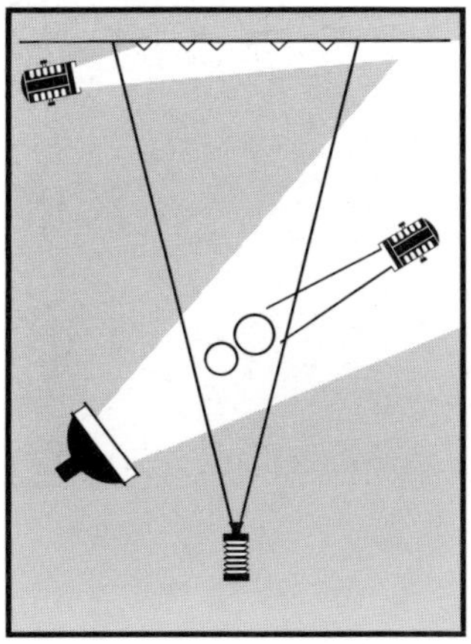

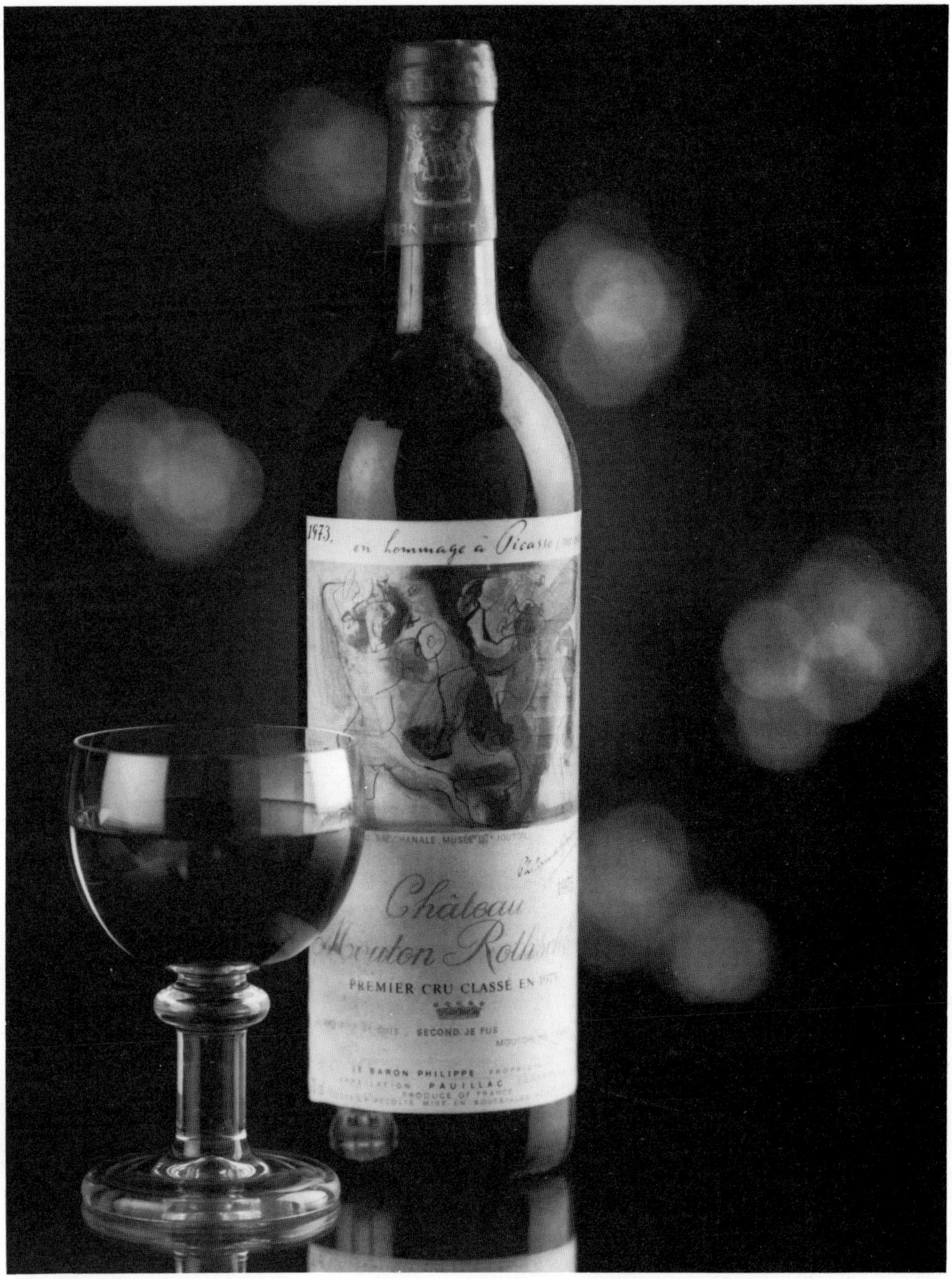

Um bei einem Motiv Glanz und Lichter besonders hervorzuheben, kann man Zerstreuungskreise als zusätzliches Gestaltungselement einsetzen.
Zu diesem Zweck werden hinter dem Hauptmotiv etwa 5 × 5 cm große hochglänzende Metallfolienstücke in Pyramidenform mit Klebefilm auf einem dunkleren Hintergrund an den für das Motiv gewünschten Stellen befestigt und mit dem gerichteten Licht eines Stufenlinsenscheinwerfers angestrahlt. Danach stellt man auf der Mattscheibe auf die gewünschte Größe der Unschärfekreise scharf und schiebt anschließend das Hauptmotiv in der optischen Achse so lange vor der Kamera hin und her, bis es auf der Mattscheibe gestochen scharf erscheint. Nachdem einmal auf die Zerstreuungskreise eingestellt ist, darf die Fokussierung des Objektivs nicht mehr verändert werden. Damit die Größe der Zerstreuungskreise erhalten bleibt, muß mit voller Öffnung fotografiert werden. Die Brennweite des Objektivs sollte etwa die zwei- bis dreifache Länge der normalen Brennweite besitzen.

Hintergrundprojektion

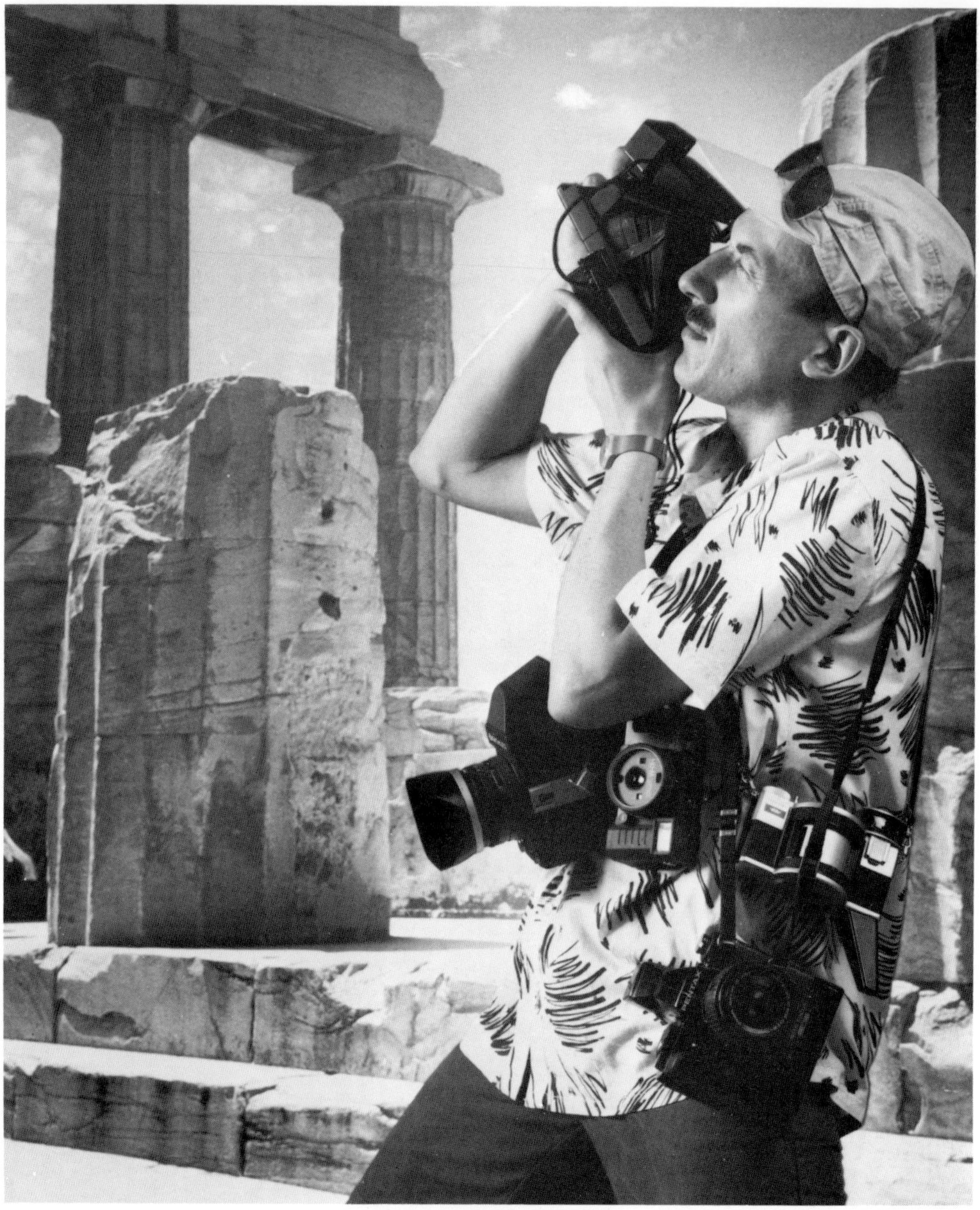

Schematische Darstellung der Aufnahmeanordnung und das Bildresultat. Ein «wahrer Fotofan» bei Aufnahmen im Parthenon der Akropolis von Athen.

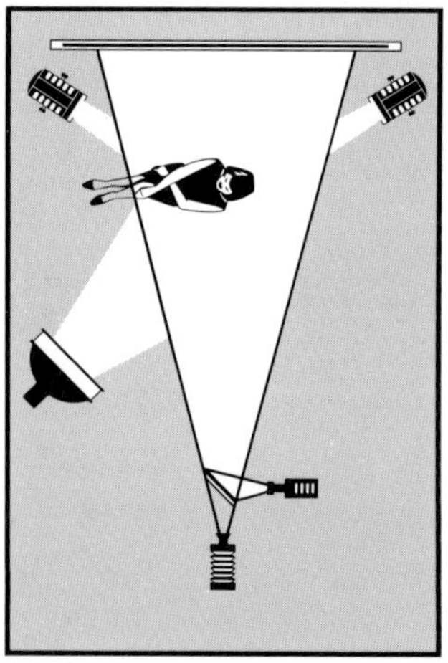

Die Werbefotografie ist heute ohne Hintergrundprojektion kaum noch vorstellbar. Aufträge, die ein exotisches Milieu verlangen, finanziell aber eine Aufnahme am Originalschauplatz nicht zulassen, entstehen ausschließlich als Hintergrundprojektionsaufnahmen im Studio. Hierfür gibt es drei Aufnahmeverfahren:

1. Hintergrundprojektion mit Auflicht.
2. Hintergrundprojektion mit Durchlicht
3. Hintergrundprojektion durch Frontprojektion

1. Hintergrundprojektion mit Auflicht

Die einfachste Form der Hintergrundprojektion ist, den Projektor und die Kamera unmittelbar nebeneinander zu stellen und den realen Gegenstand außerhalb des Strahlenkegels des projizierten Bildes zu plazieren. Eine spezielle Projektionswand ist für diese Technik nicht erforderlich. Die weißgemalte Studiowand oder eine einfache Projektionswand reichen völlig aus. Was allerdings die Plazierung des realen Objektes anbetrifft, verbleibt hierfür sehr wenig Spielraum. Bei der Projektion von Gebäudebildern besteht außerdem die Gefahr der perspektivischen Verzeichnung, da die Kamera und der Projektor nicht vollkommen parallel zueinander stehen können.

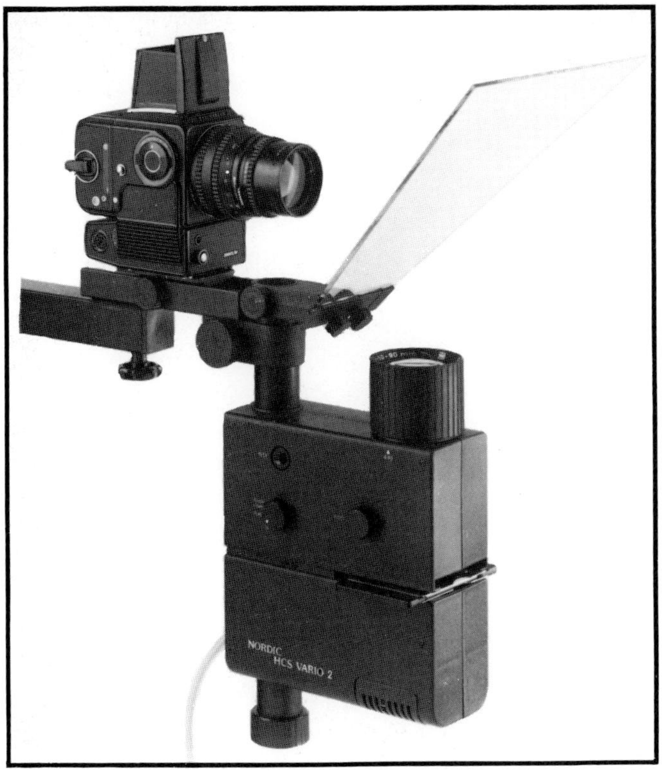

Ein Hintergrundprojektor Nordic HC: Vario 2, ein unter 45° angeordneter Strahlenteiler und eine Hasselblad 500 EL bilden die für Hintergrundprojektionsaufnahmen erforderliche Arbeitseinheit.

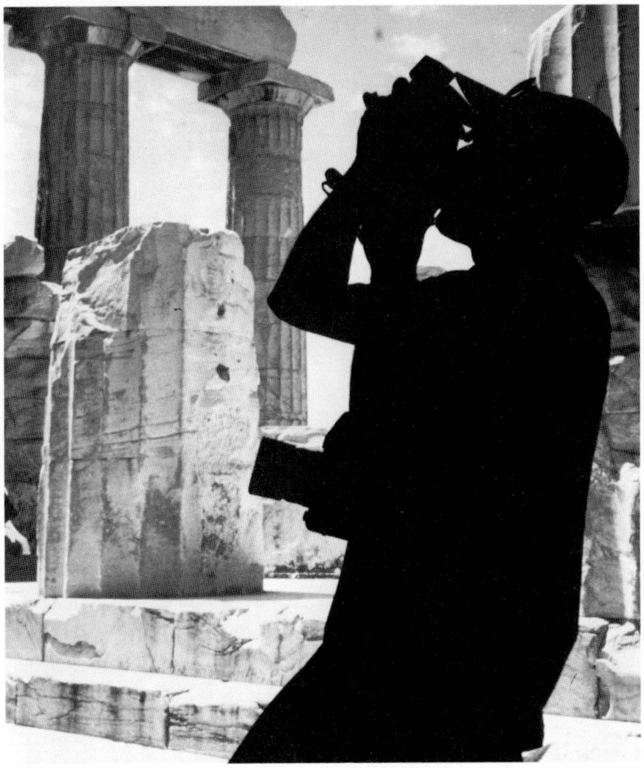

Würde das reale Objekt vor dem projizierten Hintergrundmotiv nicht noch zusätzlich mit Lichtquellen aufgehellt, so erschiene es auf Grund seines wesentlich geringeren Reflexionsvermögens nur als Silhouette.

2. Hintergrundprojektion mit Durchlicht

Für diese Technik sind ein lichtstarker Projektor und eine besondere Rückprojektionswand, die sogenannte Maratascheibe, erforderlich. Diese Anlage ermöglicht Rückpro-Real-Aufnahmen mit ruhenden Gegenständen, die mit Glühlicht ausgeleuchtet werden. Für Bewegungsaufnahmen der realen Objekte muß mit Blitzlicht gearbeitet werden. Die größte Schwierigkeit bei der Hintergrundprojektion mit Durchlicht stellt die Unterdrückung des heißen bzw. hellen Punktes, des «Hot Spot» dar. Dieser wird durch die Glühwendel der Projektionslampe oder der Blitzröhre hervorgerufen. Da das projizierte Bild meistens in der optischen Achse direkt vom transparenten Schirm abfotografiert wird, läßt sich ein helles Zentrum im Bild kaum vermeiden. Die besten Resultate erzielt man mit der von der Firma Bildtechnik in Göttingen vertriebenen Maratawand.

Bei der Aufnahme wird der reale Gegenstand vor der Rückprowand angeordnet. Bei dessen Ausleuchtung ist darauf zu achten, daß die Lichtführung und Perspektive genau der des projizierten Dias entspricht. Die Proportionen zueinander müssen eben-

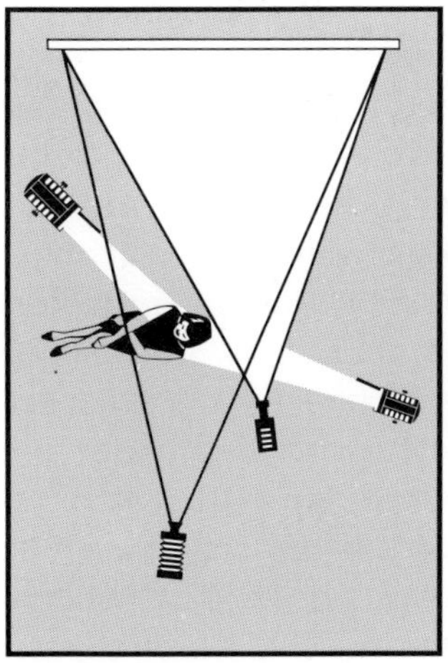

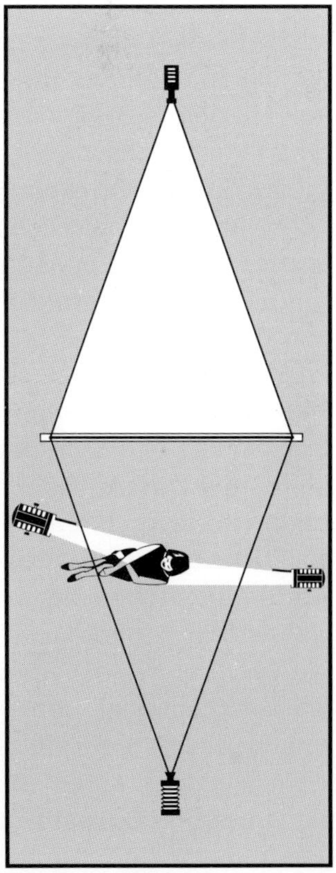

Hintergrundprojektionsaufnahmen werden ohne großen Geräteaufwand – wie hier dargestellt – am einfachsten mit Auflicht hergestellt.

Die schematische Darstellung zeigt, daß für die klassische Hintergrundprojektion mit Durchlicht ein großer Raum, und bei angestrebter optimaler Qualität, eine spezielle Rückprojektionswand, die keinen «Hot Spot» erkennen läßt, erforderlich sind.

falls übereinstimmen. Die Ausleuchtung des realen Objektes muß mit gerichtetem Licht, am besten unter Verwendung von Diffusoren und Abdeckklappen, den sogenannten Scheunentoren, erfolgen. Auf keinen Fall darf das projizierte Bild auf dem Schirm von Streulicht überstrahlt werden, da sonst ein erheblicher Verlust an Brillanz entsteht.
Das für die Rückprojektion verwendete Schwarzweiß- oder Farbdiapositiv sollte mit Seitenlicht aufgenommen, normal belichtet, gestochen scharf und nicht zu kontrastreich sein. Nur bei Erfüllung dieser Forderungen werden in der endgültigen Aufnahme der reale Gegenstand und das projizierte Bild nahtlos ineinander übergehen und sie als natürlich erscheinen lassen.

3. Hintergrundprojektion durch Frontprojektion

Die Hintergrundprojektion durch Frontprojektion erfordert zwar eine relativ teure Spezialperlwand, führt aber gegenüber den beiden vorher genannten Techniken problemloser und zuverlässiger zu optimalen Resultaten. Hinzu kommt noch, daß man für die Frontprojektion nur eine halb so große Aufnahmefläche benötigt wie für die Rückprojektion.
Die Aufnahmekamera und der Projektor, deren Brennweiten möglichst identisch sein sollten, werden so auf ein solides, fahrbares Stativ montiert, daß sie in ihrer optischen Achse um 90° zueinander versetzt stehen. Diese Anordnung macht einen unter 45° geneigten teildurchlässigen Umlenkspiegel und eine auf Metallfolie gespritzte Projektionsperlwand, die einen Reflexionswinkel von 2° besitzt, erforderlich. Diese Spezialprojektionswand wird von 3-M unter dem Namen Scotch High Intensity Screen hergestellt und vertrieben. Ebenso wie die auf der nächtlichen Autobahn mit einem Reflexionsbelag aus mikrofeinen Glasperlen beschichteten Straßenschilder nur im Lichtkegel der Autoscheinwerfer aufleuchten, reflektiert diese Perlwand nur das auf sie geworfene Licht, und zwar nach dem Prinzip der Autokollimation direkt zum Ausgangpunkt zurück. Durch die geringe Streuung ihrer Oberfläche werden mehr als 90% des aufgestrahlten Lichtes wieder zurückgeworfen. Ihr Reflexionsgrad ist gegenüber einer rein weißen Papieroberfläche ca. 900 mal höher.
Wird vor der Projektionswand ein realer Gegenstand im Strahlenkegel des Projektors plaziert, so erscheint dieser lediglich als Silhouette, da sein Reflexionsgrad nur einen Bruchteil dieser Spezialperlwand beträgt. Deshalb ist auch hier wie bei den beiden anderen Verfahren, eine zusätzliche Aufhellung der realen Objekte notwendig. Als Beleuchtungseinrichtung dient eine Studioblitzanlage, die mit dem Blitzprojektor der Frontprojektionsanlage synchronisiert wird. Die Aufnahme wird wie üblich mit dem Halogeneinstellicht der Studioblitz- und Frontporjektionsanlage ausgeleuchtet.
Um in der Mode- oder Werbefotografie zum Beispiel die ganze Figur eines Modells nebst Füßen abzubilden, braucht das Modell bei der Frontprojektion nur auf ein an den Stirnflächen ebenfalls mit der metallisierten Perlwand beklebtes Podest zu treten. Bislang mußte man zu diesem Zweck im Studio Vordergrundstaffagen aufbauen, damit man einen kontinuierlichen Übergang zwischen dem Modell und dem projizierten Hintergrund erreichte. Die Justierung der optischen Achse der Kamera und des Projektionsobjektivs ist mit größter Sorgfalt vorzunehmen. Wenn keine völlige Übereinstimmung besteht, treten im Hintergrund unweigerlich Randschatten des realen Objektes auf.
Je nach dem gewünschten Effekt kann der projizierte Hintergrund scharf abgebildet oder lediglich als Lokalkolorit leicht unscharf mit in die Bildkomposition einbezogen werden.

Rückprojektion für den Hausgebrauch

Natürlich lassen sich auch mit einem geringeren Geräteaufwand brauchbare Rückprobilder herstellen. Dazu genügt ein lichtstarker Kleinbild- oder Mittelformatprojektor. Als Projektionsschirm baut man sich einen Holzrahmen, auf dem Transparentpapier oder 0,3 mm starke doppelseitig mattierte Astralonfolie mit einem Bürohefter befestigt wird. Die Größe sollte mindestens 1,50 × 1,50 m betragen. Zur Aufhellung des realen Objektes dienen innenverspiegelte Fotolampen. Damit kein Streulicht das Projektionsbild überstrahlt, werden sie mit einem Tubus aus Alufolie versehen. Zur Erzielung einer möglichst kurzen Belichtungszeit benutzt man höherempfindlichen Film. Für die Ermittlung der Belichtungszeit ist die Helligkeit des projizierten Bildes ausschlaggebend. Zu diesem Zweck wird mit dem Handbelichtungsmesser nach der Lichtmeßmethode mit vorgeschobener Diffusorkalotte die Helligkeit des Dias von der Kamera her auf dem transparenten Schirm gemessen. Danach ist die Ausleuchtung des realen Objektes auf den gleichen Helligkeitswert abzustimmen.

Dipl.-Designer
Werbewirt Bernd Wille

Werbung

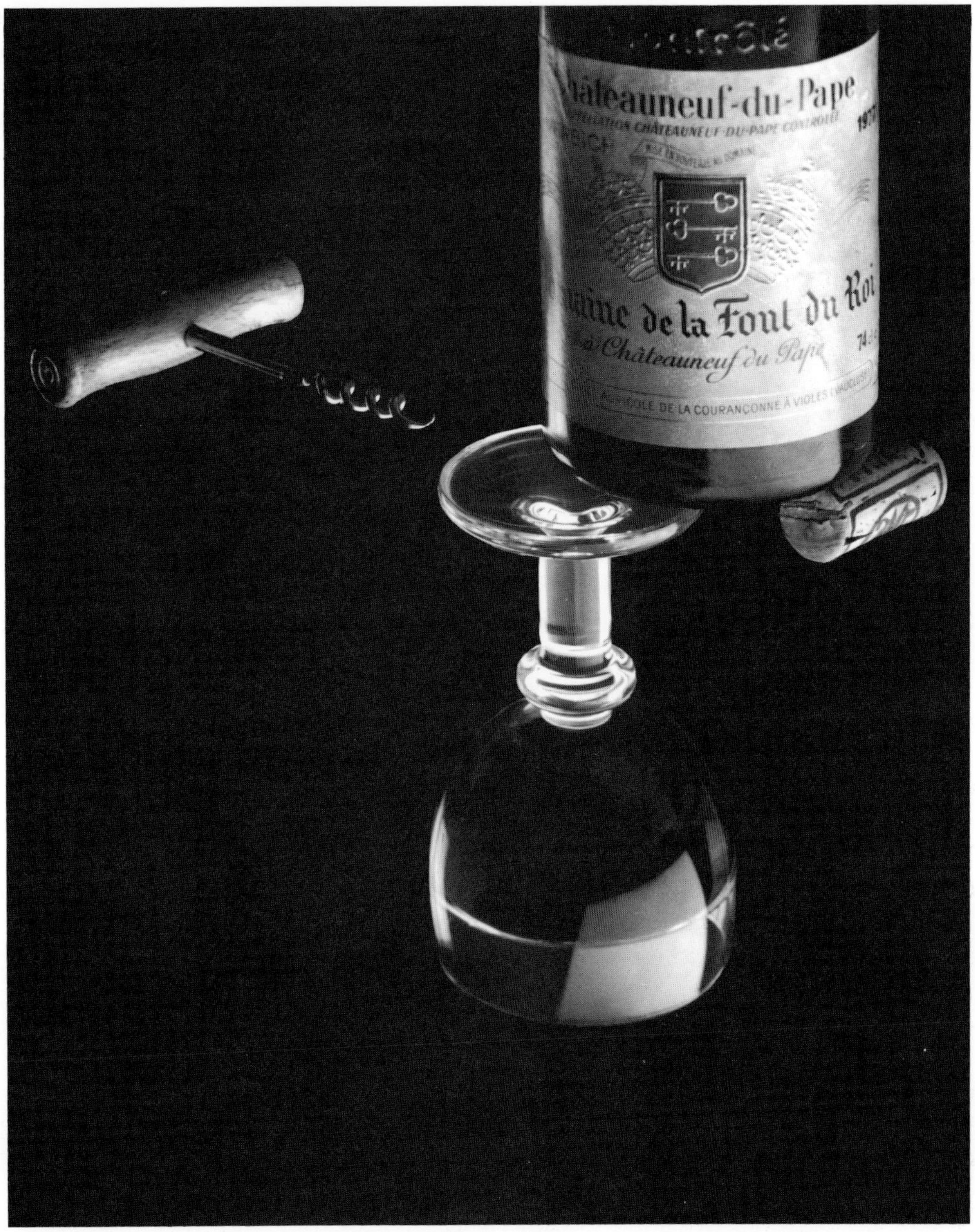

Schematische Darstellung der Aufnahmeanordnung unter Berücksichtigung der Scheimpflugbedingung und die daraus resultierende Werbeaufnahme für französischen Wein. Foto: Bernd Wille.

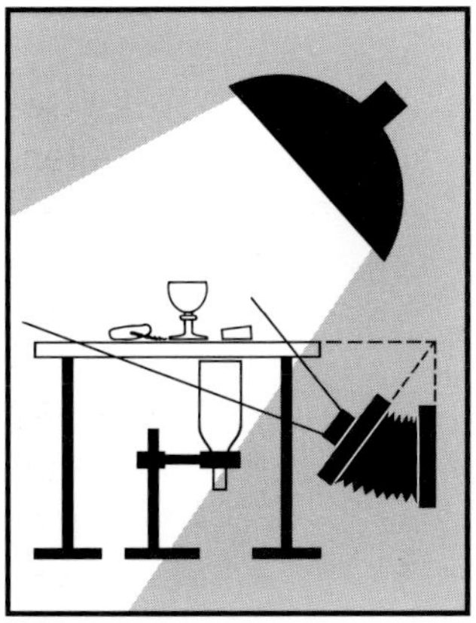

Werbefotografie ist Auftragsfotografie in ihrer ausgeprägtesten Form. Eine Werbekampagne verfolgt ein bestimmtes, überprüfbares Werbeziel. Das heißt, bei genau umrissenen Personen (einer Zielgruppe) soll innerhalb eines vorgegebenen Kostenrahmens und Zeitraums mit ebenfalls vorher festgelegten Kommunikationsmitteln (z.B. Fernsehen, Zeitschriften, Zeitungen usw.) ein präzise formuliertes Kommunikationsziel erreicht werden. Da Werbung ein Marketing-Instrument ist, richten sich die Werbeziele nach den jeweiligen Marketing-Zielen. Hauptziele für die Werbung sind Aufbau, Festigung oder Korrektur der Bekanntheit eines Werbeobjektes, ferner des Wissens über die Eigenschaften und Vorzüge eines Angebots sowie der Einstellungen der Zielgruppe zum Werbeobjekt.

Diesen Zielen muß sich die Werbefotografie unterordnen; sie ist zweckgebunden. Auf den ersten Blick scheint die konkrete Zielvorgabe die Entfaltungsmöglichkeiten eines Fotografen einzuengen, zumal er oft nach Vorlage (Layout) arbeiten muß.

Ein professioneller Werbefotograf hebt jedoch den Gegensatz zwischen Zielvorgabe und freier Entfaltung der Persönlichkeit auf: Er interpretiert die Ziele bzw. deren kreative Umsetzung und formt aus ihnen eine eigene Bildbotschaft. Dieser Transformations-

prozeß sollte die Bildaussage steigern, das heißt, kommunikationswirksamer machen. Wenn der Fotograf dazu noch im konzeptionellen Bereich kompetent ist, im Team arbeiten kann sowie keine 40-Stunden-Woche kennt, wird er ein gesuchter Gesprächspartner für Werbungtreibende sein.
Daß er sein fotografisches Handwerk mehr als nur beherrscht, daß er im Atelier wie on location, vom Kleinbild bis Großformat, Spitzenqualität liefert, versteht sich von selbst.
Werbeaufnahmen müssen hinsichtlich Format und Kontrastumfang auf das Medium abgestimmt sein, in dem sie später erscheinen werden. Fotos sind in der Werbung nur eine Zwischenstufe, bildgewordene Werbeidee, auf dem Weg zum massenhaft vervielfältigten Bild.
Es gibt natürlich auch Präsentationsformen wie Messen, Ausstellungen u.a., wo Fotos als Großvergrößerungen oder in einer Audiovisionsschau als eigenes Medium vorgestellt werden.
Werbefotografien stehen in den meisten Fällen nicht allein, sondern befinden sich in einem konkurrierenden Umfeld redaktioneller oder werblicher Art. Gerade diese Situation verlangt eine eigenständige Darstellung des Angebots, damit es überhaupt wahrgenommen wird. Hier ist die zielgerichtete Kreativität des Fotografen gefordert, aber nicht freischwebendes Phantasieren oder das unpersönliche Ausführen einer Auftragsbeschreibung.
Diese Erkenntnis scheint sich aber noch nicht bei allen Werbefotografen und/oder – zur Entschuldigung der Fotografen – bei den Auftraggebern durchgesetzt zu haben.
In zahlreichen Märkten lassen sich Produkte und Dienstleistungen nur noch über die Kommunikation differenzieren, da sich die Angebote immer ähnlicher geworden sind. Der Markt für Kleinbild-Spiegelreflexkameras zeigt uns diese Situation ja überdeutlich. Nur schaffen die jeweiligen Werbemaßnahmen in den seltensten Fällen die notwendige Differenzierung gegenüber der Konkurrenz. Es gibt also noch viel zu fotografieren für professionelle Werbefotografen.

Verfremdungstechniken

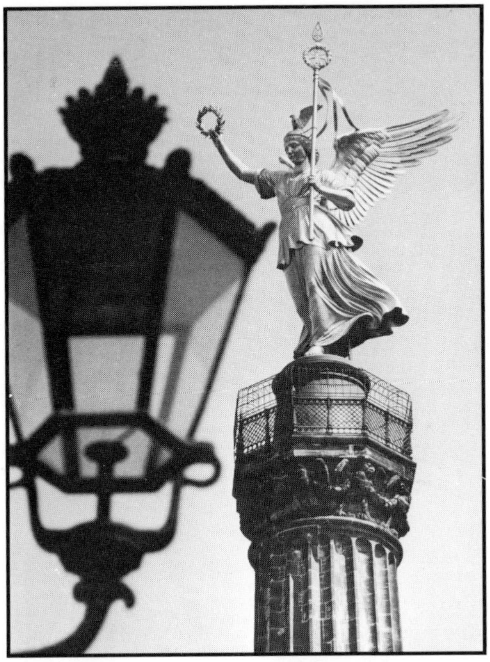

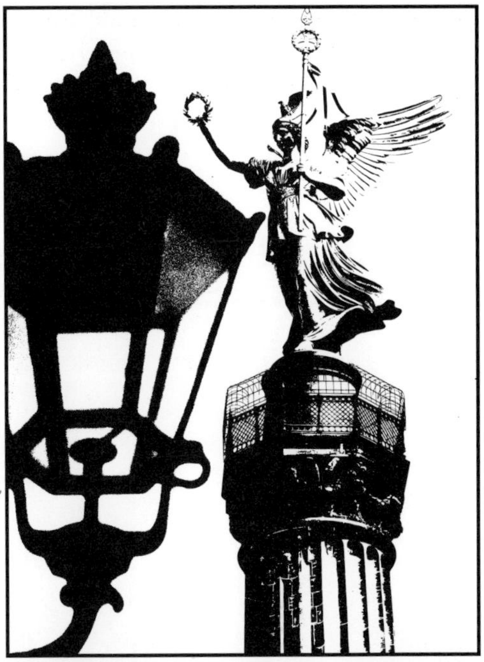

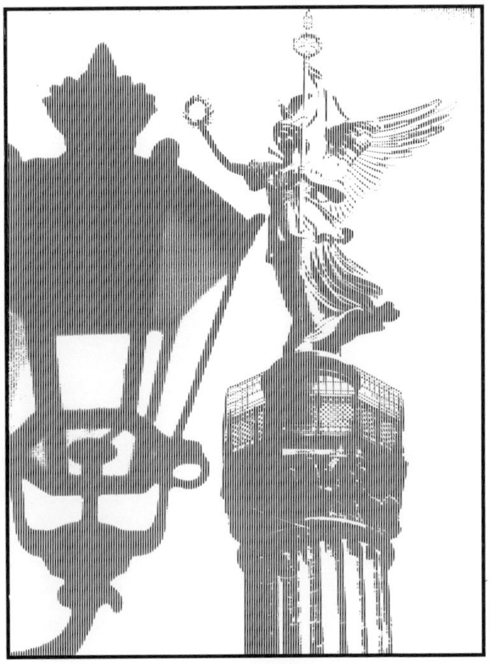

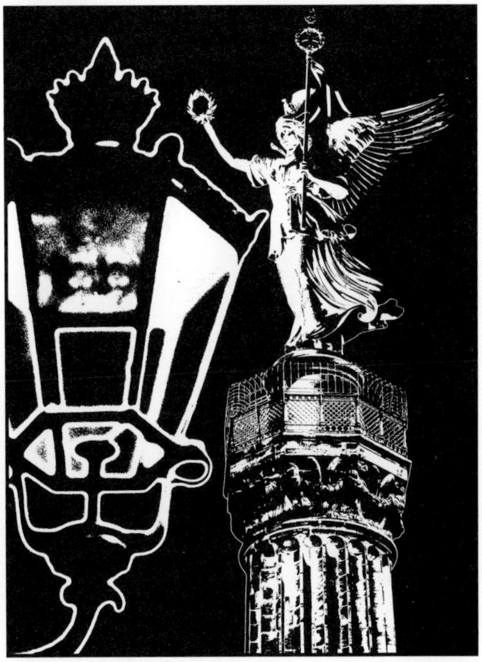

Oben links: Normale Halbtonvergrößerung des Originalnegativs der Siegessäule im Tiergarten in Berlin.

Oben rechts: Aus dem durch Umkopieren auf Strichfilm entstandenen Strichnegativ hergestellte Kontrastkopie.

Unten links: Durch Sandwichen des Strichnegativs mit einem Linienrasternegativ erhaltene Rasterkopie.

Unten rechts: Eine während der Entwicklung eines Strichfilms erfolgte Zweitbelichtung und anschließende Weiterentwicklung ergibt diese Pseudosolarisation.

Zuweilen wendet man bei Halbtonmotiven als Gestaltungsmittel eine fototechnische Verfremdung an. Dazu gehören:

- Kontrasttechnik
- Aufrasterung von Kontrastvorlagen
- Solarisation
- Tontrennungsverfahren, die Isohelie

Diese Techniken kann man problemlos und wirtschaftlich in einer durchschnittlich ausgestatteten Dunkelkammer ausführen. Außer hart arbeitendem Strich- und Lithfilm, wie er in der Reprografie benutzt wird, sind keine weiteren zusätzlichen Arbeitsmaterialien und Geräte erforderlich. Es wird nicht einmal ein besonderer Lithfilmentwickler benötigt. Der Eukobrom-Papierentwickler erbringt bei den oben erwähnten Verfahrenstechniken optimale Resultate. Selbst für eine Solarisation braucht man nicht den teuren Äquidensitenfilm nebst Spezialentwickler, Gelbfilter und zusätzlichem Dunkelkammerfilter zu kaufen. Am Beispiel eines Motivs sollen hier die verschiedenen Verfremdungseffekte demonstriert werden.

Kontrast

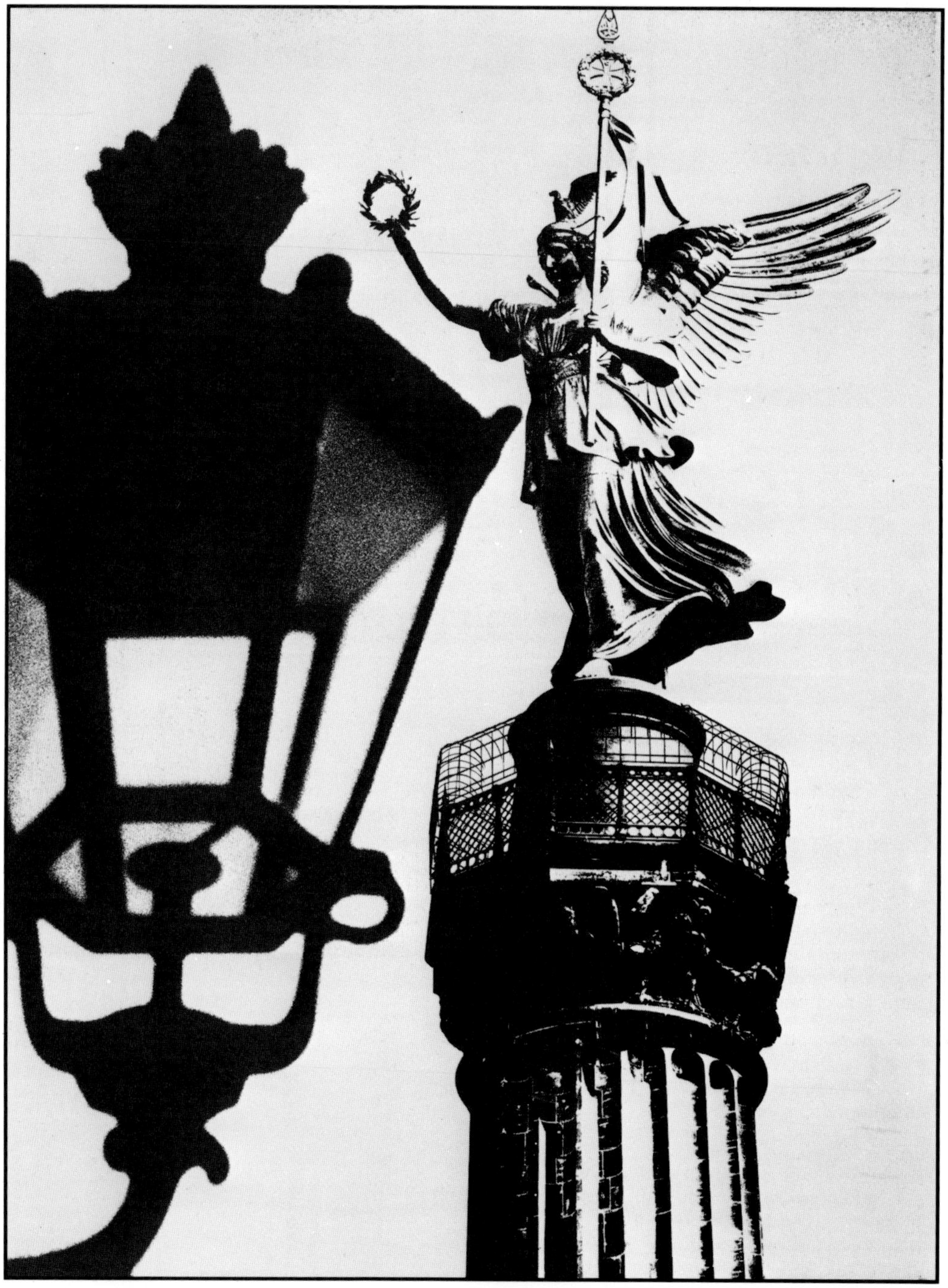

Durch Vergrößern des Originalhalbtonnegativs auf Strichfilm erhält man ein Strichdiapositiv, welches umkontaktet auf Strichfilm ein Strichnegativ ergibt. Die Abbildung zeigt die aus der Vergrößerung des Strichnegativs resultierende Kontrastkopie.

Am schnellsten erzielt man ein brauchbares Resultat, wenn man nach folgender Dreistufenmethode verfährt:

1. von einem vorhandenen Halbtonnegativ wird durch Umkontakten oder Vergrößern auf Strichfilm ein Diapositiv hergestellt.

2. Das auf Strichfilm hergestellte Diapositiv wird zu einem Strichfilmnegativ umkontaktet. Eventuell im Diapositiv noch vorhandene Halbtöne werden dabei meistens beseitigt. Sollte ein ursprünglich sehr kontrastarmes Strichnegativ immer noch Halbtöne aufweisen, so wird der Vorgang des Umkontaktens so lange wiederholt, bis man ein reines Strichnegativ erhält.
Störender unruhiger Hintergrund und kleine Schichtfehler lassen sich durch Übermalen mit roter Abdeckfarbe leicht beseitigen.

3. Das makellose Strichnegativ wird auf die Papiergradation extrahart vergrößert.

Rasterung

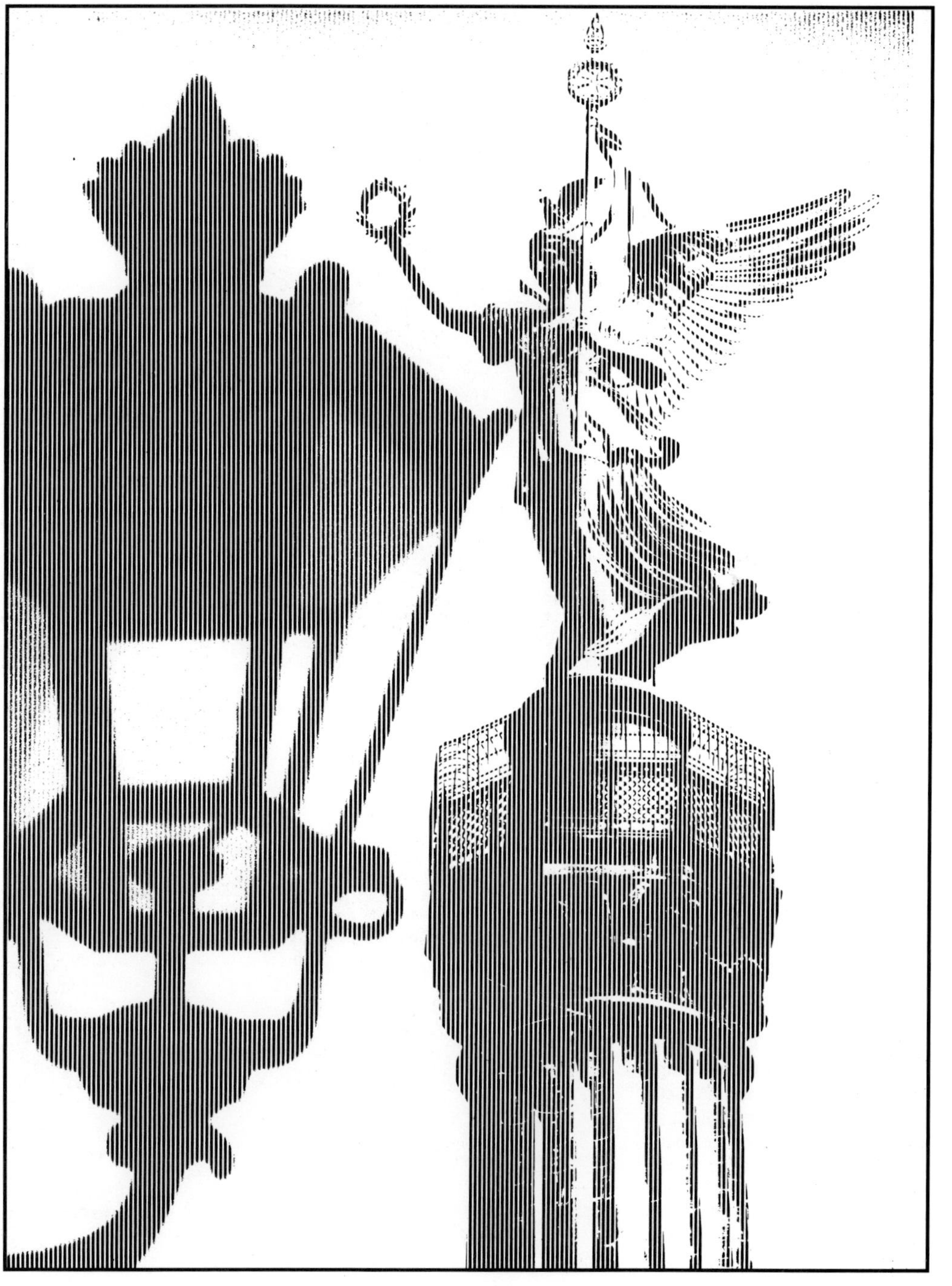

Durch das Sandwichen und Vergrößern eines einwandfreien Strichnegativs mit einem auf Strichfilm reproduzierten Linienraster erhält man eine Rasterkopie.

Die Grundlage bildet ein einwandfreies Kontrastnegativ, das zusammen mit einem Strukturraster auf transparenter Plastikfolie (in Zeichenbedarfsläden erhältlich) gesandwiched und auf extrahartes Papier vergrößert wird. Eine zweite Möglichkeit besteht darin, die Rasterfolie beim Vergrößern im Kontakt direkt auf das Fotopapier zu legen. Um sicherzugehen, daß die Abbildung auch wirklich scharf wird, reibt man die Rasterfolie mit dem Handballen auf das Fotopapier, bis sie durch die elektrostatische Aufladung haften bleibt. Nach der Belichtung wird die Rasterfolie abgezogen und das Bild entwickelt. Die Belichtungszeit ist der Dichte des Rasters entsprechend zu verlängern. Damit die Rasterstrukturen beim Vergrößern nicht zu grob ausfallen und die Rasternegative in der gleichen Größe wie die Halbtonnegative hergestellt werden können, empfiehlt es sich, Rasterbogen der Größe DIN A 4 zu verwenden und auf Strichfilm zu reproduzieren. Auf diese Weise lassen sich auch eigene Rasterentwürfe verwerten.

Solarisation

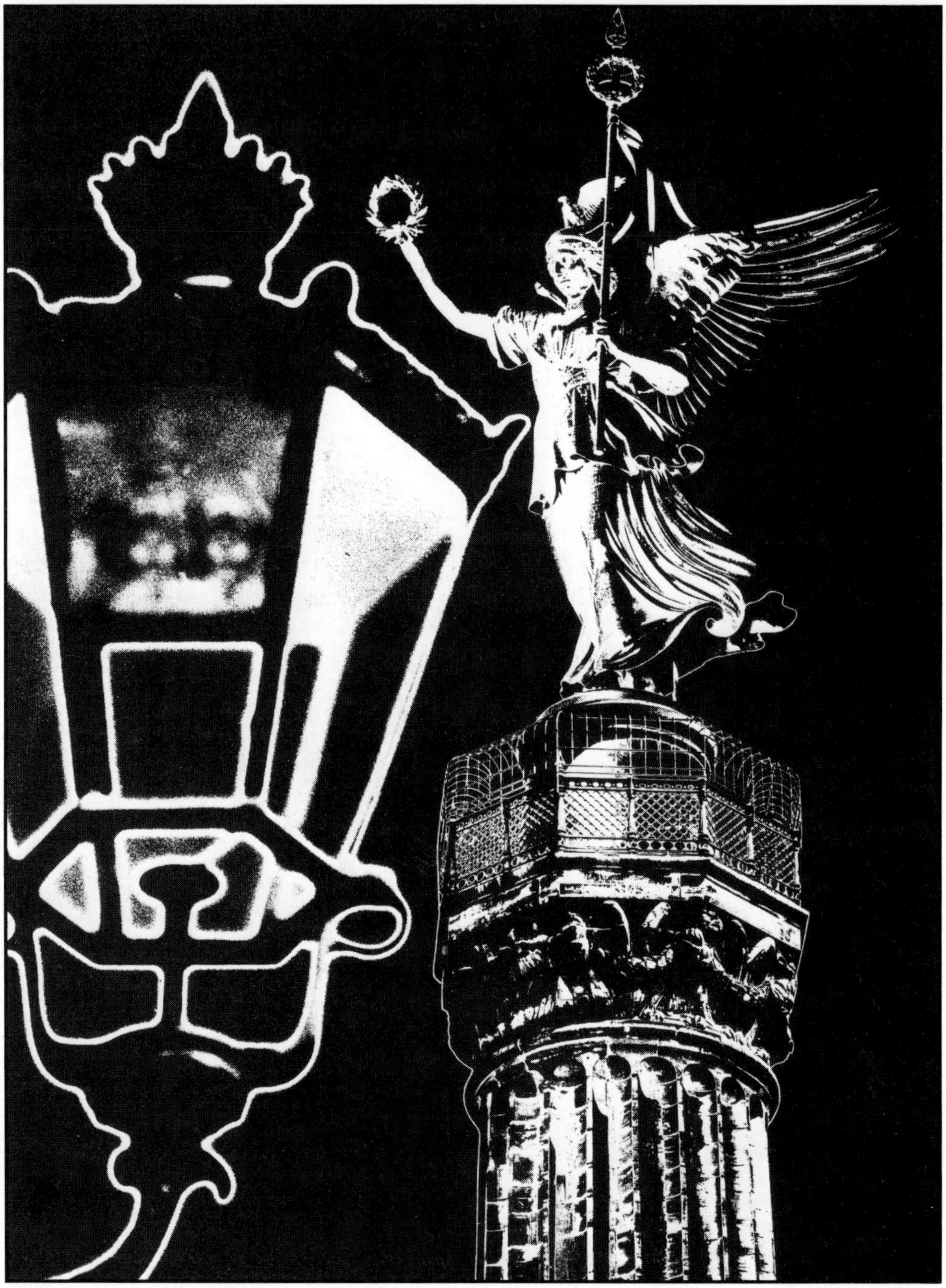

Das Vergrößern eines Halbtonnegativs mit geeignetem Motivkontrast auf Strichfilm und die während der Entwicklung erfolgende Zweitbelichtung und anschließende Zweitentwicklung ergeben eine Solarisation. Dabei wird alles entwicklungsfähige Bildsilber geschwärzt. Nur an den Stellen höchsten Kontrastes entstehen Bromsäume, die als transparente Linien sichtbar werden.

Bei der Solarisation, genauer gesagt bei der Pseudosolarisation, handelt es sich um eine Technik, mit der durch eine Zweitbelichtung des lichtempfindlichen Materials während der Entwicklung eine teilweise oder totale Umkehrung der Tonwerte hervorgerufen wird. Nur zwischen den hellen und den dunklen Bildstellen entstehen dabei dünne, transparente Linien, Bromsäume. Die Herstellung erfolgt in vier Stufen.

1. Erstbelichtung

Von einem Halbtonnegativ mit sehr vielen Hell-Dunkel-Kontrasten wird auf Strichfilm eine Stufenbelichtung hergestellt. Um bei der Erstbelichtung des Probestreifens zu erkennen, wo die kürzeste Belichtungszeit liegt, wird an dieser Stelle eine Ecke abgeschnitten.

2. Erstentwicklung

Das Strichnegativ wird mit der Schicht nach oben 30 Sekunden in frischem Eukobrompapierentwickler anentwickelt. Achtung! Der Entwickler darf während des gesamten Solarisationsprozesses keinesfalls bewegt werden.

Solarisation

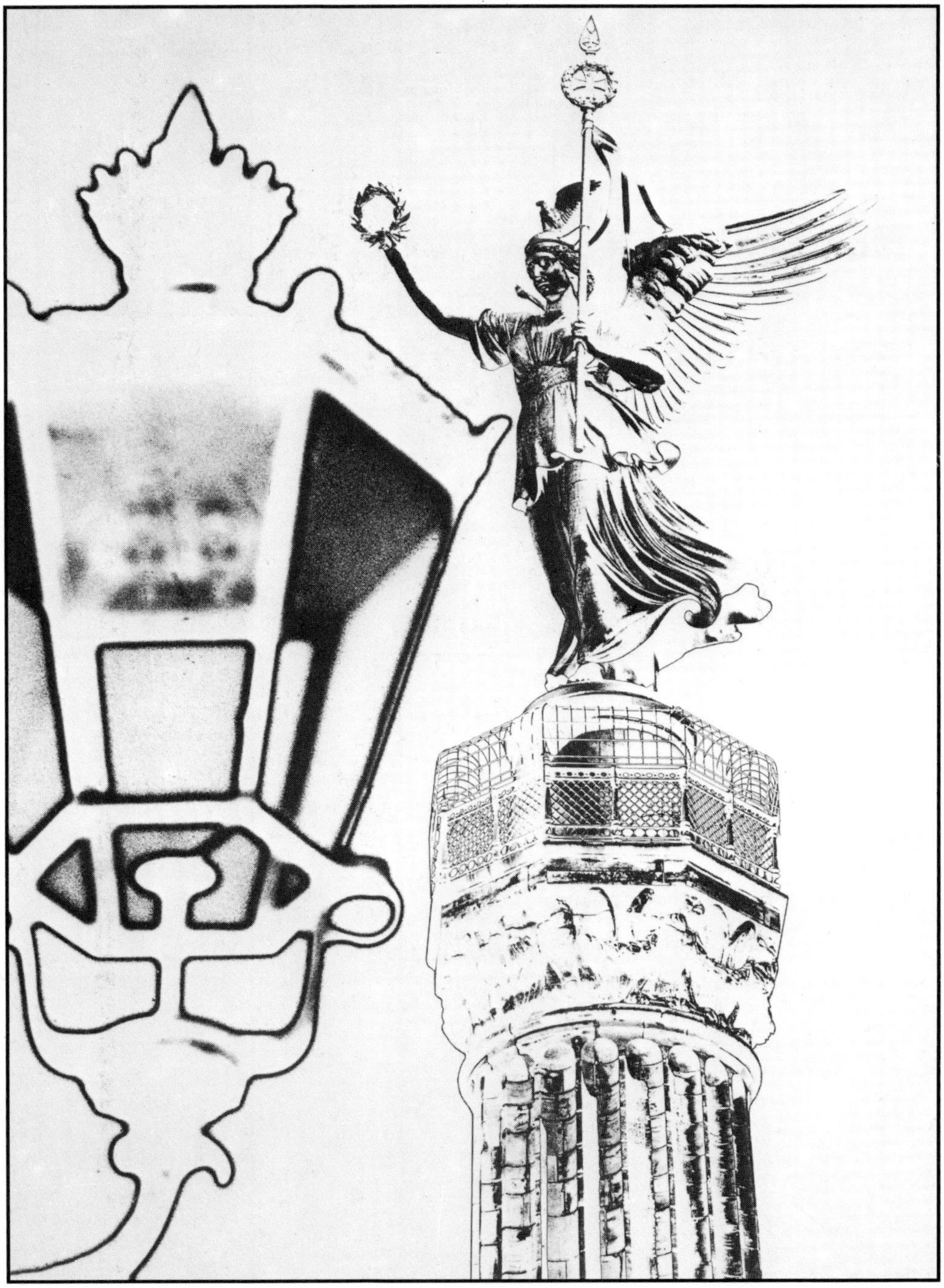

Wer statt der «negativen Solarisation» (weiße Linien auf schwarzem Grund) lieber schwarze Linien auf weißem Grund sehen möchte, erhält durch das Vergrößern der negativen Solarisation eine «positive Solarisation».

3. Zweitbelichtung
Das Negativ wird 2–5 Sekunden mit dem weißen Licht einer 15 Watt Lampe im Abstand von einem Meter belichtet.
4. Zweitentwicklung
Die Entwicklung wird eine Minute lang fortgesetzt. Danach wird das Negativ kurz zwischengewässert und normal fixiert.

Das Resultat ist eine solarisierte Stufenbelichtung.

An Hand der Stufen läßt sich der wirkungsvollste Solarisationseffekt bestimmen, der durch eine zusätzliche Probe auf seine optimale Wirkung kontrolliert wird. Mit den Daten der letzten Probe wird dann die endgültige Solarisation hergestellt.
Mit den einmal erzielten Daten ist die Solarisation jederzeit wiederholbar. Damit die Entwicklerlösung bei mehrfacher Verwendung stets frei von Fusseln ist, sollte sie vor Gebrauch durch eine Kaffeefiltertüte gegossen werden.

Isohelie

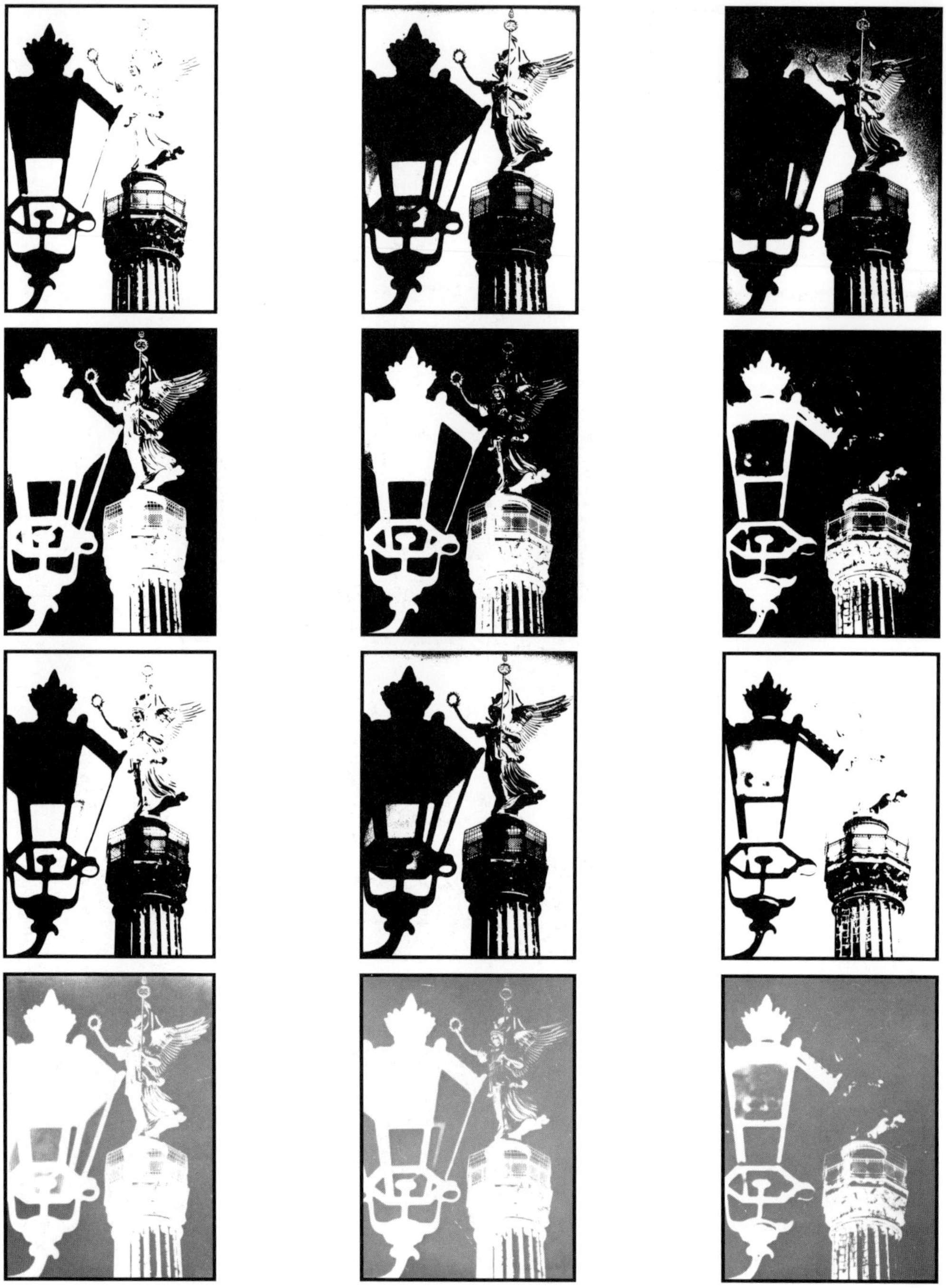

Die 12 Abbildungen zeigen die senkrecht untereinander angeordneten 4 Phasen, die zur Herstellung einer Isohelie oder Tontrennung erforderlich sind. Von oben nach unten:

1. Reihe: Strichfilmauszugsdiapositive.

2. Reihe: Durch Umkontakten erhaltene Strichfilmauszugsnegative.

3. Reihe: Durch erneutes Umkontakten erhaltene sehr kontrastreiche Strichauszugsdiapositive.

4. Reihe: Die in verdünntem Entwickler weich entwickelten Strichfilmnegative, die zu einem Sandwich paßgenau montiert und vergrößert die endgültige Isohelie ergeben.

Die Technik der Isohelie (Isohelen = Linien gleicher Helligkeit) ist ein in fünf Arbeitsgängen verlaufendes Tontrennungsverfahren.

1. Von einem klar in helle, mittlere und dunkle Tonwerte abgestuften, kräftigen Negativ wird auf Strichfilm eine Stufenbelichtung hergestellt. Nach einer normalen Entwicklung und Fixage werden an Hand der Stufenbelichtung drei Tontrennungsauszüge unterschiedlicher Dichte bestimmt. Für die Isohelie benötigt man ein Schatten-, ein Mittelton- und ein Lichterpositiv, deren relative Belichtungen sich zueinander wie 1 : 3 : 9 verhalten. Obwohl auch noch mehr Stufen angefertigt werden können, werden hier der Einfachheit halber nur drei Auszüge berücksichtigt.

2. Die drei Auszugsstrichdiapositive werden mit der gleichen Belichtungszeit zu Auszugsstrichnegativen auf Strichfilm umkontaktet.

Isohelie

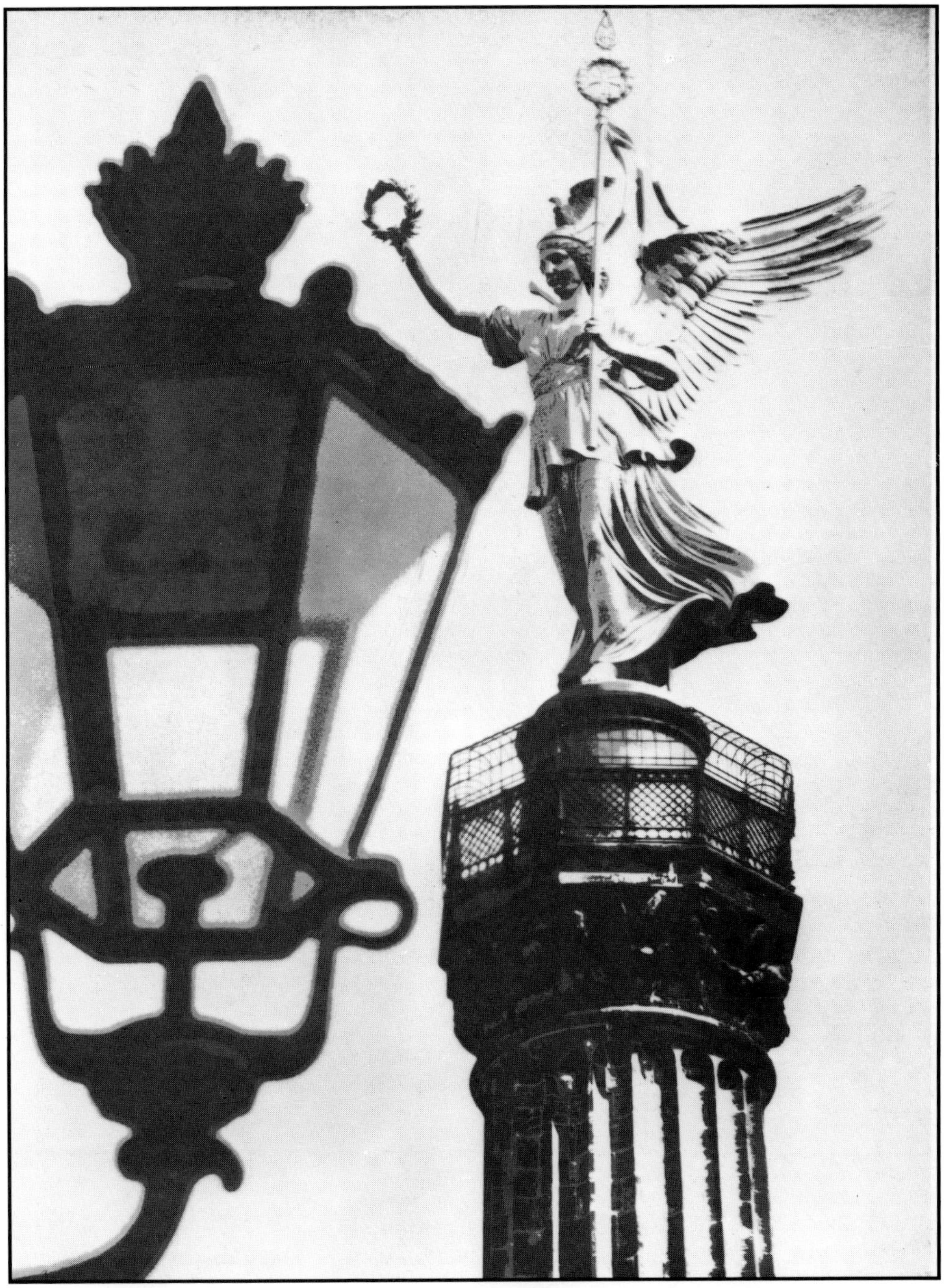

Durch Abstrahierung der kontinuierlichen Grauwerte auf nur wenige Tonstufen reduzierte Isohelie.

3. Um eventuell noch vorhandene Halbtöne ganz zu beseitigen, werden die Auszugsnegative erneut auf Strichfilm zu Auszugsdiapositiven umkontaktet.

4. Wenn die Auszugsstrichdiapositive einwandfrei sind, werden sie noch ein letztes Mal mit der gleichen Zeit auf Strichfilm umkontaktet, jedoch wird nun zur Entwicklung Eukobrom im Verhältnis 1 : 9 verdünnt, damit zarte, wenig geschwärzte, leicht bräunlich aussehende Auszugsnegative entstehen.

5. Diese drei Auszugsnegative werden auf einem Leuchttisch mit Hilfe einer Lupe paßgenau übereinandergelegt und mit Klebefilm unverrückbar auf einem etwa 2 cm breiten Papierstreifen befestigt. Dann wird der Sandwich auf Papier weicher Gradation vergrößert.

Schrift-
verzerren

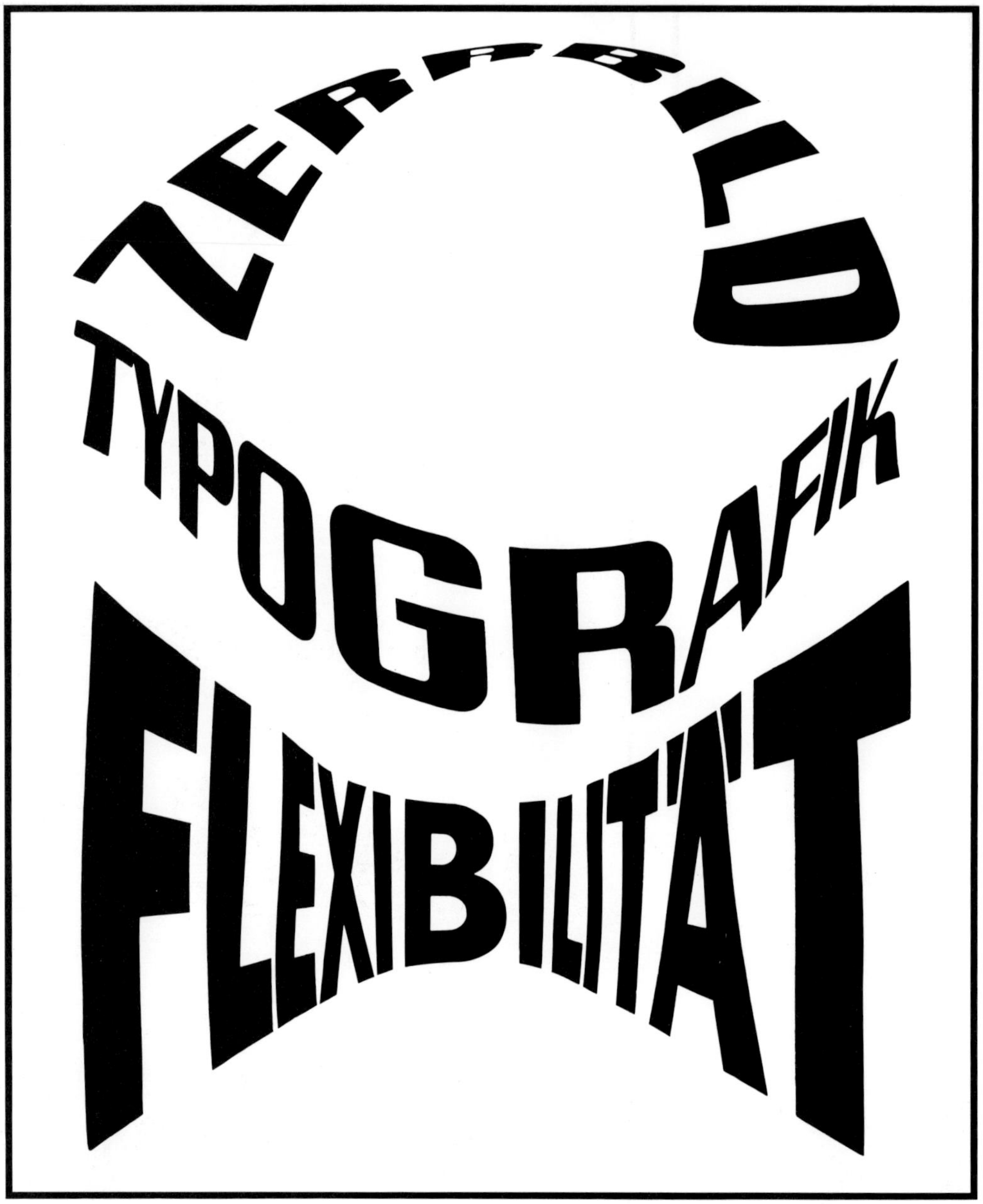

Schematische Darstellung der Aufnahmeanordnung und einige der möglichen Formen, die sich bei der Schriftverzerrungstechnik herstellen lassen.

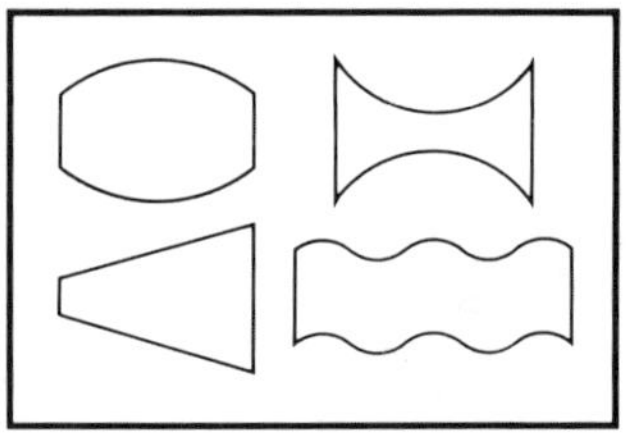

Der Grafiker benötigt häufig Schriftzüge in verzerrter Form. Diese lassen sich fototechnisch viel leichter herstellen als mühsam von Hand zeichnen. Von einer normalen Satzschrift wird zunächst der Schriftzug in einem mindestens 200 mm hohen Grad hergestellt. Dann wird die Schrift mit einem extrem kurzbrennweitigen Weitwinkelobjektiv stark abgeblendet mit großer Schärfentiefe in der beabsichtigten Verzerrung aufgenommen. Je nach dem Kamerastandpunkt, der Durchbiegung, Drehung oder Lage des Objektes entsteht ein perspektivisch stark verzeichnetes, linsen-, trapez- oder wellenförmiges Schriftbild. Die Anwendung der Scheimpflugschen Regel kommt hierbei sehr zustatten. Die Ausleuchtung muß an jeder Stelle der Schriftvorlage die gleiche Helligkeit aufweisen und wird mit dem Handbelichtungsmesser überprüft. Gemessen wird der weiße Papieruntergrund. Reicht die bei der Aufnahme erzielte Verzerrung nicht aus, so kann sie beim Vergrößern durch Schrägstellen oder Verformung des Papiers noch verstärkt werden. In diesem Fall muß das Vergrößerungsobjektiv jedoch stärker abgeblendet werden. Vergrößert wird auf extraharte Papier.

Foto-zeichnen

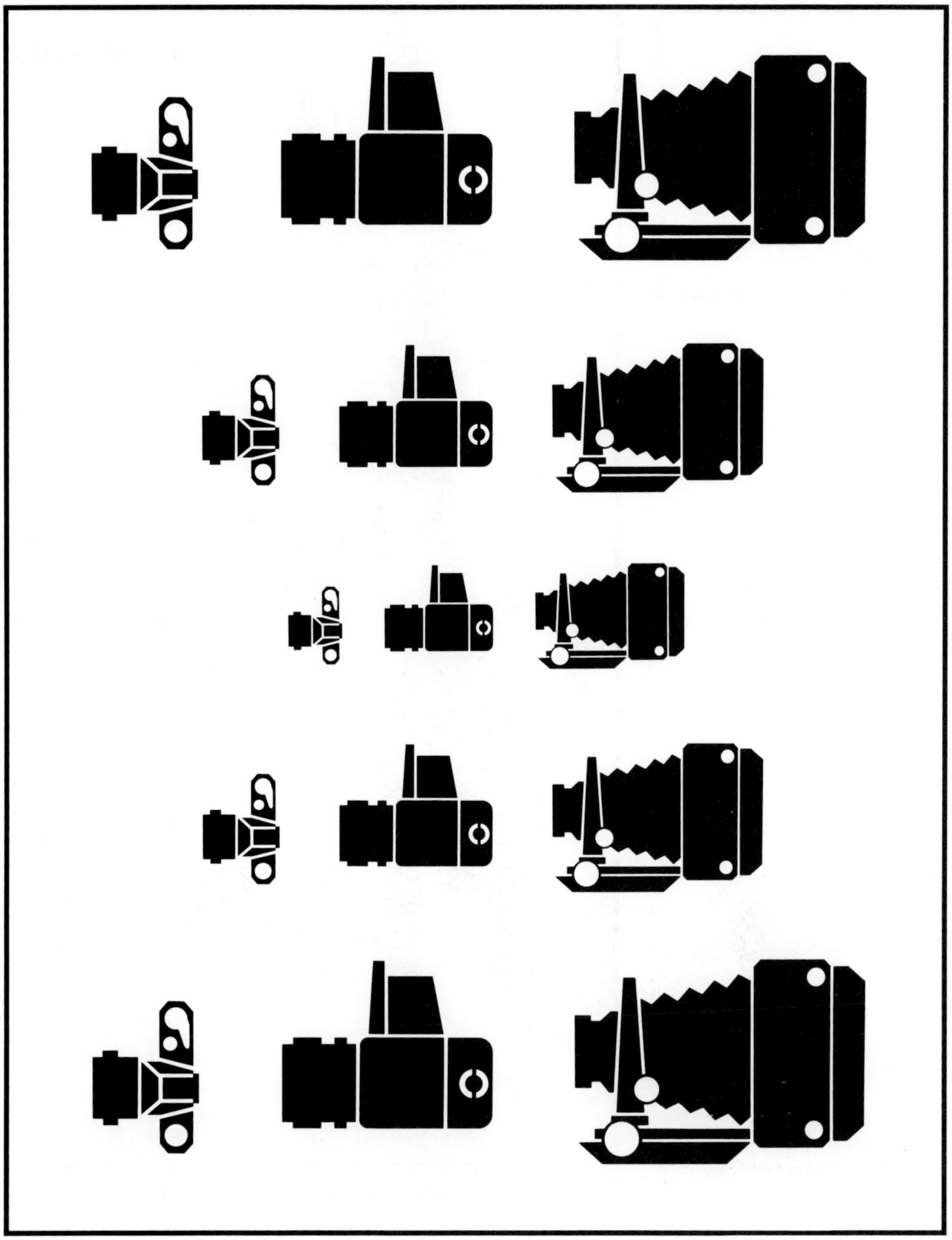

Die häufig wiederkehrenden Bildsymbole dreier Kameratypen unterschiedlicher Aufnahmeformate lassen sich, auf verschiedene Abbildungsmaßstäbe vergrößert, rationell bei der Buchproduktion einsetzen.

Für das Anfertigen und Herstellen immer wiederkehrender Symbole auf technischen Zeichnungen und in Buchveröffentlichungen sowie für die Produktion von Leiterplatten und -bahnen für Elektronikbauteile, gibt es kein rationelleres Verfahren, als das des Fotozeichnens. Zu diesem Zweck werden vom Grafiker großformatige Reinzeichnungen angefertigt. Je nach dem verlangten Feinheitsgrad wird die Zeichnung mit Hilfe hoch- und höchstauflösender spezieller Aufnahmematerialien und Objektive fotomechanisch in mehreren Stufen auf das Endmaß verkleinert. Als praktisches Anwendungsbeispiel für die Technik des Fotozeichnens sei auf die obenstehende Abbildung hingewiesen. Weitere grafische Abbildungen in diesem Lehrbuch verdeutlichen die vielfältigen Einsatzmöglichkeiten der Technik. Statt von jeder Darstellung manuell eine komplette neue Reinzeichnung anzufertigen, läßt sich von Fall zu Fall auf einzelne, bereits existierende grafische Elemente zurückgreifen. Diese werden, teilweise verkleinert oder vergrößert, mit neuen Elementen kombiniert und zu einer neuen Abbildung zusammengefügt. Der dadurch eingesparte Zeit- und Kostenaufwand ist nicht unerheblich.

Positiv-montage

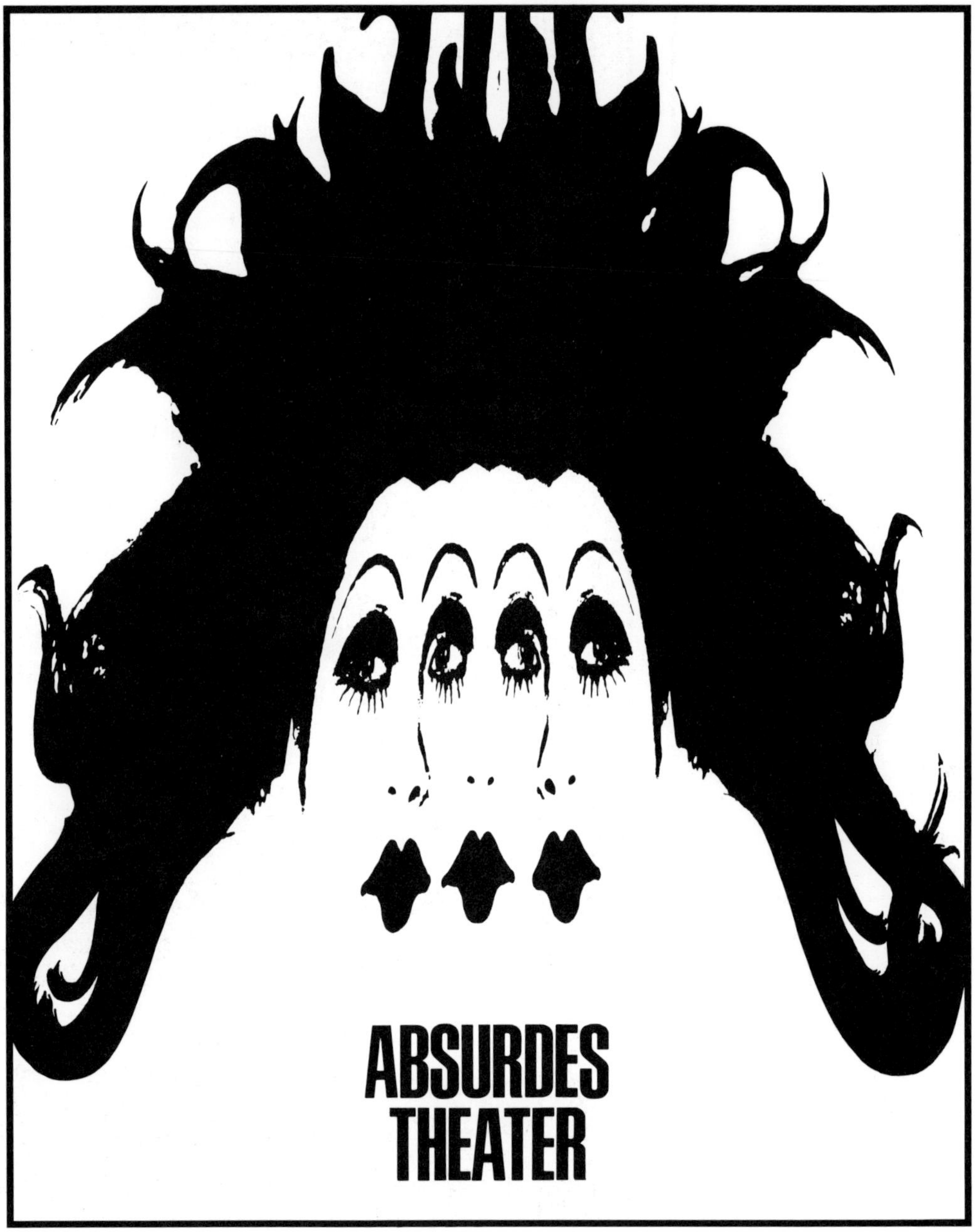

Gelungenes Beispiel einer Positivmontage als Entwurf für ein Theaterplakat. Foto: Dorit Süchting.

In Veröffentlichungen stößt man immer wieder auf unsachgemäß ausgeführte Positivmontagen. Man erkennt sie entweder an dem weißen, mit der Schere schlecht ausgeschnittenen oder ganz stehengebliebenen Bildrand oder an den bei der Reproduktion durch verschiedene Papierdicken entstandenen feinen schwarzen Schattenlinien. Dies ist durchaus nicht nötig, da sich die Positivmontage mit etwas Sorgfalt so ausführen läßt, daß sie selbst von Fachleuten nicht als solche erkannt wird.
Wichtigste Voraussetzung ist, daß zwischen dem zu montierenden Motiv und dem Untergrundfoto Übereinstimmung in der Beleuchtung, der Schärfe, dem Kontrast, der Perspektive und den Proportionen besteht. Der zu montierende Bildteil muß so ausgeschnitten werden, daß keine weißen Ränder mehr zu erkennen sind. Achtung! Der Rand der Rückseite des einzumontierenden Bildes muß mit feinem Schmirgelpapier keilförmig abgeschliffen werden, ehe er eingeklebt wird. Nur so schmiegt sich der Rand des montierten Bildes direkt an die Oberfläche des Untergrundmotivs an und verhindert, daß Schattenlinien bei der Reproduktion entstehen. Als Klebemittel benutzt man synthetischen Alleskleber, der gleichmäßig auf die gesamte Oberfläche aufgetragen wird.

Negativmontage

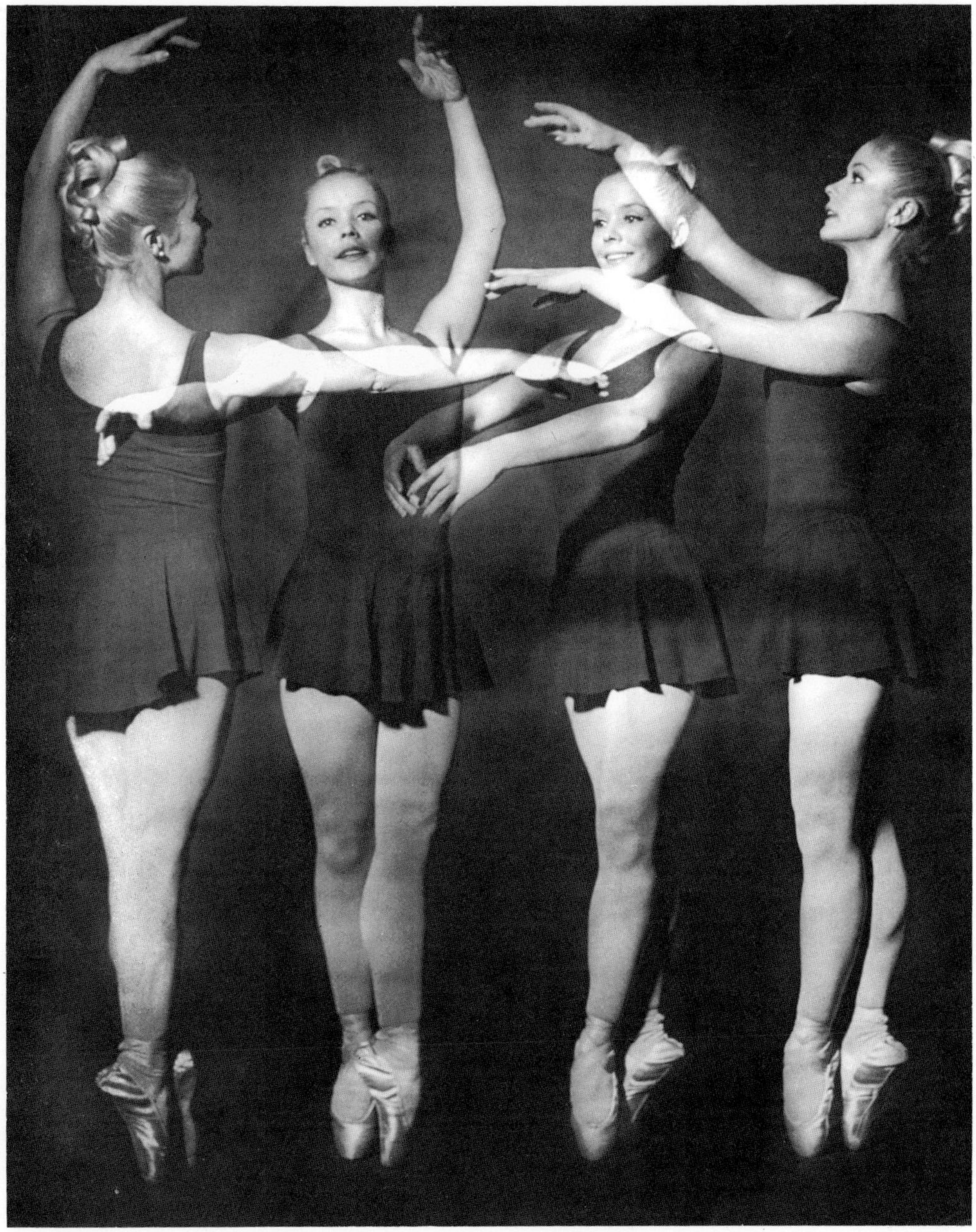

Die gesandwichten Einzelaufnahmen von vier verschiedenen Positionen des Modells ergeben die Negativmontage.

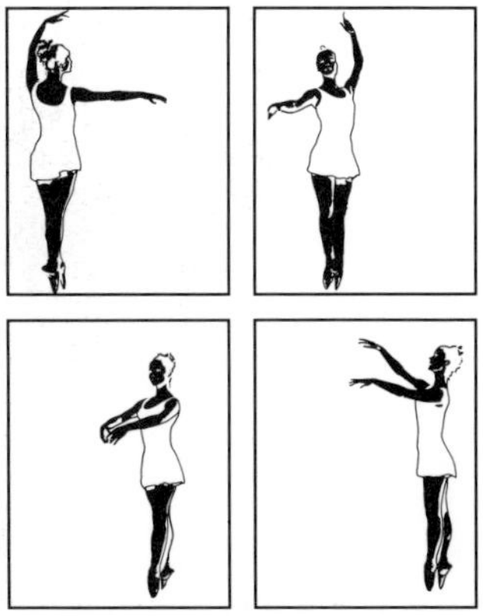

Fotomontagen lassen sich sowohl als Positiv- als auch als Negativmontage ausführen. Während die Positivmontage während der Kollage (Klebearbeit) der einzelnen Bildelemente noch ein Variieren der Komposition zuläßt, verlangt die Negativmontage ein klares, in seinen Phasen als Layoutskizze vorliegendes Konzept, nach dem bei den Aufnahmen gearbeitet wird.
Wie bei der Mehrfachbelichtung fotografiert man das helle Motiv vor einem dunklen oder schwarzen Hintergrund, damit sich die Konturen der Einzelobjekte klar vom Hintergrund abheben. Der aus mehreren Einzelnegativen bestehende Sandwich wird, der beabsichtigten Bildkomposition entsprechend, mit Klebestreifen montiert und vergrößert. Damit jedes Einzelnegativ scharf abgebildet wird, muß etwas stärker als gewöhnlich auf 11–16 abgeblendet werden. Sich in der Montage teilweise überschneidende Bildelemente wirken nicht unbedingt störend, sind aber das unverkennbare Merkmal einer Negativmontage. Eine abschließende Positivretusche wird am besten als Spritzretusche ausgeführt. Durch die Negativmontage können zeitlich nacheinander ablaufende Vorgänge in einem einzigen Bild als gleichzeitiges, nebeneinander stattfindendes Ereignis dargestellt werden.

Relief

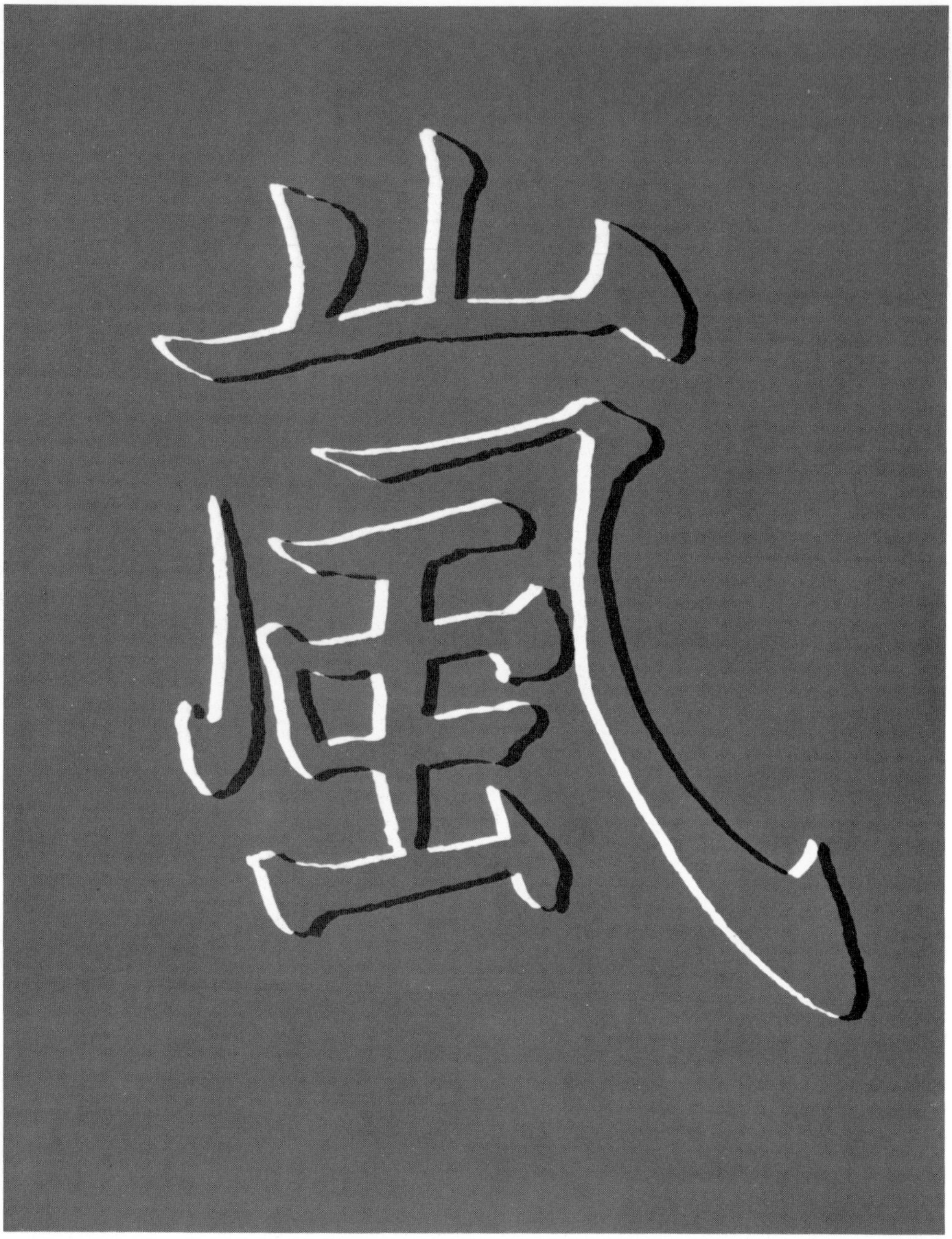

Schematische Darstellung der notwendigen Einzelphasen für die Herstellung eines Fotoreliefs und das fertige Resultat.

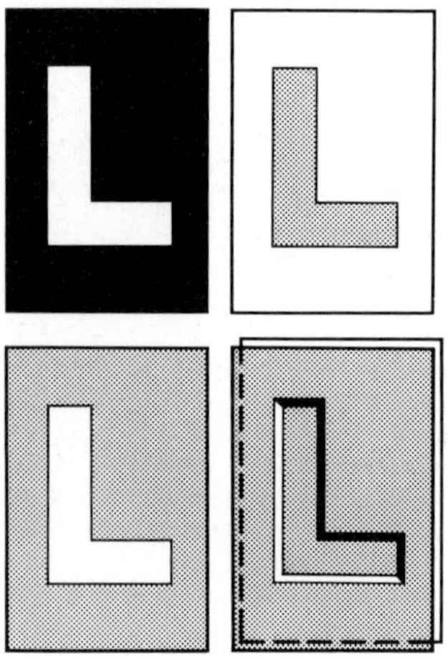

Mit der Fotorelief-Technik lassen sich besonders effektvolle Schriftzüge und Firmenzeichen, aber auch pseudoplastische Halbtonbilder erzielen.
Hierzu wird von einem normal belichteten Strichnegativ ein Diapositiv angefertigt, dessen Dichte nur 50 % der völligen Schwärzung beträgt. Von diesem Diapositiv stellt man ein Negativ gleicher Dichte her. Zur Erzielung des Reliefeffektes werden das Diapositiv und das Negativ um einen geringen Betrag, etwa um $1/5$ der Strichstärke der Schrift versetzt übereinandergelegt, mit Klebestreifen befestigt und vergrößert. Auf dem fertigen Bild hebt sich dann zum Beispiel ein plastisch hervortretender grauer Schriftzug mit weißer Lichtkontur und schwarzen Schatten von einem grauen Untergrund ab.

Astro

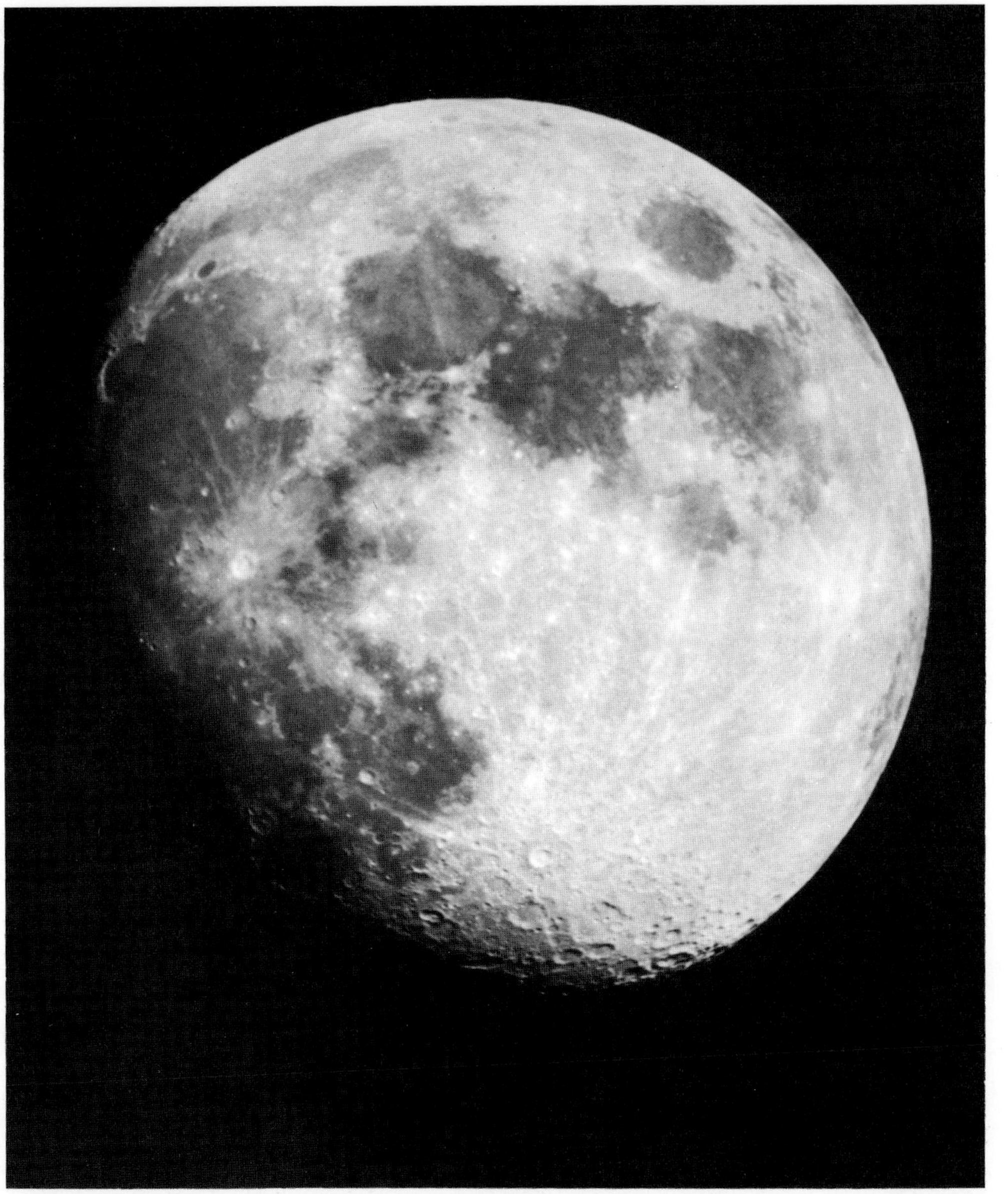

Die Mondaufnahme wurde mit einem Spiegelteleskop von 1500 mm Brennweite unter Verwendung eines Gelbfilters aufgenommen. Foto: Hans-J. Hoffmann.

Astrofotografie wird nicht nur von Berufsastronomen als Dokumentation ihrer Forschungsaufgaben und wissenschaftlichen Untersuchungen betrieben, sondern auch, zwar in beschränktem, aber zunehmendem Maße, von Amateurastronomen. Wie in vielen anderen Anwendungsbereichen, ist die Fotografie dabei nicht Selbstzweck, sondern Mittel zum Zweck. Die Astrofotografie dient der dauerhaften Dokumentation vorübergehender Beobachtungen. Welche technische Ausrüstung ist zu ihrer Ausübung erforderlich? Neben einer Spiegelreflexkamera benötigt man ein lichtstarkes, langbrennweitiges Spiegelobjektiv von f = 1000 bis 4000 mm mit einem zusätzlichen Nachführantrieb. Wegen der bei Astroaufnahmen herrschenden geringen Helligkeit sind Langzeitbelichtungen unvermeidlich. Da sich die Erde während der Belichtung um ihre Achse weiterdreht, müssen alle Astroaufnahmen der Erdumdrehung folgend nachgeführt werden, damit sie nicht – bedingt durch die Langzeitbelichtung – im Negativ nur als Strichspuren erscheinen. Die Astronomen bezeichnen Spiegelobjektive als Reflektoren, Linsenobjektive hingegen als Refraktoren. Spiegelobjektive werden in der Astrofotografie wegen ihrer hervorragenden Korrektion hinsichtlich sphärischer und chromatischer Abbildungsfehler bevorzugt verwendet. Um die Belichtungszeiten möglichst kurz zu halten, verwendet man, unter Berücksichtigung des Schwarzschildfaktors, Filme höchster Empfindlichkeit, die sich zudem noch pushentwickeln lassen.

Dipl.-Designer
Werbewirt Bernd Wille

Natur

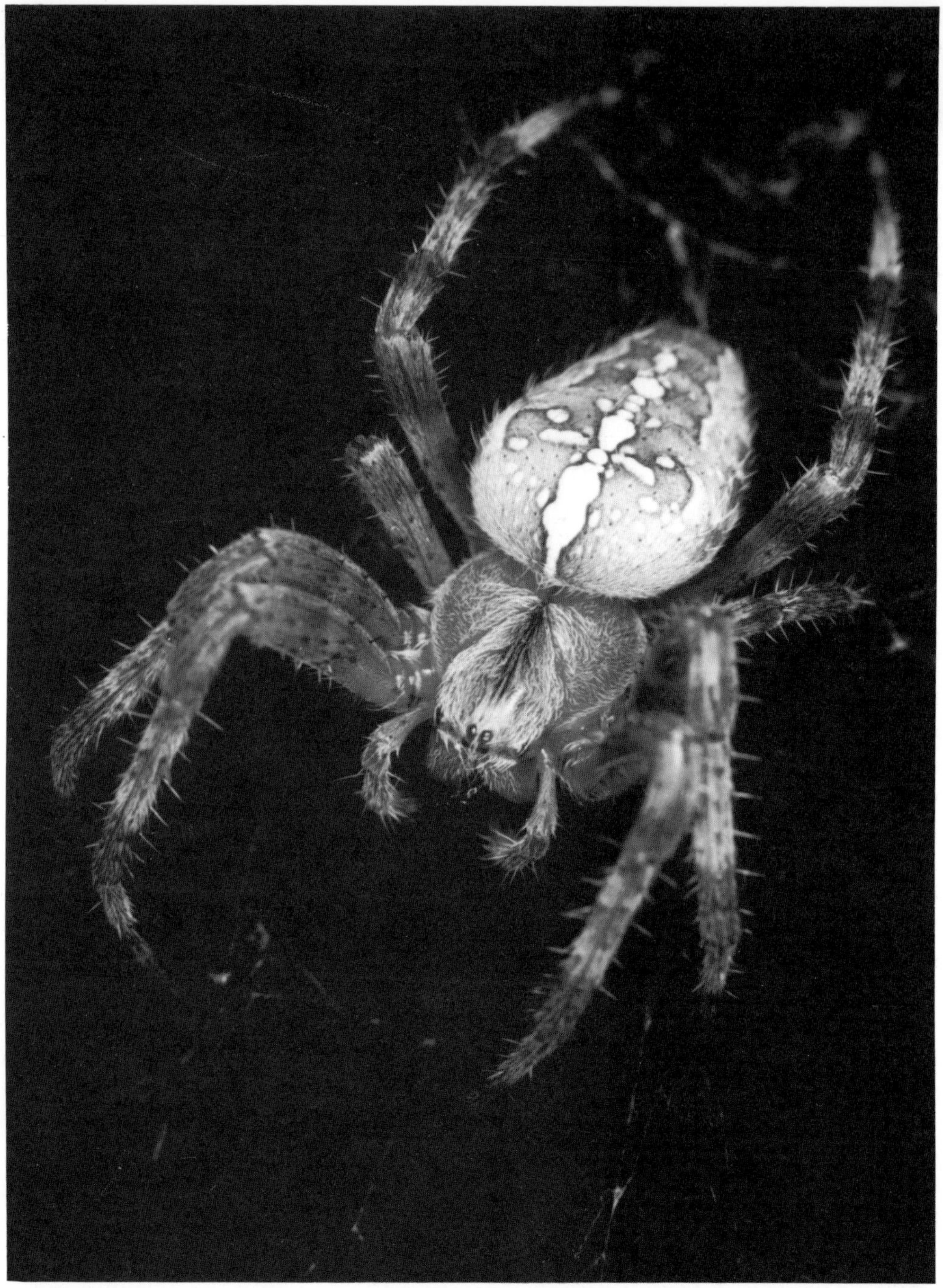

Makroaufnahme einer Gartenkreuzspinne (Araneus Diadematus) in freier Natur mit einem f = 100 mm Objektiv unter Zuhilfenahme dreier Elektronenblitzgeräte für die wirkungsvollere Ausleuchtung aufgenommen. Foto: Bernd Wille.

Wer Pflanzen und Tiere fotografieren will, braucht neben einer speziell hierauf abgestimmten Kameraausrüstung vor allem genaue Kenntnisse der Natur.

Nur ein planmäßiges Vorgehen sichert hier den fotografischen Erfolg. Natürlich, ein sehender Fotograf findet auch im Vorübergehen am Wegesrand lohnenswerte Motive, die andere übersehen würden. Diese meist zufälligen Bildresultate befriedigen jedoch nicht auf Dauer. Erst die umfassende Information durch Fachleute und/oder entsprechende Literatur erhöht die Quote gelungener Fotos und eröffnet neue Motivbereiche. Der Profi arbeitet deshalb auch mit Biologen und anderen Experten zusammen, wenn er sich in ein ihm unbekanntes Gebiet begibt. Zahlreiche Naturfotografen sind über ein Biologie- oder verwandtes Studium zur Fotografie gekommen.

Aber auch dem Amateur stehen zahlreiche, gut verständliche Bücher zur Vergügung, die ihm sagen, wo

und wann er was findet in der Natur. Amateur-Naturfotografen können sehr gut dazu beitragen, weniger Interessierten die Augen zu öffnen für Zusammenhänge und Schönheiten in einer natürlichen Umwelt, und daß sie es wert ist, geschützt zu werden.
Die Fotografie ist ein körperloses Aufzeichnungsmedium, d.h., das fotografierte Objekt leidet nicht durch die Aufnahme. Allerdings nur dann, wenn sich der Fotograf rücksichtsvoll in der Natur bewegt. Er darf keine Pflanzen zerstören, Tiere nicht aufschrecken oder verscheuchen, das Biotop (Lebensraum) nicht verändern. Besonders dann nicht, wenn Jungtiere aufgezogen werden. Zutrittsverbote in Naturschutzgebieten sind strikt zu befolgen. Kein noch so gelungenes Foto rechtfertigt die Schäden, die rücksichtsloses Verhalten verursacht.
Alle gute theoretische Vorbereitung hilft nicht, wenn der Fotograf keine zweckmäßige Ausrüstung hat.
Je nach Interessen und Aufnahmegebiet muß er sich seine individuelle Kombination zusammenstellen. Die wechselnden Aufnahmebedingungen verlangen ihm ein hohes Maß an fototechnischen Kenntnissen und Improvisationstalent ab. Das Aufnahmeformat und -material richten sich nach dem späteren Verwendungszweck der Fotos. Grundsätzlich gilt aber auch hier, daß das größere Format die bessere Bildqualität liefert. Erfreulicherweise sind die heutigen Materialien so gut, daß für viele Zwecke das KB-Format ausreicht. Es erleichtert die Arbeit auf Exkursionen wortwörtlich, denn eine Mittelformatausrüstung gleichen Umfangs ist erheblich schwerer, umständlicher zu bedienen und darüber hinaus wesentlich teurer. Das Großformat ist für Aufnahmen ungeeignet, bei denen der Fotograf schnell reagieren muß. Für statische Motive – und wenn Gewicht, Größe und Kosten keine Rolle spielen – bleibt es wegen seiner Bildqualität unübertroffen.
Ein Vorschlag für eine KB-Grundausrüstung, der entsprechend auch für das Mittelformat gilt: Eine oder besser zwei SLR-Kameras, die zweite als Reserve und mit anderem Filmmaterial geladen. Winder oder Motor sind nicht unbedingt nötig, ermöglichen aber den oft entscheidenden «Nachschuß». Mit Winder bleibt die Kamera am Auge und das fotografierte Tier wird nicht durch zusätzliche Bewegungen beunruhigt. Allerdings sollten Winder und Motor möglichst leise arbeiten.
Ein 28 oder 35 mm Weitwinkelobjektiv für Übersichtsaufnahmen des Biotops.
Ein 100 mm Makroobjektiv, wenn möglich mit kontinuierlicher Einstellung bis zum Maßstab 1 : 1. Die relativ lange Brennweite erlaubt eine größere Aufnahmedistanz, so daß der Fotograf außerhalb der Fluchtdistanz bestimmter Tiere bleiben kann. Es treten auch weniger Beleuchtungsprobleme auf als bei kurzbrennweitigen Objektiven. Ein Satz Automatik-Zwischenringe. Ferner ein 200 mm Tele, einen hochwertigen Telekonverter. Ein oder zwei Blitzgeräte, vorzugsweise TTL-gesteuert für unverwackelte Nahaufnahmen, insbesondere in der Dämmerung. Eine Taschenlampe liefert das Licht zum Scharfstellen. Sie hilft auch beim Aufspüren dämmerungsaktiver Tiere, wie z.B. Spinnen.
Ein stabiles und trotzdem leichtes Stativ erhöht die Quote gelungener Fotos. Hierzu ein Tip: Ein fester, wasserdichter Plastikbeutel verbessert die Standfestigkeit eines Statives beträchtlich, wenn er an Ort und Stelle mit Sand, Steinen oder Wasser gefüllt, frei und so tief wie möglich am Stativ aufgehängt wird. Drahtauslöser und Filter dürfen ebensowenig fehlen wie ein Witterungsschutz für Kamera und Fotografen. Hat die Kamera keinen auswechselbaren Sucher, so ist ein Winkelsucher nötig, um auch von einem tiefen Kamerastandpunkt fotografieren zu können.
Als Aufnahmematerial sind niedrig- bis mittelempfindliche Filme zu empfehlen.
Natürlich ist diese Ausrüstung bei weitem noch nicht vollständig; je nach Aufnahmegebiet muß sie ergänzt werden. Sie erlaubt aber Exkursionen zu Fuß, die nicht zur Schwerarbeit ausarten. Besonders wichtig ist hierbei eine praktische Transporttasche, die unauffällig, stoßsicher, wasserdicht und bequem zu tragen ist. Bewährt haben sich Fotowesten und -jacken mit vielen, unterschiedlich großen Taschen. So hat der Fotograf die gesamte Ausrüstung schnell zur Hand, vor allem ist das Gewicht gleichmäßig auf beiden Schultern verteilt. Sicher findet sich hier auch Platz für Ersatzbatterien, Reinigungspinsel und -tücher sowie ein Notizbuch oder Minidiktiergerät. Denn eine sinnvolle Auswertung der Aufnahmen ist nur möglich, wenn ausreichend Informationen über das fotografierte Objekt, das Biotop, Zeitpunkt der Aufnahme und deren Daten vorliegen. Sie sollte man sich unmittelbar während der Aufnahme notieren, eine spätere Rekonstruktion der Daten kostet mehr Mühe und Zeit und ist oft nicht mehr möglich.

Ökologie

Prof. Rainer König

Da wir unsere Umwelt durch unsere gestiegenen Ansprüche und die uns zur Verfügung stehenden technischen Mittel immer stärker und schneller verändern, als dies in anderen Zeiten jemals möglich war, ist die Dokumentation von Zuständen «vorher» und «nachher» eine wichtige Aufgabe für interessierte und engagierte Beobachter geworden. Auch ein Augenzeuge solcher Veränderungen wird sich schon nach kurzer Zeit nur lückenhaft an den Zustand «vorher» erinnern können, und diese Erinnerung einem Dritten anschaulich zu machen, ist ohne Bilder unmöglich.

Die Fotografie ist für Aufgaben der Dokumentation besonders geeignet. Ihre Vorzüge sind die hohe Informationsdichte fotografischer Schichten und die große Auswahl an geeigneten Aufnahmematerialien, die weite Verbreitung hochwertiger Kameras und Objektive, die Möglichkeit der Bildbetrachtung ohne den Zwang zur Verwendung komplizierter und teurer Wiedergabegeräte, die große Archivfestigkeit und gute Archivierbarkeit besonders von sachgemäß hergestellten und gelagerten Schwarzweißnegativen und Positiven.

Der Umfang einer fotografischen Dokumentation wird einerseits von der Komplexität des Gegenstandes, andererseits vom Interesse und den Möglichkeiten des Fotografen bestimmt. Die Aufnahmen sollten nach Möglichkeit Aufschluß geben über: den Gegenstand in seiner Umgebung, alle wesentlichen Ansichten des Gegenstandes sowie die zum Verständnis von Einzelheiten erforderlichen Details. Wenn eine solche Aufnahmeserie zu anderen Zeitpunkten wiederholt wird, sollten die Aufnahmestandpunkte nach Möglichkeit eingehalten werden, um eine bessere Vergleichbarkeit der abgebildeten Zustände zu erreichen.

Sieht man einmal davon ab, daß «überhaupt ein Bild» meistens besser ist als «gar kein Bild», so bestimmt auch hier die Frage: «Wem soll Was Warum gezeigt werden?» die Wahl der Mittel, des Standpunktes und des Zeitpunktes der Aufnahmen. Für die Wahl des Aufnahmeformates, der Brennweite und des Aufnahmematerials gilt: Das größtmögliche Format, die längstmögliche Brennweite und ein möglichst feinkörniger Film sind am besten geeignet, wobei jedoch die Betonung immer auf dem «möglich» liegt. Die längstmögliche Brennweite kann also unter Umständen sehr kurz sein und das größtmögliche Format das Kleinbild. Mit den modernen höchstauflösenden Schichten sind Vergrößerungen von ausgezeichneter Schärfe und großem Detailreichtum auch von Kleinbildnegativen zu erzielen.

Planerisches Vorgehen kann die Suche und Auswahl von Aufnahmestandpunkten erleichtern, aus Landkarten oder Stadtplänen lassen sich mögliche oder wünschenswerte Standorte, aber auch die erforderlichen Bildwinkel (Brennweiten) mit Maßstab und Winkelmesser oder Planzeiger ermitteln und bewerten. Da allerdings Pläne nicht unbedingt den letzten Stand zeigen und auch nicht alle Informationen enthalten können, müssen die realen Möglichkeiten vorher durch eine Begehung überprüft werden. Brauchbare Pläne (M = 1 : 25000 für Landschaften und M = 1 : 4000 oder 1 : 10000 für Stadtgebiete) sind im Fachhandel, oder bei Bau- und Vermessungsämtern erhältlich. Auch über den Sonnenstand kann man aus den Karten Aufschlüsse erhalten.

Die Beschriftung der Fotos ist für die Dokumentation von großer Bedeutung. Bilder, die nicht mehr zu identifizieren sind, haben nur sehr geringen Wert. Daher sollte die Rückseitenbeschriftung jeder Vergrößerung Angaben enthalten über: den abgebildeten Gegenstand, das Datum der Aufnahme, den Aufnahmestandpunkt, den Fotografen und die Archivnummer, eventuell ergänzt durch die Angabe der Brennweite, oder die Bemerkung: Bild Nr.... aus einer Reihe von... Aufnahmen.

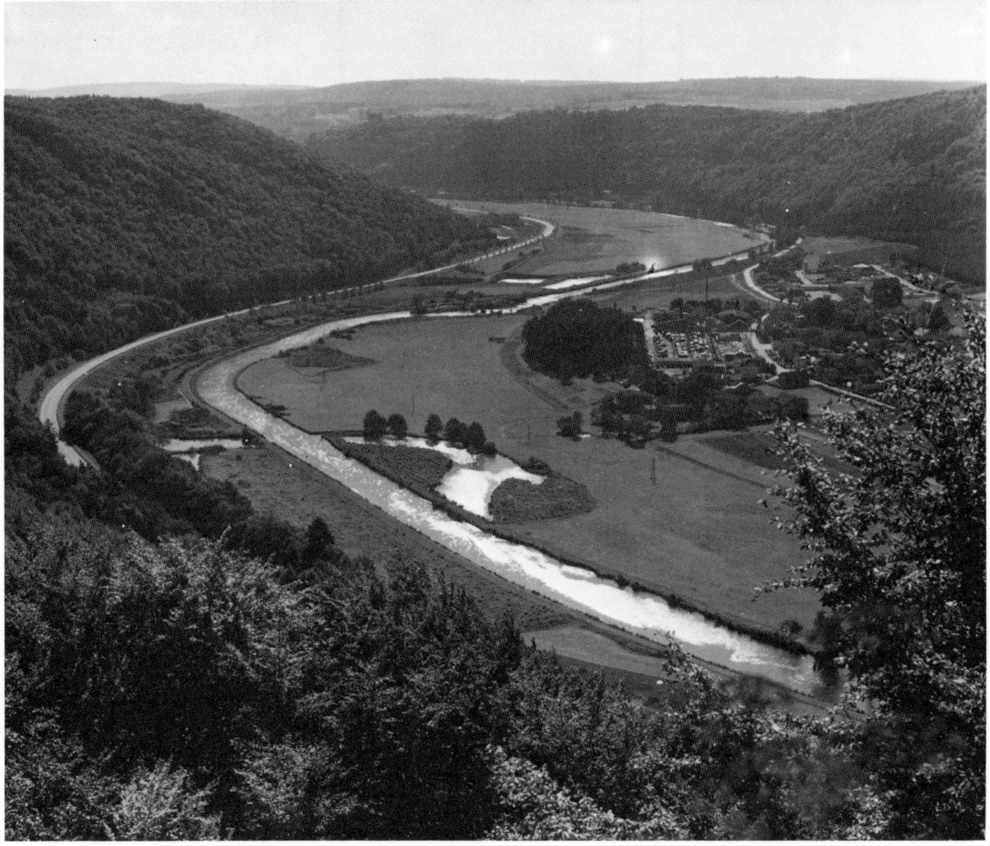

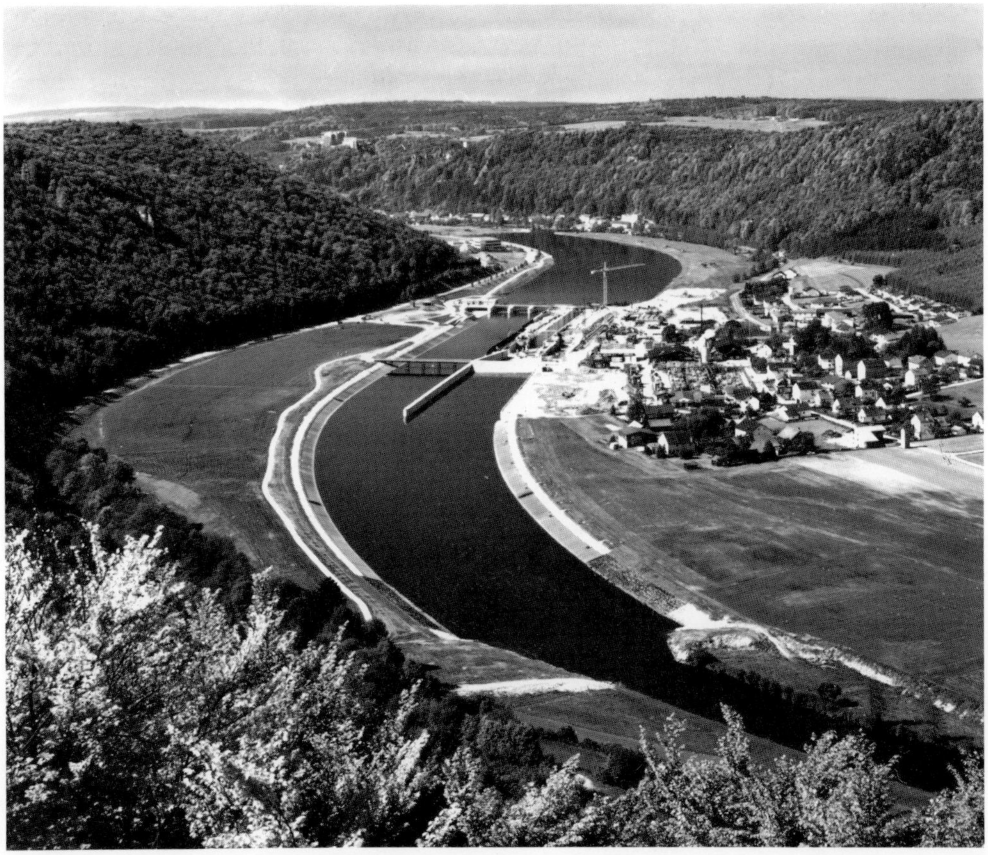

Zustandsaufnahmen vom Bau der Staustufe Riedenburg des Rhein-Main-Donaukanals von 1977 und 1980: Das erste Bild zeigt den Zustand vor Baubeginn, das zweite den gegen Ende der Arbeiten, vom gleichen Aufnahmestandpunkt. Um die Veränderungen möglichst von allen Seiten her zu erfassen, wurden während der Bauzeit von fünf weiteren Standpunkten Aufnahmen angefertigt. Fotos: Rainer König.

Archäologie

Dipl.-Designer
Gerald Sperling

Die Technologie des 20. Jahrhunderts hält in den ländlichen Bezirken der Südosttürkei Einzug, wenn am Ende der achtziger Jahre nach Inbetriebnahme des Karakaya-Staudammes bei Malatia eine weitere Staustufe innerhalb des großen Euphratprojektes zwischen Urfa und Adyaman seiner Bestimmung übergeben wird.

Da dieses Gebiet von der Altsteinzeit bis in das Mittelalter hinein kontinuierlich besiedelt war, fällt es den türkischen, europäischen und nordamerikanischen Archäologen im Rahmen eines internationalen Projektes anheim, eine Auswahl alter Siedlungsplätze zu untersuchen, die einen möglichst zusammenhängenden Kulturüberblick bieten. Einer dieser Siedlungshügel ist Lidar, am östlichen Euphratufer gelegen, der, neben Samsat (antik: Samosata) am gegenüberliegenden Westufer, wegen seiner nahezu lückenlosen Kulturabfolge zu den bedeutenderen Siedlungsplätzen gehört. Hier wird seit 1979 unter der Leitung von Prof. Dr. Harald Hauptmann, Universität Heidelberg, mit finanzieller Unterstützung durch die Deutsche Forschungsgemeinschaft an der Lösung archäologischer und historischer Probleme gearbeitet. Um eine Systematisierung der Fundkomplexe zu erreichen, wurde das zu untersuchende Gebiet mit einem geordneten Rasternetz von 10 × 10 m Quadraten überzogen, die in Nord-Süd-Richtung mit lateinischen Buchstaben und in Ost-West-Richtung mit arabischen Zahlen beziffert wurden. Zwischen benachbarten Arealen beließ man Stege, um eine Überprüfung der Bauzustände anhand der Profile zu gewährleisten.

Aufnahmetechnik bei Übersichtsaufnahmen

Die infolge der erheblichen Tiefenausdehnung sich nach hinten verjüngenden Schnittflächen verursachen eine mehr oder weniger starke perspektivische Wiedergabe der Grundrisse. Um diese Verzeichnung in Grenzen zu halten, muß daher mit einer verstellbaren Kamera die Perspektive korrigiert und zum Schärfeausgleich nach der Scheimpflugschen Regel gearbeitet werden. Im Gegensatz zur herkömmlichen Aufnahmetechnik, bei der Seitenlicht und lange Schatten erwünscht sind, um das Motiv plastisch hervorzuheben, ist man bei diesen Aufnahmen bemüht, mit möglichst schattenlosem Licht aufzunehmen, um die Erkennbarkeit der Funde nicht durch eine zu markante Schattenbildung zu beeinträchtigen.

Drei Tageszeiten bieten sich dafür an. Die Mittagszeit mit senkrechtstehender Sonne und die Zeit kurz vor Sonnenauf- und kurz nach Sonnenuntergang. Wegen des zu harten Lichtes um die Mittagszeit gibt man den beiden anderen Tageszeiten den Vorzug. Denn das weiche Licht kurz vor Sonnenauf- und kurz nach Sonnenuntergang sorgt für eine gleichmäßige Ausleuchtung aller Details, ohne die Räumlichkeit deshalb preiszugeben. Einziger Nachteil ist die geringe Helligkeit und der kurze Zeitraum, der für diese Aufnahmetechnik zur Verfügung steht.

Aufnahmetechnik bei Kleinfunden

Für die Dokumentation der Kleinfunde werden die Objekte in sachlicher Vorder-, Rücken- und Seitenansicht aufgenommen. Dabei müssen alle drei Ansichten unverzerrt wiedergegeben werden, was bedeutet, daß bei der Aufnahme Objekt- und Bildebene parallel zueinander liegen müssen. Die Funde werden auf hellem Hintergrundkarton, der als Rundhorizont angeordnet ist, gemeinsam mit einem Maßstab und der Karteinummer aufgenommen. Auch hierbei ist eine flache Ausleuchtung erwünscht. Da die Funde meistens am Grabungsort im Freien aufgenommen werden, empfiehlt es sich, im Schatten mit diffusem Licht zu arbeiten. Dennoch vorhandene, störende Schatten lassen sich leicht mit einem weißen Kartonreflektor aufhellen.

Bei Münzen mit Reliefprägung gilt das Gegenteil. Hier benötigt man Seitenlicht und Schatten, um die Räumlichkeit hervorzuheben. Der günstigste Zeitpunkt für derartige Aufnahmen im Freien ist daher tiefstehendes Sonnenlicht frühmorgens und spätnachmittags. Zur Verringerung des Kontrastes plaziert man die Funde unter ein mattes, durchsichtiges Plastikzelt.

Benutzte Kameratypen

Die Schnittareale werden fast ausschließlich mit

Blick nach Norden über die Areale H 44, G 44 und F 44 in das Euphrattal hinein. Im Grabungsgebiet erkennt man Lehmziegelmauern, Steinfundamente und Herdstellen verschiedener Bauzustände der Schicht 1, die, obwohl teilweise durch einen jüngeren Friedhof gestört, durch die Münzfunde eindeutig in die Zeit der Artukiden, Ayyubiden und Rum-Seldschuken (12.–13. Jahrhundert) datiert werden können.

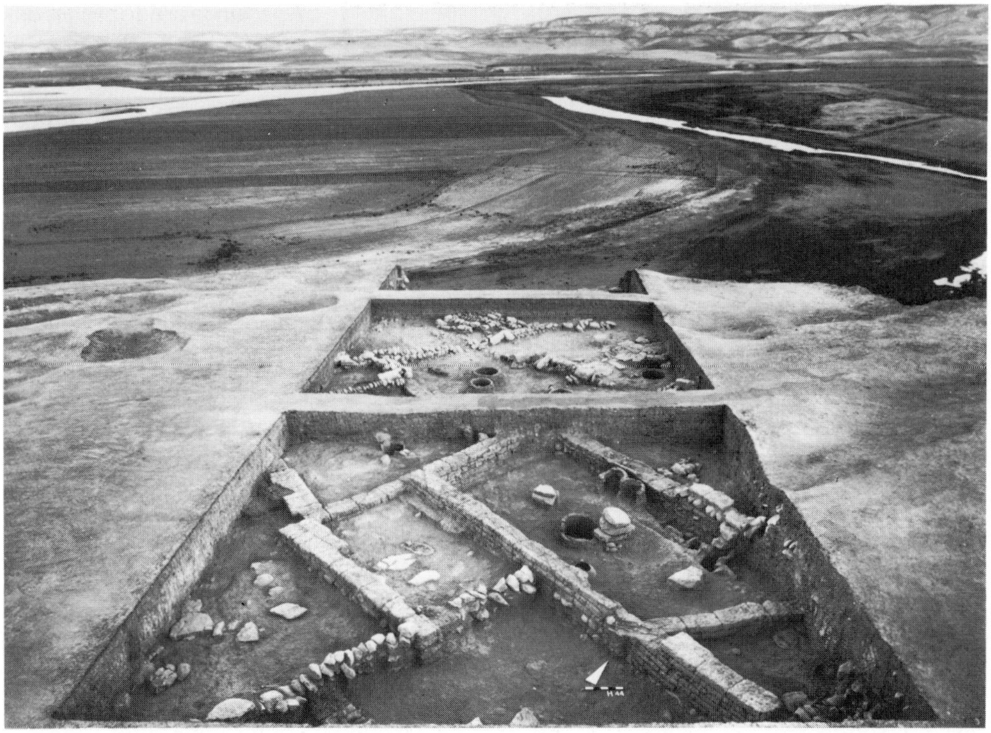

Blick auf das Areal G 44 im Zustand der Schicht 1. Es handelt sich hier um eine mehrräumige Anlage, die sich auf einen teilweise gepflasterten Hof bezieht. Fotos: Gerald Sperling.

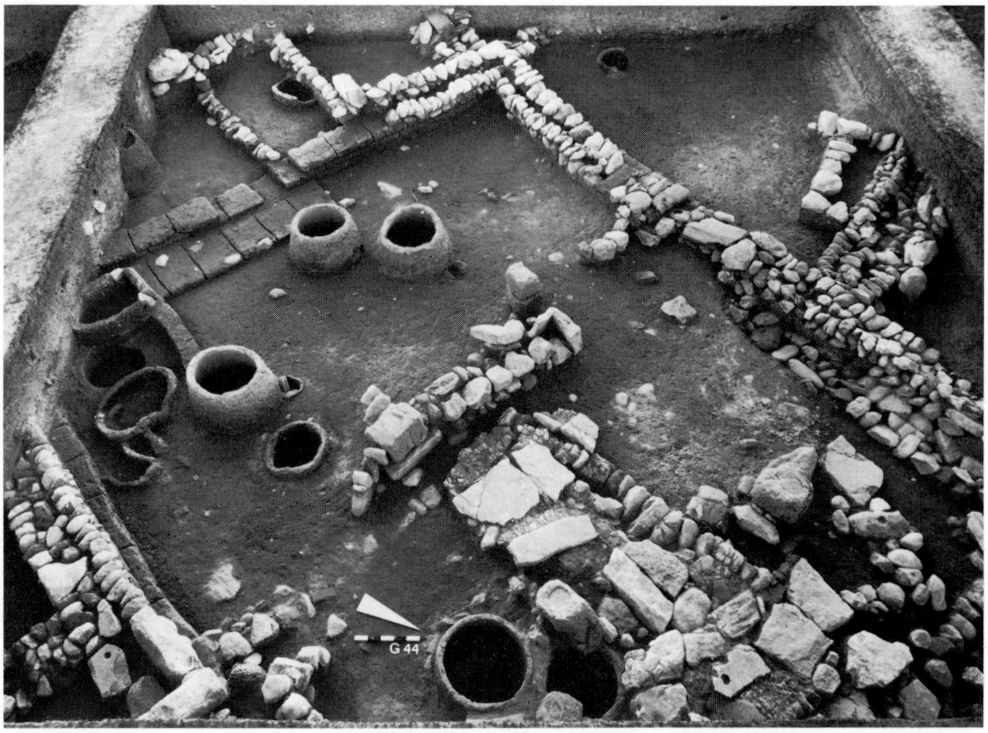

einer Großformatkamera 9 × 12 oder 13 × 18 cm und auf Planfilme aufgenommen. Landschaftsmotive und Einzelobjekte, ebenso wie Kleinfunde, werden meistens mit Mittelformatkameras fotografiert. Für Aufnahmen, die für Archivzwecke und für Diavorträge gedacht sind, verwendet man die Kleinbildkamera.

Makro

Über die genaue Definition des Begriffs Makroaufnahme in Zahlen besteht immer noch keine einhellige Übereinstimmung. Wenn man die Unterteilung der Aufnahmebereiche in der nachfolgenden Weise vornimmt, fällt die Makroaufnahme in den Bereich, der zwischen der Aufnahme in natürlicher Größe und der Mikroaufnahme mit einem Abbildungsmaßstab auf dem Negativ von mindestens 25 : 1 liegt.

Normalaufnahme:	bis zum Abbildungsmaßstab 1 : 10, mit jeder Kamera ohne Zusatzgeräte durchführbar.
Nahaufnahme:	im Abbildungsbereich von 1 : 10 bis 1 : 1; nur mit Zusatzgeräten wie Vorsatzlinsen, Zwischenringen, Balgeneinstellgeräten oder Makroobjektiven durchführbar.
Makroaufnahme:	größer als 1 : 1 bis zu 25 : 1; nur mit Makro- oder Lupenobjektiven durchführbar,
Mikroaufnahme:	größer als 25 : 1; nur mit Hilfe eines optischen, Elektronen- oder Raster-Elektronenmikroskops durchführbar.

Die Herstellung von Nah- und Makroaufnahmen wird durch folgende optische und mechanische Hilfsmittel ermöglicht:

1. Vorsatzlinsen
2. Makroobjektive mit extra langem Einstelltubus
3. Zwischenringe
4. Balgeneinstellgeräte

Alle Kameras, die keine Objektive mit extra langem Einstelltubus besitzen oder nicht für die Benutzung von Zwischenringen und Balgeneinstellgeräten vorgesehen sind, können nur durch die Verwendung von Vorsatzlinsen für den Nahbereich erschlossen werden. Dabei taucht allerdings bei Sucherkameras das Problem der korrekten Bildausschnittanzeige im Sucher auf. Mit Ausnahme von einäugigen Spiegelreflex- und Mattscheibenkameras benötigen alle Kameratypen für Nahaufnahmen besondere, die Parallaxe berichtigende Hilfsmittel. Für das Fotografieren mit Vorsatzlinsen ist eine Verlängerung der Belichtungszeit nicht erforderlich. Der größtmögliche Abbildungsmaßstab beträgt 1 : 1. Die Vergrößerung des Abbildungsmaßstabs bewirkt einerseits zwar eine Belichtungszeitverlängerung, andererseits wird diese aber durch die Verkürzung der Brennweite und die damit einhergehende Vergrößerung der relativen Lichtstärke wieder aufgehoben. Vorsatzlinsen sind Hilfsmittel, bei deren Verwendung man zur Erzielung einer optimalen Qualität mindestens um 2 bis 3 Werte abblenden muß.
Soll der Abbildungsmaßstab bis in den Makrobereich ausgedehnt werden, so scheiden aus dem Typenangebot all diejenigen Kameras aus, die keine Mattscheibeneinstellung und keinen mindestens um das zwei- bis fünffache der normalen Brennweite zu verlängernden Balgenauszug aufweisen und auch solche, die das Auswechseln von Zusatzgeräten ausschließen. Somit reduziert sich die Wahl auf SLR-Kameras mit Schlitzverschluß und Aufnahmegeräte mit im Objektiv eingebautem Zentralverschluß sowie Großformatkameras. Hochwertige Kleinbildsuchersystemkameras lassen sich durch Zusatzgeräte so umrüsten, daß sie in ihrer Funktion den SLR-Typen entsprechen.
Durch die Verwendung auszugsverlängernder Zusatzgeräte erreicht man eine bessere Abbildungsqualität als mit Vorsatzlinsen. Alle Wechselobjektive von nahezu symmetrischer Bauart sind auch für Nah- und Makroaufnahmen geeignet. Retrofokusobjektive hingegen sind weniger zu empfehlen. Je kürzer die Brennweite eines Objektivs ist, desto größer wird der zu erzielende Abbildungsmaßstab. Um eine möglichst natürliche Perspektive zu erhalten, empfiehlt es sich, mit längeren Brennweiten zu fotografieren. Die beste Abbildungsleistung erzielt man mit speziell für den Nahbereich korrigierten Makro- und Lupenobjektiven. Bei der Makroaufnahme ist das Abbildungsverhältnis gegenüber der Normalaufnahme genau umgekehrt. Während bei der Normal-

Da es keine exakt definierte Norm für die Unterteilung der fotografischen Aufnahmebereiche gibt, erscheint es angebracht, sie nach folgendem Schema zu unterteilen.

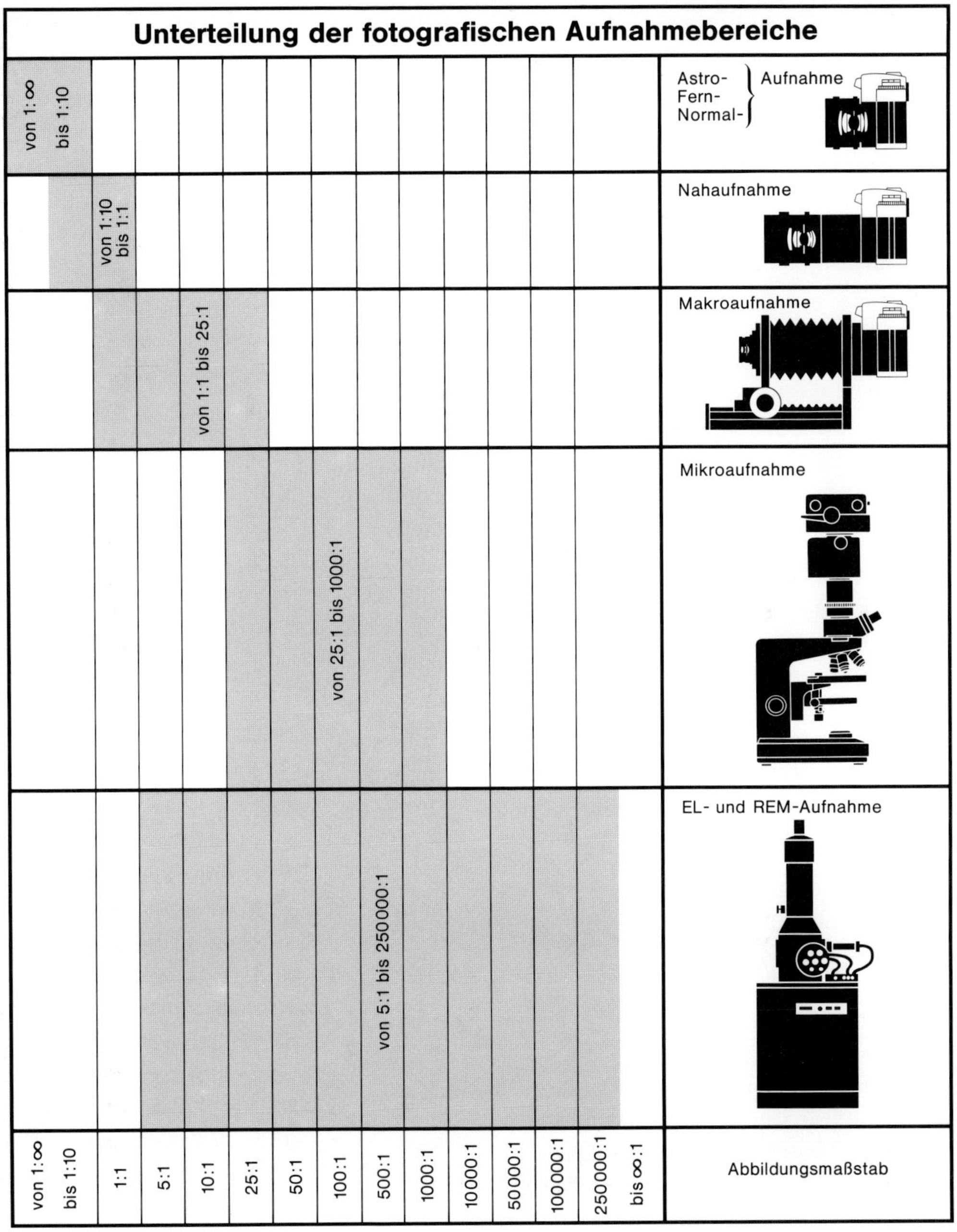

aufnahme die Bildweite kleiner als die Objektweite ist, ist bei der Makroaufnahme die Bildweite größer als die Objektweite. Für einige symmetrische Normalobjektive sind daher für Makroaufnahmen Objektiv-Umkehrringe, sogenannte Retroringe erhältlich. Diese erlauben, das Objektiv mit der Hinterlinse dem Objekt zugewandt zu benutzen. Die Blendenwertangaben haben streng genommen nur bei ∞ Einstellung des Objektivs Gültigkeit. Die geringe Einstelldifferenz bei Aufnahmeentfernungen bis zu 1 Meter ist unbedeutend. Bei noch kürzeren Einstellentfernungen macht sich jedoch eine Blendendifferenz bemerkbar. Das Zwischenschalten auszugsverlängernder Hilfsmittel zur Erzielung eines größeren Abbildungsmaßstabes verursacht eine weit über das Normale hinausreichende Vergrößerung der Bildweite. Die Lichtstärkeangaben des Objektivs verlieren dadurch ihre Gültigkeit. Für alle Kameras mit eingebautem TTL-Belichtungsmesser bedarf es bei der Makroaufnahme keiner besonderen Vorkehrungen. Für Kameras, die das Licht nicht durch das Objektiv messen, hingegen muß der durch die Auszugsverlängerung eintretende Lichtverlust kompensiert werden. Die notwendige Verlängerung der

Belichtungszeit läßt sich nach zwei leicht einzuprägenden Formeln ermitteln:

$$\text{Verlängerungsfaktor} = \left(\frac{\text{Bildweite}}{\text{Brennweite}}\right)^2$$

Zum Beispiel:
Bildweite 150 mm, Brennweite 50 mm

$$\text{Verlängerungsfaktor} = \left(\frac{150}{50}\right)^2 = \frac{22500}{2500} = 9 \times$$

Die zweite Formel, zu der der Abbildungsmaßstab benötigt wird, ist dann anwendbar, wenn die Möglichkeit besteht, das Objekt in seiner natürlichen Größe und dessen Abbildungsgröße auf der Mattscheibe der Kamera zu messen. Den Abbildungsmaßstab erhält man, indem man die Bildgröße und die Objektgröße zueinander ins Verhältnis setzt.

Zum Beispiel:
Bildgröße = 24 mm, Objektgröße 12 mm

$$\text{Abbildungsmaßstab} = \frac{24}{12} = \frac{2}{1} = 2:1$$

Addiert man zu dem gefundenen Abbildungsmaßstab die Zahl 1 und erhebt die Summe ins Quadrat, so erhält man den für diesen Abbildungsmaßstab notwendigen Verlängerungsfaktor.

Zum Beispiel:
$\text{Verlängerungsfaktor} = (\text{Abbildungsmaßstab} + 1)^2$

$\text{Verlängerungsfaktor} = (2 + 1)^2 = 3^2 = 9$ x

Im Nahbereich wird die Schärfentiefe nicht mehr von der Brennweite, sondern nur noch vom Abbildungsmaßstab und der Blende bestimmt. Wie gering die Schärfentiefe bei Makroaufnahmen ist, soll die nachfolgende Tabelle verdeutlichen.
Wegen der extrem geringen Schärfentiefe ist es erforderlich, bei Makroaufnahmen stärker abzublenden. Die Folge sind längere Belichtungszeiten. Um Verwacklungen bei der Aufnahme auszuschließen, muß ein stabiles Stativ benutzt werden. Die Verwendung kurzer Brennweiten und der sich daraus ergebende geringe Aufnahmeabstand, macht für das Ausleuchten der Objekte besondere Lichtquellen notwendig.

1. Für ruhende Objekte sind Niedervolt-Mikroskopierlampen, die ein sehr intensives, auf einen geringen Durchmesser konzentriertes Licht ausstrahlen, besonders geeignet. Zur Ausleuchtung selbst kleinster Objekte gibt es mit flexiblen Lichtleitfaserkabeln versehene Beleuchtungsgeräte.

Abbildungsmaßstab	Verlängerungsfaktor	Schärfentiefe in mm bei Blende: 4	5,6	8	11	16
1 : 10	1,21 ×	29,3	41,1	58,7	80,7	117,3
1 : 5	1,44 ×	8,0	11,2	16,0	22,0	32,0
1 : 4	1,56 ×	5,3	7,5	10,7	14,7	21,3
1 : 3	1,78 ×	3,2	4,5	6,4	8,8	12,8
1 : 2	2,25 ×	1,6	2,2	3,2	4,4	6,4
1 : 1	4,00 ×	0,5	0,8	1,1	1,5	2,1
2 : 1	9,00 ×	0,2	0,28	0,4	0,55	0,8
3 : 1	16,00 ×	0,12	0,17	0,24	0,33	0,47
4 : 1	25,00 ×	0,08	0,12	0,17	0,23	0,33
5 : 1	36,00 ×	0,06	0,09	0,13	0,18	0,26
10 : 1	121,00 ×	0,04	0,04	0,06	0,08	0,12

Im Nahbereich ist die Schärfentiefe nur noch vom Abbildungsmaßstab und der Blende, nicht aber von der Brennweite abhängig. Wie gering die Schärfentiefe bei Makroaufnahmen ist, zeigt die Tabelle.

2. Für bewegte und ruhende Objekte gleichermaßen eignen sich Ringblitze, die eine spezielle Version des Elektronenblitzes darstellen.
Besonders vorteilhaft für Makroaufnahmen mit Blitzlicht ist eine SLR-Kamera mit kameraeigener Blitzautomatik, die das Licht von den Verschlußvorhängen oder während der Belichtung direkt vom Film «abliest». Auch eignen sich Computerblitze mit von der Blitzleuchte getrennt zu verwendendem, auf das Objekt gerichtetem Sensor. Bei der Benutzung gewöhnlicher Elektronenblitzgeräte ist zu berücksichtigen, daß die Leitzahlangaben für den Nahbereich keine Gültigkeit mehr haben.

Reproduktion mit Durchlicht.
Häufig besitzt man von bestimmten Motiven nur Farbdias, und ausgerechnet von diesen werden Papierabzüge gebraucht. Der einfachste Weg, davon Schwarweißbilder herzustellen, führt über die Reproduktion. Dazu benötigt man unter Verwendung des Normalobjektivs entweder Vorsatzlinsen oder Zwischenringe oder ein Balgengerät bzw. ein Makroobjektiv mit Einstellmöglichkeiten bis zum Maßstab 1 : 1. Da Tageslicht sehr großen Schwankungen unterliegt, benutzt man für die Reproduktion zweckmäßigerweise Kunstlicht. Dies kann Glühlicht oder Elektronenblitzlicht sein. Glühlicht erwärmt die Vorlage je nach Intensität der Lichtquelle, Blitzlicht hin-

Nahaufnahme mit Normalobjektiv und Vorsatzachromat. Erzielter Abbildungsmaßstab 1:6.

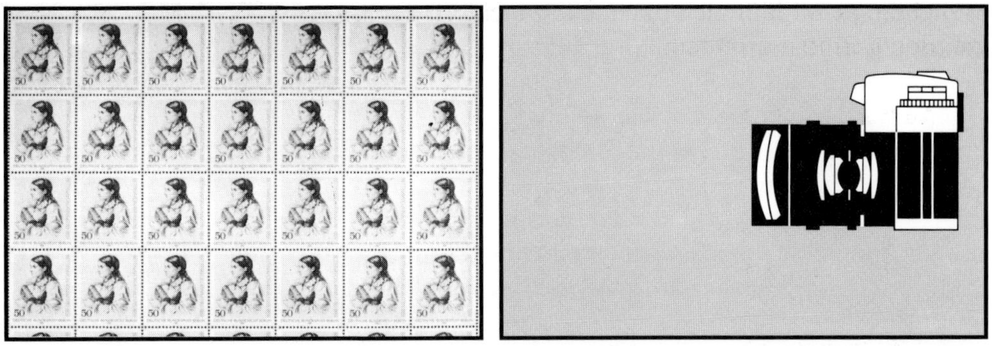

Nahaufnahme mit speziellem Makroobjektiv. Erzielter Abbildungsmaßstab 1 : 3.

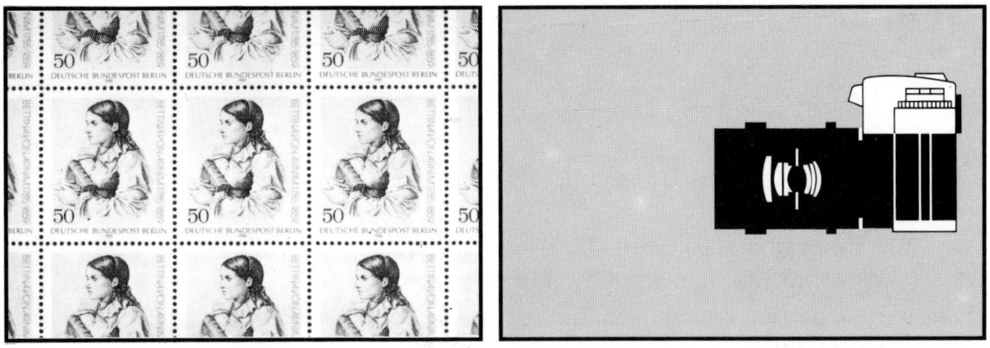

Makroaufnahme mit Makroobjektiv und Zwischenring. Erzielter Abbildungsmaßstab 1 : 1.

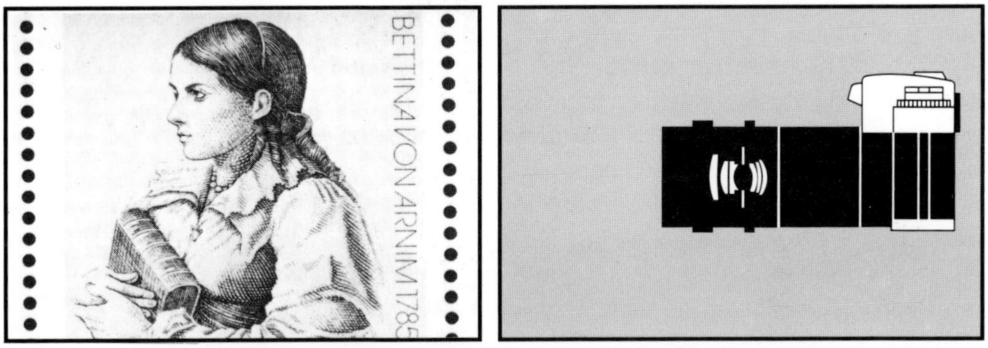

Makroaufnahme mit Makroobjektiv und Balgeneinstellgerät. Erzielter Abbildungsmaßstab 3 : 1.

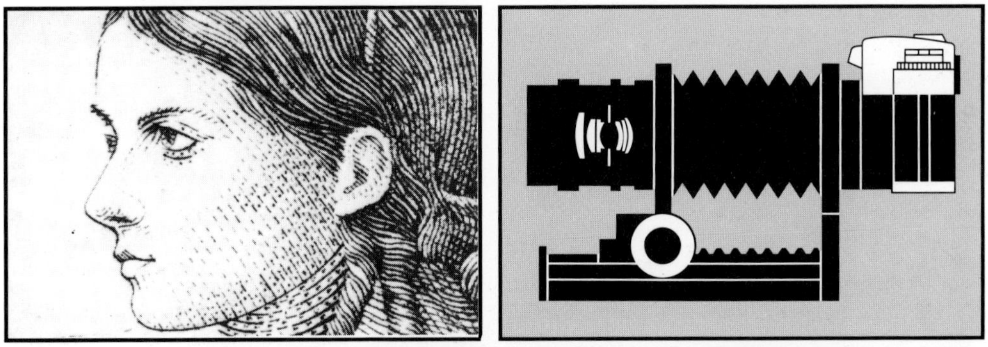

Makroaufnahme mit Lupenobjektiv und Balgeneinstellgerät. Erzielter Abbildungsmaßstab 9 : 1.

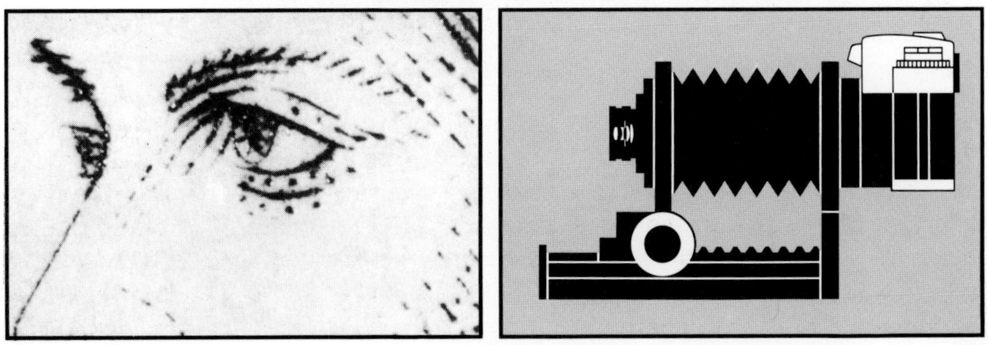

gegen nicht. Bei der Benutzung eines Elektronenblitzes ist für die Scharfeinstellung allerdings Glühlicht erforderlich.
Glühlicht erlaubt, das vom Dia durchgelassene Licht direkt mit dem TTL-Belichtungsmesser der Kamera korrekt zu messen. Wenn die verwendete Kamera über eine eigene Blitzautomatik verfügt, kann man die Reproduktion vom Dia problemlos mit dem Elektronenblitz durchführen. Wird jedoch eine Kamera ohne Blitzautomatik verwendet, ist eine Testbelichtungsreihe unerläßlich. Da Reproduktionen im Nahbereich weder mit einem Computerblitz noch mit Leitzahlrechnungen realisiert werden können, müssen bei eingestellter Synchronisationszeit mit verschiedenen Blenden mehrere Aufnahmen gemacht werden, wobei die beste Belichtung als Richtlinie für weitere Reproduktionen gilt.
Für das Reproduzieren von Dias mit Blitz- oder Glühlicht eignen sich nur Motive mittleren Kontrastumfangs. Gegenlicht- oder Nachtaufnahmen sind zu kontrastreich dafür. Zur Arbeitsvereinfachung mißt man die Dichte der Dias vorher auf einer durchleuchteten Fläche (Leuchttisch) mit dem Handbelichtungsmesser. Motive gleicher Transparenz erhalten die gleiche Belichtung. Da Farbdias einen sehr hohen Kontrastumfang aufweisen, belichtet man den Schwarzweißfilm bei der Reproduktion um 2 Blendenwerte über und entwickelt ihn nur halb so lange wie normalerweise üblich. Auf diese Weise erhält man vergrößerungsfähige Schwarzweißnegative.

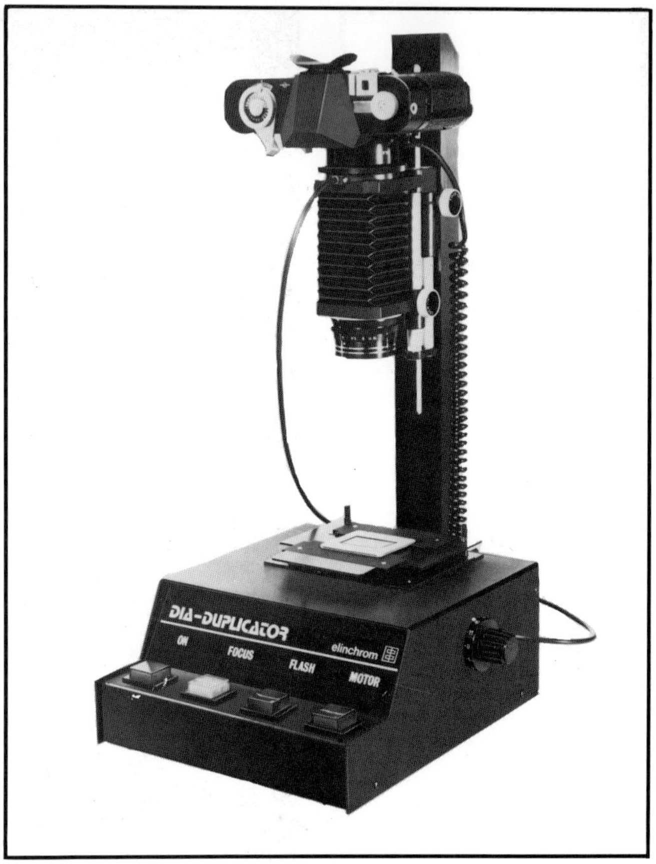

Elinchrom Dia-Duplicator für die Reproduktion von Diapositiven mit eingebautem Elektronenblitzgerät und variabler Kontraststeuerung. Foto: Elinca S.A.

Strobo

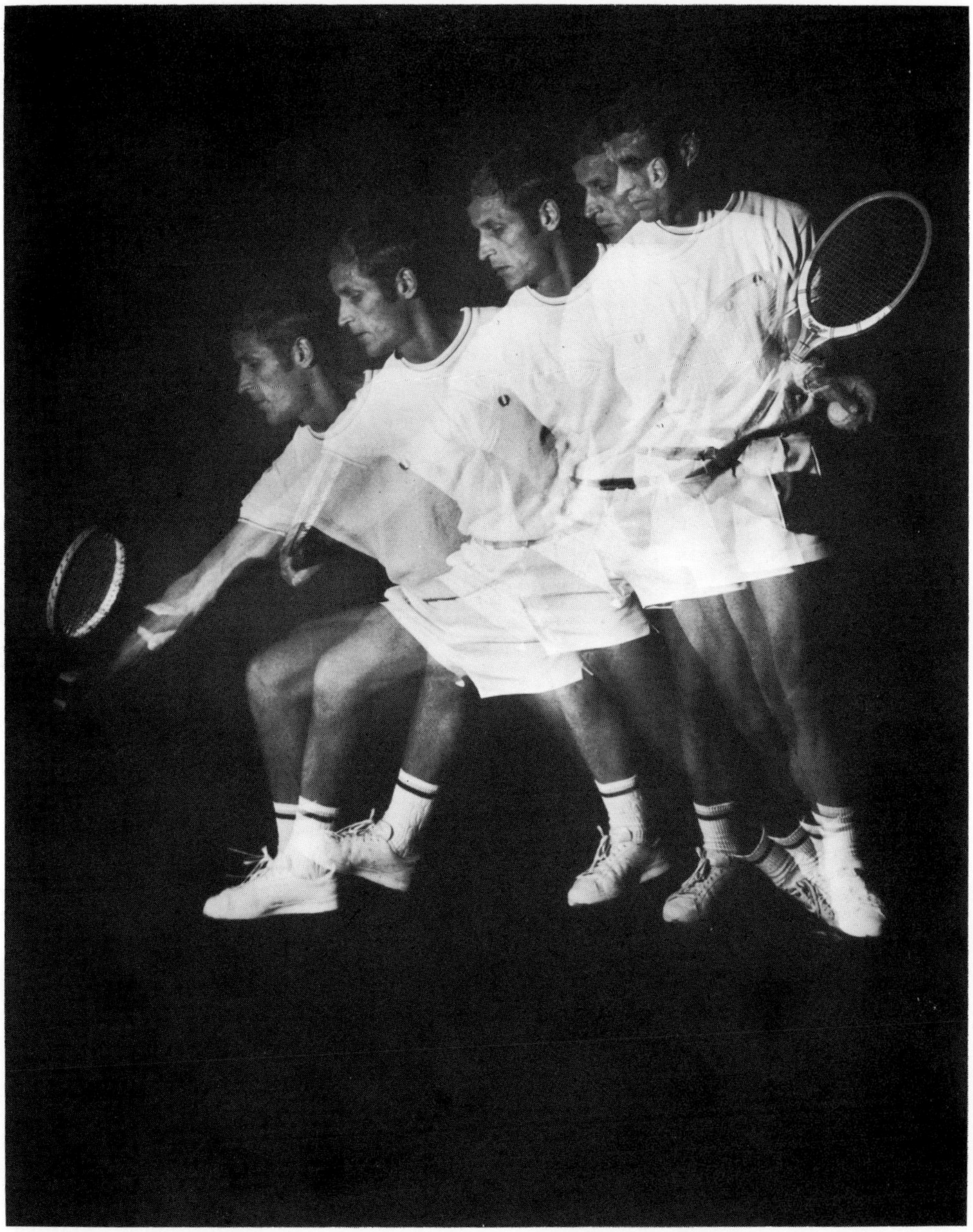

Mit Hilfe von 5 Computerblitzgeräten, die über ein für diesen Zweck konstruiertes Steuergerät in Intervallen von $\frac{1}{100}$ s nacheinander gezündet wurden, ist diese stroboskopische Aufnahme des Tennisspielers im Studio vor schwarzem Hintergrund entstanden.

Stroboskopische Aufnahmen erlauben es, Bewegungsabläufe, die man normalerweise mit dem Auge nicht wahrnimmt, mit der Kamera festzuhalten. Die gewissermaßen in Zeitlupe aufgelösten Einzelphasen des Bewegungsablaufs erhält man, indem in dicht aufeinanderfolgenden Intervallen mehrere Einzelblitze oder ein stroboskopisches Blitzgerät ausgelöst werden. Der gesamte Aufnahmeablauf erfolgt dabei im Bruchteil einer Sekunde.

Abgesehen von der oft verblüffenden ästhetischen Bildwirkung, stellt diese Form der Aufnahmetechnik in der Industrie-, Sport- und wissenschaftlichen Fotografie ein wichtiges Instrument zur Aufzeichnung, Dokumentation und Kontrolle schneller Bewegungsabläufe dar.

Bei stroboskopischen Aufnahmen handelt es sich prinzipiell um eine Form der Mehrfachbelichtung. Die wichtigste Voraussetzung für das Gelingen dieser Art von Aufnahmen ist, daß der helle Aufnahmegegenstand vor einem möglichst tiefschwarzen, zumindest aber sehr dunklen Hintergrund fotografiert wird. Die Anwendung der Strobofotografie beim Sport dient beispielsweise der Auswertung der Bewegungsstudien, an Hand derer sich die Leistung des Athleten kontrollieren, korrigieren und optimieren läßt.

Mikro

Mignon Färber

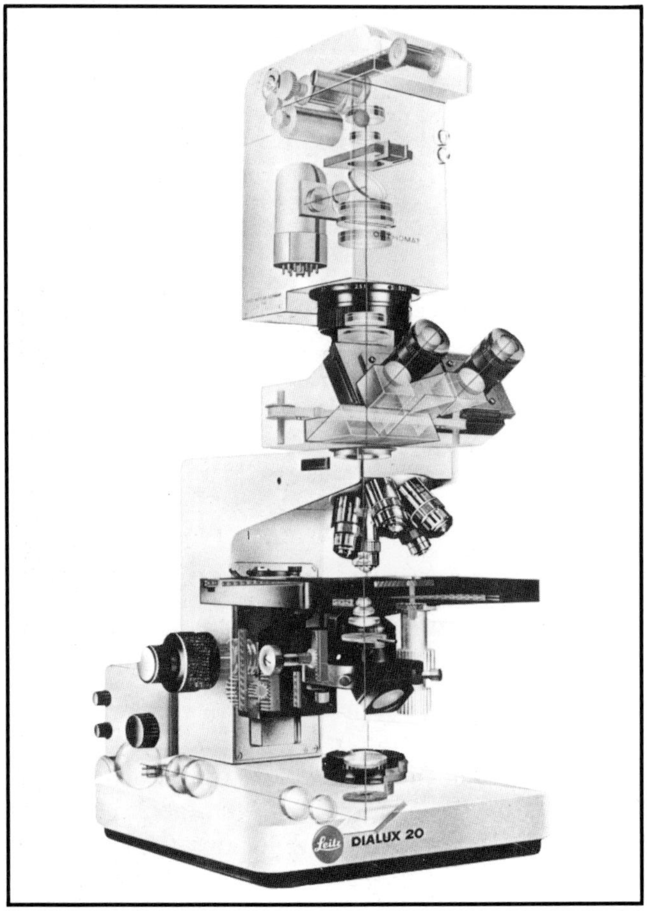

Leitz Fotomikroskop Dialux 20. Foto: Ernst Leitz Wetzlar GmbH.

Viele Gesetzmäßigkeiten der Normalfotografie gelten auch in der Mikrofotografie. Da aber unbedingte Voraussetzung hierfür ein Mikroskop ist, kommt das Einstellen des Mikroskopes als ein sehr wichtiger Punkt hinzu. Hierzu sollte man die Funktions- und Leistungsgrenzen des Mikroskopes kennen.

Um eine dem Objekt und der verwendeten Mikroskopoptik angepaßte, gleichmäßige Ausleuchtung des Objektes zu gewährleisten, soll das Mikroskop mit einer Köhlerschen Beleuchtung, mit Apertur- und Leuchtfeldblende ausgerüstet sein. Eine gleichmäßige Ausleuchtung in der Bildebene wird jedoch auch dann nur bei gut zentrierter Lampe erreicht.

Das Mikroskop setzt sich aus den optischen Bauteilen: Lichtquelle, Kondensor, Objektiv und Okular zusammen. Das Objektiv liefert vom Objekt ein umgekehrtes Bild, welches mit dem Okular betrachtet oder mit dem Fotookular auf die Filmebene projiziert wird. Die Qualität der Aufnahme hängt im wesentlichen von der Güte des Objektives ab. Je besser ein Objektiv ist, um so besser sind seine, bei jedem optischen System entstehenden, Bildfehler korrigiert.

Ein weiterer wichtiger Punkt ist das Einstellen des Beleuchtungsstrahlenganges des Mikroskopes. Damit sind die Zentrierung, Fokussierung und das Einstellen der Öffnung von Leuchtfeld- und Aperturblende gemeint. Da hiermit laterales Auflösungsvermögen, Kontrast und Schärfentiefe des mikroskopischen Bildes optimiert werden, ist dies gerade für die Mikrofotografie überaus wichtig. Grundsätzlich ist die Schärfentiefe im Lichtmikroskop sehr gering. Mit zunehmender Vergrößerung sowie Beleuchtungs- und Objektivapertur nimmt die Schärfentiefe ab. Im Durchlicht sind daher immer dünne Präparate erforderlich.

Die Objekte können im Mikroskop durch verschiedene Beleuchtungsverfahren sichtbar gemacht werden:

1. Hellfeld

Im Hellfeld werden hauptsächlich gefärbte Präparate betrachtet, die durch unterschiedliche Färbung und Lichtabsorption genügend Eigenkontrast aufweisen. Hierfür reicht ein Mikroskop mit normaler, einfacher Ausrüstung aus.

2. Phasenkontrast

Dies ist ein spezielles Verfahren für ungefärbte Präparate, die keine wesentlichen Kontraste aufweisen. Die im Präparat vorhandenen Dicken- und Brechungsindexunterschiede werden hierbei sichtbar gemacht.

Für dieses Verfahren werden spezielle Phasenkontrast-Objektive und ein spezieller Kondensor am Mikroskop benötigt.

3. Dunkelfeld

Auch dieses Verfahren ist für ungefärbte, kontrastarme Präparate geeignet. Hierbei werden jedoch besonders Übergangsstrukturen wie Kanten, Risse und Konturen kontrastreich auf dunklem Untergrund sichtbar gemacht.

Benötigt wird hierzu ein auf die Objektivaperturen abgestimmter Dunkelfeldkondensor.

4. Interferenzkontrast

Dies ist ein recht aufwendiges Verfahren, um ebenfalls ungefärbte Präparate an Hand ihrer Brechzahl und Dickenunterschiede darzustellen. Es entsteht ein pseudo-plastisches Bild, das selbst geringe Brechzahl- und Dickendifferenzen darstellt.

Aufwendig ist das Verfahren, weil hierzu 2 Polarisationsfilter, Interferenzkontrastobjektive und ein spezieller Kondensor benötigt werden.

5. Polarisation

Dieses Verfahren dient der Darstellung doppeltbrechender Materialien wie z.B. von Kristallen, Knochen- und Zahnstrukturen usw. sowie zum Sichtbarmachen von Spannungen in Gläsern und Plastikmaterialien. Die Ausrüstung hierfür ist im Prinzip sehr einfach: das Mikroskop muß nur zusätzlich mit 2 Polarisationsfiltern ausgerüstet werden. Die Kondensoroptik sowie die Objektive müssen ausreichend spannungsfrei hergestellt sein.

6. Fluoreszenz

Hierzu muß das Mikroskop mit einer Fluoreszenzeinrichtung (Hg- oder Xe-Lampe und speziellen Filtersystemen) ausgestattet werden. Es dient in der Hauptsache zum Betrachten von mit Fluoreszenz-

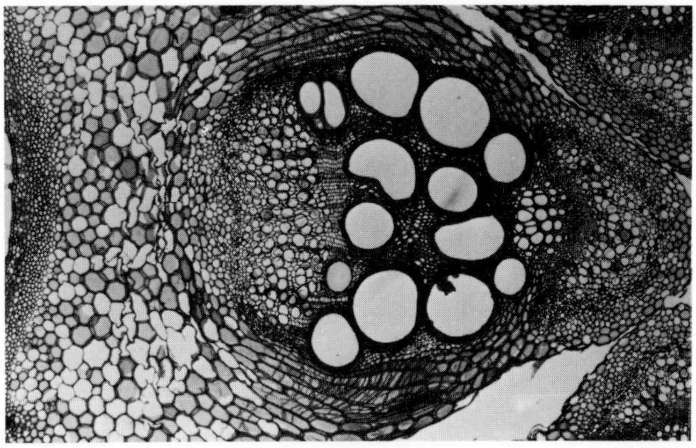

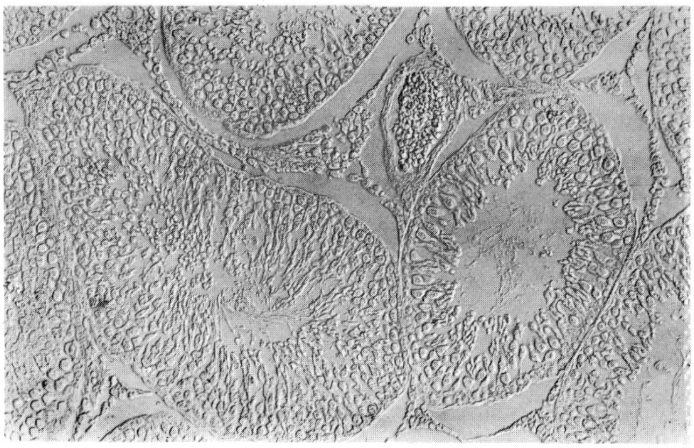

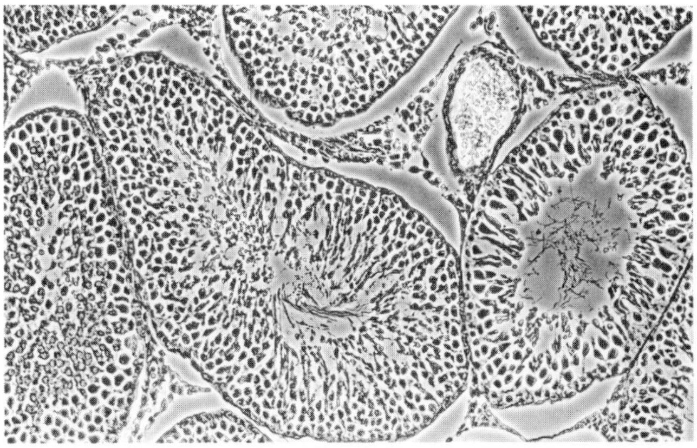

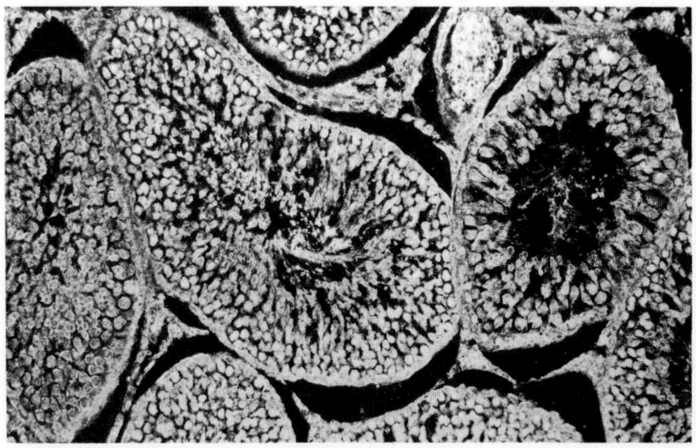

Bild 1
Kürbisquerschnitt, gefärbt, Hellfeld.
Gesamtvergrößerung 38fach,
Objektiv P1 2,5/0,08.

Bild 2
Rattenhoden, ungefärbt, Interferenzkontrast.
Gesamtvergrößerung 243fach,
Objektiv NPL Fluotar 16/0,45 ICT.

Bild 3
Rattenhoden, ungefärbt, Phasenkontrast.
Gesamtvergrößerung 243fach,
Objektiv Plan AP 16/0,40 Phoco 1.

Bild 4
Rattenhoden, ungefärbt, Dunkelfeld.
Gesamtvergrößerung 243fach,
Objektiv Plan Apo 16/0,45.
Fotos: Mignon Färber.

farbstoffen gefärbten Präparaten, die vor allem in der Medizin und Biologie verwendet werden. Heute wird fast durchweg die Fluoreszenzanregung im Auflicht, d.h. durch das Objektiv hindurch angewendet.
Für die Mikrofotografie ist dies das problematischste Verfahren, da das Fluorezenzlicht oft sehr schwach ist und es somit zu sehr langen Belichtungszeiten kommen kann.

Ausrüstung für die Mikrofotografie
Einfachste Möglichkeit ist das Adaptieren einer Kleinbildkamera auf das Mikroskop. Das Mikroskop muß hierzu mit einem Fototubus ausgestattet sein, d.h. mit einem zusätzlichen Ausgang nach oben. Dort wird ein Fotookular eingesetzt. Darüber befindet sich dann die Adaptervorrichtung für die Kamera. Ist das System nicht auf das Mikroskop abgeglichen, d.h. besteht nicht von vornherein strenge Parfokalität zwischen Scharfstellungsebene im Beobachtungstubus und fotografischer Ebene, muß über die Mattscheibe der Kamera scharfgestellt werden, was bei hohen Mikroskopvergrößerungen oft recht schwierig ist, falls die normale Einstellscheibe der Kamera nicht gegen eine Mikroeinstellscheibe ausgetauscht werden kann. Ist das System dagegen abgeglichen, kann über die Beobachtungsokulare des Mikroskops scharfgestellt werden. Hierzu benötigt man dann Okulare mit Strichplatte, so daß im Mikroskop der Ausschnitt zu sehen ist, der später auf dem Film erscheint.
Bei Verwendung von Spiegelreflexkameras kann es durch das Hochklappen des Spiegels leicht zu Verwacklungen kommen. Außerdem werden in der Mikrofotografie häufig längere Belichtungszeiten benötigt, so daß mit der Kleinbildkamera nicht mehr automatisch belichtet werden kann.
Aus diesem Grund gibt es spezielle Mikrofotoeinrichtungen. Sie sind in verschiedenen Ausführungen als manuelle, halbautomatische oder vollautomatische Fotoeinrichtung mit Integral- und/oder Spotmessung erhältlich. Durch den verwacklungsfreien Verschluß und Belichtungsmöglichkeiten bis in den Stundenbereich sind diese besonders für die Anforderungen in der Mikrofotografie ausgerüstet. Auf diese Mikrofotosysteme können außerdem Polaroid- und Großformataufsätze adaptiert werden.

Berechnen der Vergrößerung
Um die Vergrößerung berechnen zu können, müssen Objektivvergrößerung, Fotookularvergrößerung, Tubusfaktor und Kamerafaktor bekannt sein. Der Kamerafaktor wird vom Hersteller angegeben; die anderen Größen sind jeweils eingraviert. Der Tubusfaktor nur, wenn er von 1 abweicht. Somit beträgt die Gesamtvergrößerung:
Objektivvergrößerung × Tubusfaktor × Fotookularvergrößerung × Kamerafaktor.

Verwendung von Filtern
Wird mit Polarisationsfiltern am Mikroskop gearbeitet, ist bei automatischen Fotoeinrichtungen eine zusätzliche Quarzplatte erforderlich, da es sonst zu Fehlbelichtungen kommt. Diese kann bei manchen Mikrofotoeinrichtungen schon eingebaut sein. (Beim Hersteller erfragen).
Da die meisten mikroskopischen Objekte kontrastarm sind, kann durch Verwendung eines Grünfilters der Kontrast verbessert werden.
Dadurch, daß ein Filter farbige Strahlung in seiner Eigenfarbe ungehindert passieren läßt und nur die Komplementärfarbe – je nach Filterdichte – weitgehend absorbiert, wird auf dem positiven Aufsichtsbild die Filterfarbe heller und die Komplementärfarbe dunkler wiedergegeben.
Da man in der Mikrofotografie häufig mit längeren Belichtungszeiten arbeitet, muß auch der Schwarzschildeffekt berücksichtigt und die Belichtungszeit entsprechend verlängert werden. Manche vollautomatischen Mikrofotoeinrichtungen besitzen bereits automatische Korrektionsmöglichkeiten, die den Schwarzschildeffekt kompensieren.

REM

Das Raster-Elektronen-Mikroskop, abgekürzt REM, ermöglicht 5- bis 250000fache und darüber liegende Vergrößerungen. Die zu untersuchenden Objekte werden durch Bestäuben mit Goldstaub präpariert (besputtert) und in einem Hochvakuum von einem feingebündelten Elektronenstrahl abgetastet. Dabei wird die abzubildende Objektoberfläche in ein zeilenförmiges Raster zerlegt. Die von den Elektronen getroffenen Objektelemente reflektieren Sekundärelektronen, die von Detektoren registriert und in elektrische Signale umgewandelt werden. Das räumliche Nebeneinander von Objektpunkten wird dadurch zu einem zeitlichen Nacheinander von Signalen, die auf der Bildröhre eines Monitors wieder zu einem räumlichen Nebeneinander von Bildpunkten umgeformt werden. Das mit sonst unerreichter Schärfentiefe wiedergegebene Bild läßt sich visuell betrachten oder vom Schirm abfotografieren.

Unten links: Raster-Elektronenmikroskop AMR 1600 T mit adaptierter Leica R 4 für Schirmbildaufnahmen: Die erzielbaren Abbildungsmaßstäbe liegen zwischen 1 : 5 bis 250000 : 1. Foto: Ernst Leitz Wetzlar GmbH.

Unten: Raster-Elektronenmikroskop-Aufnahme eines Drohnenauges mit zwischen den Wabenlinsen stehenden Haaren im Abbildungsmaßstab 500 : 1: Gegenüber den mit Linsen erzeugten Aufnahmen am Lichtmikroskop zeichnen sich die vom Bildschirm des REMs aufgenommenen Bilder durch ihre erheblich größere Schärfentiefe aus. REM-Aufnahmen: Manfred Görtz.

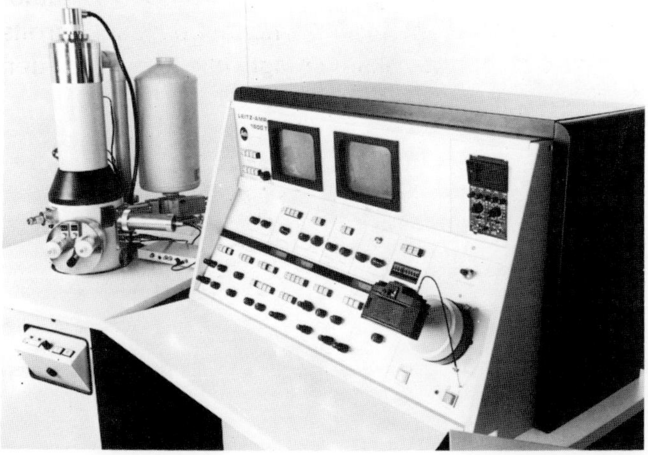

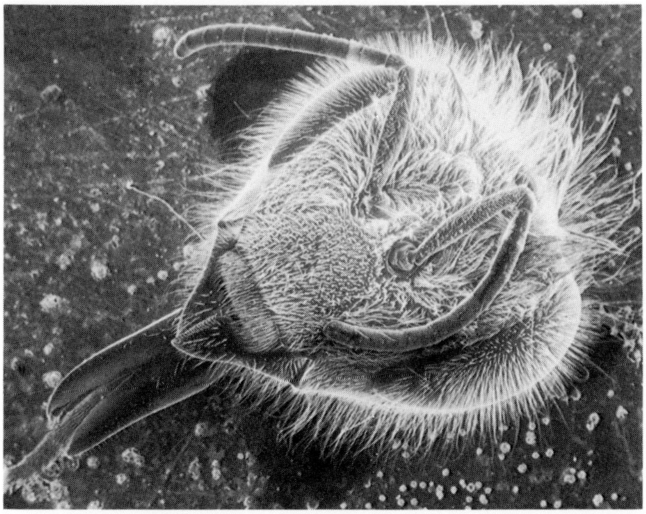

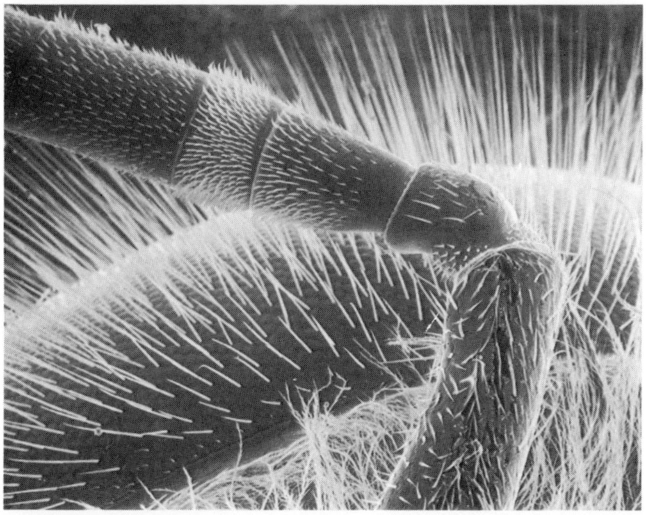

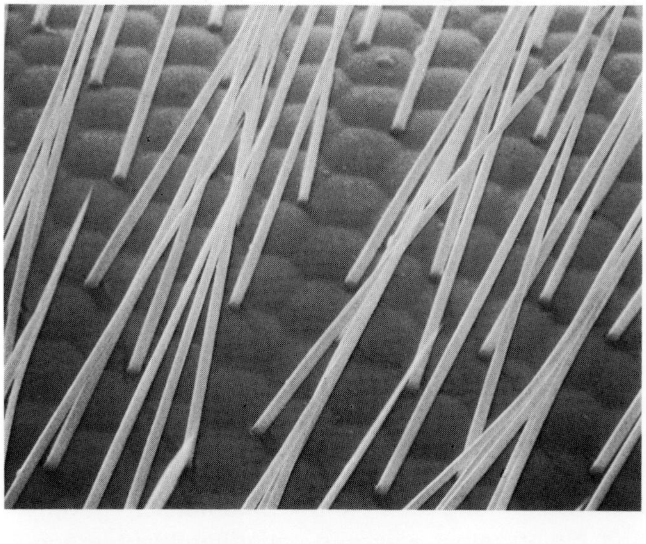

Oben: Raster-Elektronenmikroskop-Aufnahme eines Drohnenkopfes im Abbildungsmaßstab 20 : 1.

Mitte: Raster-Elektronenmikroskop-Aufnahme eines Drohnenfühlers und -auges im Abbildungsmaßstab 100 : 1.

Restlicht-verstärker

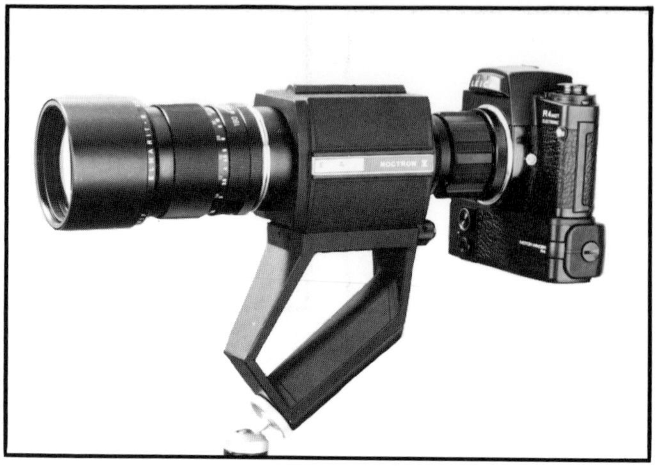

Leica R 4 mit Winder, Zwischenring, Restlichtverstärker Noctron V der Fa. Euroatlas, Bremen, und Elmarit-R 1 : 2,8/180 mm. Foto: Ernst Leitz Wetzlar GmbH.

Ein zwischengeschalteter Restlichtverstärker ermöglicht Kurzzeitaufnahmen bei Mondlicht. Seine Wirkungsweise ist wie folgt: Das vom Objekt reflektierte Licht gelangt über das Objektiv auf die Fotokathode der Bildverstärkerröhre. Die Fotokathode wandelt das Abbild in ein Elektronenbild um, das fokussiert und auf dem der Kathode gegenüberliegenden Phosphorschirm als ein in der Helligkeit verstärktes Bild des Motivs abgebildet wird. Der Verstärkungsfaktor ist abhängig vom zwischen der Kathode und dem Phosphorschirm liegenden, etwa 20000 Volt betragenden Spannungspotential. Trotz der hohen Spannung fließt nur ein Strom von wenigen Mikroampere. Der gesamte Leistungsverbrauch liegt bei einigen Milliwatt. Der komplette Restlichtverstärker besteht aus drei einzelnen, statisch fokussierten Bildverstärkerröhren mit einem Verstärkungsfaktor von 40000 x, was 15,5 Blendenwerten entspricht. Die Kopplung der einzelnen Stufen erfolgt über Fiberoptik, die das Licht des jeweiligen Phosphorschirms nahezu verlustlos und verzerrungsfrei auf die Phosphorkathode der nächsten Stufe übertragen. Bei statisch fokussierten Röhren sind die aufgesetzten Glasfaseroptiken als Plankonkavlinsen ausgebildet, damit sie eine Kopplung des elektro-optischen Systems innerhalb der Röhre gewährleisten. Zum Ausgleich sich verändernder Beleuchtungsverhältnisse innerhalb des Motivs ist die Lichtverstärkung der Röhre automatisch geregelt und bleibt selbst während schneller Lichtveränderungen konstant. Restlichtverstärker gelangen im Polizei-, Zoll- und militärischen Aufklärungsdienst zur Anwendung.

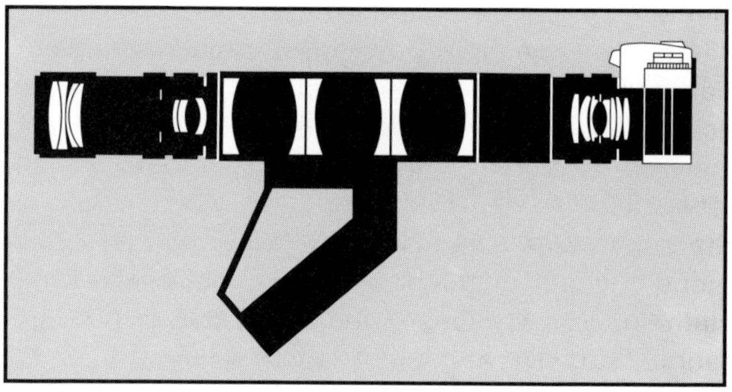

Schematische Darstellung der Aufnahmeeinheit Kamera und Restlichtverstärker, von links nach rechts: Lichtstarkes Teleobjektiv, Restlichtverstärker, Zwischenring, lichtstarkes Normalobjektiv und Kameragehäuse.

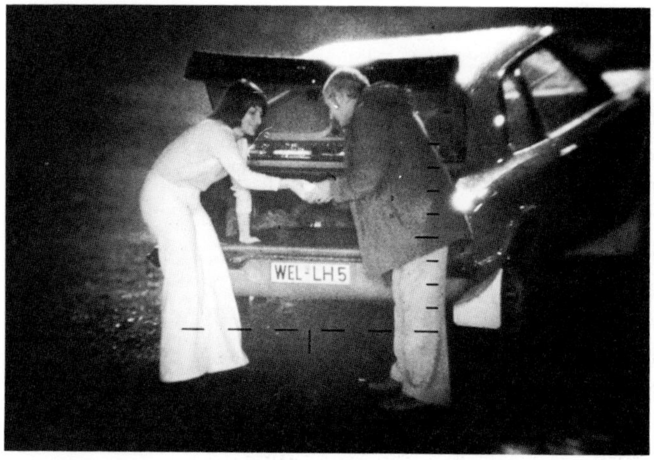

Die vorhandene Helligkeit des nächtlichen Himmels reicht aus, um Aufnahmen wie diese mit einer Leica R 4 und dem Noctron V bei Blende 1,4 auf Tri-X Film, der pushentwickelt wurde, mit $\frac{1}{4}$ Sekunde zu belichten. Foto: Günter Osterloh.

Stereo

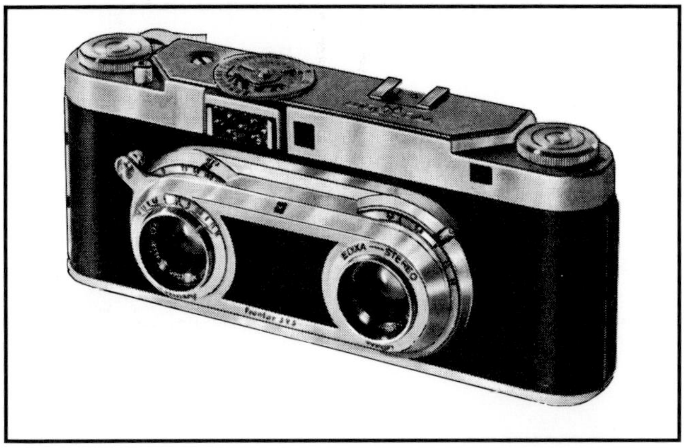

Zur Zeit werden von der Fotoindustrie weltweit keine Stereokameras hergestellt. Für den an Stereoaufnahmen interessierten Fotografen besteht daher nur die Möglichkeit, Kameras aus den 50er Jahren, die als Gelegenheitskauf bei den Fotohändlern auftauchen, zu erwerben. Die Abbildung zeigt die Edixa-Stereokamera aus dem Jahre 1958 für das Bildformat zweimal 23 × 24 mm mit gekuppeltem Entfernungsmesser, eingebautem Selenbelichtungsmesser, Schnellaufzug und zwei identischen 1 : 2,8/35 mm Objektiven.

Der Mensch hört und sieht räumlich. Dennoch geben sämtliche derzeitigen Abbildungstechniken, mit Ausnahme der Holografie, die Wirklichkeit nur unzulänglich, auf zwei Dimensionen – Höhe und Breite – reduziert, wieder. Die dritte Dimension – die Tiefe – fehlt.

Stereokameras dagegen vermögen, dank ihrer dem menschlichen Augenpaar nachempfundenen Ausstattung mit zwei Objektiven, die Wirklichkeit auch räumlich zu erfassen und wiederzugeben.

Da die 3-D-Wellen in der Fotografie, regelmäßig um eine Generation versetzt, alle 25 Jahre auftauchen, wäre eigentlich die nächste Woge fällig. 1838 entdeckte Sir Charles Wheatstone, ein englischer Physiker, die genauen Zusammenhänge des dreidimensionalen Sehens. Mit dem Aufkommen der Fotografie um die gleiche Zeit, dauerte es keine 20 Jahre bis die ersten Stereokameras und -betrachter erschienen. Seitdem taucht in einem nahezu regelmäßigen Zyklus von 25 Jahren immer wieder eine neue Generation von Stereokameras und -zubehör auf. So 1855, 1880, 1905, 1930, 1955 und erst jüngst wieder im Jahre 1980. Vom Kameradesign abgesehen, hat sich am Prinzip nichts geändert. (Die 1980 erschienene Nimslo-Stereokamera unterscheidet sich nur insofern von ihren Vorgängern, als sie zur Raumbildbetrachtung keine Geräte benötigt.)

Stereobetrachtung und Projektion

Der Nachteil beim Betrachten von Stereobildpaaren bestand und besteht für die meisten Menschen darin, daß sie ein Stereoskop, einen zweiäugigen Linsenbetrachter, benutzen müssen, obwohl man

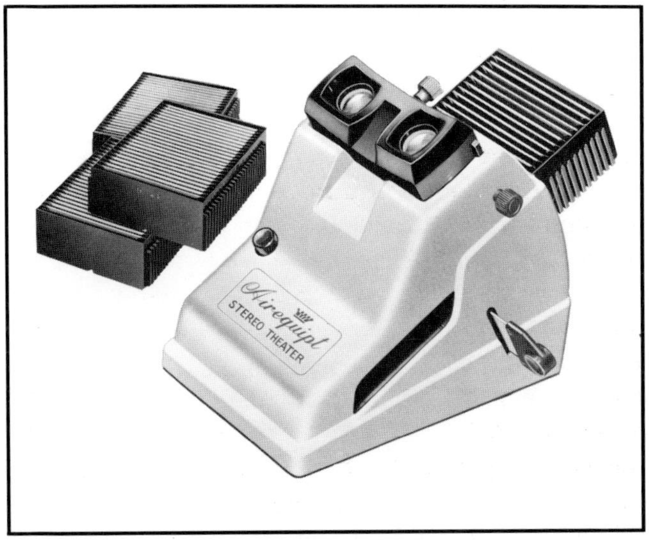

Ein vom Autor 1954 in den USA entworfener halbautomatischer Stereobildbetrachter für das Bildformat von zweimal 23 × 24 mm mit Magazinen für 24 Stereobildpaare, elektrischer Beleuchtung (batterie- oder akkugespeist), fokussierbaren achromatischen Okularen und interokularer Verstellbarkeit.

nach einiger Übung die Bildpaare auch ohne Betrachter zu einem räumlichen Bild verschmelzen kann.

Die größte Schwierigkeit beim gerätelosen Betrachten von Stereobildpaaren besteht für die meisten Menschen darin, gleichzeitig die Augen auf Nah zu akkommodieren (scharfzustellen) und dennoch die Sehachsen der beiden Augen parallel ins Unendliche zu richten.

Neben der Betrachtung stereoskopischer Bildpaare mit einem Linsenstereoskop besteht auch die Möglichkeit einem größeren Personenkreis Raumbilder durch die Projektion von Stereodias vorzuführen. Dies geschieht entweder mit einem speziellen Doppelprojektor oder mit zwei identischen Einzelprojektoren. Damit jedes Auge nur das ihm entsprechende Teilbild wahrnimmt, wird je ein Polfilter vor das linke und das rechte Projektionsobjektiv gesetzt. Die Polarisationsachsen der beiden Filter sind in 90° V-Stellung zueinander versetzt angeordnet. Projiziert wird auf eine metallisierte Aluminiumbronzewand, um dreidimensionale Bilder von Schwarzweiß- oder Farbdias zu sehen. Der Betrachter trägt ebenfalls eine Polarisationsbrille, deren beide Polarisatoren wie die des Projektors um 90° in V-Stellung zueinander versetzt sind. Dadurch wird es möglich, daß trotz der im Abstand von 65 mm übereinanderprojizierten beiden Teilbilder, das linke Auge nur das linke und das rechte nur das rechte Teilbild wahrnimmt, und im Gehirn zu einem einzigen Raumbild verschmilzt.

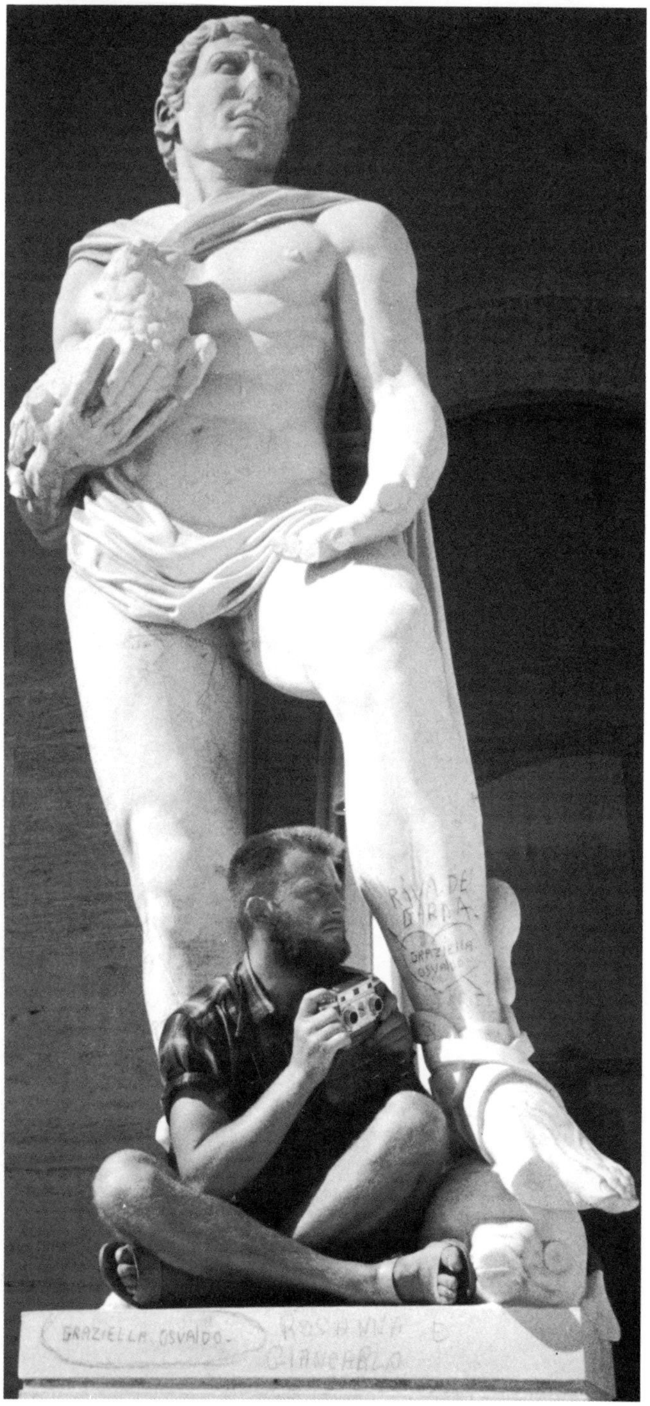

Der Autor mit einer amerikanischen Revere-Stereokamera 1956 in Rom in der für die Weltausstellung 1940 erbauten, damals noch unbewohnten Ausstellungsstadt.

Wie funktioniert die Stereokamera eigentlich?

Analog zu unseren Augen nimmt die Stereokamera ebenfalls gleichzeitig zwei um den durchschnittlichen Augenabstand von 65 mm perspektivisch versetzte Flachbilder auf. Sieht man sich die beiden Flachbilder in einem Stereobetrachter mit zwei ebenfalls um ca. 65 mm versetzten Okularen an, so werden sie im Gehirn zu einem einzigen Raumbild verschmolzen. Wie Hermann Lüscher erkannte, müssen, um ein räumliches Bild einwandfrei und beschwerdelos betrachten zu können, gewisse Aufnahmebedingungen erfüllt werden. Dazu gehört als wichtigste Regel die sogenannte 70 Minuten-Bedingung. Diese besagt, daß Raumbilder nur dann ohne Verschmelzungsstörungen betrachtet werden können, wenn der Nah- und Fernpunkt eines Bildes keinen größeren Konvergenzwinkel als 70 Bogenminuten zueinander aufweisen. 70′ deshalb, weil beim Menschen der Blickwinkel der schärfsten Sicht gerade 60–90′, im Durchschnitt also 70 Bogenminuten beträgt. (Der Kreisbogen hat 360°, 1 Bogenminute ist der 360ste Teil davon.)

Der von dem Konvergenzwinkel von 70′ erfaßte Bereich entspricht genau der Schärfentiefezone der menschlichen Augen und dem Blickwinkel der schärfsten Sicht von 60–90 Bogenminuten. Nur innerhalb dieses Bereiches wird auch räumlich gesehen. Liegen bei Stereoaufnahmen Objekte außerhalb der 70′ Zone, so ist unser Wahrnehmungssystem nicht in der Lage, die zwei Flachbilder störungsfrei zu einem Raumbild im Gehirn zu verschmelzen. Die Sehnerven und das Gehirn werden überfordert und Sehstörungen und Kopfschmerzen sind die Folge.

Im Gegensatz zu unseren Augen, die unablässig in

der Umwelt umherwandern können und dabei ständig mühelos die Schärfe und gleichzeitig ihr räumliches Bild von nah auf fern oder umgekehrt verändern, besitzt die Stereokamera diese Fähigkeit nicht. Die unveränderliche Aufnahmebasis der Stereokamera von 65 mm ist der Grund dafür. Mit dieser Basis vermag sie, unter Verwendung von zwei Objektiven von f = 35 mm bei Blende 5,6, eine Raumtiefe von ca. 2,50 m bis ∞ räumlich wiederzugeben. Für sehr nahe oder weiter als 50 m entfernt gelegene Objekte erbringt die 65 mm Basis keine optimale räumliche Abbildung. Woran liegt das?

Die Einschränkung der 65 mm Basis überwindet das Augenpaar durch Konvergieren (Schielen) der Sehachsen auf näher gelegene Objekte. Dadurch wird die Basis effektiv verringert, das Objekt aber im Nahbereich optimal räumlich gesehen. Im entgegengesetzten Bereich, in der Ferne, sind die Augen mit ihrer 65 mm Basis jedoch im Nachteil. Unser Raumsehen endet bei ca. 50 m. Alle darüber hinaus empfundenen Raumeindrücke beruhen auf durch Erfahrung bestätigten Schätzungen. Die Stereokamera hingegen kann mit einer absichtlich vergrößerten Basis auch weit entfernte Gegenstände noch räumlich deutlich differenziert abbilden.

Für die Einhaltung optimaler stereoskopischer Abbildungsbedingungen bei Stereoaufnahmen mit variabler Basis muß nach folgender Formel verfahren werden:

$$b = \frac{a_N \times a_F \times 0{,}02}{a_F - a_N}$$

- b — Basis, Abstand zwischen den beiden optischen Achsen der Objektive
- a_N — Nahpunktweite, Entfernung bis zum Nahpunkt
- a_F — Fernpunktweite, Entfernung bis zum Fernpunkt
- 0,02 — Konstante der Bogenlänge des Grenzwinkels von 70′

  Alle Dimensionen werden in Meter eingesetzt!

Rechenbeispiele:

Von einem Objekt, dessen räumliche Ausdehnung

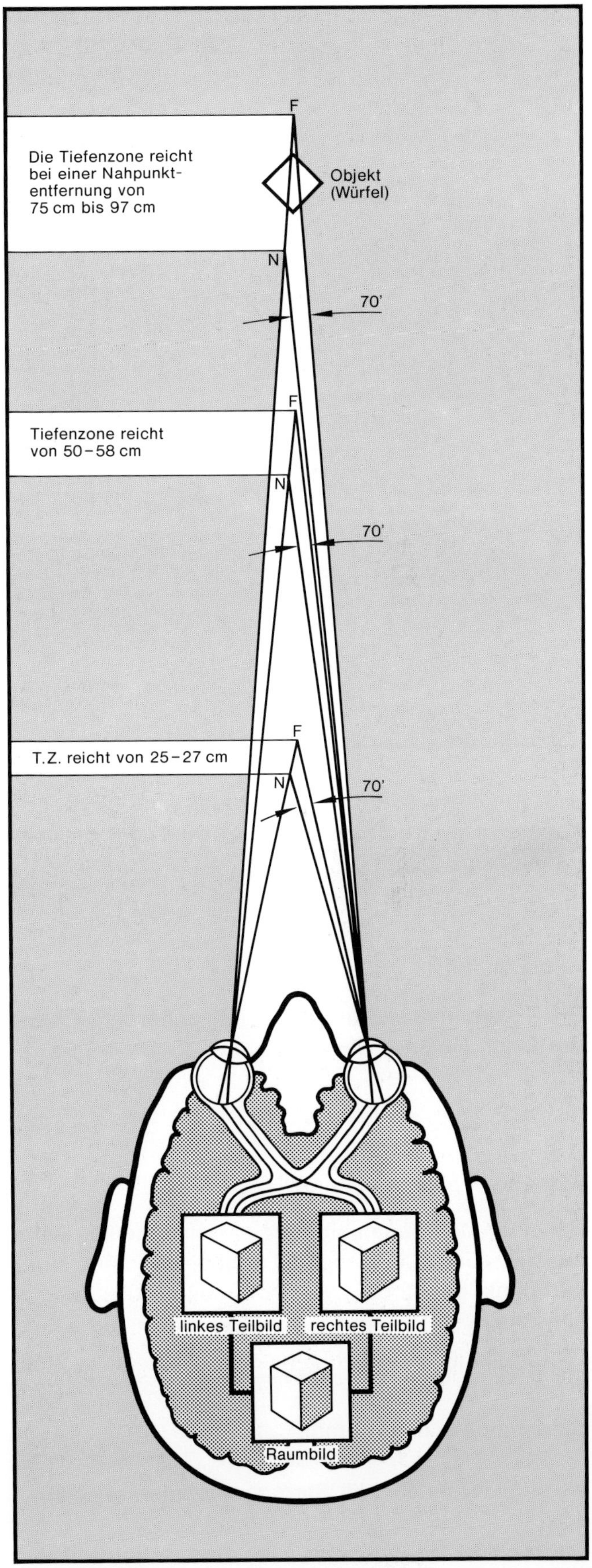

Die schematische Darstellung zeigt, wie sich die zwei Teilbilder des linken und des rechten Auges zu einem räumlich empfundenen Bild im Gehirn verschmelzen. Außerdem läßt sich die Ausdehnung der stereoskopisch wahrgenommenen Tiefenzonen in Beziehung zur Betrachtungsentfernung erkennen, die immer nur 70 Bogenminuten umfassen. N = Nahpunkt, F = Fernpunkt.

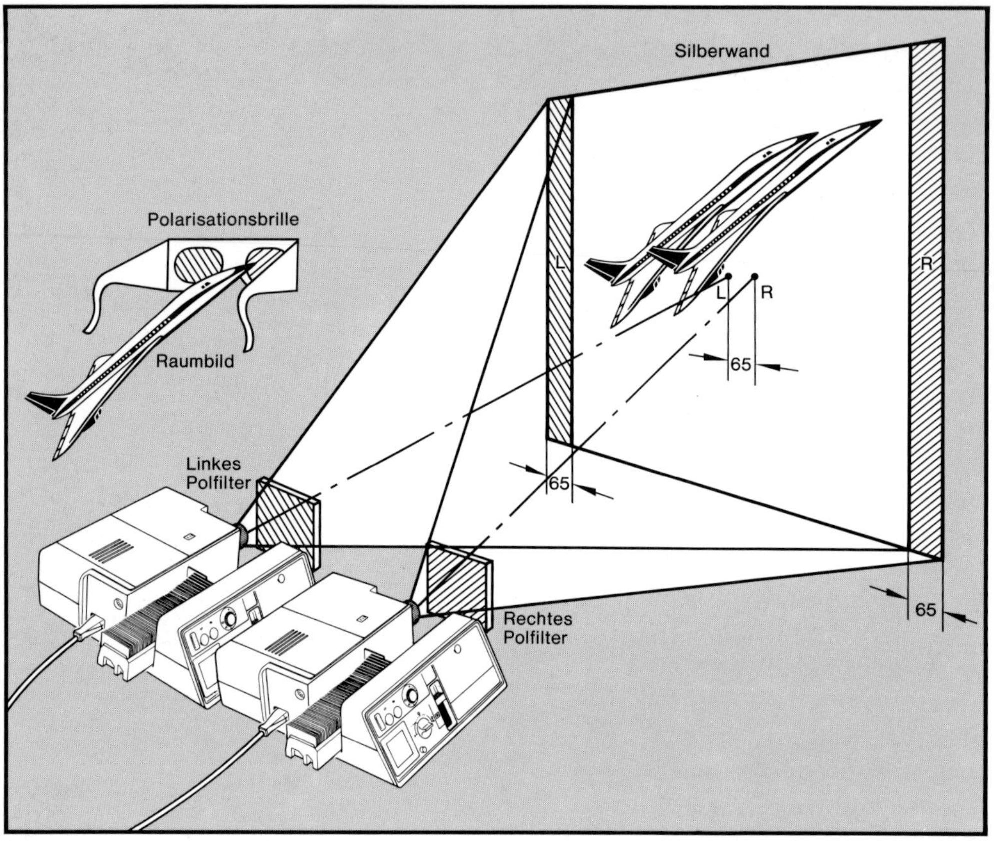

Schematische Darstellung der Geräteanordnung und Betrachtung bei der Stereoprojektion. Die zwei V-förmig 90° zueinander stehenden Polfilter vor je einem Projektionsobjektiv erlauben es, in Verbindung mit der gleichartig angeordneten Polarisationsbrille aus den beiden im Abstand von 65 mm übereinanderprojizierten Bildern dem linken Auge nur das linke und dem rechten Auge nur das rechte Teilbild zuzuführen. Beide flachen Teilbilder werden dann im Gehirn zu einem einzigen räumlich empfundenen Bild verschmolzen.

sich von 3 m bis 40 m erstreckt, soll eine Stereoaufnahme angefertigt werden. Wie groß muß die Aufnahmebasis sein?

$$b = \frac{3\ \text{m} \times 40\ \text{m} \times 0{,}02}{40\ \text{m} - 3\ \text{m}} = \frac{120 \times 0{,}02}{37} = \frac{2{,}4}{37} = 0{,}0648\ \text{m}$$

Aufnahmebasis = 65 mm

Die Aufnahmebasis für ein weiter entferntes Objekt mit einer Tiefenausdehnung von 300 m bis 3000 m ist:

$$b = \frac{300\ \text{m} \times 3000\ \text{m} \times 0{,}02}{3000\ \text{m} - 300\ \text{m}} = \frac{900000 \times 0{,}02}{2700} = \frac{18000}{2700} = 6{,}66\ \text{m}$$

Aufnahmebasis = 6,66 m

Bei einer Makroaufnahme ergibt sich folgende Tiefenausdehnung: Der Nahpunkt liegt bei 10 cm und der Fernpunkt bei 12 cm. Wie groß muß die Aufnahmebasis sein?

$$b = \frac{0{,}10\ \text{m} \times 0{,}12\ \text{m} \times 0{,}02}{0{,}12\ \text{m} - 0{,}10\ \text{m}} = \frac{0{,}012 \times 0{,}02}{0{,}02} = \frac{0{,}00024}{0{,}02} = 0{,}012\ \text{m}$$

Aufnahmebasis = 12 mm

Welche Geräte sind für Stereoaufnahmen erforderlich?

Die ideale Stereokamera muß eine variable Basis für Stereonah-, -normal und -fernaufnahmen besitzen. Mit den derzeitigen Kameras lassen sich Stereoaufnahmen am einfachsten herstellen, wenn:

1. bei statischen Objekten mit nur einer Kamera auf einer Stereoschiene und
2. bei sich bewegenden Objekten mit zwei identischen Kameras, die sich synchron auslösen lassen, auf einer Stereoschiene gearbeitet wird.

Als Stereoschiene läßt sich jeder Einstellschlitten für Nahaufnahmen oder die Schiene der optischen Bank einer Großformatkamera, die es erlaubt, eine oder zwei Kameras in paralleler Anordnung beliebig zu verschieben, verwenden.

Mit einer Kamera auf einer Stereoschiene können nur Raumbilder von statischen Objekten aufgenommen werden. Nachdem mit der «Stereoformel» ausgerechnet wurde, wie groß bei dem entsprechenden Nah- und Fernpunkt die Aufnahmebasis ist, wird die erste und, mit dem entsprechenden Basisabstand, die zweite Aufnahme von dem Motiv geschossen. Wichtige Voraussetzung ist, daß Stereoschiene und Kamera sich absolut in der Waagerechten befinden. Ist das nicht der Fall, so entstehen zwei Teilbilder mit

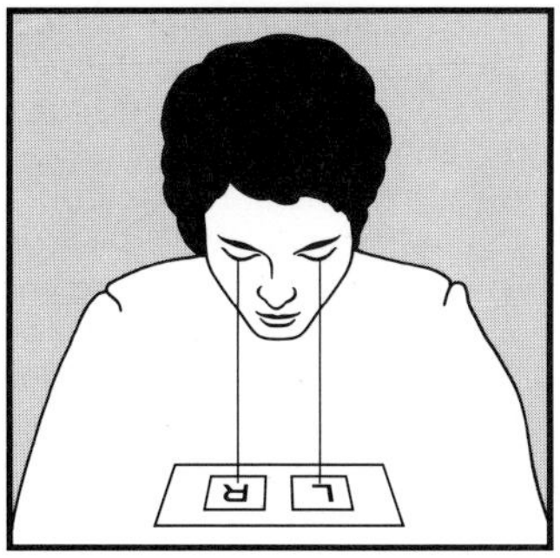

Für die Betrachtung der Stereobildpaare ohne zusätzliche optische Hilfsmittel muß das Stereobildpaar so fixiert werden, daß, trotz der Parallelausrichtung der optischen Achsen beider Augen auf Unendlich, die Scharfeinstellung, Akkommodation, auf die deutliche Sehweite – je nach Alter zwischen 20 und 40 cm – erfolgt.

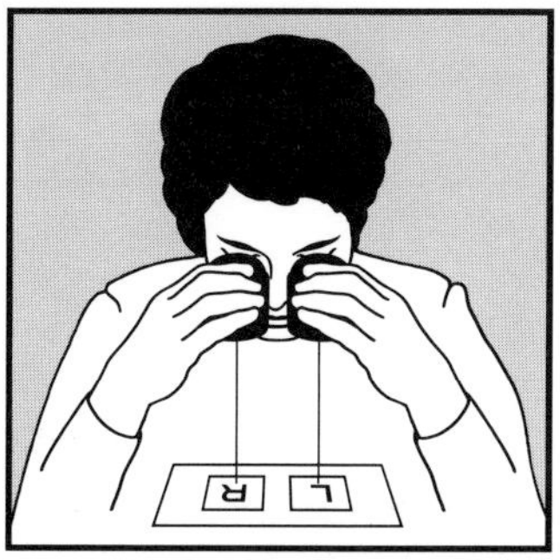

Personen, die freiäugig die beiden Teilbilder nicht verschmelzen können, sollten zwei Vergrößerungsobjektive von je 80 mm Brennweite direkt vor die Augen halten und versuchen, die beiden Teilbilder in einem Abstand von ca. 80–100 mm zu betrachten.

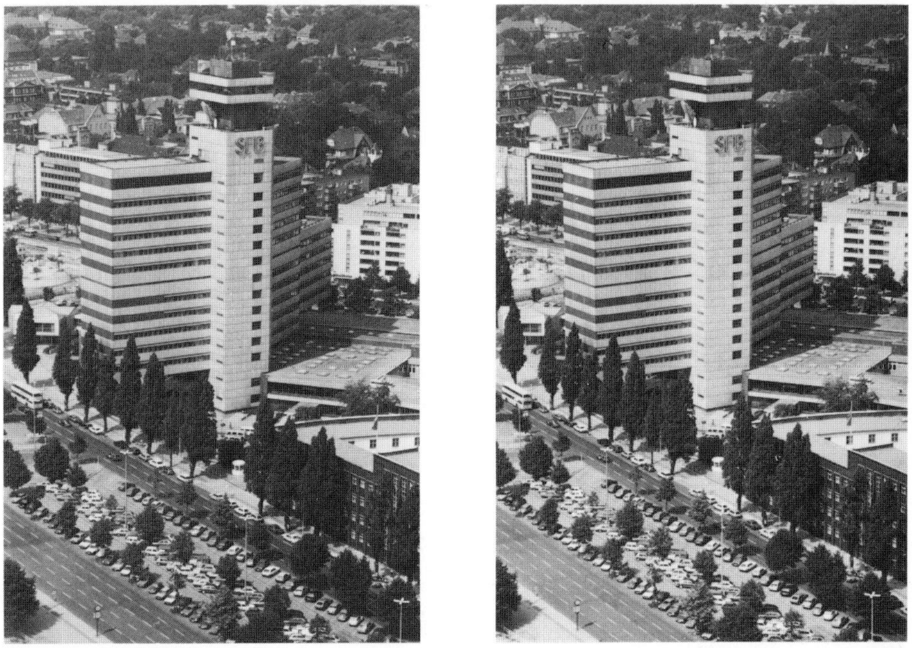

Mit einer Aufnahmebasis von 7 Metern wurde dieses Bildpaar des Sendegebäudes des Senders Freies Berlin mit zwei separaten Kameras aufgenommen.

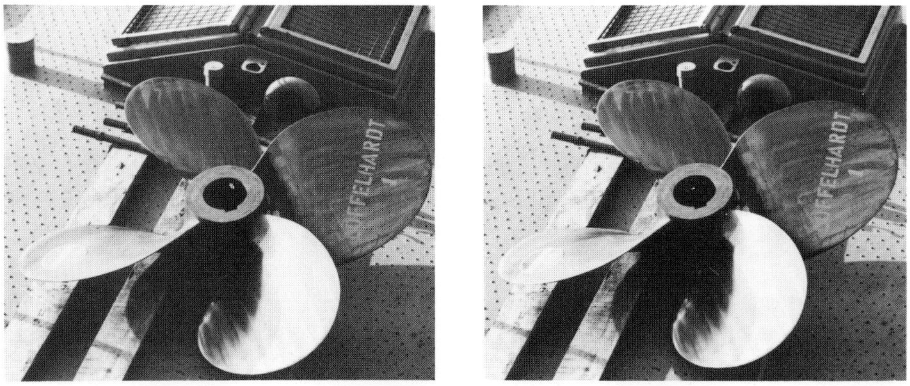

Stereoaufnahme mit normaler Aufnahmebasis. Mit einem Tandemgespann von zwei Kameras wurde diese Aufnahme der Schiffsschraube auf einem Rheinfrachtschiff aufgenommen.

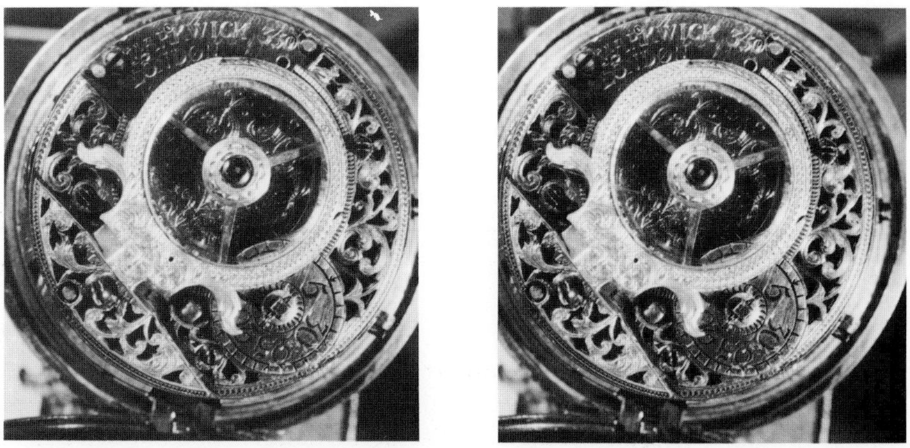

Stereoaufnahme mit auf 4 mm verkleinerter Aufnahmebasis. Geöffnete Rückseite einer englischen Taschenuhr aus dem 18. Jahrhundert.

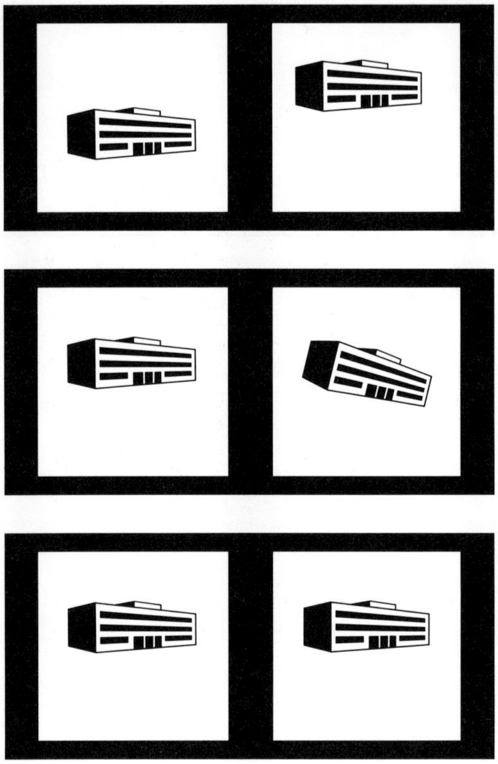

Bild links:
Störungsfreies Betrachten von montierten Stereobildpaaren ist nur dann möglich, wenn die beiden Teilbilder horizontal wie vertikal keine Verkantungen oder Versetzungen des Bildinhaltes aufweisen.

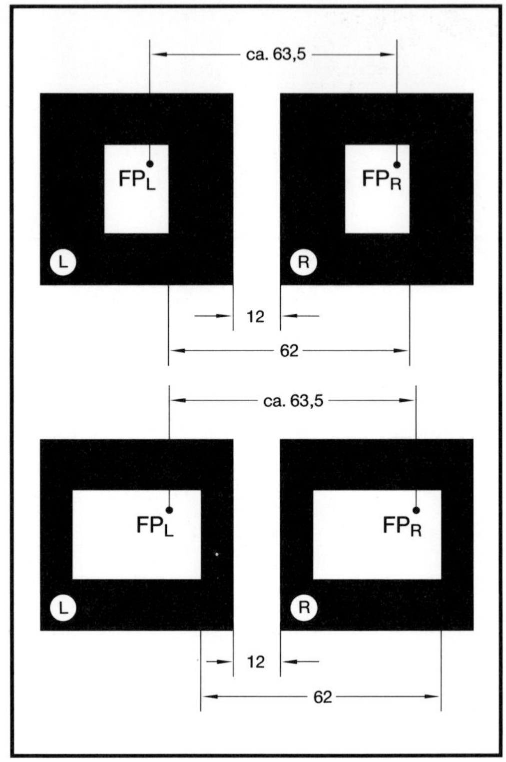

Bild rechts:
Die im Halb- oder 24 × 36 Format aufgenommenen zwei Teilbilder werden für die Betrachtung und die Projektion in zwei 5 × 5 cm Diarahmen montiert. Der Abstand der Rahmenöffnungen zueinander beträgt dabei 62 mm, während der Fernpunktabstand cirka 63,5 mm oder weniger betragen darf. Das linke Teilbild wird durch einen roten und das rechte durch einen grünen Aufkleber unten links markiert.

höhenversetzten Horizonten, die das Auge nachher beim Betrachten nicht toleriert.
Als für Stereoaufnahmen am geeignetsten erweist sich ein Tandemgespann von zwei identischen Kameras, die über zwei eingebaute Winder und für die synchrone Belichtung sich schnell bewegender Objekte über eine millisekundengenaue elektronische Auslösemöglichkeit beider Kameras verfügen. Das Ermitteln der Distanzen des Nah- und des Fernpunktes im Motiv und die Rechnerei zur Bestimmung der richtigen Aufnahmebasis lassen sich jedoch auch bei dieser Kombination nicht vermeiden. Ein mit dem entsprechenden Programm «gefütterter» programmierbarer Taschenrechner dürfte für diesen Zweck von größtem Nutzen sein.
Welcher Kameratyp eignet sich am besten für Stereoaufnahmen? Prinzipiell jeder; sowohl das Kleinbild im Hoch- oder Querformat, als auch das Mittelformat mit seiner 4,5 × 6 cm oder 6 × 6 cm Bildgröße. Das Mittelformat zeichnet sich durch das einfache Herstellen von Kontaktkopien aus, die sich unmittelbar als fertige Stereobilder betrachten lassen.

Aufnahmehinweise

Stereoaufnahmen von einem Motiv sind nur dann sinnvoll, wenn sich die einzelnen Bildelemente deutlich erkennbar in unterschiedlichen räumlichen Ebenen befinden. Motive mit kahlen leeren Flächen als Vordergrund sind total ungeeignet.
Auch kann beim Raumbild, im Gegensatz zur zweidimensionalen Fotografie, nicht mit der Schärfentiefe als Gestaltungselement manipuliert werden. Beim Raumbild muß der gesamte, räumlich erfaßte Bereich gestochen scharf abgebildet werden. Das heißt, daß beim Kleinbild mit einem Objektiv von f = 28 mm mindestens mit Blende 4, bei f = 35 mm mit Blende 5,6, bei f = 50 mm mit Blende 8 und beim Mittelformat bei f = 80 mm mit Blende 11, bzw. bei f = 105 mm mit Blende 16 fotografiert werden muß. Noch stärkeres Abblenden schadet nicht. Als Faustregel gilt: Die den oben aufgeführten Brennweiten und Blenden entsprechende Schärfentiefe ist zugleich mit der stereoskopischen Raumtiefe der menschlichen Augen identisch.

Teilbildmontage

Die Montage der Teilbilder zu gerahmten Stereobildpaaren muß mit größter Präzision erfolgen. Weder in der horizontalen noch in der vertikalen Lage entsprechender Bildpunkte des Motivs, darf zwischen dem linken und dem rechten Teilbild ein Höhenunterschied noch eine Abweichung durch Verkantung bestehen. Denn schon der geringste Unterschied bei

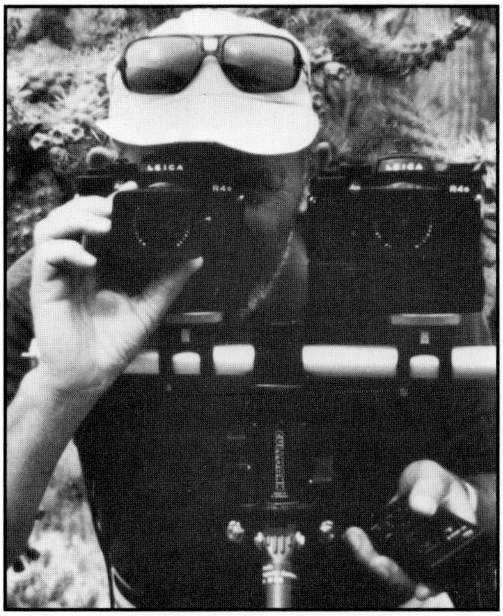

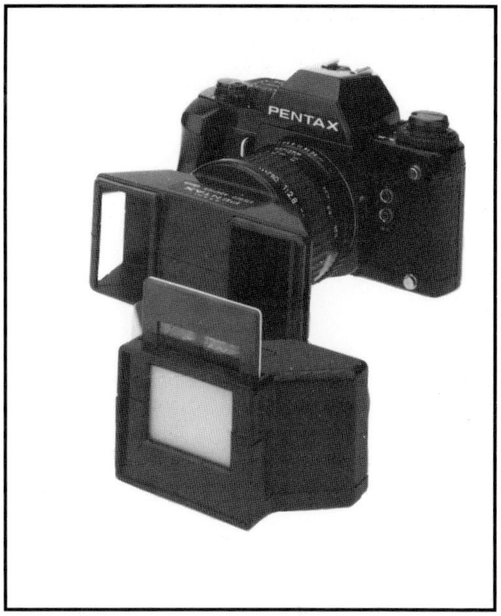

Bild links:
Der Autor mit zwei Leicas R 4s und angesetzten Motorwindern auf einer Stereoschiene. Die synchrone Auslösung beider Kameras erfolgt über einen für diesen Zweck speziell von der Firma Ernst Leitz modifizierten Remote Control Leica R elektronischen Fernauslöser. Er ermöglicht bei Aufnahmebasen zwischen 95 mm und 10 m auch die synchrone Auslösung sich schnell bewegender Objekte.

Bild rechts:
Pentax bietet als einziger Kameraproduzent einen Stereoaufnahmevorsatz für Kameras an. Pentax LX mit Normalobjektiv und Stereovorsatz. Im Vordergrund steht der Stereobildbetrachter mit einem halb eingeschobenen Dia der beiden Teilbilder, die auf jedes normale 24 × 36 mm Bildfeld belichtet werden. Foto: Bernd Wille.

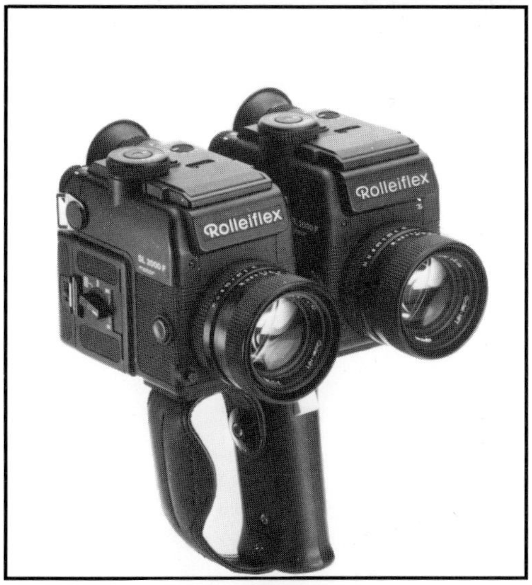

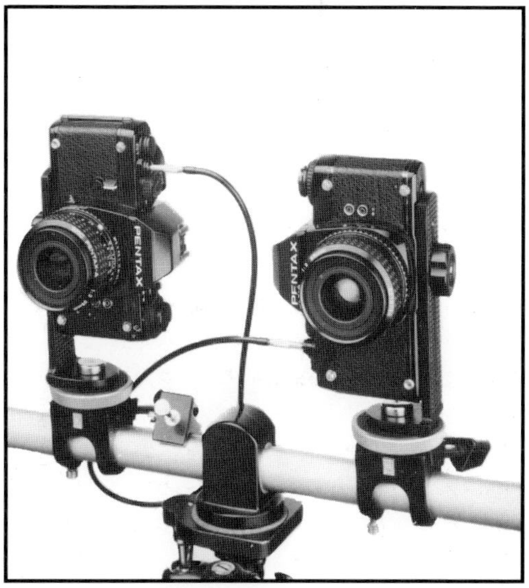

Bild links:
Zwei Rollei SL 2000 F auf Stereoschiene mit 92 mm Aufnahmebasis und Pistolenhandgriff für die synchrone Aufnahme von Stereobildpaaren bewegter Objekte. Foto: Rollei.

Bild rechts:
Zwei vertikal mit vergrößerter Aufnahmebasis auf einer Stereoschiene angeordnete Pentax LX, die mit einem mechanischen Doppeldrahtauslöser betätigt werden.

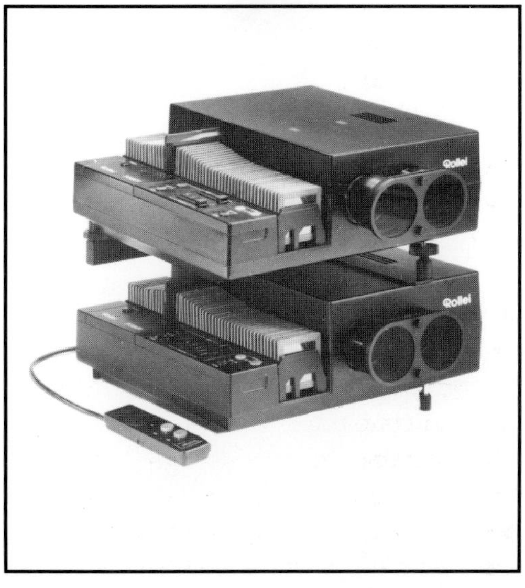

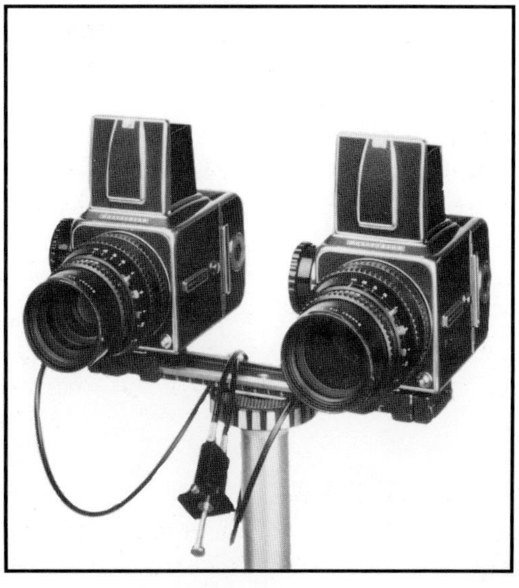

Bild links:
Zwei Rolleivision 35 twin Projektoren mit vorgeschalteten Polfiltern in «Huckepack»-Anordnung für die Stereoüberblendprojektion. Foto: Rollei.

Bild rechts:
Ein Tandemgespann von zwei Hasselblad 500 C/M mit vergrößerter Aufnahmebasis auf einer Stereoschiene: Der Doppeldrahtauslöser sorgt für die mechanische Auslösung, die jedoch nicht für die Synchronaufnahme sich schnell bewegender Objekte ausreicht.

der Teilbildmontage von nur einigen Zehntelmillimetern macht sich bei der Projektion, vielhundertfach vergrößert, störend bemerkbar und führt zu Betrachtungsbeschwerden. Der Abstand zwischen den beiden Fernpunkten sollte ca. 63,5 mm betragen. Um bei der Betrachtung die «Fensterrahmenwirkung» besonders hervorzuheben, wird der Teilbildabstand jedoch auf 62 mm reduziert.

Prof. Dr. Frithjof Voss

Foto-grammetrie

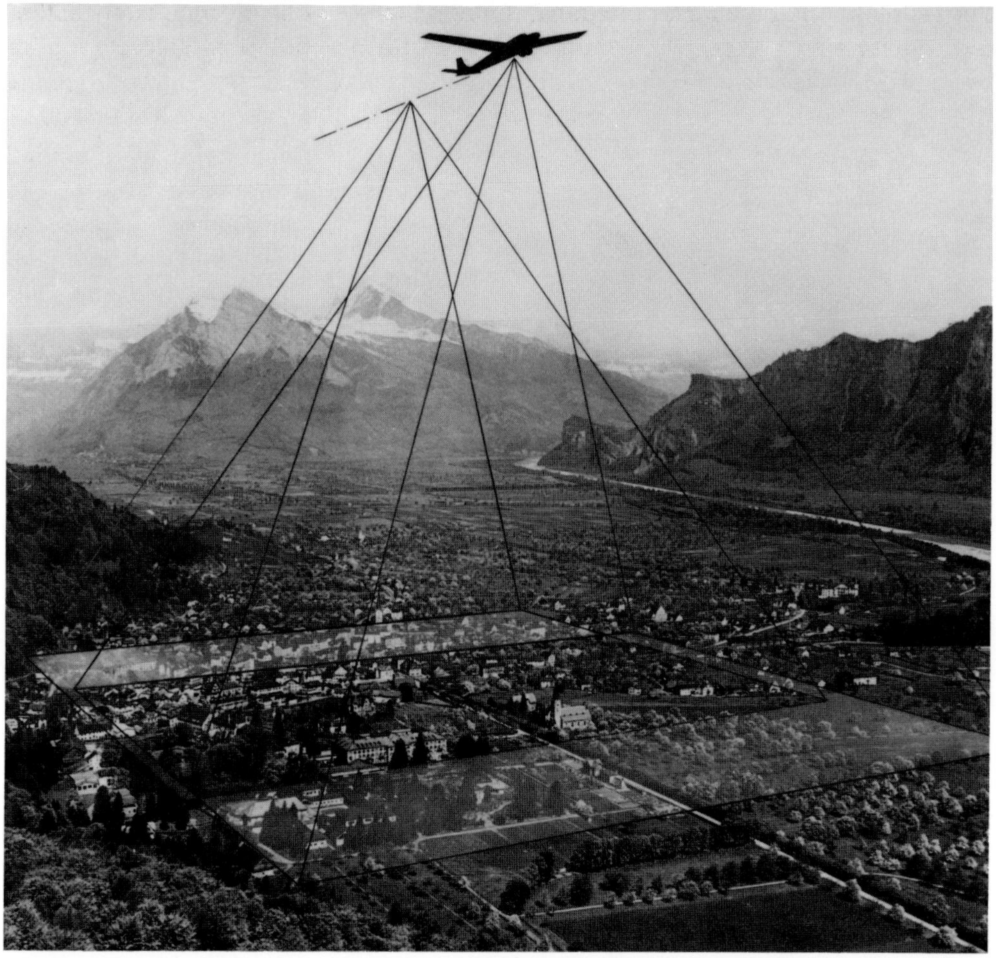

Schematische Darstellung eines Bildfluges: Durch Steuergeräte wird die Belichtungsfolge innerhalb dieser Bildreihen so geregelt, daß die Einzelbilder sich in der Flugrichtung inhaltlich um mindestens 60% für die Stereoauswertung überdecken. Foto: Wild Heerbrugg AG.

Die Kombination von fotografischen Aufnahmen mit qualitativen und quantitativen Auswertemethoden hat in den vergangenen Jahrzehnten einen Durchbruch erlebt. Dies gilt für viele Wissenschaftsgebiete und für die anwendungsbezogene Praxis. Bereits Ende des vorigen Jahrhunderts begann die Entwicklung erster bildmeßtechnischer Ansätze; sie orientierten sich sowohl an Luftaufnahmen wie auch an terrestrischen (auf der Erde) Fotos. Mit der Erfindung des lenkbaren Luftschiffes und des Motorflugzeugs setzte sich ab 1900 die Luftbildtechnik endgültig durch. Sie führte 1915 folgerichtig zur ersten Konstruktion sogenannter Reihenmeßkammern für Luftbildfotografie. Stimuliert durch militärische Einsätze dieser Methode begannen ab 1920 die ersten Interessen naturwissenschaftlicher Disziplinen an den neuartigen Erderkundungstechniken. Vor allem Deutschland, die USA und Kanada forcierten die anwendungsbezogene Lufterkundung, die sich rasch in andere Länder übertrug. Die Möglichkeit des Ersatzes konventioneller Geländeaufnahmen durch die zeit- und kostengünstigen Befliegungen eröffnete neue Felder der Erderkundung und ihre Umsetzung in Karten verschiedener thematischer Inhalte. Bisher kaum bekannte Erdteile wurden erstmals mit dieser Methode untersucht. Nach dem Zweiten Weltkrieg hat sich das gesamte Luftbildwesen erneut enorm verbreitet und zu seiner heutigen, weltweiten Bedeutung entwickelt. Dies betrifft auch den technisch instrumentellen Sektor bis hin zur Auswertung. Die Bildflüge selbst erfolgen aus vorher berechneter Flughöhe und folgen bei Sichtflugnavigation über ein Navigationsteleskop vorher auf Karten festgelegten Fluglinien. Die fotografische Aufnahme des Geländes gschieht mit einer gegenseitigen Vorwärtsüberdeckung der Bilder um mindestens 60%. Dies ist unbedingte Voraussetzung für die spätere stereoskopische Auswertbarkeit. Die parallel zu fliegenden Bildstreifen überdecken einander zu 15–35%, so daß flächenhafte Befliegungen vorab begrenzter Gebiete entstehen. Die Bildformate liegen bei 23 × 23 cm. Nach der technischen Einstellung der Aufnahmedaten arbeiten die Reihenmeßkammern vollautomatisch. Diese Geräte sind je nach Verwen-

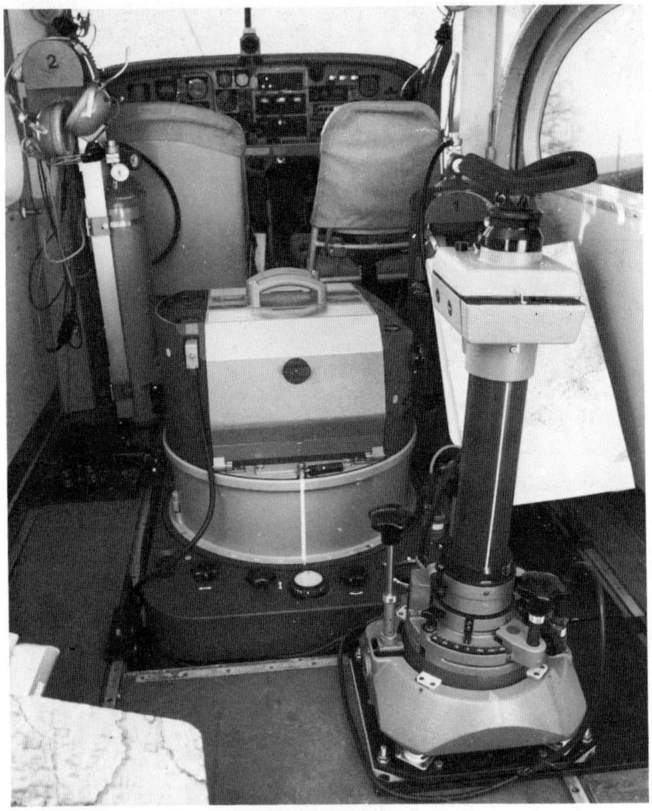

dungszweck mit Objektiven zwischen 85–305 mm Brennweite, Öffnungsverhältnissen um 1 : 5,6 und Aufnahmewinkeln zwischen 50° und 100° ausgerüstet. Die am häufigsten verwandte Ausstattung für universelle Aufnahmezwecke liegt bei 150 mm Brennweite. Brennweite und Flughöhe bestimmen den Bildmaßstab, der wiederum dem Befliegungszweck und den wirtschaftlichen Notwendigkeiten angepaßt wird. Beim Bildflug selbst wird die kardanisch aufgehängte Reihenmeßkammer stets zwischen 0° und 2° in der senkrechten Aufnahmeachse kontrolliert. Dies dient zur Vermeidung räumlicher Verzerrungen, die bei quantitativen Bildauswertungen nachteilig sind. Die horizontale Drehbarkeit dient erforderlichen Driftkorrekturen während des Fluges. Reihenmeßkammern können bei entsprechenden Abweichungen von der Lotrechten auch zu Schrägaufnahmen verwandt werden, selbst wenn dies nicht ihr Konstruktionszweck ist. Im Luftbildwesen stehen in breiter Vielfalt traditionell die panchromatischen Schwarzweißfilme an der Spitze unterschiedlicher Verwendungszwecke. Sie werden vor allem bei Befliegungen für Kartenherstellungen eingesetzt. Erweiterungsmöglichkeiten des sichtbaren Spektrums ergeben sich über Infrarotemulsionen bis zu 920 nm Empfindlichkeit. Diese Aufnahmetechnik

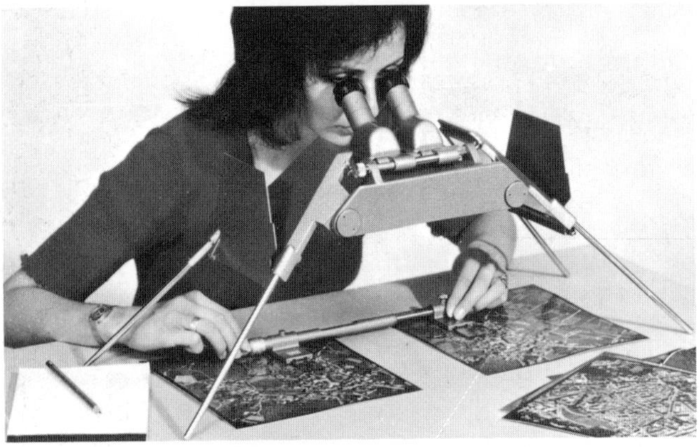

In einem Flugzeug installierte computergesteuerte Reihenbildkammer Wild RC 10A mit Navigationsteleskop im Vordergrund rechts. Foto: Wild Heerbrugg AG.

Spiegelstereoskop Wild ST 4 für die Interpretation, Höhenmessung und graphische Auswertung von stereoskopischen Luftbildsenkrechtaufnahmen. Foto: Wild Heerbrugg AG.

Rechnergesteuertes Stereoauswertesystem Wild Aviolyt AC 1 mit Aviotab TA 2 für die praktische fotogrammetrische Auswertung wie Aerotriangulation, Kartenblattvorbereitung und Kartierung. Foto: Wild Heerbrugg AG.

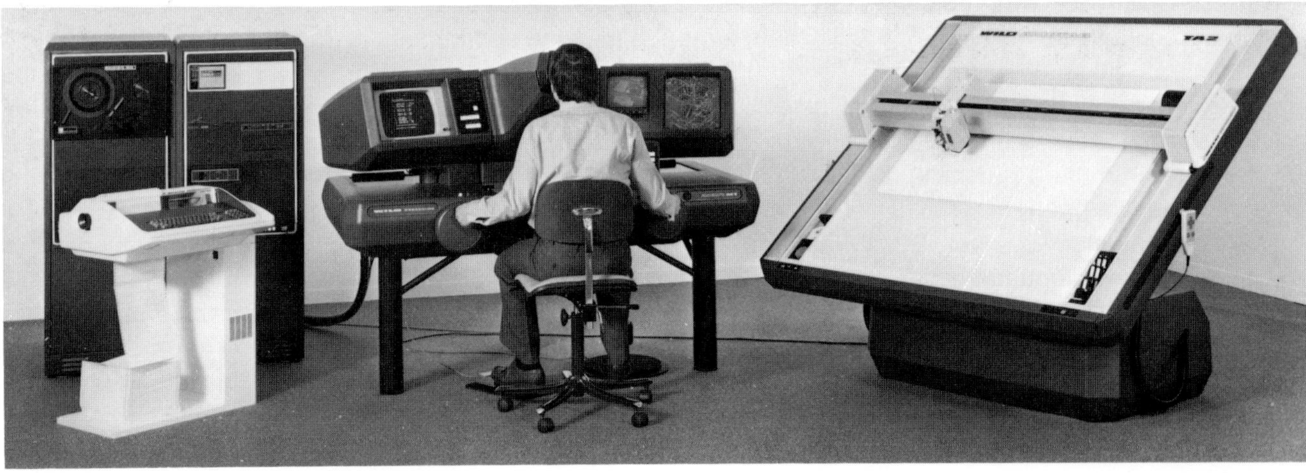

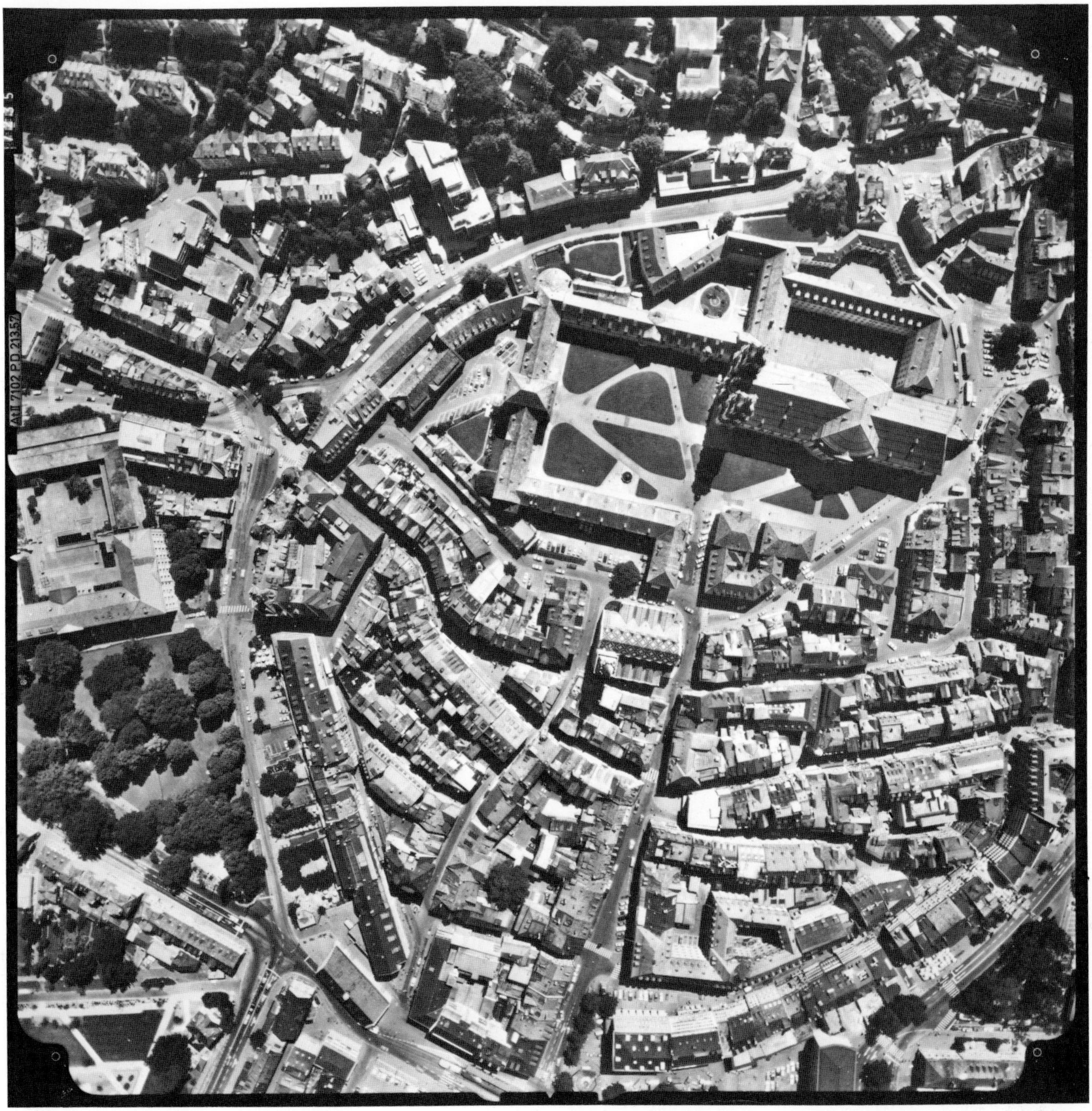

Luftbildsenkrechtaufnahme von St. Gallen in der Schweiz aus 430 m Flughöhe mit einer Wild RC 10 Universal-Filmkammer und einem 1 : 4/210 mm Aviogon II aufgenommen. Foto: Wild Heerbrugg AG.

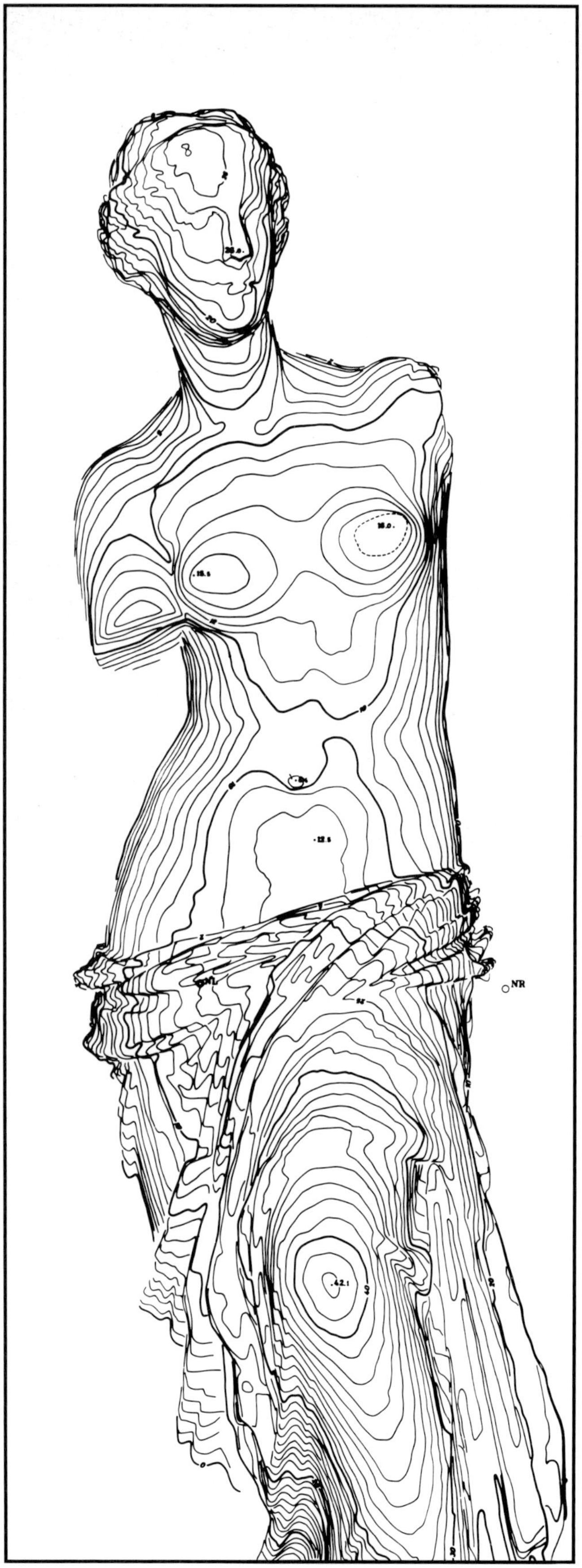

erlaubt vor allem Einblicke in vegetationskundliche Untersuchungen aller Art, da die Pflanzendecken im sichtbaren Bereich geringere Remissionen als im infraroten Anteil haben. Gewässer hingegen absorbieren infrarotes Licht und erscheinen im Gegensatz zu variablen Grautönen auf panchromatischen Filmen tief schwarz. Die nachhaltigsten Tonwertdifferenzen lassen sich hingegen über die Infrarot-Falschfarbenfilme und den Luftbildfarbfilm erzielen. Ihre Anwendungsgebiete liegen überwiegend im Bereich qualitativer Bildauswertungen, deren Inhaltsreichtum die größeren Kosten gegenüber dem Schwarzweißfilm rechtfertigen. Bei allen genannten Filmarten werden optimale Ergebnisse über erprobte Film/Filterkombinationen erreicht. Für die Luftbildauswertung steht eine ganze Reihe von Geräten für unterschiedliche Aufgaben zur Verfügung. Allen gemeinsam ist die Möglichkeit stereoskopischer Auswertung, der Grundvoraussetzung für das räumliche Sehen. Auf der Basis dieses Prinzips lassen sich sowohl dreidimensionale, qualitative Bildinhalte als auch quantitative Messungen von Objekten und Höhendifferenzen erzielen. Heute entstehen weltweit fast alle Kartenwerke mit dieser Technologie. Auf den gleichen Prinzipien basierend hat sich auch die terrestrische Fotogrammetrie mit kleineren Meßkammern in jüngster Zeit verstärkt entwickelt. Vor allem in der Architektur, der Archäologie und der Medizin ist die Methode weitergeführt und zum Standard geworden. Der rasche technische Fortschritt wird in nächster Zukunft weitere, bisher unbekannte Einsatzmöglichkeiten eröffnen.

Mit dem Auswertesystem Aviolyt und Aviotab hergestellte Höhenlinienzeichnung der Venus von Milo nach den beiden auf der gegenüberliegenden Seite abgebildeten Stereoaufnahmen. Foto: Wild Heerbrugg AG.

Stereobildpaar der Venus von Milo mit 2 Wild P 32 Meßkammern aufgenommen: Sowohl bei freier als auch durch Instrumente (Linsenstereoskop) unterstützter Betrachtung stellt sich ein überzeugender räumlicher Effekt ein. Foto: Wild Heerbrugg AG.

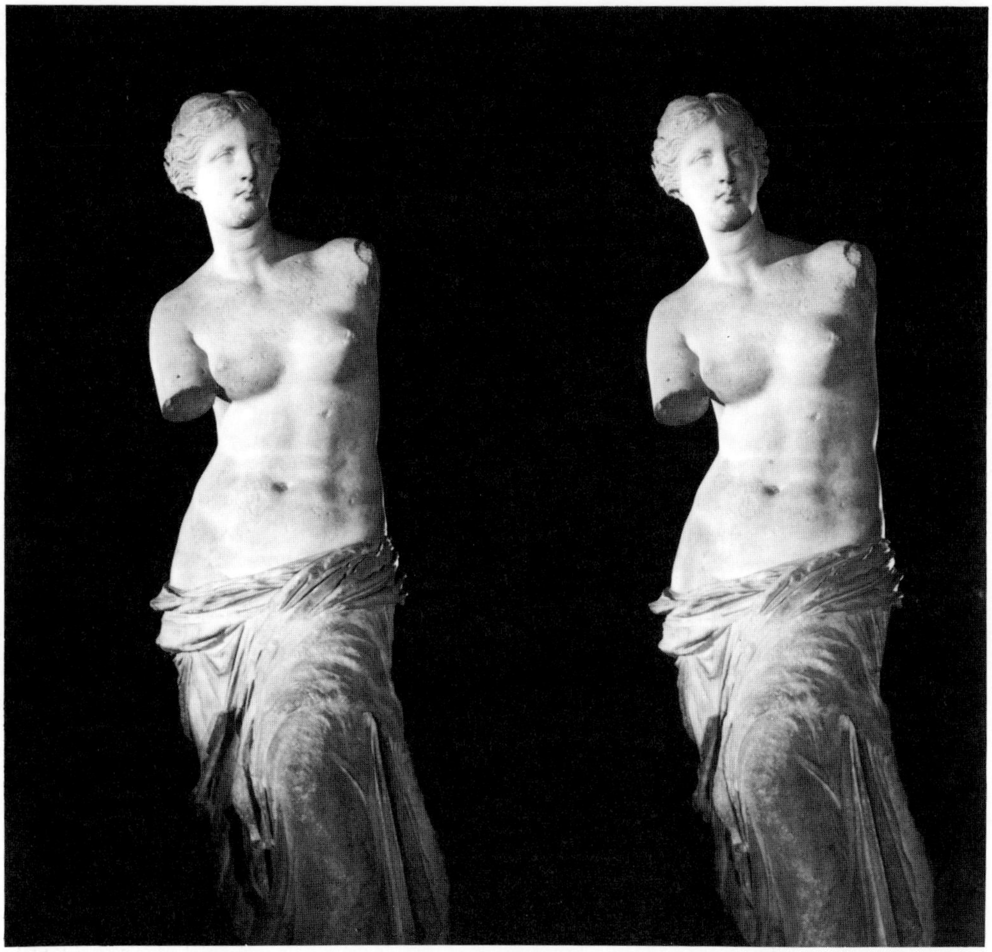

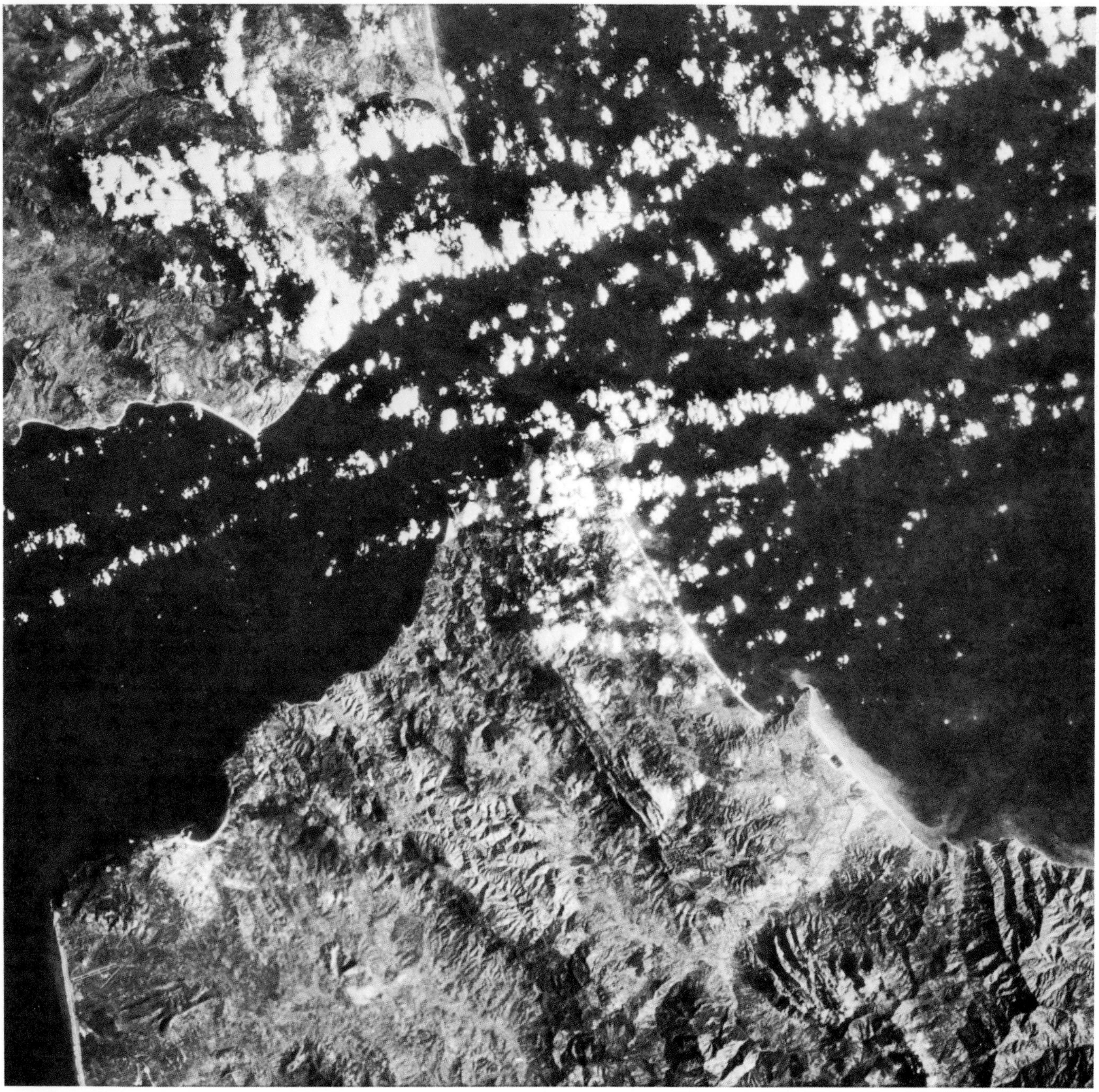

Die Meerenge von Gibraltar aus 250 km Flughöhe: Das Bild zeigt einen auf den Maßstab 1 : 500000 vergrößerten Ausschnitt und wurde aus der Raumfähre «Columbia» während der Space-Shuttle-Mission vom 28. November bis 8. Dezember 1983 mit der Spacelab 1 Metric Camera, einer Zeiss RMK A 30/23 auf Kodak Aerographic Double-X Film aufgenommen. Veröffentlichung mit freundlicher Genehmigung der DFVLR.

6

Rückblick und Ausblick

Rückblick

Nichts ist neu unter der Sonne. Diese Wahrheit wird uns bewußt, wenn wir die Entwicklungsgeschichte der Kamera während der vergangenen 150 Jahre einmal genauer betrachten.
Viele von der heutigen Werbung so vollmundig angepriesenen Merkmale und Neuigkeiten entpuppen sich dann als nichts anderes, als Großvaters Ideen mit aufgepfropfter Elektronik, die in Plastik gepreßt wurden. Wie tragisch auch das Schicksal manches Erfinders und/oder Herstellers, dessen Produkt nicht akzeptiert wurde, weil es seiner Zeit zu weit voraus war.
Ganz zu schweigen von den Fehlentscheidungen des Managements alteingesessener Firmen, die das Ende der einheimischen Kameraindustrie heraufbeschworen und dafür mitverantwortlich sind, daß sich das Zentrum der Kamerafertigung um einige Längengrade nach Fernost verschoben hat.
Um die Fülle der Entwicklungsschritte bewältigen und würdigen zu können, kann aus Platzgründen die Darstellung nur tabellarisch erfolgen. Hierbei dominieren eindeutig die kamerabezogenen Daten. Der Grund dafür liegt darin, daß Informationen darüber – nicht zuletzt wegen der Sammelleidenschaft einiger Zeitgenossen für diese historischen Stücke – besser aufbereitet und zugänglich sind, als für Zubehör und Verarbeitungsmaterialien. Die Tabelle repräsentiert durch die Auswahl keine Wertung und erhebt auch keinen Anspruch auf Vollständigkeit. Sie soll lediglich einen Überblick über die Entwicklung der fotografischen Technik vermitteln.

Um 400 v. Chr. beschreibt Aristoteles das Prinzip der Camera Obscura, der dunklen Kammer.

1490 erklärt Leonardo da Vinci das Phänomen der Camera Obscura ausführlich in einer Schrift.

1559 baut Giovanni Battista della Porta eine Sammellinse in die Camera Obscura ein, um ein helleres und deutlicheres Bild für sein Zeichenhilfsgerät zu erhalten. Die Maler und Zeichner hatten nämlich sehr schnell die Vorzüge dieser teilweise sogar tragbaren und mit einem Umlenkspiegel ausgestatteten Dunkelkabinen schätzen gelernt.

1671 baut Cassegrain ein Spiegelteleskop für astronomische Beobachtungen mit ausgezeichneter chromatischer und sphärischer Korrektion.

1727 entdeckt der Arzt Heinrich Schulze in Halle, daß Silbersalze lichtempfindlich sind.

1729 gelingt es Chester M. Hall durch die Kombination einer Kron- und Flintglaslinse den ersten Achromaten zu bauen.

1800 Friedrich Wilhelm Herschel entdeckt die Infrarotstrahlen.

1817 Carl Friedrich Gauß rechnet ein Fernrohrobjektiv, das später nach ihm benannt wurde.

1824 gelingt Joseph Nicéphore Niépce mit einer Camera Obscura die erste haltbare Abbildung auf einer asphaltbeschichteten Zinkplatte.

1829 Niépce und Louis J. M. Daguerre schließen einen Vertrag über die Vervollkommnung und Nutzung der auf lichtchemischem Weg gewonnenen Bilder.

1838 Charles Wheatstone beschreibt das Prinzip des stereoskopischen Sehens.

1839 Die französische Akademie der Wissenschaften verkündet, daß es Niépce und Daguerre gelungen sei, dauerhafte Bilder mit Hilfe der Camera Obscura aufzuzeichnen und gibt die Erfindung frei zur Nutzung in aller Welt.

1840 Joseph Petzval errechnet das erste licht-

(1)

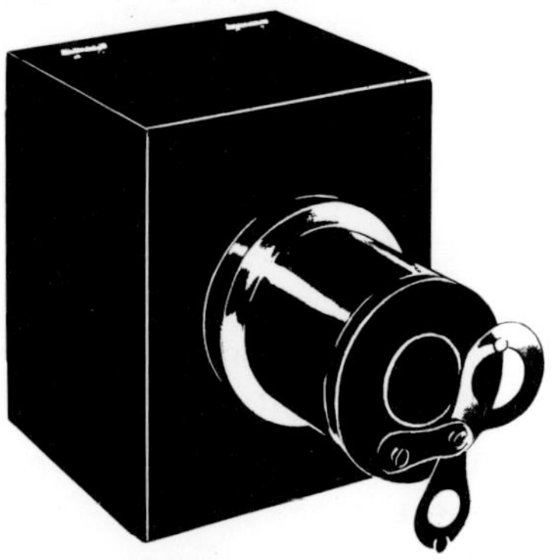

(2)

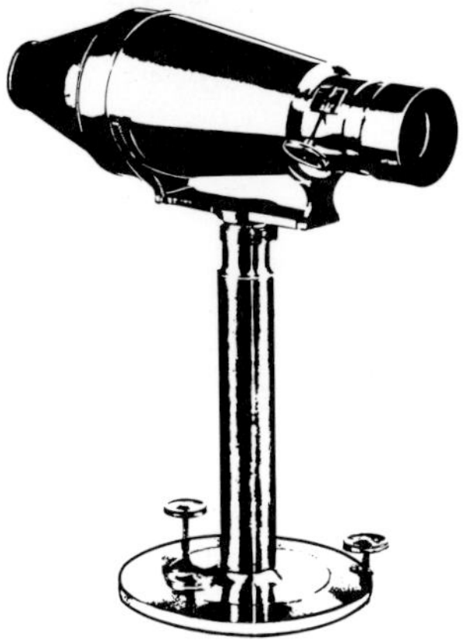

(3)

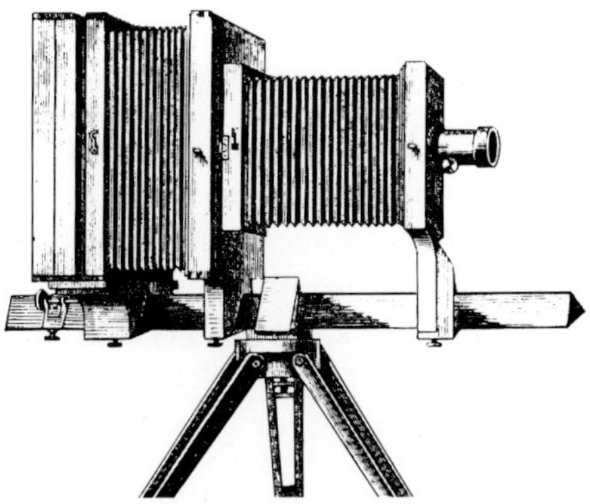

(4)

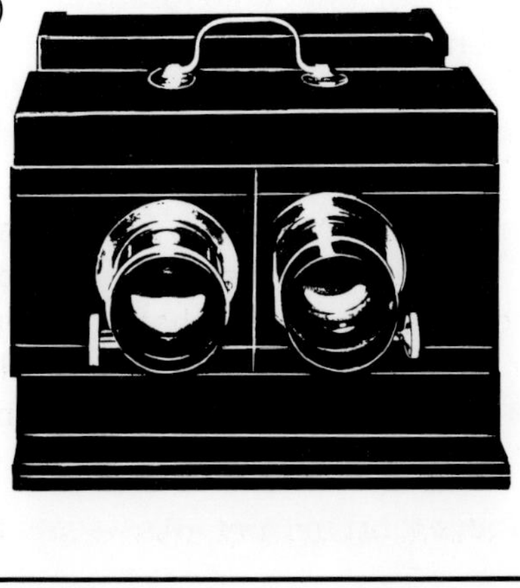

1. Daguerrotyp-Kamera, 1840: von C.A. von Steinheil, München, Holzkamera mit Objektiv 1 : 4, durch Vorschaltblenden auf 1 : 6,3 oder 1:11 abblendbar, für 7,5 × 10 cm Platten.

2. Metalltubus-Kamera, 1841: von P.W.F. Voigtländer, Wien, mit dem ersten von J. Petzval errechneten Objektiv von 1:3,7, f = 100 mm für kreisrunde Platten von 9,5 cm ∅.

3. Optische Bank Kamera, 1857: mit dem von J. Petzval errechneten Orthoskop. Der Prototyp aller Fachkameras, der leider nahezu 100 Jahre in Vergessenheit geriet.

4. Holz-Stereokamera, 1865: seit 1850 gebauter Stereokameratyp mit Zahntrieb für die Scharfeinstellung der beiden Objektive, für Naßplatten im Format 15 × 20 cm.

5. Holz-Reisekamera, 1872: schon seit 1840 gab es zusammenlegbare Plattenkameras, aus denen sich die heutigen Laufbodenfachkameras entwickelt haben.

6. Einäugige Spiegelreflexkamera, 1894: von A. Hesekiel, Plattenkamera mit Anschütz-Schlitzverschluß, Wechselobjektiven, Format 9 × 12 cm.

7. Anschützkamera, 1895(1906): bei C.P. Goerz, gebaute 9 × 12 cm Spreizenkamera für Trokkenplatten mit Wechselobjektiven, Höhen- und Seitenverstellung und Tuchschlitzverschluß, der Bel.-Zeiten bis zu $\frac{1}{2800}$ s zuließ. Sie blieb bis in die 30er Jahre die Pressekamera.

8. Voigtländer Stereo, 1906: Ganzmetallkamera für Platten und Filme für 4 × 4 cm Bildpaare mit zwei Heliaren 1 : 4,5, f = 62 mm und einem dritten Sucherobjektiv.

9. Voigtländer Bergheil, 1911: Klappkamera mit Laufboden und nahezu allen Merkmalen heutiger Fachkameras.

(5)

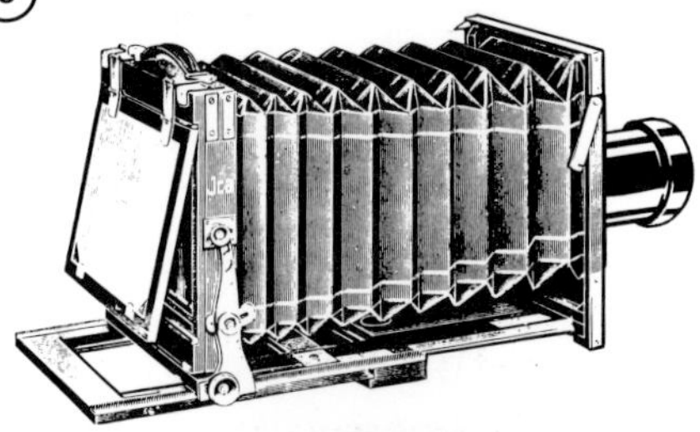

(6)

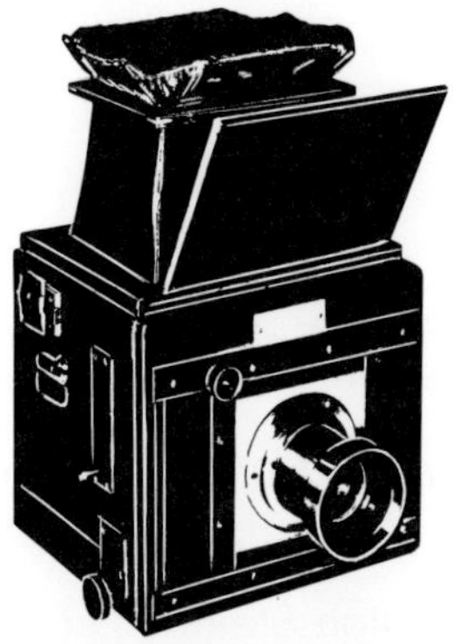

(7)

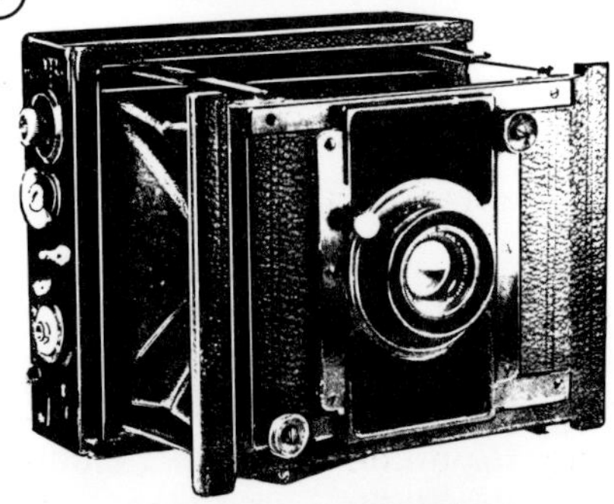

(8)

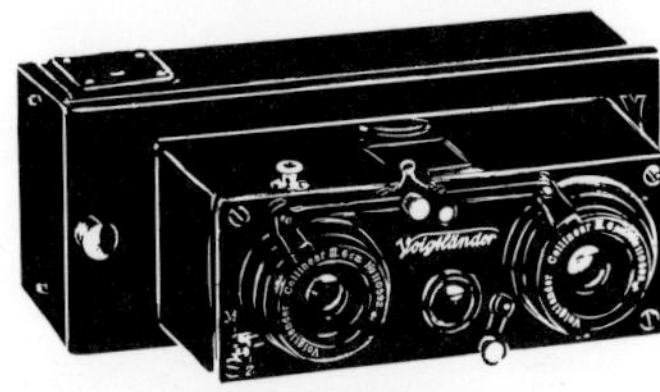

(9)

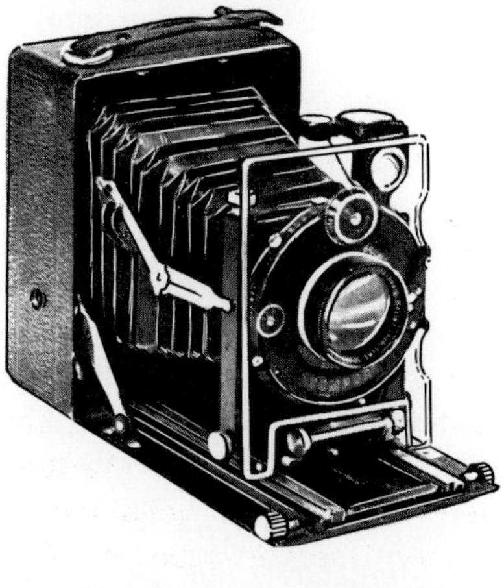

starke Objektiv von 1 : 3,7, f = 100 mm für Porträtaufnahmen.

1841 William H.F. Talbot läßt sich das erste Negativ-Positivverfahren patentrechtlich schützen. Zur Aufnahme verwendet er Jodsilberpapier, das in Gallussäure und Silbernitrat entwickelt und in Natriumthiosulfat fixiert wird. Durch Baden in Wachs wird es transparent gemacht und wiederum auf ein Jodsilberpapier zu einem Positiv umkopiert.

1841 Peter W.F. Voigtländer baut eine Metallkamera mit dem Petzval-Objektiv.

1857 Erste Kamera nach dem Prinzip der optischen Bank mit dem von J. Petzval errechneten Orthoskop.

1859 Robert Bunsen und Henry E. Roscoe berichten über das Reziprozitätsgesetz.

1866 Adolph Steinheil errechnet das Objektiv Aplanat.

1866 Martinez-Sanchez und J. Laurent führen in Madrid das barytbeschichtete Fotopapier ein.

1871 Der englische Arzt Richard L. Maddox gibt sein Verfahren zur Herstellung von Bromsilbergelatine-Trockenplatten bekannt.

1873 Hermann W. Vogel entdeckt die optische Sensibilisierung der fotografischen Emulsionen.

1879 Georg Meisenbach erfindet den autotypischen Raster, der überhaupt erst die drucktechnische Wiedergabe fotografischer Halbtonbilder ermöglichte.

1883 Marco Manenizza baut eine Spiegelreflexkamera, bei der der Spiegel erst kurz vor dem Öffnen des Verschlusses hochklappt.

1886 Friedrich O. Schott und Ernst Abbe gründen in Jena die Glasschmelzerei Schott & Genossen.

1886 Paul Rudolph errechnet für Goerz den ersten Doppelanastigmaten von guter Korrektion, das Planar 1 : 3,3, ein sogenanntes Gauß-Doppelobjektiv erster Art.

1887 T.R. Dallmeyer und F. Beauchamp wird Patentschutz für einen Zentralverschluß gewährt.

1887 Hannibal Goodwin erfindet das Zelluloid als transparenten Träger für fotografische Emulsionen und entdeckt damit den Film.

1888 Ottomar Anschütz erhält ein Patent für seinen Schlitzverschluß.

1889 George W. Eastman führt den Rollfilm ein.

1891 In Rochester, N.Y., werden von J.J. Bausch und C.F. Lomb die ersten Objektivverschlüsse gebaut.

1892 Emil von Hoegh errechnet für Goerz den ersten symmetrischen Doppelanastigmaten, das Dagor 1 : 6,8, f = 150 mm.

1892 Otto Magerstedt erfindet den Lichthofschutz durch Anbringen einer gefärbten Gelatineschicht zwischen Träger und Emulsion.

1894 Harold D. Taylor errechnet für Cooke den ersten unsymmetrischen Anastigmaten, das später weltbekannt gewordene Cooke-Triplet.

1895 Wilhelm C. Röntgen entdeckt die nach ihm benannte Strahlung.

1899 Karl Schwarzschild entdeckt den später nach ihm benannten «Schwarzschildeffekt».

1900 Emil von Hoegh errechnet das Hypergon, ein Weitwinkelobjektiv von 1 : 22 und f = 75 mm, das auf 1 : 31 abgeblendet einen Bildwinkel von 140° auszeichnete. Zur Kompensation des Lichtabfalls zum Rande hin, wurde während der Belichtung eine rotierende Sternblende vor das Objektiv gesetzt.

1902 Friedrich Deckel baut den Compound-Verschluß, einen Zentralverschluß mit Luftbremse, den Vorläufer des ab 1908 mit Räderhemmwerk gefertigten Compur-Verschlusses.

1902 Paul Rudolph errechnet für Carl Zeiß das verkittete vierlinsige Triplet Tessar.

1906 Theodor Scheimpflug baut ein Gerät zur Entzerrung von Luftbildaufnahmen, den Fotospektrografen.

1908 Carl P. Goerz führt mit der «Westentaschen-

(10)

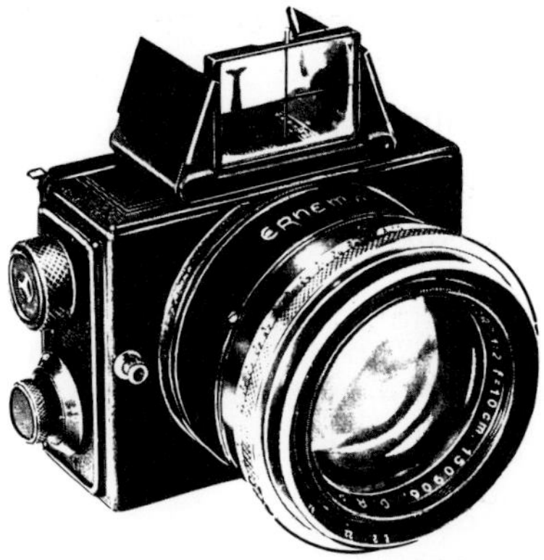

(11)

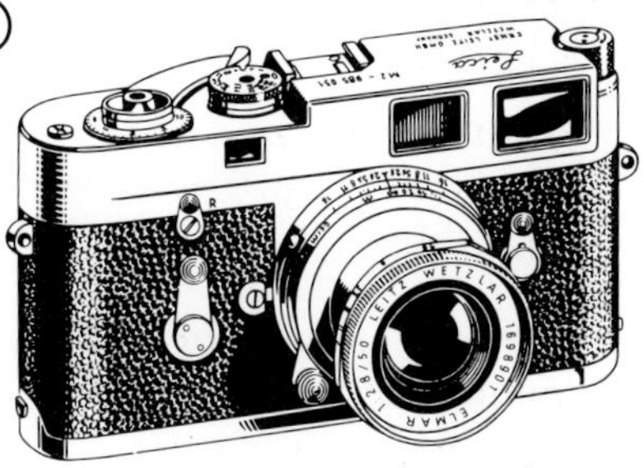

(12)

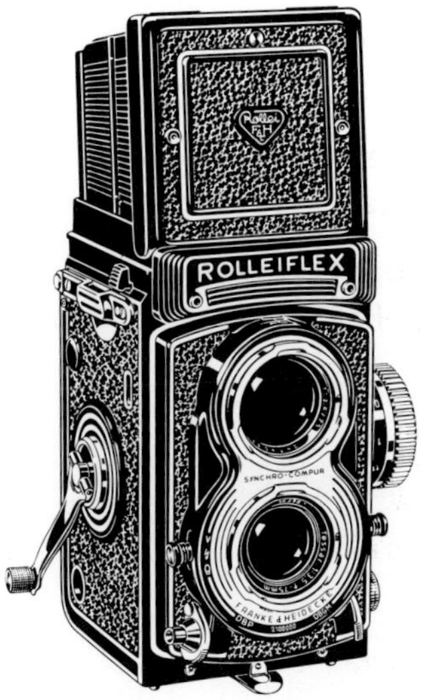

(13)

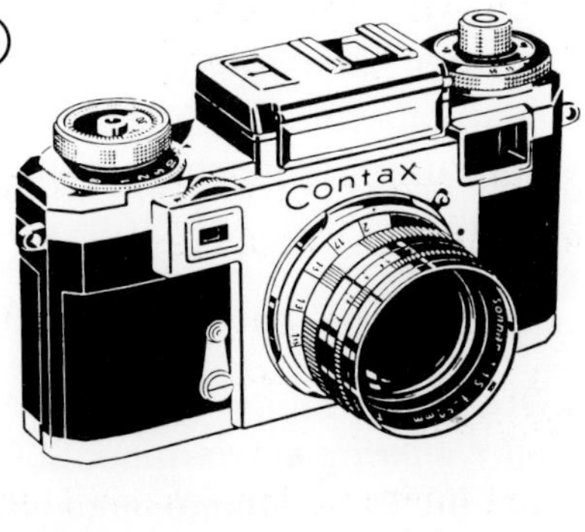

10. Ernemann Ermanox, 1924: Tubuskamera 4,5 × 6 cm für Platten und Rollfilme mit Ernostar 1 : 2, f = 100 mm und Schlitzverschluß.

11. Leitz Leica, 1925 (1966): von Oscar Barnack 1913 entworfen, ab 1925 produziert, leitete die Epoche der Kleinbildfotografie ein. Als Filmmaterial diente 35 mm Kinofilm mit dem Bildformat 24 × 36 mm.

12. Rolleiflex, 1929 (1966): Zweiäugige Spiegelreflexkamera für Rollfilm für das Bildformat von 6 × 6 cm.

13. Zeiss Contax, 1932 (1962): nach der Leica die zweite Kleinbildsystemkamera mit Wechselobjektiven, gekuppeltem Entfernungsmesser und Metallschlitzverschluß.

14. Robot, 1934 (1939): Schnellschußkamera von H. Kilfitt mit Federwerkaufzug für 25 bzw. 50 Bilder im Format 24 × 24 mm, mit Einzel- oder Serienauslösung für 5 Bilder/s.

15. Kine-Exakta, 1936 (1965): erste KB-Spiegelreflex-Systemkamera mit bereits allen noch heute anzutreffenden Ausstattungsmerkmalen, die ihrer Zeit um Jahrzehnte voraus war.

16. Valsts Minox, 1936 (1966): Urtyp aller Kleinstbildkameras, Bildformat 8 × 11 mm, Objektiv 1 : 3,5, f = 15 mm, mit Filmschnelltransport..

17. Polaroid 1948 (1954): erste Sofortbildkamera, die innerhalb einer Minute ein komplettes Schwarzweiß-Aufsichtsbild lieferte.

18. Hasselblad, 1948 (1966): 6 × 6 cm Spiegelreflexkamera mit Wechselmagazinen, Motorantrieb und umfangreichem Zubehör.

(14)

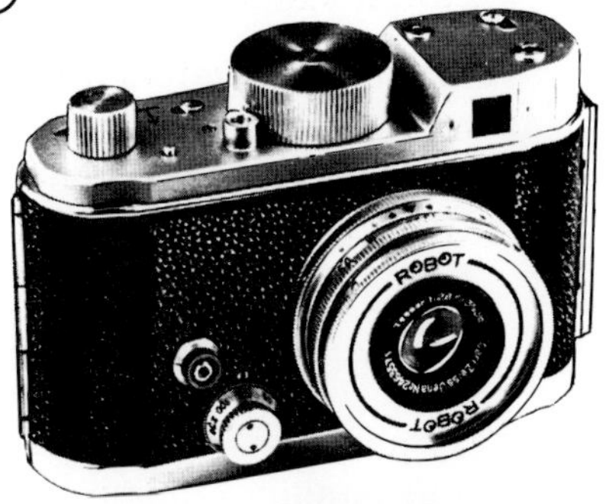

(15)

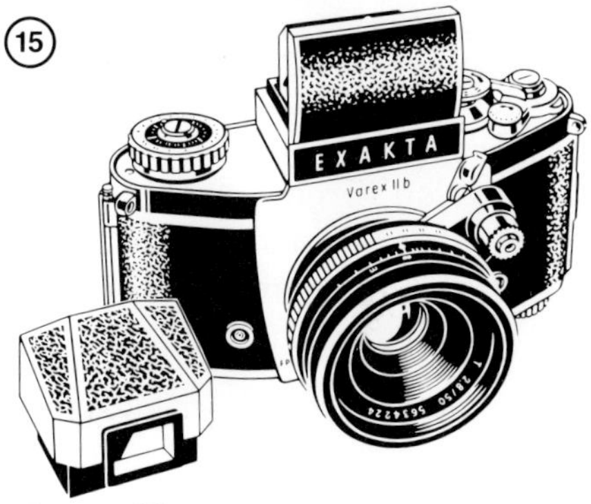

(16)

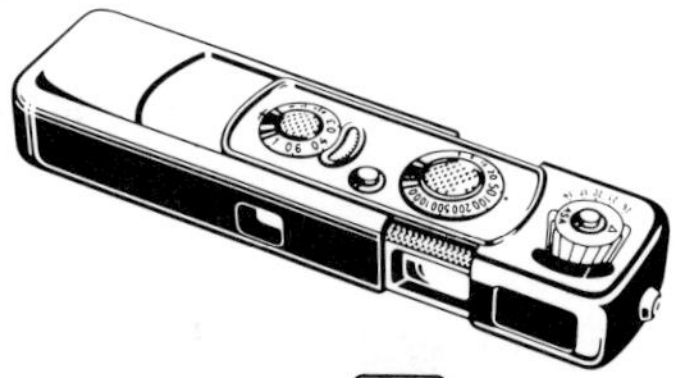

(17)

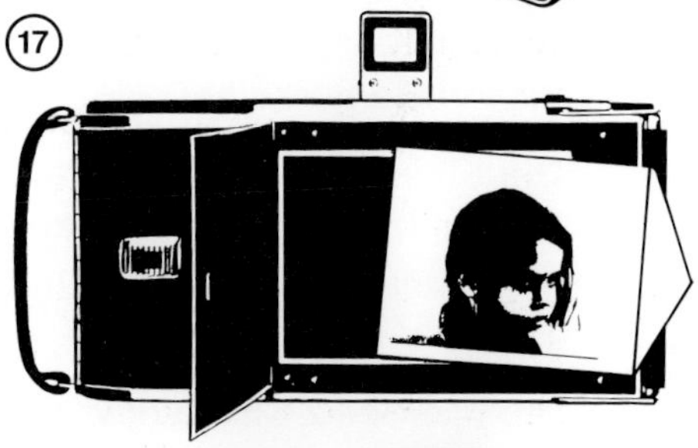

(18)

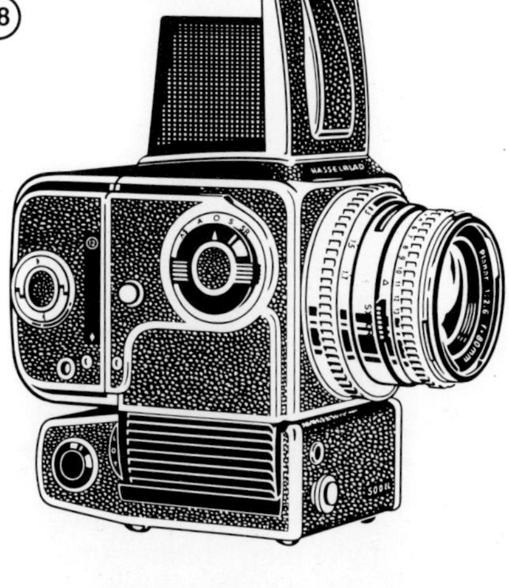

Tenax» das kleinste Aufnahmeformat von 4,5 × 6 cm ein.

1909 Rudolf Fischer veröffentlicht das Prinzip der chromogenen Entwicklung mehrschichtiger Farbfilme und schafft damit die Grundlage für die Farbfotografie.

1913 Oscar Barnack baut für seine Kinokamera einen «Belichtungsmesser», aus dem sich die spätere Leica entwickelt.

1924 Die Ernemann Ermanox 4,5 × 6 cm mit Ernostar 1 : 2, f = 100 mm erscheint auf dem Markt.

1925 Die Leica wird auf der Leipziger Frühjahrsmesse vorgestellt und leitet die Epoche der Kleinbildfotografie auf perforierten 35 mm Film mit einem Bildformat von 24 × 36 mm ein.

1926 Hans Busch entwickelt die Elektronenlinse und schafft damit die Grundlage für die Elektronenmikroskopie.

1929 Franke & Heidecke bringt die zweiäugige Spiegelreflexkamera für Rollfilmaufnahmen im Format 6 × 6 cm auf den Markt.

1931 Emil Busch stellt mit dem Vario-Glaukar das erste serienmäßig gefertigte Zoomobjektiv für Kinokameras her.

1932 Die Kleinbildsystemkamera Contax mit Metallschlitzverschluß, Wechselobjektiven und gekuppelten Entfernungsmesser wird von Zeiß Ikon vorgestellt.

1934 Die von Heinz Kilfitt entworfene KB-Schnellschußkamera Robot mit Federaufzug und Einzel- und Serienbildschaltung für bis zu 5 Bilder pro Sekunde wird auf dem Markt eingeführt.

1935 Smakula bei Carl Zeiß gelingt die Entwicklung einer Antireflexbelagschicht, die auf die Glasluftflächen der Linsen im Vacuum aufgedampft wird.

1935 Leopold D. Mannes und Leopold Godowsky, zwei Musiker, erschaffen den ersten Farbumkehrfilm, den Kodachrome.

1936 Die Agfa bringt den ersten auf chromogener Entwicklung basierenden Farbumkehrfilm auf den Markt.

1936 Ihagee Dresden stellt die erste Kleinbildspiegelreflex-Systemkamera, die Kine-Exakta vor.

1936 Walter Zapp in Riga erhält ein Patent für seine Kleinstbildkamera Minox mit einem Bildformat von 8 × 11 mm.

1938 Edith Weyde und André Rott entdecken das Silbersalzdiffusionsverfahren, die Basis der ersten Bürokopierverfahren und der späteren Sofortbildfotografie.

1938 Kodak baut die erste Kamera, die Six-20 mit automatischer Belichtungsregelung.

1941 Die Agfa stellt das erste Colorpapier auf chromogener Entwicklungsbasis her.

1943 Jenö Dulovits meldet die Kleinbildspiegelreflexkamera Duflex mit automatischer Springblende, Wechselbajonettfassung, Metallschlitzverschluß und Rückschwingspiegel zum Patent an.

1945 Kodak stellt den auf chromogener Entwicklung basierenden Ektachrome-Farbumkehrfilm vor.

1946 In der grafischen Industrie findet erstmals der Fotosatz Anwendung.

1948 Edwin H. Land präsentiert seine erste Sofortbildkamera, die in 1 Minute ein fertiges Schwarzweißbild liefert.

1948 Victor Hasselblad fertigt die erste 6 × 6 cm Spiegelreflexkamera mit Wechselmagazinen und -objektiven, die mit einem Metallschlitzverschluß ausgestattet ist, der eine kürzeste Bel.-Zeit von 1/1600 s erlaubt.

1948 Dennis Gabor entdeckt das Prinzip der Holografie, das sich aber erst nach der Entdekkung der Lasertechnik 1960 realisieren läßt.

1948 Nahezu 100 Jahre nach ihrer Erfindung baut der schweizer Fotograf Carl Koch aus Unzufriedenheit mit den erhältlichen Profikameras seine eigene Studio-, Industrie- und Architekturkamera, Sinar, die auf dem Prinzip der optischen Bank basiert.

1949 Zeiß Ikon Dresden baut die erste, kurz vor dem zweiten Weltkrieg entworfene, SLR-Kamera mit einem Pentaprismensucher, der das Bild aufrecht und seitenrichtig zeigt.

(19)

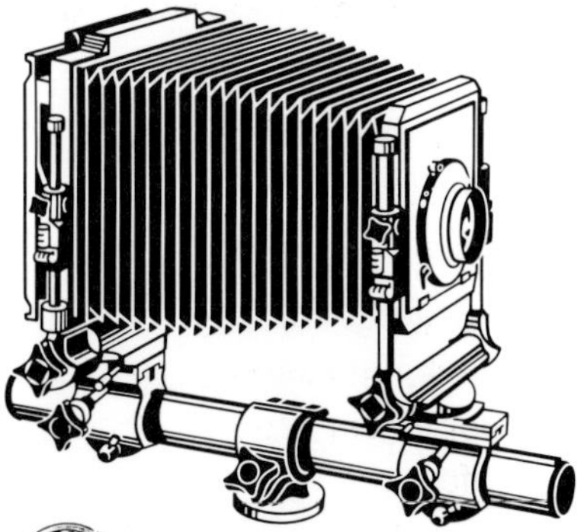

(20)

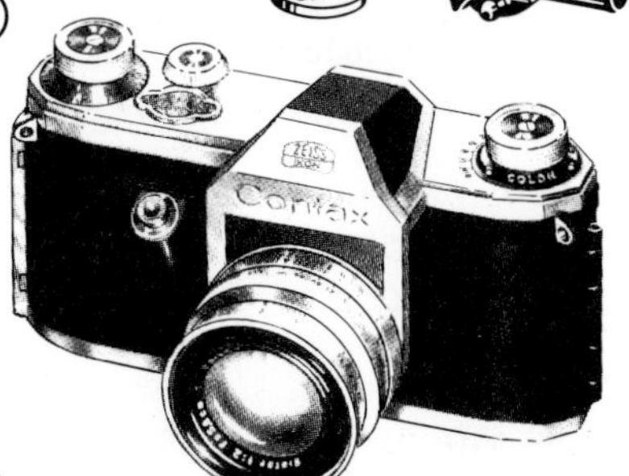

(21)

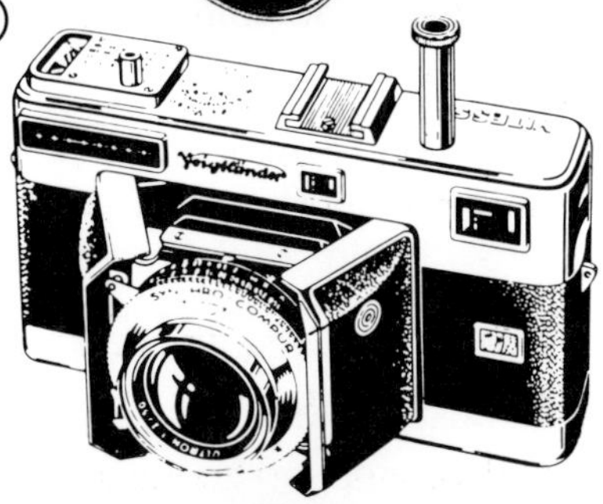

(22)

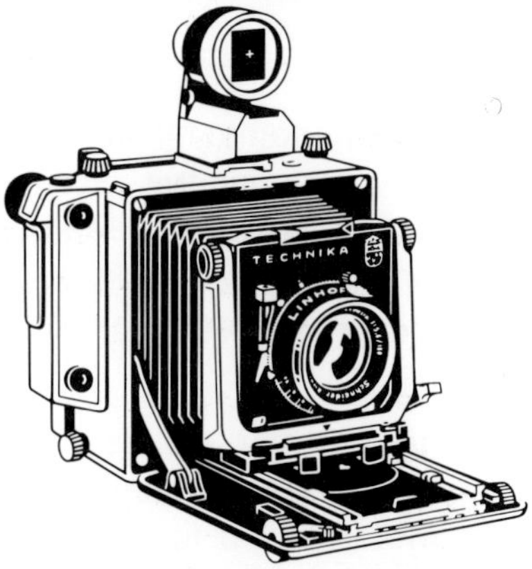

(23)

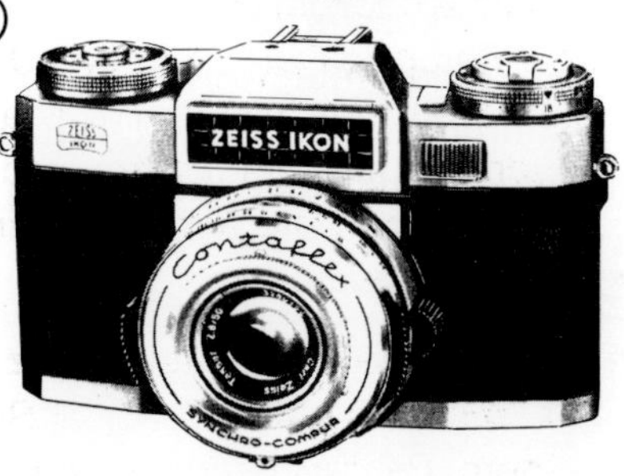

19. Sinar Studiokamera, 1948: aus Unzufriedenheit über die erhältlichen Profikameras von dem schweizer Fotografen C. Koch gebaute Studio-Industrie- und Architekturkamera.

20. Zeiss Ikon Contax S, 1949: erste vor dem zweiten Weltkrieg entworfene, aber erst nach dem Krieg produzierte Kamera, mit Pentaprismensucher, der das Bild aufrecht stehend und seitenrichtig zeigte.

21. Voigtländer Vitessa, 1953: sie beschleunigte den Trend der Zeit nach schnellerer Schußbereitschaft mit ihrem als Kombitaste ausgebildeten Schnellaufzug.

22. Linhof 9 × 12, 1954 (1965): Laufbodenfachkamera mit vielfältigen Verstellmöglichkeiten, gekuppeltem Entfernungsmesser für den Handeinsatz, Wechselobjektiven und Filmrückteilen.

23. Zeiss Contaflex, 1953 (1962): erste SLR-Kamera mit Zentralverschluß, automatischer Springblende, Wechselobjektiven und -filmkassetten.

24. Edixa Stereo, 1954 (1962): zweiäugige Kleinbildstereokamera für das 23 × 24 mm Doppelbildformat mit gekuppeltem Entfernungs- und eingebautem Belichtungsmesser.

25. Asahi Pentax, 1954 (1960): erste SLR mit automatischem Rückschwingspiegel, die wesentlich zum Ende der selbstgefällig gewordenen deutschen Kameraindustrie beitrug.

26. Agfa Automatic 66, 1956: erste Nachkriegskamera mit automatischer Belichtungsregelung.

27. Bessamatic, 1959: mit dem von der Zoom Inc., New York, gerechneten und von Voigtländer serienmäßig produzierten ersten Zoomobjektiv von 1 : 2,8, f = 36–82 mm.

28. Olympus Pen F, 1960: einzige SLR-Halbformat-Systemkamera, die durch ihre Kleinheit brillierte.

(24)

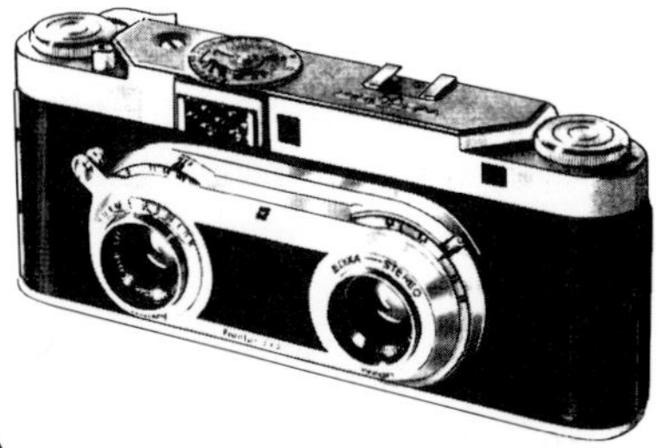

(25)

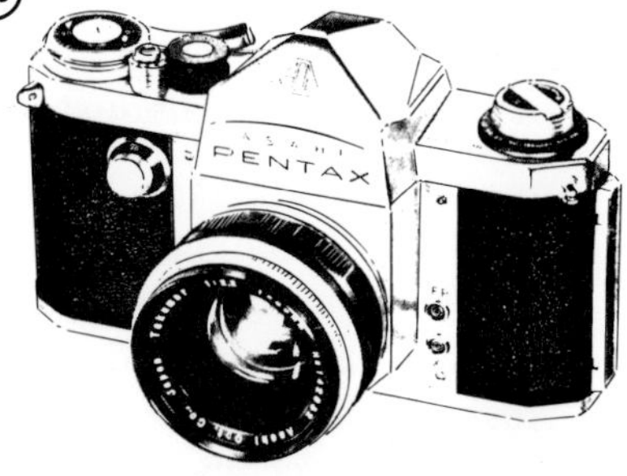

(26)

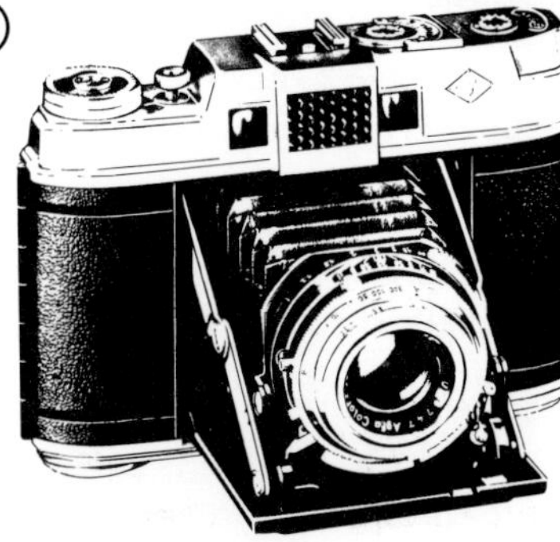

(27)

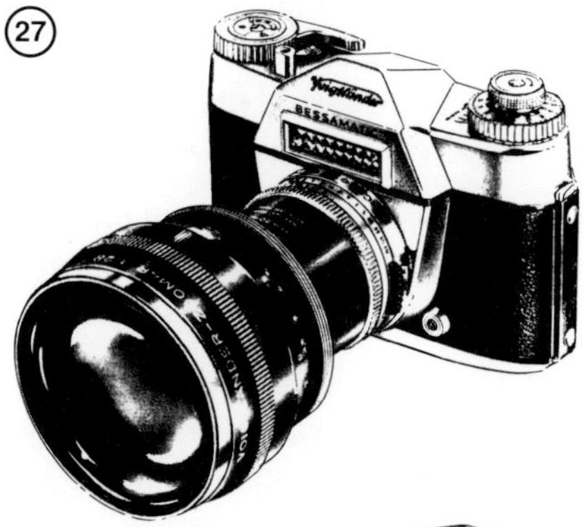

(28)

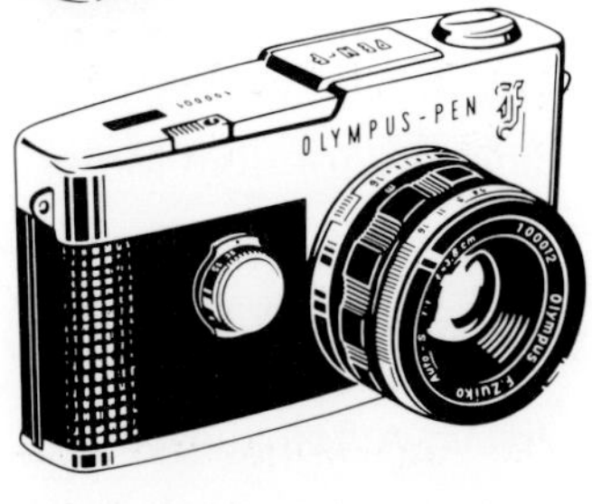

1950 Als erste SLR-Kamera erscheint die Exakta-Varex mit einem austauschbaren Suchersystem.

1953 Zeiß Ikon Stuttgart stellt mit der Contaflex die erste Kleinbild-SLR-Kamera vor, die mit einem Zentralverschluß und vollautomatischer Springblende ausgestattet ist. Die Entscheidung, einen Zentralverschluß zu verwenden, führte in eine entwicklungstechnische Sackgasse und leitete das Ende der Firma und schließlich fast der gesamten deutschen Kameraindustrie ein.

1954 Asahi Pentax stellt als japanische Herausforderung an die damals in ihrem Zenith stehende deutsche Kameraindustrie die erste SLR-Kleinbildkamera mit automatischem Rückschwingspiegel her, der 1960 die erste mit TTL-Belichtungsmessung ausgestattete Kamera folgt.

1956 Die Agfa Automatic erscheint als erste Nachkriegskamera mit automatischer Belichtungsregelung.

1959 Die Voigtländer Bessamatic kommt als erste SLR-Kamera mit einem serienmäßig produzierten Zoomobjektiv von 1 : 2,8, f = 36–82 mm auf den Markt.

1961 Voigtländer bietet die erste KB-Kamera mit integriertem Elektronenblitz und Blendenautomatik an.

1963 Edwin H. Land stellt das farbige 1 Minuten-Sofortbild vor.

1965 Die ersten elektromagnetischen Compur-Verschlüsse für Großformatkameras erscheinen auf dem Markt.

1976 Ernst Leitz präsentiert die erste SLR-Kamera mit wahlweiser Integral- oder Spot-TTL-Belichtungsmessung.

1976 Rollei stellt eine neue Mittelformat-SLR-Kamera vor, die SLX mit Blendenautomatik und integriertem Motorantrieb.

1977 Konica bietet die erste Kleinbildautofokuskamera C 35 AF an. Sie arbeitet mit dem von Honeywell entwickelten passiven Visitronic-Autofokussystem.

1977 Minolta bringt die erste SLR-Kleinbildsystemkamera mit Mehrfachbelichtungsautomatik auf den Markt.

1978 Polaroid bietet Sofortbildkameras mit einem aktiven Autofokussystem an, das mit Ultraschall arbeitet.

1978 Konica bringt mit der FS-1 die erste SLR-Kamera mit in der Filmaufwickelspule integriertem Winder heraus.

1981 Rollei stellt eine neue deutsche SLR-Kleinbildsystemkamera im Baukastenprinzip mit integriertem Motorantrieb, Wechselmagazinen und Belichtungsautomatik vor.

1981 Asahi Pentax bringt mit der Pentax ME F die erste SLR-Autofokuskamera mit motorisch fokussierbarem Zoomobjektiv auf den Markt.

1982 Nikon stattet die neue FM 2 SLR-Kamera mit einem vertikal ablaufenden Metallschlitzverschluß aus, der als kürzeste Bel.-Zeit 1/4000 s aufweist.

1983 Die Olympus OM-4 SLR-Kamera erhält als erste KB-Kamera ein Belichtungsmeßsystem, das wahlweise Spotbelichtungen von bis zu 8 verschiedenen Punkten bei gleichzeitiger automatischer Mittelwertbildung ermöglicht.

1984 Canon bringt mit der T 70 eine Kamera heraus, die durch konsequenten Einsatz der Elektronik als Multiautomat mit flexibler Programmautomatik ausgestattet ist und bei der fast alle mechanischen Bedienungselemente zugunsten einer Drucktastenautomatik und Flüssigkristallanzeige aufgegeben wurden.

1985 Minolta stellt die 7000 vor, die als erste SLR-Autofokuskamera einen im Kameragehäuse eingebauten Motorantrieb für mehr als ein Dutzend innenfokussierter Wechselobjektive hat sowie einen integrierten Motorwinder, ein Multiprogramm, eine TTL-Blitzautomatik und eine Drucktastenbedienung mit Flüssigkristallanzeige.

(29)

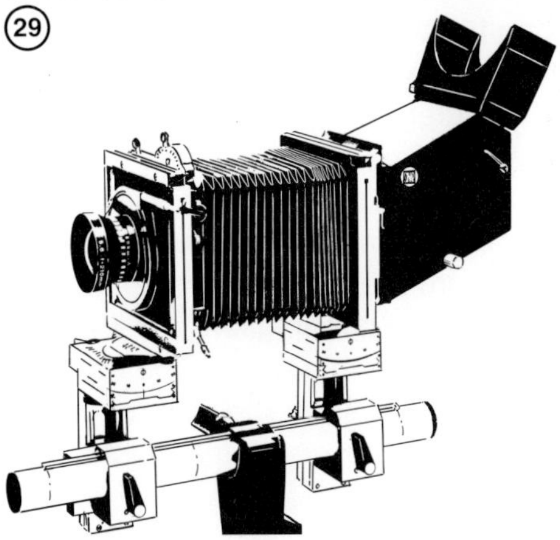

(30)

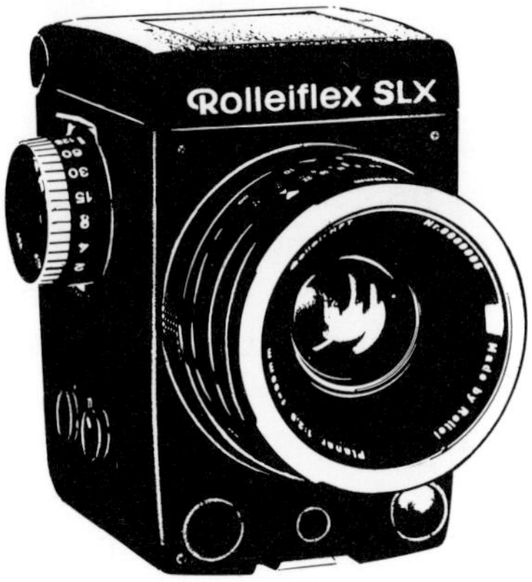

(31)

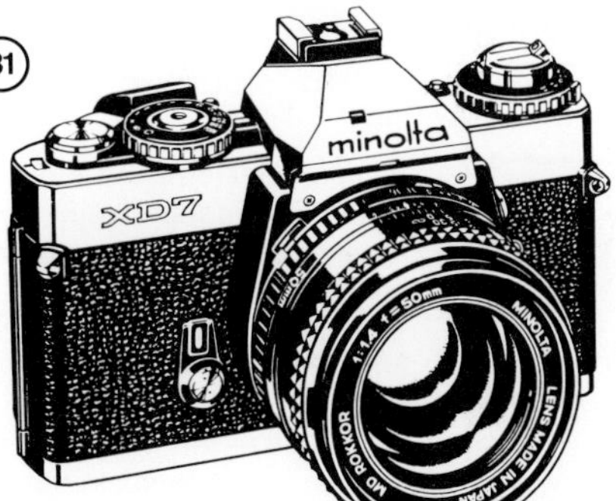

(32)

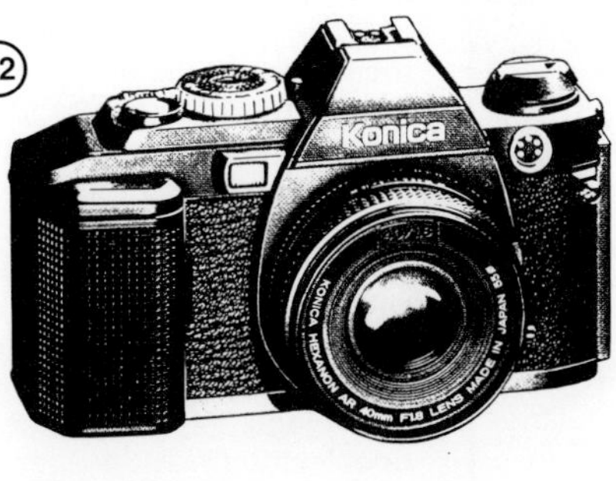

29. Sinar P, 1972:
Nachfolger der Fachkamera mit asymmetrischem Schwenksystem zur torkelfreien Verstellung beider Kamerastandarten.

30. Rolleiflex SLX, 1976 (1978):
nachdem Kameraneuheiten nur noch aus Japan kamen, überraschte Rollei mit einer 6 × 6 mit integriertem Motorantrieb, Wechselobjektiven mit Linearmotoren, Zentralverschlüssen, Wechselfilmeinsätzen, TTL-Bel.-Messung und -automatik.

31. Minolta XD 7, 1977:
erste SLR-Kleinbildsystemkamera mit Mehrfachautomatik.

32. Konica FS-1, 1978:
statt eines zusätzlichen voluminösen Winders, besaß die FS-1 als erste Kamera einen in die Filmaufwickelspule eingebauten Motorantrieb für 1,5 Bilder/Sekunde.

33. Rollei Rolleiflex 2000 F, 1981:
im Baukastenprinzip konzipierte System-SLR-Kamera mit Motorantrieb, Wechselmagazinen und Bel.-Automatik.

34. Asahi Pentax ME F, 1981:
als logische Folge von immer mehr Elektronik im Kamerabau, erschien schließlich die erste SLR-Autofokuskamera mit motorisch fokussierbarem Zoomobjektiv.

35. Nikon FM 2, 1982:
erste SLR-Kamera mit vertikal ablaufendem Metallschlitzverschluß, die eine Bel.-Zeit von $^1/_{4000}$ s ermöglicht.

36. Olympus OM-4, 1983:
erste SLR-Systemkamera mit Mehrfachspotmessung (bis zu 8 Messungen) und automatischer Mittelwertbildung.

37. Minolta 7000, 1985:
erste SLR-Autofokuskamera mit im Kameragehäuse eingebautem Motorantrieb für innenfokussierte Wechselobjektive, integriertem Motorwinder, Multiprogramm, TTL-Blitzautomatik, Drucktastenbedienung und Flüssigkristallanzeige.

(33)

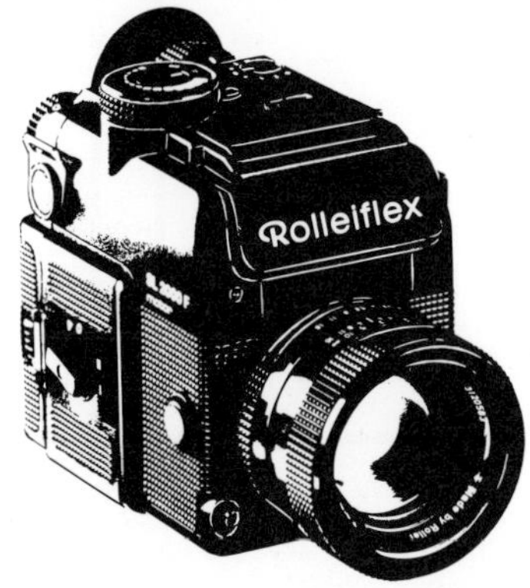

(34)

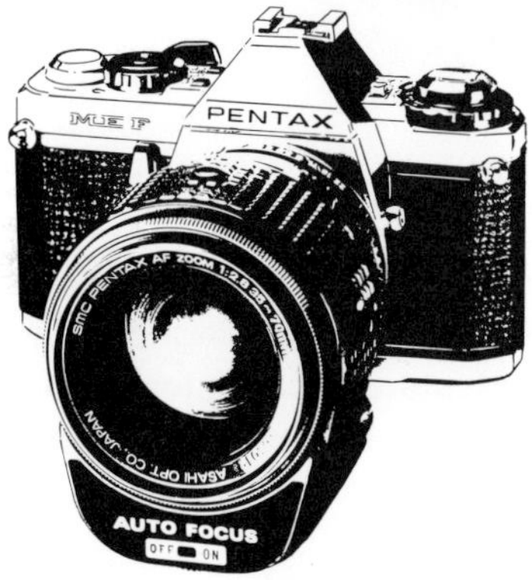

(35)

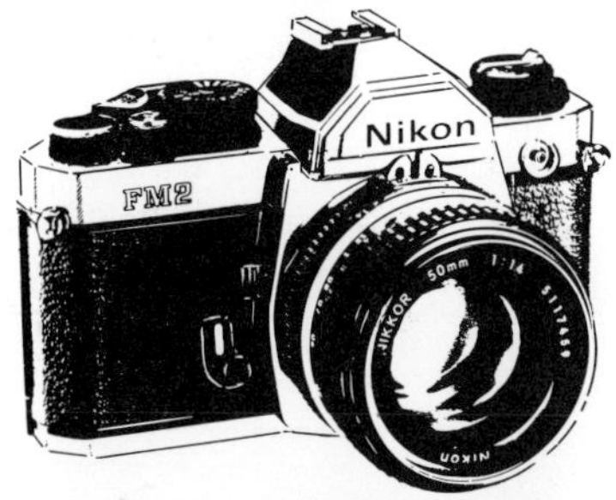

(36)

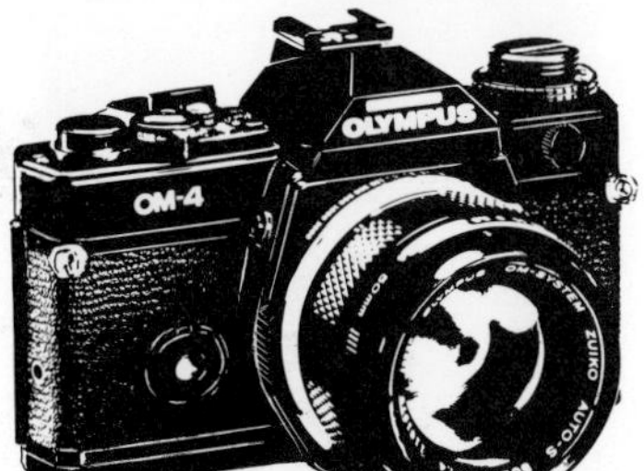

(37)

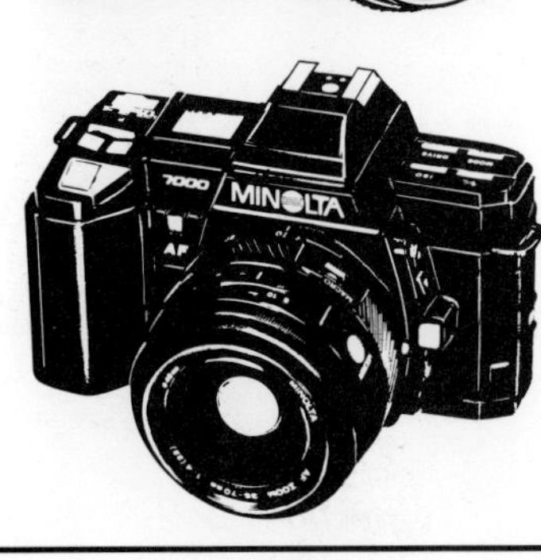

Ausblick

Als 1981 die erste Magnetscheiben-Video-Kamera (Mavica) als Labormuster der Öffentlichkeit vorgestellt wurde, läuteten vorschnelle PR-Manager dieser Firma bereits das Ende des fotochemisch auf Film erzeugten Bildes ein. Nachdem der PR-Effekt wirkungslos verpufft war, trat bis zur Olympiade in Los Angeles 1984 wieder Ruhe ein.

Dort statteten zwei japanische Firmen die Bildberichter zweier japanischer Zeitungen mit elektronischen Stehbildkameras aus. Die damit aufgenommenen Bilder wurden sofort über Funktelefon an die Redaktionen in Tokio übermittelt und direkt auf Druckplatten übertragen. Dieser Praxistest war die Bewährungsprobe für das Aufzeichnen und Übertragen von Bildern, die mit elektronischen Kameras tausende von Kilometern vom Erscheinungsort der Zeitungen entfernt aufgenommen worden waren.

Welche Schlüsse können daraus gezogen werden? Die Magnetbildaufzeichnung ist eindeutig dann von Vorteil, wenn es einem kleinen professionellen Anwenderkreis auf größte Schnelligkeit der Bildübermittlung an den Bildkonsumenten ankommt. Ohne Rücksicht auf die hohen Kosten. Die mit der magnetischen Bildaufzeichnung erzielte Qualität ist zur Zeit noch nicht mit der von konventionellen, auf Film aufgenommenen, Bildern vergleichbar. Vielmehr ist sie in Bezug auf die Lichtempfindlichkeit, Schärfe und Farbsättigung dem fotochemischen Film noch deutlich unterlegen.

Worin liegt das begründet? Zum besseren Verständnis dürfte die kurze Erläuterung des Prinzipgs der magnetischen Bildaufzeichnung beitragen. Wie auf der schematischen Darstellung einer Magnetscheibenvideokamera zu erkennen ist, trifft das vom Objekt reflektierte Licht, durch das Objektiv, die Irisblende und den Verschluß tretend, auf den Bildsensor und verursacht dort, je nach Helligkeit und Farbton, Spannungsunterschiede, die als Signale auf die Magnetscheibe aufgezeichnet werden. Die auf der Magnetscheibe gespeicherten Informationssignale können entweder mit Hilfe eines Abspielgerätes auf einem Fernsehschirm sichtbar gemacht

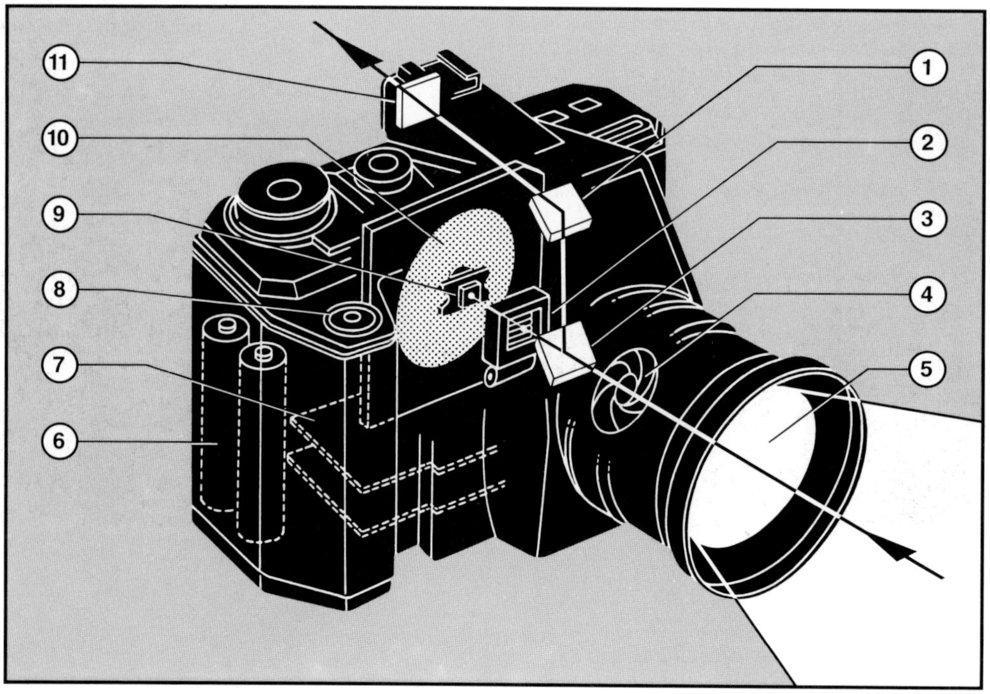

Funktionsschema der elektronischen Farbstehbildkamera von Panasonic. Die Kamera nimmt durch ein Varioobjektiv 1 : 2/ 14–42 mm mit Belichtungsautomatik und mit Hilfe eines CCD-Bildsensors 25 Bilder mit Verschlußzeiten von 1/15 s–1/ 1000 s auf Videodisketten von 47 mm ∅ auf. Serienbelichtungen bis zu 7 B/s sind möglich. Die Disketten lassen sich ganz oder teilweise für Neuaufnahmen löschen. Sofort nach der Aufnahme können die Bilder mit einem Überspielgerät auf jedem Fernsehschirm beurteilt und durch einen zusätzlichen Thermofarbdrucker in 90 Sekunden auf Spezialpapier ausgedruckt werden. (1) Umlenkspiegel, (2) Verschluß, (3) Umlenkspiegel, (4) Blende, (5) Varioobjektiv, (6) NiCd-Batterien, (7) Leiterplatte, (8) Auslöser, (9) CCD-Bildsensor, (10) Videodiskette, (11) Sucher.

Die beiden Bildbeispiele zeigen, wie durch die Elektronik schlechte Aufnahmen verbessert werden können. Die obere Vergrößerung einer Kodacolor 400 Pocketfilmaufnahme aus dem National Museum of Aeronautics and Space, Smithonian Institute, Washington, USA, zeigt das Flugzeug der Gebrüder Wright. Auf dem oberen Bild sind die Schatten ohne jegliche Durchzeichnung, der Hintergrund ist stark überbelichtet und die Kornstruktur tritt deutlich hervor.

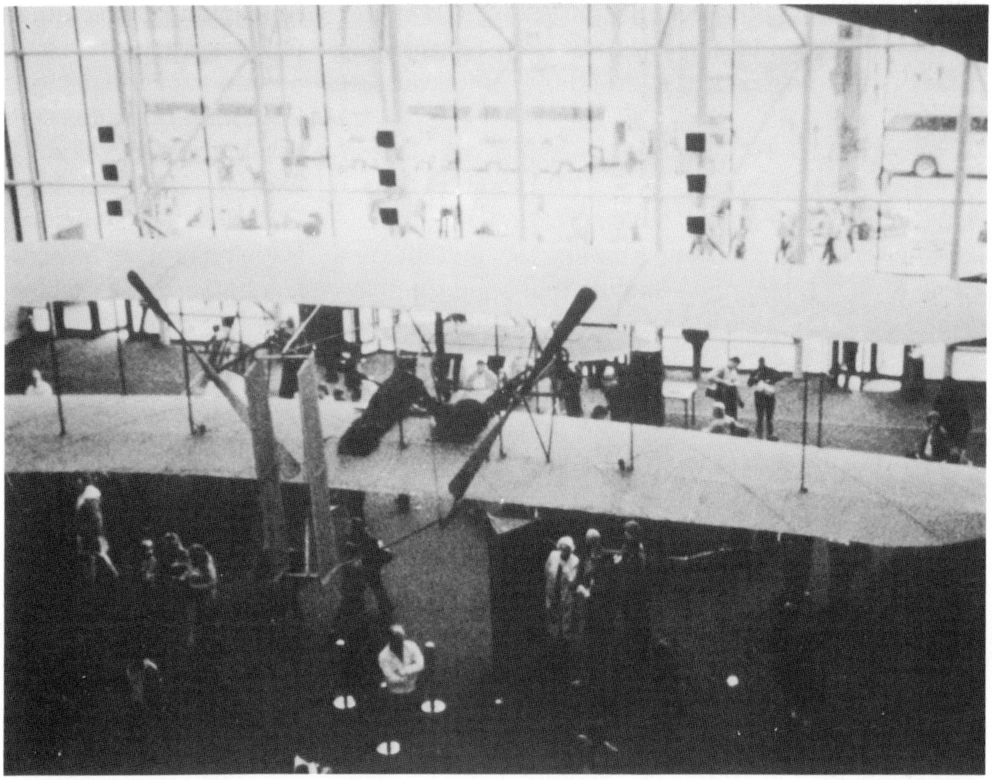

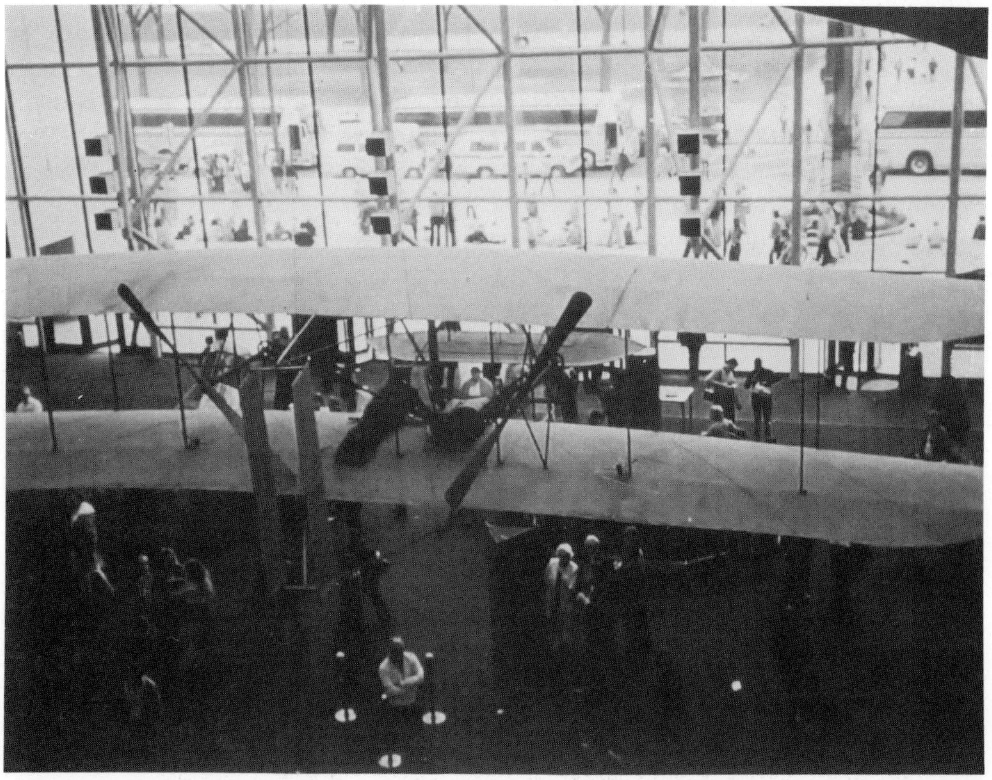

Das untere Bild zeigt die elektronisch verbesserte Vergrößerung des gleichen 13 × 17 mm Negativs.

1. Die Schärfe wurde deutlich verbessert.

2. Die in der Originalvergrößerung störende Körnigkeit wurde völlig beseitigt.

3. Der Kontrastumfang wurde so korrigiert, daß die Unterbelichtung der Schatten und die Überbelichtung des Hintergrundes kompensiert und dadurch Details in beiden Bereichen sichtbar werden. Fotos: Kodak Forschungslabor.

werden oder von einem Farbbilddrucker nach einem thermografischen Verfahren, ähnlich wie bei Bürokopierern, zu farbigen Papierbildern umgewandelt werden.
Vergleicht man die Abbildungsleistung des derzeit kleinsten Negativformats, einer Disc-Kamera von 8 × 11 mm, mit der eines ähnlich großen Farbbildsensors einer elektronischen Kamera, so enthält das Filmbild ca. 2,5 Millionen Bildinformationen (Bildelemente oder englisch «Pixels» = Picture elements) und das beste elektronische Farbbild 400000. Bezieht man den Vergleich aber auf das 24 × 36 mm Kleinbildformat, so übertrifft die Leistungsfähigkeit des Films die der Elektronik sogar um das 50-fache.
Eine Ursache dafür liegt darin, daß beim Farbfilm die Bildinformationen in drei übereinanderliegenden, für je einen Spektralbereich empfindlichen Schichten aufgezeichnet werden, während die elektronisch aufgenommenen Bilder auf drei Farbfelder aufgezeichnet werden, die nebeneinander liegen.
Ähnlich ungünstig fällt auch der Vergleich bezüglich der Lichtempfindlichkeit der beiden Systeme aus. Während die höchstempfindlichen Schwarzweiß- und Farbfilme inzwischen eine Empfindlichkeit von ISO 3200/36° besitzen, liegt die der CCD-Bildsensoren (CCD = englisch für Charge Coupled Device) noch bei ISO 100/21°. Eine Steigerung der Lichtempfindlichkeit ist nur zu Lasten des ohnehin schon geringen Auflösungsvermögens bei den elektronischen Kameras zu erzielen. Dagegen sind die Wissenschaftler aus der Fotochemie der Meinung, daß die Grenzen des Films noch lange nicht erreicht sind und daß Filmmaterialien von ISO 819200/60° in absehbarer Zukunft durchaus Realität werden könnten.
Die grundsätzliche Frage lautet aber nicht, ob das elektronische Bild das fotochemische verdrängen wird, sondern, was läßt sich in nächster Zukunft durch das Zusammenwirken von Fotografie und elektronischer Bilderzeugung erreichen?
Und da bieten sich einige interessante Lösungsmöglichkeiten zur Optimierung der Bildqualität an. Durch den Einsatz sogenannter Hybridsysteme (kombinierte Systeme), lassen sich fotochemische und elektronische Komponenten verbinden, indem man die Vorteile beider Technologien vereinigt und daraus noch leistungsfähigere, bequemere und vielseitigere Aufzeichnungssysteme entwickelt.
Ein Anwendungsbereich für derartige Systeme könnte beispielsweise die elektronische Verbesserung fotografisch aufgenommener Bilder in Form von Negativen oder Diapositiven durch das sogenannte «Scan-Printing» sein.
Prinzipiell funktioniert das Verfahren so, daß das Originalnegativ oder Dia elektronisch abgetastet wird und die erhaltenen Signale durch einen Rechner verarbeitet, verbessert und schließlich wieder in Bildsignale umgewandelt auf das Fotopapier aufbelichtet werden. Nach diesem Verfahren lassen sich drei als sehr störend empfundene Fehler wie folgt verbessern:

1. Unscharfe Bilder können durch Verstärkung des Kanteneffekts elektronisch «geschärft» werden.
2. Hervorstechende Körnigkeit, die durch Ausschnittvergrößerung oder Unterbelichtung entstanden ist, läßt sich durch elektronische Diffusion unterdrücken.
3. Der Tonwertreichtum des Negativs kann elektronisch verdichtet, dem Kontrastumfang des Fotopapiers angepaßt werden. Dies ermöglicht eine bessere Durchzeichnung der Lichter und der Schatten.

In Forschungslabors werden diese Verfahren heute bereits erfolgreich angewendet, wie die auf Seite 291 abgebildeten zwei Bildbeispiele beweisen. Bis diese Technologie allerdings Einzug in den alltäglichen Laborbetrieb hält, wird wohl noch einige Zeit vergehen.
Für die nächste Zukunft wäre die Verbesserung und Steigerung der Lichtempfindlichkeit von Schwarzweißaufnahmematerialien wünschenswert. Wenn auch die Massenmärkte eindeutig auf das Farbbild abzielen, stellt das Schwarzweißfoto zumindest für den Profibereich und den anspruchsvollen Amateurfotografen eine nicht zu vernachlässigende Größe dar.
Die von vielen Fotografen bisher noch als Sperre empfundene Laborarbeit würde zweifellos durch eine bäderlose trockene Positivverarbeitung weitgehend abgebaut. Sie könnte der Schwarzweißfotografie zu wesentlichen neuen Impulsen verhelfen. Warum gibt es immer noch kein preiswertes, konventionellen Fotopapieren ebenbürtiges Sofortbild-Vergrößerungspapier?

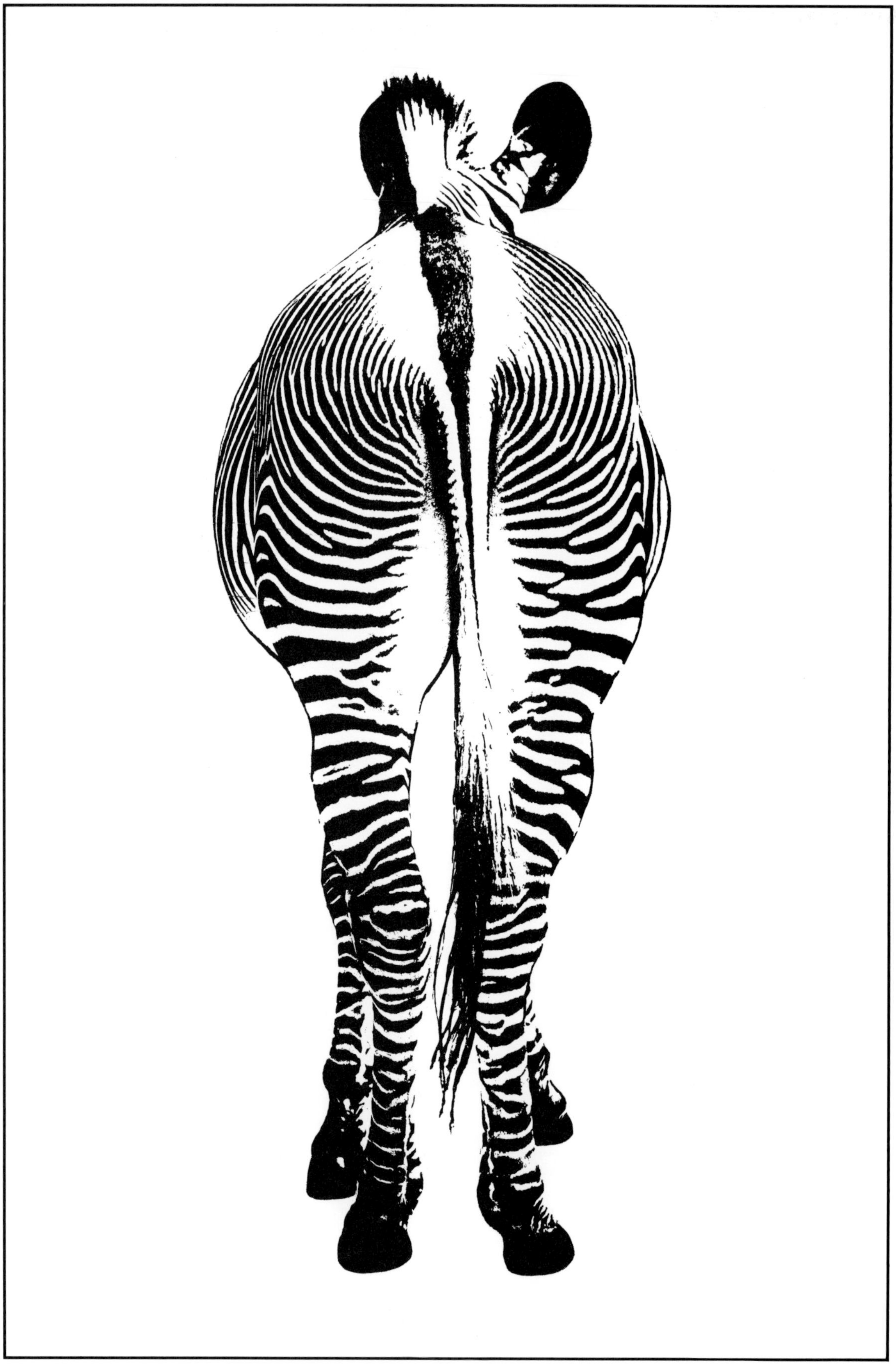

Literaturverzeichnis

Allgemeine Fotografie

Birnbaum, Hubert C.
«Black & white darkroom techniques»
Eastman Kodak Comapny, Rochester, N.Y., 1981

Diehl, Werner
«Fotografieren in Technik, Wissenschaft und Wirtschaft»
Knapp-Verlag, Düsseldorf, 1981

Jessien, Eyke
«Foto und Film von A bis Z»
Knapp-Verlag, Düsseldorf, 1980

«Kodak professional black & white films»
Eastman Kodak Company, Rochester, N.Y., 1976

«Kodak aerial films and photographic plates»
Eastman Kodak Comanpy, Rochester, N.Y., 1972

«Professional photographic illustration techniques»
Eastman Kodak Comapny, Rochester, N.Y., 1978

Schöttle, Hugo
«Lexikon der Fotografie»
Verlag Du Mont Schauberg, Köln, 1978

Schröder, Gottfried
«Technische Fotografie»
Vogel-Verlag, Würzburg, 1981

Solf, Kurt-Dieter
«Fotografie»
Fischer Taschenbuchverlag, Frankfurt/Main, 1976

Teicher, Gerhard
«Handbuch der Fototechnik»
VEB Fotokinoverlag, Leipzig, 1983

Tillmanns, Urs
«Photographische Enzyklopädie»
Verlag Photographie, Schaffhausen, 1982

Weber, Ernst A.
«Fotopraktikum»
Heering-Verlag, Seebruck/Chiemsee, 1976

White, Zakia und Lorenz
«The new zone system manual»
Morgan Press Inc., Dobbs Ferry, N.Y., 1976

Kamerakunde

Grittner, Richard
«Handbuch der Kamerakunde»
Verlag Luitpold Lang, München 1958

Osterloh, Günter
«Angewandte Leica-Technik»
Umschau Verlag, Frankfurt/Main, 1980

Osterloh, Günter
«Leica M»
Umschau Verlag, Frankfurt/Main, 1985

Stüper, Josef
«Die photographische Kamera», Band II Die wissenschaftliche und angewandte Photographie
Springer Verlag, Wien, 1962

Fotografische Optik

Franke, Georg
«Photographische Optik»
Akademische Verlagsgesellschaft, Frankfurt/Main, 1964

Hartung, Hans
«Photographische Optik»
Akademische Verlagsgesellschaft, Leipzig, 1952

Hecht, Eugene und Zaja, Alfred
«Optics»
Addison-Wesley Publishing Company, Reading, Mass., 1981

Fotografische Chemie

Haist-Grant
«Modern photographic processing» Band I und II
John Wiley & Sons, New York, 1979

Walter, Werner
«Fotografische Verfahren mit Silberhalogeniden»
VEB Fotokinoverlag, Leipzig, 1983

Stereofotografie

Ferwerda, Jac. G.
«The world of 3-D»
Netherlands Society for Stereo Photography, 1982

Selle, Walter
«Kleinbild-Stereoskopie»
Heering-Verlag, Seebruck/Chiemsee, 1953

Vierling, Otto
«Die Stereoskopie in der Photographie und Kinematographie»
Wissenschaftliche Verlagsgesellschaft, Stuttgart, 1965

Geschichte der Fotografie

Auer, Michael
«The illustrated history of the camera»
New York Graphic Society, Boston, 1975

Baier, Wolfgang
«Geschichte der Fotografie»
Schirmer/Mosel, München, 1980

Cornwall, James E.
«Historische Kameras 1845–1970»
VWI-Verlag, Herrsching/Ammersee, 1979

Ihrke, Gerhard
«Zeittafel zur Geschichte der Fotografie»
VEB Fotokinoverlag, Leipzig, 1982

Lothrop jr., Eaton S.
«A century of cameras»
Morgan & Morgan, Dobbs Ferry, N.Y., 1973

Tillmanns, Urs
«Geschichte der Photographie»
Verlag Huber, Frauenfeld, 1982

Sachwortverzeichnis